AF409503

COMPORTAMIENTO SOCIAL DE LA FAUNA NATIVA DE CHILE

EDICIONES UNIVERSIDAD CATÓLICA DE CHILE
Vicerrectoría de Comunicaciones
Av. Libertador Bernardo O'Higgins 390, Santiago, Chile

editorialedicionesuc@uc.cl
www.ediciones.uc.cl

COMPORTAMIENTO SOCIAL DE LA FAUNA NATIVA DE CHILE

Luis A. Ebensperger y Antonieta Labra

© Inscripción N° 2020-A-10843
Derechos reservados
Diciembre 2020
ISBN 978-956-14-2751-8
ISBN digital 978-956-14-2752-5

Imágenes de portada gentileza de:
Francisco Vargas (*Octodon degus*), Antonieta Labra (*Eriopis chilensis*),
Maximiliano Daigre (*Phoenicopterus chilensis*), Luis Flores-Prado (*Centris tamarugalis*),
Marta Mora (*Rhinella spinulosa*) y Lautaro Salfate Porobic (*Phymaturus maulense*).

Diseño:
versión productora gráfica SpA

Impresor:
Salesianos Impresores

CIP – Pontificia Universidad Católica de Chile

Ebensperger Pesce, Luis Alberto, autor.
Comportamiento social de la fauna nativa de Chile / Luis A. Ebensperger y Antonieta Labra.
Incluye bibliografías.

1. Conducta social en los animales – Chile.
I. t.
II. Labra Lillo, Antonieta, autor.

2021   591.560983 + DDC23   RDA

COMPORTAMIENTO SOCIAL DE LA FAUNA NATIVA DE CHILE

Luis A. Ebensperger y Antonieta Labra

EDICIONES UC

ÍNDICE

Capítulo 4
SOCIABILIDAD EN INSECTOS 153
Luis Flores-Prado

Capítulo 5
VARIACIÓN INTERPOBLACIONAL EN LOS SISTEMAS SOCIALES DE MAMÍFEROS SILVESTRES NATIVOS DE CHILE

Loreto A. Correa

Capítulo 6
COMUNICACIÓN, EL MEDIADOR DE LAS INTERACCIONES SOCIALES EN ANIMALES

Antonieta Labra

Capítulo 7
ASPECTOS NEUROBIOLÓGICOS Y COGNITIVOS DEL COMPORTAMIENTO SOCIAL

Mauricio Aspé-Sánchez, Pablo Billeke y Francisco Aboitiz

Capítulo 8
BASES ENDOCRINAS DEL COMPORTAMIENTO SOCIAL

Camila P. Villavicencio y René Quispe

Capítulo 9
SOCIABILIDAD Y TERMORREGULACIÓN SOCIAL:
"TODOS PARA UNO Y UNO PARA TODOS" 459
José M. Bogdanovich y Francisco Bozinovic

AGRADECIMIENTOS

Agradecemos sinceramente la buena disposición de los siguientes colegas para comentar y realizar valiosas sugerencias a algunos de los capítulos de este libro: Mauricio Canals, Valentina Franco-Trecu, Facundo Luna, Maite Masciocchi, Jorge Mpodozis, Mario Penna, Verónica Quirici, Andre Rodrigues de Souza, Daniel Rojas, Alejandra Rossi, Ana Silva, Paula Taraborelli, Rodrigo Vásquez, y Nelson Velásquez. También agradecemos a las siguientes personas que contribuyeron desinteresadamente con imágenes de especies de la fauna nativa de Chile: Daniel Aguilera, Patrich Cerpa, Maximiliano Daigre, Fernanda Drago, Víctor Mandujano, Patricio Manríquez, Marta Mora, Roberto Nespolo, Alejandro Pérez Matus, Antonella Panebianco, Juan Riquelme, Juan Ramírez, Daniela Rivera, Lautaro Salfate Porobic y Felipe Vivallo. Finalmente, Luis Ebensperger agradece enormemente el financiamiento otorgado por la Vicerrectoría Académica, a través de su Concurso de Apoyo a Sabáticos Internacionales y por la Facultad de Ciencias Biológicas de la PUC, lo que facilitó tanto la redacción de parte de los textos y análisis incluidos en el libro, así como su publicación. También agradece el financiamiento parcial de FONDECYT (proyecto #1170409) para la preparación y edición de tablas y figuras del manuscrito inicial por parte de Javiera Contanzo.

CAPÍTULO 1
INTRODUCCIÓN AL COMPORTAMIENTO SOCIAL

Luis A. Ebensperger
*Departamento de Ecología, Facultad de Ciencias Biológicas,
Pontificia Universidad Católica de Chile.*

Antonieta Labra
*ONG Vida Nativa, Santiago, Chile.
Centre for Ecological and Evolutionary Synthesis (CEES),
Department of Biology, University of Oslo, Noruega.*

ASPECTOS CONCEPTUALES DEL COMPORTAMIENTO SOCIAL

El **comportamiento social**[1] representa un aspecto central de la **conducta** de las especies animales que surge a partir de acciones dirigidas o en respuesta a la presencia o acciones de otros conespecíficos (Székely *et al.* 2011, Kappeler *et al.* 2013). De este modo, el comportamiento social representa las interacciones que se producen entre dos o más conespecíficos, las que pueden involucrar contacto físico y/o estar mediadas a distancia por señales de distinta naturaleza (ej., químicas, auditivas, visuales). Los organismos animales pueden exhibir comportamiento social en una variedad de contextos, los que típicamente están vinculados al acceso a recursos y forrajeo, evitar depredadores, facilitar el apareamiento, proporcionar cuidado a las crías, o cooperar a través de distintos mecanismos (Clutton-Brock 2016, Ebensperger y Hayes 2016). Como consecuencia, los individuos muestran una variedad de comportamientos sociales que incluye distintas formas de **interacciones afiliativas (Figura 1-1a) y agonistas (Figura 1-1b)**.

Figura 1-1
a) Interacción social afiliativa entre una hembra degu y su cría;
b) interacción agonista entre dos adultos en el roedor social *Octodon degus*.
Imágenes gentileza de Juan Ramírez y Juan Riquelme.

---

[1] Los conceptos destacados en negritas están definidos en el Glosario.

El estudio científico moderno del comportamiento social tuvo un desarrollo conceptual y empírico especialmente importante a partir de los años 60s, aunque este fue formalizado posteriormente por Edward Wilson (Wilson 1976) quien acuñó el término **sociobiología**. La terminología usada por Wilson (1976) fue importante para apreciar que la expresión de cualquier rasgo conductual requiere entender el ¿cómo? y el ¿por qué?, una aproximación planteada antes por Tinbergen (1963) en su intento por unificar el estudio del comportamiento animal en una sola disciplina. En particular, Tinbergen (1963) planteó como necesario dilucidar cuatro aspectos de un rasgo comportamental (i) sus causas directas, (ii) los factores y condiciones del desarrollo involucrados, (iii) las consecuencias de su expresión sobre la **adecuación biológica** de los individuos, y (iv) su evolución. En conjunto, los aspectos (i) y (ii) representan los mecanismos o causas proximales del comportamiento, mientras que los aspectos (iii) y (iv) abordan la posible función y evolución de este rasgo (también consideradas como causas distales). Así, la expresión del comportamiento depende proximalmente de una maquinaria que incluye la expresión de uno o una batería de genes, neuromoduladores y hormonas que actúan como señales internas, circuitos neuronales que conducen algunas de estas señales, y centros en el sistema nervioso que procesan la información sensorial externa e interna **(Figura 1-2)**. La intensidad en la expresión de las acciones que derivan en interacciones sociales dependientes de esta maquinaria interna, puede ser modificada en forma permanente por el ambiente experimentado por el individuo durante su desarrollo **(Figura 1-2)**.

Figura 1-2

Modelo conceptual que ilustra cómo el comportamiento social es afectado por diversos factores proximales, y modulado por condiciones ambientales (flechas rojas), lo cual finalmente determina efectos en la adecuación biológica de los individuos (basado en Ebensperger y Hayes 2016).

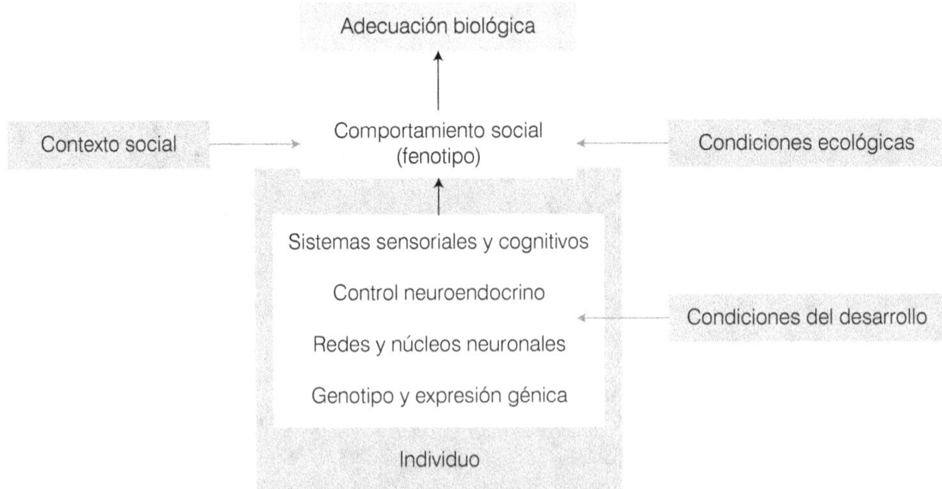

La expresión del comportamiento social de los individuos es luego modulada por las condiciones ecológicas y el contexto social a los que estos están expuestos, lo que puede generar consecuencias sobre el éxito reproductivo y supervivencia (adecuación) de los individuos (**Figura 1-2**). Finalmente, estas consecuencias pueden contribuir al cambio evolutivo de estos rasgos conductuales, permitiendo nuevas adaptaciones y contribuyendo a explicar la diversidad social que apreciamos actualmente.

El comportamiento social resulta de las acciones o reacciones de un individuo en respuesta a la presencia o acciones de otros conespecíficos, y representa rasgos fenotípicos, equivalentes a rasgos morfológicos o fisiológicos, que exponen a los organismos a nuevas presiones selectivas, o que contribuyen a evadirlas (Székely *et al.* 2011, Kappeler *et al.* 2013). Más globalmente, la **Figura 1-2** ilustra cómo el estudio del comportamiento social es una tarea **interdisciplinar**. Los avances concretos hacia esta meta se remontan formalmente al artículo seminal de Niko Tinbergen, quien formaliza los cuatro aspectos fundamentales del comportamiento que se requiere dilucidar (Tinbergen 1963). Sin embargo, es solo a partir de los años 2000 donde se ha comenzado a apreciar un interés y un llamado explícito a adoptar esta aproximación. En particular, se requiere comprender cómo los mecanismos internos interactúan con el ambiente social y ecológico e impactan la expresión del comportamiento y la adecuación biológica de los individuos (Moore *et al.* 2011, O'Connell y Hofmann 2011, Hofmann *et al.* 2014). Como resultado, es notorio el aumento de estudios centrados en las consecuencias ecológicas y evolutivas del comportamiento social publicados en las principales revistas afines a esta temática (*Animal Behaviour, Behavioral Ecology, Behavioral Ecology and Sociobiology, Ethology*), pero que incluyen variables y conexiones explícitas con sus posibles mecanismos subyacentes (ej., hormonas). De igual modo, publicaciones en revistas que tradicionalmente han favorecido los aspectos más mecanicistas del comportamiento (ej., *Hormones and Behavior, General and Comparative Endocrinology, Physiology & Behavior*), han comenzado a incluir estudios con conexiones claras entre estos mecanismos, la expresión de algún rasgo de la conducta social, y sus consecuencias sobre la adecuación biológica.

La naturaleza y diversidad de las interacciones sociales observada a nivel individual en distintas especies animales ha sido la base para describir los **sistemas sociales**, un atributo emergente y específico de las poblaciones (Immelmann y Beer 1989, Lott 1991, Kappeler *et al.* 2013). De hecho, los sistemas sociales resultan del efecto de las condiciones ecológicas y otras restricciones (ej., genéticas, historia de vida) sobre las **relaciones sociales**, las que corresponden a patrones consistentes de interacciones sociales en un contexto específico (Lott 1991, Maher y Burger 2011). Por ejemplo, las relaciones sociales entre los individuos en algunas especies pueden ser consistentemente asimétricas o despóticas en contextos reproductivos o de acceso a recursos, lo que puede conducir a sistemas sociales jerarquizados y territoriales. Una descripción completa del sistema social de una especie en una o más poblaciones requiere entonces describir dos componentes principales. Por una parte, es necesario cuantificar su **organización social**, término que aglutina aspectos como el tamaño, composición (ej., proporción de sexos, parentesco genético), cohesión espacial, y estabilidad de estos en cada unidad social o grupo (Kappeler *et al.* 2013). Por otra parte, la **estructura social** incluye al conjunto completo de relaciones sociales (Lott 1991, Kappeler *et al.* 2013). Como se esperaría a partir de la amplia diversidad de factores que pueden afectar la naturaleza y magnitud de interacciones sociales entre los individuos, tanto la organización como la estructura de los sistemas sociales exhiben variabilidad. La **Figura 1-3** ilustra un ejemplo hipotético donde es posible apreciar variabilidad tanto en la organización como en la estructura social en una misma especie. En el ejemplo dado en la **Figura 1-3**, el sistema social en la población 1 es diverso (incluye individuos con hábitos solitarios (hembra 24), parejas hembra-macho (macho 10 y hembra 20), y grupos sociales (ej., uno que incluye a las hembras 21, 22 y 23). En este caso, las interacciones sociales de mayor intensidad ocurren entre individuos de la misma unidad social. En contraste, el sistema social predominante en la población 2 es uno de vida solitaria donde las interacciones sociales más frecuentes son agonistas entre individuos del mismo sexo (**Figura 1-3**).

Figura 1-3

Representación de un posible caso de variabilidad intraespecífica en el sistema social. Las cajas en celeste representan unidades sociales, donde los símbolos en su interior ilustran la composición de individuos machos y hembras adultos. El espesor de las flechas que vinculan pares de individuos representa la intensidad de las interacciones sociales, donde en rojo se ilustran interacciones afiliativas y en azul interacciones agonistas.

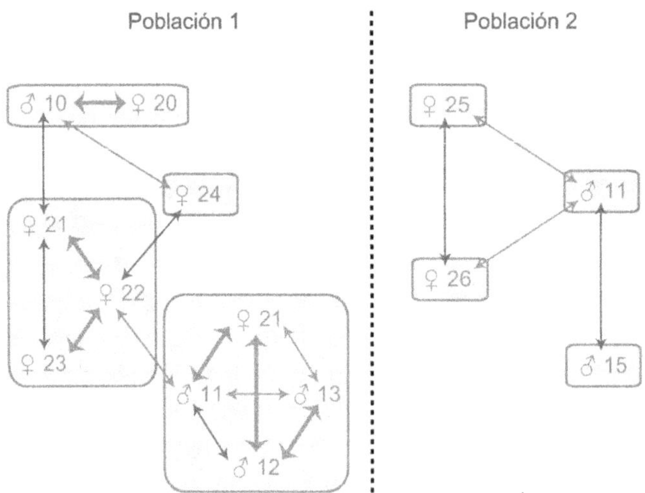

Formalmente, se considera además que el conjunto de interacciones sociales vinculadas al apareamiento representan un tercer componente de los sistemas sociales (Kappeler *et al.* 2013). Muy posiblemente, esta aproximación tiene la ventaja práctica de examinar aisladamente las interacciones sociales vinculadas al apareamiento de aquellas asociadas a otros contextos. Sin embargo, esto desconoce que la actividad de apareamiento también involucra una diversidad de interacciones afiliativas y agonistas entre individuos del mismo sexo, y que se expresan en el mismo contexto caracterizado por la organización y estructura del sistema social. De hecho, la evolución de ambos componentes puede estar asociada (Capítulos 4 y 5). De igual modo, tradicionalmente se distinguen tipos de sistemas sociales, tales como sistemas de apareamiento, cuidado parental, o uso del espacio (Maher y Burger 2011). Sin embargo, es importante considerar que todos estos aspectos representan contextos del mismo sistema social que caracteriza a cada población.

En resumen, el estudio del comportamiento social en animales es un ámbito de la biología caracterizado por fenómenos emergentes, diversidad, variabilidad, y potencial multicausalidad. No es sorprendente entonces que una parte importante de la disciplina que reconocemos como Ecología Conductual ha estado enfocada a determinar cómo esta variabilidad depende o puede ser restringida por factores genéticos, de historia de vida, ecológicos, y sociales (ej., Davies *et al.* 2012).

OBJETIVOS Y ESTRUCTURA DEL LIBRO

El enfoque más integrativo, es decir con conexiones más explícitas entre mecanismo, conducta y consecuencias, que se aprecia en la literatura más reciente asociada al estudio de la conducta animal, está dominado por estudios basados en unos pocos **organismos (especies) modelo**, típicamente de otras latitudes y distintos a los presentes en Chile. Si bien el acotar los estudios a algunos organismos es común en diversos ámbitos de la biología, es claro que la expansión hacia nuevos organismos tiene la ventaja de generar, entre otras, nuevas soluciones e ideas a problemas ya conocidos (Russell *et al.* 2017). Por lo tanto, un primer objetivo de este libro es enfatizar que especies nativas de Chile, menos frecuentemente estudiados o incluso desconocidos, representan modelos de estudio con potencial para contribuir a un desarrollo más integrativo de la disciplina. Para abordar esta meta, el conjunto de los capítulos del libro aborda cómo los comportamientos y sistemas sociales descritos o analizados en invertebrados y vertebrados nativos de Chile, tienen potencial para contribuir al desarrollo (o modificación) de la teoría existente. Para lograr esta meta, los autores de cada capítulo han realizado un esfuerzo por abordar tres aspectos. En primer lugar, cada capítulo proporciona un contexto teórico con los elementos más relevantes de lo que estimamos conocer, así como de algunos aspectos de esta teoría aún poco claros, o no examinados. En segundo lugar, los autores de cada capítulo ilustran cómo organismos de la fauna nativa de Chile representan modelos de estudio complementarios a organismos de otras latitudes para el desarrollo de esta teoría.

Por otra parte, es claro que el estudio científico del comportamiento social (y del comportamiento animal en general) en Chile aún requiere más desarrollo y visibilidad. Esto se refleja, por ejemplo, en un número bajo de temáticas en esta área abordadas por los proyectos de investigación financiados con fondos estatales. Por lo tanto, un segundo objetivo de este libro es entregar organizadamente una información hasta ahora dispersa sobre diversos aspectos del comportamiento social de especies nativas de Chile. Más importante, esperamos que dicha información incentive a estudiantes en formación e investigadores de disciplinas afines a utilizar algunos de estos posibles modelos sociales locales para abordar problemáticas novedosas e integrativas.

En el contexto de los objetivos anteriores, Labra *et al.* (Capítulo 2) examinan el desarrollo temporal que ha experimentado el estudio científico del comportamiento animal en especies nativas chilenas, con un análisis de cuáles son las especies que han recibido mayor atención, y cuáles son las temáticas en los cuales estos modelos están aportando. A continuación, Ebensperger dedica el Capítulo 3 a examinar los beneficios y costos de distintas formas de sociabilidad, así como su evolución en vertebrados e invertebrados. En el Capítulo 4, Flores-Prado hace lo propio tomando en cuenta los insectos nativos de Chile. Luego, en el Capítulo 5 Correa examina las causas de la variabilidad social registrada entre poblaciones de mamíferos para los que se cuenta con información. En el Capítulo 6 Labra revisa y analiza la diversidad de señales en vertebrados e invertebrados, sus causas ecológicas y evolución. Este capítulo también aborda las bases fisiológicas de la recepción de señales en los sistemas para los cuales existe información. Los Capítulos 7, 8 y 9 abordan detalladamente algunos de los mecanismos proximales del comportamiento social. Así, en el Capítulo 7, Aspé y colaboradores examinan los núcleos y circuitos neurológicos responsables que subyacen a la expresión de distintos aspectos del comportamiento social. Villavicencio y Quispe dedican el Capítulo 8 a analizar la importancia de distintos sistemas neuroendocrinos como mediadores del comportamiento social en animales. Luego, Bogdanovich & Bozinovic en el Capítulo 9 examinan las consecuencias fisiológicas (ej., energéticas, balance hídrico) de algunos aspectos del comportamiento social (ej., agrupamiento, cuidado parental) en modelos vertebrados e invertebrados. Finalmente en el último capítulo, Zapata y Marcoppido abordan las bases para entender las medidas de bienestar animal implementadas en relación al manejo de especies nativas con fines comerciales.

AGRADECIMIENTOS

Luis A. Ebensperger agradece el apoyo de sus proyectos FONDECYT 3970028, 1020861, 1060499, 1090302, 1130091 y 1170409. Antonieta Labra agradece el financiamiento de sus proyectos FONDECYT 2950015, 1090251, 1120181, e IFS 2933-2, 2933-1.

LITERATURA CITADA

Clutton-Brock TH (2016). *Mammal societies.* John Wiley & Sons Ltd., Chichester, Reino Unido.

Davies NB, Krebs JR, West SA (2012). *An introduction to behavioural ecology.* Fourth edition. Wiley-Blackwell, Oxford, Reino Unido.

Ebensperger LA, Hayes LD, eds. (2016). *Sociobiology of caviomorph rodents: an integrative approach.* John Wiley & Sons Ltd., Chichester, Reino Unido.

Ebensperger LA, Hayes LD (2016). An integrative view of caviomorph social behavior. Pp. 326-355, en: *Sociobiology of caviomorph rodents: an integrative approach* (Ebensperger LA, Hayes LD, eds.). John Wiley & Sons Ltd., Chichester, Reino Unido.

Hofmann HH, Beery AK, Blumstein DT, Couzin ID, Earley RL, Hayes LD, Hurd PL, Lacey EA, Solomon NG, Taborsky M, Young LY, Rubenstein DR (2014). *An evolutionary framework for studying mechanisms of social behavior. Trends in Ecology & Evolution* 29:581-589.

Immelmann K, Beer C (1989). *A dictionary of ethology*. Harvard University Press, Harvard, Estados Unidos de América.

Lott DF (1991). *Intraspecific variation in the social systems of wild vertebrates*. Cambridge University Press, Cambridge, Reino Unido.

Kappeler PM, Barrett L, Blumstein DT, Clutton-Brock T (2013). Constraints and flexibility in mammalian social behaviour: introduction and synthesis. *Philosophical Transactions of the Royal Society* B 368:20120337.

Maher CR, Burger JR (2011). Intraspecific variation in space use, group size, and mating systems of caviomorph rodents. *Journal of Mammalogy* 92:54-64.

Moore AJ, Székely T, Komdeur J (2011). Prospects for research in social behavior: systems biology meets behavior. Pp. 538-550, en: *Social behaviour: genes, ecology and evolution* (Székely T, Moore AJ, Komdeur J, eds.). Cambridge University Press, Cambridge, Reino Unido.

O'Connell LA, Hofmann HA (2011). Genes, hormones, and circuits: an integrative approach to study the evolution of social behavior. *Frontiers in Neuroendocrinology* 32:320-335.

Russell JJ, Theriot JA, Sood P, Marshall WF, Landweber LF, Fritz-Laylin L, Polka JK, Oliferenko S, Gerbich T, Gladfelter A, Umen J, Bezanilla M, Lancaster MA, He S, Gibson MC, Goldstein B, Tanaka EM, Hu CK, Brunet A (2017). Non-model model organisms. *BioMed Central Biology* 15:55.

Székely T, More AJ, Komdeur J (2011). Introduction. The uphill climb of sociobiology: towards a new synthesis. Pp. 1-4, en: *Social behaviour: genes, ecology and evolution* (Székely T, More AJ, Komdeur J, eds.). Cambridge University Press, Cambridge, Reino Unido.

Tinbergen N (1963). On aims and methods of ethology. *Zeitschrift für Tierpsychologie* 20:410-433.

Wilson EO (1976). *Sociobiology: the new synthesis*. Harvard University Press, Massachusetts, Estados Unidos de América.

CAPÍTULO 2

ESTUDIOS CONDUCTUALES EN LA FAUNA NATIVA DE CHILE: POSIBLES ESPECIES MODELOS

Antonieta Labra

ONG Vida Nativa, Santiago, Chile;
Centre for Ecological and Evolutionary Synthesis (CEES),
Department of Biology, University of Oslo, Noruega.

Felipe Pérez de Arce

Departamento de Ecología, Facultad de Ciencias Biológicas,
Pontificia Universidad Católica de Chile.

Luis A. Ebensperger

Departamento de Ecología, Facultad de Ciencias Biológicas,
Pontificia Universidad Católica de Chile.

RESUMEN

Realizamos un análisis bibliométrico de los estudios conductuales que han examinado la fauna nativa de Chile. En este análisis incluimos estudios realizados fuera de los límites geográficos del país pero que son parte de la distribución de estas especies. En total, examinamos 2110 estudios que incluyeron 578 especies nativas entre los años 1940 y 2019. Esta información reveló un incremento significativo de los estudios a través de los años, y una preferencia taxonómica por aves y mamíferos en desmedro de otros vertebrados e invertebrados como modelo de estudio. Las temáticas más abordadas en estudios de fauna nativa han sido forrajeo, comunicación y uso del espacio. Sin embargo, tanto las temáticas como las aproximaciones involucradas en estos estudios han cambiado en el período estudiado. Por ejemplo, forrajeo tuvo un incremento hasta la década de los 90s, para luego declinar. Luego de un predominio inicial por parte de estudios descriptivos, apreciamos una mayor similitud con la frecuencia de estudios correlacionales y experimentales. Finalmente, el análisis reveló seis especies que han recibido mayor atención por parte de estudios conductuales. Entre estas, tres especies de mamíferos (*Lama guanicoe*, *Otaria flavescens*, *Octodon degus*) destacan por su frecuencia en estudios sobre diferentes aspectos del comportamiento social, y se perfilan como potenciales modelos en el estudio de conducta social.

ESTADO DEL ARTE DE LOS ESTUDIOS CONDUCTUALES

En las últimas décadas se ha registrado a nivel mundial un aumento sustancial de los estudios que abordan algún aspecto de la conducta animal (Ord *et al.* 2005), lo que ha marcado un acelerado crecimiento de esta disciplina (Kappeler 2010). Este desarrollo podría deberse en parte a que en la actualidad es posible abordar preguntas conductuales con herramientas y marcos conceptuales que integran aspectos próximos (ej., genética, fisiología) y últimos (ej., método comparado), lográndose así una visión integrativa de las preguntas exploradas (Robinson 1999, Robinson *et al.* 2008, Blumstein *et al.* 2010., Hofmann *et al.* 2014). Es posible además, que este desarrollo responda a la urgencia por recuperar y preservar la biodiversidad que se está perdiendo aceleradamente a nivel mundial en esta era del antropoceno (Crutzen 2006, Ceballos *et al.* 2015). Es claro que la realización de planes de conservación adecuados y eficaces para las especies amenazadas requiere de un conocimiento adecuado de diversos aspectos conductuales de dichas especies (Caro 1998, Blumstein y Fernández-Juricic 2010).

Previamente, Beltramí (1999) y Labra *et al.* (2000) examinaron la evolución de los estudios conductuales en Chile, y ambos indicaron un creciente desarrollo, aunque sin profundizar en sus causas y alcances. Sin embargo, es evidente que los estudios conductuales dirigidos a la conservación son especialmente relevantes para Chile debido a que su condición de isla geográfica determina un alto grado de endemismo (Simonetti *et al.* 1995; véase **especie endémica**). Esta condición se ha asociado a un mayor riesgo de extinción (ej., Duncan y Blackburn 2004, Whittaker *et al.* 2017). Esto es particularmente cierto en la zona central del país (Lamoreux *et al.* 2006), uno de los 25 "puntos calientes" ("hotspots") de endemismo mundial (Myers *et al.* 2000).

Por otra parte, el alto endemismo de la fauna "isleña" de Chile le confiere un valor especial, pues diversas especies podrían presentar características conductuales relativamente únicas (Whittaker *et al.* 2017), pudiendo constituir interesantes especies modelos. Esto es relevante además si se considera que una parte importante del desarrollo conceptual y empírico de la Ecología Conductual y disciplinas afines se sustentan en especies modelos de regiones del Neártico (Estados Unidos) y Paleártico (Europa) (ej., Fox 1978, Hunt *et al.* 1998), con baja representación en el Neotrópico (véase Reboreda *et al.* 2019), aun cuando existen llamados fundados sobre las ventajas que tendría la inclusión de la fauna de esta región (Tang-Martínez 2003). De hecho, los estudios realizados en esta zona biogeográfica están teniendo una mayor visibilidad, lo que sugiere una mayor contribución a los distintos aspectos teóricos del estudio de la conducta animal (Jaffe *et al.* 2019). Esto podría contribuir a expandir el "espectro de especies modelos", lo que permitiría eventualmente contar con una mejor representación de la variabilidad natural existente y con teorías más inclusivas (ej., Zuk *et al.* 2014). De hecho, el "descubrimiento" de nuevas especies modelos en ciencia ha representado un significativo avance en el entendimiento de diversas problemáticas en distintos ámbitos de la biología (Forsman *et al.* 2015, Russell *et al.* 2017). En el caso de aspectos comportamentales, Zuk *et al.* (2014) por ejemplo, destacan la relevancia que están teniendo las moscas amarillas del estiércol para el desarrollo de la teoría del conflicto sexual y competencia espermática, problemática usualmente abordada con las moscas del vinagre (ej., *Drosophila melanogaster*).

En este contexto nos planteamos examinar el desarrollo que han tenido los estudios conductuales que han incluido especies de la fauna nativa de Chile. Además, exploramos el perfilamiento de algunas de estas especies como modelos de estudio. Para abordar estos objetivos realizamos un análisis bibliométrico de los estudios conductuales de especies nativas de Chile. Considerando que la distribución geográfica de varias especies incluye zonas o regiones más allá de los límites geográficos del país, esta recopilación incluye estudios realizados fuera de los límites geográficos de Chile.

ANÁLISIS BIBLIOMÉTRICO

Realizamos una búsqueda de los estudios de conducta animal, y que definimos como todo aquello que hacen los animales, que normalmente tiende a su bienestar y/o a asegurar su adecuación biológica, y que incluye distintas interacciones con conespecíficos, heterospecíficos y el medio ambiente. De este modo, un rasgo conductual corresponde a un patrón de actividad, coordinado internamente, detectable externamente, y que responde a cambios internos o externos del individuo.

Para realizar nuestra búsqueda bibliográfica trabajamos primero con la base de datos *Web of Science*, donde utilizamos combinaciones de palabras claves en inglés y castellano: Chile, chile#, nombre del taxa (ej., pez, mamífero), conducta, conducta social, apareamiento, comunicación, hormona, reproducción, competencia. A este primer listado agregamos los estudios sobre fauna nativa examinados por Labra *et al.* (2000). Además, incorporamos la literatura pertinente citada en las publicaciones incluidas en la base de datos. A partir del listado de publicaciones recopiladas, consideramos el total de especies nativas examinadas por estos estudios. Para cada especie realizamos una búsqueda en *Google Académico*, incluyendo su nombre científico y la palabra behav*. Repetimos esta búsqueda cambiando behav* por conducta. En ambos casos excluimos de la búsqueda las opciones de incluir referencias asociadas a citas y patentes. Del listado generado por *Google Académico* para cada especie, solo consideramos las 20 primeras referencias. Esta última búsqueda nos permitió incorporar estudios de revistas no ISI (*International Scientific Index*), disminuyendo así un potencial sesgo en el tipo de publicaciones ingresadas a la base de datos. Sin embargo, excluimos reportes, tesis de grado, o libros sobre las especies de interés. Los ingresos a la base de datos concluyeron el 30 de diciembre del 2019. En los casos que hubo duda de si una especie era nativa o no, se consultó la información establecida por el Ministerio del Medio Ambiente de Chile (mma.gov.cl), o guías de la fauna presente en el país (ej., Jaramillo 2005, Iriarte 2008).

Consideramos que la recopilación de los estudios realizados en Chile fue exhaustiva, aunque no descartamos la posibilidad de no haber incluido algunas publicaciones científicas con baja difusión por estar publicadas en revistas que a la fecha no han sido digitalizadas (ej., *Medio Ambiente*). En el caso de los estudios realizados fuera de Chile, la revisión constituye una muestra exhaustiva y representativa del total. Hacemos notar que es probable que no pesquisáramos el total de las publicaciones locales no ISI dado que nuestra búsqueda enfatizó los idiomas inglés y castellano, por lo que estudios en portugués no estarían incluidos. En segundo lugar, el volumen de publicaciones asociado a especies de amplia distribución (ej., aves, cetáceos) hizo que fuera inviable realizar una búsqueda completamente exhaustiva de dichas especies.

Cada publicación ingresada fue clasificada de acuerdo a varios aspectos y atributos (véase Anexo 1), agrupados en cuatro categorías fundamentales: (1) revista: se consideró su temática, si estaba o no listada en *Web of Science* (ISI vs. no ISI), su índice de impacto (de acuerdo a *Web of Science* del año 2019), y su ámbito, regional vs. internacional, de acuerdo al alcance declarado por cada revista; (2) publicación: se incluyó el año, el número de citas totales acumulado hasta diciembre del 2019 (según *Google Académico* y *Web of Science*), y el sitio del estudio (Chile, extranjero, ambos o revisión); (3) atributos del estudio: estos se categorizaron de acuerdo al tipo, marco, condición y temática del estudio (véase Anexo); (4) especie: estas fueron clasificadas taxonómicamente, y además se consideró su rango de distribución como neotropical vs. otra. Utilizamos la categoría "otra" para especies cuya distribución se extiende más allá de los límites del neotrópico. Si bien el neotrópico está definido en asociación a la plataforma continental (Morrone

2014), nuestra categorización también incluyó especies marinas (ej., mamíferos) asociadas a las costas del neotrópico.

Para el análisis estadístico de los datos utilizamos la prueba G de máxima verosimilitud y correlaciones de Pearson.

RESULTADOS DEL ANÁLISIS BIBLIOMÉTRICO

La búsqueda bibliográfica arrojó un total de 2110 estudios en 579 especies nativas, publicados entre los años 1940 y 2019. El análisis de la distribución de estas publicaciones reveló que ha existido un crecimiento sigmoideo significativo de los estudios a través de los años (P < 0,005; **Figura 2-1**). Un 63% de estas publicaciones incluyeron cordados, y dentro de este filo, la clase más estudiada ha sido aves, seguida por mamíferos (**Tabla 2-1**). Luego de excluir los estudios basados en un re-análisis de datos publicados previamente (i.e., Revisiones, n = 36), un 42% de las publicaciones correspondieron a estudios realizados en Chile, un 57% de los estudios han sido realizados fuera de los límites geográficos de Chile, y solo un 1% de estos incluyó resultados dentro y fuera de Chile. Del total de 2110 estudios, un 78% ha sido publicado en revistas enfocadas a una audiencia internacional, el resto (22%) ha sido publicado en revistas de interés regional (nacionales o extranjeras). Sin embargo, registramos una asociación estadísticamente significativa entre la ubicación geográfica de los estudios y el tipo de revista (G = 36,7, 2 g.l., P < 0,001), y donde los estudios realizados en Chile tienden a ser publicados en revistas regionales comparado con estudios realizados en el extranjero. En relación a la

Figura 2-1

Número de estudios publicados en conducta animal
en especies nativas de Chile desde 1940.

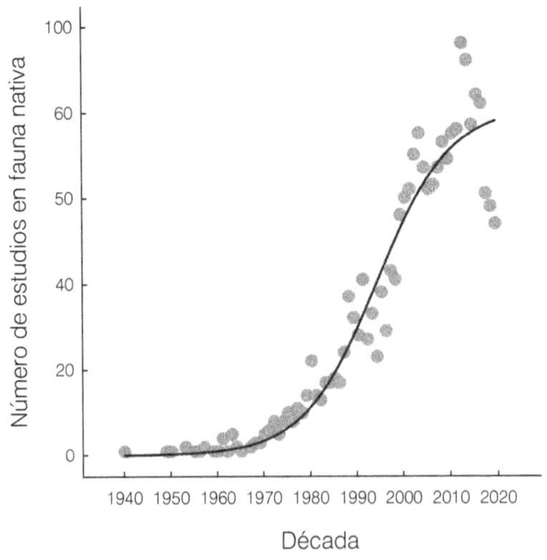

Tabla 2-1

Representación taxonómica de las especies de fauna nativa
en las cuales se han realizado estudios conductuales.

Filo	Clase	Número de especies
Annelida	Polychaeta	1
Total Annelida		1
Arthropoda	Arachnida	2
	Crustacea	52
	Insecta	111
Total Arthropoda		165
Bryozoa	Gymnolaemata	2
Total Bryozoa		2
Chordata	Actinopterygii	16
	Amphibia	30
	Aves	187
	Mammalia	82
	Reptilia	46
	Urochordata	1
Total Chordata		362
Echinodermata	Asteroidea	5
	Echinoidea	5
Total Echinodermata		10
Mollusca	Bivalvia	8
	Cephalopoda	2
	Gastropoda	26
	Polyplacophora	2
Total Mollusca		38
TOTAL		578

temática de las revistas, la mayoría (42%) de los estudios examinados (n = 2110) han sido publicados en revistas de zoología y un 16% en revistas de conducta animal (**Figura 2-2a**). Luego de re-categorizar las revistas en "conductuales" vs. "no conductuales", observamos un aumento sostenido en el tiempo en la proporción de los estudios que se publican en revistas conductuales (**Figura 2-2b**; r = 0,98, 6 g.l., P = 0,001).

El impacto de las publicaciones sobre fauna nativa, estimado a partir del número de citas indicado por *Google Académico* y por *Web of Science*, ha sido estable en el período examinado; no detectamos una correlación estadísticamente significativa entre cada índice de citación y el año de su publicación (valor de r < 0,01, P > 0,05, para ambos índices).

Figura 2-2

Tipo de revistas donde han sido publicados los 2110 estudios conductuales con fauna nativa incorporados en esta revisión. **a)** Número de estudios publicados en función de la temática de la revista. Una explicación de la cobertura de cada temática se encuentra en el Anexo 1. **b)** Proporción de los estudios conductuales publicados en revistas con enfoques conductuales en relación al total, a través de los años.

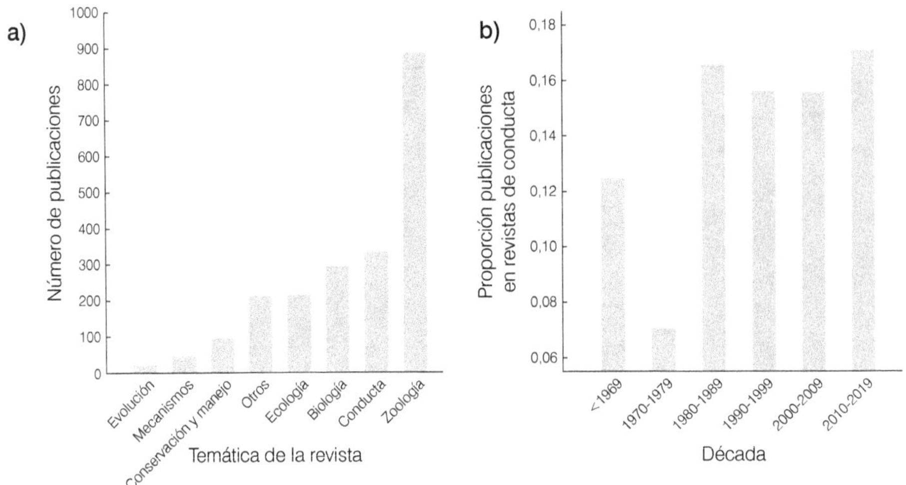

Las temáticas examinadas incluyen algunas escasamente abordadas (raras) como acicalamiento, juego, personalidad y termorregulación, y otras abordadas con más frecuencia, tales como forrajeo, comunicación, y uso del espacio (**Figura 2-3**). La **Figura 2-4** ilustra la trayectoria temporal de algunas temáticas principales que incluyen temáticas más específicas pero relacionadas (ej., conducta reproductiva y de cuidado parental). Es posible apreciar un incremento relativamente sostenido de estudios en desplazamiento y uso del espacio. En el caso de estudios en forrajeo, estos tuvieron un incremento sostenido hasta la década de los 90s, para luego disminuir en importancia (**Figura 2-4**). Tanto los estudios en comunicación, conductas reproductivas y cuidado parental (i.e., selección sexual) y sociabilidad muestran tendencias relativamente estables desde los años 80s (**Figura 2-4**).

Figura 2-3

Porcentaje de los estudios abordados en las distintas temáticas reconocidas en este análisis. Para una mayor clarificación de qué cubre cada temática de estudio, véase Anexo 1. Las categorías que indican dos y tres o más temáticas hace referencia a aquellos estudios que cubrieron más de una temática. Considerando que existió una alta diversidad de las temáticas que se estudiaron en forma conjunta, solo establecimos categorías de cuantas temáticas se abordaron en forma conjunta.

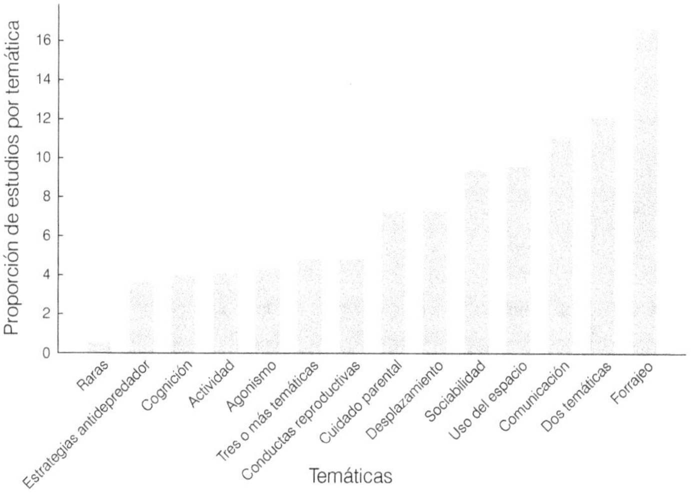

Figura 2-4

Cambio a través del tiempo (décadas) del interés por las temáticas más abordadas en los estudios conductuales de fauna nativa. Algunas temáticas se agruparon, considerando que muchos estudios las abordaron juntas. Para una mayor clarificación de qué cubre cada temática de estudio, véase Anexo 1.

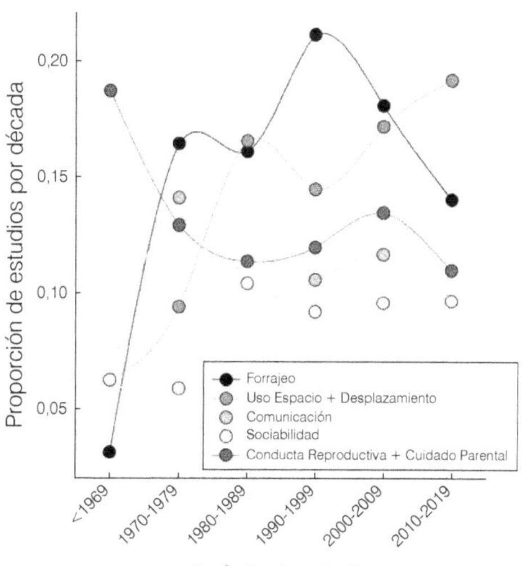

El marco conceptual que ha motivado los estudios en conducta de fauna nativa también ha variado en el tiempo. Estos fueron predominantemente descriptivos (sin un marco conceptual basado en pruebas de hipótesis), hasta la década de los 70s **(Figura 2-5)**. Luego, a partir de los años 80s estos se mantienen con una frecuencia similar a aquella de los estudios funcionales **(Figura 2-5)**. Por otra parte, los estudios que han abordado mecanismos, desarrollo y evolución de los aspectos conductuales, han sido en general minoritarios **(Figura 2-5)**. Destacamos, sin embargo, un desarrollo incipiente pero sostenido a partir de los años 80s, de los estudios que abordan efectos antrópicos sobre la conducta.

Figura 2-5

Variabilidad en el tipo de enfoque usado por los estudios conductuales examinados. Se incluyen las cuatro preguntas de Tinbergen (función, desarrollo, evolución, mecanismo), además de "efecto antrópico" en la conducta, por sobre la pregunta de Tinbergen (1963) abordada. Métodos hace referencia al contraste de distintas metodologías para abordar la pregunta de estudio. Descripción implica que el estudio solo describe la conducta, sin intentar abordar alguna pregunta de Tinbergen. Finalmente, la categoría dos marcos, incluye estudios en los que la pregunta se aborda usando más de una pregunta de Tinbergen.

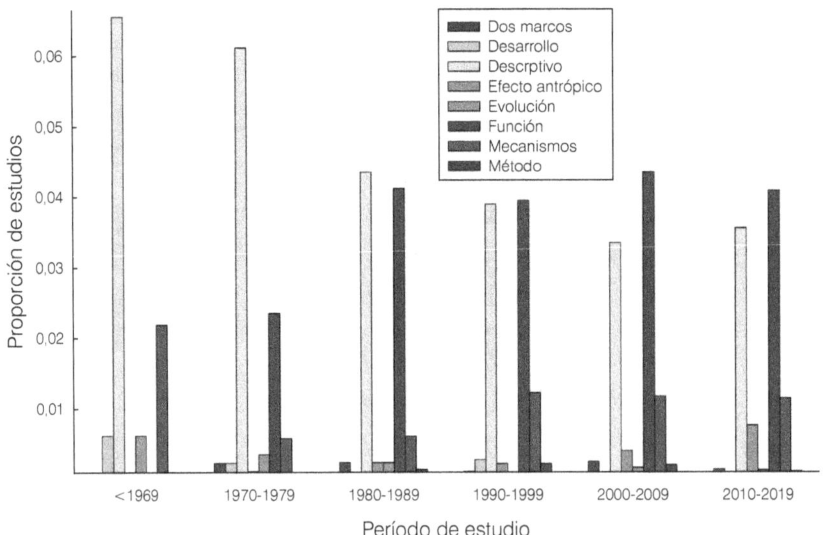

Entre las aproximaciones utilizadas, apreciamos un predominio hasta la década de los 70s, por la descripción de las conductas observadas. A partir de la siguiente década se aprecia una mayor frecuencia en el uso de aproximaciones observacionales (correlacionales), las que apuntan a evaluar el efecto de diferentes factores sobre la conducta **(Figura 2-6)**. Los estudios experimentales han permanecido relativamente estables en el tiempo, mientras que los estudios basados en comparar la conducta de especies en un contexto filogenético ("comparado") así como las revisiones verbales ("revisión") han sido poco frecuente (**Figura 2-6**).

Figura 2-6

Variabilidad temporal de las principales aproximaciones utilizadas por estudios de la conducta en especies nativas de Chile. Para una mayor clarificación de la aproximación, véase Anexo. La categoría combinaciones implica que el estudio uso más de un tipo de aproximación.

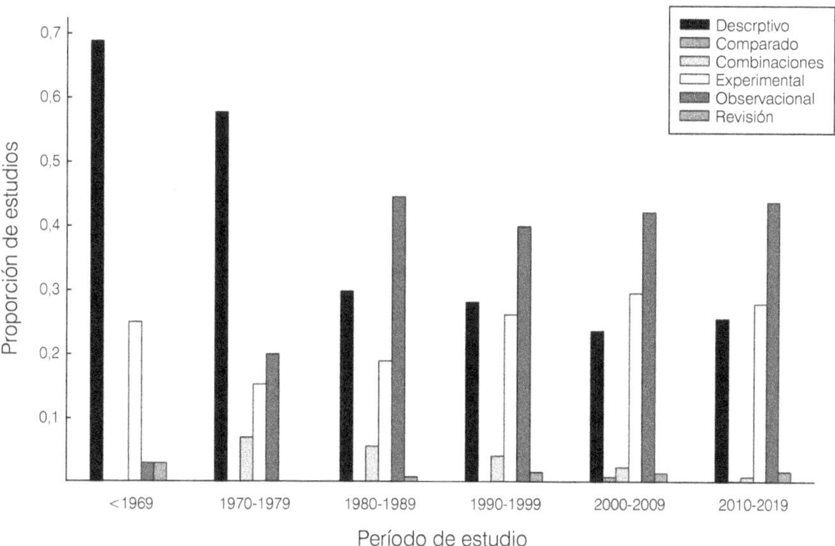

Una mayoría de los estudios se han realizado examinando la conducta de las especies en condiciones de vida libre (73%), y secundariamente, en cautiverio (22%). Solo alrededor de un 2% de los estudios se han basado en re-examinar información publicada previamente. Un 32% de los estudios examinados incluyeron la cuantificación de conductas sociales, cifra que es globalmente menor a la de los estudios que cuantificaron la conducta a nivel individual (58%). Esta diferencia se estableció desde los 70s y ha permanecido relativamente estable en el tiempo (**Figura 2-7**).

Del total de 578 especies nativas examinadas, un 72% tienen distribución restringida al neotrópico. El número de estudios que se han concentrado en estas especies ha sido heterogéneo. Por ejemplo, un 42% del total de especies han sido consideradas por un estudio, y un 55% de la especies tiene un rango de entre 2 a 17 estudios. Por sobre 17 estudios se registra un quiebre, y donde verificamos seis especies que cuentan con un número de estudios de entre 21 y 83 (**Tabla 2-2**).

Figura 2-7

Variabilidad temporal en el tipo de conducta examinada: individual, social (interacciones entre individuos), y mixto.

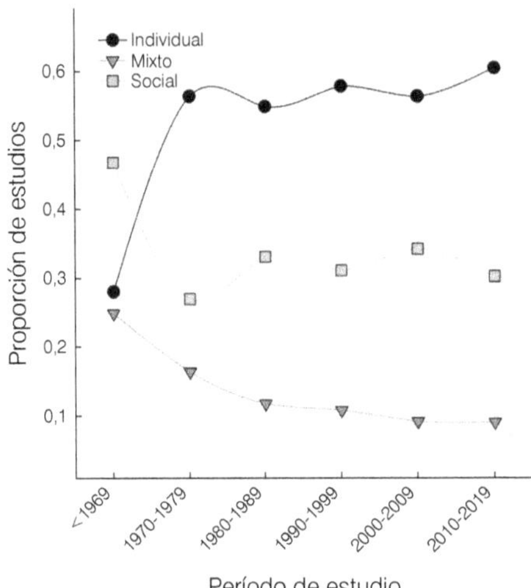

Tabla 2-2

Presentación de las seis especies de la fauna nativa distribuida en el Neotrópico, con más de 20 estudios.

Especie	Número de estudios
Octodon degus	83
Otaria flavescens	39
Lama guanicoe	38
Spheniscus magellanicus	29
Zonotrichia capensis	25
Vicugna vicugna	21

DISCUSIÓN

El análisis bibliométrico realizado reveló un incremento significativo de los estudios conductuales sobre la fauna nativa chilena, aunque con una tendencia no lineal a alcanzar un posible máximo. Las causas para este posible nivel máximo no son claras, pero podrían estar asociadas a una tendencia mundial de menor asignación presupuestaria a estudios de ciencia básica.

Al igual que lo reportado por Labra *et al.* (2000) para Chile, verificamos un sesgo taxonómico en los estudios, pues los cordados son los organismos más examinados, particularmente aves y mamíferos. Sin embargo, esto constituye un sesgo mundial, como lo reflejan diversos estudios que reportan preferencias taxonómicas en estudios en ecología y evolución (Bonnet *et al.* 2002, Taborsky 2009, Bakker y Traniello 2016, Rosenthal *et al.* 2017). Entre las potenciales explicaciones propuestas para estos sesgos, es posible plantear una fascinación subjetiva por algunos organismos como las aves, o una mayor proximidad filogenética con *Homo sapiens*, en el caso de los mamíferos. Resulta sorprendente el relativo bajo interés por estudios conductuales en peces. En el caso específico de Chile, el país cuenta con un borde costero extenso que alberga una alta diversidad de peces marinos, lo que sumado a la diversidad de peces dulceacuícolas, indica unas 1600 especies nativa de Chile (Habit *et al.* 2006, Reyes y Hünem 2012). Esto claramente apoya que el número de especies no refleja el interés por su estudio (Bonnet *et al.* 2002). El análisis también muestra claramente que existe un bajo interés por estudios sobre en invertebrados nativos, lo que también sigue tendencias a nivel internacional en la disciplina (Bakker y Traniello 2016, Rosenthal *et al.* 2017). Este sesgo taxonómico está asociado además a un sesgo taxonómico en las citas utilizadas por distintos investigadores (Taborsky 2009), lo que conjuntamente se traduce en un desconocimiento de una parte importante de la fauna nativa, y por lo tanto, dificulta el poder contar con teorías científicas más inclusivas del comportamiento de especies animales.

Es claro que un gran porcentaje de los estudios en especies de la fauna nativa chilena han sido realizados fuera de los límites geográficos del país. Esto no es sorprendente si se considera que esta fauna incluye especies de amplia distribución, como tortugas, mamíferos marinos y aves (algunas migratorias). Dichas especies han sido estudiadas en diversas partes de su distribución geográfica fuera de los límites geográficos de Chile. Esto, además podría relacionarse estrechamente con los datos que indican una tendencia general por la publicación en revistas de alcance internacional, algo positivo si se considera que la información pueda alcanzar una audiencia mayor. A partir de nuestro análisis, registramos que los estudios realizados en Chile tienden a publicarse en revistas de corte regional en lugar de internacional. Por una parte, esto disminuye el potencial de que especies de la fauna nativa adquieran el valor de especies modelos, especialmente las de distribución más acotada. No obstante, este resultado debe tomarse con cautela ya que nuestro análisis pudo haber incluido una proporción mayor de estudios no ISI en Chile comparado con otros países.

Si se considera la temática de la revista de publicación, es evidente que una parte significativa de los estudios han sido publicados en revistas de zoología, lo que refleja que estos estudios se han publicado en revistas especializadas de acuerdo al taxón de estudio. Esto podría ser consecuencia de que el foco principal de muchos autores no ha sido el análisis de la conducta. Cabe destacar, sin embargo, que cuando se re-categorizaron las revistas en conductuales vs. no conductuales, apreciamos un incremento a través del tiempo en la proporción de los estudios publicados en revistas cuya temática es la conducta, lo que sugiere un creciente interés en realizar estudios con un marco conceptual asociado a preguntas de interés científico en esta disciplina. Más allá de la contribución que estos estudios puedan representar para los diversos aspectos teóricos en desarrollo, esta tendencia asimismo permite educar a colegas de disciplinas cercanas como ecología, evolución, o conservación biológica sobre el valor y la relevancia de los estudios conductuales.

Los principales tópicos conductuales abordados en estudios de fauna nativa son forrajeo, comunicación y uso del espacio. De estos tres tópicos, solo dos, forrajeo y comunicación, siguen las tendencias a nivel mundial, las que incluyen además de estos dos tópicos, apareamiento, cuidado parental y conducta social (Rosenthal *et al.* 2017). En el ámbito de comunicación, el relativamente alto porcentaje de estudios en esta área se asocia a la descripción de las señales, particularmente aquellas acústicas con alta representación de mamíferos marinos de amplia distribución (Labra Capítulo 6). Luego de agrupar temáticas relacionadas, es posible observar cómo han cambiado los intereses de estudio a través del tiempo. Forrajeo tuvo un incremento hasta la década de los 90s, para luego declinar, una tendencia registrada mundialmente (Gros 1994). La proporción de estudios que aglutina a selección sexual (cuidado parental y conducta reproductiva), comunicación y sociabilidad se han mantenido relativamente estables a partir de la década de los 70s, lo que contrasta con el incremento de los estudios asociados a la categoría combinada de uso del espacio y desplazamiento. Esto último en parte podría estar asociado a examinar aspectos tradicionalmente considerados como relevantes en conservación biológica. Aunque diversos aspectos de la conducta reproductiva potencialmente afectan estimaciones del tamaño poblacional efectivo (y por lo tanto el potencial de una población de persistir o extinguirse), estos típicamente no son examinados con detalle en este tipo de contextos aplicados. Algo similar puede decirse en el caso de rasgos de sociabilidad (Blumstein y Fernández-Juricic 2010).

La proporción de estudios con un interés fundamentalmente descriptivo de la conducta dominaron hasta la década del 70s, y se han mantenido relativamente constantes desde la década de los 80s. En el caso de los estudios que abordan la funcionalidad de la conducta, estos aumentaron durante la década de los 70s y luego alcanzan niveles similares a los descriptivos desde los 80s. Una mención importante merecen los estudios catalogados como "efecto antrópico". Aunque estos estudios podrían haber sido asociados a alguna de las otras categorías (ej., función, mecanismos), consideramos necesario visualizar la existencia de los estudios que abordan aspectos de la conducta animal principalmente orientados a salvaguardar la biodiversidad local o regional. Los datos indican que existe un lento incremento desde los años 80s en diagnosticar y cuantificar cómo distintos tipos de la perturbación antrópica están afectando la fauna nativa. No cabe duda que se requiere aumentar los esfuerzos dedicados a este aspecto, algo relevante para plantear medidas de mitigación científicamente fundadas que resguarden especies de la fauna nativa y los ecosistemas que las incluyen.

Nuestro análisis bibliométrico también mostró que a partir de los 70s se produce una estabilización en la proporción de los estudios donde la conducta es abordada a nivel individual y social, y donde han primado aquellos cuyo foco es individual. Esto podría ser consecuencia de que en una primera etapa algunas problemáticas requieren tener claridad de cómo responden los organismos en forma individual a los estímulos de interés.

Esto puede ser particularmente cierto, por ejemplo, en estudios de comunicación. Antes de determinar cómo una señal es modulada por la interacción entre los individuos, se hace necesario tener claridad de la funcionalidad de las señales, estudio que se facilita metodológicamente si los organismos son expuestos aisladamente a las señales en estudio. Un segundo factor que podría explicar el mayor interés por examinar variables a nivel individual es la posibilidad de contar con una infraestructura adecuada. Usualmente, el registro de interacciones entre dos o más individuos requiere, entre otras, de una mayor disponibilidad de espacio. Más aún, si además es necesario que los individuos coexistan, esto determina que si el estudio se realiza en condiciones de laboratorio, las condiciones de cautiverio deben permitir una mantención adecuada y realista de los individuos agrupados. A esto habría que agregar la necesidad de espacio suficiente para contar con un número de réplicas adecuadas. Es claro entonces, que existen mayores limitaciones de infraestructura apropiada en estudios con un foco social.

Finalmente, cuando se toma en cuenta el número de estudios por especie, nuestro análisis sugiere a seis especies nativas y con distribución acotada que cuentan con un número acumulado de estudios por sobre una gran mayoría. Estas corresponden a dos especies de aves (pingüino magallánico: *Spheniscus magellanicus*; chincol: *Zonotrichia capensis*) y cuatro mamíferos (guanaco: *Lama guanicoe*; degu: *Octodon degus*; lobo marino: *Otaria flavescens*; vicuña: *Vicugna vicugna*). De estas especies, el chincol, se presenta como una especie de interés desde el punto de vista de la comunicación, lo que podría incluir análisis de cómo los factores ambientales modulan las señales vocales, y el potencial rol de los cambios en las vocalizaciones en el aislamiento de las poblaciones. Por otra parte, tanto el lobo marino común como el pingüino magallánico, han sido foco de estudio que incluyen diversas temáticas, desde forrajeo, comunicación, y aspectos de su sociabilidad, lo cual podría contribuir a la teoría de diversos aspectos de la conducta animal. Las tres especies restantes, guanaco, vicuña y degu han sido fundamentalmente consideradas en relación a su conducta social. De estas dos primeras, es llamativo que el interés por su conducta viene de antiguas civilizaciones **(Figura 2-8)**. Sin embargo, y entre todas, el degu destaca por un interés nacional e internacional creciente en esta especie por parte de estudios enfocados en conectar aspectos sociales, neurobiológicos y biomédicos (Colonnello *et al.* 2011, Ardiles *et al.* 2013). Desde un punto de vista disciplinar, el alto número y diversidad de temáticas abordadas por los estudios en el degu apoyan que se trata de una especie modelo para integrar los aspectos centrales de las cuatro preguntas planteadas por Tinbergen (1963) para entender rasgos conductuales (i.e., mecanismos proximales, ontogenia, función, evolución). De hecho, cerca de dos décadas atrás distintos autores plantearon la necesidad y conveniencia de examinar la sociabilidad de esta especie con miras a establecer contrastes con especies de similar conducta, pero de distintas regiones biogeográficas o afiliación filogenética (Ebensperger 1998, Tang-Martínez 2003).

Más allá de estas seis especies, y como lo muestran los análisis realizados en los distintos capítulos de este texto, existen otras especies en la fauna nativa cuyos estudios están contribuyendo a diversos cuerpos teóricos asociados al estudio de la conducta animal.

Figura 2-8

Camélidos del norte de Chile, Antofagasta. **a)** Petroglifos del Valle del Arcoiris (Chile), realizados por la cultura atacameña. El grabado evidencia un grupo de camélidos, sugiriendo la relevancia de dicha fauna en esta cultura. **b)** Grupo de vicuñas (*Vicugna vicugna*) en las proximidades de las lagunas altiplánicas (Región de Antofagasta). Fotografías: Antonieta Labra.

AGRADECIMIENTOS

Los autores agradecen las distintas fuentes de financiamiento que han permitido sus investigaciones LAE: FONDECYT 3970028, 1020861, 1060499, 1090302, 1130091 y 1170409; AL: FONDECYT 1120181, 1090251, 3990021, 4960001, 2950015, e IFS 2933-2, 2933-1.

LITERATURA CITADA

Ardiles AO, Ewer J, Acosta ML, Kirkwood A, Martinez AD, Ebensperger LA, Bozinovic F, Lee TM, Palacios AG (2013). *Octodon degus* (Molina 1782): a model in comparative biology and biomedicine. *Cold Spring Harbor Protocols* 8:312-318.

Bakker TC, Traniello JF (2016). Behavioral Ecology and Sociobiology at 40. *Behavioral Ecology and Sociobiology* 70:1991-1993.

Beltramí M (1999). El desarollo de la etología en Chile. *Creces* 17:44-47.

Blumstein DT, Fernández-Juricic E (2010). A *primer of conservation behavior Sinauer Associates*, Inc, Massachusetts, Estados Unidos de América.

Blumstein DT, Ebensperger LA, Hayes LD, Vásquez RA, Ahern TH, Burger JR, Dolezal AG, Dosmann A, González-Mariscal GG, Harris BN, Herrera EA, Lacey EA, Mateo J, McGraw L, Olazábal D, Ramenofsky M, Rubenstein DR, Sakhai SA, Saltzman W, Sainz-Borgo C, Soto-Gamboa M, Stewart ML, Wey TW, Wingfield JC, Young LJ (2010). Towards an integrative understanding of social behavior: new models and new opportunities. *Frontiers in Behavioral Neuroscience* 4:1-9.

Bonnet X, Shine R, Lourdais O (2002). Taxonomic chauvinism. *Trends in Ecology & Evolution* 17:1-3.

Caro T (1998). *Behavioral ecology and conservation biology*. Oxford University Press Oxford.

Ceballos G, Ehrlich PR, Barnosky AD, García A, Pringle RM, Palmer TM (2015). Accelerated modern human-induced species losses: entering the sixth mass extinction. *Science Advances* 1:e1400253.

Colonnello V, Iacobucci P, Fuchs T, Newberry RC, Panksepp JJN, Reviews B (2011). *Octodon degus*. a useful animal model for social-affective neuroscience research: basic description of separation distress, social attachments and play. *Neuroscience & Biobehavioral Reviews* 35:1854-1863.

Crutzen PJ (2006). The "Anthropocene". Pp 13-18, en: *Earth system science in the anthropocene* (Ehlers E, Krafft T, eds.). Springer, Berlin, Heidelberg.

Duncan RP, Blackburn TM (2004). Extinction and endemism in the New Zealand avifauna. *Global Ecology and Biogeography* 13:509-517.

Ebensperger LA (1998). Sociality in rodents: the New World fossorial hystricognaths as study models. *Revista Chilena de Historia Natural* 71:65-77.

Forsman A, Tibblin P, Berggren H, Nordahl O, Koch-Schmidt P, Larsson P (2015). Pike *Esox lucius* as an emerging model organism for studies in ecology and evolutionary biology: a review. *Journal of Fish Biology* 87:472-479.

Fox SF (1978). Natural selection on behavioral phenotypes of the lizard *Uta stansburiana*. *Ecology* 59:834-847.

Gros MR (1994). The evolution of behavioural ecology. *Trends in Ecology & Evolution* 9:358-360.

Habit E, Dyer B, Vila I (2006). Estado de conocimiento de los peces dulceacuícolas de Chile. *Gayana* 70:100-113.

Hofmann HH, Beery AK, Blumstein DT, Couzin ID, Earley RL, Hayes LD, Hurd PL, Lacey EA, Solomon NG, Taborsky M, Young LY, Rubenstein DR (2014). An evolutionary framework for studying mechanisms of social behavior. *Trends in Ecology & Evolution* 29:581-589.

Hunt S, Bennett ATD, Cuthill IC, Griffiths R (1998). Blue tits are ultraviolet tits. *Proceedings of the Royal Society of London B: Biological Sciences* 265:451-455.

Iriarte A (2008). *Mamíferos de Chile*. Lynx Ediciones, Santiago.

Jaffe K, Correa JC, Tang-Martínez Z (2019). Ethology and animal behaviour in Latin America. *Animal Behaviour* 164:281-291.

Jaramillo A (2005). *Aves de Chile*. Lynx Editions, Barcelona.

Kappeler P (2010). *Animal behaviour: evolution and mechanisms*. Springer, Göttingen, Alemania.

Labra A, Ramírez CC, Niemeyer HM (2000). Development of behavioral studies in Chile between 1984 and 1998. *Revista Chilena de Historia Natural* 73:383-389.

Lamoreux JF, Morrison JC, Ricketts TH, Olson DM, Dinerstein E, McKnight MW, Shugart HH (2006). Global tests of biodiversity concordance and the importance of endemism. *Nature* 440:212-214.

Morrone JJ (2014). Biogeographical regionalisation of the Neotropical region. *Zootaxa* 3782:1-110.

Myers N, Mittermeier RA, Mittermeier CG, Da Fonseca GA, Kent J (2000). Biodiversity hotspots for conservation priorities. *Nature* 403:853-858.

Ord TJ, Martins EP, Thakur S, Mane KK, Börner K (2005). Trends in animal behaviour research (1968-2002): ethoinformatics and the mining of library databases. *Animal Behaviour* 69:1399-1413.

Reboreda JC, Fiorini VD, Tuero DT (2019). *Behavioral ecology of neotropical birds*. Springer, Sham, Suiza.

Reyes P, Hünem M (2012). *Peces del sur de Chile*. Ocho Libros, Santiago, Chile.

Robinson GE (1999). Integrative animal behaviour and sociogenomics. *Trends in Ecology & Evolution* 14:202-205.

Robinson GE, Fernald RD, Clayton DF (2008). Genes and social behavior. *Science* 322:896-900.

Rosenthal MF, Gertler M, Hamilton AD, Prasad S, Andrade MC (2017). Taxonomic bias in animal behaviour publications. *Animal Behaviour* 127:83-89.

Russell JJ, Theriot JA, Sood P, Marshall WF, Landweber LF, Fritz-Laylin L, Polka JK, Oliferenko S, Gerbich T, Gladfelter A (2017). Non-model model organisms. *BMC Biology* 15:55.

Simonetti JA, Arroyo MTK, Spotorno AE, Lozada E (1995). *Diversidad biológica de Chile*. CONICYT, Santiago, Chile.

Taborsky M (2009). Biased citation practice and taxonomic parochialism. *Ethology* 115:105-111.

Tang-Martínez Z (2003). Emerging themes and future challenges: forgotten rodents, neglected questions. *Journal of Mammalogy* 84:1212-1227.

Whittaker RJ, Fernández-Palacios JM, Matthews TJ, Borregaard MK, Triantis KA (2017). Island biogeography: taking the long view of nature's laboratories. *Science* 357:eaam8326.

Tinbergen N (1963). On aims and methods of ethology. *Zeitschrift für Tierpsychologie* 20:410-433.

Zuk M, Garcia-Gonzalez F, Herberstein ME, Simmons LW (2014). Model systems, taxonomic bias, and sexual selection: beyond *Drosophila*. *Annual Review of Entomology* 59:321-338.

ANEXO

A. Criterios de exclusión de la base de datos:

- Basados en estimación de tasa de consumo sin observaciones directas de la conducta.
- Basados en caracteres morfológicos exclusivamente.
- Uso de método comparado (análisis filogenético) en los que no incluyen variables conductuales o cuyo foco no es la evolución de la conducta.
- Estudios en ecología trófica cuando estos no incluyen registros de búsqueda, ataque, manipulación y/o consumo.
- Estudios de selección de hábitat cuando estos no incluyen observaciones conductuales y que están enfocados a explicar separación de nicho.
- Estudios sobre descripción de nidos (insectos o aves) cuando estos solo abordan los atributos de su estructura física o morfológica.
- En aves, se excluyen estudios que describen la fenología de la construcción del nido sin observaciones conductuales.
- Estudios en genética de poblaciones con inferencias indirectas sobre interacciones reproductivas entre los individuos y dispersión.
- Estudios de fenología reproductiva cuando en estos no hubo una descripción de la conducta.
- Estudios realizados con fauna nativa en sitios donde no ocurre naturalmente, y dichos animales o son mantenidos/criados en otros países, o importados con distintos fines.

B. Clasificaciones de los estudios:

I. Revista de publicación
1. Temáticas: Las revistas fueron catalogadas según la temática indicada por la editorial. Estas categorías fueron fusionadas, por lo que a continuación se indican las agrupaciones hechas:
   - *Biología*: Biología, Biología & Ecología
   - *Conducta*: Conducta, Conducta & Fisiología, Conducta & Medicina Animal, Neuroetología, Psicología.
   - *Conservación & Manejo*: Conservación & Manejo, Toxicología.
   - *Ecología*: Biología & Ecología, Ecología, Ecología & Evolución, Ecología Humana.
   - *Evolución*: Ecología & Evolución, Evolución.
   - *Mecanismos*: Fisiología, Genética.
   - *Otros*: Acuicultura, Acústica, Agronomía, Ciencias Sociales, Ciencias Veterinarias, General, Geografía, Oceanografía, Paleontología.
   - *Zoología*.
2. Indexación ISI. Revistas ISI vs. no ISI en función de los datos de la *Web of Science*.
3. Índice de impacto de acuerdo a la *Web of Science* para el año 2019.
4. Ámbito. Regional vs. Internacional. La categoría de región es independiente de si esta es nacional o extranjera.

II. Estudio
1. Año de su publicación
2. Número de citas totales hasta diciembre del 2019, según *Google Académico* y *Web of Science.*
3. Sitio del estudio: Chile, extranjero (incluido el territorio antártico), ambos y revisión.

III. Atributos del estudio
1. Tipo de conducta estudiada: individual, social, ambas.
2. Temáticas:
   - *Actividad*: incluye presupuestos de tiempo, patrones diarios (diurno, nocturno).
   - *Agonismo*: incluye agresión intra (social) e inter específica (individual o social), territorialidad, canibalismo e infanticidio, dominancia (estrategias conductuales alternativas para competir con otros por recursos).
   - *Cognición*: incluye estudios en reconocimiento, orientación, navegación.
   - *Comunicación/señales*: involucra interacción.
   - *Conductas reproductivas*: Incluye estudios sobre patrones de cortejo y apareamiento, selección de pareja y sistemas de apareamiento.
   - *Cuidado parental*: Incluye construcción del nido, selección del sitio para nidificación y/o del huésped (parasitoides). No se incluyeron trabajos donde no hay registros conductuales vinculados a este proceso. Incluye cuidado aloparental.
   - *Desplazamiento*: Incluye detalles del movimiento de los organismos y fidelidad al hogar ("homing"), migración, dispersión.
   - *Estrategia Anti-depredador*: Conductas de defensa y escape de depredación. También incluyo (solo en tres casos), las estrategias antiparasitarias.
   - *Forrajeo*: Incluye el proceso completo de obtención del alimento tanto de herbívoros como depredadores; incluye desplazamiento en el caso de los buceadores.
   - *Raras*: Juego, personalidad, termorregulación (estudios que examinan como los individuos utilizan su conducta para termorregular) y acicalamiento (auto y aloacicalamiento).
   - *Sociabilidad*: Incluye estructura y organización social (se incluye acá distintas formas de sociabilidad como agregaciones, colonialidad, grupos sociales, entre otras), y cooperación.
   - *Uso del espacio*: Incluye ámbito de hogar, selección de hábitat o parche, selección de sitios de asentamiento, uso de refugios.
   - *Se abordan dos o más temáticas en el estudio.*
3. Marco del estudio:
   - *Desarrollo*: Cambios ontogénicos en la conducta.
   - *Descriptivo*: Descripción cualitativa y/o cuantitativa de un comportamiento. Sin comparaciones o contrastes.
   - *Evolución*: Origen y cambio evolutivo de un rasgo de la conducta y cómo esto ha sido afectado por factores (ej., ambientales, históricos, historia de vida).

- *Función*: Incluye estudios donde se examina las consecuencias del comportamiento en contextos ambientales (ecológicos y sociales).
- *Mecanismo*: Estudios que determinan las variables internas (genéticas, neurológicas, fisiológicas, morfológicas) que causan el comportamiento de interés. Incluye trabajos que estudian los estímulos y procesamiento involucrados en la evocación de una conducta.
- *Métodos*: Descripción de metodología utilizada para la medición de una conducta. Interacciones entre las distintas categorías.

4. Tipo de estudio:
- *Comparado*: Incluye estudios que comparan especies distintas con/sin contexto filogenético.
- *Observacional*: Se realizan mediciones cuantitativas, estadística de por medio (dentro y entre poblaciones). Incluye experimentos naturales.
- *Descriptivo*: Descripciones cualitativas y/o cuantitativas, reportes de comportamientos novedosos.
- *Experimental*: Existe manipulación de una o más variables.
- *Revisión*: Incluye análisis de publicaciones en que la conducta de especies nativas son discutidas.
- *Combinación de las categorías mencionadas.*

5. Condición del estudio: Cautiverio, vida libre, ambos.

CAPÍTULO 3
SOCIABILIDAD EN VERTEBRADOS E INVERTEBRADOS

Luis A. Ebensperger

Departamento de Ecología, Facultad de Ciencias Biológicas,
Pontificia Universidad Católica de Chile, Santiago, Chile.

RESUMEN

En este capítulo realizo una síntesis de la teoría de sociabilidad y la evidencia que la sustenta, planteadas para explicar los aspectos funcionales y evolutivos de la vida en grupos (o sociabilidad) en especies animales. A continuación, utilizo este marco conceptual para describir la diversidad de formas de sociabilidad y sus componentes en especies nativas de Chile. La evidencia disponible indica que la fauna nativa chilena incluiría al menos 319 especies de invertebrados y vertebrados que muestran alguna forma de sociabilidad. Entre los primeros, una mayoría de las especies reportadas como sociales son crustáceos. En el caso de los vertebrados, las aves son señaladas más frecuentemente con atributos sociales, seguidas por los mamíferos. Las formas y rasgos sociales reportados incluyen agregaciones, coros, uso compartido del ámbito de hogar, uso comunal de sitios de descanso, uso compartido de refugio, colonialidad (estacional o permanente), cardúmenes, bandadas, grupos sociales y cooperación. Los estudios funcionales han examinado un porcentaje aún reducido de especies nativas en relación al total presente en Chile, y apoyan una mayor importancia relativa del riesgo de depredación como una causa de la sociabilidad, algo que también es apoyado por algunos estudios evolutivos realizados. Entre los posibles desafíos y oportunidades identificadas destaco la focalización de estudios en organismos potencialmente más informativos en términos filogenéticos, la realización de estudios enfocados a evaluar la importancia relativa de distintos factores como causas de la sociabilidad, y otros enfocados a determinar los efectos funcionales de la inestabilidad social a distintas escalas de tiempo. Por último, destaco la necesidad de realizar estudios filogenéticos. Además de determinar si la trayectoria evolutiva de distintos componentes de la sociabilidad es divergente de lo registrado en organismos más estudiados, estos estudios pueden contribuir a determinar la capacidad evolutiva de ajuste de las especies actuales frente al Cambio Global y sus efectos.

TEORÍA DE SOCIABILIDAD

Aunque no hay acuerdo universal en una definición de **sociabilidad** (Krause y Ruxton 2002), el término se ha utilizado preferentemente para describir especies donde los individuos forman **grupos sociales** discretos (o distintivos). Como consecuencia de esta compartimentalización, los individuos típicamente interactúan de forma más frecuente con otros integrantes del mismo grupo comparado con aquellos de otros grupos. Tradicionalmente, los grupos sociales se caracterizan por **atributos aditivos** como el número total de adultos (**tamaño de grupo**), la composición de machos y hembras, y relaciones de parentesco genético entre sus integrantes (**Figura 3-1**, Alexander 1974,

Figura 3-1

Modelo integrativo de los atributos estructurales y emergentes que caracterizan
a los grupos sociales de especies animales, sus determinantes proximales,
causas ecológicas, y consecuencias (modificada de Ebensperger y Hayes 2016a).

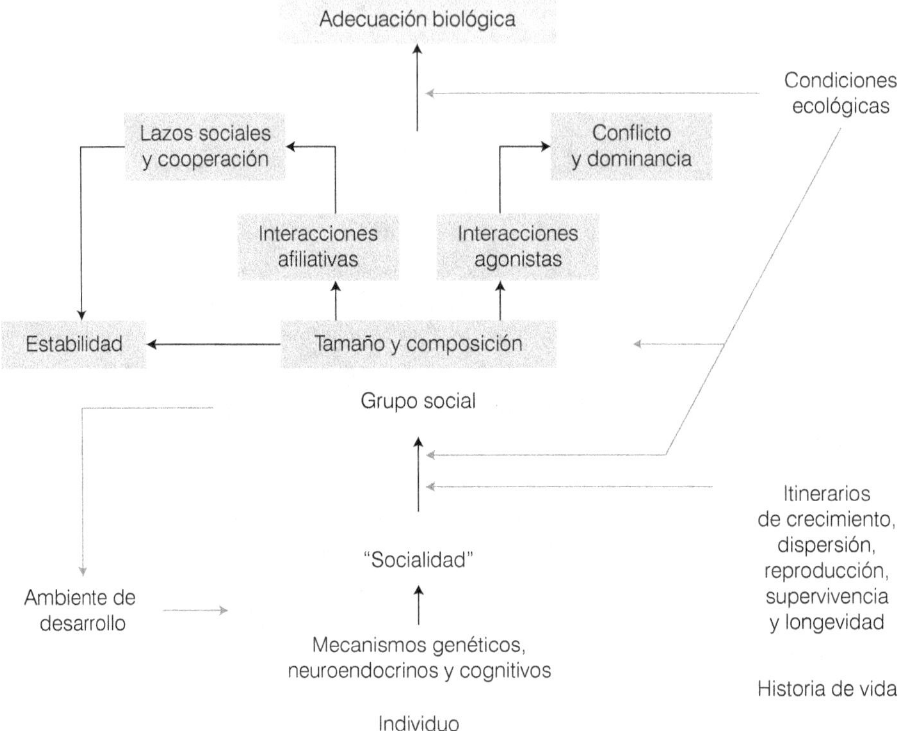

Kappeler *et al.* 2013). El conjunto de estos atributos constituye la **organización social** de una determinada especie o población.

Un atributo adicional de la organización social es el grado en que el tamaño y composición individual de un grupo varían temporalmente (i.e., **estabilidad social**). El tamaño y composición individual de los grupos, además pueden variar a distintas escalas temporales, y donde los cambios que disminuyen la estabilidad (i.e., que generan inestabilidad) pueden ser reversibles o permanentes. En el corto plazo (segundos, minutos), la estabilidad de los grupos puede disminuir en forma reversible, tal como ocurre en individuos que forrajean socialmente como algunas aves y mamíferos (**Figura 3-2**, Galef y Giraldeau 2001). De igual modo, los grupos pueden experimentar cambios a una escala de tiempo intermedia (horas, días, semanas), tal como se ha documentado en especies con una **organización social multinivel** y caracterizadas por una **dinámica de fisión-fusión**. Esto es característico de algunas especies de cetáceos, primates, quirópteros y

Figura 3-2

La estabilidad de los grupos sociales varía con la naturaleza y escala temporal de la actividad de sus integrantes. Así, los cambios en la composición individual y en el tamaño de grupo son generalmente **a)** reversibles a una escala de segundos o minutos en grupos donde los individuos forrajean socialmente; **b)** algo similar ocurre en especies con una alta frecuencia de eventos de fisión y fusión, pero a una escala de horas, días o semanas. Sin embargo, **c)** estos cambios también pueden ser permanentes en grupos sociales como resultado de inmigración, emigración, y mortalidad.

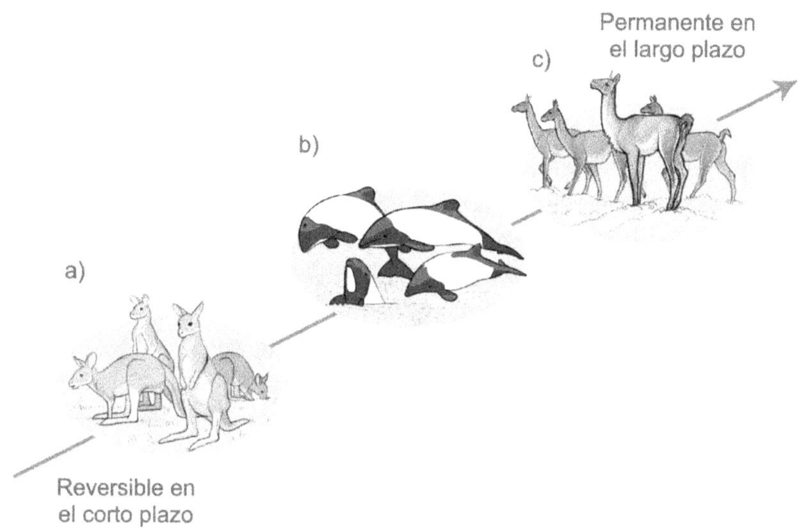

otros mamíferos (**Figura 3-2**, Aureli *et al.* 2008). La estabilidad social también puede variar en el largo plazo debido a cambios permanentes en el tamaño y composición de los grupos sociales producto de procesos de inmigración, emigración, y mortalidad como se ha documentado en algunos équidos, roedores, y aves (**Figura 3-2**, Kaseda *et al.* 1995, Lardy *et al.* 2015, Riehl y Strong 2018).

Central a lo que reconocemos como sociabilidad, los grupos sociales también se caracterizan por **atributos emergentes**, vinculados a las interacciones que ocurren entre sus integrantes (**Figura 3-1**). Aunque estas interacciones son mayoritariamente **afiliativas** producto de atracción y tolerancia mutua, los integrantes de un grupo también exhiben interacciones **agonistas**. La frecuencia relativa de estos dos tipos de interacciones condicionan las relaciones sociales que se establecen entre los individuos y que pueden resultar en distintas formas de **cooperación** y **conflicto** (**Figura 3-1**). Así, interacciones sociales afiliativas (socio-positivas) y reiteradas entre los mismos individuos conducen a la formación de **lazos sociales** (Sachser *et al.* 1998). La importancia funcional de estos lazos es que estos permiten a los individuos reducir algunos de los inevitables costos de vivir socialmente (Dunbar 2018, Ostner y Schülke 2018). Por ejemplo, el establecimiento de lazos sociales entre algunos individuos de un mismo grupo social puede promover la cooperación entre estos (ej., Silk *et al.* 2007, St-Pierre *et al.* 2009). Por otra parte, las relaciones de conflicto que surgen a partir de la inevitable competencia entre los individuos por recursos críticos (ej., alimento, oportunidades reproductivas; Davies *et al.* 2012) genera inequidades en el acceso a estos. Una manifestación de este tipo de inequidades es la formación de **jerarquías de dominancia** entre los integrantes del grupo, las que representan un mecanismo que regula el acceso a recursos críticos a través de minimizar la interacciones agonistas que pueden generar costos mayores para los individuos involucrados (Ellis 1995, Holekamp y Strauss 2016). Dada la naturaleza heterogénea de las interacciones entre los individuos, lo esperable es que los beneficios y costos de vivir en grupo sean distintos para cada integrante del grupo.

Proximalmente, los grupos sociales se originan debido a la tendencia de los individuos de una misma especie a realizar sus actividades en presencia o cercanía de otros individuos (Parrish *et al.* 1997). La magnitud de esta predisposición social o **"socialidad"** es variable entre los individuos y depende del genotipo, la expresión de este, y de factores neuroendocrinos y cognitivos (**Figura 3-1**). La socialidad (un componente de la **personalidad** animal) puede condicionar la decisión de cada individuo a integrar un grupo social en forma permanente, y a realizar sus actividades con otros integrantes del grupo en forma socialmente cohesionada (véase **cohesión social**). Esto finalmente puede afectar el grado de estabilidad de la membresía del grupo (Michelena *et al.* 2008). La socialidad de cada individuo además puede variar debido a diferencias experimentadas durante su desarrollo (**Figura 3-1**). Por ejemplo, la tendencia a socializar se altera en individuos que han experimentado un ambiente socialmente inestable durante el desarrollo (Sachser y Kaiser 2010), un efecto que tiene paralelos en humanos (Haller *et al.* 2014).

Más globalmente, la sociabilidad puede expandirse para considerar un continuo que incluye **agregaciones** cuyos atributos no corresponden exactamente a los de grupos sociales distintivos (Parrish *et al.* 2002). Por ejemplo, es conocido que diversas especies de invertebrados y vertebrados establecen agregaciones producto de la atracción de los individuos a parches con recursos críticos, o debido a la presencia de conespecíficos (Parrish y Hamner 1997, Krause y Ruxton 2002). Los **cardúmenes** en muchos peces y **bandadas** en aves son ejemplos de este tipo de agregaciones. Con algunas interesantes excepciones (ej., Shizuka *et al.* 2014), los individuos en estas agrupaciones se caracterizan por una baja frecuencia de interacciones afiliativas reiteradas en el tiempo (Parrish *et al.* 2002), lo que resulta en una ausencia de lazos sociales fuertes y cooperación. Sin embargo, estas agregaciones pueden exhibir atributos emergentes como desplazamiento sincronizado o coordinado (Parrish y Edelstein-Keshet 1999, Parrish *et al.* 2002), y experimentar beneficios inmediatos (véase sección "Bandadas y cardúmenes").

OBJETIVO Y ESTRUCTURA DEL CAPÍTULO

En conjunto, la evidencia que apoya las posibles causas evolutivas de la sociabilidad mayormente se basa en estudios de organismos de latitudes distintas de Chile, e incluso diferentes del **Neotrópico**. Este sesgo también ha sido reconocido recientemente por colegas que examinaron el estado de la ecología conductual en aves del Neotrópico (Reboreda *et al.* 2019). Este potencial vacío en el conocimiento podría no representar un problema para la teoría existente si los mecanismos, factores condicionantes (ej., historia de vida, ecológicos), y trayectoria evolutiva de la sociabilidad son similares en organismos menos estudiados comparados con aquellos que han contribuido más a la teoría actual. La veracidad de este supuesto es a lo menos temeraria. Por lo tanto, el objetivo central de este capítulo es examinar lo que sabemos de la sociabilidad de especies con distribución en Chile (i.e., nativas), destacando aquellos aspectos que potencialmente podrían reforzar o modificar el actual conocimiento con que contamos para explicar la sociabilidad en especies animales.

Para abordar este objetivo, primero dedico la siguiente sección a proporcionar un estado del arte de lo que podemos reconocer como "teoría de sociabilidad". Específicamente, realizo una revisión y síntesis de los principales aspectos funcionales de la teoría y las evidencias que las sustenta. A continuación, abordo los estudios realizados en especies nativas de Chile, pertinentes a este contexto. En este punto, aclaro que por tratarse de especies nativas (no necesariamente **endémicas**) de Chile, el lector apreciará que destaco estudios realizados en otras latitudes donde algunas especies chilenas también están presentes. Mi intención es enfatizar el aporte de estudios locales y de otras latitudes que contribuyan a señalar nuevos modelos de estudio potencialmente informativos para entender la diversidad y evolución de la vida social en animales.

Opté por tratar conjuntamente estudios en vertebrados e invertebrados para enfatizar la diversidad de formas de sociabilidad y cómo los aspectos funcionales de estos tipos de organismos son o no convergentes, por sobre un análisis basado exclusivamente en diferencias taxonómicas. Sin embargo, y para favorecer su tratamiento por un especialista, los insectos sociales son abordados de manera independiente por Flores-Prado en el Capítulo 4 de este mismo volumen.

CAUSAS EVOLUTIVAS DE LA SOCIABILIDAD

Beneficios

Se considera que la vida social ha evolucionado en condiciones donde individuos en grupo obtienen beneficios que compensan los posibles costos. La evidencia disponible apoya la participación de distintos beneficios en diferentes organismos (ej., Choe y Crespi 1997, Ebensperger 2001, Duffy y Thiel 2007), los que generalmente se vinculan a factores o condiciones ecológicas bióticas o abióticas (**Figura 3-1**), y que compensarían los eventuales costos como un aumento de la competencia por espacio y oportunidades reproductivas, o una mayor probabilidad de transmisión de parásitos y patógenos (Alexander 1974,

Ebensperger 2001, Krause y Ruxton 2002). Entre los beneficios más estudiados, se considera que individuos en grupo disminuyen su propio riesgo de depredación e incrementan su acceso a recursos críticos como alimento y refugio (Ebensperger 2001). En relación al rol de los depredadores, la evidencia es abundante en términos de mostrar cómo individuos en grupos más numerosos (ej., Foster y Treherne 1981) y compactos (DeVos y O'Riain 2010) reducen la probabilidad de ser atacados a través de diluir numéricamente el riego a otros integrantes del grupo (**Figuras 3-3a y 3-3b**), de incrementar la probabilidad de detectar tempranamente la presencia de un depredador (**Figura 3-3c**, Kenward 1978), o por una combinación de ambos (Fairbanks y Dobson 2007). En algunas especies también es posible

Figura 3-3

El riesgo individual de ser capturado por un depredador disminuye con el **a)** número y **b)** cercanía espacial a otros individuos en el grupo, con un **c)** incremento en la capacidad para detectar tempranamente (o una mayor distancia) la aproximación de depredadores, y con un **d)** aumento en la capacidad para repeler agresivamente a los depredadores (modificadas de Kenward 1978, Foster y Treherne 1981, Stanford 1998, De Vos y O'Riain 2010 , respectivamente).

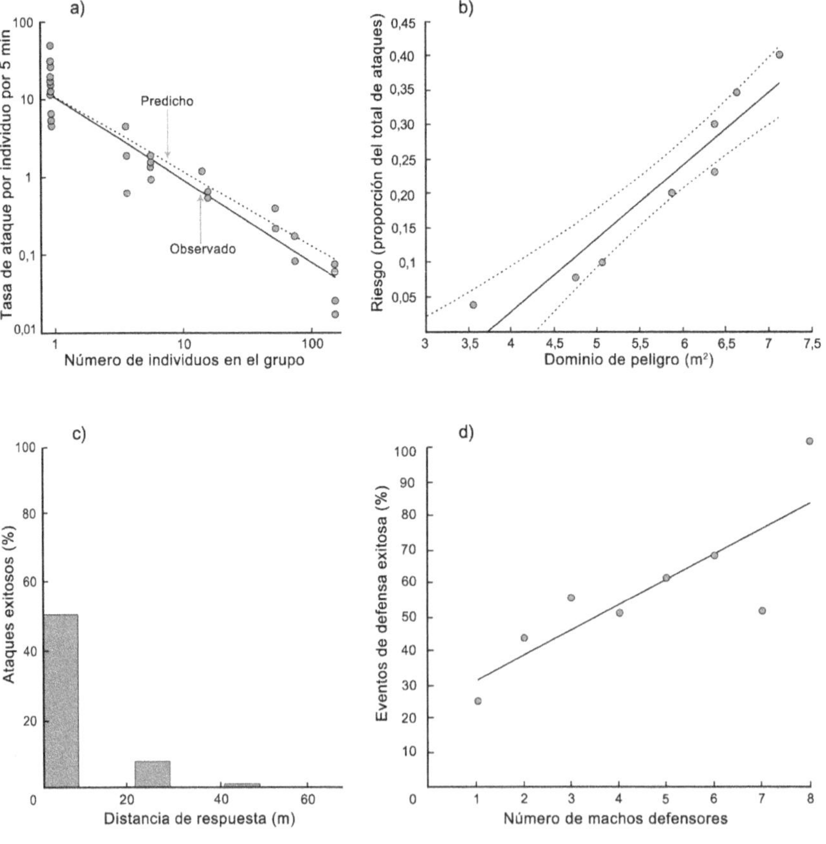

que individuos en grupos más numerosos sean más eficientes en repeler agresivamente el ataque de uno o más depredadores (**Figura 3-3d**, Stanford 1998). Consistente con esta diversidad de mecanismos, comparaciones entre especies muestran que el tamaño de grupo es menor en aves nativas de islas (donde los depredadores son menos abundantes) comparado con sus contrapartes filogenéticas de sitios continentales (Beauchamp 2004). En primates la sociabilidad co-evolucionó con un cambio hacia una actividad diurna, una condición que habría aumentado su susceptibilidad a depredadores visuales (Shultz *et al.* 2011). De igual modo, se ha descrito en primates que especies más sociales experimentan menos depredación que especies menos sociales (Hill y Dunbar 1998).

La evidencia disponible también apoya la ocurrencia de beneficios sociales relacionados al uso y acceso a recursos (**Figura 3-4**). Específicamente, individuos en grupos más numerosos son más eficientes en localizar sus presas (Pitcher *et al.* 1982, Mittlebach 1984, Greene 1987), un beneficio que puede ser causado por un mayor acceso a información

Figura 3-4

a) y b) Forrajeadores en grupos más numerosos son más eficientes en capturar su presas (modificadas de Pitcher *et al.* 1982 y Mittlebach 1984). Sin embargo, c) el éxito de captura de las presas también puede disminuir por sobre un cierto tamaño de grupo (modificada de Mittlebach 1984).

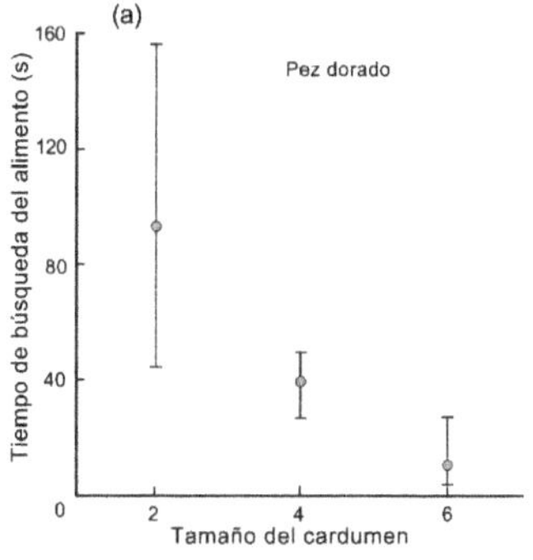

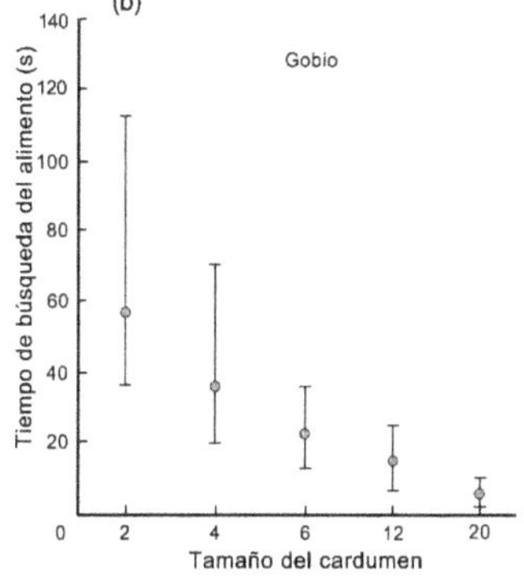

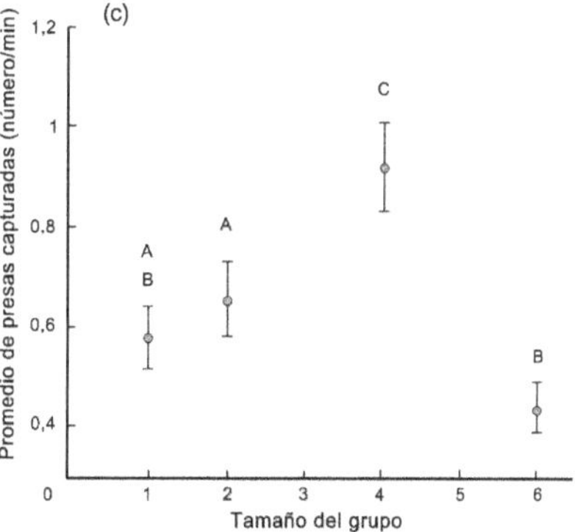

sobre la ubicación de parches con recursos, o debido a que algunos individuos dentro del grupo parasitan la habilidad de otros para localizar alimento (Greene 1987, Harel *et al.* 2017). Otros posibles beneficios incluyen la captura de presas de mayor tamaño (Uetz 1989), o la monopolización de recursos abundantes pero distribuidos heterogéneamente (Wrangham 1980, Slobodchikoff 1984). En algunos casos, los recursos críticos monopolizados incluyen individuos del sexo opuesto. En leones africanos por ejemplo, machos en coaliciones más numerosas monopolizan territorios y grupos de hembras por más tiempo, lo que resulta en un mayor éxito reproductivo (Mosser y Packer 2009).

La vida en grupos también puede estar relacionada a beneficios derivados de condiciones ambientales abióticas. En el caso de organismos endotermos, la formación de agrupaciones en contacto físico directo ("conglomerados") reduce el costo energético necesario para mantener la temperatura corporal constante (Canals *et al.* 1989, 1997) y reduce la pérdida de agua por evaporación (Withers y Jarvis 1980). En el caso de organismos ectotermos, el contacto físico directo durante el agrupamiento disminuye la pérdida de agua en ambientes cálidos y/o expuestos a ciclos de desecación periódica (Bogdanovich y Bozinovic Capítulo 9).

Restricciones ecológicas

Además de generar beneficios, las condiciones ecológicas pueden actuar como restricciones (forzantes), a través de limitar la estrategia alternativa basada en vivir solitariamente. Se ha planteado que la vida en grupos puede ser el resultado de limitaciones de hábitat crítico para la reproducción independiente (Emlen 1982, Brown 1987, Koenig *et al.* 1992, Arnold y Owens 1998). Tales limitaciones se producen, por ejemplo, debido a un número limitado de sitios adecuados para la reproducción en condiciones de alta densidad poblacional, y/o debido a una distribución espacial heterogénea de estos sitios y recursos. Como resultado, los individuos estarían "forzados" a compartir un hábitat crítico o sitios adecuados para la reproducción. En este escenario los costos asociados a permanecer en el grupo de origen serían menores que los costos de abandonar el grupo y reproducirse en forma independiente (Emlen 1982, 1995). Esta posibilidad es apoyada en aves donde individuos que optan por abandonar el grupo de origen y reproducirse en forma independiente (sin formar parte de un grupo), lo hacen cuando las restricciones ambientales han sido relajadas experimentalmente (Pruett-Jones *et al.* 1990). De igual modo, estudios en roedores muestran cómo el tamaño de grupo y el uso compartido de refugio covarían positivamente con la densidad poblacional, lo que indica que una mayor saturación del hábitat en condiciones de alta densidad conduce a un mayor grado de sociabilidad (ej., Randall *et al.* 2005). La evidencia proveniente de estudios macroevolutivos basados en comparaciones entre especies es más limitada en este contexto. Sin embargo, se ha planteado que el uso de ambientes áridos, donde las precipitaciones son bajas e impredecibles y la abundancia de alimento es espacialmente heterogénea, solo es posible por parte de especies que forrajean socialmente (Jarvis *et al.* 1994). Esta posibilidad es apoyada por contrastes entre especies de ratas topo africanas, donde solo las formas más sociales se encuentran en hábitats más áridos, temporalmente impredecibles, y donde el alimento se encuentra distribuido en forma heterogénea (Faulkes *et al.* 1997).

Una explicación alternativa a la vida social basada en el efecto de la heterogeneidad ambiental de recursos críticos se conoce como hipótesis de "dispersión de recursos". A diferencia de los argumentos basados en una mayor eficiencia en la defensa de recursos, una distribución heterogénea de recursos, en este caso, generaría una disminución de los costos asociados al uso compartido de recursos, lo que promovería una mayor tolerancia social y formación de grupos sin costos significativos en términos de adecuación (Macdonald 1983, Johnson *et al.* 2002). Así, la abundancia y calidad de los recursos que caracterizan el área defendida o utilizada por individuos residentes podrían ser suficientes para permitir la llegada de inmigrantes al grupo sin un costo apreciable (pero también sin beneficios) para los primeros (Johnson *et al.* 2002). Por lo tanto, la hipótesis de "dispersión de recursos" plantea que los grupos sociales representan agregaciones que se originan por atracción a parches con recursos críticos con consecuencias neutras para la adecuación de los integrantes del grupo.

Predisposiciones de historia de vida

La evidencia disponible también apoya vínculos entre la vida en grupos y **rasgos de historia de vida (Figura 3-1)**. Sin embargo, la importancia de estos parece variable en distintos organismos. Por ejemplo, la **haplodiploidía** se planteó como una condición que habría predispuesto la evolución de la **eusociabilidad** en insectos himenópteros (Hamilton 1964, Flores-Prado Capítulo 4). Sin embargo, actualmente existe consenso en que la importancia evolutiva de este sistema de determinación del sexo es marginal, o restringida a algunos insectos sociales (Foster *et al.* 2006, Fromhage y Kokko 2011, Flores-Prado Capítulo 4).

Además del posible rol de la haplodiploidía en insectos himenópteros, otros rasgos de historia de vida también han sido vinculados a la evolución de la sociabilidad. En camarones del género *Synalpheus* que exhiben un uso comunal de esponjas como refugio, la vida social ha sido asociada a un bajo potencial de dispersión por parte de la progenie (i.e., en especies o formas que carecen de una etapa de larva móvil durante el desarrollo) y a una especialización en el uso de esponjas como refugio, un hábitat relativamente saturado (Duffy 2007). Sin embargo, otros factores parecen más determinantes en aves y mamíferos (Blumstein y Møller 2008, Kamilar *et al.* 2010, Lukas y Clutton-Brock 2012a). En roedores del hemisferio norte se ha sugerido que la vida en grupos se ha originado más frecuentemente en especies donde el tiempo requerido por la progenie para crecer y madurar sexualmente (un rasgo dependiente del tamaño corporal), es más extenso que el tiempo en el que el alimento es abundante en el ambiente (Barash 1974, Armitage 198, Blumstein y Armitage 1998). Así, la sociabilidad sería una estrategia seleccionada por la necesidad de extender el cuidado de la progenie en organismos cuya historia de vida no permite un desarrollo viable de las crías dentro de la ventana de tiempo en que los recursos necesarios están disponibles en el ambiente (Armitage 1981, 2014). En aves, la vida en grupos de especies que cooperan reproductivamente ha evolucionado asociada a una baja mortalidad anual de los adultos, y en especies longevas. Estas dos condiciones habrían resultado en una mayor saturación del hábitat y en limitaciones a la dispersión y reproducción de los individuos en forma independiente (Arnold y Owens 1998, Downing *et al.* 2015; pero véase Beauchamp 2014).

Por otra parte, la vida social y la cooperación en mamíferos también ha sido más probable en linajes donde las hembras tienen la capacidad de producir camadas múltiples (Lukas y Clutton-Brock 2012a), lo que sugiere que el potencial reproductivo también puede predisponer la formación de grupos sociales y rasgos cooperativos.

El "peso de la historia"

La mayor parte de las explicaciones evolutivas de la sociabilidad se han basado en la importancia de beneficios derivados de factores ecológicos (ej., Wrangham 1980, Connor 2000), lo que ha dejado algo de lado el efecto de posibles restricciones impuestas por la historia evolutiva (**filogenia**) de los organismos. Sin embargo, la evidencia disponible apoya que las relaciones ancestro-descendiente (i.e., un aspecto central de la historia evolutiva) han tenido un efecto significativo en la evolución del comportamiento social de distintas especies. Esto implica que la evolución social o de algunos rasgos asociados a esta (ej., distintas formas de cooperación) ha estado limitada por **restricciones filogenéticas**. Así por ejemplo, comparaciones entre especies indican que diversos aspectos de la organización y estructura social son conservados en especies de primates del Viejo Mundo a pesar de importantes diferencias en los ambientes ecológicos de estas (Di Fiore y Rendall 1994, Thierry *et al.* 2000, Shultz *et al.* 2011). De igual modo, la reproducción cooperativa (véase sección "Evolución de rasgos cooperativos") ha persistido en algunos linajes de aves a pesar de cambios sustanciales en los ambientes donde se originaron (Edwards y Naeem 1993).

Evolución de rasgos cooperativos

Diversas especies que viven en grupos sociales exhiben uno o más rasgos cooperativos, los que generalmente están asociados a contextos igualmente diversos (Dugatkin 1997, Krause y Ruxton 2002). Así, ocurre cooperación en contextos como defensa y obtención de recursos (Creel 1997), disminución del riesgo de depredación (Clutton-Brock *et al.* 1999), disminución de los costos energéticos de termorregulación o desplazamiento (Ancel *et al.* 1997, Weimerskirch *et al.* 2001), y cuidado cooperativo de las crías (Crespi 1994, Solomon y French 1997, Koenig y Dickinson 2004), entre los más examinados. En todos estos contextos se espera que la cooperación incremente la adecuación biológica inclusiva (véase **adecuación biológica**) de los participantes comparado con individuos que no cooperan (West *et al.* 2007, Davies *et al.* 2012).

Es importante apreciar que los integrantes de un grupo pueden percibir beneficios "pasivamente" producto de la presencia de otros conespecíficos (i.e., **efectos de tamaño**

de grupo), o activamente (Hammer y Parrish 1997). En el primero de estos dos escenarios, los individuos ajustan su conducta en relación a la presencia de otros individuos. Sin embargo, en diversos rasgos cooperativos los individuos ajustan su conducta en relación a la conducta (y no solo a la presencia) de otros individuos (Fernández-Juricic *et al.* 2004, Manser 1999). Como consecuencia, los rasgos cooperativos pueden involucrar coordinación entre los participantes, y eventualmente **división de tareas** (o labores), como es el caso de especies que cooperan en la detección de depredadores (Rasa 1986, McGowan y Woolfenden 1989, Clutton-Brock *et al.* 1999), o cazan sus presas en forma cooperativa (Stander 1992, Creel y Creel 1995). Por ejemplo, suricatas (*Suricata suricatta*) en grupo disminuyen su vigilancia antidepredador luego de un aumento de la actividad de vigilancia de un individuo del grupo que adopta labores de "centinela", un efecto independiente del número de individuos presentes, y donde el rol de centinela es realizado alternadamente por distintos individuos del grupo (Manser 1999, Clutton-Brock *et al.* 1999). En conjunto, tanto efectos de tamaño de grupo como rasgos cooperativos pueden contribuir con efectos positivos sobre la adecuación biológica en especies sociales (Zöttl *et al.* 2013).

Independiente del contexto (ej., obtención de alimento, vigilancia antidepredador), una parte significativa de los estudios realizados en este ámbito han estado enfocados a dilucidar los mecanismos evolutivos responsables de la cooperación. Así, la cooperación puede evolucionar a través de distintos mecanismos, los que difieren en el modo en que la adecuación biológica es maximizada (Dugatkin 1997, West *et al.* 2007). Específicamente, algunas formas de cooperación son el resultado evolutivo de **reciprocidad** y **mutualismo** donde los beneficios percibidos son directos para todos los participantes (West *et al.* 2007, Davies *et al.* 2012, Vásquez 2016). Ejemplos de estas dos alternativas son la donación de alimento (sangre) en murciélagos vampiros (Carter y Wilkinson 2013) y la caza cooperativa en perros salvajes (Creel y Creel 1995), respectivamente. En un escenario alternativo, los beneficios para una de las partes se materializan de manera indirecta, cuando los individuos favorecen selectivamente (con su conducta) un aumento de la adecuación de parientes cercanos (i.e., **selección por parentesco**, Hamilton 1964). Aunque se acepta la existencia de distintos mecanismos de cooperación, el debate y los esfuerzos buscan dilucidar la importancia relativa de estos (Griffin y West 2002). Así por ejemplo, la cooperación a través de reciprocidad parece explicar mejor el uso compartido de alimento en algunos primates y sociedades tradicionales humanas comparado con la selección por parentesco (Jaeggi y Gurven 2013). En cambio, el origen evolutivo del cuidado comunal de crías en roedores y mamíferos en general podría estar más vinculado a selección por parentesco (Burda *et al.* 2000, Briga *et al.* 2012, Lukas y Clutton-Brock 2012b, pero véase Nowak *et al.* 2010).

Reproducción cooperativa y sociabilidad

Un rasgo particularmente importante de la sociabilidad debido a su estrecha vinculación con la adecuación biológica, es el cuidado cooperativo de las crías. El grado de cooperación exhibido en este contexto es variable dentro y entre especies. Por una parte, en especies sociales con "reproducción plural sin cuidado comunal", una mayoría de los individuos del grupo se reproduce y cada uno proporciona todo el cuidado necesario a sus propias crías. Esta estrategia caracteriza a la mayor parte de los primates, quirópteros, muchas aves, y algunos insectos (Cockburn *et al.* 2017, Silk y Kappeler 2017, Smith *et al.* 2017, Flores-Prado Capítulo 4). En especies con "reproducción plural y cuidado comunal", una mayoría de los integrantes del grupo se reproduce y los adultos exhiben **cuidado comunal** de la crías (Hayes y Ebensperger 2016, Smith *et al.* 2017). Esta estrategia social ha evolucionado en algunas aves donde varios adultos aprovisionan crías en un nido comunal, y en mamíferos donde las hembras amamantan crías propias y ajenas (**cuidado aloparental**). Una tercera categoría incluye especies donde solo una minoría de los integrantes del grupo se reproduce y el cuidado de las crías es proporcionado principal o exclusivamente por una mayoría de los individuos que no se reproduce. Esta estrategia social, conocida como "reproducción única", caracteriza a algunos mamíferos carnívoros (suricatas), primates (marmosetas), y roedores (jerbos) (Solomon y French 1997). Aunque ha habido intentos por establecer paralelos evolutivos entre formas de reproducción cooperativa en modelos vertebrados e invertebrados a través de un continuo de sociabilidad (Sherman *et al.* 1995), estos han sido cuestionados (Crespi y Yanega 1995, Rubenstein *et al.* 2016).

Evidencia de sociabilidad en especies nativas de Chile

Al menos 319 especies de vertebrados e invertebrados (no insectos) con distribución en Chile continental o sus aguas oceánicas han sido caracterizadas por exhibir una o más formas de sociabilidad (Tabla 3-1). De estas, 38 (11,9%) corresponden a invertebrados no insectos, 1 (0,3%) a tunicados, y 281 (87,8%) a vertebrados. Entre los invertebrados, una mayoría de las especies corresponde a crustáceos (57,9%), seguidos por los moluscos (31,6%). Entre los vertebrados, las aves son señaladas más frecuentemente con atributos sociales (60,3%), seguidas por los mamíferos (28,2%), peces (6,7%), anfibios (3,5%), y reptiles (1,4%). Estas formas incluyen agregaciones, **coros**, uso compartido del ámbito de hogar, uso comunal de sitios de descanso, uso compartido de refugio, colonialidad (estacional o permanente), cardúmenes, bandadas, grupos sociales, y cooperación (Tabla 3-1). Como podría esperarse, en una proporción de estas especies estudiadas (i.e., 15,3% de las 319) se ha descrito más de un aspecto de sociabilidad. Por ejemplo, la ocurrencia de colonialidad y la formación de bandadas son relativamente comunes en aves (Tabla 3-1). A continuación abordo los estudios y especies que han sido examinadas en alguno de estos contextos sociales.

FORMAS DE SOCIABILIDAD

Agregaciones

Es conocido que muchos invertebrados marinos forman agregaciones, lo que ha generado interés por determinar sus causas (Ritz 1994, Donahue 2006, Stafford *et al.* 2008). En Chile se ha documentado la ocurrencia de agregaciones en al menos 38 especies nativas (**Tabla 3-1, Figura 3-5**), donde algunas muestran variabilidad intraespecífica que incluye individuos no gregarios (Pérez-Valdés *et al.* 2017). Una parte de los estudios realizados han examinado la posible función de estas agregaciones. Este es el caso de invertebrados que utilizan discos de fijación de algas feófitas (*Lessonia nigressens, L. trabeculata,* y *Macrocystis integrifolia*) como hábitat y refugio (Vásquez y Santelices 1984, Thiel y Vásquez 2000). Varias especies de moluscos mitílidos, crustáceos (anfípodos, camarones, cangrejos, isópodos) y anémonas forman agregaciones en estos discos (**Tabla 3-1**). El tamaño (o densidad) de estas agregaciones aumenta significativamente con el tamaño (volumen) del disco de fijación (i.e., parche de hábitat) en al menos 11 especies examinadas (Thiel y Vásquez 2000; véase también Vásquez y Santelices 1984, Villouta y Santelices 1984). También se ha documentado un efecto directo de la cantidad de hábitat disponible sobre la tendencia a formar agrupaciones por parte de crustáceos marinos que viven como simbiontes en invertebrados de mayor tamaño (Thiel y Baeza 2001). En conjunto, estas observaciones indican que las agregaciones de estos invertebrados están en parte limitadas por la cantidad de hábitat disponible. Este efecto es esperable cuando las agregaciones se originan por atracción a parches con recursos críticos, en lugar de atracción a la presencia de conespecíficos (Macdonald 1983, Johnson *et al.* 2002). Aunque se han documentado excepciones (ej., Guzmán 1978), la importancia de la disponibilidad de hábitat o de presas para la formación de estas agregaciones también es apoyada por otros estudios en invertebrados. El asentamiento en crustáceos cirripedios en la zona intermareal de la costa depende directamente de la abundancia de sustrato rocoso libre, y donde a su vez, la abundancia de cirripedios contribuye al asentamiento y formación de agregaciones del chorito maico (*Peromytilus purpuratus*) (Navarrete y Castilla 1990). Tanto en lapas (*Siphonaria lessoni*) como erizos negros (*Tetrapygus niger*) (**Figura 3-5e**), los adultos se desplazan formando agrupaciones de tamaño variable para buscar y capturar alimento (Rodríguez y Ojeda 1998, Aguilera y Navarrete 2011). En el caso de los erizos, la evidencia obtenida en condiciones de laboratorio apoya una mayor importancia de la distribución de alimento comparado con la presencia de depredadores en estas agrupaciones (Rodríguez y Ojeda 1998).

Aunque no es sorprendente que algunos invertebrados formen agregaciones vinculadas a limitaciones de hábitat, sí lo es el que algunas de estas agregaciones se

Tabla 3-1
Especies nativas de Chile en las que se han documentado diferentes formas/aspectos de sociabilidad

Grupo taxonómico principal (1)	Grupo taxonómico secundario (2)	Especie	Nombre común
Invertebrata	Annelida	*Platynereis australis*	Poliqueto
	Briozoa	*Cauloramphus spiniferum*	Briozoo
	Cnidaria	*Parantheopsis cruentata*	Anémona
		Phymactis clematis	Anémona
	Crustacea	*Acanthocyclus spp.*	Jaiba
		Aegla laevis	Cangrejo pancora
		Allopetrolisthes punctatus	Jaiba porcelánida
		Alpheopsis chilensis	Camarón pistola
		Alpheus inca	Camarón pistola
		Aora typica	Anfípodo
		Chtamalus scabrosus	Cirripedio
		Erichthonius brasiliensis	Anfípodo
		Gaudichaudia gaudichaudii	Cangrejo de fango
		Ischyromene menziesii	Crustáceo
		Jehlius cirratus	Cirripedio
		Limnoria chilensis	Isópodo
		Pachycheles grossimanus	Cangrejo
		Perampithoe femorata	Anfípodo
		Petrolisthes laevigatus	Cangrejo violáceo
		Petrolisthes (Liopetrolisthes) mitra	Jaiba porcelánida
		Phalerisida maculata	Anfípodo
		Pinnixa valdiviensis	Cangrejo arveja
		Pleuroncodes monodon	Langostino colorado
		Synalpheus spinifrons	Camarón pistola
		Tetrapygus niger	Erizo negro
		Ventojassa frequens	Anfípodo
	Mollusca	*Brachidontes granulata*	Caracol
		Calyptraea trochiformis	Trochita
		Chiton granosus	Chitón
		Concholepas concholepas	Loco
		Crepidula coquimbensis	Caracol
		Echinolittorina peruviana	Caracol
		Nacella magellanica	Lapa común
		Peromytilus purpuratus	Chorito
		Semimytilus algosus	Chorito

Tipo principal de sociabilidad descrita	Otros rasgos sociales	Referencia
Agregaciones		Cañete *et al.* (2013)
Colonialidad		Muñoz y Cancino (1989)
Agregaciones		Thiel y Vásquez (2000)
Agregaciones		Vásquez y Santelices (1984)
Uso compartido de refugios		Castilla *et al.* (1989)
Agregaciones		Bahamonde y López (1961)
Agregaciones		Viviani *et al.* (2010)
Uso compartido de refugios		Boltaña y Thiel (2001)
Uso compartido de refugios		Boltaña y Thiel (2001)
Agregaciones		Thiel y Vásquez (2000)
Agregaciones		Navarrete y Castilla (1990)
Agregaciones		Thiel y Vásquez (2000)
Agregaciones		Thiel y Vásquez (2000)
Agregaciones		Thiel y Vásquez (2000)
Agregaciones		Navarrete y Castilla (1990)
Agregaciones	Grupos sociales	Thiel y Vásquez (2000), Thiel (2003)
Agregaciones		Vásquez y Santelices (1984), Thiel y Vásquez (2000)
Agregaciones		Thiel y Vásquez (2000)
Agregaciones		Gebauer *et al.* (2011)
Agregaciones		Baeza y Thiel (2000)
Agregaciones		Jaramillo *et al.* (2006)
Uso compartido de refugios		Baeza y Hernáez (2015)
Agregaciones		Ahumada *et al.* (2013)
Agregaciones		Thiel y Vásquez (2000)
Agregaciones		Rodríguez y Ojeda (1998), Stotz *et al.* (2016)
Agregaciones		Thiel y Vásquez (2000)
Agregaciones		Vásquez y Santelices (1984), Thiel y Vásquez (2000)
Agregaciones		Thiel y Vásquez (2000)
Agregaciones		Aguilera y Navarrete (2012)
Agregaciones		Morales *et al.* (2016)
Uso compartido de refugios		Brante *et al.* (2011)
Agregaciones		Rojas *et al.* (2000), Muñoz *et al.* (2008)
Agregaciones		Guzman (1978)
Agregaciones		Alvarado y Castilla (1996)
Agregaciones		Vásquez y Santelices (1984), Thiel y Vásquez (2000)

Grupo taxonómico principal (1)	Grupo taxonómico secundario (2)	Especie	Nombre común
		Siphonaria lessoni	Lapa
		Thais chocolata	Caracol
		Trophon geversianus	Caracol trofón
Tunicata	Ascidiacea	*Pyura chilensis*	Piure
Vertebrata	Actinopterygii	*Anisotremus scapularis*	Sargo
		Cheilodactylus variegatus	Pintacha
		Chromis crusma	Castañeta
		Coryphaena hippurus	Palometa
		Engraulis ringens	Anchoveta
		Girella laevifrons	Baunco
		Isacia conceptionis	Cabinza
		Merluccius gayi gayi	Merluza común
		Mugil cephalus	Lisa
		Odontesthes regia	Pejerrey
		Oplegnathus insignis	San Pedro
		Pinguipes chilensis	Rollizo
		Prolatilus jugularis	Blanquillo
		Sardinops sagax	Sardina española
		Scomber japonicus peruanus	Caballa
		Scomberexos saurus scombroides	Agujilla
		Seriola lalandi	Dorado
		Seriolella violacea	Cojinova
		Trachurus murphyi	Jurel
	Amphibia	*Batrachyla antartandica*	Rana jaspeada
		Batrachyla leptopus	Rana moteada
		Batrachyla nibaldoi	Rana de antifaz de Bahía Murta
		Batrachyla taeniata	Rana de ceja
		Calyptocephalella gayi	Rana chilena
		Hylorina sylvatica	Rana esmeralda
		Pleurodema thaul	Sapito de cuatro ojos
		Rhinella arunco	Sapo de rulo
		Rhinella atacamensis	Sapo de Atacama
		Rhinella spinulosa	Sapo espinoso
	Aves	*Aeronautes andecolus*	Vencejo chico
		Agelaioides badius	Tordo bayo
		Anas cyanoptera	Pato colorado
		Anas flavirostris	Pato jergón chico
		Anas georgica	Pato jergón grande
		Anas versicolor	Pato capuchino
		Aphrastura spinicauda	Rayadito

Tipo principal de sociabilidad descrita	Otros rasgos sociales	Referencia
Agregaciones		Aguilera y Navarrete (2012)
Agregaciones		Avendaño *et al.* (1998)
Agregaciones		Pio *et al.* (2015)
Agregaciones		Manríquez y Castilla (2007)
Cardúmenes		Medina *et al.* (2004)
Cardúmenes		Medina *et al.* (2004)
Cardúmenes		Schneider (1949), Pérez-Matus *et al.* (2007)
Cardúmenes		Medina *et al.* (2004)
Cardúmenes		Gutiérrez *et al.* (2007), Bertrand *et al.* (2008)
Cardúmenes		Medina *et al.* (2004)
Cardúmenes		Pérez-Matus *et al.* (2007)
Cardúmenes		De Buen (1958)
Cardúmenes		Medina *et al.* (2004)
Cardúmenes		Medina *et al.* (2004)
Cardúmenes		Medina *et al.* (2004)
Cardúmenes		Medina *et al.* (2004)
Cardúmenes		Medina *et al.* (2004)
Cardúmenes		Medina *et al.* (2004), Gutiérrez *et al.* (2007)
Cardúmenes		Medina *et al.* (2004)
Cardúmenes		Medina *et al.* (2004)
Cardúmenes		Medina *et al.* (2004)
Cardúmenes		Medina *et al.* (2004)
Cardúmenes		Bertrand *et al.* (2006)
Coros		Celis *et al.* (2011)
Coros		Celis *et al.* (2011)
Coros		Celis *et al.* (2011)
Coros		Iriarte *et al.* (2015)
Coros		Celis *et al.* (2011)
Coros		Iriarte *et al.* (2015)
Coros		Velásquez *et al.* (2014)
Agrupaciones		Penna y Veloso (1981)
Agrupaciones		Penna y Veloso (1981), Pincheira-Donoso *et al.* (2018)
Agrupaciones		Penna y Veloso (1981), Espinoza y Quinteros (2008)
Bandadas		Martínez y González (2004)
Grupos sociales (?)		Martínez y González (2004)
Grupos sociales (?)		Martínez y González (2004)
Bandadas		Martínez y González (2004)
Bandadas		Martínez y González (2004)
Grupos sociales (?)		Martínez y González (2004)
Bandadas	Cooperación (?)	Ippi y Trejo (2003), Ippi *et al.* (2017)

Grupo taxonómico principal (1)	Grupo taxonómico secundario (2)	Especie	Nombre común
		Ardea alba	Garza grande
		Ardea cocoi	Garza cuca
		Asio flammeus	Nuco
		Athene cunicularia	Pequén
		Attagis gayi	Perdiz cordillerana
		Attagis malouinus	Perdicita cordillerana austral
		Bubulcus ibis	Garza bollera
		Burhinus superciliaris	Chorlo cabezón
		Buteo polyosoma	Aguilucho
		Calidris alba	Playero blanco
		Calidris fuscicollis	Playero de lomo blanco
		Calidris pusilla	Playero semipalmado
		Campephilus magellanicus	Carpintero negro
		Caracara plancus	Traro
		Carduelis atrata	Jilguero negro
		Carduelis barbata	Jilguero
		Carduelis crassirostris	Jilguero grande
		Carduelis magellanica	Jilguero peruano
		Catamenia analis	Semillero
		Catamenia inornata	Semillero peruano
		Cathartes aura	Jote de cabeza colorada
		Catoptrophorus semipalmatus	Playero grande
		Chionis alba	Paloma antártica
		Chloephaga picta	Caiquén
		Chrysomus thilius	Trile
		Columbina picui	Tortolita cuyana
		Conirostrum tamarugense	Comesebo del tamarugal
		Coragyps atratus	Jote de cabeza negra
		Coscoroba coscoroba	Cisne coscoroba
		Creagrus furcatus	Gaviota de las Galápagos
		Crotophaga sulcirostris	Matacaballos
		Curaeus curaeus	Tordo
		Cyanoliseus patagonus	Tricahue
		Daption capense	Petrel moteado
		Dendroica striata	Monjita americana
		Diuca diuca	Diuca
		Elanus leucurus	Bailarín
		Enicognathus ferrugineus	Cachaña

Tipo principal de sociabilidad descrita	Otros rasgos sociales	Referencia
Colonialidad		Martínez y González (2004)
Colonialidad		Martínez y González (2004)
Uso comunal de sitios de descanso		Clark (1975)
Colonialidad	Grupos sociales (?)	Desmond *et al.* (1995), Martínez y González (2004)
Bandadas		Martínez y González (2004)
Bandadas		Martínez y González (2004)
Bandadas	Colonialidad	Martínez y González (2004)
Bandadas	Grupos sociales	Martínez y González (2004), Camacho (2012, 2016), Iannacone *et al.* (2012)
Cooperación		Orellana y Rojas (2005), Alvarado y Figueroa (2006)
Bandadas		Myers (1983), Roberts y Evans (1993)
Bandadas		Martínez y González (2004)
Bandadas		Rodríguez y Mata (2011)
Grupos sociales (?)		Ojeda (2004)
Grupos sociales (?)		Martínez y González (2004)
Bandadas		Martínez y González (2004)
Bandadas		Martínez y González (2004)
Bandadas		Martínez y González (2004)
Bandadas		Martínez y González (2004)
Grupos sociales (?)		Martínez y González (2004)
Grupos sociales (?)		Martínez y González (2004)
Uso comunal de sitios de descanso		Buckley (1997)
Bandadas		Martínez y González (2004)
Grupos sociales (?)		Martínez y González (2004)
Bandadas		Martínez y González (2004)
Grupos sociales (?)		Martínez y González (2004)
Grupos sociales (?)		Martínez y González (2004)
Grupos sociales (?)		Martínez y González (2004)
Uso comunal de sitios de descanso		Buckley (1997), Novaes y Cintra (2013)
Grupos sociales (?)		Martínez y González (2004)
Bandadas		Martínez y González (2004)
Grupos sociales (?)		Martínez y González (2004)
Bandadas		Martínez y González (2004)
Bandadas	Colonialidad	Masello *et al.* (2006)
Bandadas		Weidinger (1996)
Bandadas		Martínez y González (2004)
Bandadas		Martínez y González (2004)
Uso comunal de sitios de descanso		Sarasola *et al.* (2010)
Bandadas		Martínez y González (2004)

Grupo taxonómico principal (1)	Grupo taxonómico secundario (2)	Especie	Nombre común
		Enicognathus leptorhynchus	Choroy
		Eudromia elegans	Perdiz copetona
		Eudyptes chrysocome	Pingüino de penacho amarillo
		Eudyptes chrysolophus	Pingüino macaroni
		Falco femoralis	Halcón perdiguero
		Falco sparverius	Cernícalo
		Fregata minor	Ave fragata grande
		Fregetta grallaria	Golondrina de mar de vientre blanco
		Fulica gigantea	Tagua gigante
		Fulmarus glacialoides	Petrel plateado
		Geositta isabellina	Minero grande
		Haematopus leucopodus	Pilpilén austral
		Haematopus palliatus	Pilpilén
		Halobaena caerulea	Petrel azulado
		Haplochelidon andecola	Golondrina de los riscos
		Ixobrychus involucris	Huairavillo
		Larus argentatus	Gaviota argéntea
		Larus belcheri	Gaviota peruana
		Larus dominicanus	Gaviota dominicana
		Larus maculipennis	Gaviota cáhuil
		Leucophaeus modestus	Gaviota garuma
		Leucophaeus pipixcan	Gaviota de Franklin
		Leucophaeus scoresbii	Gaviota austral
		Limnodromus griseus	Becacina chica
		Limosa fedoa	Zarapito moteado
		Limosa haemastica	Zarapito de pico recto
		Lophonetta specularioides	Pato juarjual
		Macronectes giganteus	Petrel gigante antártico
		Margenetta armata armata	Pato cortacorrientes
		Melanodera melanodera	Yal austral
		Melanodera xanthogramma	Yal cordillerano
		Metriopelia aymara	Tortolita de la puna
		Metriopelia ceciliae	Tortolita boliviana
		Metriopelia melanoptera	Tórtola cordillerana
		Micropalama himantopus	Playero de patas largas
		Milvago chimango	Tiuque
		Mimus thenca	Tenca
		Muscisaxicola macloviana	Dormilona tontito
		Numenius borealis	Zarapito boreal
		Numenius phaeopus	Zarapito

Tipo principal de sociabilidad descrita	Otros rasgos sociales		Referencia
Bandadas			Martínez y González (2004)
Grupos sociales (?)			Martínez y González (2004)
Colonialidad	Forrajeo social	Cooperación (?)	Martínez y González (2004), Tremblay y Cherel (1999)
Colonialidad			Martínez y González (2004)
Cooperación			Hector (1986), Brown (2003)
Forrajeo social			Varland *et al.* (1991)
Colonialidad			Martínez y González (2004)
Colonialidad			Martínez y González (2004)
Colonialidad			Brosset (2000)
Bandadas			Martínez y González (2004)
Grupos sociales (?)			Martínez y González (2004)
Bandadas			Martínez y González (2004)
Bandadas			Martínez y González (2004)
Colonialidad			Martínez y González (2004)
Colonialidad			Martínez y González (2004)
Colonialidad			Martínez y González (2004)
Colonialidad			Burger (1979)
Bandadas			Martínez y González (2004)
Bandadas	Colonialidad		Burger y Gochfeld (1981), Martínez y González (2004)
Bandadas	Colonialidad		Lizurume *et al.* (1995), Martínez y González (2004)
Colonialidad			Aguilar *et al.* (2016)
Bandadas	Colonialidad		Burger (1974), Kopachena (1987)
Bandadas			Martínez y González (2004)
Bandadas			Rodríguez y Mata (2011)
Bandadas			Martínez y González (2004)
Bandadas			Martínez y González (2004)
Bandadas			Martínez y González (2004)
Colonialidad			Martínez y González (2004)
Grupos sociales (?)			Pernollet *et al.* (2012)
Grupos sociales (?)			Martínez y González (2004)
Bandadas			Martínez y González (2004)
Bandadas			Martínez y González (2004)
Bandadas			Martínez y González (2004)
Grupos sociales (?)			Martínez y González (2004)
Bandadas			Martínez y González (2004)
Grupos sociales (?)			Martínez y González (2004)
Bandadas			Martínez y González (2004)
Bandadas			Martínez y González (2004)
Bandadas			Martínez y González (2004)
Colonialidad	Bandadas		Grant (1991), Rodríguez y Mata (2011)

Grupo taxonómico principal (1)	Grupo taxonómico secundario (2)	Especie	Nombre común
		Nycticorax nycticorax	Huairavo
		Oceanites gracilis	Golondrina de mar chica
		Oreopholus ruficollis	Chorlo de campo
		Oxyura vittata	Pato rana de pico delgado
		Pachyptila belcheri	Petrel paloma de pico delgado
		Pachyptila desolata	Petrel palama antártico
		Parabuteo unicinctus	Peuco
		Pelagodroma marina	Golondrina de mar de cara blanca
		Pelecanoides garnotii	Yunco
		Pelecanus thagus	Pelícano
		Phalacrocorax atriceps	Cormorán imperial
		Phalacrocorax bougainvillii	Guanay
		Phalacrocorax brasilianus	Yeco
		Phalacrocorax gaimardi	Lile
		Phalacrocorax magellanicus	Cormorán de las rocas
		Phalaropus fulicarius	Pollito de mar rojizo
		Phalaropus lobatus	Pollito del mar boreal
		Phalcoboenus australis	Carancho negro
		Phalcoboenus megalopterus	Carancho cordillerano
		Phoenicoparrus andinus	Parina grande
		Phoenicoparrus jamesi	Parina chica
		Phoenicopterus chilensis	Flamenco chileno
		Phrygilus dorsalis	Cometocino de dorso castaño
		Phrygilus erythronotus	Cometocino de Arica
		Phrygilus fruticeti	Yal
		Phrygilus patagonicus	Cometocino patagónico
		Phrygilus plebejus	Plebeyo
		Phrygilus unicolor	Pájaro plomo
		Plegadis chihi	Cuervo de pantano
		Plegadis ridgwayi	Cuervo de pantano de la puna
		Pluvialis squatorola	Chorlo ártico
		Podiceps occipitalis	Blanquillo
		Procellaria cinerea	Fardela gris
		Psilopsiagon aurifrons	Perico cordillerano
		Pterocnemia pennata	Ñandú
		Pterodroma inexpectata	Fardela moteada
		Puffinus bulleri	Fardela de dorso gris
		Puffinus creatopus	Fardela blanca
		Puffinus gravis	Fardela capirotada
		Puffinus griseus	Fardela negra
		Puffinus puffinus	Fardela atlántica

Tipo principal de sociabilidad descrita	Otros rasgos sociales		Referencia
Colonialidad			Martínez y González (2004)
Colonialidad			Martínez y González (2004)
Grupos sociales (?)			Martínez y González (2004)
Grupos sociales (?)			Martínez y González (2004)
Bandadas			Martínez y González (2004)
Bandadas			Martínez y González (2004)
Grupos sociales (?)	Cooperación		Bednarz (1988), Martínez y González (2004)
Colonialidad			Martínez y González (2004)
Grupos sociales (?)			Martínez y González (2004)
Bandadas	Colonialidad		Martínez y González (2004), Daigre et al. (2012)
Colonialidad			Martínez y González (2004)
Bandadas	Colonialidad		Martínez y González (2004)
Colonialidad			Martínez y González (2004)
Colonialidad			Martínez y González (2004)
Colonialidad			Martínez y González (2004)
Bandadas			Martínez y González (2004)
Bandadas			Martínez y González (2004)
Grupos sociales (?)	Forrajeo social	Cooperación	Raimilla et al. (2014), Woods et al. (2017)
Cooperación (?)			Jones (1999)
Bandadas	Colonialidad		Martínez y González (2004)
Bandadas	Colonialidad		Martínez y González (2004)
Bandadas	Colonialidad		Sosa (1999)
Bandadas			Martínez y González (2004)
Grupos sociales (?)			Martínez y González (2004)
Bandadas			Martínez y González (2004)
Grupos sociales (?)			Martínez y González (2004)
Bandadas			Martínez y González (2004)
Bandadas			Martínez y González (2004)
Bandadas	Colonialidad		Martínez y González (2004)
Colonialidad			Martínez y González (2004)
Bandadas			Rodríguez y Mata (2011)
Grupos sociales (?)			Martínez y González (2004)
Colonialidad			Martínez y González (2004)
Colonialidad			Martínez y González (2004)
Grupos sociales			Barri et al. (2012)
Grupos sociales (?)			Martínez y González (2004)
Colonialidad			Martínez y González (2004)
Colonialidad			Martínez y González (2004)
Bandadas			Martínez y González (2004)
Bandadas			Martínez y González (2004)
Bandadas			Martínez y González (2004)

Grupo taxonómico principal (1)	Grupo taxonómico secundario (2)	Especie	Nombre común
		Pygochelidon cyanoleuca	Golondrina de dorso negro
		Pygoscelis antartica	Pingüino antártico
		Pygoscelis papua	Pingüino papua
		Riparia riparia	Golondrina barranquera
		Sicalis auriventris	Chirigue dorado
		Sicalis flaveola	Chirigue azafrán
		Sicalis lebruni	Chirigue austral
		Sicalis lutea	Chirigue de la puna
		Sicalis luteola	Chirigue
		Sicalis olivascens	Chirigue verdoso
		Sicalis uropygialis	Chirigue cordillerano
		Speculanas specularis	Pato anteojillo
		Spheniscus humboldti	Pingüino de Humboldt
		Spheniscus magellanicus	Pingüino magallánico
		Sporophila telasco	Corbatita
		Steganopus tricolor	Pollito de mar tricolor
		Stercorarius chilensis	Salteador chileno
		Stercorarius parasiticus	Salteador chico
		Sterna elegans	Gaviotín elegante
		Sterna fuscata	Gaviotín apizarrado
		Sterna hirundinacea	Gaviotín sudamericano
		Sterna hirundo	Gaviotín boreal
		Sterna lorata	Gaviotín chico
		Sterna lunata	Gaviotín pascuense
		Sturnella loyca	Loica
		Sula dactylatra	Piquero blanco
		Sula nebouxii	Piquero de patas azules
		Sula variegata	Piquero
		Tachycineta meyeni	Golondrina chilena
		Tachyeres pteneres	Pato quetru no volador
		Thalassaeche melanophrys	Albatros de ceja negra
		Theristicus melanopis	Bandurria
		Thinocorus rumicivorus	Perdicita
		Tinamotis ingoufi	Perdiz austral
		Tinamotis pentlandii	Perdiz de la puna
		Tringa flavipes	Pititoy chico
		Tringa melanoleuca	Pititoy grande
		Tyrannus tyrannus	Benteveo blanco y negro
		Vanellus chilensis	Queltehue
		Volatinia jacarina	Negrillo

Tipo principal de sociabilidad descrita	Otros rasgos sociales		Referencia
Bandadas			Martínez y González (2004)
Colonialidad			Barbosa *et al.* (1997)
Colonialidad	Forrajeo social	Cooperación (?)	Martínez y González (2004), Copeland (2008)
Bandadas			Martínez y González (2004)
Grupos sociales (?)			Martínez y González (2004)
Grupos sociales (?)			Martínez y González (2004)
Grupos sociales (?)			Martínez y González (2004)
Grupos sociales (?)			Martínez y González (2004)
Grupos sociales (?)			Martínez y González (2004)
Grupos sociales (?)			Martínez y González (2004)
Grupos sociales (?)			Martínez y González (2004)
Grupos sociales (?)			Martínez y González (2004)
Colonialidad			Simeone y Schlatter (1998), Simeone *et al.* (2008)
Colonialidad			Stokes y Dee Boersma (2000), Tella *et al.* (2001), Forero *et al.* (2002)
Grupos sociales (?)			Martínez y González (2004)
Bandadas			Martínez y González (2004)
Bandadas			Martínez y González (2004)
Bandadas			Phillips *et al.* (1998)
Bandadas			Martínez y González (2004)
Colonialidad			Martínez y González (2004)
Bandadas			Martínez y González (2004)
Colonialidad			Burger y Lesser (1979)
Colonialidad			Martínez y González (2004)
Colonialidad			Martínez y González (2004)
Bandadas			Martínez y González (2004)
Colonialidad			Martínez y González (2004)
Colonialidad			Martínez y González (2004)
Bandadas	Colonialidad		Martínez y González (2004)
Bandadas			Martínez y González (2004)
Grupos sociales (?)			Martínez y González (2004)
Colonialidad			Marín y Oehler (2007)
Bandadas			Gantz *et al.* (2011)
Bandadas			Martínez y González (2004)
Bandadas	Grupos sociales (?)		Martínez y González (2004)
Grupos sociales (?)			Martínez y González (2004)
Bandadas			Martínez y González (2004)
Bandadas			Rodríguez y Mata (2011)
Bandadas			Martínez y González (2004)
Grupos sociales	Cooperación		Walters y Walters (1980), Saracura *et al.* (2008)
Grupos sociales (?)			Martínez y González (2004)

Grupo taxonómico principal (1)	Grupo taxonómico secundario (2)	Especie	Nombre común
		Vultur gryphus	Cóndor
		Zenaida auriculata	Tórtola
	Mammalia	*Abrocoma bennetti*	Ratón chinchilla
		Abrocoma cinerea	Ratón chinchilla de cola corta
		Abrothrix andinus	Ratón andino
		Aconaemys fuscus	Tunduco común
		Aconaemys porteri	Tunduco de Porter
		Arctocephalus australis	Lobo fino austral
		Arctocephalus gazella	Lobo fino antártico
		Arctocephalus philippii	Lobo fino de Juan Fernández
		Arctocephalus tropicalis	Lobo fino subantártico
		Balaenoptera bonaerensis	Ballena minke del sur
		Balaenoptera borealis	Ballena sei
		Balaenoptera edeni	Ballena de Bryde
		Berardius arnouxii	Ballena picuda de Arnoux
		Cephalorhynchus commersonii	Tonina overa
		Cephalorhynchus eutropia	Delfín chileno
		Chelemys macronyx	Ratón topo cordillerano
		Chinchilla brevicaudata	Chinchilla cordillerana
		Chinchilla lanigera	Chinchilla chilena
		Ctenomys fulvus	Tuco tuco de Atacama
		Ctenomys magellanicus	Tuco tuco de Magallanes
		Ctenomys opimus	Tuco tuco de la puna
		Delphinus capensis	Delfín común costero
		Delphinus delphis	Delfín común
		Desmodus rotundus	Piuchén (vampiro)
		Dromiciops gliroides	Monito del monte
		Euneomys chinchilloides	Ratón sedoso
		Euneomys mordax	Ratón sedoso nortino
		Euneomys petersoni	Ratón sedoso de Peterson
		Galea musteloides	Cuy serrano
		Globicephala macrorhyncha	Calderón de aleta corta
		Globicephala melas	Calderón de aleta larga
		Grampus griseus	Delfín de Risso
		Hippocamelus antisensis	Taruca
		Hippocamelus bisulcus	Huemul
		Histiotus macrotus	Murciélago orejudo grande
		Histiotus montanus	Murciélago orejudo chico
		Hyperoodon planifrons	Ballena nariz de botella
		Kogia sima	Cachalote enano

Tipo principal de sociabilidad descrita	Otros rasgos sociales		Referencia
Uso comunal de sitios de descanso			Donázar *et al.* (1999), Donázar y Feijóo (2002)
Bandadas	Colonialidad		Bucher (1982), Martínez y González (2004)
Grupos sociales (?)			Mann (1978), Iriarte (2008)
Grupos sociales (?)			Mann (1978), Iriarte (2008)
Colonialidad		(3)	Iriarte (2008)
Colonialidad		(3)	Reise y Gallardo (1989)
Uso compartido de refugios			Frugone (2012)
Colonialidad			Cassini (2001)
Colonialidad			Acevedo *et al.* (2016)
Colonialidad			Iriarte (2008)
Colonialidad			Roux y Hes (1984)
Agregaciones	Grupos sociales (?)		Iriarte (2008)
Grupos sociales			Iriarte (2008)
Grupos sociales			Iriarte (2008)
Grupos sociales			Iriarte (2008)
Grupos sociales			Lescrauwaet *et al.* (2000), Coscarella *et al.* (2010)
Grupos sociales			Ribeiro *et al.* (2005), Viddi y Harcourt (2016)
Colonialidad		(3)	Iriarte (2008)
Colonialidad		(3)	Iriarte (2008)
Colonialidad		(3)	Mohlis (1983), Iriarte (2008)
Colonialidad		(3)	Iriarte (2008)
Colonialidad		(3)	Iriarte (2008)
Grupos sociales	Colonialidad		O'Brien *et al.* (2020), Eileen Lacey (com. Pers.)
Grupos sociales	Agregaciones		Iriarte (2008)
Grupos sociales	Agregaciones		Iriarte (2008)
Grupos sociales	Cooperación		Wilkinson (1984, 1985a, 1985b)
Uso compartido de refugios			Franco *et al.*(2011), Celis-Diez *et al.* (2012)
Colonialidad		(3)	Iriarte (2008)
Colonialidad		(3)	Iriarte (2008)
Colonialidad		(3)	Iriarte (2008)
Grupos sociales (?)			Rood (1972)
Grupos sociales	Cooperación (?)		Iriarte (2008)
Grupos sociales	Cooperación		Augusto *et al.* (2017)
Grupos sociales	Cooperación		Hartman *et al.* (2008)
Grupos sociales			Roe y Rees (1976), Merkt (1987)
Grupos sociales			Povilitis (1983, 1985), Frid (1994, 1999), Gary *et al.* (2016)
Colonialidad			Iriarte (2008)
Colonialidad (?)			Iriarte (2008)
Grupos sociales			Iriarte (2008)
Grupos sociales			Iriarte (2008)

Grupo taxonómico principal (1)	Grupo taxonómico secundario (2)	Especie	Nombre común
		Lagenorhynchus australis	Delfín austral
		Lagenorhynchus cruciger	Delfín cruzado
		Lagenorhynchus obscurus	Delfín oscuro
		Lagidium peruanum	Vizcacha peruana
		Lagidium viscacia	Vizcacha común
		Lagidium wolffsohni	Vizcacha de la Patagonia
		Lama guanicoe	Guanaco
		Leopardus geoffroyi	Gato de Geoffroy
		Leopardus guigna	Guiña
		Lissodelphis peroni	Delfín liso
		Lontra felina	Chungungo
		Lycalopex culpaeus	Zorro culpeo
		Lycalopex fulvipes	Zorro de Darwin
		Lycalopex griseus	Zorro gris
		Megaptera novaeangliae	Ballena jorobada
		Mesoplodon bahamondi	Ballena picuda de Bahamondes
		Mesoplodon densirostris	Ballena picuda de Blainville
		Mesoplodon grayi	Ballena picuda de Gray
		Mesoplodon hectori	Ballena picuda de Héctor
		Mesoplodon peruvianus	Ballena picuda del Perú
		Microcavia australis	Cuy de la Patagonia
		Microcavia niata	Cuy del altiplano
		Mirounga leonina	Elefante marino del sur
		Myocastor coypus	Coipo
		Myotis chiloensis	Murciélago orejas de ratón
		Octodon degus	Degu
		Octodon lunatus	Degu costino
		Octodontomys gliroides	Soco
		Orcinus orca	Orca
		Otaria flavescens (byronia)	Lobo marino común
		Phocoena spinipinnis	Marsopa espinosa
		Phyllotis darwini	Ratón orejudo de Darwin
		Physeter macrocephalus	Cachalote
		Pseudorca crassidens	Falsa orca
		Puma concolor	Puma
		Spalacopus cyanus	Cururo
		Stenella coeruleoalba	Delfín listado

Tipo principal de sociabilidad descrita	Otros rasgos sociales		Referencia
Grupos sociales			Lescrauwaet (1997), Viddi y Lescrauwaet (2005)
Grupos sociales			Iriarte (2008)
Grupos sociales	Cooperación		Vaughn *et al.* (2007), Degrati *et al.* (2008)
Colonialidad	Grupos sociales (?)		Pearson (1948)
Colonialidad	Grupos sociales (?)		Galende (1998), Galende *et al.* (2019)
Colonialidad		(3)	Iriarte (2008)
Grupos sociales	Cooperación (?)		Wilson y Franklin (1985), Novaro *et al.* (2009)
Uso compartido del ámbito de hogar			Johnson y Franklin (1991)
Uso compartido del ámbito de hogar			Sanderson *et al.* (2002)
Grupos sociales	Cooperación		Iriarte (2008)
Cooperación (?)			Ostfeld *et al.* (1989), Medina-Vogel *et al.* (2007)
Uso compartido del ámbito de hogar			Salvatori *et al.* (1999)
Uso compartido del ámbito de hogar			Jiménez (2007)
Uso compartido del ámbito de hogar			Johnson y Franklin (1994)
Grupos sociales	Agregaciones		Iriarte (2008)
Grupos sociales			Iriarte (2008)
Grupos sociales			Iriarte (2008)
Grupos sociales			Iriarte (2008)
Grupos sociales			Iriarte (2008)
Grupos sociales (?)			Iriarte (2008)
Grupos sociales	Colonialidad		Ebensperger *et al.* (2006b), Taraborelli y Moreno (2009)
Colonialidad		(3)	Marquet *et al.* (1993)
Colonialidad			Modig (1996)
Grupos sociales	Cooperación		Guichón *et al.* (2003)
Colonialidad			Iriarte (2008)
Grupos sociales	Colonialidad	Cooperación	Fulk (1976), Ebensperger y Bozinovic (2000), Ebensperger *et al.* (2002, 2004, 2012, 2019)
Uso comunal de sitios de descanso			Sobrero *et al.* (2014a)
Uso compartido de refugios			Rivera *et al.* (2014)
Grupos sociales	Cooperación		Haussermann *et al.* (2013), Capella *et al.* (2014), Coscarella *et al.* (2015)
Colonialidad			Vilá y Cassini (1990), Campagna *et al.* (1992), Fernández-Juricic y Cassini (2007), Capozzo *et al.* (2008)
Grupos sociales	Agregaciones		Iriarte (2008)
Grupos sociales (?)			Bozinovic *et al.* (1988)
Grupos sociales	Cooperación		Coakes y Whitehead (2004), Konrad *et al.* (2019)
Grupos sociales	Agregaciones		Iriarte (2008)
Uso compartido del ámbito de hogar			Franklin *et al.* (1999), Elbroch y Wittmer (2012)
Grupos sociales	Colonialidad		Reig (1970), Begall y Gallardo (2000), Lacey *et al.* (2019)
Grupos sociales	Agregaciones		Iriarte (2008)

Grupo taxonómico principal (1)	Grupo taxonómico secundario (2)	Especie	Nombre común
		Tadarida brasiliensis	Murciélago cola de ratón
		Tursiops truncatus	Delfín naríz de botella
		Vicugna vicugna	Vicuña
		Ziphius cavirostris	Ballena picuda de Cuvier
	Reptilia	*Liolaemus bellii*	Lagartija parda
		Liolaemus leopardinus	Lagartija leopardo
		Liolaemus tenuis	Lagartija tenue
		Phymaturus vociferator	Matuasto

(1) Corresponde a Subfilo en el caso de vertebrados y tunicados, pero a Filo en el caso de los invertebrados; la categoría Invertebrata se utiliza por conveniencia, pero no tiene valor taxonómico.
(2) Corresponde a Clase en el caso de los vertebrados y tunicados urocordados, pero a Filo, en el caso de los invertebrados.

Figura 3-5

Agregaciones de invertebrados en ecosistemas intermareales
y submareales de Chile central.

a) Chitones (*Chiton granosus*), imagen de Luis Ebensperger.

Tipo principal de sociabilidad descrita	Otros rasgos sociales	Referencia
Colonialidad		McCraken (1991, 1994), Keeley y Keeley (2004)
Grupos sociales	Cooperación	Wursig (1978), Olavarría *et al.* (2010), Vermeulen *et al* (2015)
Grupos sociales		Vilá y Roig (1992), Vilá (1995), Lucherini (1996)
Grupos sociales		Iriarte (2008)
Uso compartido del ámbito de hogar		Fox y Shipman (2003)
Uso compartido de refugios		Hamasaki y Troncoso-Palacios (2011), Santoyo Brito (2017)
Uso compartido del ámbito de hogar		Manzur y Fuentes (1979)
Uso compartido del ámbito de hogar	Uso compartido de refugios	Habit y Ortiz (1996), Alzamora *et al.* (2010)

(3) Los estudios u observaciones disponibles no permiten distinguir entre hábitos coloniales y grupos sociales.
(?) Sin estudios confirmatorios específicos en los rasgos sociales indicados.

Figura 3-5b) Erizo rojo (*Loxechinus albus*), imagen de Alejandro Pérez Matus.

Figura 3-5c) Loco (*Concholepas concholepas*), imagen de Alejandro Pérez Matus.

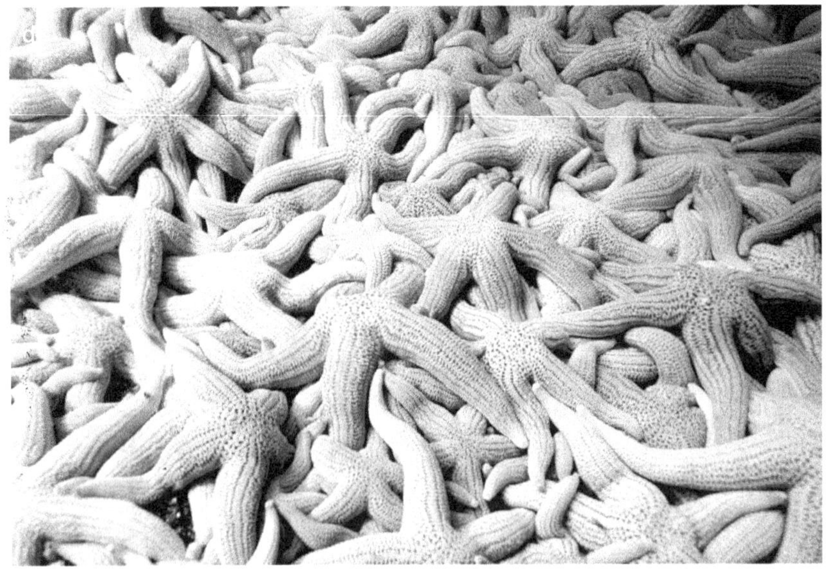

Figura 3-5d) Estrella de mar (*Stichaster striatus*), imagen de Alejandro Pérez Matus.

Figura 3-5e) Erizo negro (*Tetrapygus niger*), imagen de Luis Ebensperger.

Figura 3-5f) Sol de mar (*Heliaster helianthus*), imagen de Alejandro Pérez Matus.

Figuras 3-5g) y 3-5h) Piure (*Pyura chilensis*), imagenes de Patricio Manríquez.

puedan originar por "predisposiciones" sociales. En algunas especies el agrupamiento (o congregaciones) parece estar asociado al uso de grietas (refugios) y la capacidad de los individuos para desplazarse eficientemente siguiendo el rastro químico dejado en el sustrato por conespecíficos (Stafford *et al.* 2008). En algunos invertebrados marinos que forman agregaciones y cuyo ciclo de vida incluye una fase de larva natatoria antes de alcanzar el estado adulto, el asentamiento de estas larvas al sustrato (ej., rocas) aumenta en sitios con mayor densidad de conespecíficos. Este es el caso del cangrejo *Petrolisthes laevigatus* (Gebauer *et al.* 2011) y del piure chileno (*Pyura chilensis*) **(Figuras 3-5g y 3-5h)**. En esta última especie, y en condiciones de laboratorio se ha documentado una preferencia de sus larvas por sitios de asentamiento con conespecíficos o claves químicas de estos (Manríquez y Castilla 2007). En el chorito maico (*P. purpuratus*), la formación de agregaciones densas en sustratos rocosos tiene efectos positivos sobre el asentamiento y crecimiento de otros individuos (Alvarado y Castilla 1996).

Un efecto positivo de la presencia de conespecíficos sobre la formación de agregaciones es consistente con la ocurrencia de beneficios sociales en especies de hábitats intermareales donde los individuos están expuestos a desecación, altas temperaturas, depredación, o a dislocación mecánica por oleaje (ej., Santana *et al.* 2017, de Jager *et al.* 2020, Bogdanovich y Bozinovic Capítulo 9). Moluscos gastrópodos como el caracol *Echinolittorina peruviana* forman agregaciones en zonas intermareales rocosas y donde los beneficios en agregaciones de mayor tamaño disminuyen su pérdida de agua, un efecto que es mayor en localidades más desérticas en el norte de Chile comparado con otras de Chile central (Rojas y Bozinovic 2000). A un nivel local y consistente con lo anterior, este beneficio es más importante en parches del intermareal alto, donde el estrés por desecación es mayor comparado con parches del intermareal bajo (Muñoz *et al.* 2008). Por otra parte, el erizo negro también forma agrupaciones **(Figura 3-5e)**, y donde individuos agrupados perciben (a través de claves químicas) un menor riesgo por parte sus depredadores como el sol de mar (*Heliaster helianthus*) comparado con erizos aislados (Manzur y Navarrete 2011).

Las agregaciones en algunos invertebrados marinos también parecen estar asociadas a beneficios reproductivos. Específicamente, las hembras de algunos caracoles marinos como *Thais chocolata* y *Trophon geversianus* se caracterizan por oviponer en forma comunal en el sustrato de hábitats submareales (Romero *et al.* 2004, Pio *et al.* 2015). En el caso del poliqueto *Platynereis australis*, las agrupaciones registradas en el mar están conformadas por individuos reproductivos (Cañete *et al.* 2013), por lo que el agregarse podría determinar beneficios asociados a un mayor éxito de apareamiento comparado con una estrategia reproductiva más solitaria.

Coros

Los **coros** son congregaciones características en algunos anuros (sapos y ranas), las cuales están formadas principalmente por machos que vocalizan conjuntamente ya sea para atraer hembras y/o para competir con machos rivales (Gerhardt 1994, Cocroft y Ryan 1995). La co-ocurrencia de vocalizaciones de varios machos puede resultar en sincronía o alternancia, dependiendo de si tales vocalizaciones representan una forma de competir o cooperar con otros machos para atraer hembras (Greenfield 1994, 2005, Hartbauer *et al.* 2014). Aunque las características acústicas de las señales emitidas por los machos de algunas especies nativas han sido examinadas (Labra Capítulo 6), los atributos sociales y las consecuencias funcionales de estas congregaciones o coros han sido escasamente abordados. Al menos 10 especies nativas de Chile se caracterizarían por formar agrupaciones en la época reproductiva y donde tales agrupaciones en algunas de estas especies constituyen coros (**Tabla 3-1**). Entre estas últimas, los machos del sapito de cuatro ojos (*Pleurodema thaul*) forman coros numerosos que además pueden incluir individuos de otras especies (Penna y Veloso 1981, 1990). Se trata de una especie de amplia distribución que utiliza hábitats ecológicamente diversos como sitios de reproducción (Diaz *et al.* 1987, Iturra-Cid *et al.* 2010), y donde los atributos acústicos de sus vocalizaciones covarían geográfica y filogenéticamente (Velásquez *et al.* 2013). Por lo tanto, no es descartable que la conducta social y organización social en estas congregaciones puedan ser igualmente variables.

La formación de agregaciones también ha sido reportada en el sapo de Atacama (*Rhinella atacamensis*, Penna y Veloso 1981, Pincheira-Donoso *et al.* 2018). En este caso, las agrupaciones de machos y hembras se forman en pozas en áreas desérticas. Así, es posible que la disponibilidad de pozas y el tamaño de estas determinen el tamaño y persistencia de estas agrupaciones. Los machos en estas agrupaciones compiten por desplazar a otros machos rivales y lograr un amplexo con las hembras (Pincheira-Donoso *et al.* 2018, D. Pincheira-Donoso comunicación personal).

Algunos anfibios son especialmente interesantes debido a que la formación de agregaciones puede estar asociada con distintos beneficios en distintos estados de su ciclo de vida. En el caso del sapo espinoso (*Rhinella spinulosa*) se ha documentado la formación de agrupaciones (en contacto físico directo) por parte de individuos recientemente metamorfoseados (Espinoza y Quinteros 2008). Dos observaciones son consistentes con que los individuos en estas agrupaciones obtienen beneficios térmicos. La temperatura corporal de sapos en contacto directo con otros es 2,3 °C más alta que la de individuos cercanos pero aislados (sin contacto directo con otros), una diferencia que podría generar un aumento de 14% en crecimiento. Además, la generación experimental de sombra en momentos del día con alta radiación solar determina una reducción en el tamaño de las agregaciones (Espinoza y Quinteros 2008).

Uso compartido de ámbitos de hogar

Aun cuando una mayoría de los reptiles del Orden Squamata (lagartos, serpientes, anfisbénidos) muestran hábitos solitarios, la vida en grupo está presente en 94 especies representantes de 22 de las 66 familias incluidas en este orden (Gardner *et al.* 2016). Entre estas, una mayoría corresponde a especies que forman agregaciones permanentes, pero donde solo unas pocas especies exhiben estabilidad en la membrecía de los individuos en

Figura 3-6

Agrupación registrada en el matuasto del Maule (*Phymaturus maulense*), en el paso Las Damas, región de O´Higgins, Chile central. Imagen gentileza de Lautaro Salfate Porobic.

estas (Whiting y While 2017). La evidencia disponible en especies nativas de Chile apoya la ocurrencia de un uso compartido de **ámbitos de hogar** entre dos o más adultos en al menos cuatro especies de lagartos, lo que implica algún grado de agregación espacial. En particular, los machos de la lagartija tenue (*Liolaemus tenuis*) se caracterizan por defender un árbol como territorio, el cual es utilizado por dos o más hembras cuyos territorios son vecinos dentro del mismo árbol utilizado como hábitat. Esta distribución espacial resulta en una monopolización reproductiva de grupos de hembras por parte de un macho (Manzur y Fuentes 1979). Una situación equivalente caracteriza al matuasto vociferador (*Phymaturus vociferator*), donde las hembras establecen sus territorios junto al de otras hembras en rocas que utilizan como hábitat, lo que promovería su monopolización por machos (Habit y Ortiz 1996). Los elementos comunes de ambos casos sugieren una base funcional también común. En primer lugar, el número de hembras presente en ambos parches de hábitat aumenta con el tamaño de estos últimos. En la lagartija tenue, árboles de mayor tamaño utilizados por estos lagartos albergan un mayor número de hembras. En matuastos, rocas de mayor tamaño concentran un mayor número de hembras. En segundo lugar, las interacciones sociales entre las hembras son predominantemente agonistas en ambas especies (Manzur y Fuentes 1979, Habit y Ortiz 1996). En conjunto, estas observaciones son consistentes con que las agregaciones en ambas especies posiblemente están asociadas a restricciones de hábitat.

Fox y Shipman (2003) reportaron una alta sobreposición espacial en *Liolaemus bellii* y *L. leopardinus*, dos especies de ambientes de altitud en Chile central (Mella 2017). Las hembras de *L. bellii* se caracterizan por una baja frecuencia de interacciones agonistas y alta tolerancia social (Fox y Shipman 2003), observaciones consistentes con un mayor nivel de sociabilidad comparado con *L. tenuis* y *P. vociferator*. En el caso de *L. leopardinus*, Mella (2017) indica la ocurrencia de agrupaciones de varios adultos en refugios subterráneos. Esto último no sería una excepción entre los reptiles nativos como lo sugieren registros fotográficos de otras especies como el matuasto del Maule (**Figura 3-6**). En un contexto histórico, Fox y Shipman (2003) sugieren que la ocurrencia de agregaciones en *Liolaemus* de Argentina y Chile probablemente evolucionó a partir de ancestros solitarios (con baja o nula sobreposición espacial en sus ámbitos de hogar), lo que apoya un escenario evolutivo basado en un aumento de la complejidad social a partir de ancestros menos sociales (ej., Shultz *et al.* 2011).

El uso compartido de ámbitos de hogar y el consiguiente uso comunal del espacio también pueden ocurrir en otros vertebrados cuyo comportamiento social es relativamente limitado, como es el caso de mamíferos del Orden Carnívora. Solo 68 de las 245 especies de mamíferos carnívoros terrestres vivientes en el mundo (i.e., 28%) forman grupos sociales distintivos, una cifra que solo alcanza al 5% de las 37 especies de felinos existentes (Elbroch y Quigley 2017). No es sorprendente entonces, que estudios que han examinado la organización y estructura social de felinos con distribución en Chile indican hábitos más bien solitarios (**Tabla 3-2**). Este parece ser el caso de la güiña (*Leopardus guigna*), donde tanto machos como hembras realizan sus actividades en áreas que no se sobreponen con las áreas de otros machos y hembras, respectivamente (Sanderson *et al.* 2002). Sin embargo, estudios realizados en otras localidades geográficas han revelado variabilidad en el grado de tolerancia social en el caso del gato de Geoffroy (*Leopardus geoffroyi*). En el Parque Nacional Torres del Paine (Patagonia chilena) las hembras en estos felinos se sobreponen en el uso de algunas áreas durante sus actividades, pero no en otros sitios del noreste de Argentina (Manfredi *et al.* 2006). De igual modo, la sobreposición espacial entre los machos es baja en Torres del Paine, pero alta en sitios del centro y noreste de Argentina (Manfredi *et al.* 2006, Pereira *et al.* 2012). En el sur de Brasil, el grado de sobreposición espacial entre los machos es similar al registrado entre las hembras (Tirelli *et al.* 2018), observación que confirma algún grado de flexibilidad social entre localidades con ambientes potencialmente contrastantes.

Dos estudios realizados en la Patagonia chilena también indican que las hembras de otro felino, el puma (*Puma concolor*), comparten extensamente sus áreas de actividad con otras hembras y machos (Franklin *et al.* 1999, Elbroch y Wittmer 2012). Además, las hembras de esta especie en poblaciones de Norte América no solo se caracterizan por una alta sobreposición entre sus ámbitos de hogar con los de otras hembras, sino además por exhibir tolerancia social entre estas. Se ha registrado el consumo simultáneo de presas por parte de agregaciones de 2 o 3 hembras adultas (Elbroch y Quigley 2017), lo que sugiere ausencia de territorialidad entre estas y tolerancia (y/o socialidad). La sobreposición entre los ámbitos de hogar de las hembras de estos felinos aumenta en áreas donde sus presas son más abundantes y espacialmente agregadas (Elbroch *et al.* 2016). En conjunto, estas observaciones son preliminarmente consistentes con la hipótesis de "dispersión de recursos", donde se espera un mayor grado de socialidad en parches donde los recursos son localmente abundantes, y donde la competencia por estos es relativamente baja (Johnson *et al.* 2002).

La organización social de zorros con distribución en Chile ha sido examinada con algún grado de detalle. Así, la sobreposición de los ámbitos de hogar entre adultos de ambos sexos del zorro culpeo (*Lycalopex culpaeus*) es espacial y temporalmente baja (Salvatori *et al.* 1999), lo que es consistente con hábitos solitarios. En contraste, la organización social en el zorro gris (*Lycalopex griseus*) parece estar más basada en asociaciones hembra-macho (Johnson y Franklin 1994). Sin embargo, la evidencia cuantitativa que apoya esta afirmación aún es escasa. La organización social del zorro chilote (*Lycalopex fulvipes*) también podría apartarse de lo que se ha descrito en zorros culpeo; la sobreposición de los ámbitos de hogar de machos y hembras en el zorro chilote es extensa (Jiménez 2007). Sin embargo, los individuos también exhiben un uso exclusivo de las zonas más utilizadas por estos dentro de sus ámbitos de hogar (Jiménez 2007). Así, la posible ocurrencia de grupos conformados por pares hembra-macho con otros adultos no reproductivos en el zorro chilote (Jiménez 2007) es una hipótesis interesante que requiere ser evaluada.

Lo poco que sabemos del comportamiento social de la nutria marina (*Lontra felina*) también apunta a algún grado de sociabilidad. Observaciones conductuales de individuos no marcados sugieren un uso compartido de refugios en tierra (cavidades en las rocas) por parte de pares de adultos en dos localidades del centro y norte, Los Molles e Isla Pan de Azúcar (Ebensperger y Castilla 1991, Ostfeld *et al.* 1989). En localidades del sur de Chile se ha registrado actividad conjunta por parte de dos adultos en forma continuada en Isla Guafo (Seguel y Pavés 2018), pero no en Chepu, al norte de Chiloé (Ostfeld *et al.* 1989). Por otra parte, el seguimiento de algunos individuos marcados (3 machos y 3 hembras) en otra población del centro de Chile (Quintay) muestra un uso compartido de áreas de actividad entre machos y hembras, entre machos, pero no entre hembras (Medina-Vogel *et al.* 2007). Aunque preliminares, estas observaciones son consistentes con la posible ocurrencia de asociaciones entre adultos estables en el tiempo, tal como se ha registrado en la especie congénerica *Lontra canadensis* (Barocas *et al.* 2016).

Mayoritariamente, los estudios evolutivos que han abordado la sociabilidad en cánidos y mustélidos, como las nutrias, también vinculan este aspecto del comportamiento

Tabla 3-2

Organización social (unidades sociales descritas, tamaño de grupo promedio ± desviación estándar, rango, y número (n) de unidades sociales estudiadas) en mamíferos con distribución en Chile.

Los tamaños de grupo promedio están calculados a partir de integrantes adultos exclusivamente, a menos que se indique algo distinto. Las abreviaciones usadas para representar los tipos de unidades sociales reportados son las siguientes: H-M = pares hembra-macho; HH = grupos con 2+ hembras; HH-M = grupos con 2+ hembras y un macho; H-MM

Grupo taxonómico	Especie	Organización social (tipos de unidades sociales)	Tamaño de grupo (adultos)
Carnívoros	*Leopardus geoffroyi*	H; M (Solitario)	1 (n=9)
	Leopardus guigna	H; M (Solitario)	1 (n=7)
	Lontra felina	H; M; H-M?	1-2?
	Lycalopex culpaeus	H; M (Solitario)	1 (n=13)
		H; M (Solitario)	1 (n=19)
	Lycalopex fulvipes	H-M + otros adultos?	
	Lycalopex griseus	H-M?	2 (n=36)
	Puma concolor	H; M (Solitario)	1 (n=11)
		H; M (Solitario)	1 (n=8)
Roedores	*Aconaemys porteri*	H-M; HH; H-MM	2 ± 1 (2-3, n=3)
	Microcavia australis	H-M; HH; HH-M; H-MM	3 ± 1 (2-4) (n=7)
			3,5 (3-6) (n=6)
			2 (2-3) (n=4)
	Myocastor coypus	H-M; HH-MM; HH-M; H	4 ± 3 (1-10) (n=21)
	Octodon degus	Invierno (2009-2015) H-M; HH; HH-M; HH-MM; H-MM; H; M	3 ± 2 (1-11) (n=78)
		Primavera (2005-2015) H-M; HH; HH-M; HH-MM; H-MM; H; M	3 ± 2 (1-9) (n=160)
		HH; HH-M; HH-MM; H	5 ± 1 (3-6) (n=5)
			5 ± 3 (1-9) (n=10)
	Octodon lunatus		2 ± 1 (2-4) (n=5)
	Octodontomys gliroides	H-M; H-MM	2 ± 0 (n=5)
		H-M; H-MM; HH-MM	3 ± 1 (n=5)
	Spalacopus cyanus	La Parva (2001-2005) HH; HH-M; HH-MM; H-M; H-MM; MM	4 ± 2 (n=13)
		PN Bosque Fray Jorge HH-M; HH-MM; H-M; H-M; MM	4 ± 2 (n=10)

= grupos con una hembra y 2+ machos; HH-MM = grupos con 2+ machos y hembras; los números en paréntesis indican el rango de individuos de cada sexo cuando existe variación dentro de la categoría de tipo de grupo. Los signos de interrogación indican la posible ocurrencia (aún no confirmada) de un determinado tipo de unidad social.

Población examinada	Referencia
Parque Nacional Torres del Paine (Chile)	Johnson y Franklin (1991)
Estación Biológica Senda Darwin (Chile)	Sanderson *et al.* (2002)
Isla Pan de Azúcar, Los Molles, Quintay, Chepu (Chile)	Ostfeld *et al.* (1989); Medina-Vogel *et al.* (2007)
Parque Nacional Bosque Fray Jorge	Salvatori *et al.* (1999)
Parque Nacional Torres del Paine (Chile)	Johnson y Franklin (1994)
Ahuenco (Chile)	Jiménez (2007)
Parque Nacional Torres del Paine (Chile)	Johnson y Franklin (1994)
Aysén (Chile)	Elbroch y Wittmer (2012)
Parque Nacional Torres del Paine (Chile)	Franklin *et al.* (1999)
San Pablo de Tregua (Chile)	Frugone (2012)
El Leoncito (Argentina)	Ebensperger *et al.* (2006b)
El Leoncito (Argentina)	Taraborelli y Moreno (2009)
Ñacuñán (Argentina)	Taraborelli y Moreno (2009)
Ruíz, Luján, Jáuregui (Argentina)	Guichón *et al.* (2003)
Rinconada de Maipú (Chile)	Correa *et al.* (2018); L. Ebensperger y L. Hayes (datos no publicados, 2005-2015)
El Salitre (Chile)	Sobrero *et al.* (2016)
Bocatoma Los Molles (Chile)	Ebensperger *et al.* (2012)
Los Molles (Chile)	Sobrero *et al.* (2014a)
Chusmiza (Chile)	Rivera *et al.* (2014)
Oploca (Bolivia)	Rivera *et al.* (2014)
La Parva y Parque Nacional Bosque Hray Jorge (Chile)	(Lacey *et al.* 2019)

Grupo taxonómico	Especie	Organización social (tipos de unidades sociales)	Tamaño de grupo (adultos)
Cetáceos	*Cephalorhynchus commersoni*		2 ± 1 (n=58)
			2 (2-5)
	Cephalorhynchus eutropia		5 (n=46)
			6 (1-25) (n=192)
	Lagenorhynchus australis		4 ± 3 (1-14) (n=42)
			4 ± 2 (1-20) (n=851)
			6 (n=127)
			6 ± 3 (1-15) (n=142)
	Lagenorhynchus obscurus		10-20 (n=168)
			8 ± 5 (1-30) (n=268)
	Orcinus orca	H-M; HH; MM; HH-M; H-MM; HH-MM; H	5 ± 8 (1-60) (n=56)
			4 ± 4 (1-25) (n=50)
		Grupos con crías/juveniles; grupos de adultos	Con crías: 5 ± 3 (2-16) (n=43) Solo adultos: 3 ± 2 (2-16) (n=20)
	Physeter macrocephalus	Grupos de hembras y juveniles	24 ± 13 (n=26)
	Tursiops truncatus		15 ± 3 (8-22) (n=35)
			4 (1-50) (n=265)
			31 ± 34 (2-100) (n=34)
Ungulados	*Hippocamelus antisensis*	(2-3)HH; (2-3)MM-(4)HH; (2)MM; H; M	Hembras: ~3 (n=50) Mixtos: ~3 (n=107) Machos: 2 (n=46)
	Hippocamelus bisulcus	H-M; H; M; (2)HH; (2)MM-H; (2)MM	1 ± 0 (1-2) (n=27); 1 ± 1 (1-3) (n=58)
		H-M; H; M; M-(2)HH; MM	2 ± 1 (1-5) (n=248)
	Lama guanicoe	HH-M; MM; MM-HH; HH; M	Familiares: 8 ± 6 (n=249); Machos: 11 ± 18 (n=141); Mixtos: 22 ± 30 (n=44); Hembras: 2 ± 2 (n=90) Grupos: 3,5 (n=32)
		HH-M; MM; MM-HH; M	Familiares: 7 ± 3 (n=4); Machos solos: 1 (n=27); Machos 12 ± 10 (n=29); Mixtos: 36 ± 11 (n=9)
	Vicugna vicugna	(3-4)HH-M; H?, M?	Familiares: 6-7 Machos: 5 ± 2 (2-22) Grupos: 4,8 (n=65)

Población examinada	Referencia
Estrecho de Magallanes (Chile)	Lescrauwa *et al.* (2000)
Bahía Engaño (Argentina)	Coscarella *et al.* (2010, 2011)
Archipiélago de las Guaitecas (Chile)	Viddi y Harcourt (2016)
Bahía de Yaldad (Chile)	Ribeiro *et al.* (2005)
Canales patagónicos y fueguinos (Chile)	Sielfeld y Venegas (1978)
Estrecho de Magallanes (Chile)	Lescrauwaet (1997)
Archipiélago de las Guaitecas (Chile)	Viddi y Harcourt (2016)
Estrecho de Magallanes (Chile)	Viddi y Lescrauwaet (2005)
Golfo Nuevo (Argentina)	Degrati *et al.* (2008)
Marborough Sounds (Nueva Zealandia)	Vaughn *et al.* (2007)
Fiordos de la Patagonia chilena (Chile)	Haussermann *et al.* (2013) (estimación puede incluir juveniles y subadultos)
Varios sitios (Chile)	Capella *et al.* (1999)
Estrecho de Magallanes y fiordos aledaños (Chile)	Capella *et al.* (2014)
Costa del norte grande (Chile)	Coakes y Whitehead (2004) (estimación incluye juveniles)
Golfo San José (Argentina)	Würsig (1978)
Bahía San Antonio (Argentina)	Vermeulen *et al.* (2015)
Canales y fiordos de la Patagonia chilena	Calculado de Olavarría *et al.* (2010) (estimación puede incluir juveniles y subadultos)
La Raya (Perú)	Merkt (1987) Promedios basados en adultos incluyen individuos solitarios
Nevados de Chillán (Chile); Río Claro (Aysén, Chile)	Recalculado de Povilitis (1983)
Río Claro (Aysén, Chile)	Povilitis (1985); valores incluyen sub-adultos y/o juveniles
Parque Nacional Torres del Paine (Chile) Andes de Catamarca (Argentina)	Ortega y Franklin (1995); valores promedio no incluyen machos solitarios e incluyen juveniles o sub-adultos; Lucherini (1996)
La Payunia (Argentina)	Taraborelli *et al.* (2012)
Reserva Provincial Laguna Blanca (Argentina); Andes de Catamarca (Argentina)	Vilá y Roig (1992); promedios incluyen individuos solitarios; Lucherini (1996)

social a la disponibilidad de alimento. Así, las especies más sociales se caracterizan por concentrar su actividad de forrajeo en parches localmente más productivos (Wrangham *et al.* 1993, Geffen *et al.* 1996, Johnson *et al.* 2000). Sin embargo, aún no es claro si posibles variaciones en la organización social de cánidos y mustélidos nativos de Chile son consistentes con diferencias en productividad de los ambientes utilizados por estos.

Uso comunal de perchas y sitios de descanso

Otras formas de agregación frecuentemente registradas en aves es el uso comunal de **perchas o sitios de descanso** (Beauchamp 1999) y colonias estacionales o reproductivas (véase "Colonialidad estacional" y "Colonialidad permanente"). Estudios realizados en otras latitudes han dominado un debate aún no resuelto en torno a si los individuos en estas formas de agregación se benefician a través de obtener información sobre la localización de alimento (Greene 1987, Marzluff *et al.* 1996), u otros recursos o aspectos que afectan su adecuación biológica (Evans *et al.* 2016). El comportamiento de aves de carroña nativas de Chile como el jote de cabeza negra (*Coragyps atratus*) apoyan esta posibilidad, tal como lo muestran estudios basados en parches con carroña experimentales y/o aquellos basados en remover temporalmente algunos de los individuos que utilizan los mismos sitios de descanso (i.e., para manipular información sobre la localización de alimento). Este tipo de manipulaciones ha mostrado que la llegada de individuos que no habían visitado parches experimentales con carroña (i.e., que desconocían su ubicación) aumenta con la llegada de individuos que si habían visitado estos parches previamente (Rabenold 1987). Sin embargo, un segundo estudio en esta misma especie determinó que solo una minoría de los individuos (18,5%) que desconocían la ubicación de parches experimentales con carroña los descubrieron luego de seguir la trayectoria de individuos que sí conocían su ubicación (Buckley 1997). Así, una mayoría de estas aves utilizaría una estrategia basada en descubrir parches de carroña individualmente, o a través de avistar agregaciones de conespecíficos consumiendo animales muertos. Por otra parte, también se ha registrado que individuos que se asocian a través de visitar los mismos sitios de descanso, además son genéticamente más emparentados (Parker *et al.* 1995). Esta observación indica que indistintamente de los posibles beneficios derivados del uso compartido de perchas o sitios de descanso, estos además podrían estar modulados por selección por parentesco.

El uso comunal de sitios de descanso también es un atributo registrado en el cóndor (*Vultur gryphus*), donde este atributo varía en forma estacional y diaria (Lambertucci *et al.* 2008, Herrmann *et al.* 2010). Esta variación parece estar en parte asociada al ciclo reproductivo de estos buitres ya que el uso de perchas comunales disminuye durante el período de incubación y crianza de los pollos (Lambertucci y Mastrantuoni 2008). Estudios correlacionales sugieren que los sitios de descanso usados por cóndores proporcionan protección frente a condiciones climáticas adversas y frente a posibles depredadores (Lambertucci y Ruggiero 2013). Sin embargo, análisis detallados de las interacciones sociales registradas en estas perchas sugieren que los posibles beneficios generados no son equitativos para todos los individuos que las usan. El acceso a sitios de mejor calidad está asociado a interacciones agonistas y a relaciones jerárquicas, donde los individuos dominantes monopolizan los sitios térmicamente más favorables (Donázar y Feijóo 2002).

En términos evolutivos, el uso compartido de sitios de descanso en aves, frecuentemente ha surgido en especies que también forman bandadas, observación que apoya que la evolución del primero de estos rasgos podría estar vinculado a un incremento en la eficiencia de forrajeo (Beauchamp 1999). Sin embargo, la transición a un uso compartido de refugios también ha ocurrido en especies que no forman bandadas (Beauchamp 1999). Por lo tanto, aún es necesario establecer cómo la eficiencia en localizar recursos alimenticios depende del uso de sitios de descanso para evaluar la importancia evolutiva de este tipo de beneficios en cóndores.

Uso comunal de refugios

El uso compartido de **madrigueras** y otras estructuras utilizadas como refugio y sitios de crianza también representa una forma de agregación en organismos que son presa frecuentemente (Ebensperger y Blumstein 2006). En esta sub-sección examino el caso de especies en las que aún no es claro si el uso compartido de estas estructuras ocurre reiteradamente entre los mismos individuos. Dado que esto último es central a la sociabilidad de varias especies, la discusión de tales casos la realizo más adelante en la sección "Grupos sociales".

El uso compartido de refugios se ha documentado frecuentemente en vertebrados, pero menos en invertebrados no insectos. Entre los invertebrados marinos de Chile se ha descrito el uso compartido de refugios en algunos crustáceos. Este es el caso de dos camarones pistola nativos de Chile, *Alpheopsis chilensis* y *Alpheus inca*, Boltaña y Thiel (2001) registraron un uso compartido de refugio por pares hembra-macho en ambas especies en forma independiente y en forma simultánea por individuos de ambas especies. Dado que las madrigueras examinadas se localizaron en fondos marinos físicamente estables, Boltaña y Thiel (2001) sugieren que ambos tipos de asociaciones (intra e interespecíficas) podrían ser permanentes. El uso compartido de refugios también ha sido reportado en el cangrejo arveja (*Pinnixia valdiviensis*), un simbionte del camarón excavador *Callichirus garthi* (Baeza y Hernáez 2015). Aunque una mayoría de las madrigueras son utilizadas por individuos solitarios, entre 10-14% de las madrigueras de *C. garthi* son utilizadas por pares hembra-macho, lo que sugiere variabilidad social en este crustáceo.

El uso compartido de refugios también se ha reportado en grupos de más de dos individuos en invertebrados. Este es el caso de jaibas *Acanthocyclus* que utilizan fisuras y bordes de rocas en hábitats intermareales para expandir y formar cavidades bajo mantos (agregaciones compactas) de especies sésiles como los bivalvos (Castilla *et al.* 1989), y donde se ha reportado el co-uso de estas cavidades por parte de 2-6 individuos (Castilla *et al.* 1989). Es especialmente destacable el caso del isópodo marino *Limnaria chilensis*, donde los individuos construyen túneles dentro de grampones de macroalgas que usan como refugio. Dentro de estos sistemas se ha descrito la presencia de juveniles que permanecen asociados a su madre y donde estos construyen sus propios habitáculos como ramificaciones del refugio materno, observación que sugiere cuidado parental extendido (Thiel 2003).

Entre los vertebrados, se han reportado agregaciones de adultos de ambos sexos en el matuasto *Phymaturus vociferator* debajo de piedras de gran tamaño en Los Andes (Alzamora *et al.* 2010). Dado que este interesante reporte se realizó en otoño y a una altitud cercana a 2200 m, aún es necesario determinar si esta estrategia conductual está limitada al período post-reproductivo exclusivamente. En mamíferos de tamaño peque-ño, es destacable la sociabilidad registrada en el marsupial *Dromiciops gliroides* (monito del monte). En esta especie, los individuos forman agrupaciones en momentos en que realizan sopor **(Figura 3-7)**. Estudios en dos poblaciones del sur de Chile registraron el

Figura 3-7

Agrupación de cuatro individuos de monito del monte (*Dromiciops gliroides*) en estado de sopor en la Estación Experimental San Martín (noroeste de Valdivia, sur de Chile). Imagen gentileza de Roberto Nespolo.

uso comunal de refugios artificiales ("cajas nido" instaladas en la vegetación) por grupos de 2-5 individuos en una localidad al norte de Valdivia (Franco *et al.* 2011), y de 2-9 individuos en otra localidad en el norte de Chiloé (Celis-Diez *et al.* 2012). A diferencia de lo que se ha descrito en otros marsupiales que también anidan comunalmente (ej., Fisher *et al.* 2011), este aspecto de la sociabilidad de *D. gliroides* no parece estar asociado a una estrategia para conservar calor o disminuir el gasto de energía. El anidamiento comunal en esta especie es relativamente constante entre estaciones del año (Franco *et al.* 2011), en lugar de estacional como sería esperable a partir de consideraciones energéticas (ej., Edelman y Koprowski 2007). La presencia de juveniles en estos grupos podría indicar que el uso compartido de refugios en esta especie representa una forma de cuidado parental (Franco *et al.* 2011). Sin embargo, tampoco es descartable que esta conducta social sea parte de una estrategia para aumentar el éxito de apareamiento, tal y como se ha sugerido para algunos roedores (Ferkin y Seamon 1987) y otros marsupiales (Lazenby-Cohen y Cockburn 1988).

Colonialidad estacional

Varias especies de aves y mamíferos marinos se caracterizan por mostrar hábitos **coloniales** durante el período reproductivo (Buckley 1997, Danchin y Wagner 1997) **(Figura 3-8)**. En algunas especies las interacciones sociales en estas agrupaciones son predominantemente agonistas y vinculadas a la defensa del espacio o las crías por parte de hembras en forma individual, o por pares hembra-macho. Por ejemplo, a través de comparar atributos individuales en colonias de distinto tamaño y densidad en Argentina, se ha registrado que tanto el tamaño como la densidad de pares macho-hembra en colonias del pingüino magallánico (*Spheniscus magellanicus*) varían espacialmente, y que esta variabilidad está asociada a costos. Individuos en colonias más grandes y densas experimentan una mayor disminución en el acceso a presas de alta calidad (anchoas), lo que se asocia además a un menor número de crías producidas (Forero *et al.* 2002). Este efecto negativo sobre el éxito reproductivo está mediado por una disminución de la condición física de las crías producto de experimentar una dieta de menor calidad (Tella *et al.* 2001). Además, individuos en colonias grandes y densas experimentan una mayor frecuencia de interacciones agresivas con adultos vecinos y una mayor frecuencia de ataques por depredadores, lo que en conjunto resulta en una mayor mortalidad de las crías (Stokes y Dee Boersma 2000). Otros estudios y observaciones realizados en aves marinas y acuáticas también apuntan a efectos negativos de la colonialidad. Entre las primeras, se ha documentado la ocurrencia de interacciones negativas como infanticidio y canibalismo de juveniles en colonias de pelícanos, *Pelecanus thagus* (Daigre *et al.* 2012). En el caso de especies acuáticas, la tagua gigante (*Fulica gigantea*) también anida en colonias (Martínez y González 2004). Sin embargo, esta misma especie también anida en forma solitaria en sitios donde coexiste con la gaviota andina (*Larus serranus*), una estrategia que podría disminuir la detección y usurpación de sus nidos por parte de estas gaviotas (Brosset 2000). A pesar de estos posibles costos, se han reportado efectos positivos del

Figura 3-8
Nidificación colonial en el pingüino de Humboldt (*Spheniscus humoboldti*)
en Isla de Cachagua (Monumento Natural Isla Cachagua), Chile.
Imagen gentileza de Maximiliano Daigre.

tamaño de la colonia sobre el éxito reproductivo en el pingüino antártico, *Pygoscelis antarctica* (Barbosa *et al.* 1997), y en la gaviota argéntea, *Larus argentatus* (Burger 1979). Este efecto positivo sobre el éxito reproductivo parece estar mediado por una disminución de la tasa de depredación de los nidos en colonias de mayor tamaño en el salteador chico, *Stercorarius parasiticus* (Phillips *et al.* 1998) y en el gaviotín boreal, *Sterna hirundo* (Burger y Lesser 1979).

Los hábitos coloniales durante el período reproductivo también son característicos en mamíferos marinos como pinnípedos (ej., leones marinos) y algunos fócidos (ej., elefantes marinos). Típicamente, sus colonias en tierra incluyen grupos de hembras (harenes) defendidos por un macho dominante, y donde machos que no logran monopolizar hembras permanecen en la periferia como individuos "satélite". Estudios en la Patagonia argentina han revelado algunos de los posibles beneficios y costos asociados a la reproducción en colonias. Por una parte, la supervivencia de las crías de hembras del lobo marino común (*Otaria flavescens*) es mayor en colonias comparadas con la de crías de hembras que forman pares hembra-macho (Campagna *et al.* 1992). La menor supervivencia de las crías en esta última condición social está asociada a una mayor frecuencia de acoso sexual por parte de los machos, lo que provoca separaciones madre-cría más frecuentes e infanticidio por parte de machos satélites (Campagna *et al.* 1992, Capozzo *et al.* 2008). De igual modo, las hembras del elefante marino del sur (*Mirounga leonina*) prefieren harenes más numerosos, donde estas también experimentan menos acoso, particularmente por parte de machos satélites (Galimberti *et al.* 2000a, 2000b). Sin embargo, la reproducción en colonias determina algunos costos. En particular, hembras de *O. flavescens* en colonias más grandes o densas experimentan más interacciones agresivas con otras hembras (Vilá y Cassini 1990, Cassini y Fernández-Juricic 2000, Fernández-Juricic y Cassini 2007). De igual modo, las interacciones agonistas entre hembras del lobo fino austral (*Arctocephalus australis*) aumentan en sitios con mayor densidad en las colonias, especialmente en momentos en que el estrés por calor es mayor (cerca del medio día) y en sitios cercanos al agua que permiten disminuir el estrés térmico (Cassini 2001).

Los machos en algunas de estas especies también perciben beneficios y costos. El éxito de apareamiento en machos del elefante marino aumenta con el tamaño del harem que estos son capaces de monopolizar en tierra (Modig 1996). Sin embargo, machos con harenes más grandes experimentan una mayor frecuencia de interacciones agresivas con machos satélites (o periféricos). En conjunto, la evidencia muestra que la reproducción en colonias tanto en aves como mamíferos determina costos y beneficios. Estos últimos se vinculan con la distribución y abundancia de alimento, riesgo de depredación, y con oportunidades reproductivas (Møller y Birkhead 1992, Buckley 1997, Jungwirth *et al.* 2015).

La cantidad de hábitat disponible también tiene efectos en la extensión de las colonias. Así, el tamaño de estas en algunas aves del Hemisferio Norte parece estar limitado por el tamaño de las islas donde estas nidifican, es decir, por la cantidad de hábitat disponible (Forbes *et al.* 2000). La situación es algo menos clara en términos históricos cuando se considera que la colonialidad en aves está asociada a hábitats marinos potencialmente más expuestos a depredadores, pero donde esta habría evolucionado antes que el uso de hábitat marinos (Rolland *et al.* 1998, Brown 2016).

Colonialidad permanente

A diferencia de lo que ocurre en aves y mamíferos marinos, la organización colonial en algunos roedores es más permanente y no solo asociada a cambios estacionales del ciclo reproductivo (Hoogland 1981, Verdolin y Slobodchikoff 2010). Las colonias en roedores están conformadas por grupos sociales vecinos cuyos integrantes usan uno o más sistemas de madrigueras subterráneas de manera relativamente exclusiva (Hoogland 1995). Entre los roedores nativos de Chile, la organización colonial caracteriza al menos a seis especies: cururos (*Spalacopus cyanus*, Roig 1970, Torres-Mura 1990, Begall y Gallardo 2000), cuyes del altiplano (*Microcavia niata*, Marquet *et al.* 1993), cuyes de la Patagonia (*Microcavia australis*, Ebensperger *et al.* 2006b), degus (*Octodon degus*, Fulk 1976), tuco-tucos de la puna (*Ctenomys opimus*, O'Brien *et al.* 2020), y tunducos (*Aconaemys fuscus*, Reise y Gallardo 1989). Estudios más cualitativos sobre este aspecto también apoyan una organización colonial en la vizcacha común (*Lagidium viscacia*, Galende 1998, Galende *et al.* 2019) y en la vizcacha peruana (*Lagidium peruanum*, Pearson 1948). Entre todas estas especies, la existencia de una organización colonial con grupos sociales vecinos pero distintivos solo se ha confirmado en cururos (Urrejola *et al.* 2005, Lacey *et al.* 2019), cuyes de la Patagonia (Ebensperger *et al.* 2006b), degus (ej., Ebensperger *et al.* 2004, 2016a), y tuco-tucos de la puna (O'Brien *et al.* 2020).

Aunque los efectos de una organización colonial sobre la adecuación biológica no están claros, estudios en degus de Rinconada de Maipú han proporcionado algunas pistas. A partir del uso combinado de marcadores de ADN microsatélite y determinaciones de la composición individual de grupos sociales se registró que un 81% de los machos y un 65% de las hembras producen crías con más de una pareja sexual. El grado de **promiscuidad** tanto dentro como fuera de cada grupo aumenta con el número de individuos del sexo opuesto en estos, lo que apoya un efecto de la organización social sobre la estrategia de apareamiento en estos animales (Ebensperger *et al.* 2019). Es interesante que a pesar de un grado importante de promiscuidad tanto en machos como hembras, el éxito reproductivo (medido como número de crías producidas) aumenta con el número de parejas sexuales en los machos, pero no en las hembras. Por lo tanto, la estructura colonial en degus parece ser más beneficiosa para los machos a través de generar oportunidades de apareamiento capitalizadas en un mayor número de crías producidas (Ebensperger *et al.* 2019).

Una estructura colonial podría determinar otros beneficios en roedores. En particular, es llamativo que tanto degus como cururos exhiben vocalizaciones de alarma que potencialmente alertan a los individuos de la presencia de posibles depredadores (Reig 1970, Fulk 1976, Begall *et al.* 2004, Cecchi 2007). En degus, la distancia entre las madrigueras utilizadas por grupos vecinos en Rinconada de Maipú es 47 m en promedio (Ebensperger *et al.* 2016a), y tales vocalizaciones son potencialmente audibles a varias decenas de metros en hábitat con poca cobertura arbustiva como los usados por estos animales (L. Ebensperger, observación personal). Por lo tanto, estas vocalizaciones podrían ser utilizadas como información por individuos de grupos vecinos. Algo similar podría ocurrir en cururos donde la distancia promedio entre grupos vecinos varía entre 32 y 38 m (Torres-Mura 1990). De hecho, la frecuencia media de las llamadas de alarma concuerda con la frecuencia de mayor agudeza auditiva en cururos, observación que sugiere que el uso de estas señales es potencialmente audible para evadir depredadores cuando estos forrajean desde la entrada de sus túneles (Begall *et al.* 2004). Sería esperable entonces que tanto el tamaño como la densidad de colonias afecten positivamente la supervivencia de los individuos en especies con colonialidad permanente como algunos roedores.

La organización colonial también es un término utilizado para describir la distribución espacial en parches densos por parte de algunos invertebrados donde los adultos son sésiles. Este es el caso de organismos como los briozoos, donde las colonias se forman a partir de la agregación de zooides. En al menos una de las especies presentes en Chile (*Cauloramphus spiniferum*) el gasto metabólico de los zooides disminuye más que la tasa de obtención de alimento (filtración) con el tamaño de la colonia, lo que sugiere una posible ventaja de esta estrategia social (Muñoz y Cancino 1989).

Cardúmenes y bandadas

Muchos peces forman agrupaciones móviles o **cardúmenes**, los que típicamente se caracterizan por un desplazamiento activo y sincronizado de los individuos, pero también por lazos sociales débiles o ausentes (Keenleyside 1979, Pitcher y Parrish 1993, Hoare *et al.* 2000). Aparte de menciones generales o específicas, pero ocasionales, sobre el tamaño de los cardúmenes en algunas especies (Tabla 3-1), los análisis funcionales de este aspecto de la conducta social han sido escasos en peces nativos de Chile. De las 17 especies en que se ha documentado la formación de cardúmenes de tamaño variable (Tabla 3-1), solo un estudio ha examinado este aspecto en *Trachurus murphyi* (jurel). Esta especie se caracteriza por exhibir un comportamiento social flexible, con agregaciones durante la noche, momento en que los individuos migran verticalmente desde el fondo marino, y tienen una distribución espacial más dispersa durante el día cuando permanecen a mayor profundidad (Bertrand *et al.* 2006). Dado que las presas de las que se alimentan estos peces solo están disponibles durante la noche, la disponibilidad de alimento representa una causa posible de estas agregaciones (Bertrand *et al.* 2006). Una situación similar podría caracterizar la formación de cardúmenes y movimiento vertical observados en otras especies como la merluza común, *Merluccius gayi* (De Buen 1957). Sin embargo, también es conocido que otros factores como el riesgo de depredación contribuyen a la formación y mantenimiento de cardúmenes en otras especies de peces examinadas (Pitcher y Parrish 1993, Herczeg *et al.* 2009, Brehmer *et al.* 2012).

Las aves se caracterizan por exhibir distintas formas de sociabilidad, y donde una de las más conspicuas es la formación de agrupaciones móviles o bandadas (Jullien y Clobert 2000). El grado de sociabilidad en varias especies muestra cambios estacionales vinculados con distintos estados de la historia de vida así como con variación en factores ecológicos (Silk *et al.* 2014). La ocurrencia de bandadas en el chorlo cabezón (*Burhinus superciliaris*) es interesante debido a que podría tratarse de una estrategia geográficamente variable. Se ha indicado que la formación de bandadas cambia estacionalmente en zonas costeras del Perú, pero que estas serían más estables en el extremo norte de Chile (Camacho 2012). De igual modo, el tamaño de estas agrupaciones es variable entre años (Camacho 2016). Aunque se ha sugerido que esta variabilidad social podría estar vinculada a variaciones en las condiciones bióticas y abióticas, no es clara su importancia relativa (Camacho 2012). Comparaciones entre especies de aves en zonas tropicales apoyan la importancia de beneficios basados en una disminución del riesgo de depredación (Martínez *et al.* 2016).

La formación de bandadas es parte de la flexibilidad social mostrada por algunas aves como el rayadito (*Aphrastura spinicauda*). Un estudio realizado en la Patagonia argentina reveló la formación de bandadas homoespecíficas y con individuos de otras especies de aves (heteroespecíficas) principalmente durante el período no reproductivo. El número de rayaditos en bandadas homoespecíficas (5,0; rango = 3-12) es similar al número de estos en bandadas heteroespecíficas (5,5; rango = 3-9) (Ippi y Trejo 2003). Dado que durante el período reproductivo la organización social del rayadito se basa en la defensa de un territorio exclusivo por parte de pares hembra-macho (véase la subsección

"Defensa cooperativa"), se trata de una especie en la que el grado de sociabilidad es estacionalmente variable.

Son escasos los estudios enfocados a examinar la estabilidad en la membresía de las bandadas en aves. Sin embargo, Myers (1983) documentó que la composición de estas agrupaciones en el playero *Calidris alba* es dinámica en el corto plazo, donde la probabilidad de que dos individuos permanezcan en la misma bandada por más de dos horas es menor al 20%. Parece necesario expandir estas observaciones a través de considerar un rango amplio de escalas temporales y espaciales.

Agregaciones heteroespecíficas

La literatura disponible también ha documentado la ocurrencia de forrajeo social en agrupaciones heteroespecíficas de aves (Sridhar *et al.* 2009) y mamíferos herbívoros (Schmitt *et al.* 2016, Stears *et al.* 2020). En el caso de especies de la fauna nativa, estas formas de sociabilidad se han documentado en al menos siete especies de aves (Maccarone *et al.* 2010, Pretelli *et al.* 2012, Reyes-Arriagada *et al.* 2013, Gutiérrez y Soriano-Redondo 2018, Swift *et al.* 2018, Gatto *et al.* 2019, Marinao *et al.* 2019) y una especie de mamífero marino (Vaughn *et al.* 2007). Además de vertebrados, sería necesario considerar los numerosos casos de agregaciones heterospecíficas reportadas en invertebrados marinos como los descritos en discos de fijación de macroalgas o en superficies rocosas intermareales o submareales **(Figura 3-9)**. Los estudios funcionales sobre este tipo de agregaciones en vertebrados, generalmente apoyan beneficios individuales asociados a una disminución del riesgo de depredación, o a un mayor acceso a alimento (Sridhar *et al.* 2009, Schmitt *et al.* 2016, Stears *et al.* 2020). Por ejemplo, en especies de la fauna nativa chilena, la tasa de consumo de alimento de pollitos de mar (*Phalaropus tricolor*) que forrajean en grupos con flamencos (*Phoenicopterus chilensis*) es mayor comparado con individuos solitarios (Gutiérrez y Soriano-Redondo 2018). Sin embargo, estos estudios también apoyan la existencia de costos. Por ejemplo, guairavos (*Nycticorax nycticorax*) que anidan en colonias con otras aves como gaviotas, experimentan una menor supervivencia de sus crías (Brussee *et al.* 2016). Es especialmente interesante que estos costos y beneficios puedan ser modulados por factores como aquellos asociados al estadio de las crías. Así, la supervivencia de la progenie de zarapitos (*Limosa haemastica*) en colonias con gaviotas aumenta antes de la eclosión de los huevos, pero disminuye después de la eclosión (Swift *et al.* 2018).

Grupos sociales

Diversas especies se caracterizan porque los individuos forman grupos sociales relativamente permanentes en relación a su longevidad, y donde los individuos interactúan frecuente y afiliativamente con otros integrantes del mismo grupo. Sin embargo, la naturaleza de estos grupos también puede variar entre especies con modos de vida contrastantes. A continuación examino los estudios realizados en vertebrados con distribución en Chile cuyos sistemas sociales incluyen la formación de grupos distintivos.

Figura 3-9

a) Agregaciones heteroespecíficas entre chorito maico (*Peromytilus purpuratus*) y chitones (*Chiton granosus*), y **b)** entre caracoles de mar (*Echinolittorina peruviana*) y chorito maico. Imágenes de Luis Ebensperger.

Grupos sociales: roedores

Las descripciones de la organización y estructura social de roedores típicamente se basan en la captura, marcaje individual, seguimiento (ej., mediante telemetría), y registro de interacciones sociales a través de observación directa. Esta información ha permitido determinar el número y composición individual de grupos sociales distintivos, así como la naturaleza de las relaciones sociales predominantes entre sus integrantes, en 20 especies de roedores con distribución en Chile (**Tabla 3-2**). Nueve de estas especies excavan y utilizan comunalmente madrigueras como refugio. La organización social en estas últimas especies exhibe variabilidad intrapoblacional, y donde la diversidad de unidades (tipos) sociales registradas varía entre dos (*Aconaemys porteri*) y siete (*Octodon degus*) (**Tabla 3-2**). La existencia de grupos sociales distintivos también ha sido confirmada en dos poblaciones de cururos en Chile, una en la cordillera de los Andes de Chile central (La Parva) y otra en la costa del centro-norte de Chile (Parque Nacional Bosque Fray Jorge). Esta especie además es colonial y los individuos se alimentan de estructuras subterráneas que estos animales alcanzan a través de expandir activamente los túneles de sus galerías (Reig 1970, Begall y Gallardo 2000).

En degus (*O. degus*), la variabilidad social incluye hembras y machos solitarios, cohabitación estable entre parejas hembra-macho, y grupos con varios individuos de ambos sexos (**Tabla 3-2, Figura 3-10a**). El tamaño de los grupos varía entre poblaciones y años (Ebensperger *et al.* 2012, Sobrero *et al.* 2016a). Por otra parte, los grupos sociales de *S. cyanus* en la localidad de La Parva muestran una distribución más dispersa y menor cohesión social dentro de los grupos comparado con aquellos estudiados en el Parque Nacional Bosque Fray Jorge (Lacey *et al.* 2019). La organización social también es variable entre poblaciones ecológicamente divergentes en el cui de la Patagonia (*Microcavia australis*) en Argentina (Taraborelli y Moreno 2009, Correa Capítulo 5). En estas tres especies la variabilidad social reportada covaría con las condiciones ecológicas (Taraborelli y Moreno 2009, Ebensperger *et al.* 2012, Lacey *et al.* 2019). En cambio, la organización social registrada en socos (*Octodontomys gliroides*, **Figura 3-10b**) es relativamente invariable aún en poblaciones con condiciones ecológicas contrastantes a ambos lados de Los Andes entre Chile y Bolivia (Rivera *et al.* 2014, Correa Capítulo 5).

La variabilidad (o constancia) social registrada en degus, socos y cuyes de la Patagonia ha permitido realizar inferencias sobre sus posibles causas. Estudios en degus y cuyes apoyan la ocurrencia de beneficios sociales derivados de una disminución en el riesgo de depredación. Degus que forrajean en grupos más numerosos son más eficientes en detectar posibles depredadores (**Figura 3-11a**), a través de incrementar su capacidad de vigilancia colectiva (**Figura 3-11b**) (Ebensperger *et al.* 2006a, Ebensperger y Wallem 2002), lo que les permite dedicar más tiempo a forrajear (Vásquez 1997, Ebensperger *et al.* 2006a, **Figura 3-11c**). Una reducción social del riesgo de depredación también es consistente con la observación en la que degus forman grupos más numerosos en poblaciones y años con mayor abundancia de depredadores y menor densidad de refugios (Ebensperger *et al.* 2012). Es interesante que estos animales vigilan más frecuentemente utilizando una postura

Figura 3-10

a) Degus (*Octodon degus*) de un mismo grupo social realizando vigilancia en posición bípeda luego de una vocalización de alarma en Rinconada de Maipú, Chile central; **b)** socos (*Octodontomys gliroides*) de un mismo grupo social en contacto físico en Chusmiza (norte de Chile) durante el atardecer, posiblemente para termorregular socialmente. Imágenes gentileza de (a) Juan Riquelme, y (b) Daniela Rivera.

Figura 3-11

a) Degus (*Octodon degus*) en grupos más numerosos son más eficientes para detectar la aproximación de potenciales depredadores, **b)** presumiblemente a través de incrementar su vigilancia colectiva, **c)** lo que les permite destinar más tiempo a forrajeo; (modificadas de Ebensperger *et al.* 2006a, Ebensperger y Wallem 2002); **d)** cuises (*Microcavia australis*) en grupos más numerosos también incrementan su vigilancia colectiva (modificada de Taraborelli 2008).

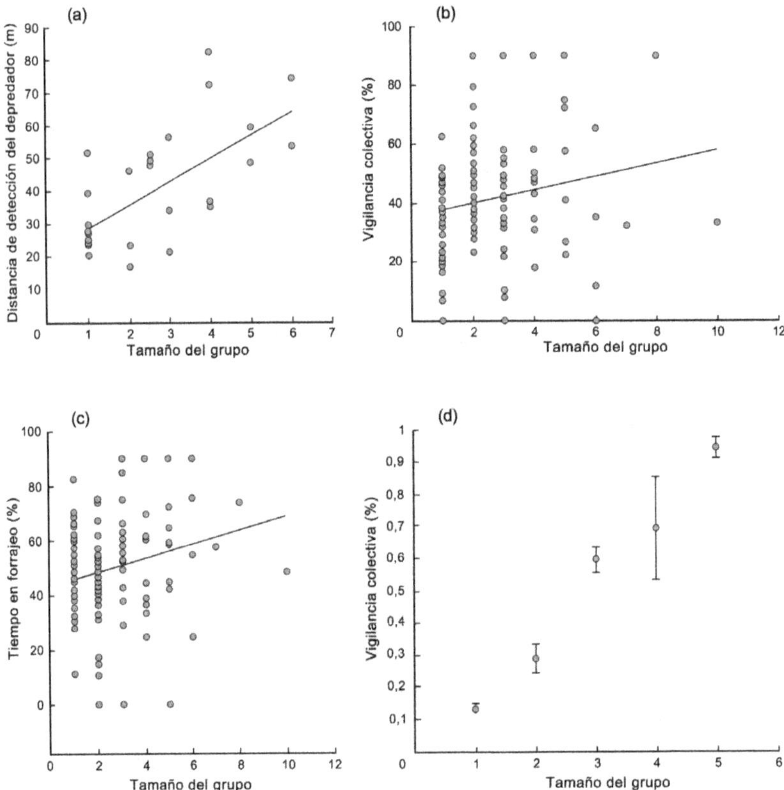

bípeda (**Figura 3-10a**) en parches con vegetación herbácea más alta, y visualmente más obstructiva (Ebensperger *et al.* 2005). Dado que la adopción de una postura bípeda podría ser más costosa en términos de disminuir la eficiencia para localizar alimento a nivel del suelo, también sería esperable un efecto social sobre el tipo de vigilancia en esta y otras especies. El riesgo de depredación también afecta el comportamiento de vigilancia del cuis durante el forrajeo social, y donde individuos en grupos más numerosos aumentan su vigilancia colectiva (**Figura 3-11d**), lo que presumiblemente aumenta su capacidad para detectar depredadores (Taraborelli 2008). De igual modo, el tamaño de los grupos en esta especie es mayor en poblaciones con menor cobertura arbustiva (i.e., refugio contra depredadores aéreos) y temperaturas más bajas, lo que además es consistente con beneficios energéticos derivados de termorregular socialmente (Taraborelli y Moreno 2009).

Por otra parte, el posible efecto de limitaciones en la disponibilidad de alimento parece menos importante en degus y socos. En degus la abundancia de alimento no cambia con la cercanía a madrigueras utilizadas por grupos de distinto tamaño (Hayes *et al.* 2009). Sin embargo, la abundancia de alimento es espacialmente más heterogénea en áreas de forrajeo utilizadas por grupos más numerosos (Ebensperger *et al.* 2016a). Un estudio preliminar indicó además que ni la cantidad ni la calidad (en base a la abundancia de alimento) de las madrigueras utilizadas covarían con la densidad de degus, algo que no apoyaría la ocurrencia de restricciones basadas en estos recursos (Ebensperger *et al.* 2011). Así, el posible efecto social de la distribución de alimento parece ser relativamente limitado en degus. De igual modo, el tamaño de los grupos sociales en socos tampoco covaría con diferencias en la abundancia y heterogeneidad de alimento y refugio entre poblacionales (Rivera *et al.* 2014).

Todas las especies de roedores nativos de Chile donde se ha registrado vida en grupos sociales corresponden a Histricomorfos del Nuevo Mundo (o caviomorfos), un grupo filogenéticamente hermano de los Phiomorfos del Viejo Mundo, que incluye a las ratas africanas (Upham y Patterson 2012). Análisis filogenéticos indican que la sociabilidad en caviomorfos ha estado asociada al riesgo de depredación, así como a la construcción y uso comunal de madrigueras subterráneas. Especies donde los grupos sociales son más numerosos también son frecuentemente más diurnas, con individuos de mayor tamaño corporal (i.e., más conspicuas a depredadores visuales diurnos), y que excavan madrigueras activamente (Ebensperger y Cofré 2001, Ebensperger y Blumstein 2006). Por otra parte, la sociabilidad en caviomorfos y phiomorfos es un rasgo ancestral, donde la reversión evolutiva de este rasgo a vida solitaria ha estado asociada al uso de hábitats con menor cobertura arbustiva y arbórea, algo que también apoya un efecto del riesgo de depredación como causa de la vida en grupos sociales (Sobrero *et al.* 2014b). Sin embargo, la evolución de la sociabilidad en estos organismos también ha estado influenciada por factores históricos. Específicamente, la sociabilidad en estos roedores es en parte consecuencia de la sociabilidad que caracterizó a sus ancestros. De este modo, la historia evolutiva de estos organismos ha estado marcada por algún grado de desacople entre la ocurrencia vida social y las condiciones ecológicas de los ambientes utilizados por estos (Rivera *et al.* 2014, Sobrero *et al.* 2014b).

Grupos sociales: cetáceos

Varios cetáceos con distribución natural en Chile también están presentes en latitudes distintas de Chile o Sudamérica, lo que explica que una buena parte de lo que conocemos de su comportamiento social proviene de estudios realizados en otras regiones geográficas. Aun así, estudios realizados en la Patagonia de Chile y Argentina han revelado algunos contrastes y similitudes potencialmente informativos con estudios de otras latitudes. Este es el caso del delfín austral (*Lagenorhynchus obscurus*) cuya organización social es variable tanto en tipos como en el tamaño de sus grupos sociales (Tabla 3-2). En esta especie los grupos sociales pueden fusionarse con otros y formar agrupaciones temporales de cientos de individuos, algo que se ha documentado en dos poblaciones de Nueva Zelandia, y otra en el sur de Argentina (Würsig 1978, Markowitz 2004, Degrati *et al.* 2008, Würsig y Pearson 2014). La fluidez social de estas sociedades multinivel también es característica de otras dos especies de delfines con distribución en Chile. Aunque los grupos sociales están conformados por unos pocos individuos en la tonina overa, *Cephalorhynchus commersonii* (Tabla 3-2), varios de estos grupos pueden formar agrupaciones con 10-50 individuos durante algunos días (Coscarella *et al.* 2011). El tamaño de grupo típico de esta especie en Argentina es similar al tamaño de grupo reportado para esta especie en aguas del Estrecho de Magallanes (Lescrauwaet *et al.* 2000), lo que sugiere un grado de constancia geográfica en este aspecto de la organización social (pero véase sección "Rasgos cooperativos"). Sin embargo, se desconoce el grado de fluidez social de esta especie en gran parte de la Patagonia chilena. La flexibilidad social también es una característica del delfín nariz de botella (*Tursiops truncatus*). Los grupos sociales en esta especie cosmopolita registrados en la costa argentina se caracterizan porque los individuos pueden abandonar sus grupos para unirse a otros en una escala temporal de días (Würsig 1978). Por lo tanto, es posible que las agregaciones cercanas a 100 individuos reportadas en aguas de la Patagonia chilena (Olavarría *et al.* 2010) representen eventos de fusión de grupos más pequeños (Tabla 3-2). Por otra parte, la organización social del delfín nariz de botella también muestra variabilidad en la naturaleza de los grupos, y donde es posible reconocer grupos de hembras con crías, grupos de juveniles, y grupos de machos adultos (Tabla 3-2, Wells 2014).

Cetáceos odontocetos como orcas (*Orcinus orca*) y cachalotes (*Physeter macrocephalus*) también exhiben variabilidad en su organización social entre poblaciones del cono sur de Sudamérica y aquellas de otras latitudes (Correa Capítulo 5). Por ejemplo, el tamaño de grupo reportado en distintas poblaciones de orcas parece estar asociado a diferencias en las presas preferidas por estos carnívoros. Orcas en aguas de Escocia y en algunas poblaciones del Pacífico norte que se especializan en consumir otros mamíferos marinos (focas, leones marinos) forman grupos menos numerosos comparado con orcas en aguas de Islandia y orcas en otras poblaciones del Pacífico norte que depredan principalmente sobre peces (Beck *et al.* 2012). Consistente con que las orcas de la Patagonia argentina también depredan sobre otros mamíferos marinos (Lopez y Lopez 1985, Iñíguez 2001, Coscarella *et al.* 2015), los tamaños de grupo promedio reportados en esta población son relativamente similares a los reportados en poblaciones del hemisferio norte que exhiben dietas similares (Tabla 3-2). Se ha sugerido que la caza de otros mamíferos marinos en grupos de orcas más pequeños, sería más eficiente para evitar una detección temprana por parte de estas presas (Baird y Dill 1996).

Tal como en delfines, la organización social en el cachalote (*P. macrocephalus*) es multinivel. La unidad social básica corresponde a grupos permanentes compuestos por hembras adultas y sus crías (Whitehead y Kahn 1992). Sin embargo, varias de estas unidades pueden formar grupos "transientes" o "temporales" durante algunos días, y "agregaciones" de aun más corta duración (Whitehead y Kahn 1992, Whitehead *et al.* 2012). Recientemente se ha documentado que la formación de estas supra-unidades sociales es más probable a partir de unidades sociales que comparten los mismos **dialectos** (Gero *et al.* 2016).

La organización social fluida basada en la formación de agregaciones temporales en el cachalote también es variable entre hembras y machos (Whitehead y Kahn 1992). Los grupos sociales en el norte de Chile parecen ser estables y estar conformados por dos o más hembras adultas y sus crías. En cambio, los machos forman asociaciones menos permanentes entre estos, y "visitan" grupos de hembras de manera individual por períodos de tiempo breves, minutos, horas (Lettevall *et al.* 2002, Coakes y Whitehead 2004). Esta organización social más inestable e itinerante de los machos en la costa del norte de Chile es similar a lo descrito para poblaciones de Islas Galápago (Whitehead 1993). Sin embargo, en el caso de grupos de hembras en Islas Galápago, se ha documentado la ocurrencia de fisión o fusión permanente en algunos casos, así como la transferencia de individuos a otros grupos (Christal *et al.* 1998). Estas observaciones apoyan la ocurrencia de inestabilidad social basada en cambios permanentes en la membresía de machos y hembras en esta especie.

Una visión influyente en los análisis funcionales en cetáceos es que la vida social en estos organismos representa una estrategia vinculada a disminuir el riesgo de depredación, el cual proviene principalmente de otros cetáceos (orcas) y peces cartilaginosos como los tiburones (Connor 2000, Coakes y Whitehead 2004). Individuos del delfín nariz de botella forrajean en grupos de mayor tamaño en lugares con aguas someras (caracterizadas por un mayor riesgo de depredación por parte de tiburones) comparado con sitios en aguas profundas (Heithaus y Dill 2002). Además, estos cetáceos forman grupos de mayor tamaño cuando descansan comparado con cuando forrajean de forma activa, presumiblemente, porque durante el descanso existe mayor riesgo de depredación comparado con cuando los animales se desplazan activamente durante el forrajeo (Heithaus y Dill 2002). La variación en el tamaño de los grupos de esta misma especie está más asociada a variaciones en la abundancia de sus presas en un sitio de la costa atlántica argentina, donde el riesgo de depredación es relativamente bajo (Vermeulen *et al.* 2015). Así, el tamaño de grupo, un componente de la sociabilidad, covaría con beneficios basados en el uso de recursos tróficos, un efecto que sin embargo es modulado por el riesgo de depredación. Como contrapartida, la formación de grupos en depredadores de gran tamaño, como las orcas, se ha asociado a beneficios vinculados a una mayor eficiencia en la captura de presas (Baird 2000). Esto es apoyado por observaciones en al menos una población del Pacífico norte, y donde el número de individuos que participa en grupos de forrajeo corresponde al que maximiza la cantidad de energía per cápita (Baird y Dill 1996). Otros posibles beneficios propuestos en contextos de forrajeo social son la captura de presas de gran tamaño o potencialmente más peligrosas, o la competencia con otros grupos por parches de alimento (Baird 2000), hipótesis que aún no han sido examinadas cuantitativamente.

A un nivel más evolutivo, contrastes filogenéticos entre especies de delfines y orcas, pero no en marsopas, indican que el tamaño de los grupos ha aumentado en especies de áreas oceánicas más abiertas, i.e., presumiblemente con mayor riesgo de depredación (Gygax 2002a). Sin embargo, otras variables como la dieta también covarían con el tamaño de los grupos en estos organismos, lo que sugiere la participación de otros factores ecológicos (Gygax 2002a, Coscarella *et al.* 2010). Sin embargo, y como ocurre en roedores histricomorfos, las relaciones ancestro-descendiente también son un predictor de diferencias en tamaño de grupo entre especies de delfines (Gygax 2002b). De hecho, el efecto de la historia evolutiva parece ser mayor que el atribuible a factores ecológicos (Gygax 2002b).

Grupos sociales: ungulados

En relación al número de especies nativas en Chile (tres ciervos y cuatro camélidos, Iriarte 2008), el comportamiento social de los ungulados ha sido relativamente bien estudiado. Entre los ciervos, la organización social del huemul (*Hippocamelus bisulcus*) incluye pares hembra-macho (más su progenie no adulta) y machos solitarios territoriales (i.e., con ámbitos de hogar relativamente estables) en el área (**Tabla 3-2**; Povilitis 1983, Garay *et al.* 2016). Las interacciones sociales entre hembras y machos se reducen a contextos de apareamiento y descanso; como se podría esperar, las interacciones entre machos adultos son típicamente agonistas (Garay *et al.* 2016). Además, la organización social del huemul puede incluir grupos mixtos (con más de dos individuos de cada sexo y edades), así como hembras y machos solitarios no residentes del área (Garay *et al.* 2016). Más ocasionalmente, se han reportado pares de machos adultos o hembras, y tríos conformados por dos machos y una hembra (Povilitis 1983). La observación de pares hembra-macho estables reportada en el huemul es inusual en ciervos (Main *et al.* 1996), lo que se ha vinculado al uso de ambientes altamente heterogéneos tanto en recursos alimenticios como en oportunidades de apareamiento (Povilitis 1983). Por otra parte, observaciones que indican que el tamaño de grupo aumenta con la distancia a parches con pendientes rocosas han sido interpretadas como evidencia de un mecanismo social para disminuir el riesgo de depredación, ya que la depredación por parte de pumas y humanos sería mayor en áreas en el fondo de los valles (Frid 1999).

La organización social registrada en huemules difiere en algunos aspectos de aquella descrita en la taruca (*Hippocamelus antisensis*). La variabilidad social en esta última incluye grupos de hembras (acompañadas o no de crías y juveniles), pares de machos, grupos mixtos con machos y hembras adultos, e individuos solitarios de ambos sexos (**Tabla 3-2**; Roe y Rees 1976, Merkt 1987). Así, la organización social de la taruca no incluye parejas hembra-macho y los tamaños de grupo parecen ser más numerosos que los registrados en huemules. Además, los grupos sociales en tarucas son espacialmente cohesivos en una escala de horas (Merkt 1987), lo que contrasta con el recambio generalizado de individuos registrado en huemules en una escala de días (Frid 1999). Aún no es claro si la ocurrencia de dinámicas de fisión-fusión es un atributo frecuente en la organización social de ambas especies.

Entre los camélidos, la organización social en vicuñas (*Vicugna vicugna*) incluye grupos familiares conformados por un macho y varias hembras, pares hembra-macho, grupos de varios machos, e individuos solitarios (**Tabla 3-2**); estos últimos son menos frecuentes (Vilá y Roig 1992, Lucherini 1996) e involucran mayoritariamente a los machos (Arzamendia *et al.* 2018). Tanto en grupos familiares como en grupos de machos los individuos realizan sus actividades de manera espacialmente cohesionada (Vilá 1995). Sin embargo, tanto machos como hembras pueden cambiar de grupo social en una escala intermensual e interanual (Koford 1957, Arzamendia *et al.* 2018). En el caso de las hembras de grupos familiares, la inestabilidad social reportada parece estar vinculada a una estrategia por acceso a alimento (Arzamendia *et al.* 2018). Además, una disminución de la condición física del macho dominante puede resultar en la disolución del grupo familiar, lo que apoya un efecto cohesivo del macho en la estabilidad del grupo (Koford 1957). A diferencia de lo sugerido en huemules, el efecto del riesgo de depredación sobre la variabilidad social observada en vicuñas es menos claro. Por una parte, la observación en la que el tiempo de vigilancia es mayor en vicuñas solitarias comparado con vicuñas en grupos es consistente con una potencial disminución del riesgo de depredación (Arzamendia *et al.* 2006). Sin embargo, tanto la proporción de tiempo destinado a vigilancia como a forrajeo no covarían con el tamaño de grupo en vicuñas, aún en hábitats con diferencias significativas en mortalidad causada por depredadores naturales como pumas (Donadio y Buskirk 2006). En contraste, la vigilancia individual aumenta en grupos con un mayor número de crías (**Figura 3-12**, Vilá y Roig 1992), lo que sugiere que las vicuñas ajustan su nivel de vigilancia como parte de una estrategia asociada al cuidado de las crías.

Figura 3-12

a) Vicuñas (*Vicugna vicugna*) en grupos con más crías aumentan el tiempo individual destinado a vigilancia (modificada de Vilá y Roig 1992); **b)** grupo de vicuñas cerca de lagunas altiplánicas, región de Antofagasta; imagen gentileza de Antonieta Labra.

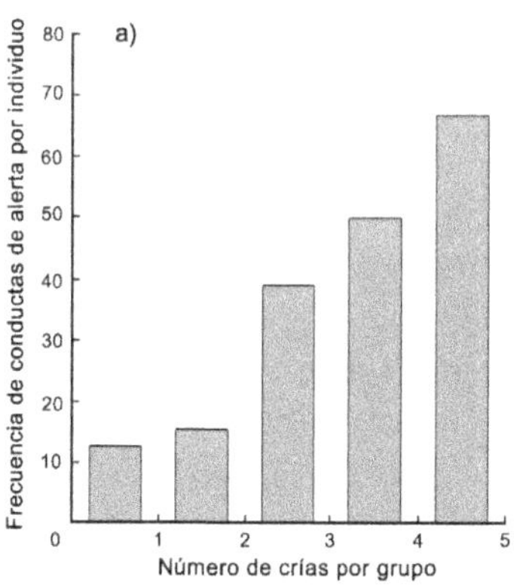

Sin dudas, el comportamiento social del guanaco (*Lama guanicoe*) ha sido el más examinado entre los ungulados nativos de Chile. En al menos cinco poblaciones examinadas la organización social de estos camélidos mayoritariamente incluye grupos familiares (compuestos por un macho y varias hembras) y grupos de machos (Merino y Cajal 1993, Ortega y Franklin 1995, Rey *et al.* 2009, Linares *et al.* 2010). Con menor frecuencia, la organización social incluye grupos de hembras, grupos mixtos (con varios machos y hembras), y machos solitarios (Merino y Cajal 1993, Ortega y Franklin 1995). Sin embargo, no todos los estudios realizados reportan esta diversidad social (ej., Rey *et al.* 2009, Linares *et al.* 2010). La abundancia relativa de algunos de estos tipos sociales puede variar entre poblaciones que difieren en vegetación dominante (Merino y Cajal 1993), o cambian estacionalmente producto de variaciones en la estrategia territorial de los machos en grupos familiares a lo largo del período reproductivo (Ortega y Franklin 1995). Por otra parte, las hembras pueden moverse entre los territorios defendidos por los machos, lo que apoya un sistema de apareamiento basado en **poliginia por defensa de recursos** (Young y Franklin 2004). En conjunto, estas observaciones indican que la composición individual de los grupos sociales en guanacos es variable a una escala estacional. Además, algunos tipos sociales exhiben variabilidad en el corto plazo, donde los grupos familiares pueden variar en una escala de semanas (Ortega y Franklin 1995). En el caso de los grupos de machos, estos son variables en una escala de horas, algo posiblemente asociado a las interacciones mayoritariamente agonistas entre sus integrantes (Wilson y Franklin 1985).

Tal como se ha documentado en roedores, varios estudios en guanacos han vinculado la vida en grupos a una disminución del riesgo de depredación. Específicamente, la evidencia apoya que grupos de guanacos más numerosos reducen la probabilidad de ser atacados a través de diluir el riego a otros integrantes del grupo, y a través de incrementar la probabilidad de detectar tempranamente la aproximación de un depredador (Taraborelli *et al.* 2012, Iranzo *et al.* 2018). Específicamente, los grupos son más numerosos en hábitats con más pumas (Marino y Baldi 2014, Iranzo *et al.* 2018) y en áreas donde existe caza por humanos (Taraborelli *et al.* 2014, Cappa *et al.* 2017). Como se esperaría, guanacos en grupos más numerosos son más eficientes en detectar potenciales depredadores comparado con individuos solitarios o en grupos más pequeños (**Figura 3-13a**, Taraborelli *et al.* 2012, 2014). Interesantemente, estos beneficios pueden ser modulados por otros factores como el hábitat utilizado, otros atributos de la organización social, y por diferencias intersexuales (Marino y Baldi 2008, Taraborelli *et al.* 2012, Cappa *et al.* 2014). Por ejemplo, en una población costera en Chubut (Argentina) tanto hembras como machos experimentan un aumento de la vigilancia colectiva en grupos más numerosos (Marino y Baldi 2008). Sin embargo, este potencial beneficio se materializa exclusivamente en parches con alta cobertura de vegetación, donde los pumas (depredadores que atacan por sorpresa a sus presas) serían más eficientes.

Por otra parte, guanacos en grupos más numerosos también parecen beneficiarse a través de destinar más tiempo a forrajeo a expensas del tiempo invertido en vigilancia, un efecto modulado por el riego asociado al hábitat utilizado. Específicamente, la actividad de vigilancia de cada individuo disminuye en grupos más numerosos, pero esto ocurre principalmente en sitios con más pumas (Marino 2010). Un aumento en el tiempo destinado a forrajeo por parte de las hembras se materializa en ambientes presumiblemente más riesgosos y cuando estas forrajean en grupos espacialmente más cohesionados (Marino

Figura 3-13

Guanacos (*Lama guanicoe*) en grupos más numerosos **a)** y espacialmente más cohesionados **b)** son más eficientes en detectar potenciales depredadores (basada en Taraborelli *et al.* 2012).

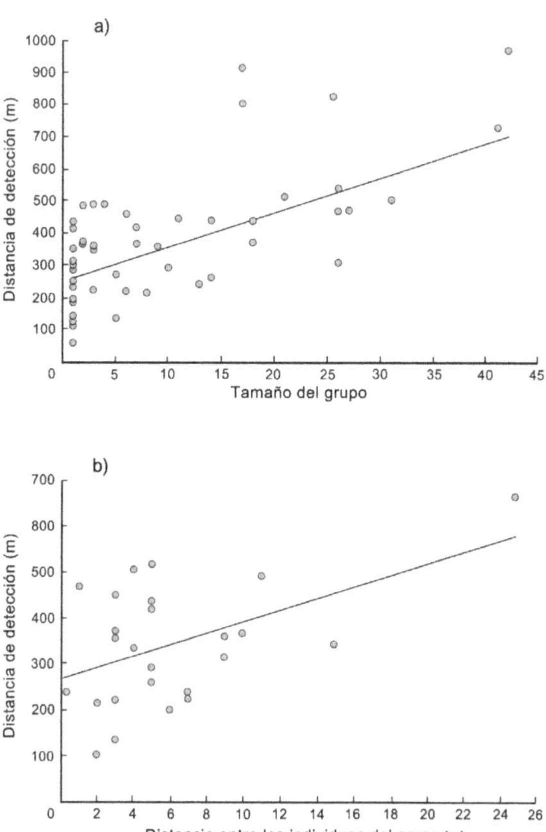

y Baldi 2008). Un efecto modulador de la cohesión espacial también es apoyado por el efecto positivo que tiene la distancia entre los individuos del grupo sobre la detección de potenciales depredadores (**Figura 3-13b**, Taraborelli *et al.* 2012). En conjunto, estas observaciones indican que la disminución social del riesgo en hembras es producto de dilución numérica del riesgo, así como de un aumento de la capacidad de estas para detectar depredadores. Consistente con esta posibilidad, la distancia entre los integrantes de cada grupo (una medida de **cohesión social**), aumenta en grupos de menor tamaño (Iranzo *et al.* 2018). Sin embargo, una posible dilución numérica del riesgo es menos consistente con que la distancia de escape en estos animales aumenta con el número de individuos del grupo (Taraborelli *et al.* 2012). Tal como se ha registrado en vicuñas (Vilá y Roig 1992), la vigilancia de los machos aumenta en grupos con más crías, lo que sugiere una forma de cuidado paternal (Marino y Baldi 2008).

En el caso de grupos de machos donde las interacciones sociales entre sus integrantes son mayoritariamente agonistas, estos podrían beneficiarse a través de desarrollar mejores habilidades competitivas que incrementen su éxito reproductivo futuro (Wilson y Franklin 1985). Consistente con esto, el tamaño de estos grupos está más asociado a la densidad de guanacos que a una reducción del riesgo de depredación (Marino y Baldi 2014).

Grupos sociales: aves

Aunque relativamente escasos, los estudios enfocados a aspectos funcionales de los sistemas sociales de aves con distribución en Chile, estos han abordado principalmente especies que exhiben **forrajeo social.** Entre estos, conocemos que el suri o ñandú (*Pterocnemia pennata*) vive en grupos sociales pequeños o de hasta 40 individuos. Los individuos que forrajean en grupos más grandes disminuyen el tiempo dedicado a vigilar, observación que es consistente, entre otras alternativas, con beneficios vinculados a una disminución del riesgo de depredación (Barri *et al.* 2012). La importancia del riesgo de depredación en estas aves también es apoyada por estudios que reportan una mayor actividad de vigilancia individual en hábitats con menor visibilidad lateral producto de vegetación de mayor altura (Jory 1975), o en sitios expuestos a caza por humanos (Barri *et al.* 2012). En otras aves que forrajean socialmente como queltehues (*Vanellus chilensis*) y bandurrias (*Theristicus melanopis*) también se ha documentado que la vigilancia individual disminuye cuando estos forrajean en grupos de mayor tamaño (Maruyama *et al.* 2010, Gantz *et al.* 2011). Sin embargo, los posibles beneficios derivados de este efecto en estas dos especies están menos claros. En queltehues individuos en grupos más numerosos disminuyen el tiempo destinado a forrajeo, pero incrementan el tiempo destinado a acicalamiento, actividad que podría disminuir la abundancia de ectoparásitos (Maruyama *et al.* 2010). Al menos un estudio apoya posibles beneficios derivados del forrajeo social en la garza grande (*Casmerodius albus*). El éxito de captura de peces es mayor en garzas que forrajean en grupos comparado con garzas en solitario (Wiggins 1991). Esto contrasta con lo que se ha reportado en bandurrias, donde ni la tasa de búsqueda ni la cantidad de presas consumidas aumenta en individuos que forrajean en grupos de mayor tamaño (Gantz *et al.* 2011).

RASGOS COOPERATIVOS

La evolución de rasgos cooperativos ha ocurrido en una diversidad de contextos y organismos (Dugatkin 1997), desde bacterias a humanos (Griffin *et al.* 2004, Robinson y Barker 2017). En esta sección examino la evidencia disponible que apoya la ocurrencia de diferentes formas de cooperación en especies nativas de Chile.

Caza cooperativa

La **caza cooperativa** representa una forma cooperativa de forrajeo social, registrada en especies de hábitos carnívoros como algunas aves de presa (Ellis *et al.* 1993), mamíferos

(Stander 1992, Boesch 1994, Creel y Creel 1995), peces (Schmitt y Strand 1982), arácnidos (Mori *et al.* 1999, Kim *å.* 2005a, 2005b), e insectos (Morais 1994, Wojtusiak *et al.* 1995). Algunos estudios apoyan la ocurrencia de caza cooperativa en rapaces nativas. Un estudio de dos años en Niblinto (centro-sur de Chile) mostró que los aguiluchos (*Buteo polyosoma*) vuelan en grupos de 2-5 adultos en busca de presas, lo que apoya la ocurrencia de forrajeo social (Orellana y Rojas 2005). Sin embargo, no es claro el grado en el cual estas aves coordinan sus movimientos y actividad, y como esto afecta su efectividad en la captura de presas comparado con individuos que cazan solitariamente. Algunos de estos aspectos se conocen con más detalle en peucos (*Parabuteo unicinctus*). La caza de presas por estas aves es realizada por grupos que incluyen una pareja de adultos hembra-macho, otros adultos (rango: 0-2), y algunos juveniles (rango: 0-2) (Bednarz 1988). Los individuos en estos grupos utilizan diferentes tácticas de caza, incluyendo el ataque simultáneo desde varias direcciones, o la alternancia entre los individuos para liderar la persecución, observaciones que son consistentes con algún grado de coordinación. Además, el número de presas capturadas aumenta con el tamaño de grupo, y el número de individuos que participa es el que parece maximizar el retorno energético luego de que la presa es capturada y compartida (Bednarz 1988). La captura de otras aves por parte de pares hembra-macho del halcón perdiguero (*Falco femoralis*) también incluye elementos que sugieren cooperación. En particular, el vuelo de la pareja durante la captura de estas presas es coordinado, con un éxito de captura mayor por pares de individuos comparado con individuos solos, y donde las presas capturadas son consumidas por ambos adultos (Hector 1986). Observaciones en la puna peruana también apoyan una posible instancia de cooperación en el carancho cordillerano (*Phalcoboenus megalopterus*). En este caso, se registró el esfuerzo conjunto de 3 individuos (2 adultos y 1 juvenil) para mover rocas de gran tamaño y así, acceder y consumir presas como artrópodos y anélidos que usan estas rocas como refugio (Jones 1999).

Otros eventos de forrajeo social que podrían representar casos de cooperación se han descrito en pingüinos. Específicamente, se ha registrado el nado y buceo sincronizado en grupos por parte de individuos del pingüino papua (*Pygoscelis papua*) asociado a consumo de krill en la Península Antártica (Copeland 2008). Los individuos en cada grupo se caracterizan por un alto grado de cohesión (evidente durante la emersión) y donde estos adoptan una formación "triangular" característica (Copeland 2008). Además, se ha reportado el nado y buceo sincronizado durante días consecutivos por parte de pares de hembras del pingüino de penacho amarillo, *Eudyptes chrysocome* (Tremblay y Cherel 1999).

La posible cooperación registrada durante el forrajeo en peucos, halcones, y caranchos cordilleranos contrasta en parte, con lo descrito en rapaces carroñeras como el cóndor (*Vultur gryphus*) y el carancho negro (*Phalcoboenus australis*). En cóndores, varios individuos se agregan a consumir los restos de animales muertos. En estas agrupaciones las interacciones sociales son mayoritariamente agonistas y el acceso al alimento es determinado de manera jerarquizada (Donázar *et al.* 1999). Sin embargo, aun en estas condiciones no es descartable la ocurrencia de beneficios. En cóndores, los individuos tienden a permanecer en sitios espacialmente cercanos a aquellos usados por parientes, lo que sugiere la posibilidad de beneficios indirectos asociados al forrajeo social (Padró *et al.* 2019). Además, y a partir del uso experimental de carroña, Autilio *et al.* (2019) reportaron un efecto positivo del número de aves que acuden inicialmente a estos parches de alimento sobre el alimento consumido por cada ave. Este efecto podría resultar a partir de una facilitación mecánica para desgarrar y acceder a los tejidos blandos.

En mamíferos, la caza cooperativa de presas registrada en orcas (*O. orca*) es probablemente una de las formas de cooperación más flexibles documentadas entre los cetáceos sociales con distribución en Chile. Muy posiblemente, esta flexibilidad está asociada tanto al tipo de presa consumida como al hábitat usado por estas. En las costas de la Patagonia argentina las orcas depredan crías y adultos de leones y elefantes marinos a través de nadar y perseguir coordinadamente estas presas, o a través de varar intencionalmente en playas donde estas presas se refugian (Lopez y Lopez 1985). En el agua, las presas usualmente son acorraladas por dos o más orcas. Durante los varamientos la captura de presas es monopolizada por un individuo, pero este puede estar acompañado por otros ubicados a ambos lados de la presa, lo que contribuiría a evitar su huida (Lopez y Lopez 1985). Como se esperaría, las presas son compartidas entre los participantes, pero no es claro cómo el éxito de captura y los beneficios energéticos derivados, varían con el número de individuos que conforma cada grupo de caza (Hoelzel 1991). En aguas de la Patagonia argentina las orcas también cazan delfines (*Delphinus delphis*) en forma coordinada. En este caso, dos individuos conducen a la presa seleccionada hacia otros dos que realizan el ataque y la captura (Coscarella *et al.* 2015), una estrategia similar a la utilizada por leones africanos (Stander 1992). Esta estrategia de caza es distinta de la descrita en poblaciones del hemisferio norte donde se ha registrado que orcas en grupo persiguen y rodean a otros cetáceos como la ballena de Bryde, *Balaenoptera edeni* (Silber *et al.* 1990). Una estrategia adicional usada para capturar otros mamíferos es la reportada en aguas antárticas, donde orcas en grupo coordinan su nado para capturar focas posadas sobre trozos de hielo a la deriva (Smith *et al.* 1981, Pitman y Durban 2012). Específicamente, se ha documentado que grupos de 4-10 individuos nadan rápido, coordinadamente y en dirección a estos bloques de hielo generando olas al momento de sumergirse para pasar por debajo. Las dimensiones de estas olas son suficientes para provocar la caída de estas presas al agua. Cada grupo típicamente realiza cuatro intentos como estos en promedio antes de tener éxito, y donde la presa más común es una foca de Weddell, *Leptonychotes weddellii* (Pitman y Durban 2012). Por último, las orcas en el norte de Europa cooperan para capturar cardúmenes de arenques (*Clupea harengus*). En una primera etapa los grupos de 2-3 orcas rodean y conducen el cardumen hacia la superficie ("pastorean"), luego de lo cual estas golpean los peces del borde con sus aletas antes de consumirlos individualmente (Simila y Ugarte 1993).

La caza cooperativa también ha evolucionado en otros cetáceos como delfines. Entre estos, el delfín nariz de botella (*T. truncatus*) exhibe una estrategia de forrajeo flexible. En aguas profundas, estos cetáceos forrajean en grupos donde los individuos coordinan su nado para compactar y dirigir el movimiento de cardúmenes de peces de los que se alimentan (Würsig 1979, Rossbach 1999). Estudios en poblaciones de Florida (Norte

América) han demostrado la ocurrencia de división de tareas, donde un individuo dirige el movimiento de las presas hacia el resto de los integrantes del grupo, los que forman una "barrera" (Gazda *et al.* 2005). En el delfín oscuro (*Lagenorhynchus obscurus*) los individuos también nadan coordinadamente para pastorear peces (Vaughn *et al.* 2007, 2010). Sin embargo, la estrategia de forrajeo de estos cetáceos muestra variaciones estacionales y geográficas. En aguas de Nueva Zelandia estos delfines capturan presas móviles como peces a mayor profundidad en invierno, pero pastorean estas presas hacia la superficie en primavera (Vaughn *et al.* 2007), una diferencia que se ha asociado a cambios en la distribución de las presas (Degrati *et al.* 2012). En la costa argentina se ha documentado que *L. obscurus* se focaliza en atacar cardúmenes más pequeños que en Nueva Zelandia, una diferencia que podría estar asociada a variaciones en la probabilidad de captura entre ambas localidades (Vaughn-Hirston *et al.* 2013). Una tarea pendiente es establecer la forma en que estas diferencias se relacionan con los costos y beneficios percibidos por cada individuo en grupos de distinto tamaño (ej., Boesch 1994, Creel y Creel 1995), información necesaria para determinar las consecuencias funcionales de esta forma de cooperación.

Observaciones en vida libre también sugieren la posibilidad de caza cooperativa en nutrias marinas (*Lontra felina*). En particular, se ha descrito el buceo y posterior traslado sincronizado de la presa capturada (peces) por parte de pares de individuos en Isla Pan de Azúcar, en el norte de Chile (Ostfeld *et al.* 1989). Tal como se ha descrito en otras nutrias más estudiadas (ej., Blundell *et al.* 2002), no es descartable que estos carnívoros puedan cooperar en la captura de sus presas, particularmente de aquellas más móviles.

Un caso especial de cooperación en un contexto de forrajeo es la regurgitación de sangre en murciélagos vampiros (*Desmodus rotundus*). Estudios en Costa Rica han mostrado que las hembras de estos quirópteros forman grupos sociales relativamente estables que incluyen parientes cercanos e individuos genéticamente no emparentados (Wilkinson 1984, 1985a, 1985b). Las hembras regurgitan (donan) parte de la sangre obtenida durante el forrajeo a otras hembras menos exitosas (Wilkinson 1984). Estudios en cautiverio en esta especie han permitido evaluar la importancia relativa de distintos mecanismos evolutivos como causas de esta forma de cooperación. Estos sugieren que los beneficios directos basados en reciprocidad explican de mejor manera el intercambio de sangre en esta especie comparado con beneficios indirectos generados por selección por parentesco (Carter y Wilkinson 2013, 2015).

Defensa cooperativa

Consistente con otras formas de cooperación, la defensa cooperativa (o grupal) incluye situaciones donde dos o más individuos actúan en forma coordinada para observar, aproximarse, y hostigar depredadores (Caro 2005) o competidores (Hall y Peters 2008). Observaciones en una población en el sur de Chile sugieren que guanacos (*Lama guanicoe*) en grupo podrían exhibir defensa activa en contra de algunos de sus depredadores. En Tierra del Fuego el zorro culpeo (*Lycalopex culpaeus*) representa el único depredador natural de las crías de estos camélidos. Consistente con esto, Novaro *et al.* (2009) registraron el hostigamiento y ataque simultáneo por parte de dos guanacos adultos a un zorro culpeo adulto en su intento por atacar crías del grupo. Aunque anecdóticas, estas observaciones apoyan la necesidad de más estudios enfocados a comparar la frecuencia y efectividad de esta estrategia social.

La defensa de nido por pares hembra-macho es una estrategia extendida en aves, la que puede estar asociada a repeler depredadores o competidores (Montgomerie y Weatherhead 1988, Caro 2005, Hall y Peters 2008). Durante el período reproductivo los rayaditos (*Aphrastura spinicauda*) utilizan cavidades naturales (ej., en árboles) para anidar, donde el cuidado de los pollos es realizado por ambos progenitores (Moreno *et al.* 2007, Cornelius *et al.* 2008), e incluye defensa activa del nido y la progenie (Ippi *et al.* 2013). Experimentalmente se ha mostrado que la intensidad de la respuesta defensiva de los machos ante la presencia de competidores simulados es mayor que la de las hembras en presencia de los pollos, pero no antes de su eclosión. Sin embargo, las respuestas de ambos progenitores están asociadas, lo que apoya una posible coordinación entre los progenitores (Ippi *et al.* 2017). Por lo tanto, parece importante determinar si la cooperación parental observada y su efectividad varían con condiciones ecológicas y sociales vinculadas a los costos y beneficios para cada progenitor. Por una parte, la densidad local de rayaditos podría tener efectos negativos debido a una alta frecuencia de incursiones al territorio de los progenitores, pero también determinar efectos positivos derivados de una posible cooperación entre vecinos, algo que se ha documentado en otras aves marcadamente territoriales (Olendorf *et al.* 2004, Goodwin y Podos 2014). Observaciones ocasionales también apoyan la posible ocurrencia de defensa cooperativa del nido en aguiluchos, *Parabuteo unicinctus* (Alvarado y Figueroa 2006).

Coaliciones reproductivas

La formación de **coaliciones** reproductivas representa una forma adicional de cooperación en la que dos o más individuos se asocian y coordinan su conducta para obtener beneficios asociados con el apareamiento. Cuando estas interacciones son reiteradas en el tiempo, se habla de "**alianzas**" (Harcourt y DeWaal 1992). Un contexto frecuente para esta forma de cooperación es la formación de coaliciones y alianzas entre machos para aumentar su acceso a apareamientos (ej., Packer 1977, Bygott *et al.* 1979, Gomper *et al.* 1997). Entre las especies con distribución en Chile, la formación de coaliciones en el delfín nariz de botella (*Tursiops* spp.) es especialmente compleja (Connor *et al.* 2001, Ermak *et al.* 2017). En estos animales, pares o tríos de machos actúan de manera coordinada para controlar los movimientos de hembras potencialmente receptivas, algo que se ha descrito como alianzas de "primer orden" (Connor *et al.* 1992). Sin embargo, dos o más de estas alianzas de primer grado además pueden asociarse y formar **alianzas de "segundo orden"** (o "super-alianzas"). Estas últimas son capaces de monopolizar agresivamente a las hembras de otras alianzas de primer grado, o de defender más exitosamente las hembras que estos controlan (Connor *et al.* 1992). Aunque ni los factores ecológicos ni las consecuencias de esta forma de cooperación están muy claros, estudios en las Bahamas indican que la estabilidad de las alianzas está asociada positivamente al grado de parentesco genético entre los machos en *Tursiops truncatus* (Parsons *et al.* 2003). Esta observación apoya la ocurrencia de beneficios indirectos generados por selección por parentesco para los individuos en estas alianzas.

Cuidado cooperativo de las crías

La evidencia disponible apoya la ocurrencia de cooperación reproductiva en al menos dos especies de aves con distribución en Chile. Por una parte, observaciones ocasionales revelaron la defensa colectiva del nido por parte de tres adultos en el carancho negro (*Phalcoboenus australis*) en Islas Malvinas e islas subantárticas de Chile (Archipiélago Diego Ramírez), lo que es consistente con la ocurrencia de cooperación asociada al cuidado de crías por parte de adultos del mismo sexo (Raimilla *et al.* 2014). La organización social en queltehues (*Vanellus chilensis*) es variable, y donde un par hembra-macho puede o no incluir además la presencia de un adulto o juvenil (ocasionalmente dos) y que típicamente corresponde a una cría nacida en la temporada reproductiva anterior (Saracura *et al.* 2008, Cerboncini *et al.* 2019). Estos individuos adicionales contribuyen a la defensa del territorio y al cuidado de los huevos, lo que se traduce en un efecto leve, pero positivo, sobre el éxito de eclosión de estos últimos (Walters y Walters 1980, Cerboncini *et al.* 2019, Santos y Macedo 2019). Dado que el apareamiento típicamente ocurre entre el par hembra-macho principal (Saracura *et al.* 2008, Cerboncini *et al.* 2019), los posibles beneficios de este comportamiento para los adultos o juveniles adicionales no estarían asociados a ganancias reproductivas directas. Por lo tanto, la posibilidad de que los individuos que no se reproducen inicialmente puedan hacerlo luego a través de heredar la posición dominante o el territorio, aún debe ser evaluada. Estudios más preliminares también sugieren la posible ocurrencia de cooperación en otras dos aves nativas. Tanto en tricahues (*Cyanoliseus patagonus*, Masello *et al.* 2006) como en carpinteros negros (*Campephilus magellanicus*, Ojeda 2004) se han reportado grupos conformados por pares hembra-macho y juveniles o adultos jóvenes. En el caso del carpintero negro, todos los individuos del grupo comparten además una misma cavidad o refugio, y forrajean socialmente (Ojeda 2004).

La evidencia disponible es variable pero también apoya la ocurrencia de cuidado cooperativo de las crías en al menos tres especies de roedores. En particular, se ha registrado anidamiento comunal por parte de hembras lactantes en cuyes de la Patagonia y degus (Ebensperger *et al.* 2004, 2006b). Además, tanto en degus como en coipos (*Myocastor coipus*) se ha registrado lactancia comunal de las crías por hembras del mismo grupo (Ebensperger *et al.* 2002, 2007, Guichón *et al.* 2003). Aunque algunos estudios indican que la lactancia de crías no propias (**alolactancia**) es espontánea e indiscriminada en degus (Ebensperger *et al.* 2002, 2006c, 2007), otros apuntan a que las hembras podrían ser selectivas y favorecer a sus propias crías (Jesseau *et al.* 2009). Tal discriminación es relevante porque apoya la posibilidad de que el cuidado comunal de las crías observado en degus pueda haber sido favorecido por selección por parentesco. Sin embargo, otras líneas de evidencias no apoyan esta hipótesis. Por ejemplo, el número de crías producidas por grupos de hembras cercanamente emparentadas (hermanas) no es distinto del de grupos compuestos por hembras no emparentadas (Ebensperger *et al.* 2007). Estos resultados son además consistentes con estudios que indican que la actividad de vigilancia antidepredador no aumenta con el parentesco genético de los individuos que forrajean en grupo (Quirici *et al.* 2008, 2013). Por otra parte, estudios a largo plazo en degus han revelado que los beneficios sociales derivados del cuidado comunal de las crías se materializan de manera contexto-dependiente. En particular, hembras en grupos con más hembras (una medida del potencial de cooperación entre estas) producen más crías en condiciones ecológicamente más desafiantes (i.e., baja abundancia de alimento), así como en condiciones de menor estrés social, como en grupos sociales caracterizados por una mayor estabilidad en la composición de sus integrantes (Ebensperger *et al.* 2014, 2016b).

La cooperación vinculada al cuidado de las crías se ha sugerido como un factor principal en la evolución de la sociabilidad en cachalotes, *Physeter macrocephalus* (Gero *et al.* 2013). En estos cetáceos, las hembras adultas en unidades sociales con crías, sincronizan el buceo en profundidad durante el forrajeo, lo que aumenta la probabilidad que las crías permanezcan acompañadas por una hembra en la superficie (i.e., "babysitting") (Whitehead 1996, Gero *et al.* 2009). Además, las hembras pueden exhibir alolactancia, un rasgo cuya ocurrencia es variable entre poblaciones (Gero *et al.* 2009). Tanto el acompañamiento de las crías como la ocurrencia de alolactancia es más frecuente por parte de hembras genéticamente emparentadas con la madre de estas (Konrad *et al.* 2019). Sin embargo, también se ha registrado reciprocidad entre hembras durante el acompañamiento de sus crías (Gero *et al.* 2009). Así, tanto la selección por parentesco como la reciprocidad podrían explicar la ocurrencia de cuidado comunal en estos cetáceos.

Es importante notar que la ocurrencia de alolactancia no es necesariamente una conducta asociada al cuidado comunal de las crías. En guanacos (*L. guanicoe*) la alolactancia ha sido registrada con frecuencia en grupos sociales en cautiverio (Zapata *et al.* 2009a, 2010), pero con una baja ocurrencia en poblaciones silvestres (Zapata *et al.* 2009b). A diferencia de la tendencia registrada en degus para amamantar crías ajenas (Ebensperger *et al.* 2002, 2007), la lactancia de crías no propias en guanacos es más consistente con una estrategia oportunista por parte de las crías para obtener leche de otras hembras. Esto es apoyado por observaciones que indican que las crías adoptan posturas que minimizan su detección por hembras distintas de sus madres, y donde las hembras rechazan estos intentos cuando estas son capaces de detectar las crías ajenas (Zapata *et al.* 2009a). Al parecer, las crías utilizan esta estrategia oportunista como una manera de compensar un cuidado materno deficiente o de baja calidad (Zapata *et al.* 2010). En quirópteros como el murciélago cola de ratón (*Tadarida brasiliensis*) la ocurrencia de alolactancia también parece estar asociada a una estrategia oportunista por parte de las crías que nacen y se desarrollan en colonias densas y compuestas por varios cientos de individuos (McCraken 1991, 1994). Además, tanto en el lobo fino austral (*Arctocephalus australis*) como en el lobo fino subantártico (*A. tropicalis*), la frecuencia de alolactancia es relativamente baja, y donde las crías que intentan obtener leche de otras hembras son generalmente agredidas por estas últimas o por sus crías (de Bruyn *et al.* 2010, Franco-Trecu *et al.* 2010). Igualmente consistente con un escenario no cooperativo, se ha planteado que tanto en el lobo fino subantártico como en el lobo fino antártico (*A. gazella*) la alolactancia puede ser consecuencia de cuidado materno mal dirigido por parte de las hembras (de Bruyn *et al.* 2010, Acevedo *et al.* 2016).

Entre las aves, se ha documentado que los adultos del pingüino rey (*Aptenodytes patagonicus*) proporcionan alimento a crías no propias, principalmente durante el período en que las crías de varios progenitores se agrupan en "guarderías". Este comportamiento es más común en adultos que han fracasado en su intento por producir crías propias comparado con aquellos que tuvieron éxito (Lecomte *et al.* 2006). La donación de alimento a crías ajenas aumenta la supervivencia de estas, pero no tiene efectos negativos en los adultos que exhiben esta forma de cuidado aloparental. Es posible entonces que la ocurrencia de esta forma de cuidado aloparental ocurra con alguna frecuencia debido a que los costos involucrados son relativamente bajos. Sin embargo, aún es necesario evaluar posibles beneficios para los adultos. Los adultos que proporcionan alimento a crías no propias lo hacen preferentemente con aquellas que fueron criadas en nidos vecinos, observación que sugiere algún mecanismo de reconocimiento (Lecomte *et al.* 2006).

Otras formas de cooperación

Tal como ocurre en insectos sociales (Flores-Prado Capítulo 4), algunos vertebrados sociales se caracterizan por construir nidos (aves) o madrigueras (mamíferos) en forma comunal (Collias y Collias 1984, Alexander *et al.* 1991). Dado que los costos energéticos o de pérdida de oportunidades asociadas a la construcción de estas estructuras son relativamente altos, es esperable que este rasgo determine beneficios para todas las partes involucradas (Alexander *et al.* 1991, Ebensperger 2001). Al igual que en otros roedores nativos de Chile (Roig 1970, Reise y Gallardo 1989), *O. degus* se caracteriza por exhibir un uso compartido de sus madrigueras (Fulk 1976). En cautiverio, individuos en grupo remueven más suelo que excavadores solitarios, lo que indica una mayor eficiencia producto de la excavación social (Ebensperger y Bozinovic 2000). Más interesante aun, degus en grupo muestran coordinación en esta actividad a través de excavar en los mismos sitios y formar "líneas (cadenas) de excavación" (Ebensperger y Bozinovic 2000), tal como se ha reportado en otras especies altamente sociales (Jarvis y Sale 1971). En un contexto histórico, la sociabilidad en roedores caviomorfos ha estado asociada a la construcción activa de madrigueras subterráneas (Ebensperger y Cofré 2001, Ebensperger y Blumstein 2006), lo que apoya la importancia evolutiva de este rasgo sobre la vida social.

Lo anterior contrasta con al menos un estudio que indica el agrupamiento como estrategia de termorregulación social en degus. Es conocido que al agrupamiento tanto en aves como mamíferos contribuye a disminuir los costos energéticos de termorregulación (Ebensperger 2001, Bogdanovic y Bozinovic Capítulo 9). Sin embargo, Sánchez *et al.* (2015) mostraron que la formación de agrupaciones de individuos en contacto físico directo en respuesta a temperaturas bajas es un proceso autorganizado. Esto implica que se trataría de un fenómeno espontáneo generado a partir de interacciones aleatorias entre los individuos, y por lo tanto, sin coordinación o roles por parte de individuales específicos. Esto sugiere que los posibles beneficios energéticos del agrupamiento en degus se derivan de un efecto de tamaño de grupo y no representan un rasgo cooperativo.

SÍNTESIS

La sociabilidad se ha vinculado más comúnmente a especies donde los individuos forman grupos sociales distintivos y donde los individuos que los integran interactúan más afiliativamente entre estos, en comparación con individuos de otros grupos. Frecuentemente, los integrantes de estos grupos utilizan recursos en forma comunal y pueden exhibir una o más formas de cooperación (Ebensperger 2001, Krause y Ruxton 2002). La evidencia disponible indica que al menos 319 especies de vertebrados e invertebrados (no insectos) con distribución en Chile continental e islas oceánicas exhiben uno o más aspectos indicativos de una o más formas de sociabilidad. Si a esto se agrega el número de especies de insectos sociales (72, Flores-Prado Capítulo 4), un 12,7% del total de la fauna nativa de Chile muestra algún grado de sociabilidad (n=3071 especies nativas de animales, Ministerio del Medio Ambiente de Chile, Inventario de Especies Silvestres 2019 (http://especies.mma.gob.cl/CNMWeb/Web/WebCiudadana/Default.aspx). Muy probablemente, esta cifra representa una subestimación si se toma en cuenta la ausencia de estudios específicamente enfocados en rasgos del comportamiento. Es llamativa la ausencia de estudios en algunos grupos animales como peces marinos y de agua dulce.

La evidencia también apunta a que la fauna nativa de Chile es socialmente diversa: esta incluye especies representativas de distintas formas de sociabilidad. La ocurrencia de agregaciones (y congregaciones) parece común en varias especies de invertebrados marinos (ej., anélidos poliquetos, crustáceos anfípodos, isópodos y decápodos, equinodermos, tunicados), reptiles (lagartijas), aves (chorlos), y peces. El uso comunal de sitios de descanso se ha descrito en aves carroñeras y rapaces, el uso comunal de refugios se ha reportado en camarones y marsupiales de pequeño tamaño, y la formación de colonias reproductivas es común en diversas aves marinas, acuáticas y mamíferos marinos (Tabla 3-1). Esta diversidad también se expresa dentro de algunas especies que viven en grupos sociales, y donde la organización social en estas incluye pares hembra-macho, grupos de hembras o machos, grupos con varios individuos de ambos sexos, así como individuos de hábitos solitarios (Tabla 3-2). Por otra parte, los estudios disponibles apoyan la ocurrencia de rasgos sociales complejos como distintas formas cooperación. Específicamente, la diversidad de contextos en los que se ha examinado la ocurrencia de cooperación en otros organismos (ej., Dugatkin 1997) tiende a estar representada en especies con distribución en Chile. La información disponible indica la posible ocurrencia de cooperación en contextos de forrajeo social (ej., Hector 1986, Coscarella *et al.* 2015), formación de coaliciones y alianzas por acceso a apareamientos (Connor *et al.* 1992, 2001), cuidado y defensa de las crías (Ippi *et al.* 2013), reproducción cooperativa (ej., Ebensperger *et al.* 2002, Guichón *et al.* 2003), y construcción de madrigueras (Ebensperger y Bozinovic 2000), entre los más examinados.

Lo anterior contrasta con lo poco que sabemos sobre posibles causas y evolución de la sociabilidad descrita para este conjunto de especies. Aun así, la información disponible sugiere varios posibles costos y beneficios involucrados. Por una parte, estudios en aves y mamíferos marinos (pinnípedos) indican que la reproducción en colonias determina costos que incluyen un aumento de interacciones agonistas con vecinos, menor acceso a alimento de alta calidad, y un incremento en la mortalidad de las crías por depredación (Vilá y Cassini 1990, Stokes y Dee Boersma 2000, Cassini 2001, Forero *et al.* 2002). Estos costos podrían ser compensados por beneficios tales como un aumento en la supervivencia de las crías producto de menores niveles de hostigamiento sexual a las hembras e infanticidio (Campagna *et al.* 1992, Capozzo *et al.* 2008). Otros posibles beneficios podrían incluir un aumento de oportunidades reproductivas (Cañete *et al.* 2013).

La formación de grupos sociales en algunos roedores (cuyes de la Patagonia, degus) parece estar más asociada a una disminución del riesgo de depredación (ej., Ebensperger y Wallem 2002, Taraborelli 2008, Ebensperger *et al.* 2012) comparado con efectos derivados de la abundancia y distribución de alimento (Hayes *et al.* 2009, Ebensperger *et al.* 2011, Rivera *et al.* 2014). De hecho, la importancia del riesgo de depredación en la evolución de la vida en grupos es recurrente en estudios comparados en roedores neotropicales (Ebensperger y Cofré 2001, Ebensperger y Blumstein 2006, Sobrero *et al.* 2014b). El riesgo de depredación también emerge como un factor relevante para explicar la variación social observada en cetáceos (Gygax 2002a, Heithaus y Dill 2002, Coakes y Whitehead 2004) y ungulados como huemules y guanacos (Frid 1999, Taraborelli *et al.* 2012). Sin embargo, otros factores también parecen tener efectos en estos organismos, incluyendo la abundancia de alimento (Gygax 2002a, Vermeulen *et al.* 2015), competencia por apareamientos, o el cuidado de las crías (Wilson y Franklin 1985, Marino y Baldi 2008).

Como se podría esperar, restricciones basadas en la disponibilidad de hábitat adecuado para la reproducción aparecen asociadas a la formación de agregaciones en algunos invertebrados marinos (Thiel y Vásquez 2000). Es interesante que algunas agregaciones en vertebrados podrían compartir una misma base funcional. Por ejemplo, el uso común de parches de hábitat descrito en hembras del matuasto del Laja y en la lagartija tenue también es consistente con restricciones de hábitat (Manzur y Fuentes 1979, Habit y Ortiz 1996). Por otra parte, la evidencia disponible indica que las agregaciones en algunos invertebrados podrían ser el resultado de atracción por la presencia de conespecíficos (Manríquez y Castilla 2007, Gebauer *et al.* 2011). En el caso de anfibios en "coros", la vocalización sincronizada podría aumentar la distancia de transmisión de estas señales (Rehberg-Besler *et al.* 2017), lo que podría tener un efecto positivo en su éxito reproductivo. En el caso de algunos peces como el jurel, la formación de agregaciones está más asociada a cambios temporales en la abundancia de presas (Bertrand *et al.* 2006).

Los estudios realizados en especies nativas de Chile también apoyan que la organización social es dinámica a distintas escalas de tiempo, y que los cambios registrados en esta pueden ser reversibles o permanentes. Así por ejemplo, los grupos sociales en huemules se caracterizan por un recambio de individuos en una escala de días (Frid 1999). En guanacos, la composición de los grupos varía a distintas escalas (horas, días, entre estaciones del año) dependiendo del tipo de grupo (Wilson y Franklin 1985, Ortega y Franklin 1995). El tamaño de las bandadas en algunas aves es estacionalmente variable (Camacho 2016), lo que es concordante con lo registrado en degus, especie donde una mayoría de los grupos sociales experimentan cambios permanentes a dicha escala (Ebensperger *et al.* 2009, 2016b). Estudios en cetáceos ilustran grados de inestabilidad social como resultado de estrategias sociales y reproductivas divergentes entre machos y hembras, transferencia permanente de individuos entre grupos, e instancias reversibles de fisión y fusión de grupos (Würsig 1978, Whitehead y Kahn 1992, Christal *et al.* 1998, Coakes y Whitehead 2004, Coscarella *et al.* 2011, Würsig y Pearson 2014). En degus, las consecuencias de la inestabilidad de los grupos sociales sobre el éxito reproductivo son contrapuestas en machos y hembras (Ebensperger *et al.* 2016b), lo que sugiere un potencial conflicto entre los intereses reproductivos de ambos en relación al ingreso o salida de individuos del grupo.

OPORTUNIDADES

Es claro que la fauna nativa de Chile incluye una diversidad de modelos sociales para estudios en distintos atributos de la sociabilidad y niveles de explicación. Muy posiblemente, otras especies aun poco estudiadas (ej., peces, anfibios, reptiles, roedores caviomorfos) también exhiben rasgos sociales que debieran estimular estudios más sistemáticos. La diversidad temática abordada por estudios en sociabilidad es extensa (Clutton-Brock 2016, Ebensperger y Hayes 2016b, Rubenstein y Abbot 2017). Sin embargo, destaco cuatro temas como potencialmente informativos y donde estudios en especies nativas podrían contribuir con contrastes relevantes y tributar a la "teoría de sociabilidad".

En primer término, la determinación cuantitativa del grado de sociabilidad de especies nativas aún poco estudiadas es algo que va a proporcionar contrastes relevantes para estudios comparados. Este podría ser el caso de especies de invertebrados (no insectos) terrestres y marinos donde se ha documentado la importancia de claves sociales en la formación de agregaciones (Broly *et al.* 2016), o en vertebrados menos estudiados en este contexto como aves migratorias (Shizuka *et al.* 2014). No descarto que algo más de información pueda estar disponible para algunas especies en una literatura más anecdótica o descriptiva. Sin embargo, y más importante, una selección cuidadosa de algunas de estas especies o grupos de especies tiene el potencial adicional de contribuir con contrastes filogenéticos informativos para estudios macroevolutivos de la sociabilidad. Este podría ser el caso de algunos marsupiales, roedores caviomorfos, aves, reptiles, peces, y posiblemente invertebrados marinos.

En segundo lugar, la evidencia disponible en especies nativas indica una diversidad de posibles costos y beneficios de la sociabilidad. Por lo tanto, una tarea aún incompleta es precisar su importancia relativa. Específicamente, es necesario determinar cómo el efecto de factores del ambiente social (ej., tamaño de grupo, frecuencia y naturaleza de las interacciones) sobre la adecuación biológica en algunas especies sociales (ej., Marino y Baldi 2008, Taraborelli *et al.* 2012) es modulado por factores ecológicos así como por otros atributos del ambiente social (ej., composición de los grupos en términos de personalidad o fenotipo fisiológico; Ebensperger *et al.* 2014, 2016b, Correa *et al.* 2016, 2018). El examen de este tipo de interacciones funcionales ha requerido de aproximaciones (correlacionales o experimentales) multifactoriales (Ebensperger 2001). Más recientemente, la adopción de herramientas analíticas basadas en teoría de redes ha potenciado nuestra capacidad de cuantificar la complejidad de interacciones que cada individuo tiene con varios otros individuos en forma simultánea o consecutiva en el contexto de agregaciones, grupos sociales, o colonias (Krause *et al.* 2015). Sin embargo, también es cierto que en algunos casos este tipo de aproximaciones ha enfatizado algunos rasgos sociales en desmedro de otros. Por ejemplo, los estudios que han abordado el cuidado cooperativo de las crías han enfatizado especies cuyos grupos sociales incluyen adultos no reproductivos comparado con especies donde una mayoría de los adultos del grupo aportan con crías (Socias-Martínez & Kappeler 2019). Es claro que las causas de una mayor parte de los rasgos sociales en especies animales son múltiples y contexto-dependientes, lo que debiera condicionar la realización de estudios específicamente enfocados a abordar esta complejidad.

En tercer lugar, tanto la formación de agrupaciones como la dinámica de grupos sociales son núcleos de oportunidades para estudios futuros en el contexto de fauna nativa de Chile. Específicamente, la naturaleza autorganizada que caracteriza la formación de agregaciones en algunas especies de invertebrados cosmopolitas (ej., isópodos terrestres, Broly *et al.* 2016) parece tener paralelos en vertebrados sociales de la fauna nativa (ej., degus, Sánchez *et al.* 2015), lo que podría proporcionar contrastes para dilucidar los procesos y presiones evolutivas fundamentales del comportamiento social. Por otra parte, el estudio de las causas y consecuencias de la dinámica de grupos sociales ha abordado distintas formas de inestabilidad de manera relativamente aislada. Una cantidad importante de estudios han estado enfocados en caracterizar los sistemas sociales de especies con dinámicas de fisión-fusión, donde la composición individual de los integrantes de grupos sociales (u otras formas sociales) cambia de manera reversible en escalas temporales de corto plazo (ej., minutos, horas, días) en relación a la longevidad de los grupos, o la de sus integrantes (Aureli *et al.* 2008, Silk *et al.* 2014). Por otra parte, las causas y efectos de cambios más permanentes generalmente han sido examinados en contextos dominados por estrategias de dispersión reproductiva y otros procesos demográficos (Nunes 2007, Lacey 2016), pero con menos atención a sus mecanismos y consecuencias sociales. La información disponible para algunas especies nativas de Chile indica que ambas formas de inestabilidad pueden caracterizar la estructura y organización social de una misma especie. Por lo tanto, existe una oportunidad para estudios enfocados a determinar el grado en el que los factores causales en cada una de estas formas de inestabilidad social son los mismos, así como si sus consecuencias a una escala de tiempo condicionan la ocurrencia de estabilidad (o inestabilidad) a otras escalas. Estas u otras interrogantes también pueden ser extendidas a agregaciones heteroespecíficas, donde algunos estudios indican un grado importante de estabilidad en atributos de estas (Martínez y Gomez

2013). Dilucidar el conjunto de estos aspectos es necesario para contar con una teoría unificada que incorpore el papel de la inestabilidad en distintos rasgos de sociales.

Por último, destaco la importancia del potencial evolutivo de rasgos sociales para predecir la capacidad de las especies que los exhiben para adaptarse a los cambios ambientales acelerados que caracterizan casi la totalidad de los ambientes del planeta en la actualidad. En algunos organismos como roedores caviomorfos y en cetáceos como los delfines, las relaciones ancestro-descendiente contribuyen a predecir la ocurrencia de rasgos como la vida en grupos o la cooperación (Gygax 2002b, Sobrero *et al.* 2014b). Aunque esto no es tan sorprendente si se consideran estudios en otros organismos como los primates (ej., Thierry *et al.* 2000), algunas de sus implicancias lo son. Una correlación entre el fenotipo dominante en una determinada especie actual y el estado del mismo rasgo reconstruido en las formas ancestrales, puede ser el resultado tanto de selección estabilizadora como de restricciones filogenéticas (McKitrick 1993, Blomberg y Garland 2002). Dado que estas últimas hacen menos probable el cambio evolutivo en algunas direcciones, independientemente de las condiciones ambientales, la ocurrencia de tales restricciones en rasgos sociales podría limitar el potencial de adaptación local de las especies que los exhiben en un contexto de cambio global acelerado. Por lo tanto, determinar la importancia de estas restricciones en organismos sociales potencialmente más sensibles a cambios en sus ambientes, debiera ser prioritario.

AGRADECIMIENTOS

Agradezco sinceramente el apoyo de los proyectos FONDECYT 3970028, 1020861, 1060499, 1090302, 1130091 y 1170409, y los comentarios y sugerencias de mis colegas Antonieta Labra, Paula Taraborelli, y Rodrigo Vásquez que contribuyeron significativamente a mejorar versiones previas de este capítulo.

LITERATURA CITADA

Abbot P, Chapman T (2017). Sociality in aphids and thrips. Pp. 154-187, en: *Comparative social evolution* (Rubenstein DR, Abbot P, eds.). Cambridge University Press, Cambridge, Reino Unido.

Acevedo J, Torres, D, Aguayo-Lobo, A (2016). Offspring kidnapping with subsequent shared nursing in Antarctic fur seals. *Polar Biology* 39:1225-1232.

Aguilar R, Simeone A, Rottmann J, Perucci M, Luna-Jorquera, G (2016). Unusual coastal breeding in the desert-nesting gray gull (*Leucophaeus modestus*) in northern Chile. *Waterbirds* 39:69-74.

Aguilera MA, Navarrete SA (2011). Distribution and activity patterns in an intertidal grazer assemblage: influence of temporal and spatial organization on interspecific associations. *Marine Ecology Progress Series* 431:119-136.

Aguilera MA, Navarrete SA (2012). Interspecific competition for shelters in territorial and gregarious intertidal grazers: consequences for individual behaviour. *PloS One* 7:e46205.

Ahumada M, Queirolo D, Acuña E, Gaete E (2013). Caracterización de agregaciones de langostino colorado (*Pleuroncodes monodon*) y langostino amarillo (*Cervimunida johni*) mediante un sistema de filmación remolcado. *Latin American Journal of Aquatic Research* 41:199-208.

Alexander RD (1974). The evolution of social behavior. *Annual Review of Ecology and Systematics* 5:325-383.

Alexander RD, Noonan KM, Crespi BJ (1991). The evolution of eusociality. Pp. 3-44, en: *The biology of the naked mole-rat* (Sherman PW, Jarvis JUM, Alexander RD, eds.). Princeton University Press, Princeton, Estados Unidos de América.

Alvarado JL, Castilla JC (1996). Tridimensional matrices of mussels *Perumytilus purpuratus* on intertidal platforms with varying wave forces in central Chile. *Marine Ecology Progress Series* 133:135-141.

Alvarado S, Figueroa RA (2006). Unusual observation of three red-backed hawks (*Buteo polyosoma*) defending a nest. *Journal of Raptor Research* 40:248-250.

Alzamora A, Gallardo C, Yukasovic A, Thomson R, Camousseigt B, Charrier A, Garin C, Lobos G (2010). *Phymaturus flagillifer* (matuasto). Brumation behavior. *Herpetological Review* 41:85.

Ancel A, Visser H, Handrich Y, Masman D, Le Maho Y (1997). Energy saving in huddling penguins. *Nature* 385:304-305.

Armitage KB (1981). Sociality as a life history tactic of ground squirrels. *Oecologia* 48:36-49.

Armitage KB (2014). *Marmot biology: sociality, individual fitness, and population dynamics*. Cambridge University Press, Cambridge, Reino Unido.

Arnold KE, Owens IP (1998). Cooperative breeding in birds: a comparative test of the life history hypothesis. *Proceedings of the Royal Society of London B: Biological Sciences* 265:739-745.

Arzamendia Y, Cassini M, Vilá B (2006). Habitat use by vicuña *Vicugna vicugna* in Laguna Pozuelos Reserve, Jujuy, Argentina. *Oryx* 40:198-203.

Arzamendia Y, Carbajo AE, Vilá B (2018). Social group dynamics and composition of managed wild vicuñas (*Vicugna vicugna vicugna*) in Jujuy, Argentina. *Journal of Ethology* 36:125-134.

Aureli F, Schaffner CM, Boesch C, Bearder SK, Call J, Chapman CA, Connor R, Di Fiore A, Dunbar RIM, Henzi SP, Holekamp K, Korstjens AH, Layton R, Lee P, Lehmann J, Manson JH, Ramos-Fernandez G, Strier KB, van Schaik CP (2008). Fission-fusion dynamics: new research frameworks. *Current Anthropology* 49:627-654.

Augusto JF, Frasier TR, Whitehead H (2017). Social structure of long-finned pilot whales (*Globicephala melas*) off northern Cape Breton Island, Nova Scotia. *Behaviour* 154:509-540.

Autilio AR, Bechard MJ, Bildstein KL (2019). Social scavenging by wintering striated caracaras (*Phalcoboenus australis*) in the Falkland Islands. *Behavioral Ecology and Sociobiology* 73:27.

Avendaño M, Cantillánez M, Olivares A, Oliva M (1998). Indicadores de agregación reproductiva de *Thais chocolata* (Duclos, 1832) (Gastropoda, Thaididae) en Caleta Punta Arenas (21° 38'S-70° 09'W). *Investigaciones Marinas* 26:15-20.

Baeza JA, Thiel M (2000). Host use pattern and life history of *Liopetrolisthes mitra*, a crab associate of the black sea urchin *Tetrapygus niger*. *Journal of the Marine Biological Association of the United Kingdom* 80:639-645.

Baeza JA, Hernáez P (2015). Population distribution, sexual dimorphism, and reproductive parameters in the crab *Pinnixa valdiviensis* Rathbun, 1907 (Decapoda: Pinnotheridae), a symbiont of the ghost shrimp *Callichirus garthi* (Retamal, 1975) in the southeastern Pacific. *Journal of Crustacean Biology* 35:68-75.

Bahamonde N, Lopez MT (1961). Estudios biológicos en la población de *Aegla laevis laevis* (-) (Latreille) de El Monte (Crustacea, Decapoda, Anomura). *Investigaciones Zoológicas Chilenas* 7:19-58.

Baird RW (2000). The killer whale: foraging specializations and group hunting. Pp. 127-153, en: *Cetacean societies: field studies of dolphins and whales* (Mann J, Connor RC, Tyack PL, Whitehead H, eds.). Chicago University Press, Chicago, Estados Unidos de América.

Baird RW, Dill LM. (1996). Ecological and social determinants of group size in transient killer whales. *Behavioral Ecology* 7:408-416.

Barash DP (1974). The evolution of marmot societies: a general theory. *Science* 185:415-420.

Barbosa A, Moreno J, Potti J, Merino S (1997). Breeding group size, nest position and breeding success in the chinstrap penguin. *Polar Biology* 18:410-414.

Barocas A, Golden HN, Harrington MW, McDonald DB, Ben-David M (2016). Coastal latrine sites as social information hubs and drivers of river otter fission-fusion dynamics. *Animal Behaviour* 120:103-114.

Barri FR, Roldán N, Navarro JL, Martella MB (2012). Effects of group size, habitat and hunting risk on vigilance and foraging behaviour in the Lesser Rhea (*Rhea pennata pennata*). *Emu-Austral Ornithology* 112:67-70.

Beauchamp G (1999). The evolution of communal roosting in birds: origin and secondary losses. *Behavioral Ecology* 10:675-687.

Beauchamp G (2004). Reduced flocking by birds on islands with relaxed predation. *Proceedings of the Royal Society B: Biological Sciences* 271:1039-1042.

Beauchamp G (2014). Do avian cooperative breeders live longer? *Proceedings of the Royal Society of London B: Biological Sciences* 281:20140844.

Beck S, Kuningas S, Esteban R, Foote AD (2011). The influence of ecology on sociality in the killer whale (*Orcinus orca*). *Behavioral Ecology* 23:246-253.

Bednarz JC (1988). Cooperative hunting in Harris' hawks (*Parabuteo unicinctus*). *Science* 239:1525-1527.

Begall S, Gallardo MH (2000). *Spalacopus cyanus* (Rodentia: Octodontidae): an extremist in tunnel constructing and food storing among subterranean mammals. *Journal of Zoology* 251:53-60.

Begall S, Burda H, Schneider B (2004). Hearing in coruros (*Spalacopus cyanus*): special audiogram features of a subterranean rodent. *Journal of Comparative Physiology* A 190:963-969.

Bertrand A, Barbieri MA, Gerlotto F, Leiva F, Córdova J (2006). Determinism and plasticity of fish schooling behaviour as exemplified by the South Pacific jack mackerel *Trachurus murphyi*. *Marine Ecology Progress Series* 311:145-156.

Bertrand A, Gerlotto F, Bertrand S, Gutiérrez M, Alza L, Chipollini A, Díaz E, Espinoza P, Ledesma J, Quesquén R, Peraltilla S, Chavez F (2008). Schooling behaviour and environmental forcing in relation to anchoveta distribution: an analysis across multiple spatial scales. *Progress in Oceanography* 79:264-277.

Blomberg SP, Garland T (2002). Tempo and mode in evolution: phylogenetic inertia, adaptation and comparative methods. *Journal of Evolutionary Biology* 15:899-910.

Blumstein DT, Armitage KB (1998). Life history consequences of social complexity a comparative study of ground-dwelling sciurids. *Behavioral Ecology* 9:8-19.

Blumstein DT, Møller AP (2008). Is sociality associated with high longevity in North American birds? *Biology Letters* 4:146-148.

Blundell GM, Ben-David M, Bowyer RT (2002). Sociality in river otters: cooperative foraging or reproductive strategies? *Behavioral Ecology* 13:134-141.

Boesch C (1994). Cooperative hunting in wild chimpanzees. *Animal Behaviour* 48:653-667.

Boesch C, Boesch H (1989). Hunting behavior of wild chimpanzees in the Tai National Park. *American Journal of Physical Anthropology* 78:547-573.

Boltaña S, Thiel M (2001). Associations between two species of snapping shrimp, *Alpheus inca* and *Alpheopsis chilensis* (Decapoda: Caridea: Alpheidae). *Journal of the Marine Biological Association of the United Kingdom* 81:633-638.

Bozinovic F, Rosenmann M, Veloso C (1988). Termorregulación conductual en *Phyllotis darwini* (Rodentia: Cricetidae): efecto de la temperatura ambiente, uso de nidos y agrupamiento social sobre el gasto de energía. *Revista Chilena de Historia Natural* 61: 81-86.

Brante A, Fernández M, Viard F (2011). Microsatellite evidence for sperm storage and multiple paternity in the marine gastropod *Crepidula coquimbensis*. *Journal of Experimental Marine Biology and Ecology* 396:83-88.

Brehmer P, Josse E, Nøttestad L (2012). Evidence that whales (*Balaenoptera borealis*) visit drifting fish aggregating devices: do their presence affect the processes underlying fish aggregation? *Marine Ecology* 33:176-182.

Briga M, Pen I, Wright J (2012). Care for kin: within-group relatedness and allomaternal care are positively correlated and conserved throughout the mammalian phylogeny. *Biology Letters* 8:533-536.

Broly P, Mullier R, Devigne C, Deneubourg JL (2016). Evidence of self-organization in a gregarious land-dwelling crustacean (Isopoda: Oniscidea). *Animal Cognition* 19:181-192.

Brosset A (2000). Parasitisme du nid de la foulque géante *Fulica gigantea* par le goéland andin *Larus serranus*: lien de cause à effet entre ce parasitisme et la structure des populations du goéland. *Revue d Ecologie-La Terre et la Vie* 55:395-399.

Brown CR (2016). The ecology and evolution of colony-size variation. *Behavioral Ecology and Sociobiology* 70:1613-1632.

Brown JL (1987). *Helping and communal breeding in birds: ecology and evolution*. Princeton University Press, Princeton, Estados Unidos de América.

Brown JL, Montoya AB, Gott EJ, Curti M (2003). Piracy as an important foraging method of aplomado falcons in southern Texas and northern Mexico. *The Wilson Journal of Ornithology* 115:357-360.

Brussee BE, Coates PS, Hothem RL, Howe KB, Casazza ML, Eadie JM (2016). Nest survival is influenced by parental behaviour and heterospecifics in a mixed-species colony. *Ibis* 158:315-326.

Buckley NJ (1997). Spatial-concentration effects and the importance of local enhancement in the evolution of colonial breeding in seabirds. *American Naturalist* 149:1091-1112.

Buckley NJ (1997). Experimental tests of the information-center hypothesis with black vultures (*Coragyps atratus*) and turkey vultures (*Cathartes aura*). *Behavioral Ecology and Sociobiology* 41:267-279.

Burda H, Honeycutt RL, Begall S, Locker-Grütjen O, Scharff A (2000). Are naked and common mole-rats eusocial and if so, why? *Behavioral Ecology and Sociobiology* 47:293-303.

Bucher EH (1982). Colonial breeding of the eared dove (*Zenaida auriculata*) in northeastern Brazil. *Biotropica* 14:255-261.

Burger J (1974). Breeding adaptations of Franklin's gull (*Larus pipixcan*) to a marsh habitat. *Animal Behaviour* 22:521-567.

Burger J (1979). Colony size: a test for breeding synchrony in herring gull (*Larus argentatus*) colonies. *The Auk* 96:694-703.

Burger J, Lesser F (1979). Breeding behavior and success in salt marsh common tern colonies. *Bird-Banding* 50:322-337.

Burger J, Gochfeld M (1981). Colony and habitat selection of six kelp gull *Larus dominicanus* colonies in South Africa. *Ibis* 123:298-310.

Bygott JD, Bertram BC, Hanby JP (1979). Male lions in large coalitions gain reproductive advantages. *Nature* 282:839-841.

Camacho C (2012). Variations in flocking behaviour from core to peripheral regions of a bird species' distribution range. *Acta Ethologica* 15:153-158.

Camacho C (2016). Birding trip reports as a data source for monitoring rare species. *Animal Conservation* 19:430-435.

Campagna C, Bisioli C, Quintana F, Perez F, Vila A (1992). Group breeding in sea lions: pups survive better in colonies. *Animal Behaviour* 43:541-548.

Canals M, Rosenmann M, Bozinovic F (1989). Energetics and geometry of huddling in small mammals. *Journal of Theoretical Biology* 141:181-189.

Canals M, Rosenmann M, Bozinovic F (1997). Geometrical aspects of the energetic effectiveness of huddling in small mammals. *Acta Theriologica* 42:321-328.

Cañete JI, Cárdenas CA, Palacios M, Barría R (2013). Presencia de agregaciones reproductivas pelágicas del poliqueto *Platynereis australis* (Schmarda, 1861) (Nereididae) en aguas someras subantárticas de Magallanes, Chile. *Latin American Journal of Aquatic Research* 41:170-176.

Capella J, Gibbons J, Vilina Y (1999). La orca, *Orcinus orca* (Delphinidae) en aguas chilenas entre Arica y el Cabo de Hornos. *Anales del Instituto de la Patagonia* (Chile) 27:63-72.

Capella JJ, Abramson JZ, Vilina YA, Gibbons J (2014). Observations of killer whales (*Orcinus orca*) in the fjords of Chilean Patagonia. *Polar Biology* 37:1533-1539.

Cappa FM, Borghi CE, Campos VE, Andino N, Reus ML, Giannoni SM (2014). Guanacos in the Desert Puna: a trade-off between drinking and the risk of being predated. *Journal of Arid Environments* 107:34-40.

Cappa F, Campos V, Giannoni S, Andino N (2017). The effects of poaching and habitat structure on anti-predator behavioral strategies: a guanaco population in a high cold desert as case study. *PloS One* 12:e0184018.

Cappozzo HL, Túnez JI, Cassini MH (2008). Sexual harassment and female gregariousness in the South American sea lion, *Otaria flavescens*. *Naturwissenschaften* 95:625-630.

Caro T (2005). *Antipredator defenses in birds and mammals*. University of Chicago Press, Chicago, Estados Unidos de América.

Carter GG, Wilkinson GS (2013). Food sharing in vampire bats: reciprocal help predicts donations more than relatedness or harassment. *Proceedings of the Royal Society B: Biological Sciences* 280:20122573.

Carter GG, Wilkinson GS (2015). Social benefits of non-kin food sharing by female vampire bats. *Proceedings of the Royal Society B: Biological Sciences* 282:20152524.

Cassini MH (2001). Aggression between females of the southern fur seal (*Arctocephalus australis*) in Uruguay. *Mammal Review* 31:169-172.

Cassini MH, Fernández-Juricic E (2003). Costs and benefits of joining South American sea lion breeding groups: testing the assumptions of a model of female breeding dispersion. *Canadian Journal of Zoology* 81:1154-1160.

Castilla JC, Luxoro C, Navarrete SA (1989). Galleries of the crabs *Acanthocyclus* under intertidal mussel beds: their effect on the use of primary substratum. *Revista Chilena de Historia Natural* 62:199-204.

Castilla JC, Guiñez R, Alvarado JL, Pacheco C, Varas M (2000). Distribution, population structure, population biomass and morphological characteristics of the tunicate *Pyura stolonifera* in the Bay of Antofagasta, Chile. *Marine Ecology* 21:161-174.

Cecchi MC (2008). Consecuencias de la vida social sobre las vocalizaciones antidepredatorias en roedores octodóntidos. Tesis para optar al grado de Doctorado en Ciencias con mención en Ecología y Biología Evolutiva. Facultad de Ciencias, Universidad de Chile, Santiago, Chile.

Celis JL, Ippi S, Charrier A, Garín C (2011). *Fauna de los bosques templados de Chile. Guía de campo de los vertebrados terrestres*. Ediciones Corporación Chilena de la Madera, Concepción, Chile.

Celis-Diez JL, Hetz J, Marín-Vial PA, Fuster G, Necochea P, Vásquez RA, Jaksic FM, Armesto JJ (2012). Population abundance, natural history, and habitat use by the arboreal marsupial *Dromiciops gliroides* in rural Chiloé Island, Chile. *Journal of Mammalogy* 93:134-148.

Cerboncini RA, Braga TV, Roper JJ, Passos FC (2020). Southern lapwing *Vanellus chilensis* cooperative helpers at nests are older siblings. *Ibis* 162:227-231.

Christal J, Whitehead H, Lettevall E (1998). Sperm whale social units: variation and change. *Canadian Journal of Zoology* 76:1431-1440.

Clark RJ (1975). A field study of the short-eared owl, *Asio flammeus* (Pontoppidan), in North America. *Wildlife Monographs* 47:3-67.

Clutton-Brock TH (2016). *Mammal societies*. John Wiley & Sons Ltd., Chichester, Reino Unido.

Clutton-Brock TH, O'riain MJ, Brotherton PN, Gaynor D, Kansky R, Griffin AS, Manser M (1999). Selfish sentinels in cooperative mammals. *Science* 284:1640-1644.

Choe JC, Crespi BJ (1997). *The evolution of social behavior in insects and arachnids*. Cambridge University Press, Cambridge, Reino Unido.

Coakes AK, Whitehead H (2004). Social structure and mating system of sperm whales off northern Chile. *Canadian Journal of Zoology* 82:1360-1369.

Cockburn A, Hatchwell BJ, Koenig WD (2017). Sociality in birds. Pp. 320-353, en: *Comparative social evolution* (Rubenstein DR, Abbot P, eds.). Cambridge University Press, Cambridge, Reino Unido.

Cocroft RB, Ryan MJ (1995). Patterns of advertisement call evolution in toads and chorus frogs. *Animal Behaviour* 49:283-303.

Collias NE, Collias EC (1984). *Nest building and bird behavior*. Princeton University Press, Princeton, Estados Unidos de América.

Connor RC (2000). Group living in whales and dolphins. Pp. 199-218, en: Cetacean *societies: field studies of dolphins and whales* (Mann J, Connor RC, Tyack PL, Whitehead H, eds.). Chicago University Press, Chicago, Estados Unidos de América.

Connor RC, Smolker RA, Richards AF (1992). Two levels of alliance formation among male bottle-nose dolphins (*Tursiops* sp.). *Proceedings of the National Academy of Sciences USA* 89:987-990.

Connor RC, Heithaus MR, Barre LM (2001). Complex social structure, alliance stability and mating access in a bottlenose dolphin 'super-alliance'. *Proceedings of the Royal Society of London B: Biological Sciences* 268:263-267.

Copeland KE (2008). Concerted small group foraging behavior in gentoo penguins *Pygoscelis papua*. *Marine Ornithology* 36:193-194.

Cornelius C, Cockle K, Politi N, Berkunsky I, Sandoval L, Ojeda V, Rivera L, Hunter M, Martin K (2008). Cavity-nesting birds in Neotropical forests: cavities as a potentially limiting resource. *Ornitologia Neotropical* 19:253-268.

Correa L, León C, Ramírez-Estrada J, Soto-Gamboa M, Sepúlveda R, Ebensperger LA (2016). Masculinized females produce heavier offspring in a group living rodent. *Journal of Animal Ecology* 85:1552-1562.

Correa LA, León C, Ramírez-Estrada J, Ly-Prieto A, Abades S, Hayes LD, Soto-Gamboa M, Ebensperger LA (2018). Highly masculinized and younger males attain higher reproductive success in a social rodent. *Behavioral Ecology* 29:628-636.

Coscarella MA, Pedraza SN, Crespo EA (2010). Behavior and seasonal variation in the relative abundance of Commerson's dolphin (*Cephalorhynchus commersonii*) in northern Patagonia, Argentina. *Journal of Ethology* 28:463-470.

Coscarella MA, Gowans S, Pedraza SN, Crespo EA (2011). Influence of body size and ranging patterns on delphinid sociality: associations among Commerson's dolphins. *Journal of Mammalogy* 92:544-551.

Coscarella MA, Bellazzi G, Gaffet ML, Berzano M, Degrati M (2015). Technique used by killer whales (*Orcinus orca*) when hunting for dolphins in Patagonia, Argentina. *Aquatic Mammals* 41:192-197.

Costa JT, Fitzgerald TD (2005). Social terminology revisited: where are we ten years later? *Annales Zoologici Fennici* 42:559-564.

Creel S (1997). Cooperative hunting and group size: assumptions and currencies. *Animal Behaviour* 54:1319-1324.

Creel S, Creel NM (1995). Communal hunting and pack size in African wild dogs, *Lycaon pictus*. *Animal Behaviour* 50:1325-1339.

Crespi BJ (1994). Three conditions for the evolution of eusociality: are they sufficient? *Insectes Sociaux* 41:395-400.

Crespi BJ, Yanega D (1995). The definition of eusociality. *Behavioral Ecology* 6:109-115.

Cocroft RB, Ryan MJ (1995). Patterns of advertisement call evolution in toads and chorus frogs. *Animal Behaviour* 49:283-303.

Daigre M, Arce P, Simeone A (2012). Fledgling Peruvian pelicans (*Pelecanus thagus*) attack and consume younger unrelated conspecifics. *The Wilson Journal of Ornithology* 124:603-607.

Danchin E, Wagner RH (1997). The evolution of coloniality: the emergence of new perspectives. *Trends in Ecology & Evolution* 12:342-347.

Davies NB, Krebs JR, West SA (2012). *An introduction to behavioural ecology*. Cuarta edición. Wiley-Blackwell, Chichester, Reino Unido.

Degrati M, Dans SL, Pedraza SN, Crespo EA, Garaffo GV (2008). Diurnal behavior of dusky dolphins, *Lagenorhynchus obscurus*, in Golfo Nuevo, Argentina. *Journal of Mammalogy* 89:1241-1247.

Degrati M, Dans SL, Garaffo GV, Crespo EA (2012). Diving for food: a switch of foraging strategy of dusky dolphins in Argentina. *Journal of Ethology* 30:361-367.

Desmond MJ, Savidge JA, Seibert TF (1995). Spatial patterns of burrowing owl (*Speotyto cunicularia*) nests within black-tailed prairie dog (*Cynomys ludovicianus*) towns. *Canadian Journal of Zoology* 73:1375-1379.

De Bruyn PJN, Cameron EZ, Tosh CA, Oosthuizen WC, Reisinger RR, Mufanadzo NT, Phalanndwa MV, Postma M, Wege M, van der Merwe DS, Bester MN (2010). Prevalence of allosuckling behaviour in Subantarctic fur seal pups. *Mammalian Biology* 75:555-560.

De Buen FD (1958). Investigaciones sistemáticas y biológicas sobre la merluza. *Boletín de la Sociedad de Biología de Concepción* 33:107-124.

de Jager M, van de Koppel J, Weerman EJ, Weissing FJ (2020). Patterning in mussel beds explained by the interplay of multi-level selection and spatial self-organization. *Frontiers in Ecology and Evolution* 8:7.

De Stephanis R, Verborgh P, Pérez S, Esteban R, Minvielle-Sebastia L, Guinet C (2008). Long-term social structure of long-finned pilot whales (*Globicephala melas*) in the Strait of Gibraltar. *Acta Ethologica* 11:81-94.

De Vos A, O'Riain MJ (2010). Sharks shape the geometry of a selfish seal herd: experimental evidence from seal decoys. *Biology Letters* 6:48-50.

Diaz NF, Sallaberry M, Valencia J (1987). Microhabitat and reproductive traits in populations of the frog, *Batrachyla taeniata*. *Journal of Herpetology* 21:317-323.

Di Fiore A, Rendall D (1994). Evolution of social organization: a reappraisal for primates by using phylogenetic methods. *Proceedings of the National Academy of Sciences USA* 91:9941-9945.

Donadio E, Buskirk SW (2006). Flight behavior in guanacos and vicuñas in areas with and without poaching in western Argentina. *Biological Conservation* 127:139-145.

Donahue MJ (2006). Allee effects and conspecific cueing jointly lead to conspecific attraction. *Oecologia* 149:33-43.

Donázar JA, Feijóo JE (2002). Social structure of Andean condor roosts: influence of sex, age, and season. *The Condor* 104:832-837.

Donázar JA, Travaini A, Ceballos O, Rodríguez A, Delibes M, Hiraldo F (1999). Effects of sex-associated competitive asymmetries on foraging group structure and despotic distribution in Andean condors. *Behavioral Ecology and Sociobiology* 45:55-65.

Downing PA, Cornwallis CK, Griffin AS (2015). Sex, long life and the evolutionary transition to cooperative breeding in birds. *Proceedings of the Royal Society B: Biological Sciences* 282:20151663.

Duffy JE (2007). Ecology and evolution of eusociality in sponge-dwelling shrimp. Pp. 387-409, en: *Evolutionary ecology of social and sexual systems: crustaceans as model organisms* (Duffy JE, Thiel M, eds.). Oxford University Press, Oxford, Reino Unido.

Duffy JE, Thiel M (2007). *Evolutionary ecology of social and sexual systems: crustaceans as model organisms.* Oxford University Press, Oxford, Reino Unido.

Dugatkin LA (1997). *Cooperation among animals: an evolutionary perspective.* Oxford University Press, Oxford, Reino Unido.

Ebensperger LA (2001). A review of the evolutionary causes of rodent group-living. *Acta Theriologica* 46:115-144.

Ebensperger LA, Bozinovic F (2000) Communal burrowing in the hystricognath rodent, *Octodon degus*: a benefit of sociality? *Behavioral Ecology and Sociobiology* 47:365-369.

Ebensperger L, Castilla JC (1991) Conducta y densidad poblacional de *Lutra felina* en Isla Pan de Azúcar (III Región), Chile. *Medio Ambiente* (Chile) 11:79-83.

Ebensperger LA, Cofré H (2001). On the evolution of group-living in the New World cursorial Hystricognath rodents. *Behavioral Ecology* 12:227-236.

Ebensperger LA, Wallem PK (2002). Grouping increases the ability of the social rodent, *Octodon degus*, to detect predators when using exposed microhabitats. *Oikos* 98:491-497.

Ebensperger LA, Blumstein DT (2006). Sociality in New World Hystricognath rodents is linked to predators and burrow digging. *Behavioral Ecology* 17:410-418.

Ebensperger LA, Hayes LD (2016a). An integrative view of caviomorph social behavior. Pp. 326-355, en: *Sociobiology of caviomorph rodents: an integrative approach* (Ebensperger LA, Hayes LD, eds.). John Wiley & Sons Ltd., Chichester, Reino Unido.

Ebensperger LA, Hayes LD (2016b). *Sociobiology of caviomorph rodents: an integrative approach.* John Wiley & Sons Ltd., Chichester, Reino Unido.

Ebensperger LA, Veloso C, Wallem PK (2002). Do female degus communally nest and nurse their pups? *Journal of Ethology* 20:143-146.

Ebensperger LA, Hurtado MJ, Soto-Gamboa M, Lacey EA, Chang AT (2004). Communal nesting and kinship among degus (*Octodon degus*). *Naturwissenschaften* 91:391-395.

Ebensperger LA, Hurtado MJ (2005). On the relationship between herbaceous cover and vigilance activity of degus (*Octodon degus*). *Ethology* 111:593-608.

Ebensperger LA, Hurtado MJ, Ramos-Jiliberto R (2006a). Vigilance and collective detection of predators in degus (*Octodon degus*). *Ethology* 112:879-887.

Ebensperger LA, Taraborelli P, Giannoni SM, Hurtado MJ, León C, Bozinovic F (2006b). Nest and space use in a highland population of the lesser cavy, *Microcavia australis*. *Journal of Mammalogy* 87:834-840.

Ebensperger LA, Hurtado MJ, Valdivia I (2006c). Lactating females do not discriminate between their own young and unrelated pups in the communally breeding rodent, *Octodon degus*. *Ethology* 112:921-929.

Ebensperger LA, Hurtado MJ, León C (2007). An experimental examination of the consequences of communal versus solitary breeding on maternal condition and the early post-natal growth and survival of degu, *Octodon degus*, pups. *Animal Behaviour* 73:185-194.

Ebensperger LA, Chesh AS, Castro RA, Ortiz Tolhuysen L, Quirici V, Burger JR, Sobrero R, Hayes LD (2011). Burrow limitations and group living in the communally rearing rodent, *Octodon degus*. *Journal of Mammalogy* 92:21-30.

Ebensperger LA, Sobrero R, Vargas F, Castro RA, Ortiz Tolhuysen L, Quirici V, Burger JR, Quispe R, Villavicencio CP, Vásquez RA, Hayes LD (2012). Ecological drivers of group living in two populations of the communally rearing rodent, *Octodon degus*. *Behavioral Ecology and Sociobiology* 66:261-274.

Ebensperger LA, Villegas A, Abades S, Hayes LD (2014). Mean ecological conditions modulate the effects of group-living and communal rearing on offspring production and survival. *Behavioral Ecology* 25:862-870.

Ebensperger LA, Pérez de Arce F, Abades S, Hayes LD (2016a). Limited and fitness-neutral effects of resource heterogeneity on sociality in a communally rearing rodent. *Journal of Mammalogy* 97:1125-1135.

Ebensperger LA, Correa L, León C, Ramírez-Estrada J, Abades S, Villegas A, Hayes LD (2016b). The modulating role of group stability on fitness effects of group size is different in females and males of a communally rearing rodent. *Journal of Animal Ecology* 85:1502-1515.

Ebensperger LA, Correa LA, Ly Prieto A, Pérez de Arce F, Abades S, Hayes LD (2019). Multiple mating is linked to social setting and benefits the males in a communally rearing mammal. *Behavioral Ecology* 30:675-687.

Edelman AJ, Koprowski JL (2007). Communal nesting in asocial Abert's squirrels: the role of social thermoregulation and breeding strategy. *Ethology* 113:147-154.

Edwards SV, Naeem S (1993). The phylogenetic component of cooperative breeding in perching birds. *The American Naturalist* 141:754-789.

Elbroch LM, Wittmer HU (2012). Puma spatial ecology in open habitats with aggregate prey. Mammalian *Biology*77:377-384.

Elbroch, LM, Quigley H (2017). Social interactions in a solitary carnivore. *Current Zoology* 63:357-362.

Elbroch LM, Lendrum PE, Quigley H, Caragiulo A (2016). Spatial overlap in a solitary carnivore: support for the land tenure, kinship or resource dispersion hypotheses? *Journal of Animal Ecology* 85:487-496.

Ellis L (1995). Dominance and reproductive success among nonhuman animals: a cross-species comparison. *Ethology and Sociobiology* 16:257-333.

Ellis DH, Bednarz JC, Smith DG, Flemming SP (1993). Social foraging classes in raptorial birds: highly developed cooperative hunting may be important for many raptors. *Bioscience* 43:14-20.

Emlen ST (1982). The evolution of helping. I. An ecological constraints model. *American Naturalist* 119:29-39.

Emlen ST (1995). An evolutionary theory of the family. *Proceedings of the National Academy of Sciences USA* 92:8092-8099.

Ermak J, Brightwell K, Gibson Q (2017). Multi-level dolphin alliances in northeastern Florida offer comparative insight into pressures shaping alliance formation. *Journal of Mammalogy* 98:1096-1104.

Espinoza RE, Quinteros S (2008). A hot knot of toads: aggregation provides thermal benefits to metamorphic Andean toads. *Journal of Thermal Biology* 33:67-75.

Evans JC, Votier SC, Dall SR (2016). Information use in colonial living. *Biological Reviews* 91:658-672.

Fairbanks B, Dobson FS (2007). Mechanisms of the group-size effect on vigilance in Columbian ground squirrels: dilution versus detection. *Animal Behaviour* 73:115-123.

Faulkes CG, Bennett NC, Bruford MW, O'brien HP, Aguilar GH, Jarvis JUM (1997). Ecological constraints drive social evolution in the African mole-rats. *Proceedings of the Royal Society of London B: Biological Sciences* 264:1619-1627.

Ferkin MH, Seamon JO (1987). Odor preference and social behavior in meadow voles, *Microtus pennsylvanicus*: seasonal differences. *Canadian Journal of Zoology* 65:2931-2937.

Fernández-Juricic E, Siller S, Kacelnik A (2004). Flock density, social foraging, and scanning: an experiment with starlings. *Behavioral Ecology* 15:371-379.

Fernández-Juricic E, Cassini MH (2007). Intra-sexual female agonistic behaviour of the South American sea lion (*Otaria flavescens*) in two colonies with different breeding substrates. *Acta Ethologica* 10:23-28.

Fisher DO, Nuske S, Green S, Seddon JM, McDonald B (2011). The evolution of sociality in small, carnivorous marsupials: the lek hypothesis revisited. *Behavioral Ecology and Sociobiology* 65:593-605.

Forbes LS, Jajam M, Kaiser GW (2000). Habitat constraints and spatial bias in seabird colony distributions. *Ecography* 23:575-578.

Forero MG, Tella JL, Hobson KA, Bertellotti M, Blanco G (2002). Conspecific food competition explains variability in colony size: a test in Magellanic penguins. *Ecology* 83:3466-3475.

Foster WA, Treherne JE (1981). Evidence for the dilution effect in the selfish herd from fish predation on a marine insect. *Nature* 293:466-467.

Foster KR, Wenseleers T, Ratnieks FL (2006). Kin selection is the key to altruism. *Trends in Ecology & Evolution* 21:57-60.

Fox SF, Shipman PA (2003). Social behavior at high and low elevations. Pp. 310-355, en: *Lizard social behavior* (Fox SF, McCoy JK, Baird TA, eds.). The Johns Hopkins University Press, Baltimore, Estados Unidos de América.

Franco M, Quijano A, Soto-Gamboa M (2011). Communal nesting, activity patterns, and population characteristics in the near-threatened monito del monte, *Dromiciops gliroides*. *Journal of Mammalogy* 92:994-1004.

Franco-Trecu V, Tassino B, Soutullo A (2010). Allo-suckling in the South American fur seal (*Arctocephalus australis*) in Isla de Lobos, Uruguay: cost or benefit of living in a group? *Ethology Ecology & Evolution* 22:143-150.

Franklin WL, Johnson WE, Sarno RJ, Iriarte JA (1999). Ecology of the Patagonia puma *Felis concolor patagonica* in southern Chile. *Biological Conservation* 90:33-40.

Frid A (1994). Observations on habitat use and social organization of a huemul *Hippocamelus bisulcus* coastal population in Chile. *Biological Conservation* 67:13-19.

Frid A (1999). Huemul (*Hippocamelus bisulcus*) sociality at a periglacial site: sexual aggregation and habitat effects on group size. *Canadian Journal of Zoology* 77:1083-1091.

Fromhage L, Kokko H (2011). Monogamy and haplodiploidy act in synergy to promote the evolution of eusociality. *Nature Communications* 2:397.

Frugone MJ (2012). Actividad, ámbito de hogar y patrones sociales en *Aconaemys porteri*. Tesis de Licenciatura en Ciencias Biológicas, Facultad de Ciencias, Universidad Austral de Chile.

Fulk GW (1976). Notes on the activity, reproduction, and social behavior of *Octodon degus*. *Journal of Mammalogy* 57:495-505.

Galef Jr, BG, Giraldeau LA (2001). Social influences on foraging in vertebrates: causal mechanisms and adaptive functions. *Animal Behaviour* 61:3-15.

Galende G (1998). El chinchillón patagónico. Fauna andino patagónica: aportes para su conocimiento. *Sociedad Naturalista Andino Patagónica, Serie Técnica (Argentina)* 2:1-32.

Galende GI, Raffaele E (2019). Summer behavior and diurnal activity of mountain vizcachas (*Lagidium viscacia*) in two colonies of northwestern Patagonia. *Mammal Research* 64:271-278.

Galimberti F, Boitani L, Marzetti I (2000a). Female strategies of harassment reduction in southern elephant seals. *Ethology, Ecology & Evolution* 12:367-388.

Galimberti F, Boitani L, Marzetti I (2000b). The frequency and costs of harassment in southern elephant seals. *Ethology, Ecology & Evolution* 12:345-365.

Gantz A, Schlatter R, Yáñez M (2011). Influencia del tamaño de la bandada sobre el comportamiento de alimentación y vigilancia en bandurria (*Theristicus melanopis* Gmelin 1789). *Boletín Chileno de Ornitología* 17:92-102.

Garay G, Ortega IM, Guineo O (2016). Social ecology of the huemul at Torres del Paine National Park, Chile. *Anales del Instituto de la Patagonia* 44:25-38.

Gardner MG, Pearson SK, Johnston GR, Schwarz MP (2016). Group living in squamate reptiles: a review of evidence for stable aggregations. *Biological Reviews* 91:925-936.

Gatto A, Yorio P, Doldan MS, Gomila LV (2019). Spatial and temporal foraging movement patterns in Royal terns (*Thalasseus maximus*) and Cayenne terns (*Thalasseus sandvicensis eurygnathus*) in northern Patagonia, Argentina. *Waterbirds* 42:217-224.

Gazda SK, Connor RC, Edgar RK, Cox F (2005). A division of labour with role specialization in group-hunting bottlenose dolphins (*Tursiops truncatus*) off Cedar Key, Florida. *Proceedings of the Royal Society of London B: Biological Sciences* 272:135-140.

Gebauer P, Freire M, Barria A, Paschke K (2011). Effect of conspecifics density on the settlement of *Petrolisthes laevigatus* (Decapoda: Porcellanidae). *Journal of the Marine Biological Association of the United Kingdom* 91:1453-1458.

Geffen E, Gompper ME, Gittleman JL, Luh HK, MacDonald DW, Wayne RK (1996). Size, life-history traits, and social organization in the Canidae: a reevaluation. *The American Naturalist* 147:140-160.

Gerhardt HC (1994). The evolution of vocalization in frogs and toads. *Annual Review of Ecology and Systematics* 25:293-324.

Gero S, Engelhaupt D, Whitehead H (2008). Heterogeneous social associations within a sperm whale, *Physeter macrocephalus*, unit reflect pairwise relatedness. *Behavioral Ecology and Sociobiology* 63:143-151.

Gero S, Engelhaupt D, Rendell L, Whitehead H (2009). Who cares? Between-group variation in alloparental caregiving in sperm whales. *Behavioral Ecology* 20:838-843.

Gero S, Gordon J, Whitehead H (2013). Calves as social hubs: dynamics of the social network within sperm whale units. *Proceedings of the Royal Society of London B: Biological Sciences* 280:20131113.

Gero S, Bøttcher A, Whitehead H, Madsen PT (2016). Socially segregated, sympatric sperm whale clans in the Atlantic Ocean. *Royal Society Open Science* 3:160061.

Gompper ME, Gittleman JL, Wayne RK (1997). Genetic relatedness, coalitions and social behaviour of white-nosed coatis, *Nasua narica*. *Animal Behaviour* 53:781-797.

Goodwin SE, Podos J (2014). Team of rivals: alliance formation in territorial songbirds is predicted by vocal signal structure. *Biology Letters* 10:20131083.

Grant MC (1991). Nesting densities, productivity and survival of breeding whimbrel *Numenius phaeopus* in Shetland. *Bird Study* 38:160-169.

Greene E (1987). Individuals in an osprey colony discriminate between high and low quality information. *Nature* 329:239-241.

Greenfield MD (1994). Cooperation and conflict in the evolution of signal interactions. *Annual Review of Ecology and Systematics* 25:97-126.

Greenfield MD (2005). Mechanisms and evolution of communal sexual displays in arthropods and anurans. *Advances in the Study of Behavior* 35:1-62.

Griffin AS, West SA (2002). Kin selection: fact and fiction. *Trends in Ecology & Evolution* 17:15-21.

Griffin AS, West SA, Buckling A (2004). Cooperation and competition in pathogenic bacteria. *Nature* 430:1024-1027.

Guichón ML, Borgnia M, Righi CF, Cassini GH, Cassini MH (2003). Social behavior and group formation in the coypu (*Myocastor coypus*) in the Argentinean pampas. *Journal of Mammalogy* 84:254-262.

Gutiérrez JS, Soriano-Redondo A (2018). Wilson's phalaropes can double their feeding rate by associating with Chilean flamingos. *Ardea* 106:131-138.

Gutiérrez M, Swartzman G, Bertrand A, Bertrand S (2007). Anchovy (*Engraulis ringens*) and sardine (*Sardinops sagax*) spatial dynamics and aggregation patterns in the Humboldt Current ecosystem, Peru, from 1983-2003. *Fisheries Oceanography* 16:155-168.

Guzmán M (1978). Patrón de distribución espacial y densidad de *Nacella magellanica* (Gmelin, 1971) en el intermareal del sector oriental del Estrecho de Magallanes. *Anales del Instituto de la Patagonia (Chile)* 9:205-219.

Gygax L (2002a). Evolution of group size in the dolphins and porpoises: interspecific consistency of intraspecific patterns. *Behavioral Ecology* 13:583-590.

Gygax L (2002b). Evolution of group size in the superfamily Delphinoidea (Delphinidae, Phocoenidae and Monodontidae): a quantitative comparative analysis. *Mammal Review* 32:295-314.

Habit E, Ortiz JC (1996). Patrones de comportamiento y organización social de *Phymaturus flagellifer* (Reptilia, Tropiduridae). *Herpetología Neotropical, Actas del II Congreso Latinoamericano de Herpetología*, volumen II, pp. 141-154.

Hamasaki K, Troncoso-Palacios J (2011). Nueva localidad para el lagarto leopardo (*Liolaemus leopardinus*) y comentarios sobre su distribución. *La Chiricoca* 12:13-17.

Hamilton WD (1964). The genetical theory of social behavior I and II. *Journal of Theoretical Biology* 7:1-52.

Hamner WD, Parrish JK (1997). Is the sum of the parts equal to the whole: the conflict between individuality and group membership. Pp. 165-173, en: *Animal groups in three dimensions* (Parrish JK, Hamner WM, eds.). Cambridge University Press, Cambridge, Reino Unido.

Hall ML, Peters A (2008). Coordination between the sexes for territorial defence in a duetting fairy-wren. *Animal Behaviour* 76:65-73.

Haller J, Harold G, Sandi C, Neumann ID (2014). Effects of adverse early life events on aggression and anti social behaviours in animals and humans. *Journal of Neuroendocrinology* 26:724-738.

Harcourt AH, De Waal FBM (1992). *Coalitions and alliances in humans and other animals*. Oxford University Press, Oxford, Reino Unido.

Harel R, Spiegel O, GetzWM, Nathan R (2017). Social foraging and individual consistency in following behaviour: testing the information centre hypothesis in free-ranging vultures. *Proceedings of the Royal Society B: Biological Sciences* 284:20162654.

Hartbauer M, Haitzinger L, Kainz M, Römer H (2014). Competition and cooperation in a synchronous bushcricket chorus. *Royal Society Open Science* 1:140167.

Hartman KL, Visser F, Hendriks AJ (2008). Social structure of Risso's dolphins (*Grampus griseus*) at the Azores: a stratified community based on highly associated social units. *Canadian Journal of Zoology* 86:294-306.

Häussermann V, Acevedo J, Försterra G, Bailey M, Aguayo-Lobo A (2013). Killer whales in Chilean Patagonia: additional sightings, behavioural observations, and individual identifications. *Revista de Biología Marina y Oceanografía* 48:73-85.

Hayes LD, Chesh AS, Castro RA, Ortiz Tolhuysen L, Burger JR, Bhattacharjee J, Ebensperger LA (2009) Fitness consequences of group living in the degu *Octodon degus*, a plural breeder rodent with communal care. *Animal Behaviour* 78:131-139.

Hector DP (1986). Cooperative hunting and its relationship to foraging success and prey size in an avian predator. *Ethology* 73:247-257.

Heithaus MR, Dill LM (2002). Food availability and tiger shark predation risk influence bottlenose dolphin habitat use. *Ecology* 83:480-491.

Herczeg G, Gonda A, Merilä J (2009). The social cost of shoaling covaries with predation risk in nine-spined stickleback, *Pungitius pungitius*, populations. *Animal Behaviour* 77:575-580.

Herrmann T, Costina, MI, Costina AM (2010). Roost sites and communal behavior of Andean condors in Chile. *Geographical Review* 100:246-262.

Hill RA, Dunbar RIM (1998). An evaluation of the roles of predation rate and predation risk as selective pressures on primate grouping behaviour. *Behaviour* 135:411-430.

Hoare DJ, Ruxton GD, Godin JGJ, Krause J (2000). The social organization of free ranging fish shoals. *Oikos* 89:546-554.

Hoelzel AR (1991). Killer whale predation on marine mammals at Punta Norte, Argentina; food sharing, provisioning and foraging strategy. *Behavioral Ecology and Sociobiology* 29:197-204.

Holekamp KE, Strauss ED (2016). Aggression and dominance: an interdisciplinary overview. *Current Opinion in Behavioral Sciences* 12:44-51.

Hoogland JL (1981). The evolution of coloniality in white-tailed and black-tailed prairie dogs (Sciuridae: *Cynomys leucurus* and *C. ludovicianus*). *Ecology* 62:252-272.

Hoogland JL (1995). *The black-tailed prairie dog: social life of a burrowing mammal*. Chicago University Press, Chicago, Estados Unidos de América.

Hultgren K, Duffy JE, Rubenstein DR (2017). Sociality in shrimps. Pp. 224-249, en: *Comparative social evolution* (Rubenstein DR, Abbot P, eds.). Cambridge University Press, Cambridge, Reino Unido.

Hunt JH, Toth AL (2017). Sociality in wasps. Pp. 84-123, en: *Comparative social evolution* (Rubenstein DR, Abbot P, eds.). Cambridge University Press, Cambridge, Reino Unido.

Iannacone J, Villegas W, Calderón M, Huamán J, Silva-Santiesteban M, Alvariño L (2012). Patrones de comportamiento diurno de huerequeque *Burhinus superciliaris* en hábitats modificados de la costa central del Perú. *Acta Zoológica Mexicana* 28:507-524.

Iñíguez MA (2001). Seasonal distribution of killer whales (*Orcinus orca*) in northern Patagonia, Argentina. *Aquatic Mammals* 27:154-161.

Ippi S, Trejo A (2003). Dinámica y estructura de bandadas mixtas de aves en un bosque de lenga (*Nothofagus pumilio*) del noroeste de la Patagonia argentina. *Ornitología Neotropical* 14:353-362.

Ippi S, van Dongen WF, Lazzoni I, Venegas CI, Vásquez RA (2013). Interpopulation comparisons of antipredator defense behavior of the thorn-tailed rayadito (*Aphrastura spinicauda*). *Ethology* 119:1107-1117.

Ippi S, van Dongen WF, Lazzoni I, Vásquez RA (2017). Shared territorial defence in the suboscine *Aphrastura spinicauda*. *Emu-Austral Ornithology* 117:97-102.

Iranzo EC, Wittmer HU, Traba J, Acebes P, Mata C, Malo JE (2018). Predator occurrence and perceived predation risk determine grouping behavior in guanaco (*Lama guanicoe*). *Ethology* 124:281-289.

Iriarte A (2008). *Mamíferos de Chile*. Lynx Edicions, Barcelona, España, 420 pp.

Iriarte A, Araya S, Contreras A, Correa C, Pino R, Segura B, Sepúlveda C, Tirado M, Venegas AM, Zúñiga J (2015). *Guía de fauna silvestre de Chile*. Ediciones COLBUN S.A. y Flora y Fauna Limitada, 148 pp.

Iturra-Cid M, Ortiz JC, Ibargüengoytía NR (2010). Age, size, and growth of the Chilean frog *Pleurodema thaul* (Anura: Leiuperidae): latitudinal and altitudinal effects. *Copeia* 2010:609-617.

Jaeggi AV, Gurven M (2013). Reciprocity explains food sharing in humans and other primates independent of kin selection and tolerated scrounging: a phylogenetic meta-analysis. *Proceedings of the Royal Society of London B: Biological Sciences* 280:20131615.

Jaramillo E, De La Huz R, Duarte C, Contreras H (2006). Algal wrack deposits and macroinfaunal arthropods on sandy beaches of the Chilean coast. *Revista Chilena de Historia Natural* 79:337-351.

Jarvis JUM, Sale JB (1971). Burrowing and burrow patterns of East African mole-rats *Tachyoryctes*, *Heliophobius* and *Heterocephalus*. *Journal of Zoology* 163:451-479.

Jarvis JUM, O'Riain MJ, Bennett NC, Sherman PW (1994). Mammalian eusociality: a family affair. *Trends in Ecology & Evolution* 9:47-51.

Jesseau SA, Holmes WG, Lee TM (2009). Communal nesting and discriminative nursing by captive degus, *Octodon degus*. *Animal Behaviour* 78:1183-1188.

Jiménez JE (2007). Ecology of a coastal population of the critically endangered Darwin's fox (*Pseudalopex fulvipes*) on Chiloé Island, southern Chile. *Journal of Zoology* 271:63-77.

Johnson WE, Franklin WL (1991). Feeding and spatial ecology of *Felis geoffroyi* in southern Patagonia. *Journal of Mammalogy* 72:815-820.

Johnson WE, Franklin WL (1994). Spatial resource partitioning by sympatric grey fox (*Dusicyon griseus*) and culpeo fox (*Dusicyon culpaeus*) in southern Chile. *Canadian Journal of Zoology* 72:1788-1793.

Johnson DD, MacDonald DW, Dickman AJ (2000). An analysis and review of models of the sociobiology of the Mustelidae. *Mammal Review* 30:171-196.

Johnson DD, Kays R, Blackwell PG, Macdonald DW (2002). Does the resource dispersion hypothesis explain group living? *Trends in Ecology & Evolution* 17:563-570.

Jones J (1999). Cooperative foraging in the mountain caracara in Peru. *The Wilson Journal of Ornithology* 111:437-439.

Jory JE (1975). Observaciones etológicas en *Pterocnemia pennata pennata* (D'Orbigny) (Aves: Rheidae). *Anales del Instituto de la Patagonia (Chile)* 6:147-159.

Jullien M, Clobert J (2000). The survival value of flocking in Neotropical birds: reality or fiction? *Ecology* 81:3416-3430.

Jungwirth A, Josi D, Walker J, Taborsky M (2015). Benefits of coloniality: communal defence saves anti predator effort in cooperative breeders. *Functional Ecology* 29:1218-1224.

Kamilar JM, Bribiescas RG, Bradley BJ (2010). Is group size related to longevity in mammals? *Biology Letters* 6:736-739.

Kappeler PM, Barrett L, Blumstein DT, Clutton-Brock TH (2013). Constraints and flexibility in mammalian social behaviour: introduction and synthesis. *Philosophical Transactions of Royal Society B* 368:20120337.

Kaseda Y, Khalil AM, Ogawa H (1995). Harem stability and reproductive success of Misaki feral mares. *Equine Veterinary Journal* 27:368-372.

Keeley AT, Keeley BW (2004). The mating system of *Tadarida brasiliensis* (Chiroptera: Molossidae) in a large highway bridge colony. *Journal of Mammalogy* 85:113-119.

Keenleyside MHA (1979). *Diversity and adaptation in fish behaviour*. Springer-Verlag, Berlin, Alemania.

Kenward RE (1978). Hawks and doves: factors affecting success and selection in goshawk attacks on woodpigeons. *Journal of Animal Ecology* 47:449-460.

Kim KW, Krafft B, Choe JC (2005a). Cooperative prey capture by young subsocial spiders. *Behavioral Ecology and Sociobiology* 59:92-100.

Kim KW, Krafft B, Choe JC (2005b). Cooperative prey capture by young subsocial spiders: II. Behavioral mechanism. *Behavioral Ecology and Sociobiology* 59:101-107.

Koenig WD, Dickinson JL (2004). *Ecology and evolution of cooperative breeding in birds*. Cambridge University Press, Cambridge, Reino Unido.

Koenig WD, Pitelka FA, Carmen WJ, Mumme RL, Stanback MT (1992). The evolution of delayed dispersal in cooperative breeders. *Quarterly Review of Biology* 67:111-150.

Koford CB (1957). The vicuña and the puna. *Ecological Monographs* 27:153-219.

Konrad CM, Frasier TR, Whitehead H, Gero S (2019). Kin selection and allocare in sperm whales. *Behavioral Ecology* 30:194-201.

Kopachena JG (1987). Variations in the temporal spacing of Franklin's gull (*Larus pipixcan*) flocks. *Canadian Journal of Zoology* 65:2450-2457.

Krause J, Ruxton GD (2002). *Living in groups*. Oxford University Press, Oxford, Reino Unido.

Krause J, James R, Franks DW, Croft DP (2015). *Animal social networks*. Oxford University Press, Nueva York, Estados Unidos de América.

Lacey EA (2016). Dispersal in caviomorph rodents. Pp. 119-146, en: *Sociobiology of caviomorph rodents* (Ebensperger LA, Hayes LD, eds.). Wiley-Blackwell, Oxford, Reino Unido.

Lacey EA, O'Brien S, Sobrero R, Ebensperger LA (2019). Spatial relationships among free-living cururos (*Spalacopus cyanus*) demonstrate burrow sharing and communal nesting. *Journal of Mammalogy* 100:1918-1927.

Lambertucci SA, Mastrantuoni OA (2008). Breeding behavior of a pair of free living Andean Condors. *Journal of Field Ornithology* 79:147-151.

Lambertucci SA, Ruggiero A (2013). Cliffs used as communal roosts by Andean condors protect the birds from weather and predators. *PloS One* 8:e67304.

Lambertucci SA, Jácome NL, Trejo A (2008). Use of communal roosts by Andean Condors in northwest Patagonia, Argentina. *Journal of Field Ornithology* 79:138-146.

Lardy S, Allaine D, Bonenfant C, Cohas A (2015). Sex-specific determinants of fitness in a social mammal. *Ecology* 96:2947-59.

Lazenby-Cohen KA, Cockburn A (1988). Lek promiscuity in a semelparous mammal, *Antechinus stuartii* (Marsupialia: Dasyuridae)? *Behavioral Ecology and Sociobiology* 22:195-202.

Lecomte N, Kuntz G, Lambert N, Gendner JP, Handrich Y, Le Maho Y, Bost CA (2006). Alloparental feeding in the king penguin. *Animal Behaviour* 71:457-462.

Lescrauwaet AK (1997). Notes on the behaviour and ecology of the Peale's dolphin, *Lagenorhynchus australis*, in the Strait of Magellan, Chile. *Report of the International Whaling Commission* 47:747-755.

Lescrauwaet AC, Gibbons J, Guzman L, Schiavini A (2000). Abundance estimation of Commerson's dolphin in the eastern area of the Strait of Magellan-Chile. *Revista Chilena de Historia Natural* 73:473-478.

Lettevall E, Richter C, Jaquet N, Slooten E, Dawson S, Whitehead H, Christal J, Howard PM (2002). Social structure and residency in aggregations of male sperm whales. *Canadian Journal of Zoology* 80:1189-1196.

Linares L, Mendoza G, Linares V, Herrera H (2010). Distribución y organización social del guanaco (*Lama guanicoe cacsilensis*) en la reserva nacional de Calipuy, Perú. *Scientia Agropecuaria* 1:27-35.

Lizurume ME, Yorio P, Giaccardi M (1995). Biología reproductiva de la gaviota capucho café (*Larus maculipennis*) en Trelew, Patagonia. *Hornero* 14:27-32.

Lopez JC, Lopez D (1985). Killer whales (*Orcinus orca*) of Patagonia, and their behavior of intentional stranding while hunting nearshore. *Journal of Mammalogy* 66:181-183.

Lucherini M (1996). Group size, spatial segregation and activity of wild sympatric vicuñas *Vicugna vicugna* and guanacos *Lama guanicoe*. *Small Ruminant Research* 20:193-198.

Lukas D, Clutton-Brock T (2012a). Life histories and the evolution of cooperative breeding in mammals. *Proceedings of the Royal Society of London B: Biological Sciences* 279:4065-4070.

Lukas D, Clutton-Brock T (2012b). Cooperative breeding and monogamy in mammalian societies. *Proceedings of the Royal Society of London B: Biological Sciences* 279:2151-2156.

Maccarone AD, Brzorad JN, Stone HM (2010). Nest-activity patterns and food-provisioning rates by great egrets (*Ardea alba*). *Waterbirds* 33:504-510.

Macdonald DW (1983). The ecology of carnivore social behaviour. *Nature* 301:379-384.

Main MB, Weckerly FW, Bleich VC (1996). Sexual segregation in ungulates: new directions for research. *Journal of Mammalogy* 77:449-461.

Manfredi C, Soler L, Lucherini M, Casanave EB (2006). Home range and habitat use by Geoffroy's cat (*Oncifelis geoffroyi*) in a wet grassland in Argentina. *Journal of Zoology* 268:381-387.

Mann G (1978). Los pequeños mamíferos de Chile: marsupiales, quirópteros, edentados y roedores. *Gayana* 40:13-42.

Manríquez PH, Castilla JC (2007). Roles of larval behaviour and microhabitat traits in determining spatial aggregations in the ascidian *Pyura chilensis*. *Marine Ecology Progress Series* 332:155-165.

Manser MB (1999). Response of foraging group members to sentinel calls in suricates, *Suricata suricatta*. *Proceedings of the Royal Society of London B: Biological Sciences* 266:1013-1019.

Manzur MI, Fuentes ER (1979). Polygyny and agonistic behavior in the tree-dwelling lizard *Liolaemus tenuis* (Iguanidae). *Behavioral Ecology and Sociobiology* 6:23-28.

Manzur T, Navarrete SA (2011). Scales of detection and escape of the sea urchin *Tetrapygus niger* in interactions with the predatory sun star *Heliaster helianthus*. *Journal of Experimental Marine Biology and Ecology* 407:302-308.

Marín M, Oehler D (2007). Una nueva colonia de anidamiento para el albatros de ceja negra (*Thalassarche melanophrys*) para Chile. *Anales del Instituto de la Patagonia (Chile)* 35:29-33.

Marinao C, Suárez N, Yorio P (2019). Trophic interactions between the kelp gull (*Larus dominicanus*) and Royal and Cayenne terns (*Thalasseus maximus maximus* and *Thalasseus sandvicensis eurygnathus*, respectively) in a human-modified environment. *Canadian Journal of Zoology* 97:904-913.

Marino A (2010). Costs and benefits of sociality differ between female guanacos living in contrasting ecological conditions. *Ethology* 116:999-1010.

Marino A, Baldi R (2008). Vigilance patterns of territorial guanacos (*Lama guanicoe*): the role of reproductive interests and predation risk. *Ethology* 114:413-423.

Marino A, Baldi R (2014). Ecological correlates of group-size variation in a resource-defense ungulate, the sedentary guanaco. *PloS One* 9:e89060.

Markovitz TM (2004). Social organization of the New Zealand dusky dolphin. Tesis Doctoral, Texas A&M University, Estados Unidos de América.

Marquet PA, Contreras LC, Silva S, Torres-Mura JC, Bozinovic F (1993). Natural history of *Microcavia niata* in the high Andean zone of northern Chile. *Journal of Mammalogy* 74:136-140.

Masello JF, Pagnossin ML, Sommer C, Quillfeldt P (2006). Population size, provisioning frequency, flock size and foraging range at the largest known colony of Psittaciformes: the burrowing parrots of the north-eastern Patagonian coastal cliffs. *Emu-Austral Ornithology* 106:69-79.

Martínez D, González G (2004). *Las aves de Chile: nueva guía de campo*. Ediciones del Naturalista, Santiago, Chile.

Martínez AE, Gomez JP (2013). Are mixed-species bird flocks stable through two decades? *The American Naturalist* 181:E53-E59.

Martínez AE, Gomez JP, Ponciano JM, Robinson SK (2016). Functional traits, flocking propensity, and perceived predation risk in an Amazonian understory bird community. *The American Naturalist* 187:607-619.

Maruyama PK, Cunha AF, Tizo-Pedroso E, Del-Claro K (2010). Relation of group size and daily activity patterns to southern lapwing (*Vanellus chilensis*) behaviour. *Journal of Ethology* 28:339-344.

Marzluff JM, Heinrich B, Marzluff CS (1996). Raven roosts are mobile information centres. *Animal Behaviour* 51:89-103.

McCracken GF (1984). Communal nursing in Mexican free-tailed bat maternity colonies. *Science* 223:1090-1091.

McCracken GF, Gustin MK (1991). Nursing behavior in Mexican free-tailed bat maternity colonies. *Ethology* 89:305-321.

McGowan KJ, Woolfenden GE (1989). A sentinel system in the Florida scrub jay. *Animal Behaviour* 37:1000-1006.

McKitrick MC (1993). Phylogenetic constraint in evolutionary theory: has it any explanatory power? *Annual Review of Ecology and Systematics* 24:307-330.

Medina-Vogel G, Boher F, Flores G, Santibañez A, Soto-Azat C (2007). Spacing behavior of marine otters (*Lontra felina*) in relation to land refuges and fishery waste in central Chile. *Journal of Mammalogy* 88:487-494.

Mella JE (2017). *Guía de campo reptiles de Chile. Tomo 1: zona central.* Peñaloza APG (ed.). Alvimpress Impresores, Limitada, Santiago, Chile.

Merino ML, Cajal JL (1993). Estructura social de la población de guanacos (*Lama guanicoe* Muller, 1776) en la costa norte de Península Mitre, Tierra del Fuego, Argentina. *Studies on Neotropical Fauna and Environment* 28:129-138.

Merkt JR (1987). Reproductive seasonality and grouping patterns on the north Andean deer or taruca (*Hippocamelus antisensis*) in southern Peru. Pp. 388-401, en: *Biology and management of the Cervidae* (Wemmer CM, ed.). Smithsonian Institution Press, Washington, Estados Unidos de América.

Michelena P, Gautrais J, Gérard JF, Bon R, Deneubourg JL (2008). Social cohesion in groups of sheep: effect of activity level, sex composition and group size. *Applied Animal Behaviour Science* 112:81-93.

Mittelbach G (1984). Group size and feeding rate in bluegills. *Copeia* 1984:998-1000.

Modig AO (1996). Effects of body size and harem size on male reproductive behaviour in the southern elephant seal. *Animal Behaviour* 51:1295-1306.

Mohlis C (1983). Información preliminar sobre la conservación y manejo de la chinchilla silvestre en Chile. *Corporación Nacional Forestal, Boletín Técnico (Chile)* 3:1-41.

Møller AP, Birkhead TR (1993). Cuckoldry and sociality: a comparative study of birds. *The American Naturalist* 142:118-140.

Montgomerie RD, Weatherhead PJ (1988). Risks and rewards of nest defence by parent birds. *The Quarterly Review of Biology* 63:167-187.

Morais HC (1994). Coordinated group ambush: a new predatory behavior in Azteca ants (Dolichoderinae). *Insectes Sociaux* 41:339-342.

Morales K, Sánchez R, Bruning P, Cárdenas L, Manrıquez PH, Brante A (2016). A multiple micro-satellite assay to evaluate the mating behavior of the intensively exploited marine gastropod *Concholepas concholepas* (Bruguiere, 1789) (Gastropoda: Muricidae). *Nautilus* 130:153-157.

Moreno J, Merino S, Lobato E, Rodríguez-Gironés MA, Vásquez RA (2007). Sexual dimorphism and parental roles in the thorn-tailed rayadito (Furnariidae). *The Condor* 109:312-320.

Mori H, Saito Y, Tho YP (1999). Co-operative group predation in a sit-and-wait cheyletid mite. *Experimental & Applied Acarology* 23:643-651.

Mosser A, Packer C (2009). Group territoriality and the benefits of sociality in the African lion, *Panthera leo*. *Animal Behaviour* 78:359-370.

Muñoz MR, Cancino JM (1989). Consecuencias del tamaño colonial en la tasa metabólica de *Cauloramphus spiniferum* (Bryozoa). *Revista Chilena de Historia Natural* 62:205-216.

Muñoz JLP, Camus PA, Labra FA, Finke GR, Bozinovic F (2008). Thermal constraints on daily patterns of aggregation and density along an intertidal gradient in the periwinkle *Echinolittorina peruviana*. *Journal of Thermal Biology* 33:149-156.

Myers JP (1983). Space, time and the pattern of individual associations in a group-living species: sanderlings have no friends. *Behavioral Ecology and Sociobiology* 12:129-134.

Navarrete SA, Castilla JC (1990). Barnacle walls as mediators of intertidal mussel recruitment: effects of patch size on the utilization of space. *Marine Ecology Progress Series* 68:113-119.

Novaes WG, Cintra R (2013). Factors influencing the selection of communal roost sites by the black vulture *Coragyps atratus* (Aves: Cathartidae) in an urban area in central Amazon. *Zoologia* 30:607-614.

Novaro AJ, Moraga CA, Briceño C, Funes MC, Marino A (2009). First records of culpeo (*Lycalopex culpaeus*) attacks and cooperative defense by guanacos (*Lama guanicoe*). *Mammalia* 73:148-150.

Nowak MA, Tarnita CE, Wilson EO (2010). The evolution of eusociality. *Nature* 466:1057-1062.

Nunes S. (2007) Dispersal and philopatry. Pp. 150-62, en: *Rodent societies: an ecological and evolutionary perspective* (Wolff JO, Sherman PW, eds.). University of Chicago Press, Chicago, Estados Unidos de América.

O'Brien SL, Tammone MN, Cuello P, Lacey EA (2020). Facultative sociality in a subterranean rodent, the highland tuco-tuco (*Ctenomys opimus*). *Biological Journal of the Linnean Society*.

Ojeda VS (2004). Breeding biology and social behaviour of Magellanic woodpeckers (*Campephilus magellanicus*) in Argentine Patagonia. *European Journal of Wildlife Research* 50:18-24.

Olavarría C, Acevedo J, Vester HI, Zamorano-Abramson J, Viddi FA, Gibbons J, Newcombe E, Capella J, Rus Hoelzel A, Flores M, Hucke-Gaete R, Torres-Flórez JP (2010). Southernmost distribution of common bottlenose dolphins (*Tursiops truncatus*) in the eastern South Pacific. *Aquatic Mammals* 36:288-293.

Olendorf R, Getty T, Scribner K (2004). Cooperative nest defence in red-winged blackbirds: reciprocal altruism, kinship or by-product mutualism? *Proceedings of the Royal Society of London B: Biological Sciences* 271:177-182.

Orellana SA, Rojas RAF (2005). Possible social foraging behavior in the red-backed hawk (*Buteo polysoma*). *Ornitologia Neotropical* 19:271-275.

Ortega IM, Franklin WL (1995). Social organization, distribution and movements of a migratory guanaco. *Revista Chilena de Historia Natural* 68:489-500.

Ostfeld RS, Ebensperger L, Klosterman L, Castilla JC (1989). Foraging, activity budget, and social behavior of the South American marine otter, *Lutra felina*. *National Geographic Research* 5:422-438.

Ostner J, Schülke O (2018). Linking sociality to fitness in primates: a call for mechanisms. *Advances in the Study of Behavior* 50:127-175.

Ottensmeyer CA, Whitehead H (2003). Behavioural evidence for social units in long-finned pilot whales. *Canadian Journal of Zoology* 81:1327-1338.

Packer C (1977). Reciprocal altruism in *Papio anubis*. *Nature* 265:441-443.

Padró J, Pauli JN, Perrig PL, Lambertucci SA (2019). Genetic consequences of social dynamics in the Andean condor: the role of sex and age. *Behavioral Ecology and Sociobiology* 73:100.

Parker PG, Waite TA, Decker MD (1995). Kinship and association in communally roosting black vultures. *Animal Behaviour* 49:395-401.

Parrish JK, Hamner WM (1997). *Animal groups in three dimensions*. Cambridge University Press, Cambridge, Reino Unido.

Parrish JK, Edelstein-Keshet L (1999). Complexity, pattern, and evolutionary trade-offs in animal aggregation. *Science* 284:99-101.

Parrish JK, Viscido SV, Grunbaum D (2002). Self-organized fish schools: an examination of emergent properties. *The Biological Bulletin* 202:296-305.

Parsons KM, Durban JW, Claridge DE, Balcomb KC, Noble LR, Thompson PM (2003). Kinship as a basis for alliance formation between male bottlenose dolphins, *Tursiops truncatus*, in the Bahamas. *Animal Behaviour* 66:185-194.

Pearson OP (1948). Life history of mountain viscachas in Peru. *Journal of Mammalogy* 29:345-374.

Penna MV, Veloso AM (1981). Acoustical signals related to reproduction in the *spinulosus* species group of *Bufo* (Amphibia, Bufonidae). *Canadian Journal of Zoology* 59:54-60.

Penna M, Veloso A (1990). Vocal diversity in frogs of the South American temperate forest. *Journal of Herpetology* 24:23-33.

Pereira JA, Walker RS, Novaro AJ (2012). Effects of livestock on the feeding and spatial ecology of Geoffroy's cat. *Journal of Arid Environments* 76:36-42.

Pérez-Matus A, Ferry-Graham LA, Cea A, Vásquez JA (2008). Community structure of temperate reef fishes in kelp-dominated subtidal habitats of northern Chile. *Marine and Freshwater Research* 58:1069-1085.

Pérez-Valdés M, Figueroa-Aguilera D, Rojas-Pérez C (2017). Ciclo reproductivo de la ascidia *Pyura chilensis* (Urochordata: Ascidiacea) procedente de líneas de cultivo de mitílidos. *Revista de Biología Marina y Oceanografía* 52:333-342.

Pernollet CA, Estades CF, Pavéz EF (2012). Estructura social del pato cortacorrientes *Merganetta armata armata*, en Chile central. *Boletín Chileno de Ornitología* 18:23-34.

Phillips RA, Furness RW, Stewart FM (1998). The influence of territory density on the vulnerability of Arctic skuas *Stercorarius parasiticus* to predation. *Biological Conservation* 86:21-31.

Pio MJ, Pastorino G, Herbert GS (2015). *Trophon geversianus* (Pallas, 1774): the first record of communal egg masses in the muricid subfamily Trophoninae (Gastropoda). *The Nautilus* 129:172-174.

Pitcher TJ, Magurran AE, Winfield IJ (1982). Fish in larger shoals find food faster. *Behavioral Ecology and Sociobiology* 10:149-151.

Pitcher TJ, Parrish JK (1993). Functions of shoaling behaviour in teleosts. Pp. 294-337, en: *The behaviour of teleost fishes* (Pitcher TJ, ed.). Chapman & Hall, Estados Unidos de América.

Pitman RL, Durban JW (2012). Cooperative hunting behavior, prey selectivity and prey handling by pack ice killer whales (*Orcinus orca*), type B, in Antarctic Peninsula waters. *Marine Mammal Science* 28:16-36.

Povilitis AJ (1983). Social organization and mating strategy of the huemul (*Hippocamelus bisulcus*). *Journal of Mammalogy* 64:156-158.

Povilitis A (1985). Social behavior of the huemul (*Hippocamelus bisulcus*) during the breeding season. *Zeitschrift für Tierpsychologie* 68:261-286.

Pretelli MG, Josens ML, Escalante AH (2012). Breeding biology at a mixed-species colony of great egret and cocoi heron in a pampas wetland of Argentina. *Waterbirds* 35:35-43.

Pruett-Jones SG, Lewis MJ (1990). Sex ratio and habitat limitation promote delayed dispersal in superb fairy-wrens. *Nature* 348:541-542.

Quirici V, Castro R, Oyarzún J, Ebensperger LA (2008). Female degus (*Octodon degus*) monitor their environment. *Animal Cognition* 11:441-448.

Quirici V, Palma M, Sobrero R, Faugeron S, Ebensperger LA (2013). Relatedness does not influence vigilance in a population of the social rodent *Octodon degus*. *Acta Ethologica* 16:1-8.

Rabenold PP (1987). Recruitment to food in black vultures: evidence for following from communal roosts. *Animal Behaviour* 35:1775-1785.

Raimilla V, Suazo CG, Robertson G, Rau JR (2014). Observations suggesting cooperative breeding by striated caracaras (*Phalcoboenus australis*). *Journal of Raptor Research* 48:189-191.

Randall JA, Rogovin K, Parker PG, Eimes JA (2005). Flexible social structure of a desert rodent, *Rhombomys opimus*: philopatry, kinship, and ecological constraints. *Behavioral Ecology* 16:961-973.

Rasa OAE (1986). Coordinated vigilance in dwarf mongoose family groups: the 'Watchman's song' hypothesis and the costs of guarding. *Ethology* 71:340-344.

Reboreda JC, Fiorini VD, Tuero DT (2019). *Behavioral ecology of Neotropical birds*. Springer, Cham, Suiza.

Rehberg-Besler N, Doucet SM, Mennill DJ (2017). Overlapping vocalizations produce far-reaching choruses: a test of the signal enhancement hypothesis. *Behavioral Ecology* 28:494-499.

Reig OA (1970). Ecological notes on the fossorial octodont rodent *Spalacopus cyanus* (Molina). *Journal of Mammalogy* 51:592-601.

Reise D, Gallardo MH (1989). An extraordinary occurrence of the tunduco *Aconaemys fuscus* (Waterhouse, 1841) (Rodentia, Octodontidae) in the central valley, Chillán, Chile. *Medio Ambiente* 10:67-69.

Rey A, Carmanchahi PD, Puig S, Guichón ML (2009). Densidad, estructura social, actividad y manejo de guanacos silvestres (*Lama guanicoe*) en el sur del Neuquén, Argentina. *Mastozoología Neotropical* 16:389-401.

Reyes-Arriagada R, Hiriart-Bertrand L, Riquelme V, Simeone A, Pütz K, Lüthi B, Raya Rey A (2013). Population trends of a mixed-species colony of Humboldt and Magellanic penguins in southern Chile after establishing a protected area. *Avian Conservation and Ecology* 8:13.

Ribeiro S, Viddi FA, Freitas TR (2005). Behavioural responses of Chilean dolphins (*Cephalorhynchus eutropia*) to boats in Yaldad Bay, Southern Chile. *Aquatic Mammals* 31:234-242.

Riehl C, Strong MJ (2018). Stable social relationships between unrelated females increase individual fitness in a cooperative bird. *Proceedings of the Royal Society B: Biological Sciences* 285:20180130.

Ritz DA (1994). Social aggregation in pelagic invertebrates. *Advances in Marine Biology* 30:155-216.

Rivera DS, Abades S, Alfaro FD, Ebensperger LA (2014). Sociality of *Octodontomys gliroides* and other octodontid rodents reflect the influence of phylogeny. *Journal of Mammalogy* 95:968-980.

Roberts G, Evans PR (1993). A method for the detection of non-random associations among flocking birds and its application to sanderlings *Calidris alba* wintering in NE England. *Behavioral Ecology and Sociobiology* 32:349-354.

Robinson EJ, Barker JL (2017). Inter-group cooperation in humans and other animals. *Biology Letters* 13:20160793.

Rodríguez H, Mata A (2011). Zonación y comportamiento alimentario de aves limícolas migratorias en el Parque Nacional Laguna de La Restinga, estado Nueva Esparta, Venezuela. *Memoria de la Sociedad de Ciencias Naturales La Salle* 71:51-63.

Rodríguez SR, Ojeda FP (1998). Behavioral responses of the sea urchin *Tetrapygus niger* to predators and food. *Marine and Freshwater Behaviour and Physiology* 31:21-37.

Roe NA, Rees WE (1976). Preliminary observations of the taruca (*Hippocamelus antisensis*: Cervidae) in southern Peru. *Journal of Mammalogy* 57:722-730.

Roig OA (1970). Ecological notes on the fossorial octodont rodent *Spalacopus cyanus* (Molina). *Journal of Mammalogy* 51:592-601.

Rojas JM, Fariña JM, Soto RE, Bozinovic F (2000). Variabilidad geográfica en la tolerancia térmica y economía hídrica del gastrópodo intermareal *Nodilittorina peruviana* (Gastropoda: Littorinidae, Lamarck, 1822). *Revista Chilena de Historia Natural* 73:543-552.

Rolland C, Danchin E, Fraipont MD (1998). The evolution of coloniality in birds in relation to food, habitat, predation, and life-history traits: a comparative analysis. *American Naturalist* 151:514-529.

Romero MS, Gallardo CS, Bellolio G (2004). Egg laying and embryonic-larval development in the snail *Thais (Stramonita) chocolata* (Duclos, 1832) with observations on its evolutionary relationships within the Muricidae. *Marine Biology* 145:681-692.

Rood JP (1972). Ecological and behavioural comparisons of three genera of Argentine cavies. *Animal Behaviour Monographs* 5:1-83.

Rossbach KA (1999). Cooperative feeding among bottlenose dolphins (*Tursiops truncatus*) near Grand Bahama Island, Bahamas. *Aquatic Mammals* 25:163-168.

Roux JP, Hes AD (1984). The seasonal haul-out cycle of the fur seal *Arctocephalus tropicalis* (Gray, 1872) on Amsterdam Island. *Mammalia* 48:377-390.

Rubenstein DR, Abbot P (2017). *Comparative social evolution*. Cambridge University Press, Cambridge, Reino Unido.

Rubenstein DR, Botero CA, Lacey EA (2016). Discrete but variable structure of animal societies leads to the false perception of a social continuum. *Royal Society Open Science* 3:160147.

Sachser N, Kaiser S (2010). The social modulation of behavioural development. Pp. 505-536, en: *Animal behaviour: evolution and mechanisms* (Kappeler P, ed.). Springer, Berlin, Alemania.

Sachser N, Dürschlag M, Hirzel D (1998). Social relationships and the management of stress. *Psychoneuroendocrinology* 23:891-904.

Salvatori V, Vaglio-Laurin G, Meserve PL, Boitani L, Campanella A (1999). Spatial organization, activity, and social interactions of culpeo foxes (*Pseudalopex culpaeus*) in north-central Chile. *Journal of Mammalogy* 80:980-985.

Sánchez ER, Solis R, Torres-Contreras H, Canals M (2015). Self-organization in the dynamics of huddling behavior in *Octodon degus* in two contrasting seasons. *Behavioral Ecology and Sociobiology* 69:787-794.

Sanderson J, Sunquist ME, Iriarte A (2002). Natural history and landscape-use of guignas (*Oncifelis guigna*) on Isla Grande de Chiloé, Chile. *Journal of Mammalogy* 83:608-613.

Santana AF, Rodrigues D, Zucoloto FS (2017). Larval aggregation in a Neotropical butterfly: risky behaviors, per capita risk, and larval responses in *Ascia monuste orseis*. *Behavioral Ecology and Sociobiology* 71:174.

Santos ES, Macedo RH (2019). Helpers increase daily survival rate of southern lapwing (*Vanellus chilensis*) nests during the incubation stage. *The Wilson Journal of Ornithology* 131:710-715.

Saracura V, Macedo RH, Blomqvist D (2008). Genetic parentage and variable social structure in breeding southern lapwings. *The Condor* 110:554-558.

Sarasola JH, Solaro C, Santillán MÁ, Galmes MA (2010). Communal roosting behavior and winter diet of the white-tailed kite (*Elanus leucurus*) in an agricultural habitat on the Argentine pampas. *Journal of Raptor Research* 44:202-208.

Saulitis E, Matkin C, Barrett-Lennard L, Heise K, Ellis G (2000). Foraging strategies of sympatric killer whale (*Orcinus orca*) populations in Prince William Sound, Alaska. *Marine Mammal Science* 16:94-109.

Schmitt MH, Stears K, Shrader AM (2016). Zebra reduce predation risk in mixed-species herds by eavesdropping on cues from giraffe. *Behavioral Ecology* 27:1073-1077.

Schmitt RJ, Strand SW (1982). Cooperative foraging by yellowtail, *Seriola lalandei* (Carangidae), on two species of fish prey. *Copeia* 1982:714-717.

Schneider CO (1949). Catálogo de los peces fluviales de la Provincia de Concepción. *Boletín de la Sociedad de Biología de Concepción* 24:51-60.

Seguel M, Pavés HJ (2018). Sighting patterns and habitat use of marine mammals at Guafo Island, Northern Chilean Patagonia during eleven austral summers. *Revista de Biología Marina y Oceanografía* 53:237-250.

Sherman PW, Lacey EA, Reeve HK, Keller L (1995). The eusociality continuum. *Behavioral Ecology* 6:102-108.

Shizuka D, Chaine AS, Anderson J, Johnson O, Laursen IM, Lyon BE (2014). Across-year social stability shapes network structure in wintering migrant sparrows. *Ecology Letters* 17:998-1007.

Shultz S, Opie C, Atkinson QD (2011). Stepwise evolution of stable sociality in primates. *Nature* 479:219-222.

Sielfeld W, Venegas C (1978). Observaciones de delfínidos en los canales australes de Chile. *Anales del Instituto de la Patagonia (Chile)* 9:145-151.

Silber GK, Newcomer MW (1990). Killer whales (*Orcinus orca*) attack and kill a Bryde's whale (*Balaenoptera edeni*). *Canadian Journal of Zoology* 68:1603-1606.

Silk JB, Kappeler PM (2017). Sociality in primates. Pp. 253-283, en: *Comparative social evolution* (Rubenstein DR, Abbot P, eds.). Cambridge University Press, Cambridge, Reino Unido.

Silk JB (2007). Social components of fitness in primate groups. *Science* 317:1347-1351.

Silk MJ, Croft DP, Tregenza T, Bearhop S (2014). The importance of fission-fusion social group dynamics in birds. *Ibis* 156:701-715.

Simeone A, Schlatter RP (1998). Threats to a mixed-species colony of *Spheniscus* penguins in southern Chile. *Colonial Waterbirds* 21:418-421.

Simeone A, Araya B, Bernal M, Diebold EN, Grzybowski K, Michaels M, Teare JA, Wallace RS, Willis MJ (2002). Oceanographic and climatic factors influencing breeding and colony attendance patterns of Humboldt penguins *Spheniscus humboldti* in central Chile. *Marine Ecology Progress Series* 227:43-50.

Similä T, Ugarte F (1993). Surface and underwater observations of cooperatively feeding killer whales in northern Norway. *Canadian Journal of Zoology* 71:1494-1499.

Slobodchikoff CN (1984). Resources and the evolution of social behavior. Pp. 227-251, en: *A new ecology: novel approaches to interactive systems* (Price PW, Slobodchikoff CN, Gaud WS, eds.). John Wiley & Sons, New York, Estados Unidos de América.

Smith JE, Lacey EA, Hayes LD (2017). Sociality in non-primate mammals. Pp. 284-319, en: *Comparative social evolution* (Rubenstein DR, Abbot P, eds.). Cambridge University Press, Cambridge, Reino Unido.

Smith TG, Siniff DB, Reichle R, Stone S (1981). Coordinated behavior of killer whales, *Orcinus orca*, hunting a crabeater seal, *Lobodon carcinophagus*. *Canadian Journal of Zoology* 59:1185-1189.

Sobrero R, Ly Prieto A, Ebensperger LA (2014a). Activity, overlap of range areas, and sharing of resting locations in the moon-toothed degu, *Octodon lunatus*. *Journal of Mammalogy* 95:91-98.

Sobrero R, Inostroza-Michael O, Hernández CE, Ebensperger LA (2014b). Phylogeny modulates the effects of ecological conditions on group-living across Hystricognath rodents. *Animal Behaviour* 94:27-34.

Sobrero R, Fernández-Aburto P, Ly-Prieto Á, Delgado SE, Mpodozis J, Ebensperger LA (2016). Effects of habitat and social complexity on brain size, brain asymmetry and dentate gyrus morphology in two Octodontid rodents. *Brain, Behavior and Evolution* 87:51-64.

Socias-Martínez L, Kappeler PM (2019). Catalyzing transitions to sociality: ecology builds on parental care. *Frontiers in Ecology and Evolution* 7:160.

Solomon NG, French JA (1997). *Cooperative breeding in mammals*. Cambridge University Press, Cambridge, Reino Unido.

Sosa H (1999). Descripción del evento reproductivo del flamenco austral (*Phoenicopterus chilensis*) en Laguna Llancanelo, Malargüe, Mendoza. *Multequina* 8:87-99.

Sridhar H, Beauchamp G, Shanker K (2009). Why do birds participate in mixed-species foraging flocks? A large-scale synthesis. *Animal Behaviour* 78:337-347.

St-Pierre A, Larose K, Dubois F (2009). Long-term social bonds promote cooperation in the iterated Prisoner's Dilemma. *Proceedings of the Royal Society of London B: Biological Sciences* 276:4223-4228.

Stafford R, Davies MS, Williams GA (2008). Self-organization of intertidal snails facilitates evolution of aggregation behavior. *Artificial Life* 14:409-423.

Stander PE (1992). Cooperative hunting in lions: the role of the individual. *Behavioral Ecology and Sociobiology* 29:445-454.

Stanford CB (1998). Predation and male bonds in primate societies. *Behaviour* 135:513-533.

Stears K, Schmitt MH, Wilmers CC, Shrader AM (2020). Mixed-species herding levels the landscape of fear. *Proceedings of the Royal Society B: Biological Sciences* 287:20192555.

Stokes DL, Dee Boersma P (2000). Nesting density and reproductive success in a colonial seabird, the Magellanic penguin. *Ecology* 81:2878-2891.

Stotz WB, Aburto J, Caillaux LM, González SA (2016). Vertical distribution of rocky subtidal assemblages along the exposed coast of north-central Chile. *Journal of Sea Research* 107:34-47.

Swift RJ, Rodewald AD, Senner NR (2018). Context-dependent costs and benefits of a heterospecific nesting association. *Behavioral Ecology* 29:974-983.

Taraborelli P (2008). Vigilance and foraging behaviour in a social desert rodent, *Microcavia australis* (Rodentia Caviidae). *Ethology Ecology & Evolution* 20:245-256.

Taraborelli P, Moreno P (2009). Comparing composition of social groups, mating system and social behavior in two populations of *Microcavia australis*. *Mammalian Biology* 74:15-24.

Taraborelli P, Gregorio P, Moreno P, Novaro A, Carmanchahi P (2012). Cooperative vigilance: the guanaco's (*Lama guanicoe*) key antipredator mechanism. *Behavioural Processes* 91:82-89.

Taraborelli P, Ovejero R, Mosca Torres ME, Schroeder NM, Moreno P, Gregorio P, Marcotti E, Marozzi A, Carmanchahi P (2014). Different factors that modify anti-predator behaviour in guanacos (*Lama guanicoe*). *Acta Theriologica* 59:529-539.

Tella JL, Forero MG, Bertellotti M, Donázar JA, Blanco G, Ceballos O (2001). Offspring body condition and immunocompetence are negatively affected by high breeding densities in a colonial seabird: a multiscale approach. *Proceedings of the Royal Society of London B: Biological Sciences* 268:1455-1461.

Thiel M (2003). Reproductive biology of *Limnoria chilensis*: another boring peracarid species with extended parental care. *Journal of Natural History* 37:1713-1726.

Thiel M, Vásquez JA (2000). Are kelp holdfasts islands on the ocean floor? -Indication for temporarily closed aggregations of peracarid crustaceans. *Hydrobiologia* 440:45-54.

Thiel M, Baeza JA (2001). Factors affecting the social behaviour of crustaceans living symbiotically with other marine invertebrates: a modelling approach. *Symbiosis* 30:163-190.

Thierry B, Iwaniuk AN, Pellis SM (2000). The influence of phylogeny on the social behaviour of macaques (Primates: Cercopithecidae, genus *Macaca*). *Ethology* 106:713-728.

Tirelli FP, Trigo TC, Trinca CS, Albano APN, Mazim FD, Queirolo D, Espinosa CC, Soares JB, Pereira JA, Crawshaw PG, Macdonald DW, Lucherini M, Eizirik E (2018). Spatial organization and social dynamics of Geoffroy's cat in the Brazilian pampas. *Journal of Mammalogy* 99:859-873.

Torres-Mura JC (1990). Uso del espacio en el roedor fosorial *Spalacopus cyanus* (Octodontidae). Tesis de Magister en Ciencias con mención en Biología, Facultad de Ciencias, Universidad de Chile, Santiago, Chile.

Tremblay Y, Cherel Y (1999). Synchronous underwater foraging behavior in penguins. *The Condor* 101:179-185.

Uetz GW (1989). The "ricochet effect" and prey capture in colonial spiders. *Oecologia* 81:154-159.

Upham NS, Patterson BD (2012). Diversification and biogeography of the Neotropical caviomorph lineage Octodontoidea (Rodentia: Hystricognathi). *Molecular Phylogenetics and Evolution* 63:417-429.

Urrejola D, Lacey EA, Wieczorek J, Ebensperger LA (2005). Daily activity of the subterranean rodent, *Spalacopus cyanus* under natural conditions. *Journal of Mammalogy* 86:302-308.

Varland DE, Klaas EE, Loughin TM (1991). Development of foraging behavior in the American kestrel. *Journal of Raptor Research* 25:9-17.

Vásquez JA, Santelices B (1984). Comunidades de macroinvertebrados en discos adhesivos de *Lessonia nigrescens* Bory (Phaeophyta) en Chile central. *Revista Chilena de Historia Natural* 57:131-154.

Vásquez RA (1997). Vigilance and social foraging in *Octodon degus* (Rodentia: Octodontidae) in central Chile. *Revista Chilena de Historia Natural* 70:557-563.

Vásquez, R.A. 2016. Cooperation in caviomorphs. Pp. 228-252, en: *Sociobiology of caviomorph rodents: an integrative approach* (Ebensperger LA, Hayes LD, eds.). John Wiley & Sons Ltd., Chichester, Reino Unido.

Vaughn RL, Shelton DE, Timm LL, Watson LA, Würsig B (2007). Dusky dolphin (*Lagenorhynchus obscurus*) feeding tactics and multi species associations. *New Zealand Journal of Marine and Freshwater Research* 41:391-400.

Vaughn R, Würsig B, Packard J (2010). Dolphin prey herding: prey ball mobility relative to dolphin group and prey ball sizes, multispecies associates, and feeding duration. *Marine Mammal Science* 26:213-225.

Vaughn-Hirshorn RL, Muzi E, Richardson JL, Fox GJ, Hansen LN, Salley AM, Dudzinski KM, Würsig B (2013). Dolphin underwater bait-balling behaviors in relation to group and prey ball sizes. *Behavioural Processes* 98:1-8.

Velásquez NA, Marambio J, Brunetti E, Méndez MA, Vásquez RA, Penna M (2013). Bioacoustic and genetic divergence in a frog with a wide geographical distribution. *Biological Journal of the Linnean Society* 110:142-155.

Verdolin JL, Slobodchikoff CN (2010). Male territoriality in a social sciurid, *Cynomys gunnisoni*: what do patterns of paternity tell us? *Behaviour* 147:1145-1167.

Vermeulen E, Holsbeek L, Das K (2015). Diurnal and seasonal variation in the behaviour of bottlenose dolphins (*Tursiops truncatus*) in Bahia San Antonio, Patagonia, Argentina. *Aquatic Mammals* 41:272-283.

Viddi FA, Lescrauwaet AK (2005). Insights on habitat selection and behavioural patterns of Peale's dolphins (*Lagenorhynchus australis*) in the Strait of Magellan, Southern Chile. *Aquatic Mammals* 31:176-183.

Viddi FA, Harcourt RG (2016). Behaviour of Chilean and Peale's dolphins in southern Chile: interspecific variability of sympatric species. *Journal of the Marine Biological Association of the United Kingdom* 96:915-923.

Vilá BL (1995). Spacing patterns within groups in vicuñas, in relation to sex and behaviour. *Studies on Neotropical Fauna and Environment* 30:45-51.

Vilá BL, Cassini MH (1990). Agresividad entre hembras y separación madre-cría en el lobo marino del sur, en Chubut, Argentina. *Revista Chilena de Historia Natural* 63:169-176.

Vilá BL, Roig VG (1992). Diurnal movements, family groups and alertness of vicuña (*Vicugna vicugna*) during the late dry season in the Laguna Blanca Reserve (Catamarca, Argentina). *Small Ruminant Research* 7:289-297.

Villouta E, Santelices B (1984). Estructura de la comunidad submareal de *Lessonia* (Phaeophyta, Laminariales) en Chile norte y central. *Revista Chilena de Historia Natural* 57:111-122.

Viviani CA, Hiller A, Werding B (2010). Swarming in open space in the rocky intertidal: a new population-settlement strategy in the Eastern Pacific porcellanid crab, *Allopetrolisthes punctatus* (Decapoda, Anomura, Porcellanidae). *Crustaceana* 83:435-442.

Walters J, Walters BF (1980). Co-operative breeding by southern lapwings *Vanellus chilensis*. *Ibis* 122: 505-509.

Weidinger K (1996). Patterns of colony attendance in the cape petrel *Daption capense* at Nelson Island, South Shetland Islands, Antarctica. *Ibis* 138:243-249.

Wells RS (2014). Social structure and life history of bottlenose dolphins near Sarasota Bay, Florida: insightsfrom four decades and five generations. Pp. 149-172, en: *Primates and cetaceans: field research and conservation of complex mammalian societies* (Yamagiwa J, Karczmarski L. eds.). Springer, Tokio, Japón.

Weimerskirch H, Martin J, Clerquin Y, Alexandre P, Jiraskova S (2001). Energy saving in flight formation. *Nature* 413:697-698.

West SA, Griffin AS, Gardner A (2007). Social semantics: altruism, cooperation, mutualism, strong reciprocity and group selection. *Journal of Evolutionary Biology* 20:415-432.

Whitehead H (1992). Babysitting, dive synchrony, and indications of alloparental care in sperm whales. *Behavioral Ecology and Sociobiology* 38:237-244.

Whitehead H (1993). The behaviour of mature male sperm whales on the Galápagos Islands breeding grounds. *Canadian Journal of Zoology* 71:689-699.

Whitehead H (1996). Babysitting, dive synchrony, and indications of alloparental care in sperm whales. *Behavioral Ecology and Sociobiology* 38:237-244.

Whitehead H, Kahn B (1992). Temporal and geographic variation in the social structure of female sperm whales. *Canadian Journal of Zoology* 70:2145-2149.

Whitehead H, Antunes R, Gero S, Wong SNP, Engelhaupt D, Rendell L (2012). Multilevel societies of female sperm whales (*Physeter macrocephalus*) in the Atlantic and Pacific: why are they so different? *International Journal of Primatology* 33:1142-1164.

Whiting MJ, While GM (2017). Sociality in lizards. Pp. 390-426, en: *Comparative social evolution* (Rubenstein DR, Abbot P, eds.). Cambridge University Press, Cambridge, Reino Unido.

Wiggins DA (1991). Foraging success and aggression in solitary and group-feeding great egrets (*Casmerodius albus*). *Colonial Waterbirds* 14:176-179.

Wilkinson GS (1984). Reciprocal food sharing in the vampire bat. Nature 308:181-184.

Wilkinson GS (1985a). The social organization of the common vampire bat. I. Pattern and cause of association. *Behavioral Ecology and Sociobiology* 17:111-121.

Wilkinson GS. (1985b). The social organization of the common vampire bat: II. Mating system, genetic structure, and relatedness. *Behavioral Ecology and Sociobiology* 17:123-134.

Wilson P, Franklin WL (1985). Male group dynamics and inter-male aggression of guanacos in southern Chile. *Ethology* 69:305-328.

Withers PC, Jarvis JUM (1980). The effect of huddling on thermoregulation and oxygen consumption for the naked mole-rat. *Comparative Biochemistry and Physiology A: Physiology* 66:215-219.

Woods R, Meiburg J, Galloway D (2017). Food sources and feeding behaviour of striated caracaras (*Phalcoboenus australis*) in winter on an uninhabited island in the Falkland Islands: feeding frenzy or peaceable communal meal times? *Revista Chilena de Ornitología* 23:80-86.

Wojtusiak J, Godzi ska EJ, Dejean A (1995). Capture and retrieval of very large prey by workers of the African weaver ant, *Oecophylla longinoda* (Latreille 1802). *Tropical Zoology* 8:309-318.

Wrangham RW (1980). An ecological model of female-bonded primate groups. *Behaviour* 75:262-300.

Wrangham RW, Gittleman JL, Chapman CA (1993). Constraints on group size in primates and carnivores: population density and day-range as assays of exploitation competition. *Behavioral Ecology and Sociobiology* 32:199-209.

Würsig B (1978). Occurrence and group organization of Atlantic bottlenose porpoises (*Tursiops truncatus*) in an Argentine bay. *The Biological Bulletin* 154:348-359.

Würsig B (1979). *Dolphins. Scientific American* 240:136-149.

Würsig B, Pearson HC (2014). Dusky dolphins: flexibility in foraging and social strategies. Pp. 25-42, en: *Primates and cetaceans: field research and conservation of complex mammalian societies* (Yamagiwa J, Karczmarski L. eds.). Springer, Tokio, Japón.

Young JK, Franklin WL (2004). Territorial fidelity of male guanacos in the Patagonia of southern Chile. *Journal of Mammalogy* 85:72-78.

Zapata B, González BA, Ebensperger LA (2009a). Allonursing in captive guanacos, *Lama guanicoe*: milk theft or misdirected parental care? *Ethology* 115:731-737.

Zapata B, Gaete G, Correa LA, González BA, Ebensperger LA (2009b). A case of allosuckling in wild guanacos (*Lama guanicoe*). *Journal of Ethology* 27:295-297.

Zapata B, Correa L, Soto-Gamboa M, Latorre E, González BA, Ebensperger LA (2010). Allosuckling allows growing offspring to compensate for insufficient maternal milk in farmed guanacos (*Lama guanicoe*). *Journal of Applied Animal Behaviour Science* 122:119-126.

Zöttl M, Frommen JG, Taborsky M (2013). Group size adjustment to ecological demand in a cooperative breeder. *Proceedings of the Royal Society of London B: Biological Sciences* 280:20122772.

CAPÍTULO 4
SOCIABILIDAD EN INSECTOS

LUIS FLORES-PRADO

Instituto de Entomología, Facultad de Ciencias Básicas, Universidad Metropolitana de Ciencias de la Educación, Santiago, Chile.

RESUMEN

La sociabilidad en insectos incluye rasgos como el cuidado de la progenie y la división de labores entre los integrantes de una agrupación, los que permiten categorizar a las especies en niveles sociales. Incluye además atributos que se relacionan con estas categorías, como la nidificación, la tolerancia social y las capacidades de reconocimiento de compañeros de nido o de parentesco. En este capítulo se analizan y discuten antecedentes sobre atributos de sociabilidad de la entomofauna nativa, obtenidos para 45 especies de abejas, avispas, hormigas y termitas. Las abejas constituyen el grupo preferentemente utilizado para estudiar distintos atributos sociales (ej., nidificación, tolerancia social, estrategias reproductivas y capacidades de reconocimiento). Además, se constata la existencia de variación en sus niveles de sociabilidad, a deferencia de las avispas, fundamentalmente solitarias, y de las hormigas y termitas, todas eusociales. Algunos atributos se han estudiado en varios grupos. Las estrategias reproductivas se ajustan a diferentes sistemas de nidificación, en el caso de algunas especies, o varían dependiendo del sistema social, en el caso de otras. Existen vacíos en el conocimiento de distintos atributos en algunos grupos. Por ejemplo, las respuestas a nivel grupal utilizando información ambiental solo se han estudiado en un bajo número de especies eusociales. Finalmente, se entregan argumentos para proponer a algunas especies nativas como modelo de estudio ecológico o evolutivo de la sociabilidad.

DEFINICIÓN DE SOCIABILIDAD Y NIVELES SOCIALES

La **sociabilidad en insectos** se manifiesta cuando ocurre cooperación entre individuos dentro de agrupaciones, en diferentes contextos ecológico-conductuales y con diferente grado de complejidad (Wilson 1975). La variedad de conductas sociales que despliegan los adultos de las diferentes especies puede reflejar o no relaciones de dominancia (Wcislo y Danforth 1997). Las especies varían en cuanto a los roles de los individuos adultos que conforman las agrupaciones, desde condiciones en que todos los integrantes efectúan las mismas actividades (funciones), hasta aquellas en que cada organismo se especializa en un conjunto acotado de tareas dentro del grupo (i.e., colonia), lo cual se conoce como **división de labores** (Beshers y Fewell 2001). El grado de coordinación y cooperación requerido para desarrollar estas labores, se ha utilizado para analizar la organización y complejidad social en insectos (Anderson *et al.* 2001, Hemelrijk 2002).

Respecto de los **niveles sociales** en insectos, se han utilizado distintos criterios que consideran la presencia o ausencia de atributos fenotípicos mayoritariamente conductuales (Michener 1969; 1974, Wilson 1971), criterios y niveles que han sido ampliamente utilizados (Crozier y Pamilo 1996), pero también discutidos (Costa y Fitzgerald 2005). Los rasgos fenotípicos considerados son: cuidado continuo de la progenie hasta alcanzar el estado adulto, cuidado cooperativo de la progenie, división de las labores reproductivas y no reproductivas (o conformación de **castas**), superposición de más de una generación de adultos en la colonia y diferenciación morfológica de los adultos que cumplen funciones reproductivas y no reproductivas. La ausencia de todos estos rasgos caracteriza a las especies con vida solitaria en insectos, razón por la cual, esta categoría no debe ser entendida como un nivel social. La presencia de uno o más de estos atributos ha permitido categorizar a las especies de insectos en los niveles **subsocial, comunal, quasisocial, semisocial, eusocial primitivo** y **eusocial avanzado** (Michener 1969; 1974, Wilson 1971, Crozier y Pamilo 1996). En la Tabla 4-1 se indican los atributos, principalmente conductuales, que se utilizan para categorizar a las especies en alguno de estos niveles sociales. Por último, el término presocial fue propuesto para hacer referencia a todos los niveles intermedios entre las categorías solitaria y eusocial (i.e., subsocial, comunal, quasisocial, semisocial, Wilson 1971).

Tabla 4-1

Niveles de organización social propuestos en insectos, a partir de Wilson (1971), Michener (1969, 1974) y Crozier y Pamilo (1996). Los niveles sociales en insectos se definen de acuerdo a la presencia de uno o más atributos, donde (a), (b), (c), y (d) son rasgos conductuales y e corresponde a un rasgo morfológico. Los niveles comunal y el subsocial se definen por el mismo atributo (a), pero se diferencian en que en el nivel comunal varias hembras comparten un mismo sustrato de nidificación, aunque los nidos son independientes, en cambio en el nivel subsocial los nidos están alejados unos de otros.

Niveles Sociales	Atributos				
	(a) Cuidado continuo de la progenie	(b) Cuidado cooperativo de la progenie	(c) División de labor reproductiva (castas)	(d) Sobreposición de generaciones	(e) Diferenciación morfológica de castas
Subsocial	✓				
Comunal	✓				
Quasisocial	✓	✓			
Semisocial	✓	✓	✓		
Eusocial:					
Primitivo	✓	✓	✓	✓	
Avanzado	✓	✓	✓	✓	✓

CAUSAS EVOLUTIVAS DE LA SOCIABILIDAD EN INSECTOS

A partir de las ideas planteadas por Darwin (1859) en relación con la evolución del **altrusimo** (comportamiento que aumenta la adecuación biológica directa de uno o más organismos, pero reduce la adecuación biológica directa del que lo realiza), diversos autores han examinado las condiciones bajo las cuales la Selección Natural favorece fenotipos donde la reproducción directa es limitada o ausente en algunos individuos, el significado adaptativo del altrusimo en especies eusociales de insectos, y la unidad de selección que conduce a ese cambio adaptativo (Crozier y Pamilo, 1996). Entre las teorías que explican el origen del comportamiento altruista y la evolución de la eusociabilidad en Hymenoptera (hormigas, avispas y abejas), tres son las que sobresalen por su desarrollo teórico y evidencias a favor: selección por parentesco (Hamilton 1964a, b), mutualismo (Lin y Michener 1972) y manipulación parental (Alexander 1974, Michener y Brothers 1974), las cuales no son mutuamente excluyentes (Crespi, 1996), y que se explican más abajo. Posteriormente se avanzó en el intento de construir una teoría unificada de evolución social, que integre factores ecológicos, sociales y genéticos que influyen en la evolución de especialización reproductiva entre los miembros de un grupo, en vertebrados e invertebrados (Reeve y Keller 2001). En este sentido, se han desarrollado los "modelos de sesgo reproductivo" que permiten estudiar las condiciones bajo las cuales se mantienen en el tiempo los grupos y los factores de mayor valor explicativo en la conformación de tales agrupaciones (Reeve *et al.* 1998, Johnstone 2000).

Selección por parentesco

La teoría de selección por parentesco fue desarrollada y formalizada por Hamilton (1964a, b), la cual se basa en el concepto de **adecuación biológica** inclusiva entendida como la adecuación biológica directa de un individuo altruista, que disminuye a consecuencia de incrementar la de sus parientes a los cuales beneficia con su conducta, más un componente indirecto que corresponde a la adecuación biológica de estos parientes beneficiados. Considerando que mientras más cercano es el parentesco entre los individuos, mayor proporción de genes comparten, el altruista aumenta la probabilidad de que sus genes sean transmitidos a la siguiente generación al beneficiar la reproducción de uno o más parientes cercanos (Crozier 2008). En tal sentido, la adecuación biológica inclusiva está relacionada con el grado de parentesco entre el altruista y el beneficiario del acto altruista: si la hembra reproductora copula solo una vez en un **sistema haplodiploide** como ocurre con varias especies de Hymenoptera (Paxton 2005, Murray *et al.* 2009), el grado de parentesco entre hermanas completas es 0,75, pero solo 0,5 entre madre e hijas. Por lo tanto, el que una hembra de una especie haplo-diploide esté más emparentada genéticamente con sus hermanas que con sus hijas explica, en términos de adecuación biológica inclusiva, que las obreras no se reproduzcan y contribuyan a aumentar la producción de sus hermanas. Debido a esto, es más probable que el comportamiento altruista haya evolucionado en especies haplo-diploides que en especies diploides de insectos, razón por la cual algunos investigadores se han referido a esta idea como la "hipótesis de haplodiploidía" (Gadagkar 1985).

Adicionalmente, diferentes estudios en que se utilizaron aproximaciones metodológicas basadas en modelación, proponen que la condición de haploidía en machos sería un factor clave en la evolución de la eusociabilidad, en comparación con un sistema en que ambos sexos son diploides (véase Crozier 2008). Sin embargo, la idea de la llamada "hipótesis de haplodiploidía" está contenida dentro de la teoría de selección por parentesco, dado que representa un tipo de estudio de relaciones de parentesco entre individuos de especies con un sistema genético haplo-diploide asociado a la determinación del sexo. De igual forma, la teoría de selección por parentesco ha sido utilizada como marco explicativo de conductas cooperativas en otras agrupaciones sociales de especies diploides de vertebrados (ej., Griffin y West 2003), vale decir, en especies en que no existe asimetría en el parentesco estimado entre individuos parentales y su descendencia, o entre hermanos, cualquiera sea su sexo. Por lo tanto, la hipótesis de haplodiploidía ha sido considerada como "solo una aplicación" de una teoría más amplia, la selección por parentesco (Foster *et al.* 2006).

Esta teoría ha recibido críticas basadas en estudios de especies eusociales donde las reinas copulan con varios machos, lo que genera obreras que pueden ser hermanas completas o medias hermanas. Sin embargo, se ha demostrado en especies de insectos eusociales que las hembras con distintos grados de parentesco pueden dirigir su comportamiento altruista hacia las más emparentadas, lo cual requiere de la capacidad de reconocimiento de parientes (véase sección "Reconocimiento de compañeros de nido y sociabilidad"). Más recientemente han surgido otras críticas a esta teoría, las que cuestionan al grado de parentesco como un factor de importancia en el origen evolutivo de la eusociabilidad, y plantean que la dispersión limitada es el factor que tiende a aumentar los coeficientes de relación genética entre los integrantes del grupo. En consecuencia, y en contraste con la teoría de selección por parentesco, el aumento en el grado de parentesco sería una consecuencia y no una causa de la eusociabilidad (Wilson y Hölldobler 2005, Wilson 2008). Si la selección por parentesco fue importante en el origen evolutivo de la eusociabilidad, entonces la **monoandría**, que maximiza el grado de parentesco entre los integrantes del grupo, debería ser un estado ancestral (Boomsma 2007, Crozier 2008). Un estudio filogenético comparado que incorporó 241 especies de himenópteros eusociales (abejas, hormigas y avispas) mostró que estos linajes evolucionaron a partir de ancestros monógamos, lo que implica que los grupos ancestrales estuvieron caracterizados por un alto grado de parentesco entre sus miembros (Hughes *et al.* 2008a). Un estudio más reciente critica la teoría de selección por parentesco debido a que, en términos generales, no aporta alcances ni puntos de vista distintos a los derivados de las aproximaciones genético-poblacionales enmarcadas en la teoría de "selección natural estándar", como marco explicativo para la evolución de la eusociabilidad (Nowak *et al.* 2010). Tales críticas fueron rápidamente contrarrestadas por diversos especialistas en el estudio de la sociabilidad en insectos y otros taxa, cuyos detalles se alejan del objetivo general de este capítulo (una explicación de tales contra argumentaciones puede ser consultada en Flores-Prado 2012).

Hipótesis mutualista

Este planteamiento surge a partir del análisis de las implicancias que la selección por parentesco tendría al ser utilizada para explicar la evolución de agrupaciones sociales de himenópteros formados por individuos lejanamente emparentados, como ocurre con especies semisociales (**Tabla 4-1**, Lin y Michener 1972). En estas especies, las hembras de la misma generación se agrupan, de forma tal que 0,5 es el mayor grado de parentesco genético posible entre ellas. Además, en estas agrupaciones existe división de la labor reproductiva, de modo que una obrera al aumentar la adecuación biológica de la reproductora (su hermana), estaría contribuyendo a producir sobrinas con las cuales tiene un coeficiente de parentesco genético de 0,375. En consecuencia, y considerando solo el coeficiente de parentesco como factor relevante, una mejor estrategia para una hembra sería vivir sola y tener su propia descendencia (Lin y Michener 1972). Más adelante se verá que otros factores ecológicos son también relevantes para que las hembras se reproduzcan de forma solitaria o se asocien formando una agrupación (véase secciones "Modelos de sesgo reproductivo" y "Factores ecológicos y nidificación cooperativa").

La hipótesis mutualista propone una vía alternativa en la transición evolutiva hacia la eusociabilidad, que es la ruta de la semisocialidad. Aunque las hembras puedan reproducirse de forma solitaria, su adecuación biológica es mayor en agrupaciones, lo cual supone la selección de conductas que resultan en beneficios mutuos para las integrantes de las agrupaciones. Así, la mutua tolerancia entre los adultos, la defensa del nido y el intercambio de alimento, son probablemente pre-requisitos para la formación de colonias semisociales (Lin y Michener 1972, Michener 1985). La selección por parentesco no operaría en esta transición, ya que los integrantes de las agrupaciones semisociales no serían parientes cercanos necesariamente, de modo que no serían altruistas, sino mutualistas. Aunque las hembras de las agrupaciones semisociales presenten incipiente división en las labores reproductivas (y capacidad de reproducción independiente), mientras se mantenga un alto riesgo por reproducción solitaria (dada las presiones de depredación y parasitismo), la agrupación se mantendrá. La evolución de rasgos que diferencian reinas de obreras, incluyendo la disminución de la capacidad reproductiva de las obreras, habría evolucionado por selección por parentesco (Lin y Michener 1972). Esta propuesta ha sido utilizada para explicar solo un primer estado en la evolución social de avispas y abejas eusociales primitivas (Gadagkar 1990a) y algunos autores han argumentado que el mutualismo solo, no puede conducir a la eusocialidad (Linksvayer y Wade 2005).

Hipótesis de manipulación parental

El punto central de esta hipótesis, desarrollada por Alexander (1974), plantea que la generación parental manipula la energía invertida en su descendencia de tal manera de maximizar su propia adecuación biológica. La progenie que da origen a la casta obrera sería el resultado de selección individual sobre la madre, lo que resultaría en que esta mantiene el control de las actividades desarrolladas por las hijas. La manipulación puede ser genética, conductual o fisiológica (o la interacción de estos factores), de modo que la progenie se comportaría maximizando la adecuación biológica materna a expensas de la propia (Starr 1979). La selección directa que opera sobre la reina, favorece la capacidad de controlar a las obreras y consecuentemente mejora su propia capacidad reproductiva. Se ha planteado que la división de la labor y la ocurrencia de castas no evolucionaron primariamente a través de selección sobre las obreras que maximizan su adecuación biológica inclusiva, sino sobre la reina que maximiza su adecuación biológica individual (Michener y Brothers 1974). Se han evidenciado diferentes estrategias en las reproductoras que les permiten manipular a las obreras, como la detección y destrucción por parte de las reinas de huevos partenogenéticos puestos por las obreras (Saigo y Tsuchida 2004) y la manipulación de la cantidad y/o calidad del alimento aprovisionado por las madres, de forma que las hijas sean de menor tamaño, facilitando así su coerción para inducir labores de obrera (Kapheim *et al.* 2011).

Modelos de sesgo reproductivo

Dentro de los modelos de sesgo reproductivo que más se han utilizado en insectos (hormigas, avispas y abejas) están los modelos transaccionales, como el de concesión y el de restricción (Reeve *et al.* 1998, Reeve y Keller 2001). En ambos modelos se distinguen hembras subordinadas y dominantes, pero la diferencia radica en que bajo el primer modelo, la hembra dominante tiene todo el control sobre la reproducción y es la subordinada la que requiere de la asociación, en cambio la situación es inversa de acuerdo al segundo modelo. Estas condiciones dependen, en términos generales, de los contextos ecológicos (ej., oferta de recursos, riesgos y oportunidades de reproducción independiente) y de la relación de parentesco entre la hembra dominante y la subordinada. Es así como bajo el modelo de concesión la hembra subordinada demandará una fracción mínima de la reproducción directa, y la hembra dominante estará amenazada por la partida de la hembra subordinada si no se satisface tal requerimiento. Bajo el modelo de restricción en cambio, es la hembra dominante la que requiere de la asociación, por lo tanto, ofrecerá una fracción mayor de reproducción directa. Ambos modelos predicen que el grupo será estable solo si la fracción mínima de reproducción directa demandada es menor o igual a la fracción máxima ofrecida. Como resultado, estos modelos estiman en la agrupación social un valor de asignación reproductiva, o índice de sesgo reproductivo, el cual varía cuantitativamente, de tal manera que la eusociabilidad puede ser analizada y entendida como un fenómeno de variación continua entre las diferentes especies (Reeve y Keller 2001).

Otros modelos que han sido utilizados son los de compromiso (ej., Langer *et al.* 2004). A diferencia de los modelos de transacción, no incorporan la posibilidad de que el grupo se disuelva. Vale decir, los subordinados no abandonan voluntariamente el grupo ni los dominantes desalojan a los subordinados. Otra diferencia es que los dominantes y subordinados tienen un control limitado sobre la monopolización de la reproducción y el sesgo reproductivo resulta del esfuerzo de cada uno en aumentar su propia reproducción a expensas de la productividad total del grupo (Johnstone 2000, Reeve y Keller

2001). Por lo tanto, estos modelos consideran tanto el potencial competitivo de los subordinados y dominantes como el grado de parentesco entre ellos. En este sentido, y al contrario del modelo transaccional, predicen un menor sesgo reproductivo entre individuos emparentados, ya que es más probable que los dominantes cedan oportunidades reproductivas a parientes subordinados. Las predicciones de este tipo de modelos han sido menos corroboradas en insectos, en comparación con los modelos transaccionales (Reeve y Keller 2001).

Los modelos de transacción, además del parentesco entre los individuos dominantes y subordinados, consideran factores que influyen en la estabilidad grupal, como beneficios de la cooperación en la crianza y restricciones ecológicas, los cuales han demostrado ser relevantes. Por ejemplo, modelos de concesión aplicados en distintas especies de abejas han permitido plantear que: (i) los grupos se formarían cuando la presencia de una hembra subordinada (que efectúa principalmente labores de guardia) incrementa la adecuación biológica de una hembra dominante (principalmente reproductora), (ii) el sesgo reproductivo de la hembra dominante es mayor cuando la tasa de nidificación es baja (ej., en años lluviosos), que en períodos con altas tasas de nidificación (ej., en años secos) y (iii) un alto sesgo reproductivo a favor de la hembra dominante coincide con un aumento en la presión de depredación que favorece la asociación de hembras subordinadas en el nido y no su nidificación solitaria (Reeve y Keller 2001). Adicionalmente, estos y otros factores ecológicos que promueven la asociación entre individuos y la emergencia de conductas sociales en tales asociaciones, también han sido estudiados sin recurrir al enfoque teórico de sesgo reproductivo, como se describe a continuación.

FACTORES ECOLÓGICOS Y NIDIFICACIÓN COOPERATIVA

Variables ambientales tales como la disponibilidad de recursos, las presiones de depredación y parasitismo, y las dificultades que ofrece el sustrato para construir nidos, corresponden a factores ecológicos involucrados en la evolución social (véase Shell y Rehan 2018). Por ejemplo, la escasez de recursos para nidificación y/o alimentación ha sido propuesta como un factor que promueve la nidificación agrupada entre hembras de algunas especies de abejas (Hogendoorn y Leys 1993, Schwarz *et al.* 2007). Complementariamente, la "herencia" de nidos (o re-utilización de nidos natales) es otro factor que facilita la nidificación cooperativa (entre más de una hembra), también llamada nidificación social. En tal sentido, se ha concluido que la nidificación social se origina predominantemente cuando las hembras permanecen en su nido natal. Por el contrario, en aquellas especies en que los individuos se dispersan desde sus nidos natales previo al establecimiento de un nuevo nido, las hembras son menos propensas a nidificar socialmente (Rehan *et al.* 2010, Prager 2014, Shell y Rehan 2018). Respecto de las presiones de depredación y parasitismo, la asociación entre múltiples hembras dentro de un nido, algunas de las cuales realizan conductas de guardia, es un factor que conduce a la nidificación social (Gadagkar 1990b, Soucy 2002, Yagi y Hasegawa 2012). Por último, en cuanto a las dificultades que ofrece el suelo para construir nidos, se ha planteado tanto para abejas como para avispas que la excavación puede imponer costos (ej., tiempo y energía) que favorecen la nidificación social (McCorquodale 1989, Danforth 1991).

EUSOCIABILIDAD EN TERMITAS

La selección por parentesco, el mutualismo y la manipulación parental representan hipótesis planteadas para explicar la evolución de la eusociabilidad en una amplia diversidad de insectos, principalmente en hormigas, avispas y abejas (orden Hymenoptera), pero no en termitas (orden Blattodea). Por otra parte, los modelos de sesgo reproductivo también han sido utilizados en Hymenoptera (véase sección "modelos de sesgo reproductivo") y, hasta hace poco, no se habían aplicado a termitas (Howard y Thorne 2011). La evolución de la eusociabilidad de este grupo de insectos ha sido explicada sobre la base de aspectos biológicos y ecológicos particulares de distintos grupos taxonómicos de termitas (véase Thorne 1997), por lo que ninguna de estas hipótesis es por sí sola suficiente para explicar la evolución de su eusociabilidad (Escudero 1999). No obstante, existe consenso en proponer que la eusociabilidad en estos insectos habría evolucionado a partir de un estado de subsocialidad, en que los reproductores habrían cuidado a la primera generación de su progenie (Thorne 1997, Howard y Thorne 2011), y no de semisocialidad (véase sección "Hipótesis mutualista"). Además, las explicaciones basadas solamente en el parentesco entre los individuos (véase sección "Selección por parentesco") tienen escaso sustento, ya que este no corresponde a un factor precursor de eusociabilidad (Korb 2008, Howard y Thorne 2011).

Por otra parte, la evolución de castas (obreros y soldados) en estos organismos se ha asociado a un conjunto de condiciones ambientales y biológicas, lo que ha generado diversas hipótesis (Thorne *et al.* 2003, Inward *et al.* 2007, Nalepa 2011). Entre estas, (i) la muerte de la pareja fundadora de una colonia habría generado la oportunidad de heredar el nido natal en termitas que han retrasado su dispersión y que aún pueden asumir funciones reproductivas. Esta condición habría promovido la evolución del comportamiento de cuidado aloparental (i.e., ayuda en la crianza por parte de individuos que no son los padres, como por ejemplo, los hermanos). También se ha propuesto la posibilidad de que (ii) un extenso tiempo de desarrollo de los individuos juveniles (que no pueden alimentarse por sí mismos) haya favorecido el surgimiento del cuidado aloparental por parte de individuos maduros, lo que habría originado una casta obrera. Otra alternativa plantea que (iii) la competencia intraespecífica entre colonias por recursos de nidificación limitados, habría posibilitado la evolución de una casta de soldados. Finalmente, (iv) el establecimiento de la casta obrera también podría haber facilitado el surgimiento de la casta de soldados, ya que estos últimos son nutricionalmente dependientes del alimento proporcionado por las obreras, puesto que las mandíbulas de los soldados están especializadas en defensa, lo que impide su propia alimentación (véase Thorne *et al.* 2003, Inward *et al.* 2007, Nalepa 2011). Por último, la observación de un nivel de sesgo reproductivo relativamente bajo en algunas especies ha apoyado un escenario evolutivo explicado por modelos de restricción o compromiso (Adams y Atkinson 2008). Sin embargo, un modelo de concesión parece más probable en especies donde el sesgo reproductivo reportado es alto (Miyazaki *et al.* 2014).

ATRIBUTOS DE SOCIABILIDAD EN INSECTOS

Los atributos de sociabilidad en insectos (**Figura 4-1**) son aquellos que permiten definir los niveles sociales, como los mencionados previamente, y algunos que se vinculan con estos niveles, como los relacionados con la biología de la nidificación, las capacidades de reconocimiento intraespecífico (Flores-Prado 2012) y los repertorios conductuales de tolerancia, rechazo y agresividad que exhiben las hembras en arenas experimentales (Packer 2000, 2006, Packer *et al.* 2003). También existen otros atributos que corresponden a rasgos socialmente relevantes, como la cooperación, el altruismo y atributos precursores de vida social, las estrategias reproductivas de los individuos que nidifican en forma agregada, o que forman colonias, y las respuestas a nivel colonial que regulan tareas colectivas, utilizando información del ambiente (**Figura 4-1**). A continuación, se presentan y discuten los principales cuerpos teóricos y ejemplos de estudios de estos atributos de sociabilidad en especies nativas.

Figura 4-1
Atributos de sociabilidad estudiados en insectos.

Cada fenómeno estudiado se identifica con un color diferente. Se indican las conexiones propuestas entre distintos atributos de sociabilidad en insectos. En diversos grupos taxonómicos la sociabilidad se expresa en conductas cooperativas, altruistas y algunas que se han considerado como precursoras de comportamiento social. Además, la sociabilidad se manifiesta en respuestas de la colonia utilizando información del ambiente, intra y extracolonial, y en estrategias reproductivas que son socialmente relevantes pues se vinculan directamente con algunas conductas sociales. Las categorías o niveles sociales se han definido fundamentalmente sobre la base de rasgos conductuales, vinculados con la biología de nidificación, y en diversos grupos taxonómicos se ha evidenciado una vinculación de las categorías sociales con los repertorios de conductas tolerantes e intolerantes, y con las capacidades de reconocimiento intraespecífico.

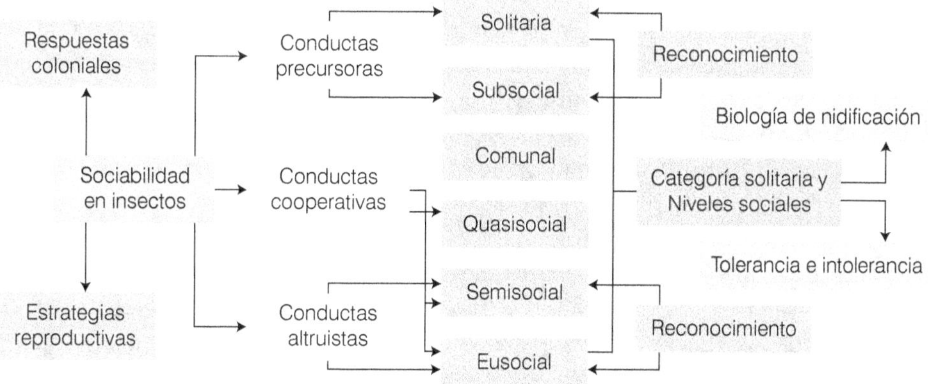

Nidificación y sociabilidad

Dentro de los insectos, las termitas y las hormigas corresponden a los grupos de especies eusociales de mayor diversidad, los cuales están constituidos solo por especies eusociales (Crozier y Pamilo 1996, Thorne 1997), excluyendo a unas pocas especies de hormigas que pueden ser consideradas como cooperadoras en la crianza en lugar de eusociales (Crespi 1996). En contraste, las avispas y abejas corresponden a los grupos donde se presenta una mayor variación en niveles sociales. Las especies de avispas son mayoritariamente solitarias, algunas comunales y otras exhiben eusociabilidad primitiva y avanzada (Hunt 2007, Rehan y Toth 2015). Las abejas también incluyen especies representantes de un amplio rango social, desde aquellas que exhiben vida solitaria hasta especies eusociales avanzadas (Rehan y Toth 2015, Wenseleers y van Zweden 2017).

Los patrones generales de nidificación (construcción, aprovisionamiento y arquitectura básica de los nidos) son característicos de distintas categorías sociales en algunos grupos taxonómicos donde existe variación en los niveles de sociabilidad (Wilson 1971, Michener 1974). En general, las hembras solitarias nidifican solas y no tienen contacto entre individuos conespecíficos. Las especies comunales comparten sitios de nidificación en los cuales ocurren interacciones entre las hembras fundadoras de nidos. Las especies primitivamente eusociales tienen reinas (o rey y reina) que se reproducen y obreras no reproductoras, aunque algunas obreras pueden nidificar y reproducirse en forma independiente. En las especies de eusociabilidad avanzada las obreras no efectúan nidificación independiente (Flores-Prado 2012, Hunt 2012). Por otra parte, en especies solitarias y en muchas especies subsociales, las hembras efectúan **aprovisionamiento masivo** que consiste en que todos los recursos alimenticios necesarios para el desarrollo de un individuo, son depositados por la madre dentro de una celda construida por ella, la que sella después de haber puesto un huevo en su interior. De esta manera, los individuos se desarrollan dentro de celdas, aislados de otros individuos, y las madres adultas no tienen contacto con su progenie en desarrollo (Michener 1969, 1974, Field 2005). En cambio, en especies eusociales y en algunas subsociales, las hembras efectúan un **aprovisionamiento progresivo** consistente en la entrega reiterada de recursos alimenticos para la progenie, a medida que esta se va desarrollando. En algunas especies existen nidos que no están constituidos por celdas y las hembras (madres u obreras, dependiendo de la especie) entregan progresivamente alimento a las larvas. En otras especies cuyos nidos están constituidos por celdas o cámaras de desarrollo, las hembras alimentan progresivamente a las larvas y sellan las celdas cuando estas alcanzan el estado de pupa. Este tipo de aprovisionamiento brinda la posibilidad de contacto entre hembras adultas e individuos en desarrollo (Michener 1969, 1974, Field 2005).

En resumen, los estudios sobre biología de la nidificación aportan información relevante para conocer el nivel social, o identificar la categoría solitaria (véase secciones "Categoría solitaria y niveles sociales" y "Biología de nidificación" en la **Figura 4-1**), de muchas especies de abejas y avispas que han sido poco investigadas desde aproximaciones ecológico-conductuales o socio-biológicas, considerando que en estos grupos de insectos existe variedad de niveles sociales (Flores-Prado 2012).

Nidificación y sociabilidad en especies nativas

Se ha planteado que todas las especies eusociales de abejas y avispas presentes en Chile son introducidas, con la excepción del abejorro *Bombus dahlbomii*, y que la mayor parte de las avispas y abejas nativas tienen hábitos solitarios (Chiappa y Flores-Prado 2008). Sin embargo, los atributos de nidificación se desconocen para la mayoría de las especies nativas. Al respecto, de acuerdo con la lista sistemática de abejas chilenas más recientemente publicada, se ha estimado que 424 especies tienen presencia en Chile, de las cuales solo cinco son introducidas (Montalva y Ruz 2010). A esta cifra se deben agregar registros de cuatro especies descritas, pero no informadas para Chile en la lista anteriormente mencionada (Packer y Dumesh 2012, Montalva y Packer 2012, Montalva *et al.* 2013, 2015), tres de las cuales probablemente corresponden a especies introducidas accidentalmente (Montalva y Packer 2012, Montalva *et al.* 2013, 2015). En cuanto a las especies nativas, se deben agregar a la lista al menos 28 nuevas especies de descripción posterior a 2010 (Dumesh y Packer 2011, 2013, Packer 2012, 2016, Packer y Dumesh 2014, Dos Santos Ramos 2014, Monckton 2016, Ferrari 2017, González-Vaquero *et al.* 2017, Packer y Ruz 2017, Packer *et al.* 2017). Por lo tanto, y bajo el supuesto que las especies de la lista sistemática de abejas chilenas (Montalva y Ruz 2010) sigan reconociéndose como válidas en la actualidad, el número de abejas nativas descritas supera las 445 especies, en 26 de las cuales se ha propuesto algún nivel social o vida solitaria (excluyendo las especies parásitas). En este capítulo se sugieren 11 especies más en alguna de esas categorías, sobre la base de estudios publicados en atributos conductuales y/o de nidificación (Tabla 4-2). En cuanto a las avispas, solo en 10 especies nativas de las familias Vespidae y Crabronidae (anteriormente reconocida como Sphecidae) se encontró suficiente información para proponer su nivel social o la ausencia de sociabilidad (Tabla 4-2). Este número es muy reducido considerando que se ha informado la presencia en Chile de 60 especies de la familia Vespidae y de 95 especies de la familia Crabronidae (véase Chiappa 2012). En total, en este capítulo se analizan antecedentes sobre nidificación y/o interacciones conductuales para 37 especies de abejas y 10 especies de avispas nativas, obtenidos solo desde publicaciones (N = 36) que presentan información con el suficiente detalle biológico y metodológico para confirmar o proponer algún nivel social, o ausencia de sociabilidad. A continuación se discuten los antecedentes obtenidos.

Abejas: Familia Andrenidae

Los nidos de *Liphanthus alicahue* son construidos por las hembras en el suelo y están conformados fundamentalmente por un orificio de entrada, con una acumulación de partículas de suelo en un costado llamada túmulus, un túnel principal que desciende diagonalmente, túneles laterales y ramificados conectados con el túnel principal, los cuales terminan en celdas únicas, o en series de dos, donde se desarrollan los inmaduros (Rozen 1989). Las hembras aprovisionan las celdas con polen que utilizan para elaborar una masa húmeda y plana como fuente de alimento, sobre la cual depositan un huevo. Una vez que las celdas son aprovisionadas, es decir, cuando el nido está completo, el

Tabla 4-2

Especies de abejas y avispas nativas de Chile y su categoría social propuesta.
Las categorías se basan en la biología de nidificación (BN) o el repertorio conductual (RC).

Familia	Especie	Categoría social propuesta	Criterio
Andrenidae	*Liphanthus alicahue*	Solitaria	BN
	Liphanthus sabulosus	Solitaria	BN
	Parasarus atacamensis	Comunal	BN
	Euherbstia excellens	Solitaria	BN
	Neffapis longilingua	Comunal	BN
	Protandrena evansi	Comunal	BN
	Nolanomellissa toroi	Solitaria	RC
	Acamptopoeum submetallicum	Solitaria	RC
	Spinoliella herbsti	Solitaria	BN
	Spinoliella maculata	Solitaria	BN
Colletidae	*Cadeguala occidentalis*	Solitaria	BN
	Cadeguala albopilosa	Solitaria	BN
	Diphaglossa gayi	Solitaria	BN
	Xeromelissa nortina	Solitaria	BN
	Xeromelissa sielfeldi	Solitaria	BN
	Colletes musculus	Solitaria	BN
Halictidae	*Penapis toroi*	Solitaria	RC
	Ruizantheda mutabilis	Comunal	RC
	Corynura chloris	Semisocial	RC
	Corynura herbsti	Semisocial	RC
	Corynura patagónica	Semisocial	RC
	Caenohalictus dolator	Comunal	RC
	Pseudagapostemon pississi	Comunal	RC
	Ruizantheda proxima	Comunal	RC
	Caenohalictus cuprellus	Solitaria	RC
	Corynura melanoclada	Solitaria	RC
	Lasioglossum aricence	Solitaria	RC
	Corynura moscosensis	Solitaria [1]	BN
Megachilidae	*Neofidelia profuga*	Solitaria	BN
	Megachile semirufa	Solitaria	BN
	Notanthidium chilense	Solitaria	BN

Lugar de colecta/observación	Referencia del estudio	Referencia de categoría social propuesta
Paipote, III Región	Rozen (1989)	Este capítulo
Tilama, IV Región Vicuña, IV Región	Rozen (1989) Mena y Ruz (2003)	Mena y Ruz (2003)
Paipote, III Región Vicuña, IV Región	Ruz y Rozen (1993)	Este capítulo
Vicuña, IV Región	Rozen (1993)	Este capítulo
Vicuña, IV Región	Rozen y Ruz (1995)	Rozen y Ruz (1995)
Farellones, Región Metropolitana	Chiappa y Castro (2006)	Chiappa y Castro (2006)
Vallenar, III Región	Grixti *et al.* (2004)	Grixti *et al.* (2004)
Fray Jorge, IV Región	Grixti *et al.* (2004)	Grixti *et al.* (2004)
Tilama, IV Región	Rozen (2013)	Este capítulo
Reñaca, V Región	Rozen (2013)	Este capítulo
Panguipulli, XIV Región Miraflores, V Región	Torchio y Burwell (1987) Montalva *et al.* (2011)	Torchio y Burwell (1987)
Lago Yelcho, X Región	Sarzetti *et al.* (2013)	Este capítulo
Río Negro y Lonconao, X Región	Sarzetti *et al.* (2013)	Este capítulo
Aguas Blancas, II Región	Rozen y Wyman (2015)	Este capítulo
Puquios, III Región	Rozen y Wyman (2015)	Este capítulo
Puaucho, IX Región	Chiappa *et al.* (2018)	Chiappa *et al.* (2018)
Chañaral, III Región	Packer (2005)	Packer (2005)
Colliguay, Región Metropolitana	Packer (2006)	Packer (2006)
Valdivia, XIV Región	Packer (2006)	Packer (2006)
Colliguay, Región Metropolitana	Packer (2006)	Packer (2006)
Aguas Calientes, X Región	Packer (2006)	Packer (2006)
Zapahuira, XV Región	Packer (2006)	Packer (2006)
Fray Jorge, IV Región	Packer (2006)	Packer (2006)
Valdivia, XIV Región	Packer (2006)	Packer (2006)
Zapahuira, XV Región	Packer (2006)	Packer (2006)
Valdivia, XIV Región	Packer (2006)	Packer (2006)
Valle de Azapa, XV Región	Packer (2006)	Packer (2006)
Hualaihue, X Región	González-Vaquero *et al.* (2017)	González-Vaquero *et al.* (2017)
III y IV Región	Rozen (1973)	Este capítulo
La Parva, Región Metropolitana	Montalva *et al.* (2012)	Montalva *et al.* (2012)
Chapiquiña, XV Región	Rozen (2015)	Este capítulo

Familia	Especie	Categoría social propuesta	Criterio
Apidae	Bombus dahlbomii	Eusocial [2]	RC
	Centris tamarugalis	Solitaria/Comunal [3]	BN
	Centris rodophthalma	Solitaria	BN
	Manuelia gayi	Solitaria	BN
	Manuelia gayatina	Solitaria	BN
	Manuelia postica	Solitaria	BN
Crabronidae	Zyzzyx chilensis	Solitaria	BN
	Trachypus denticollis	Solitaria	BN
	Sphex latreillei	Solitaria/Subsocial [4]	BN
Vespidae	Hypodynerus labiatus	Solitaria [5]	BN
	Hypodynerus humeralis	Solitaria [5]	BN
	Hypodynerus vespiformis	Solitaria [5]	BN
	Hypodynerus colocolo	Solitaria [5]	BN
	Hypodynerus andeus	Solitaria [5]	BN
	Stenodynerus scabriusculus	Solitaria	BN
	Pachodynerus peruensis	Solitaria	BN

En algunas especies el nivel social o la categoría solitaria fue propuesto o mencionado en el artículo publicado ("Referencia del estudio"). Para otras especies, la propuesta es original en base a los antecedentes publicados. En los estudios en los que se efectuó colecta de nidos o individuos, u observaciones de campo, se indica la región administrativa de Chile. [1]Especie presumiblemente solitaria; [2]especie que posee los rasgos conductuales considerados para el nivel eusocial primitivo (Michener

túnel principal y los túneles laterales son cubiertos con material del suelo (Rozen 1989) (**Figura 4-2a**). En *L. sabulosus* los nidos también son construidos en el suelo, aunque solo se han observado celdas dispuestas de manera casi horizontal, las cuales también son aprovisionadas con una masa húmeda de polen (Rozen 1989). Aun cuando no se ha planteado si ambas especies presentan algún nivel social o ausencia de sociabilidad, su patrón de nidificación es característico de las especies solitarias de abejas. Observaciones posteriores sobre las actividades de nidificación realizadas por hembras de *L. sabulosus* han permitido confirmar una estrategia solitaria de nidificación en esta especie (Mena y Ruz 2003).

Lugar de colecta/observación	Referencia del estudio	Referencia de categoría social propuesta
	Ruiz (1939) Estay (2017)	Michener (1974)
Pampa del Tamarugal, I Región	Chiappa y Toro (1994)	Chiappa y Toro (1994) / Este capítulo
Varillar y Hurtado, IV Región	Chiappa *et al.* (2000)	Chiappa *et al.* (2000)
	Daly *et al.* (1987) Flores-Prado *et al.* (2010)	Daly *et al.* (1987)
	Daly *et al.* (1987) Flores-Prado *et al.* (2010)	Daly *et al.* (1987)
Altos de Vilches, VII Región	Flores-Prado *et al.* (2008a) Flores-Prado *et al.* (2010) Flores-Prado y Niemeyer (2012) Flores-Prado *et al.* (2014)	Flores-Prado *et al.* (2008a)
Mendoza, Argentina	Genise (1982)	Genise (1982)
Quilpue, V Región	Polidori *et al.* (2009)	Polidori *et al.* (2009)
Parral, VII Región	Chiappa *et al.* (1996)	Chiappa *et al.* (1996) / Este capítulo
Santiago, Región Metropolitana	Claude-Joseph (1924) Ruiz (1938)	Barrera-Medina (2011)
Santiago, Región Metropolitana	Claude-Joseph (1924)	Barrera-Medina (2011)
Santiago, Región Metropolitana	Claude-Joseph (1924)	Barrera-Medina (2011)
Santiago, Región Metropolitana Niebla, XIV Región	Claude-Joseph (1924) Pérez-D'Angello (1973)	Barrera-Medina (2011)
Valle de Azapa, XV Región	Méndez-Abarca *et al.* (2012)	Barrera-Medina (2011)
Santiago, Región Metropolitana	Claude-Joseph (1924)	Este capítulo
Salar de Pintados, I Región	Chiappa y Rojas (1991)	Este capítulo

974); [3]especie cuyos antecedentes corresponden a los esperados para las categorías solitaria y comunal (Michener 1974); specie cuyos antecedentes permitieron proponerla como solitaria de nidificación gregaria en el artículo de referencia (Chiappa al. 1996), pero es sugerida como subsocial en este capítulo; [5]especie perteneciente a un género que ha sido propuesto omo solitario (Barrera-Medina 2011).

Los nidos de *Parasaurus atacamensis* son construidos en el suelo y presentan una arquitectura básica similar a lo descrito previamente para *L. alicahue*, pero con túneles laterales que finalizan en celdas únicas (Ruz y Rozen 1993). El aprovisionamiento de las celdas es similar también al descrito previamente para las especies de *Liphanthus*. Especialmente interesante es la observación de que un mismo nido puede ser utilizado por más de una hembra (Ruz y Rozen 1993), lo que sugiere un sistema de nidificación comunal.

Los nidos de *Euherbstia excellens* también son construidos en el suelo, con un acceso entre las paredes de grietas que continúa en un túnel principal, el cual se prolonga

Figura 4-2
Arquitectura de nidos de algunas especies nativas de abejas.

a) *Liphanthus alicahue* (modificado de Rozen 1989, con autorización de Jerom G. Rozen, Jr.), **b)** *Protandrena evansi* (modificado de Chiappa y Castro 2006, con autorización de Elizabeth Chiappa T.), **c)** *Cadeguala occidentalis* (modificado de Montalva *et al.* 2011, con autorización de José Montalva), **d)** *Cadeguala albopilosa* (modificado de Sarzetti *et al.* 2013, con autorización de Laura C. Sarzetti y de la revista donde fue publicado); **e)** *Diphaglossa gayi* (modificado de Sarzetti *et al.* 2013, con autorización de Laura C. Sarzetti y de la revista donde fue publicado), **f)** *Neofidelia profuga* (modificado de Rozen 1973, con autorización de Jerom G. Rozen, Jr.), **g)** *Centris tamarugalis* (modificado de Chiappa y Toro 1994, con autorización de Elizabeth Chiappa T.), **h)** *Centris rodophthalma* (modificado de Chiappa *et al.* 2000, con autorización de Elizabeth Chiappa T.), **i)** *Manuelia gayi* (elaborado por el autor), **j)** *Manuelia postica* (elaborado por el autor).

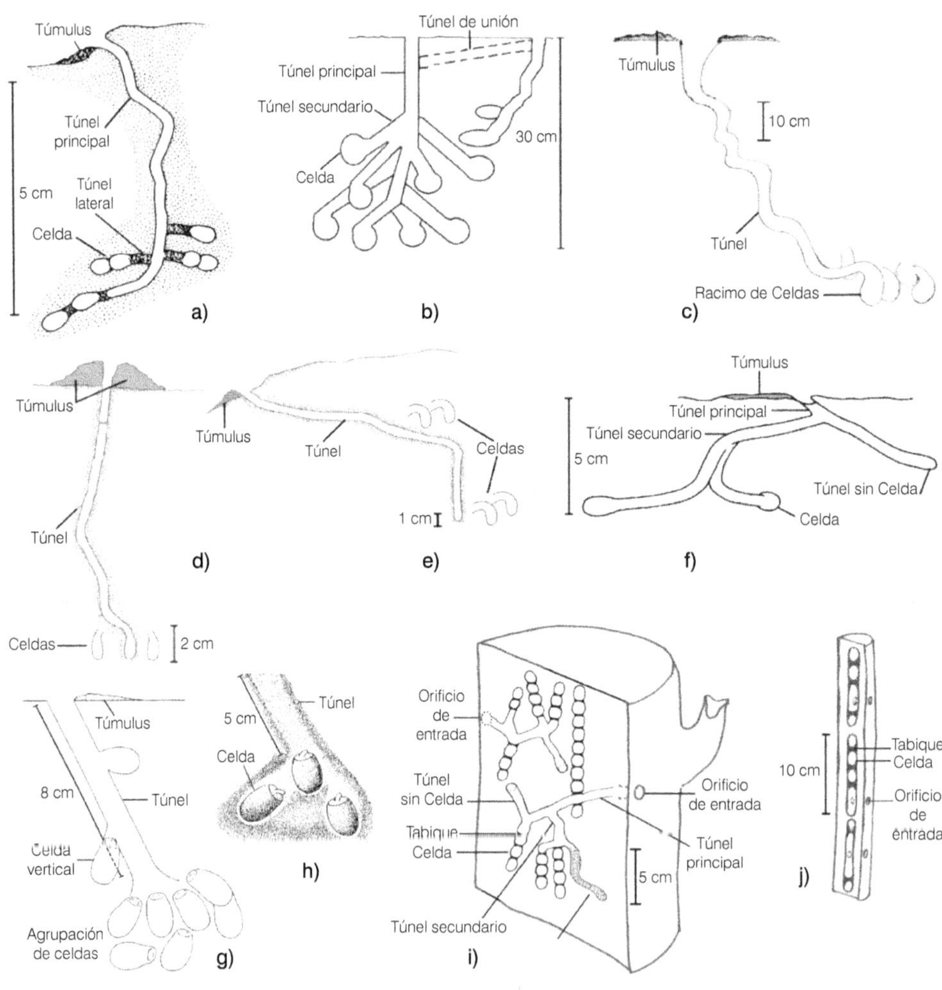

en pequeños túneles laterales que terminan en una celda. Así, cada nido posee celdas agrupadas en torno al túnel central. Las hembras aprovisionan sus celdas formando masas de polen de forma esférica, sobre las cuales depositan un huevo. Aunque no se propuso explícitamente su nivel social, se ha sugerido que cada nido es construido y aprovisionado por una sola hembra (Rozen 1993), situación que, junto con la arquitectura descrita de los nidos, permite proponer a esta especie como solitaria.

Tal como en *E. excellens*, en *Neffapis longilingua* el acceso a los nidos y el inicio del túnel principal de estos están localizados entre las paredes de grietas. Sin embargo, cada túnel principal penetra orientándose más o menos horizontalmente, y terminando cada uno en una celda. Las masas de polen dentro de las celdas son similares a las de *E. excellens*. Las celdas aprovisionadas quedan aisladas del túnel debido a que su extremo anterior es rellenado con material del suelo. Sobre la base de la observación de varias hembras ingresando por medio de una misma entrada, entre las paredes de grietas, se ha planteado que esta especie se caracterizaría por un sistema de nidificación comunal (Rozen y Ruz 1995).

Las hembras de *Protandrena evansi* (**Figura 4-3a**) excavan un orificio que se prolonga en un túnel principal, el que posteriormente se ramifica en túneles secundarios cortos que terminan en celdas independientes entre sí (**Figura 4-2b**, Chiappa y Castro 2006).

Figura 4-3

Especies nativas de abejas.

a) *Protandrena evansi*, **b)** *Cadeguala occidentalis* **c)** *Megachile semirufa*, **d)** *Bombus dahlbomii*, **e)** *Centris tamarugalis*, **f)** *Manuelia gayi*, **g)** *Manuelia postica*, **h)** *Ruizantheda mutabilis*, **i)** *Corynura chloris*. Imágenes de Luis Flores-Prado, excepto e) gentileza de Felipe Vivallo.

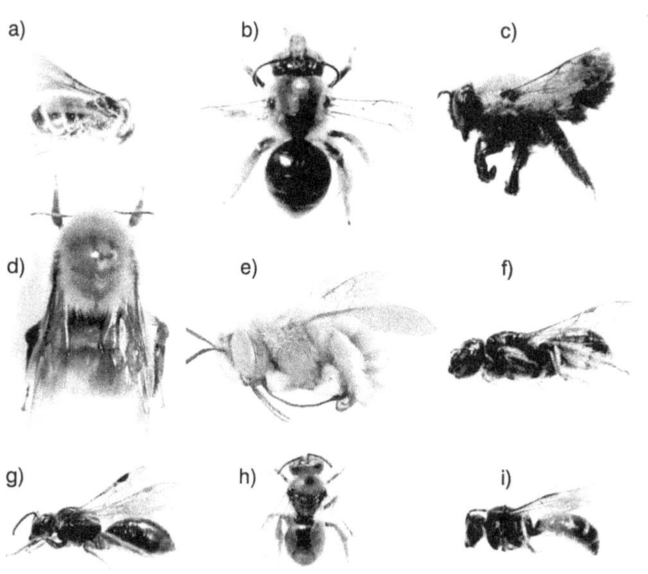

171

Las hembras aprovisionan las celdas construyendo masas de polen esféricas, sobre las que depositan un huevo. Observaciones de campo permitieron demostrar que los accesos (orificio de entrada y túnel principal) son ocupados por más de una hembra. Sin embargo, cada hembra construye y aprovisiona su celda de forma independiente. Estos antecedentes condujeron a considerar a esta especie como de nidificación comunal (Chiappa y Castro 2006).

El nido de *Spinoliella herbsti* es construido en el suelo con un orificio de acceso en la superficie que continúa en un túnel principal. Este túnel desciende de forma oblicua y sinuosa, con celdas orientadas horizontalmente. También existen túneles laterales llenos de material del suelo. Las celdas son aprovisionadas con polen y probablemente néctar, formando una masa de alimento esférica y compacta (Rozen 2013). El nido de *S. maculata*, también construido en el suelo, está formado por un túnel principal que desciende oblicuamente desde el orificio de entrada, y que luego se ramifica en uno o más túneles laterales curvados hacia abajo. Cada uno de estos túneles laterales finaliza en una celda horizontal que contiene una masa esférica de alimento. Ambas especies son solitarias, lo cual coincide con otras especies de *Spinoliella* en que se ha propuesto que las hembras construyen sus nidos solitariamente (Rozen 2013).

Abejas: Familia Colletidae

En *Cadeguala occidentalis* (**Figura 4-3b**) se han observado nidos en el suelo y dispuestos en agregaciones (Torchio y Burwell 1987, Montalva *et al*. 2011). El patrón arquitectónico básico de cada uno consiste en un túmulus, una entrada que se prolonga en un túnel principal, más o menos vertical, con celdas agrupadas en torno a este y dispuestas en un mismo nivel (al final del túnel), o en dos niveles, en la parte superior del túnel y al final de este (**Figura 4-2c**, Torchio y Burwell 1987, Montalva *et al*. 2011). En algunos nidos se han encontrado túneles laterales que terminan en una celda. Las celdas son aprovisionadas mayormente con néctar y en menor proporción con polen, constituyendo una mezcla principalmente líquida, en la cual la hembra pone un huevo. Se han encontrado una gran cantidad de nidos en espacios relativamente reducidos: 22 nidos en 6 m² (Torchio y Burwell 1987) y 158 en 2.04 m² (Montalva *et al*. 2011). Aunque se ha planteado que esta especie exhibe nidificación solitaria (Torchio y Burwell 1987), aún no es clara la naturaleza de las posibles interacciones sociales entre las hembras de nidos vecinos.

La arquitectura de los nidos de *C. occidentalis* es similar al de las otras dos especies. Los nidos de *Cadeguala albopilosa* presentan celdas ubicadas cerca del extremo final del túnel principal (**Figura 4-2d**, Sarzetti *et al*. 2013). En el caso de *Diphaglossa gayi* los nidos poseen celdas en dos niveles (**Figura 4-2e**). Tanto en *C. albopilosa* como en *D. gayi*, las celdas contienen provisiones semilíquidas sobre las cuales las hembras depositan un huevo (Sarzetti *et al*. 2013). De acuerdo a los antecedentes de la biología de nidificación, ambas especies corresponden a formas solitarias.

En *Xeromelissa nortina* y *X. sielfeldi*, se observaron nidos construidos en ramas secas (Rozen y Wyman 2015). La arquitectura general de los nidos es similar en ambas especies. Estos cuentan con un orificio de entrada que se prolonga en una serie lineal de celdas excavadas dentro de la madera, cuya cantidad varía entre 2 y 8. Las celdas son aprovisionadas con néctar y polen, formando una mezcla semilíquida en la que la hembra deposita un huevo. El orificio de entrada puede incluir una barrera de tejido tipo seda construido por la hembra (Rozen y Wyman 2015). Estos nidos son característicos de **abejas carpinteras**, un antecedente interesante pues la "carpintería" que ha evolucionado en linajes de la familia Megachilidae y Apidae (Flores-Prado *et al.* 2010), no se ha reportado en la familia Colletidae. Las observaciones efectuadas en los nidos de ambas especies permiten proponerlas como especies solitarias.

Colletes musculus construye nidos en suelo de cohesión débil, o en arena, cuya arquitectura general corresponde a un orificio de entrada que continúa en un túnel, o galería, que se prolonga inclinadamente en relación al suelo, y que termina en una sola celda. Las celdas están tapizadas por un material secretado por la hembra, el cual también utiliza para construir un capullo dentro del cual se desarrollan los individuos. Esta especie ha sido considerada como solitaria (Chiappa *et al.* 2018), lo que es consistente con los antecedentes presentados sobre su biología de nidificación.

Abejas: Familia Halictidae

En *Corynura moscosensis* los nidos son construidos en el suelo. A partir de un orificio de entrada sin túmulo, se prolonga en un túnel que desciende oblicuamente. Alrededor de este túnel descendente se localizan celdas de forma ovoide (González-Vaquero *et al.* 2017). Las celdas pueden encontrarse muy cerca unas de otras (agrupadas) o no. Algunas celdas son aprovisionadas con polen y néctar. En algunos nidos se han observado más de una hembra compartiendo el mismo túnel, lo cual podría explicarse si hembras ya fecundadas (i.e., fuera de la época reproductiva) se protegen de una estación desfavorable al interior de su nido natal (González-Vaquero *et al.* 2017). Todas estas observaciones no han sido suficientes para determinar el nivel de organización social en esta especie (González-Vaquero *et al.* 2017). Es posible que esta sea una especie fundamentalmente solitaria, en que se puede observar una proporción mínima de nidos con más de una hembra adulta durante la etapa de desarrollo de los individuos inmaduros, como ha sido observado en otras especies solitarias de abejas (Flores-Prado 2012).

Abejas: Familia Megachilidae

Los nidos de *Neofidelia profuga* son construidos en el suelo de forma agregada y están formados por un túmulus y un orificio de entrada que se extiende en un corto túnel principal, desde el cual se prolongan túneles secundarios que descienden más o menos sinuosamente, y que en su mayoría terminan en una celda única (**Figura 4-2f**, Rozen 1973). Las celdas son aprovisionadas por la hembra con polen y néctar con el que forma una masa húmeda sobre la que deposita un huevo. Los túneles son llenados con material del suelo, lo que podría ser parte de una estrategia por parte de la hembra para impedir el acceso a las celdas que albergan a su progenie en desarrollo (Rozen 1973). Estos atributos de nidificación son consistentes con los descritos en especies solitarias.

En *Megachile semirufa* (**Figura 4-3c**) los nidos corresponden a series lineales de celdas interconectadas, construidas con hojas y dispuestas principalmente bajo rocas. Dentro de las celdas la hembra elabora una masa de polen sobre la cual deposita un huevo (Montalva *et al.* 2012). A diferencia de lo descrito en otras especies del mismo género, las celdas del nido no están contenidas dentro de un túnel construido en el suelo, sino dentro de ramas huecas, en galerías construidas en madera o abandonadas por otros insectos (Montalva *et al.* 2012). Sin embargo, es interesante que la nidificación bajo rocas también ha sido observada en M. *pollinosa*, otra especie nativa de Chile (Raw 2007), lo cual prácticamente no ha sido reportado para los *Megachile* de distribución Neotropical (Raw 2007). *Megachile semirufa* y M. *pollinosa* pertenecen a un subgénero distribuido en la región Andina de Bolivia, Perú, Argentina y Chile (Durante *et al.* 2006), lo que sugiere que la nidificación basada en celdas construidas con hojas y dispuestas bajo rocas puede representar una adaptación conductual en especies de distribución más austral. Basado en los atributos de nidificación descritos, M. *semirufa* se puede considerar como solitaria.

Lo que sabemos en el caso de *Notanthidium chilense* proviene de la descripción de un nido que se encontró rodeando una rama de *Baccharis* sp., construido con un material resinoso que contenía cuatro celdas separadas por tabiques también de material resinoso (Rozen 2015). En el interior del nido se encontraron capullos con individuos en distintos estados de desarrollo, uno en cada celda (Rozen 2015). Esta descripción también es concordante con una especie solitaria.

Abejas: Familia Apidae

Bombus dahlbomii (**Figura 4-3d**) es la única especie de abeja nativa que posee las características consideradas para el nivel eusocial primitivo, al igual que las demás especies del género que no son parásitas sociales (Michener 1974). Aunque existe diferenciación en tamaños corporales entre obreras y reina, las castas no exhiben otras diferencias estructurales (Estay 2007), las que sí se observan en las especies eusociales avanzadas (Michener 1974). De acuerdo con observaciones sobre su biología de nidificación, para construir su nido una hembra fecundada de B. *dahlbomii* puede ocupar una galería abandonada de roedores o una cavidad natural formada en las raíces de un árbol (Estay 2007). La cavidad es tapizada por la hembra generalmente con musgos (Ruiz 1939) o pastos (Estay 2007), dentro de la cual construye celdas elaboradas con cera que ella produce. La hembra aprovisiona con polen y néctar las celdas en cuyo interior ha depositado un huevo, para luego cerrarlas y abrirlas cada vez que agrega alimento (Ruiz 1939). Las primeras hembras emergidas desde las celdas donde se desarrollaron, permanecen en el nido unos días y luego inician labores específicas; algunas obreras buscan polen y néctar para alimentar a las larvas, mientras otras se ocupan de la defensa de la colonia (véase Estay 2007).

Centris tamarugalis (**Figura 4-3e**) es una especie de nidificación gregaria que originalmente fue descrita como una subespecie de *Centris mixta* (Toro y Chiappa 1989), pero en la actualidad se reconoce como una especie válida (Moure *et al.* 2007). Sus nidos son construidos en el suelo y están formados por un orificio de ingreso que continúa en un túnel principal que desciende oblicuamente, del cual se prolongan celdas y también pequeños túneles laterales que terminan en un grupo de celdas (**Figura 4-2g**, Chiappa y Toro 1994). Las hembras construyen una masa semi-sólida de polen y néctar en el interior de las celdas, sobre las cuales depositan un huevo. Una vez ocurrida la ovoposición, la hembra sella las celdas con material del suelo. Los túneles laterales y algunas celdas no selladas son usados simultáneamente por adultos como sitios de descanso durante las noches (Chiappa y Toro 1994). Se ha propuesto que en sectores con gran densidad de nidos, algunos de estos pueden estar conectados internamente (Chiappa y Toro 1994). Aunque estos antecedentes concuerdan con un patrón de construcción de nidos típico para especies solitarias, la conexión entre los nidos por medio de conductos permite sugerir nidificación comunal, debido a que las hembras reproductoras compartirían algunos conductos en un mismo sustrato de nidificación, lo cual es característico de especies comunales (Michener 1969, 1974).

La abeja *Centris rodophthalma* se caracteriza por construir sus nidos en el suelo, cuya arquitectura básica es parecida a los nidos de *C. tamarugalis*. Así, este incluye un orificio de acceso y un túnel principal sin ramificaciones, el que finaliza en celdas dentro de las cuales se desarrolla la progenie aprovisionada por la hembra. Una vez construido el nido, los conductos son rellenados con material del suelo. *C. rodophthalma* ha sido considerada como solitaria, y a diferencia de *C. tamarugalis*, los nidos poseen pocas celdas y no se encuentran en agregaciones (**Figura 4-2h**, Chiappa *et al.* 2000).

En *Manuelia gayatina* y *M. gayi* (**Figura 4-3f**) se han realizado algunas observaciones sobre su nidificación, las cuales no constituyen una descripción en detalle (Daly *et al.*1987). Los nidos de *M. gayatina* se han encontrado en ramas secas y los de *M. gayi* se han observado en troncos secos. En ambas especies los nidos están conformados por túneles que se orientan de manera paralela al eje longitudinal de ramas y troncos. En estos existen celdas dispuestas en serie (una al lado de la otra), separadas por tabiques construidos con partículas de madera. Las ramas usadas por *M. gayatina* poseen un orificio en la superficie que es usado por una sola hembra para ingresar a su nido, en tanto que en *M. gayi* hay un orificio de entrada en la superficie del tronco, que puede ser utilizado por diversas hembras para ingresar, cada una de las cuales ha construido un nido dentro del mismo tronco. Estas observaciones han permitido proponer como solitarias a ambas especies (Daly *et al.* 1987). En *M. gayi* se han observado nidos agregados dentro de troncos, algunos de los cuales son lineales y otros posiblemente ramificados (datos no publicados). Los nidos lineales incluyen un solo túnel compuesto por celdas dispuestas en serie, separadas por tabiques construidos con partículas de madera. Los nidos ramificados presentan un túnel principal sin celdas y uno o más túneles secundarios, algunos de los cuales están compuestos por celdas y otros no. También se han observado túneles con aserrín, o partículas de madera resultantes de la excavación que hace la hembra (**Figura 4-2i**, L. Flores-Prado datos no publicados).

Las hembras de *Manuelia postica* (**Figura 4-3g**) construyen nidos mayoritariamente en tallos secos de quila (*Chusquea quila*) y en menor medida, en ramas secas de zarzamora (*Rubus ulmilfolius*) y lingue (*Persea lingue*). En cada rama puede encontrarse uno o más nidos, pero siempre están separados y tienen su propio orificio de ingreso. El nido consiste en un túnel lineal que puede extenderse hacia uno o ambos lados de un orificio de entrada localizado en el sector central del nido. Las celdas están separadas por tabiques que son elaborados con los restos del sustrato de nidificación excavado por la hembra (**Figura 4-2j**, Flores-Prado *et al.* 2008a). Los individuos inmaduros se desarrollan en celdas separadas hasta que estos alcanzan el estado adulto (Flores-Prado *et al.* 2010). Estos atributos de nidificación son característicos de especies solitarias. Sin embargo, esta especie también exhibe dos atributos conductuales que han sido propuestos como **rasgos precursores de sociabilidad**, los cuales corresponden a un conjunto de atributos presentes en algunas especies solitarias y subsociales, que son socialmente relevantes pues han sido hipotetizados como prerrequisitos para la evolución de la vida social en abejas (Michener 1969, 1974, véase sección "Conductas precursoras" y las categorías "Solitaria" y "Subsocial" en la **Figura 4-1**). Dos de estos rasgos ocurren con baja frecuencia en M. *postica* y corresponden a la tolerancia mutua por parte de dos hembras adultas para cohabitar un mismo nido durante el período de nidificación, y la protección de los individuos en desarrollo por parte de la madre (Flores-Prado *et al.* 2008a). Respecto de este último, se ha observado que la madre efectúa una conducta de guardia consistente en el bloqueo completo del orificio de acceso al nido (Flores-Prado *et al.* 2008a) y se ha planteado que esta conducta podría disminuir el efecto de "enemigos naturales" sobre la adecuación biológica de las abejas, como por ejemplo, al impedir la oviposición de parasitoides en el orificio de entrada de los nidos, los cuales deben efectuar la postura de huevos atravesando las paredes del sustrato vegetal donde nidifican las abejas (Flores-Prado y Niemeyer 2012). De acuerdo con estos antecedentes, M. *postica* es una especie solitaria que presenta algunos rasgos propuestos como precursores de sociabilidad en abejas (Flores-Prado 2012). Finalmente, dado su patrón de nidificación en madera seca, las tres especies de *Manuelia* son consideradas abejas carpinteras (Flores-Prado *et al.* 2010).

Dos hospederos de nidificación bastante utilizados por M. *postica* son C. *quila* y en menor medida R. *ulmilfolius*, especies no solo diferenciadas ecológica y evolutivamente, sino que también en cuanto a las características físicas de las ramas que las abejas utilizan para nidificar (densidad de tejido vegetal y diámetro de la rama) (Flores-Prado *et al.* 2014). Un estudio demostró que los nidos construidos en C. *quila*, presentan mayor diámetro y densidad del tejido vegetal, además de mayor número de individuos desarrollándose en él, en comparación con los nidos construidos en R. *ulmilfolius* (Flores-Prado *et al.* 2014). Las características físicas de los sustratos de nidificación utilizados por las abejas carpinteras pueden influir en la adecuación biológica de las abejas, debido a que en el caso de M. *postica*, los nidos construidos en C. *quila* estarían más protegidos del ataque de parasitoides en comparación con abejas que nidifican en R. *ulmilfolius* (Flores-Prado *et al.* 2014).

Avispas: Familia Crabronidae

Zyzzyx chilensis es una especie de amplia distribución en Chile (Chiappa 2012), cuya descripción de nido se basa en observaciones realizadas en un sector de Carapacho, Provincia de Mendoza (Argentina). El nido es construido en suelo arenoso por una hembra, el que incluye un orificio de entrada que se prolonga en un túnel que desciende oblicuamente y termina en una celda única horizontal. Esta celda tiene forma ovoide, en cuyo interior la hembra deposita una presa (ej., una mosca), y luego deposita un huevo que queda adherido a la presa. Esta observación contrasta con información previa que indica que un nido estaría formado por más de una celda (Genise 1982). Previo al período de búsqueda de parejas sexuales y construcción de nidos, se ha observado a individuos de ambos sexos formando agrupaciones que cuelgan de las ramas de los árboles (Genise 1982). Aunque esta situación podría representar una conducta gregaria, no implica que esta especie sea social. Las características del nido y las observaciones sobre su construcción son características de una especie solitaria (Chiappa *et al.* 1996).

Sphex latreillei (**Figura 4-4a**) es una avispa que nidifica en el suelo en forma agregada, cuyos nidos están compuestos por un orificio de entrada y un túnel principal que termina en una celda donde se desarrollan los inmaduros (Chiappa y Toro 1995). Las hembras aprovisionan las celdas con una presa, habitualmente un saltamonte (Orthoptera) que capturan y paralizan después que lo han aguijoneado, o que roban en vuelo a otra hembra (Chiappa y Toro 1995). Sobre esta presa ponen un huevo y luego cierran temporalmente el nido con material del suelo y trozos de material vegetal seco, acomodados en el orifico de entrada. Se han registrado hembras aprovisionando sus celdas entre 4 a 12 veces antes del cierre definitivo del nido (Chiappa *et al.* 1996), lo cual implica que el aprovisionamiento podría ser de tipo progresivo. La arquitectura de los nidos es característica de especies solitarias, lo que es concordante con lo señalado antes para esta especie (Chiappa *et al.* 1996). Sin embargo, a diferencia de las especies de abejas solitarias, si *S. latrellei* exhibe un aprovisionamiento progresivo en sus nidos, esta especie podría ser considerada como subsocial.

Las hembras de *Trachypus denticollis* construyen nidos en el suelo, los cuales se encuentran en agregaciones. Cada nido consiste en un túnel principal que desciende en forma oblicua desde el orificio de entrada. Este da origen a túneles laterales de menor longitud, cada uno de los cuales finaliza en una celda donde se desarrollan los individuos inmaduros. Dentro de cada celda la hembra deposita una o más presas que corresponden a insectos cazados por esta, principalmente abejas de distintas especies (Polidori *et al.* 2009). En el estudio de Polidori *et al.* (2009) no se indica si después de la oviposición la celda es aprovisionada con presas y posteriormente sellada, una secuencia característica de especies solitarias que exhiben aprovisionamiento masivo, o las celdas son aprovisionadas progresivamente, una conducta característica de especies subsociales. Sin embargo, esta avispa pertenece a un género cuyas especies son consideradas de vida solitaria (Polidori *et al.* 2009).

Figura 4-4
Especies de avispas, hormigas y termitas nativas.

a) *Sphex latreillei*, **b)** *Camponotus morosus*, **c)** *Camponotus chilensis*, **d)** *Solenopsis gayi*, **e)** *Brachymyrmex giardii*, **f)** *Porotermes quadricollis*, **g)** *Neotermes chilensis*, **h)** *Dorymyrmex goetschi*, **i)** *Pogonomyrmex vermiculatus*. Créditos de imágenes: (a) Víctor Mandujano, (b, c, d, e, h, i) Patrich Cerpa, (f) Luis Flores-Prado, (g) Daniel Aguilera O.

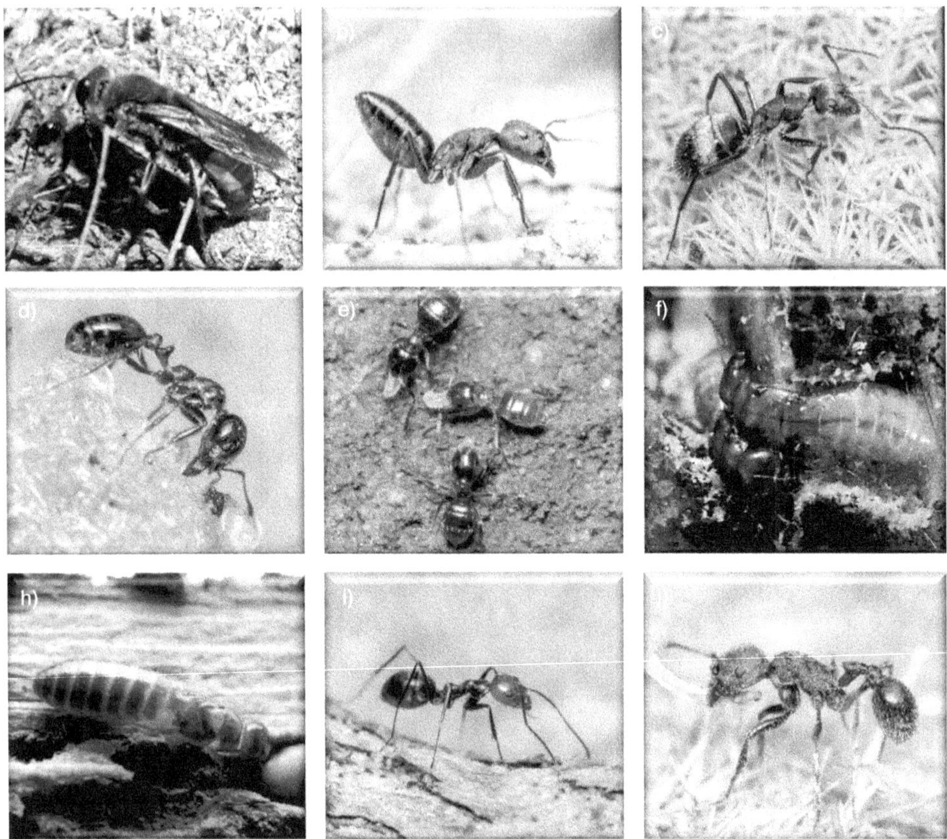

Avispas: Familia Vespidae

Observaciones detalladas sobre la biología de la nidificación de avispas del género *Hypodynerus* (previamente tratado como *Odynerus*) fueron publicadas por Claude-Joseph (1924), desde las cuales es posible concluir que las especies estudiadas realizan conductas de nidificación solitaria y aprovisionamiento en masa. De acuerdo con sus observaciones, *H. labiatus* elabora nidos sobre superficies planas de murallas o piedras. Una hembra construye una celda de barro en forma de cúpula y en la parte superior elabora una estructura con forma de embudo por el cual introduce el abdomen, deposita un huevo en el fondo de la celda, e ingresa orugas que ha capturado y paralizado después de aguijonearlas.

178

Una vez que la celda se llena de orugas que servirán de alimento a las larvas, la hembra humedece con saliva los bordes del embudo y sella el orificio de entrada. Repite este procedimiento hasta conformar una agrupación de celdas, unas en contacto con otras. Luego recubre las celdas con una capa de barro dándole una forma redondeada al nido y sobre este revestimiento construye celdas incompletas (i.e., celdas sin huevos ni orugas, con aberturas anchas en su parte superior), cuya función es probablemente brindar mayor protección a las larvas de la radiación solar o de parasitoides. La composición y estructura del nido coincide también con lo descrito por Ruiz (1938), quien también observó nidos construidos dentro de huecos de árboles y grietas de rocas.

Los nidos de *H. humeralis* también fueron estudiados por Claude-Joseph (1924). Una hembra construye una celda elipsoidal de barro, asentada de una rama de espino o zarzamora, cuyo embudo es similar al de las celdas de *H. labiatus*, pero está localizado hacia la parte inferior. La hembra fija un huevo a la bóveda de la celda, luego la aprovisiona con orugas y posteriormente la sella. Bajo y frente a la primera celda construye otras, dando por resultado dos o más series verticales de celdas. Finalmente, la hembra recubre con una capa de barro ese conjunto de celdas, confiriéndole una forma redondeada al nido.

Hypodynerus vespiformis utiliza nidos de *H. labiatus* y *H. humeralis* y realiza modificaciones en ellos antes de ocuparlos (Claude-Joseph 1924). La hembra puede destruir una celda desocupada (i.e., celda de un nido viejo) o una celda con una larva o pupa en su interior, en cuyo caso la hembra mata y desaloja al individuo en desarrollo. Tanto en una celda ocupada como en una desocupada, la hembra construye una pared delgada de barro en su interior para luego poner un huevo en el fondo y proceder posteriormente al aprovisionamiento. Una vez que la celda se llena de orugas, la hembra sella la entrada y repite el procedimiento con las celdas restantes en el nido. En ocasiones también reviste externamente el nido con una capa de barro. Claude-Joseph (1924) indica no haber observado nidificación propia en esta especie, pero lo sugiere a partir de nidos en cuyas celdas no se encontró una segunda pared de barro en su interior.

Hypodynerus colocolo es una especie que fue observada ocupando galerías vacías excavadas en troncos por insectos xilófagos, dentro de las cuales construye tantas celdas como el espacio lo permita (Claude-Joseph 1924). Adicionalmente, un nido de barro de esta especie fue observado fijado en un tallo de un arbusto, el cual estaba formado de dos celdas esféricas en contacto, una de las cuales presentaba un orificio que fue sellado (Pérez-D'angello 1973).

Otra especie estudiada por Claude-Joseph (1924) corresponde a *O. scabriusculus*, actualmente reconocida como *Stenodynerus scabriusculus*. De acuerdo con las observaciones del autor, las hembras excavan la médula de tallos secos de arbustos y zarzas para construir las celdas. También utilizan el entre-nudo (o segmento) superior del tallo hueco de alguna especie no identificada de Bambusácea, cuyo extremo superior queda abierto después de haber sido podado. Una vez que una hembra ingresa, desciende por el entre-nudo hasta el nudo inferior y construye un tabique de barro sobre él. Más arriba elabora un tabique con un embudo, quedando conformanda una celda. Luego introduce su abdomen y fija un huevo en la pared del tallo. Una vez que ha aprovisionado la celda con orugas, la sella y repite el procedimiento hasta construir tantas celdas como la longitud del entre-nudo lo permita. Finalmente, sella con barro la abertura del extremo superior del tallo, lo que probablemente permite proteger a las larvas de parasitoides y del agua (Claude-Joseph 1924).

Los nidos de *Hypodynerus andeus* son construidos con barro y han sido encontrados adheridos mayoritariamente a postes de concreto, o ramas de árboles. Estos consisten de agrupaciones de celdas elipsoidales que presentan una estructura con forma de embudo rodeando un orificio de entrada (Méndez-Abarca *et al.* 2012). Una vez que las celdas son aprovisionadas con larvas de polillas, la hembra destruye el embudo y sella el orifico de ingreso con barro (Méndez-Abarca *et al.* 2012). De acuerdo con estos antecedentes, esta especie presenta un aprovisionamiento en masa. De este modo, tanto los atributos de nidificación como los de aprovisionamiento de la progenie descritos en *H. andeus* son característicos de especies solitarias.

En el caso de *Pachodynerus peruensis*, los nidos son construidos en el suelo y consisten de una estructura tubular curvada en su extremo superior ("chimenea"), ubicada en la superficie del suelo. El nido continúa internamente con un túnel vertical, que en su trayecto presenta celdas laterales, y finaliza en una agrupación de celdas. Las celdas son aprovisionadas masivamente con gran cantidad de larvas de lepidópteros. La oviposición se realiza antes del aprovisionamiento de las celdas. Una vez finalizado el abastecimiento de las celdas, estas son selladas con un opérculo que la hembra construye con material del suelo (Chiappa y Rojas 1991). Este patrón de construcción del nido es típico de especies solitarias, lo cual concuerda con la ausencia de sociabilidad sugerida para los véspidos nativos de Chile (Chiappa 2012).

Tolerancia social y sociabilidad

Observaciones realizadas en arenas experimentales que consisten en un tubo transparente flexible en el cual dos abejas son introducidas en los extremos opuestos, para posteriormente unir ambos extremos y formar un anillo (**Figura 4-5**), han sido utilizadas para estudiar el repertorio conductual de hembras pertenecientes a especies con diferentes niveles de organización social (ej., McConnell-Garner y Kukuk 1997, Wcislo 1997, Pabalan *et al.* 2000, Packer 2005). Este sistema de observación permite examinar las interacciones conductuales que no es posible cuantificar al interior de los nidos, lo que ha contribuido a determinar el nivel de sociabilidad, o la categoría solitaria (véase conexión entre "Categoría solitaria y niveles sociales" y "Tolerancia e intolerancia" en la **Figura 4-1**), en especies carentes de datos socio-biológicos (Packer 2000, 2006, Packer *et al.* 2003).

En especies solitarias, la mayor frecuencia de interacciones conductuales entre hembras conespecíficas corresponde a la evitación, comparado con la agresión y cooperación. A juicio de algunos autores (ej., Kukuk 1992, Packer *et al.* 2003), el paso de una hembra sobre otra contactando su región ventral, es un tipo de interacción cooperativa, pues requiere de la coordinación conjunta entre las hembras para permitir que ambas pasen en direcciones opuestas, como ocurre en los túneles al interior de los nidos. Esta

Figura 4-5

Arena experimental para la observación de conductas que se despliegan en encuentros entre dos abejas. El sistema consiste en un tubo transparente y flexible, en el cual ambas abejas son introducidas en sus extremos opuestos para posteriormente unir ambos y formar un anillo. En la imagen se observa un par de abejas hembras, una frente a la otra.

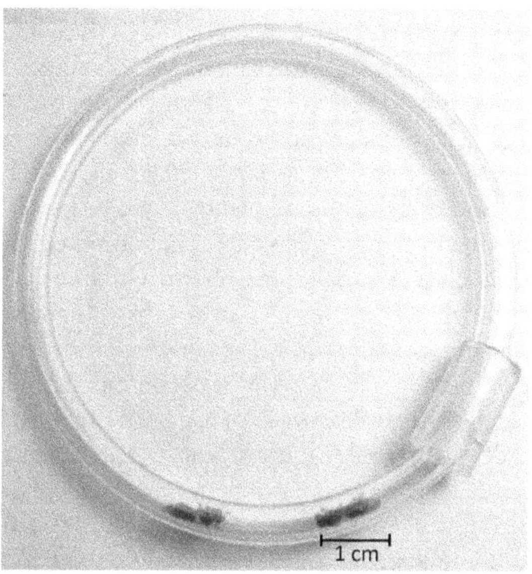

es una acción en que cada hembra quedaría vulnerable al ataque con la mandíbula y aguijón de la otra, en sectores corporales más sensibles (Kukuk 1992). Otra conducta exhibida de tipo cooperativo es la solicitud de alimento de una hembra hacia la otra, por medio de rápidos contactos entre las patas anteriores y antenas de la hembra solicitante y la cabeza de la potencial donadora, lo cual puede inducir el intercambio de alimento (Kukuk y Crozier 1990). Por otra parte, para la cooperación se ha utilizado el término "tolerante" poniendo énfasis en el despliegue de conductas de tolerancia en lugar de los beneficios en términos de adecuación biológica que la **cooperación** conlleva (para ejemplos ver revisión en Flores-Prado 2012). Por tal razón, dentro del siguiente apartado se utilizará el término "tolerancia" para reemplazar el término "cooperación" utilizado en los artículos consultados.

Las interacciones en especies comunales se caracterizan por una alta frecuencia de conductas tolerantes comparado con las conductas de evitación y agresión. Estos patrones son esperables si se considera que la nidificación comunal requiere que las hembras deban compartir un mismo acceso al nido para construir y aprovisionar las celdas de su progenie. Por el contrario, las hembras de especies solitarias no interactúan con otras hembras en sus nidos, por lo tanto, es esperable que no expresen interacciones afiliativas o de tolerancia social (Grixti *et al.* 2004). No obstante, las hembras de especies semisociales o eusociales también exhiben una alta frecuencia de conductas agresivas comparadas con las conductas de tolerancia y de evitación (Packer *et al.* 2003).

Tolerancia social y sociabilidad en especies nativas

A continuación, examino los resultados de estudios realizados en especies nativas de abejas utilizando arenas de observación como las descritas anteriormente, y en los cuales se realizan inferencias sobre la estructura social de las especies estudiadas.

Estudios basados en la morfología de los ovarios y de comportamiento en hembras de *Nolanomellissa toroi* (Andrenidae) constatan una ausencia de conductas tolerantes (llamadas de cooperación en su estudio), lo cual permitió a Grixti *et al.* (2004) descartar el nivel comunal. Por otra parte, los autores plantean que los porcentajes de agresividad son más altos que los de evitación, lo que sugiere algún nivel de división de labores reproductivas (nivel semisocial o eusocial). Sin embargo, Grixti *et al.* (2004) descartaron la ocurrencia de división de labores reproductivas sobre la base de observaciones histológicas que mostraron que la espermateca de todas las hembras estudiadas contenía espermatozoides, y que los ovarios de casi todas las hembras se encontraban desarrollados (i.e., con al menos un ovocito completamente desarrollado). De igual modo, observaciones similares realizadas en hembras de *Acamptopoeum submetallicum* (Andrenidae) evidencian un patrón comportamental típico de especies solitarias: alta frecuencia de conductas de evitación en comparación con las conductas de tolerancia y agresión (Grixti *et al.* 2004). Al efectuar comparaciones entre los resultados de ambas especies, Grixti *et al.* (2004) indican que no existe diferencia significativa en la frecuencia de conductas de evitación entre *N. toroi* y *A. submetallicum*. Por otra parte, al igual que en *A. submetallicum*, el porcentaje relativo de conductas de evitación es mayor que el de tolerancia (Grixti *et al.* 2004). Aunque Grixti *et al.* (2004) plantean que *N. toroi* presenta un nivel de sociabilidad desconocido, ambos resultados comparativos sugieren una categoría solitaria para *N. toroi*, categoría que no es descartada explícitamente por Grixti *et al.* (2004), pero sí fueron descartados los niveles comunal, semisocial y eusocial.

Dentro de la familia Halictidae existe variación entre las especies en cuanto a sus categorías sociales. *Penapis toroi* se ha caracterizado como solitaria sobre la base de su repertorio conductual compuesto mayoritariamente por conductas de evitación entre las hembras (Packer 2005). Por otra parte, los resultados de un estudio en que se utilizaron arenas de observación como las descritas anteriormente, muestran que en *Ruizantheda mutabilis* (Figura 4-3h), una especie comunal, las hembras exhibieron muy altos porcentajes de conductas cooperativas en comparación con conductas agresivas y de evitación, y en *Corynura chloris* (Figura 4-3i), una especie propuesta como semisocial, las hembras exhibieron el patrón comportamental descrito para especies con división de la labor reproductiva: alta frecuencia de conductas de agresión en comparación con conductas de evitación y cooperación (Packer 2006). Hembras de *Corynura herbsti* y de *C. patagonica*, exhibieron también un patrón comportamental típico de especies con división reproductiva, presumiblemente semisocial. Las hembras de *Caenohalictus dolator*,

Pseudagapostemon pississi y de *Ruizantheda proxima*, evidenciaron un patrón de comportamiento característico de especies comunales. Hembras de *Caenohalictus cuprellus*, de *Corynura melanoclada* y de *Lasioglossum aricence*, manifestaron un repertorio conductual descrito para especies solitarias (Packer 2006).

Reconocimiento de compañeros de nido y sociabilidad

El reconocimiento es un proceso cognitivo mediado por el sistema nervioso que puede ser inferido conductualmente a través de evaluar la habilidad de un individuo para discriminar entre diferentes individuos (Holmes 2004, Mateo 2004). Sin embargo, la ausencia de discriminación no necesariamente indica ausencia de reconocimiento (Barnard y Aldhous 1991). Un rasgo distintivo de las especies eusociales es la capacidad de reconocer compañeros de nidos, que se refleja por la tendencia a discriminar entre compañeros y no compañeros de nido (Breed 1998, Boulay y Lenoir 2001, Kaib *et al.* 2004, Gamboa 2004). Si esta capacidad se basa en **señales de reconocimiento endógenas**, se trata de reconocimiento de parentesco, el cual se evidencia cuando un individuo enfrentado a conespecíficos con distintos grados de parentesco los discrimina conductualmente de acuerdo con sus grados de parentesco (Michener y Smith 1987, Breed 2014, Gamboa 2004). El reconocimiento de compañeros de nido (individuos adultos que se desarrollaron en un mismo nido) es poco frecuente en especies solitarias (Wcislo 1997), donde los individuos son relativamente intolerantes a otros conespecíficos (Kukuk, 1992, Field 1992, Packer 2000). Sin embargo, este comportamiento es fundamental en especies eusociales donde esta capacidad contribuye a mantener un **hermetismo** e integridad de las colonias o agrupaciones sociales (Richard y Hunt 2013). El reconocimiento de compañeros de nido, además de estar ampliamente distribuido en especies eusociales, ha sido demostrado con menor frecuencia en especies de diferentes niveles sociales: en una especie con características de semisocial, en especies subsociales y en algunas solitarias (véase Flores-Prado 2012). Por tal motivo, el reconocimiento entre conespecíficos también es un atributo de sociabilidad presente mayormente en especies con mayores niveles de sociabilidad (véase conexión entre "Reconocimiento" y las categorías o niveles "solitaria", "subsocial", "semisocial" y "eusocial" en la **Figura 4-1**).

Reconocimiento de compañeros de nido y sociabilidad en especies nativas

Tomando en cuenta que la capacidad de reconocer compañeros de nido ha sido considerado un fenómeno característico de especies eusociales, y poco frecuente en especies no sociales, no resulta extraño que la mayor parte de los estudios sobre reconocimiento de compañeros de nido y hermetismo colonial hayan sido efectuados en especies nativas eusociales, particularmente en hormigas (Formicidae) y termitas (Termopsidae y Kalotermitidae).

Hermetismo y reconocimiento de compañeros de nido en hormigas

Algunos de estos estudios se han basado en colectar colonias silvestres completas, las que luego han sido mantenidas en nidos artificiales bajo condiciones controladas de fotoperiodo, temperatura, humedad relativa, y alimento. Estas han sido utilizadas para realizar ensayos en los que se ha registrado la respuesta de hormigas residentes de la colonia en respuesta a la introducción de hormigas de otras colonias (intrusas). En *Camponotus morosus* (**Figura 4-4b**) las conductas mayoritarias fueron exploratorias y agresivas, lo que se interpretó como evidencia de la capacidad de reconocimiento en esta especie. Las conductas agresivas (ej., mordedura, flexión ventral) fueron más frecuentes en las hormigas residentes cuando encontraron hormigas intrusas (Ipinza-Regla *et al.* 1991, Ipinza-Regla y Morales 1998). Por otra parte, la conducta exploratoria, que consiste en tocar el cuerpo de una hormiga con las antenas de otra, ocurre cuando dos hormigas se encuentran y reconocen los compuestos químico-cuticulares de la otra (Lenoir *et al.* 2001). En *C. chilensis* (**Figura 4-4c**), a diferencia de *Solenopsis gayi* (**Figura 4-4d**), las hormigas residentes exhibieron una alta frecuencia de conductas de agresión, un resultado que apoya la existencia de hermetismo (Ipinza-Regla *et al.* 1996).

La distancia geográfica entre el nido de las hormigas residentes y el nido de procedencia de las hormigas intrusas, así como la distancia entre el lugar en que ocurre un encuentro y las colonias de procedencia afectan el reconocimiento intraespecífico en especies de *Camponotus*. Al respecto, se efectuó un estudio con hormigas de *C. morosus* pertenecientes a colonias colectadas a distancias crecientes en un transecto longitudinal, trasladadas y mantenidas en laboratorio en nidos artificiales (Ipinza-Regla *et al.* 1993). Cuando las hormigas residentes enfrentaron a las intrusas, disminuyó el tiempo en que presentaron conductas consideradas como exploratorias (Ipinza-Regla *et al.* 1993) o de reconocimiento (Ipinza-Regla y Morales 1998), a medida que la distancia geográfica entre las colonias de procedencia fue mayor. Por lo tanto, se sugiere que las hormigas de una colonia demoran menos tiempo en reconocer a hormigas no compañeras de nido provenientes de colonias más alejadas, en comparación a hormigas provenientes de colonias más cercanas (Ipinza-Regla *et al.* 1993).

Complementariamente, la capacidad de reconocimiento en hormigas también se ha evaluado a través de experimentos en condiciones naturales, por medio del registro de las interacciones que ocurren durante enfrentamientos entre hormigas residentes e intrusas. Estos estudios han mostrado que en *C. morosus* el tiempo transcurrido hasta la manifestación de interacciones de reconocimiento aumenta con la distancia entre los nidos de origen de las hormigas que se enfrentan (Ipinza-Regla *et al.* 1998). En el caso de *C. chilensis* se ha registrado una disminución de los niveles de agresividad cuando la distancia entre los nidos de la colonia residente y el lugar en que ocurren los enfrentamientos aumenta (Velázquez *et al.* 2004). Estos estudios son parte de una minoría de aquellos que han evaluado el efecto de la distancia entre los nidos sobre la capacidad de reconocimiento intraespecífico de las hormigas en condiciones naturales (Knaden y Wehner 2003).

Aunque la mayoría de los nidos de hormigas están formados por individuos de la misma especie, se han observado asociaciones de dos especies en un mismo nido

(Höllodobler y Wilson 1990), llamadas colonias mixtas, heteroespecíficas (Ipinza-Regla *et al.* 1994) o **colonias parabióticas** (Errard *et al.* 2003), a diferencia de aquellas que están formadas por una especie, llamadas colonias homoespecíficas. En condiciones de laboratorio, la frecuencia de conductas agresivas de hembras residentes de *C. morosus* fue mayor cuando enfrentaron a conespecíficos provenientes de una colonia homoespecífica (distinta a la de las hormigas residentes) comparado con las interacciones con hormigas de *Brachymyrmex giardii* (**Figura 4-4e**) provenientes de una colonia heteroespecífica, conformada por *C. morosus* y *B. giardii* (Ipinza-Regla *et al.* 1994). Otro estudio llevado a cabo con colonias homoespecíficas y heteroespecíficas de *C. morosus* y *Solenopsis gayi* colectadas en el campo y mantenidas en laboratorio en nidos artificiales, mostró resultados similares. Los individuos de *C. morosus* mostraron una mayor agresividad hacia conespecíficos de colonias homoespecíficas comparado con individuos de *S. gayi* provenientes de colonias heteroespecíficas (Errard *et al.* 2003). Estas evidencias sugieren que en las colonias heteroespecíficas las hormigas aprenden a reconocer a sus compañeras de nido aunque sean de diferente especie (Errard *et al.* 2003).

Por otra parte, en estudios efectuados con una metodología igual a la de los trabajos mencionados antes, pero utilizando solo hormigas provenientes de nidos homoespecíficos de *C. morosus* y *S. gayi* (Ipinza-Regla *et al.* 1996), *B. giardii* y *S. gayi* (Ipinza-Regla *et al.* 2005), *C. morosus* y la especie introducida *Linepithema humile* (Ipinza-Regla *et al.* 2017), se observó una alta frecuencia de conductas de agresión desde las hormigas residentes hacia las hormigas de otras especies que fueron introducidas, lo cual también fue interpretado por los autores como evidencia de hermetismo colonial.

Los análisis químico-cuticulares efectuados en hormigas provenientes de colonias heteroespecíficas de *C. morosus* y *S. gayi*, han mostrado perfiles cromatográficos de hidrocarburos distintivos para cada especie, observación que sugiere que las hormigas de una especie no adquieren los hidrocarburos cuticulares de la otra especie aun cuando estas comparten un nido y exhiben tolerancia mutua (Errard *et al.* 2003). El mecanismo responsable de la tolerancia entre ambas especies estaría basado en **aprendizaje social** (o familiarización) de olores (Errard *et al.* 2003). Por otra parte, análisis de extractos cuticulares de hormigas provenientes de distintas colonias homospecíficas de *C. morosus* han revelado que aun cuando existió una similitud en el tipo de hidrocarburos entre colonias, las concentraciones relativas de estos compuestos diferían (Ipinza-Regla *et al.* 2004).

Hermetismo y reconocimiento de compañeros de nido en termitas

Estudios de laboratorio como los realizados en hormigas también apoyan un alto grado de hermetismo en la termita *Porotermes quadricollis* (Termopsidae) (**Figura 4-4f**), lo que respalda la ocurrencia de sistemas de reconocimiento de compañeros de colonia en esta especie (Sepúlveda 1997). Estudios en *Neotermes chilensis* (Kalotermitidae) (**Figura 4-4g**) han evaluado la capacidad de reconocimiento de compañeros de nido, basados en el uso de compuestos químicos cuticulares por parte de soldados hacia tres **castas** de termitas (soldados, reproductores primarios y pseudo-obreras, **Figura 4-6**), las cuales eventualmente pueden invadir una colonia durante el proceso de excavación de túneles cuando comparten un mismo sustrato de nidificación. Los resultados mostraron que los soldados son más agresivos hacia no-compañeros de colonia que hacia compañeros de colonia, independientemente de la casta de estos. Esta capacidad de reconocimiento está mediada por compuestos cuticulares, principalmente hidrocarburos (Aguilera-Olivares *et al.* 2016a).

Figura 4-6
Ciclo de vida general de una termita
(figura adaptada con autorización desde Aguilera-Olivares 2015).

Desde los huevos eclosionan juveniles que se transforman en obreras, en soldados o permanecen como ninfas. Las obreras se encargan de construir y reparar el nido, y alimentar al resto de la colonia. Los soldados tienen por función defender a la colonia. Los juveniles que se transforman en alados pasan por diferentes estados ninfales. Los alados son machos y hembras que abandonan el nido volando y forman un enjambre junto con alados de otros nidos. Cuando estos encuentran sitios adecuados para fundar una nueva colonia (en madera seca o tierra, dependiendo de la especie) se posan en ese sustrato, pierden sus alas, y ocurre el encuentro entre machos y hembras en una conducta de tándem (el macho camina detrás de la hembra palpando su abdomen). Luego machos y hembras buscan un sitio para construir una cámara nupcial, se aparean y la hembra oviposita los primeros huevos, iniciando así una nueva colonia. En ese estado del ciclo de vida, la pareja se conoce como reproductores primarios (rey y reina), y ambos se encargan de alimentar a los juveniles. Existen especies en que los estados juveniles adquieren funciones de obrera y se les denomina pseudo-obreras, las que mantienen la capacidad de transformarse en soldados o alados (Aguilera-Olivares 2015). Imagen basada en original de Evelyn Pena Hernández.

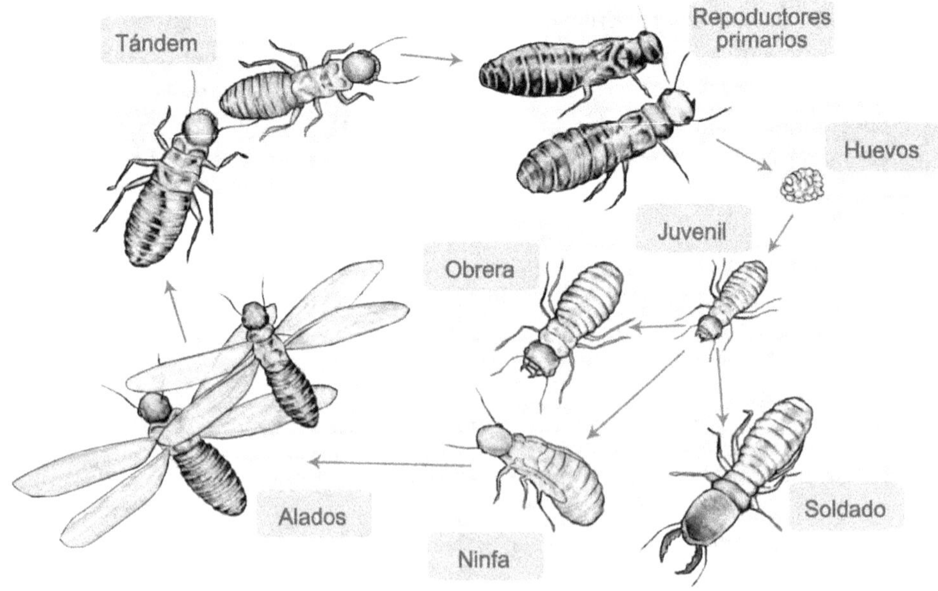

Un segundo escenario donde una colonia de termitas puede ser invadida por conespecíficos no-compañeros de nido es cuando se forman **enjambres de alados** en búsqueda de pareja sexual. Los resultados de laboratorio muestran que los soldados de *N. chilensis* son más agresivos hacia individuos no-compañeros de nido que hacia compañeros de nido. Además, el nivel de agresividad está inversamente asociado con el grado de parentesco genético (evaluado mediante marcadores de ADN microsatélite especie-específicos) entre los individuos (Aguilera-Olivares *et al.* 2016b). Como se podría esperar, los perfiles químicos cuticulares evaluados fueron más similares entre compañeros que entre no-compañeros de nido, lo que apoya que este reconocimiento también es mediado por señales químicas (Aguilera-Olivares *et al.* 2016b). En conjunto, esta serie de estudios en *N. chilensis* demuestra que los soldados poseen la capacidad de reconocimiento de compañeros de nido, y que esta depende de compuestos químico cuticulares. Adicionalmente, la evidencia sugiere que el reconocimiento por parentesco en esta especie es una capacidad desplegada en algunos contextos conductuales y no en otros. Al respecto, los individuos no seleccionarían parejas sexuales a través de discriminar por el nivel de parentesco. Parejas de hermanos completos y de individuos no emparentados establecidas artificialmente son capaces de aparearse y generar descendencia, lo que no apoya al reconocimiento por parentesco como un **mecanismo de evitación de endogamia** en esta termita (Aguilera-Olivares *et al.* 2015). Sin embargo, el reconocimiento de parientes podría estar mediando la capacidad de los soldados para defender sus colonias (Aguilera-Olivares *et al.* 2016b).

Reconocimiento de compañeros de nido y de parentesco en abejas

El reconocimiento de compañeros de nido ha sido un fenómeno escasamente estudiado en especies de abejas nativas. Se ha examinado en una especie de abeja solitaria y en otra comunal, y solo se ha demostrado en la especie solitaria, como también ha ocurrido con las especies nativas de hormigas y termitas estudiadas. Por otra parte, en la misma especie solitaria de abeja también se ha demostrado la capacidad de reconocimiento de parentesco, atributo que también ha sido sugerido para una de las especies de termita estudiadas. En cambio, esto no ha sido evaluado en hormigas. A continuación se discuten los cuerpos teóricos y evidencias obtenidas en especies nativas de abejas.

La realización de experimentos de laboratorio ha permitido demostrar la capacidad de reconocimiento entre compañeras de nido (i.e., hembras que se desarrollaron en un mismo nido) en *Manuelia postica* (Apidae), una especie solitaria cuya capacidad de reconocimiento fue sugerida a partir de la observación de conductas de tolerancia o intolerancia entre hembras en condiciones naturales (Flores-Prado *et al.* 2008a). Las hembras de esta especie son más intolerantes hacia no compañeras de nido que hacia compañeras de nido, una diferencia que desaparece cuando las hembras son expuestas experimentalmente a hembras muertas (compañeras y no compañeras de nido) a las que se le han extraído compuestos cuticulares (Flores-Prado *et al.* 2008b). Sin embargo, esta capacidad de discriminación reaparece cuando las hembras son expuestas a hembras muertas a las que se ha agregado compuestos cuticulares de hembras vivas, compañeras o no compañeras de nido. Específicamente, una hembra es más tolerante a otra que presenta compuestos cuticulares de hembras del mismo nido. Por lo tanto, las hembras de esta abeja usan compuestos cuticulares como señales de reconocimiento, los que corresponden principalmente a hidrocarburos (Flores-Prado *et al.* 2008b). La realización de trasplantes experimentales de larvas entre nidos en M. *postica* también permitió determinar que las hembras de esta especie tienen la capacidad de reconocimiento de parientes cercanos (Flores-Prado y Niemeyer 2010). Aunque M. *postica* exhibe un patrón de nidificación y aprovisionamiento de la descendencia típico de especies solitarias, se han observado nidos compartidos por pares de hembras adultas durante el período de desarrollo de ejemplares inmaduros (Flores-Prado *et al.* 2008a). Es interesante que las hembras que utilizan comunalmente un mismo nido exhiben un alto grado de parentesco, y que esta alta similitud genética es mayor que aquella que caracteriza a las hembras que nidifican de forma solitaria (L. Flores-Prado datos no publicados). Estos hallazgos apoyan que las capacidades de reconocimiento de compañeros de nido y de parentesco pueden estar presentes en una especie de abeja solitaria, una condición relevante para explicar la evolución del reconocimiento en especies no eusociales.

Por otra parte, los niveles de tolerancia e intolerancia social no difieren entre compañeras y no compañeras de nido en hembras de *Protandrena evansi* (Andrenidae), una abeja comunal (Flores-Prado *et al.* 2012). La respuesta conductual de las hembras tampoco es distinta hacia extractos de compuestos cuticulares provenientes de compañeras de nido y extractos de hembras de diferentes nidos. En conjunto, estos resultados indican que las hembras en esta especie no exhiben reconocimiento de compañeras de nido, y muestran una alta prevalencia de conductas de tolerancia social sobre las conductas intolerantes. Este patrón se ajusta con la biología de las especies de abejas comunales (**Tabla 4-1**), en que las hembras comparten un sustrato de nidificación y es frecuente el contacto entre ellas (Flores-Prado *et al.* 2012).

Uso de información ambiental y respuestas a nivel colonial

Las colonias de insectos eusociales pueden responder a las perturbaciones ambientales modificando el número de individuos encargados de tareas específicas. Por ejemplo, en algunas especies de hormigas el número de forrajeadoras cambia en respuesta a la disponibilidad del recurso. En este escenario, es esperable que las interacciones sociales que involucran el uso de compuestos **semioquímicos**, contribuyan a la eficiencia de esta respuesta ante cambios ambientales. Por ejemplo, en hormigas y abejas de miel el contacto con obreras que regresan al nido con alimento influye en la toma de decisión de forrajeo en la colonia (véase Duarte *et al.* 2011). En consecuencia, la capacidad de una colonia para responder frente a cambios ambientales de distinta naturaleza (ej., disponibilidad o distribución de recursos, presencia de amenazas de organismos intra y/o interespecíficos) es un atributo socialmente relevante (véase conexión entre "Sociabilidad en insectos" y "Respuestas coloniales" en la **Figura 4-1**).

Uso de información ambiental y respuesta en colonias de especies nativas

Con la excepción de *B. dahlbomii*, las hormigas y las termitas son las únicas especies nativas que forman colonias eusociales. Por lo tanto, podría ser esperable que individuos de diferentes castas puedan responder, colectivamente, de acuerdo con la información que obtengan del ambiente.

Estrategias de forrajeo en hormigas

La locomoción registrada en obreras de *Dorymyrmex goetschi* (**Figura 4-4h**) en su ambiente natural se ve influenciada principalmente por la distancia a la que se encuentra el recurso alimenticio: cuando se ubican más lejos del nido, la velocidad de locomoción de las obreras es mayor que cuando las distancias son más cercanas al nido (Torres-Contreras y Vásquez 2004). Este hecho es explicado debido a que un aumento en la velocidad de forrajeo de las hormigas que recorren mayor distancia en busca del alimento, disminuye el tiempo de exposición a eventuales depredadores (Torres-Contreras y Vásquez 2004). En condiciones de laboratorio se ha observado que la locomoción depende de la heterogeneidad espacial, dado que en ambientes con mayor heterogeneidad el tiempo de traslado es mayor y la velocidad de locomoción menor (Torres-Contreras y Vásquez 2007). Adicionalmente, la transferencia de información entre las hembras que están buscando alimento, lo cual es estimado por el número de contactos antenales, afecta el éxito del forrajeo de la colonia, dado que conforme aumentan los contactos antenales incrementa el número de presas capturadas (Torres-Contreras y Vásquez 2007). Además, experimentos de campo mostraron que las trayectorias de estas hormigas desde los parches de alimento hacia el nido son más lineales que los desplazamientos en dirección contraria, lo cual sugiere que esta especie adquiere y usa información del ambiente durante sus desplazamientos para explotar parches de alimento (Torres-Contreras y Canals 2010).

Pogonomyrmex vermiculatus (**Figura 4-4i**) es una especie de hormiga que presenta una estrategia solitaria de forrajeo (Torres-Contreras *et al.* 2007) a diferencia de algunas especies de *Pogonomyrmex* norteamericanas, que lo hacen en grupo (Johnson 2001), las que utilizarían **feromonas de camino** (o de rastro) que además inducen el reclutamiento de hormigas forrajeadoras (Hölldobler *et al.* 2001). Un estudio efectuado en *P. vermiculatus* evidenció la producción y percepción de compuestos químicos que han sido demostrados como feromonas de rastro en otras especies congenéricas. Esto implica que la estrategia solitaria de forrajeo exhibida por *P. vermiculatus* estaría explicada por factores ecológicos, tales como la disponibilidad y distribución de recursos alimenticios en el hábitat, y no por una incapacidad de producir o percibir feromonas de camino (Torres-Contreras *et al.* 2007). Complementariamente, se estudió la respuesta frente a la exposición de alimento con y sin feromonas de camino, en hormigas forrajeadoras mantenidas en nidos artificiales con restricción en el suministro de alimentos. La aplicación de feromonas de camino gatilló el reclutamiento de hormigas forrajeadoras y mejoró el éxito de forrajeo en las colonias (Torres-Contreras y Niemeyer 2009).

Respuestas de defensa en termitas

En la termita *Neotermes chilensis*, especie que forma nidos en escapos florales de *Puya berteroniana*, se ha examinado el efecto de algunas variables ambientales sobre la defensa de los nidos por parte de los soldados. Los nidos pueden ser unicoloniales o multicoloniales. Los resultados revelaron que la razón de soldados/no-soldados fue significativamente superior en nidos multicoloniales durante el periodo de formación de enjambres. Esto sugiere que la proporción de soldados en esta especie aumenta en escenarios sociales asociados a una posible invasión por conespecíficos: durante la formación de enjambres y en presencia de colonias vecinas dentro de un mismo sustrato de nidificación, en este caso, los escapos de *P. berteroniana* (Aguilera-Olivares *et al.* 2017).

Estrategias reproductivas y sociabilidad

Algunas especies de insectos eusociales presentan **colonias poligínicas**, así como en otras existen **reinas poliándricas** (Bourke y Franks 1995, Boomsma y Ratnieks 1996). La poliginia y la poliandría pueden tener como consecuencia un incremento en la diversidad genética en la progenie, lo cual es considerado beneficioso en términos de adecuación biológica (Hughes *et al.* 2008b). Sin embargo, la poliginia también puede estar asociada a una reducción de la cantidad de progenie, y la poliandría puede contribuir a una disminución del tiempo de vida de la hembra conforme aumentan las cópulas (Arnqvist y Nilsson 2000), y a un aumento del riesgo de depredación mientras ocurren las cópulas (Hughes *et al.* 2008b). Considerando los costos y beneficios asociados a ambas estrategias reproductivas, se ha planteado un compromiso entre los niveles de poliginia y poliandría en especies sociales de Hymenoptera, lo que ha sido confirmado usando comparaciones entre especies en un contexto filogenético comparado (Hughes *et al.* 2008b). Así, en algunas especies el sistema de apareamiento es mayormente poligínico mientras que en otras, el sistema es poliándrico (Hughes *et al.* 2008b).

Por otra parte, en muchas especies el apareamiento entre individuos altamente emparentados puede resultar en depresión endogámica, lo que puede originar presiones selectivas para la evolución de mecanismos que la evitan (Pusey y Wolf 1996). Es de interés estudiar tales mecanismos, particularmente en insectos sociales, tomando en cuenta que en algunas especies las colonias pueden llegar a estar formadas por millones de individuos (Charbonneau *et al.* 2013) y por lo tanto, la probabilidad de que ocurra apareamiento entre individuos emparentados es alta. Esta posibilidad de apareamientos puede ser reducida a través de un mecanismo de evitación de la endogamia basado en reconocimiento de parentesco, como ha sido documentado en diferentes especies de insectos sociales (Tabadkani *et al.* 2012). También se han propuesto otros mecanismos de evitación de la endogamia no basados en la capacidad de reconocer parentesco. Estos incluyen (i) la producción sesgada a un sexo de individuos en una colonia (que posteriormente intentarán reproducirse fuera de la colonia), de modo que en algunas colonias se producen individuos de un sexo en preferencia del otro, (ii) dispersión de los individuos para reproducirse lejos de su colonia de origen, de modo que la probabilidad de encontrar a un(a) compañero(a) del nido de origen disminuye en tanto la distancia aumenta, y (iii) la producción en un corto lapso de tiempo de individuos maduros sexualmente, cuyos encuentros sexuales ocurren fuera de la colonia; esto disminuye la probabilidad de cópulas entre individuos altamente emparentados (Husseneder *et al.* 2006, de Souza *et al.* 2017). Lo anterior permite comprender que las estrategias reproductivas en colonias de especies eusociales (ej., sistemas de apareamiento poligínico o poliándrico, mecanismos de evitación de endogamia), así como en especies de nidificación agregada (como los ejemplos que se discutirán más abajo), constituyen atributos que también tienen relevancia social en muchas especies de insectos (véase conexión entre "Sociabilidad en insectos" y "Estrategias reproductivas" en la **Figura 4-1**).

Estrategas reproductivas y sociabilidad en especies nativas

En especies nativas no eusociales, pero con nidificación agregada, las cópulas ocurren cerca de los sitios de nidificación y las interacciones entre ambos sexos se producen de manera frecuente (Toro y Chiappa 1994, Chiappa 1996, Toro y Riveros 1998, Chiappa *et al.* 2005). Esto ha favorecido el estudio de las conductas de apareamiento asociados a los sistemas de nidificación. Además, algunas especies nativas eusociales han sido objeto de estudios de su estructura reproductiva en la colonia (Eaton y Medel 1994), así como de posibles mecanismos de evitación de la endogamia (Aguilera-Olivares *et al.* 2015).

Sistemas de apareamiento y nidificación en abejas y avispas

En *Protandrena evansi* (Andrenidae) los machos se ubican en perchas, o lugares de espera, que son ramas secas de plantas en las áreas de nidificación en las cuales se encuentran los nidos en agregación. Las perchas pueden constituirse en lugares de reunión de varios machos, a la espera de hembras. Desde estas perchas los machos se aproximan a las hembras con las cuales intentan copular, pudiendo hacerlo con más de una hembra del mismo sitio de nidificación (Chiappa *et al.* 2005). Las hembras se movilizan desde los nidos hacia las flores, en busca de recursos alimenticios, oportunidad en que los machos también se acercan. Después de la cópula, las hembras rechazan sostenidamente a los machos, de modo que es probable que las hembras inseminadas se dediquen a recolectar polen para aprovisionar a su progenie y que no sean receptivas sexualmente (Chiappa *et al.* 2005). Estas observaciones sugieren que los machos son poligínicos y las hembras posiblemente monoándricas. Las dinámicas conductuales involucradas en el apareamiento están estrechamente vinculadas con el sistema de nidificación. Así, los sitios de encuentro entre los sexos corresponden a las proximidades de los nidos, situación que difiere de otras especies de la familia Andrenidae donde los encuentros sexuales ocurren sobre las flores, dado que los nidos se encuentran ocultos en la vegetación (Chiappa *et al.* 2005).

En *Centris tamarugalis* (Apidae), las hembras construyen nidos agregados en el suelo, donde los machos vuelan parte del día en áreas fijas entre las ramas de árboles cercanos a los nidos, y también realizan vuelos que varían con el contexto social (Toro *et al.* 1991). Los "vuelos de punto fijo" los realizan machos que frecuentemente despliegan conductas agresivas hacia otros machos que atraviesan dichas áreas. Los "vuelos de patrullaje" en cambio, están asociados a localizar individuos que emergen desde los nidos donde se desarrollaron, formando aglomerados de machos que se agreden mutuamente mientras rodean al individuo recién emergido. Cuando el individuo que emerge es una hembra, el macho que logra la mejor fijación anatómica con esta consigue aparearse con ella. Una estrategia alternativa de apareamiento ocurre en machos que durante la noche permanecen en la superficie del área de nidificación, o en túneles desocupados. Esta táctica les permite activarse temprano en la mañana y aumentar su probabilidad de aparearse antes de un aumento en la actividad de vuelos de patrullaje (Toro *et al.* 1991). También se ha planteado que los machos que realizan vuelos en punto fijo podrían acceder a aparearse con hembras en vuelo aún no copuladas tan pronto estas han emergido (Toro y Riveros 1998). Se ha planteado además que el sistema de apareamiento en machos correspondería a un sistema poligínico basado en la defensa de los sectores de nidificación donde emergen las hembras (Chiappa *et al.* 2000). Esto es apoyado por observaciones de campo que sugieren que los machos pueden copular múltiples veces dado que estos: i) emergen primero que las hembras, lo cual aumenta sus oportunidades de apareamiento, ya sea por la estrategia de vuelo de patrullaje o de vuelo de punto fijo y ii) exhiben altos niveles de agresividad durante la conformación de aglomerados que esperan por las hembras recién emergidas, lo cual además sugiere que la competencia podría explicar las conductas agonísticas exhibidas en las interacciones entre machos ocurridas durante los vuelos de punto fijo (Toro *et al.* 1991).

En *Centris rodophthalma* (Apidae) los machos emergen antes que las hembras, lo que les permite esperar por estas en las zonas donde forrajean. Esta estrategia contrasta con lo registrado en *C. tamarugalis*, cuyos machos intentan aparearse en las zonas de nidificación donde emergen las hembras (Chiappa *et al.* 2000). En *C. rodophthalma* las hembras inseminadas frecuentemente rechazan a los machos, lo que indicaría una estrategia de apareamiento monoándrico en las hembras. En cambio, el sistema de apareamiento observado en los machos de *C. rodophthalma* es poligínico (Chiappa *et al.* 2000).

Al igual que especies de abejas que nidifican en forma agregada, los machos de *Sphex latreillei* (Crabronidae) emergen de sus nidos antes que las hembras, se posan frecuentemente sobre perchas, tales como ramas secas plantas o piedras, desde donde vuelan a través de la zona de nidificación intentando copular con las hembras. Por otra parte, los machos defienden sus perchas de otros individuos que se acercan a estas (Chiappa 1996, Chiappa *et al.* 1996). La observación de un alto número de individuos sobrevolando simultáneamente las áreas de nidificación en *S. latreillei* sugiere elevadas oportunidades de cópulas diarias, por lo que se podría esperar un sistema de apareamiento promiscuo, poligínico-poliándrico (Toro y Chiappa 1994, Chiappa 1996, Chiappa *et al.* 1996). Por otra parte, la cópula en esta especie está caracterizada por una secuencia conductual rígida, con un alto grado de coerción por parte del macho, y sin evidencia de cortejo, todo lo cual sugiere ausencia de selección sexual pre-copulatoria por parte de las hembras.

Sin embargo, se ha planteado la existencia de posible ocurrencia de selección sexual críptica durante la cópula o posterior a la misma (Mandujano *et al.* 2015), tal como ha sido propuesto para especies caracterizadas por coerción sexual por parte de los machos (Eberhard 1994).

Estructura reproductiva en colonias de hormigas

El uso de marcadores moleculares ha permitido realizar inferencias sobre el sistema de apareamiento dominante en poblaciones de una especie de hormiga. En particular, estimaciones de parentesco genético en base a variabilidad aloenzimática entre obreras de diferentes colonias, apoyan la ocurrencia de colonias monogínicas (con solo una reproductora) y poligínicas (con más de una reproductora) en *Camponotus chilensis*, y las colonias poligínicas pueden ser el resultado de la adopción de hembras reproductoras o por la fusión entre colonias (Eaton y Medel 1994).

Mecanismos de evitación de endogamia en termitas

En *Neotermes chilensis* se han examinado algunos de los posibles mecanismos de evitación de endogamia indirectos (i.e., aquellos que operan antes del encuentro sexual) que han sido propuestos para insectos sociales (Aguilera-Olivares *et al.* 2015). Los resultados apoyan que el único mecanismo indirecto en esta especie es la dispersión no sesgada al sexo de individuos alados durante el evento de formación del enjambre (Aguilera-Olivares *et al.* 2015). En particular, la dilución generada por el vuelo sincronizado de individuos de ambos sexos, provenientes de distintos nidos, es suficiente para evitar encuentros entre individuos altamente emparentados (i.e., de la misma colonia; Aguilera-Olivares *et al.* 2015).

SOCIABILIDAD EN UN CONTEXTO FILOGENÉTICO

Comprender las rutas evolutivas de la sociabilidad involucradas en la adquisición de alguna categoría o nivel social en insectos, requiere de un marco filogenético acotado en lugar de una búsqueda de explicaciones generalizadas en grupos filogenéticamente muy diversos (Costa y Fitzgerald 1996). Si falta un marco filogenético de referencia, las proposiciones sobre el cambio del estado de caracteres son afirmaciones de suposiciones *a priori* sobre cómo la evolución debería proceder y no respecto de cuáles son los estados ancestrales y derivados en una ruta evolutiva (Wcislo y Danforth 1997). Idealmente, el marco filogenético debe incluir especies con distintos niveles de sociabilidad y solitarias (Schwarz *et al.* 2007), tal como ocurre con la familia Halictidae y Apidae (Michener 2007). Por otra parte, el mapeo de caracteres sobre las reconstrucciones filogenéticas realizadas en abejas, avispas y hormigas ha permitido inferir la evolución de diversos atributos socialmente relevantes, como sistemas de apareamiento (Hughes *et al.* 2008a), conductas de nidificación y de obtención de recursos alimenticios (Johnson *et al.* 2013).

Sociabilidad de especies nativas en un contexto filogenético

El análisis de la evolución de distintos niveles sociales en abejas de la familia Halictidae, basado en la interpretación de reconstrucciones filogenéticas que incluyen ocho especies nativas de Chile (Danforth *et al.* 2004), apoyan la ocurrencia de reversiones desde un nivel comunal a uno solitario (Packer 2006). Además, este tipo de aproximaciones también apoya un fuerte componente de inercia filogenética en los rasgos examinados, y donde el estado del rasgo (como conductas tolerantes e intolerantes) en las formas más derivadas depende del estado de este en los ancestros directos (Packer 2006).

La familia Apidae incluye la subfamilia Xylocopinae. Esta última representa un grupo monofilético y contiene especies que presentan una diversidad de niveles sociales, además de especies solitarias (Michener 1974, 2007). Análisis filogenéticos moleculares en esta subfamilia que incluyeron tres especies de *Manuelia* (M. *gayi*, M. *gayatina* y M. *postica*) entregaron una topología en cuya base se sitúa *Manuelia* (Flores-Prado *et al.* 2010), lo que apoya la hipótesis filogenética original propuesta por Sakagami y Michener (1987). Esta hipótesis es consistente con un escenario evolutivo donde la sociabilidad más avanzada (eusociabilidad) se expresó en especies de la tribu más apical filogenéticamente y la ausencia de cualquier nivel social (vida solitaria) se encuentra en todas las especies de la tribu más basal. Esta progresión evolutiva es coherente con un cambio desde nidos con celdas separadas por tabiques a nidos con ausencia completa de estos (**Figura 4-7a**, Flores-Prado *et al.* 2010). Alternativamente a esta hipótesis, un posterior análisis reconstruyó una filogenia en cuya posición basal situó a Xylocopini en lugar de Manueliini (Rehan *et al.* 2012). Teniendo en consideración que las tres especies de Manueliini son fundamentalmente solitarias y construyen nidos con total presencia de tabiques, pero algunas de las especies de Xylocopini presentan vida social y nidos con ausencia ocasional de tabiques, los resultados contrapuestos en la posición filogenética de Manueliini y Xylocopini tienen alcances importantes en la interpretación de la evolución de la nidificación en Xylocopinae, lo cual supone un escenario igualmente interesante en las transiciones evolutivas de la sociabilidad en esta subfamilia (**Figura 4-7b**, véase Flores-Prado 2012, Rehan *et al.* 2012). Por otra parte, el reconocimiento tanto de compañeras de nido, como de parientes cercanos representa la retención de un estado ancestral en especies eusociales y filogenéticamente apicales de la familia Apidae. Estos resultados constituyen argumentos que han permitido proponer al género *Manuelia* como un taxón relevante para comprender de la evolución de la sociabilidad en Apidae (Flores-Prado *et al.* 2008b, Flores-Prado 2012).

Las hormigas del género *Pogonomyrmex* exhiben estrategias de forrajeo solitario o social. De acuerdo con análisis filogenéticos en la familia Formicidae, el primer tipo corresponde a una condición ancestral exhibido por algunas especies de Norte América, mientras que el segundo representa un estado derivado presente en las especies sudamericanas (Johnson 2001). Por otra parte, el forrajeo social se basa en la producción y percepción de feromonas de camino (o de rastro). Considerando estos antecedentes, es posible que la producción de tales feromonas represente una novedad evolutiva en *Pogonomyrmex*, una hipótesis que supone que las especies que forrajean

Figura 4-7
Hipótesis filogenética para la subfamilia Xylocopinae.

a) Hipótesis filogenética para la subfamilia Xylocopinae (Sakagami y Michener 1987, Flores-Prado *et al*. 2010), asociada con la estructura básica de los nidos de sus tribus (Manueliini, Xylocopini, Ceratinini y Allodapini). La topología indica una progresión hacia la ausencia de tabiques que separan las celdas, desde nidos completamente tabicados (Manueliini), prosiguiendo con nidos donde las ausencias de tabiques son más frecuentes (Xylocopini y Ceratinini), hasta nidos con una completa ausencia de tabiques (Allodapini). En forma complementaria se ha planteado que la estrategia conductual de alimentación de las larvas habría evolucionado desde un aprovisionamiento en masa sin contacto entre la hembra progenitora y su descendencia (como ocurre en las tres especies de Manueliini, en la mayoría de las especies de Xylocopini, y en algunas especies de Ceratinini), a una estrategia de aprovisionamiento progresivo de las larvas, rasgo característico de casi la totalidad de especies de Allodapini (Flores-Prado *et al*. 2010).

b) Hipótesis filogenética para la subfamilia Xylocopinae (Rehan *et al*. 2012), asociada con la estructura básica de los nidos de sus tribus (Xylocopini, Manueliini, Ceratinini y Allodapini). Bajo el escenario de Xylocopini como la tribu más basal y Manueliini ocupando la siguiente rama de la topología, la nidificación con ausencia ocasional de tabiques (como en Xylocopini) habría evolucionado a una arquitectura de nidos completamente tabicada (como en Manueliini), luego de lo cual los tabiques fueron disminuyendo progresivamente (como en Ceratinini) hasta desaparecer (como en Allodapini). En forma complementaria se ha planteado que la estrategia conductual de alimentación de las larvas habría evolucionado desde un aprovisionamiento en masa con incipiente contacto entre la progenitora y su descendencia (como se ha sugerido para algunas especies de Xylocopini), a un aprovisionamiento en masa sin contacto entre la progenitora y su descendencia (como en Manueliini), luego a un aprovisionamiento en masa con frecuente contacto entre la hembra y su descendencia (como en varias especies de Ceratinini), hasta una estrategia de aprovisionamiento progresivo de las larvas, rasgo característico de casi la totalidad de especies de Allodapini (Flores-Prado *et al*. 2010).

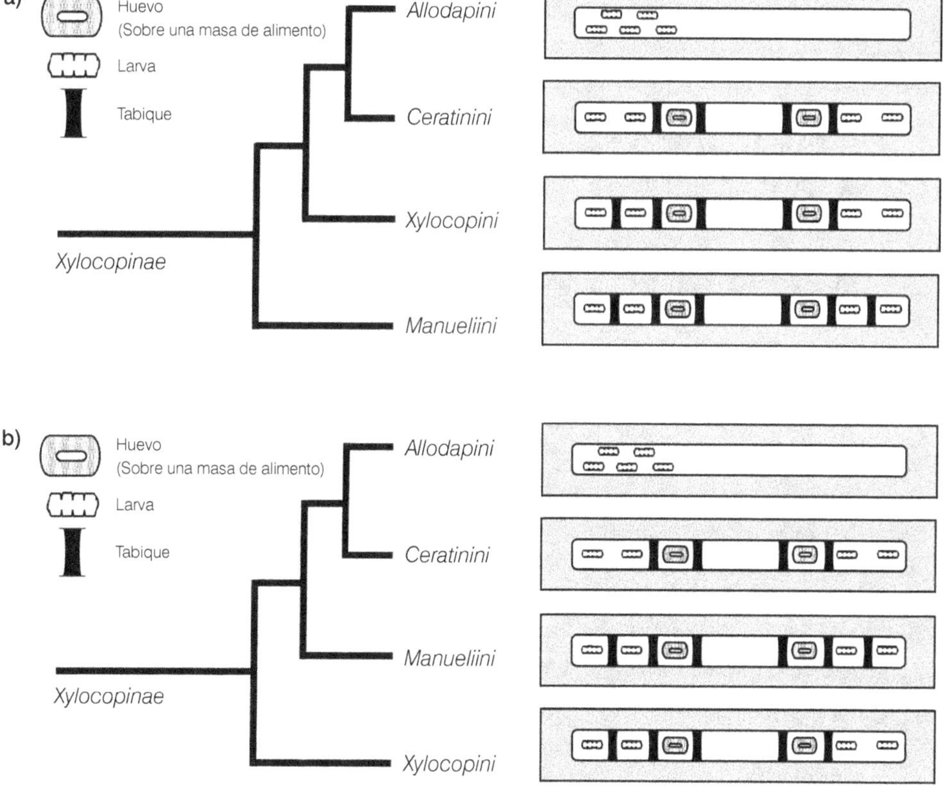

solitariamente carecen de estas feromonas. Sin embargo, *P. vermiculatus*, una especie nativa que exhibe forrajeo solitario, produce compuestos químicos que han sido propuestos como feromonas de rastro en otras especies congenéricas, lo cual sugiere que la producción de estas feromonas es un rasgo fijado tempranamente en la evolución del género (Torres-Contreras *et al.* 2007). Por último, es necesaria una nota de cautela para las interpretaciones de carácter macroevolutivo dentro de este género, dado que se trataría de un grupo polifilético (Ward *et al.* 2014).

CONDUCTAS GREGARIAS EN ESPECIES SOLITARIAS

También se han realizado estudios sobre conductas gregarias en especies de insectos solitarios, algunas de las cuales presentan una distribución geográfica más o menos amplia a nivel continental, y otras a nivel mundial. Este aspecto de la conducta no concuerda con ninguno de los niveles sociales propuestos para insectos, pues no se considera para definir ninguno de ellos, pero su ocurrencia en ciertos casos podría explicarse por alguno de los mismos factores e hipótesis planteados utilizados en insectos sociales.

Moscas del vinagre

En las hembras del género *Drosophila* (Drosophilidae), conocidas comúnmente como moscas del vinagre, el número de huevos puestos y su distribución espacial representan rasgos gregarios (del Solar y Godoy-Herrera 1971). Las hembras de *Drosophila* ponen un huevo a la vez, de modo que pueden decidir ponerlos de forma agrupada o de manera aislada (del Solar *et al.* 1985). Las hembras de especies gregarias seleccionan lugares de oviposición previamente utilizados por otras hembras; al contrario, hembras de especies no gregarias ovipositan en sitios no utilizados por otras hembras (del Solar *et al.* 1985). Se ha propuesto que el grado de agregación en la oviposición puede variar por selección natural (del Solar 1968), y la probabilidad de sobrevida de los descendientes aumenta en agregaciones más grandes (Ruiz-Dubreuil 1994). Diferentes especies de Drosophilidae presentan oviposición agregada: del Solar (1968) indicó la existencia de oviposición agregada en *D. funebris* y *D. pavani*. En *D. melanogaster* las hembras también oviponen de manera agregada (del Solar y Godoy-Herrera 1971), al igual que lo observado en *Scaptomyza multispinosa* (del Solar *et al.* 1985). Esta característica se ha registrado tanto en condiciones de laboratorio (ej., del Solar 1968, del Solar y Godoy-Herrera 1971), como en sitios de oviposición sobre plantas mantenidas en cultivos (ej., del Solar *et al.* 1985).

Aunque los sustratos de oviposición y desarrollo (partes de vegetales y frutos en descomposición) pueden ser utilizados por las larvas de diferentes especies, las pupas forman agrupaciones homoespecíficas. Esto indica que las larvas pueden reconocer larvas de su misma especie (Godoy-Herrera 2001). Las larvas de *D. melanogaster, D. simulans, D. hydei, D. busckii, D. buzzatii, D. immigrans* y *D. pavani* pupan en forma agrupada (Godoy-Herrera y Silva-Cuadra 1998, Medina-Muñoz y Godoy-Herrera 2005, Beltrami *et al.* 2010). En *D. melanogaster, D. hydei* y *D. pavani*, la agregación de pupas de una especie aumenta (i.e., disminuye la distancia entre las pupas agregadas) en presencia de otra especie, lo cual ha sido propuesto como una forma de reducir la competencia interespecífica por el espacio (Medina-Muñoz y Godoy-Herrera 2005). Estudios de campo y laboratorio sugieren que las agregaciones de pupas se producen como respuesta a los olores emitidos por las larvas. En *D. buzzatii* y *D. simulans* las larvas detectan compuestos químicos emitidos por larvas conespecíficas o heterospecíficas, lo cual les permitiría elegir los sitios de pupación donde se encuentren larvas de su misma especie, agruparse y pupar de forma agregada (Beltrami *et al.* 2012).

Por último, los adultos en estos dípteros también pueden exhibir una conducta gregaria. Recientemente, se ha descrito que tanto adultos de *D. melanogaster* como de *D. simulans* forman agrupaciones exclusivas de conespecíficos sobre frutos. Se ha sugerido que la atracción entre individuos de la misma especie y la repulsión entre individuos de distinta especie estaría mediada por olores especie-específicos (Soto-Yéber *et al.* 2018).

Larvas de escarabajos

Chelymorpha varians (Chrysomelidae) es un coleóptero conocido como escarabajo tortuga, que presenta conductas gregarias. Por ejemplo, las hembras adhieren sus huevos en las hojas de plantas hospederas en forma agrupada y en contacto unos con otros (Artigas 1973). Se ha demostrado que el tamaño de estas agrupaciones de huevos está inversamente correlacionado con el tiempo de eclosión de las larvas, lo cual sugiere una desventaja de las agrupaciones más pequeñas ya que estarían sujetas a un mayor riesgo de parasitismo (Costa *et al.* 2007), un riesgo frecuente en la naturaleza (Olivares-Donoso 2000). Adicionalmente, las larvas de primer instar tienden a agruparse aun antes de comenzar a alimentarse y mientras se alimentan en sus plantas hospederas (Costa *et al.* 2007). Cabe mencionar que dentro de la familia Chrysomelidae existen muchas especies categorizadas como subsociales, debido a que se ha demostrado cuidado maternal de la progenie. No obstante, ninguna especie del género *Chelymorpha* ha sido categorizada como subsocial (Chaboo 2014).

Larvas de micro-himenópteros

Monoska dorsiplana (Pteromalidae) es un micro-himenóptero parasitoide de larvas y pupas de un coleóptero que en Chile se ha encontrado dentro de vainas de espinos, *Acacia caven* (Rojas-Rousse 2006). En crianzas de laboratorio utilizando un hospedero sustituto, se ha registrado que las hembras ponen huevos en forma agregada y que luego las larvas también se desarrollan gregariamente (Rojas-Rousse 2006). Adicionalmente, se ha demostrado que no todos los huevos de una agrupación alcanzan el estado adulto. La observación de una correlación positiva entre el tamaño de estas agrupaciones y la mortalidad sugiere un costo asociado a las agrupaciones, el que podría ser el resultado de competencia entre las larvas parasitoides a través de interacciones agresivas (Rojas-Rousse *et al.* 2007).

Vinchucas

Triatoma infestans (Reduviidae) es una vinchuca de amplia distribución en países de Sudamérica, incluyendo Chile. Su actividad es principalmente nocturna y vive casi exclusivamente en ambientes domiciliarios y peri-domiciliarios (Canals *et al.* 1998). Las ninfas y adultos permanecen durante el día en refugios (ej., grietas y cavidades) en forma agrupada (Lorenzo-Figueiras y Lazzari 2000). Diversos estudios han demostrado que la agregación entre individuos es en gran parte mediada por compuestos químicos volátiles. Por ejemplo, olores emitidos en las heces de estas provocan atracción por parte de conespecíficos y son utilizados para orientarse hacia sus refugios (Lorenzo-Figueiras *et al.* 1994). También se ha demostrado experimentalmente que la respuesta de agregación ocurre algunas horas después de deposición de heces. Dado que la atracción hacia las heces persiste aproximadamente durante diez días, se ha sugerido que estas marcas químicas son renovadas durante el tiempo que estas utilizan sus refugios (Lorenzo-Figueiras y Lazzari 2000). Adicionalmente, se ha demostrado experimentalmente que en la cutícula de los individuos existen compuestos que promueven la agregación (Lorenzo-Figueiras y Lazzari 1998). Estos facilitarían la localización de refugios y la agregación, contribuyendo así a mantener a los individuos protegidos durante el día cuando son vulnerables a los depredadores (Lorenzo-Figueiras *et al.* 2009). Por otra parte, estudios de laboratorio también han revelado un patrón diario de agregación asociado al ciclo luz-oscuridad: la máxima agregación de ninfas ocurre al finalizar la fase de oscuridad, momento en el cual los individuos inician la búsqueda del refugio en su ambiente natural. La menor agregación (o máxima dispersión) se ha registrado al final de la fotofase, momento en el cual los individuos están más activos y comienzan la búsqueda de fuentes de alimento en su ambiente natural (Minoli *et al.* 2007).

OPORTUNIDADES DE ESTUDIOS UTILIZANDO ESPECIES NATIVAS

La evidencia disponible apoya que al menos 68 especies nativas de insectos presentan algún nivel de sociabilidad. Esta cifra incluye 52 especies de hormigas que no han sido introducidas (Torres-Contreras 2001), tres especies nativas de termitas (Ramírez y Lanfranco 2001, Camousseight y Vera 2005), 12 especies nativas de abejas cuyo nivel social fue propuesto para 10 especies por diversos autores y para dos especies en este capítulo (Tabla 4-2). Además, esta cifra incluye una especie de avispa que ha sido considerada como solitaria (Chiappa *et al.* 1996), pero que sugiero incluirla dentro de una categoría social (Tabla 4-2). Por otra parte, cuatro especies nativas de insectos solitarios exhiben conductas gregarias: dos moscas de la fruta (del Solar *et al.* 1985, Medina-Muñoz y Godoy Herrera 2004), una vinchuca (ej., Lorenzo-Figueiras y Lazzari 1998, 2000) y un escarabajo (Costa *et al.* 2007). Para las otras especies solitarias de insectos que presentan gregarismo se desconocen las causas de su presencia en Chile; en cuanto a las especies de *Drosophila* se sabe que son de amplia distribución geográfica, cosmopolita en su mayoría (Brncic 1987). En el caso del micro-himenóptero se ha registrado en Israel y recientemente en Chile y Uruguay (Rojas-Rousse 2006, Rojas-Rousse *et al.* 2007), aun cuando se ha propuesto como nativo en Sudamérica (Rojas-Rousse *et al.* 2007).

De acuerdo con la información analizada (Tabla 4-3), se hace evidente que las abejas constituyen el grupo de insectos nativos preferentemente utilizado para estudiar distintos atributos sociales como conductas de nidificación, tolerancia social, estrategias reproductivas vinculadas a sistemas sociales y capacidades de reconocimiento entre conespecíficos. De estos, los dos más investigados, nidificación y tolerancia social, han contribuido a dilucidar los niveles sociales de las especies, lo cual resulta relevante para un grupo taxonómico que incluye todo el espectro de variación en sociabilidad. En tal sentido, los estudios realizados apoyan la existencia de una variación de los niveles sociales dentro de algunas familias (Tabla 4-2). Sin embargo, se obtuvo información solo para 37 especies (excluyendo especies parásitas), de aproximadamente 445 especies nativas presentes en Chile, es decir un 8%. En consecuencia, es altamente probable que también se haga más evidente la variación del fenómeno social en abejas, en la medida que se genere y articule nueva información, sobre todo de especies endémicas. Considerando que las termitas y las hormigas solo incluyen especies eusociales (Crozier y Pamilo 1996, Thorne 1997), a excepción de algunas especies de hormigas en que se ha discutido su pertenencia a dicha categoría (Crespi 1996), es esperable una ausencia de estudios sobre conductas de nidificación y tolerancia social intracolonial. Sin embargo, tales estudios podrían ser importantes para determinar una posible variación en las conductas sociales de hormigas y termitas nativas.

Por otra parte, algunos atributos sociales se han estudiado en algunos grupos taxonómicos más que en otros (Tabla 4-3). Por ejemplo, las estrategias reproductivas han sido estudiadas en abejas, avispas, hormigas y termitas, y las capacidades de reconocimiento en abejas, hormigas y termitas. Como se ha discutido en este capítulo, para algunas especies, las estrategias reproductivas se ajustan a diferentes sistemas de nidificación, o varían dependiendo del sistema social. En cuanto a las capacidades de reconocimiento entre conespecíficos, estas pueden expresarse dependiendo del contexto ecológico-social o del tipo de nivel social, como también fue discutido en el capítulo. En consecuencia, es esperable que tales atributos se presenten en una gran diversidad de grupos taxonómicos y, considerando su relevancia ecológico-social (o ecológico-conductual), conciten interés para ser estudiados en especies pertenecientes a todos esos grupos de insectos.

Además, existen vacíos en el conocimiento de distintos atributos sociales en algunos grupos de insectos nativos (Tabla 4-3). Entre estos, el uso de información ambiental y respuestas a nivel colonial es un fenómeno que solo se ha estudiado en grupos taxonómicos eusociales, y en una escasa diversidad de especies: estrategias de forrajeo en dos especies de hormigas y respuestas defensivas en una especie de termita. Considerando que en Chile habitan más de 50 especies nativas de hormigas con una alta riqueza de especies endémicas (Torres-Contreras 2001) y cinco especies de termitas, tres nativas y dos introducidas (Ramírez y Lanfranco 2001, Camousseight y Vera 2005, Aguilera-Olivares 2015), ambos grupos de insectos ofrecen una amplia diversidad de especies nativas para evaluar respuestas a nivel colonial mediadas por el uso de información ambiental.

Tabla 4-3

Atributos de sociabilidad discutidos en este capítulo
que han sido estudiados en especies de insectos nativos.

Grupo de Insectos	Familia	Especie	Fenómeno de estudio discutido en el capítulo	Referencia
Abejas	Andrenidae	*Liphanthus alicahue*	Nidificación: descripción de nidos	Rozen (1989)
		Liphanthus sabulosus	Nidificación: descripción de nidos	Rozen (1989)
			Nidificación: descripción de nidos	Mena y Ruz (2003)
		Parasaurus atacamensis	Nidificación: descripción de nidos	Ruz y Rozen (1993)
		Euherbstia excellens	Nidificación: descripción de nidos	Rozen (1993)
		Neffapis longilingua	Nidificación: descripción de nidos	Rozen y Ruz (1995)
		Protandrena evansi	Nidificación: descripción de nidos	Chiappa y Castro (2006)
			Reproducción: apareamiento en sitios de nidificación	Chiappa *et al.* (2005)
			Reconocimiento: de compañeras de nido	Flores-Prado *et al.* (2012)
		Nolanomellissa toroi	Tolerancia social: conductas tolerantes, rechazo y agresión	Grixti *et al.* (2004)
		Acamptopoeum submetallicum	Tolerancia social: conductas tolerantes, rechazo y agresión	Grixti *et al.* (2004)
		Spinoliella herbsti	Nidificación: descripción de nidos	Rozen (2013)
		Spinoliella maculata	Nidificación: descripción de nidos	Rozen (2013)
	Colletidae	*Cadeguala occidentalis*	Nidificación: descripción de nidos	Torchio y Burwell (1987)
			Nidificación: descripción de nidos	Montalva *et al.* (2011)
		Cadeguala albopilosa	Nidificación: descripción de nidos	Sarzetti *et al.* (2013)
		Diphaglossa gayi	Nidificación: descripción de nidos	Sarzetti *et al.* (2013)
		Xeromelissa nortina	Nidificación: descripción de nidos	Rozen y Wyman (2015)
		Xeromelissa sielfeldi	Nidificación: descripción de nidos	Rozen y Wyman (2015)
		Colletes musculus	Nidificación: descripción de nidos	Chiappa *et al.* (2018)
		Penapis toroi	Tolerancia social: conductas tolerantes, rechazo y agresión	Packer (2005)
		Ruizantheda mutabilis	Tolerancia social: conductas tolerantes, rechazo y agresión	Packer (2006)

Grupo de Insectos	Familia	Especie	Fenómeno de estudio discutido en el capítulo	Referencia
Abejas	Halictidae	*Corynura chloris*	Tolerancia social: conductas tolerantes, rechazo y agresión	Packer (2006)
		Corynura herbsti	Tolerancia social: conductas tolerantes, rechazo y agresión	Packer (2006)
		Corynura patagónica	Tolerancia social: conductas tolerantes, rechazo y agresión	Packer (2006)
		Caenohalictus dolator	Tolerancia social: conductas tolerantes, rechazo y agresión	Packer (2006)
		Pseudagapostemon pississi	Tolerancia social: conductas tolerantes, rechazo y agresión	Packer (2006)
		Ruizantheda proxima	Tolerancia social: conductas tolerantes, rechazo y agresión	Packer (2006)
		Caenohalictus cuprellus	Tolerancia social: conductas tolerantes, rechazo y agresión	Packer (2006)
		Lasioglossum aricence	Tolerancia social: conductas tolerantes, rechazo y agresión	Packer (2006)
		Corynura melanoclada	Tolerancia social: conductas tolerantes, rechazo y agresión	Packer (2006)
		Corynura moscosensis	Nidificación: descripción de nidos	González-Vaquero *et al.* (2017)
	Megachilidae	*Neofidelia profuga*	Nidificación: descripción de nidos	Rozen (1973)
		Megachile semirufa	Nidificación: descripción de nidos	Montalva *et al.* (2012)
		Notanthidium chilense	Nidificación: descripción de nidos	Rozen (2015)
	Apidae	*Bombus dahlbomii*	Nidificación: descripción de nidos y su construcción	Ruiz (1939)
			Nidificación: descripción de nidos y su construcción	Estay (2017)
		Centris tamarugalis	Nidificación: descripción de nidos	Chiappa y Toro (1994)
			Reproducción: apareamiento en sitios de nidificación	Toro *et al.* (1991)
			Reproducción: apareamiento en sitios de nidificación	Toro y Riveros (1998)
		Centris rodophthalma	Reproducción: conductas de apareamiento	Chiappa *et al.* (2000)
			Nidificación: descripción de nidos	Chiappa *et al.* (2000)
		Manuelia gayi	Nidificación: observaciones particulares	Daly *et al.* (1987)
			Nidificación: evolución de construcción de nidos	Flores-Prado *et al.* (2010)
		Manuelia gayatina	Nidificación: observaciones particulares	Daly *et al.* (1987)
			Nidificación: evolución de construcción de nidos	Flores-Prado *et al.* (2010)

Grupo de Insectos	Familia	Especie	Fenómeno de estudio discutido en el capítulo	Referencia
Abejas	Apidae	*Manuelia postica*	Nidificación: descripción de nidos y su construcción	Flores-Prado et al. (2008a)
			Nidificación: evolución de construcción de nidos	Flores-Prado et al. (2010)
			Nidificación: características de nido y paraistoidismo	Flores-Prado y Niemeyer (2012)
			Nidificación: características de nido y selección natural	Flores-Prado et al. (2014)
			Reconocimiento: compañeras de nido y compuestos cuticulares	Flores-Prado et al. (2008b)
			Reconocimiento: de parentesco	Flores-Prado y Niemeyer (2010)
Avispas	Crabronidae	*Zyzzyx chilensis*	Nidificación: descripción de nidos	Genise (1982)
		Trachypus denticollis	Nidificación: descripción de nidos	Polidori et al. (2009)
		Sphex latreillei	Nidificación: descripción de nidos	Chiappa et al. (1996)
			Reproducción: dimorfismo sexual y conductas	Toro y Chiappa (1994)
			Reproducción: apareamiento en sitios de nidificación	Chiappa (1996)
			Reproducción: secuencia conductual de apareamiento	Mandujano et al. (2016)
	Vespidae	*Hypodynerus labiatus*	Nidificación: descripción de nidos y su construcción	Claude-Joseph (1924)
			Nidificación: descripción de nidos y su construcción	Ruiz (1938)
		Hypodynerus humeralis	Nidificación: descripción de nidos y su construcción	Claude-Joseph (1924)
		Hypodynerus vespiformis	Nidificación: descripción de nidos	Claude-Joseph (1924)
		Hypodynerus colocolo	Nidificación: descripción de nidos	Claude-Joseph (1924)
			Nidificación: descripción de nidos	Pérez-D'Angello (1973)
		Hypodynerus andeus	Nidificación: descripción de nidos	Méndez-Abarca et al. (2012)
		Stenodynerus scabriusculus	Nidificación: descripción de nidos y su construcción	Claude-Joseph (1924)
		Pachodynerus peruensis	Nidificación: descripción de nidos	Chiappa y Rojas (1991)

Grupo de Insectos	Familia	Especie	Fenómeno de estudio discutido en el capítulo	Referencia
Hormigas	Formicidae	*Camponotus morosus*	Hermetismo: en colonias homeoespecíficas	Ipinza-Regla *et al.* (1991)
			Hermetismo: homeoespecífico y distancia geográfica	Ipinza-Regla *et al.* (1993)
			Hermetismo: homeoespecífico y distancia geográfica	Ipinza-Regla y Morales (1998)
			Hermetismo: homeoespecífico y compuestos cuticulares	Ipinza-Regla *et al.* (2004)
			Hermetismo: en colonias heteroespecíficas	Ipinza-Regla *et al.* (1994)
			Hermetismo: heteroespecífico y compuestos cuticulares	Errard *et al.* (2003)
			Hermetismo: en colonias heteroespecíficas	Ipinza-Regla *et al.* (1996)
			Hermetismo: en colonias heteroespecíficas	Ipinza-Regla *et al.* (2017)
		Camponotus chilensis	Reconocimiento: compañeras de nido y distancia geográfica	Velázquez *et al.* (2004)
			Reproducción: sistema reproductivo en colonias	Eaton y Medel (1994)
		Solenopsis gayi	Hermetismo: heteroespecífico y compuestos cuticulares	Errard *et al.* (2003)
			Hermetismo: en colonias heteroespecíficas	Ipinza-Regla *et al.* (1996)
			Hermetismo: en colonias heteroespecíficas	Ipinza-Regla *et al.* (2005)
		Brachymyrmex giardii	Hermetismo: en colonias heteroespecíficas	Ipinza-Regla *et al.* (1994)
			Hermetismo: en colonias heteroespecíficas	Ipinza-Regla *et al.* (2005)
		Dorymyrmex goetschi	Forrajeo: locomoción y heterogeneidad ambiental	Torres-Contreras y Vásquez (2007)
			Forrajeo: trayectorias e información ambiental	Torres-Contreras y Canals (2010)
		Pogonomyrmex vermiculatus	Forrajeo: respuestas conductuales a señales químicas	Torres-Contreras *et al.* (2007)
			Forrajeo: eficiencia en respuesta a feromonas	Torres-Contreras y Niemeyer (2009)
Termitas	Termopsidae	*Porotermes quadricollis*	Hermetismo: en colonias homeooespecíficas	Sepúlveda (1997)
	Kalotermitidae	*Neotermes chilensis*	Reconocimiento: compañeros de nido y compuestos cuticulares	Aguilera-Olivares *et al.* (2016a)
			Reconocimiento: de compañeros de nido y de parentesco	Aguilera-Olivares *et al.* (2016b)
			Reproducción: Mecanismos de evitación de endogamia	Aguilera-Olivares *et al.* (2015)
			Defensa: diferenciación de soldados frente a amenazas	Aguilera-Olivares *et al.* (2017)

En relación con lo anterior, en insectos sociales las interacciones entre las obreras en el interior de la colonia permiten la adquisición de información que posibilita la regulación de distintas labores (véase Duarte *et al.* 2011). En este sentido, al igual que en hormigas, el contacto en el nido entre las abejas de miel que colectan recursos alimenticios influye en la actividad de búsqueda de alimento de la colonia, particularmente regulando las tasas de forrajeo (Duarte *et al.* 2011). En abejas comunales o que nidifican en agregaciones no se han realizado estudios para determinar la relación entre el forrajeo y las interacciones sociales que puedan ocurrir en los sitios de nidificación, situación en la que es posible esperar diferencias entre **especies polilécticas** y **oligolécticas**. En este contexto, la fauna de especies nativas de abejas es especialmente interesante debido a que Chile ha sido reconocido como uno de los seis "hot-spots" a nivel mundial que en su conjunto contienen la mayor diversidad de abejas (Golud 2015), y donde algunas se han especializado en el consumo de recursos alimenticios de especies endémicas de plantas.

Un fenómeno social que no ha sido estudiado en especies eusociales nativas corresponde a la relación que pudiera existir entre la variación de los tamaños coloniales y de las conductas efectuadas por las obreras. En tal sentido, el tamaño de la colonia influye en la complejidad de las conductas sociales y en la división de labores en sus integrantes (Duarte *et al.* 2011). De hecho, tanto así que ha sido reconocido como una característica social de relevancia mayor en insectos sociales (Burchill y Moreau 2016). Al respecto, las especies de hormigas con pequeñas colonias tienden a tener obreras que realizan muchas tareas (ej., construcción de nido, cuidado de los individuos en desarrollo, forrajeo, defensa), en comparación con las especies con grandes colonias, en que las obreras tienden a especializarse en diferentes tareas (Steiner *et al.* 2010). Además, el tamaño colonial influye sobre otros atributos sociales (ej., estrategias de forrajeo colectivo, arquitectura de nidos) y de historia de vida (Dornhaus *et al.* 2012). Por otra parte, existe evidencia que un tamaño colonial grande permite disminuir la mortalidad dentro de la colonia en los climas fríos y resistir el invierno de mejor manera (Kaspari y Vargo 1995). A partir de esto se ha planteado que individuos en colonias más grandes se beneficiarían en ambientes con temperaturas bajas (por ejemplo a latitudes y elevaciones mayores), en comparación con colonias pequeñas. Por lo tanto, se esperaría que poblaciones en climas más fríos exhiban tamaños coloniales más grandes (Dunn *et al.* 2010). Existe evidencia a favor y en contra de esta hipótesis. Efectivamente, algunas especies exhiben tamaños coloniales más pequeños en regiones tropicales que en regiones templadas, pero en otras no hay relación entre la latitud y el tamaño colonial (Dunn *et al.* 2010). En este contexto, cobra sentido efectuar estudios en especies nativas de hormigas y termitas que vinculen el tamaño colonial con atributos sociales y de historia de vida. Lo anterior es particularmente interesante considerando la variedad de ambientes en que se distribuyen las especies de hormigas y termitas en Chile, dado los gradientes latitudinales y/o altitudinales en que nidifican.

Desde una perspectiva macroevolutiva, algunas especies de abejas nativas no eusociales poseen diversos rasgos fenotípicos considerados como ancestrales (Rozen 1989, Michener 2007, Almeida 2008) o representan grupos taxonómicos filogenéticamente basales (Flores-Prado *et al.* 2010). Si se cuenta con hipótesis filogenéticas robustas que permitan proponer a un grupo taxonómico (o especie) como más basal respecto de otro, o que presenta caracteres conductuales ancestrales, es posible también proponer explicaciones respecto de las transiciones (o cambios de estado) que pudieron haber ocurrido en la evolución de los atributos sociales exhibidos por especies filogenéticamente más apicales. En particular, estudios recientes han examinado la evolución de la sociabilidad a nivel molecular, y se ha planteado la necesidad de realizar comparaciones genómicas dentro de linajes que representen la variación completa de niveles sociales, desde especies solitarias hasta eusociales avanzadas, a objeto de determinar si similares tipos de cambios genómicos (variaciones que han ocurrido un conjunto de genes) resultan en cambios similares a nivel de atributos de sociabilidad (véase Rehan y Toth 2015). Complementariamente, se ha sugerido que los cambios en la regulación de la expresión génica habrían permitido una transición desde la vida solitaria hacia la vida social con la emergencia de castas con división de labores (véase Kapheim 2016). Dichos planteamientos refuerzan la idea de proponer como modelo para el estudio de la evolución de la sociabilidad, especies de abejas nativas incluidas en un grupo taxonómico que exhibe todo el espectro de niveles sociales (Flores-Prado 2012).

El estudio de atributos sociales de insectos nativos representa una necesidad fundamental para evaluar el sustento relativo de las hipótesis y modelos explicativos sobre las causas de la sociabilidad en contextos ecológicos locales. Por ejemplo, en especies semisociales, o en especies que presentan nidificación solitaria y en coexistencia, es factible indagar sobre la ocurrencia de atributos mutuamente beneficiosos entre las hembras adultas que coexisten en el mismo nido, la existencia de capacidades de reconocimiento de parentesco entre estas, o aplicar modelos de sesgo reproductivo, tomando en consideración variables ecológicas relevantes para la asociación entre organismos, tales como la oferta de recursos (ej., alimenticios o de nidificación) y/o incidencia de "enemigos naturales" (ej., depredadores o parasitoides).

Por último, algunas de las especies solitarias que exhiben conductas gregarias podrían ser utilizadas como sistema de estudio para aumentar el nivel de comprensión y alcance de algunos elementos teóricos resultantes del estudio de la sociabilidad en insectos. Por ejemplo, especies de *Drosophila* y *Triatoma infestans* podrían ser instrumentales para determinar si la agregación de los estados inmaduros es mediada por la capacidad de reconocimiento de parentesco o por aprendizaje social. Estudios en *Chelymorpha varians* podrían dilucidar si las conductas gregarias de las larvas son o no facilitadas por la madre, mediante cuidado maternal, lo cual correspondería a un atributo de subsocialidad. Vincular explicaciones de fenómenos gregarios en especies solitarias con elementos teóricos de sociabilidad en insectos, contribuiría a unificar el estudio del comportamiento social en este importante grupo de animales.

AGRADECIMIENTOS

El autor agradece a los revisores por las valiosas contribuciones efectuadas, a Daniel Aguilera, Felipe Vivallo, Patrich Cerpa y Víctor Mandujano por las fotografías facilitadas y a Elizabeth Chiappa T., Laura C. Sarzetti, Evelyn Pena Hernández, Jerom G. Rozen, Jr., y José Montalva por la autorización para usar imágenes. Agradece también el apoyo de los proyectos que le han posibilitado estudiar fenómenos sociales en insectos: PAI 79100013 (Comisión Nacional de Investigación Científica y Tecnológica, CONICYT), FONDECYT 11110075, 1120210 (CONICYT) y B/3916-2, B/3916-1 (International Foundation for Science).

LITERATURA CITADA

Adams ES, Atkinson L (2008). Queen fecundity and reproductive skew in the termite *Nasutitermes corniger*. *Insectes Sociaux* 55:28-36.

Aguilera-Olivares D (2015). Niveles de evitación de la endogamia en la termita de madera seca *Neotermes chilensis* (Termitidae: Kalotermitinae). Tesis para optar al grado de Doctor en Ciencias, mención en Ecología y Biología Evolutiva. Facultad de Ciencias, Universidad de Chile.

Aguilera-Olivares D, Flores-Prado L, Véliz D, Niemeyer HM (2015). Mechanisms of inbreeding avoidance in the drywood termite *Neotermes chilensis* (Isoptera: Kalotermitidae) determined with microsatellite markers. *Insectes Sociaux* 62:237-245.

Aguilera-Olivares D, Burgos-Lefimil C, Meléndez W, Flores-Prado L, Niemeyer HM (2016a). Chemical basis of nestmate recognition in a defense context in a one-piece nesting termite. *Chemoecology* 26:163-172.

Aguilera-Olivares D, Rizo-Massu J, Burgos-Lefimil C, Flores-Prado L, Niemeyer HM (2016b). Nestmate recognition in defense against nest invasion by conspecifics during swarming in a one-piece nesting termite. *Revista Chilena de Historia Natural* 89:11.

Aguilera-Olivares D, Palma-Onetto V, Flores-Prado L, Zapata V, Niemeyer HM (2017). X-ray computed tomography reveals distal factors affecting soldier differentiation in a one-piece nesting termite. *Entomologia Experimentalis et Applicata* 163:26-34.

Alexander R (1974). The evolution of social behavior. *Annual Review of Ecology and Systematics* 5: 325-383.

Almeida EAB (2008). Colletidae nesting biology (Hymenoptera: Apoidea). *Apidologie* 39:16-29.

Anderson C, Franks NR, McShea DW (2001). The complexity and hierarchical structure of tasks in insect societes. *Animal Behaviour* 62:643-651.

Arnqvist G, Nilsson T (2000). The evolution of polyandry: multiple mating and female fitness in insects. *Animal Behaviour* 60:145-164.

Artigas JN (1973). Estados preimaginales de *Chelymorpha varians* Blanch. (Coleoptera: Chrysomelidae). *Boletín de la Sociedad de Biología de Concepción* 46: 163-168.

Barnard CJ, Aldhous P (1991). Kinship, kin discrimination and mate choice. Pp. 125-147, en: *King recognition* (Hepper PG, ed). Cambridge University Press, Cambridge, U.K.

Barrera-Medina R (2011). Descripción de una nueva avispa alfarera del norte chico chileno, *Hypodynerus anae* n. sp. (Hymenoptera: Vespidae: Eumeninae). *Boletín de la Sociedad Entomológica Aragonesa* 48:157-162.

Beltramí M, Medina-Muñoz MC, Arce D, Godoy-Herrera R (2010). *Drosophila* pupation in the wild. *Evolutionary Ecology* 24:347-458.

Beltramí M, Medina-Muñoz MC, Del Pino F, Jerveur JF, Godoy-Herrera R (2012). Chemical cues influence pupation behavior of *Drosophila simulans* and *Drosophila buzzatii* in nature and in the laboratory. *PloS ONE* 7:e39393.

Beshers SN, Fewell JH (2001). Models of division of labor in social insects. *Annual Review of Entomology* 46:413-430.

Boomsma JJ (2007). Kin selection versus sexual selection: why the ends do not meet. *Current Biology* 17:673-683.

Boomsma JJ, Ratnieks, FLW (1996). Paternity in eusocial Hymenoptera. *Philosophical Transactions of the Royal Society of London B: Biological Sciences* 351:947-975.

Boulay R, Lenoir A (2001). Social isolation of mature workers affects nestmate recognition in the ant *Camponotus fellah*. *Behavioural Processes* 55:67-73.

Bourke AFG, Franks NR (1995). *Social evolution in ants*. Princeton University Press, Princeton, NJ.

Breed MD (1998). Recognition pheromones of the honey bee. The chemistry of nestmate recognition. *BioScience* 48:463-470.

Breed MD (2014). Kin and nestmate recognition: the influence of W. D. Hamilton on 50 years of research. *Animal Behaviour* 92:271-279.

Brncic D (1987). A review of the genus *Drosophila* Fallen (Diptera: Drosophilidae) in Chile with the description of *Drosophila atacamensis* sp. nov. *Revista Chilena de Entomología* 15:37-60.

Burchill AT, Moreau CS (2016). Colony size evolution in ants: macroevolutionary trends. *Insectes Sociaux* 63:291-298.

Camousseight A, Vera A (2005). Acerca de la validez de las subespecies de *Neotermes* (Isoptera: Kalotermitidae) descritas de Chile. *Bosque* 26:39-45.

Canals M, Ehrenfeld M, Solis R, Cruzat L, Pinochet A, Tapia C, Cattan PE (1998). Biología comparada de M. *spinolai* en condiciones de laboratorio y terreno: cinco años de estudio. *Parasitología al Día* 22:72-78.

Claude-Joseph F (1924). Observaciones entomológicas. Los Odineros de Chile. *Anales de la Universidad de Chile* 2: 1049-1143.

Costa JF, Cosio W, Gianoli E (2007). Group size in a gregarious tortoise beetle: patterns of oviposition vs. larval behavior. *Entomologia Experimentalis et Applicata* 125:165-169.

Costa JT, Fitzgerald TD (1996). Developments in social terminology: semantic battles in a conceptual war. *Trends in Ecology & Evolution* 11:285-289.

Costa JT, Fitzgerald TD (2005). Social terminology revisited. Where are we ten years later? *Annales Zoologici Fennici* 42:559-564.

Crespi B (1996). Comparative analysis of the origins and losses of eusociality: Causal mosaics and historical uniqueness. Pp. 253-287, en: *Phylogenies and the comparative method in animal behavior* (Martins EP, ed). Oxford University Press, New York.

Crozier RH (2008). Advanced eusociality, kin selection and male haploidy. *Australian Journal of Entomology* 47:2-8.

Crozier RH, Pamilo P (1996). *Evolution of social insect colonies: sex allocation and kin selection*. Oxford University Press, Oxford, Reino Unido.

Charbonneau D, Blonder B, Dornhaus A (2013). Social insects: a model system for network dynamics. Pp 217-243, en: *Temporal networks, understanding complex systems* (Holme P, Saramäki J, eds.). Springer-Verlag Berlin Heidelberg.

Chiappa E (1996). Comportamiento reproductivo de machos de *Sphex latreillei* Lepeletier (Hymenoptera: Sphecidae). *Revista Chilena de Entomología* 23:19-27.

Chiappa E (2012). Especies de Vespidae y Sphecidae (Hymenoptera) de Valparaíso, Chile: diagnóstico de la distribución regional. *Revista Chilena de Entomología* 37:5-16.

Chiappa E, Rojas M (1991). Observaciones en la nidificación de *Pachodynerus peruensis* (Saussure) (Hymenoptera: Vespidae: Eumeninae). *Revista Chilena de Entomología* 19:45-50.

Chiappa E, Toro H (1994). Comportamiento reproductivo de *Centris mixta tamarugalis* (Hymenoptera: Anthophoridae). II Parte: nidificación y estados inmaduros. *Revista Chilena de Entomología* 21:99-115.

Chiappa E, Toro H (1995). Estrategias alternativas de aprovisionamiento de nidos, en la avispa *Sphex latreillei* Lepeletier (Hymenoptera: Sphecidae). *Acta Entomológica Chilena* 19:7-11.

Chiappa E, Alfaro C, Toro H (1996). Comportamiento de nidificación de *Sphex latreillei* Lepeletier (Hymenoptera: Sphecidae). *Acta Entomológica Chilena* 20:83-97.

Chiappa E, Bascuñán R, Rodríguez S (2000). Nidificación, conducta de machos de *Centris* (*Wagenknechtia*) *rodophthalma* Pérez (Hymenoptera: Anthophoridae) y comparación con otras especies chilenas del género. *Acta Entomológica Chilena* 24:19-28.

Chiappa E, Ruz L, García V (2005). Biología de machos de *Protandrena evansi* Ruz y Chiappa (Hymenoptera: Andrenidae) (Farellones, Región Metropolitana, Chile). *Acta Entomológica Chilena* 29:15-22.

Chiappa E, Castro R (2006). Comportamiento de nidificación comunal y de abastecimiento de *Protandena evansi* Ruz y Chiappa (Hymenoptera: Andrenidae: Panurginae) en Farellones, Región Metropolitana, Chile. *Acta Entomológica Chilena* 31:7-14.

Chiappa E, Flores-Prado L (2008). Avispas y Abejas. Pp. 377-392, en: *Zoología médica. invertebrados* (Canals M, Cattan P, eds.). Editorial Universitaria, Chile.

Chiappa E, Araya H, Mandujano V, Tosti-Croce E (2018). Descripción de los estados inmaduros de *Colletes musculus* Friese (Hymenoptera: Colletidae), con notas ecológicas y biológicas. *Revista Chilena de Entomología* 44:123-134.

Chaboo CS, Frieiro-Costa FA, Gómez-Zurita J, Westerduijn R (2014). Origins and diversification of subsociality in leaf beetles (Coleoptera: Chrysomelidae: Cassidinae: Chrysomelinae). *Journal of Natural History* 48:2325-2367.

Daly H, Michener CD, Moure J, Sakagami S (1987). The relictual bee genus *Manuelia* and its relation to other Xylocopinae (Hymenoptera: Apoidea). *Pan Pacific Entomology* 63:102-124.

Danforth BN, Brady SG, Sipes SD, Pearson A (2004). Single-copy nuclear genes recover Cretaceous-age divergences in bees. *Systematic Biology* 53:309-326.

del Solar E (1968). Selection for and against gregariousness in the choice of oviposition sites by *Drosophila pseudoobscura*. *Genetics* 58:275-282.

del Solar E, Godoy-Herrera R (1971). Elección del sitio de oviposición en *Drosophila melanogaster*. Efectos por oviposición prolongada. *Boletín del Museo Nacional de Historia Natural*, Chile 32:123-127.

del Solar E, Ruiz G, Kohler N (1985). Cambios anuales de agregación en la población preadulta de *Scaptomyza multispinosa* (Diptera, Drosophilidae) en cultivos de *Brassica napus*. *Revista Chilena de Historia Natural* 58:31-37.

de Souza AR, Barbosa BC, da Silva RC, Prezoto F, Lino-Neto J, Nascimento FS (2017). No evidence of intersexual kin recognition by males of the Neotropical paper wasp *Polistes versicolor*. *Journal of Insect Behavior* 30:180-187.

Dornhaus A, Powell S, Bengston S (2012). Group size and its effects on collective organization. *Annual Review of Entomology* 57:123-141.

Dos Santos Ramos K (2014). Taxonomic revision of *Parasarus* (Hymenoptera: Apidae s.l.: Protandrenini), a South American genus of bees. *Zoologia (Curitiba)* 31:503-515.

Duarte A, Weissing FJ, Pen I, Keller L (2011). An evolutionary perspective on self-organized division of labor in social insects. *Annual Review of Ecology, Evolution, and Systematics* 42:91-110.

Dumesh S, Packer L (2011). The *Calliopsis* (Hymenoptera; Andrenidae; Panurginae) of Chile with the description of a new species. *Zootaxa* 2908:64-68.

Dumesh S, Packer L (2013). Three new species of *Neofidelia* (Hymenoptera: Apoidea: Megachilidae) from Northern Chile. *Zootaxa* 3609:471-483.

Dunn RR, Guénard B, Weiser MD, Sanders NJ (2010). Geographic gradients. Pp. 38-58, en: *Ant ecology* (Lach L, Parr CL, Abbott KL, eds.). Oxford University Press, New York.

Durante S, Abrahamovich AH, Lucia M (2006). El subgénero *Megachile* (*Dasymegachile*) Mitchell con especial referencia a las especies argentinas (Hymenoptera: Megachilidae). *Neotropical Entomology* 35:791-802.

Eaton LC, Medel RG (1994). Allozyme variation and genetic relatedness in a population of *Camponotus chilensis* (Hymenoptera: Formicidae) in Chile. *Revista Chilena de Historia Natural* 67:157-161.

Eberhard WG (1994). Evidence for widespread courtship during copulation in 131 species of insects and spiders, and implications for cryptic female choice. *Evolution* 48:711-733.

Errard C, Ipinza-Regla J, Hefetz A (2003). Interspecific recognition in Chilean parabiotic ant species. *Insectes Sociaux* 50:268-273.

Escudero IF (1999). Evolución de la eusociabilidad en los insectos. *Boletín de la Sociedad Entomológica Aragonesa* 26:713-726.

Estay P (2007). *Bombus* en Chile: especies, biología y manejo. *Colección Libros* INIA 22. Ministerio de Agricultura, Instituto de Investigaciones Agropecuarias, Gobierno de Chile.

Ferrari RR (2017). Taxonomic revision of the species of *Colletes* Latreille, 1802 (Hymenoptera: Colletidae: Colletinae) found in Chile. *Zootaxa* 4364:1-137.

Field J (1992). Intraspecific parasitism as an alternative reproductive tactic in nest-building wasps and bees. *Biological Reviews* 67:79-126.

Field, J (2005). The evolution of progressive provisioning. *Behavioral Ecology* 16: 770-778.

Flores-Prado L (2012). Evolución de la sociabilidad en Hymenoptera: Rasgos conductuales vinculados a niveles sociales y precursores de sociabilidad en especies solitarias. *Revista Chilena de Historia Natural* 85:245-266.

Flores-Prado L, Niemeyer HM (2010). Kin recognition in the largely solitary bee, *Manuelia postica* (Apidae: Xylocopinae). *Ethology* 116:466-471.

Flores-Prado L, Niemeyer HM (2012). Host location by ichneumonid parasitoids is associated with nest dimensions of the host bee species. *Neotropical Entomology* 41:283-287.

Flores-Prado L, Chiappa E, Niemeyer HM (2008a). Nesting biology, life cycle, and interactions between females of *Manuelia postica*, a solitary species of the Xylocopinae (Hymenoptera: Apidae). *New Zealand Journal of Zoology* 35:93-102.

Flores-Prado L, Aguilera-Olivares D, Niemeyer HM (2008b). Nest-mate recognition in *Manuelia postica* (Apidae: Xylocopinae): an eusocial trait is present in a solitary bee. *Proceedings of the Royal Society B: Biological Sciences* 275:285-291.

Flores-Prado L, Flores SV, McAllister B (2010). Phylogenetic relationships among tribes in Xylocopinae (Apidae) and implications on nest structure evolution. *Molecular Phylogenetics and Evolution* 57:237-244.

Flores-Prado L, Chiappa E, Mante M (2012). Interacciones bajo condiciones experimentales entre hembras de *Protandrena evansi* (Ruz y Chiappa) (Hymenoptera: Andrenidae), una especie de nidificación comunal. *Revista Colombiana de Entomología* 38:118-123.

Flores-Prado L, Pinto CF, Rojas A, Fontúrbel FE (2014). Strong selection on mandible and nest features in a carpenter bee that nests in two sympatric host plants. *Ecology and Evolution* 4:1820-1827.

Foster KR, Wenseleers T, Ratnieks FLW (2006). Kin selection is the key to altruism. *Trends in Ecology & Evolution* 21:57-60.

Gadagkar R (1985). Kin recognition in social insects and other animals. A review of recent findings and a consideration of their relevance for the theory of kin selection. *Proceedings of the Indian Academy of Sciences (Animal Sciences)* 94:587-621.

Gadagkar R (1990a). Origin and evolution of eusociality: a perspective from studying primitively eusocial wasps. *Journal of Genetics* 69:113-125.

Gadagkar R (1990b). Evolution of eusociality: the advantage of assured fitness returns. *Philosophical Transactions of the Royal Society London* B 329:17-25.

Gamboa GJ (2004). Kin recognition in eusocial wasps. *Annales Zoologici Fennici* 41:789-808.

Genise FJ (1982). Estudios sobre el comportamiento de nidificación de Bembicini Neotropicales VI. *Zyzzyx chilensis* (Eschsolz) (Hymenoptera, Sphecidae). *Revista de la Sociedad Entomológica Argentina* 41:289-298.

Godoy-Herrera R (2001). La conducta de larvas de *Drosophila* (Diptera; Drosophilidae): su etología, desarrollo, genética y evolución. *Revista Chilena de Historia Natural* 74:55-64.

Godoy-Herrera R, Silva-Cuadra JL (1998). The behaviour of sympatric Chilean populations of *Drosophila* larvae during pupation. *Genetics and Molecular Biology* 2: 31-39.

González-Vaquero RA, Polidori C, Nieves-Aldrey JL (2017). Taxonomy and ecology of a new species of *Corynura* (Hymenoptera: Halictidae: Augochlorini) from Chile and Argentina. *Zootaxa* 4221:095-110.

Griffin AS, West SA (2003). Kin discrimination and the benefit of helping in cooperatively breeding vertebrates. *Science* 302:634-636.

Grixti JC, Zayed A, Packer L (2004). Behavioral interactions among females of *Acamptopoeum submetallicum* (Spinola) and *Nolanomelissa toroi* Rozen (Hymenoptera: Andrenidae). *Journal of Hymenoptera Research* 13:48-56.

Gould J (2015). Meet our prime pollinators. *Nature* 521:S48-S49.

Hamilton WD (1964a). The genetical evolution of social behavior, I. *Journal of Theoretical Biology* 7:1-16.

Hamilton WD (1964b). The genetical evolution of social behavior, II. *Journal of Theoretical Biology* 7:17-52.

Hemelrijk CK (2002). Understanding social behaviour with the help of complexity science. *Ethology* 108:655-671.

Hogendoorn K, Leys R (1993). The superseded female's dilemma: factors that influence guarding behaviour of the carpenter bee *Xylocopa pubescens*. *Behavioral Ecology and Sociobiology* 33:371-381.

Holmes WG (2004). The early history of Hamiltonian-based research on kin recognition. *Annales Zoologici Fennici* 41:691-711.

Hölldobler B, Wilson EO (1990). *The ants*. Harvard University Press, Cambridge, Estados Unidos de América.

Hölldobler B, Morgan ED, Oldham NJ, Liebig J (2001). Recruitment pheromone in the harvester ant genus *Pogonomyrmex*. *Journal of Insect Physiology* 47:369-374.

Howard KJ, Thorne BL (2011). Eusocial evolution in termites and Hymenoptera. Pp. 97-132, en: *Biology of termites: a modern synthesis* (Bignell DE. Roisin Y, Lo N, eds.). Springer, Dordrecht, Holanda.

Hughes WOH, Oldroyd BP, Beekman M, Ratnieks FLW (2008a). Ancestral monogamy shows kin selection is key to the evolution of eusociality. *Science* 320:1213-1216.

Hughes WOH, Ratnieks FLW, Oldroyd BP (2008b). Multiple paternity or multiple queens: two routes to greater intracolonial genetic diversity in the eusocial Hymenoptera. *Journal of Evolutionary Biology* 21:1090-1095.

Hunt JH (2007). *The evolution of social wasps*. Oxford University Press, Nueva York, Estados Unidos de América.

Hunt JH (2012). A conceptual model for the origin of worker behaviour and adaptation of eusociality. *Journal of Evolutionary Biology* 25:1-19.

Husseneder C, Simms DM, Ring DR (2006). Genetic diversity and genotypic differentiation between the sexes in swarm aggregations decrease inbreeding in the Formosan subterranean termite. *Insectes Sociaux* 53:212-219.

Inward DJG, Beccaloni G, Eggleton P (2007). Death of an order: a comprehensive molecular phylogenetic study confirms that termites are eusocial cockroaches. *Biology Letters* 3:331-335.

Ipinza-Regla J, Morales MA (1998). Hermetismo en laboratorio y condiciones naturales para *Camponotus morosus* Smith, 1858 (Hymenoptera, Formicidae). *Gayana* 62:177-181.

Ipinza-Regla J, Lucero A, Morales MA (1991). Hermetismo en sociedades de *Camponotus morosus* Smith, 1858 (Hymenoptera, Formicidae) en nidos artificiales. *Revista Chilena de Entomología* 19:29-38.

Ipinza-Regla J, Morales MA, Sepúlveda S (1993). Hermetismo y distancia geográfica en sociedades de *Camponotus morosus* Smith, 1858 (Hymenoptera: Formicidae). *Acta Entomológica Chilena* 18:127-132.

Ipinza-Regla J, Carbonell C, Morales MA (1994). Hermetismo en sociedades mixtas de hormigas (Hymenoptera: Formicidae) en nidos artificiales. *Revista Chilena de Entomología* 21:41-45.

Ipinza-Regla J, Morales MA, Aros V (1996). Hermetismo entre tres especies de hormigas. *Boletín de la Sociedad de Biología de Concepción* 67:33-36.

Ipinza-Regla J, Núñez C, Morales MA (1998). Hermetismo de *Camponotus morosus* Smith, 1858 (Hymenoptera: Formicidae) en terreno. *Folia Entomológica Mexicana* 103:55-61.

Ipinza-Regla J, Morales MA, Uribe M (2004). Identificación y análisis de hidrocarburos cuticulares relacionados al hermetismo de colonias de *Camponotus morosus* Smith, 1858 (Hymenoptera: Formicidae). *Acta Entomológica Chilena* 28:63-70.

Ipinza-Regla J, Fernández A, Morales MA (2005). Hermetismo entre *Solenopsis gayi* Spinola, 1851 y *Brachymyrmex giardii* Emery, 1894 (Hymenoptera, Formicidae). *Gayana* 69:27-35.

Ipinza-Regla J, Fernández AM, Morales MA, Araya JE (2017). Hermetism between *Camponotus morosus* Smith and *Linepithema humile* Mayr (Hymenoptera: Formicidae). *Gayana* 81:22-27.

Johnson RA (2001). Biogeography and community structure of North American seed-harvesting ants. *Annual Review of Entomology* 46:1-29.

Johnson BR, Borowiec ML, Chiu JC, Lee EK, Atallah J, Ward PS (2013). Phylogenomics resolves evolutionary relationships among ants, bees, and wasps. *Current Biology* 23:2058-2062.

Johnstone RA 2000. Models of reproductive skew: a review and synthesis. *Ethology* 106:5-26.

Kaib M, Jmhasly P, Wilfert L, Durka W, Franke S, Francke W, Leuthold RH, Brandl R (2004). Cuticular hydrocarbons and aggression in the termite *Macrotermes subhyalinus*. *Journal of Chemical Ecology* 30:365-385.

Kapheim KM, Bernal SP, Smith AR, Nonacs P, Wcislo WT (2011). Support for maternal manipulation of developmental nutrition in a facultatively eusocial bee, *Megalopta genalis* (Halictidae). *Behavioral Ecology and Sociobiology* 65:1179-1190.

Kapheim KM (2016) Genomic sources of phenotypic novelty in the evolution of eusociality in insects. *Current Opinion in Insect Science* 13:24-32.

Kaspari M, Vargo E (1995) Colony size as a buffer against seasonality: Bergmann's rule in social insects. *American Naturalist* 145:610-632.

Knaden M, Wehner R (2003). Nest defense and conspecific enemy recognition in the desert ant *Cataglyphis fortis*. *Journal of Insect Behavior* 16:717-730.

Korb J (2008). The ecology of social evolution in termites. Pp. 151-174, en: *Ecology of social evolution* (Korb J, Heinze J, eds.). Springer, Berlin, Heidelberg.

Kukuk PF (1992). Social interactions and familiarity in a comunal halictine bee *Lasioglossum* (*Chilalictus*) *hemichalceum*. *Ethology* 91:291-300.

Kukuk PF, Crozier RH (1990). Trophallaxis in a communal halictine bee *Lasioglossum* (*Chilalictus*) *erythrurum*. *Proceedings of the National Academy of Sciences USA* 87:5402-5405.

Langer P, Hogendoorn K, Keller L (2004). Tug-of-war over reproduction in a social bee. *Nature* 428:844-847.

Lenoir A, D'etorre P, Errard C (2001). Chemical ecology and social parasitism in ants. *Annual Review of Entomology* 46:573-600.

Lin N, Michener CD (1972). Evolution of sociality in insects. *The Quarterly Review of Biology* 14:131-159.

Linksvayer TA, Wade MJ (2005). The evolutionary origin and elaboration of sociality in the aculeate Hymenoptera: maternal effects, subsocial effects, and heterochrony. *The Quarterly Review of Biology* 80:317-336.

Lorenzo Figueiras AN, Lazzari CR (1998). Aggregation in the haematophagous bug *Triatoma infestans*: a novel assembling factor. *Physiological Entomology* 23:33-37.

Lorenzo Figueiras AN, Lazzari CR (2000). Temporal change of the aggregation response in *Triatoma infestans*. *Memórias do Instituto Oswaldo Cruz* 95: 889-892.

Lorenzo Figueiras AN, Kenigsten A, Lazzari CR (1994). Aggregation in the haematophagous bug *Triatoma infestans*: chemical signals and temporal pattern. *Journal of Insect Physiology* 40:311-316.

Lorenzo Figueiras AN, Girotti JR, Mijailovsky SJ, Juarez MP (2009). Epicuticular lipids induce aggregation in Chagas disease vectors. *Parasite Vectors* 2:8.

Mandujano V, Flores-Prado L, Chiappa E (2016). Behavioral analysis and ethogram of mating in the wasp *Sphex latreillei* (Lepeletier) (Hymenoptera: Crabronidae). *Neotropical Entomology* 45:369-373.

McCorquodale DB (1989) Soil softness, nest initiation and nest sharing in the wasp, *Cerceris antipodes* (Hymenoptera: Sphecidae). *Ecological Entomology* 14:191-196.

Mateo JM (2004). Recognition systems and biological organization: the perception component of social recognition. *Annales Zoologici Fennici* 41:729-745.

McConnell-Garner J, Kukuk P (1997). Behavioral Interactions of two solitary Halictine bees with comparisons among solitary, communal and eusocial species. *Ethology* 103:19-32.

Medina-Muñoz MC, Godoy-Herrera R (2005). Dispersal and prepupation behavior of Chilean sympatric *Drosophila* species that breed in the same site in nature. *Behavioral Ecology* 16:316-322.

Mena P, Ruz L (2003). Field Observations on the behavior and nesting habits of *Liphanthus sabulosus* Reed (Hymenoptera: Andrenidae). *Journal of the Kansas Entomological Society* 76:198-202.

Méndez-Abarca F, Mundaca EA, Vargas HA (2012). First remarks on the nesting biology of *Hypodynerus andeus* (Packard) (Hymenoptera, Vespidae, Eumeninae) in the Azapa valley, northern Chile. *Revista Brasileira de Entomologia* 56:240-243.

Michener CD (1969). Comparative social behavior of bees. *Annual Review of Entomology* 14:299-342.

Michener CD (1974). *The social behavior of the bees. A comparative study*. Harvard University Press, Cambridge, Estados Unidos de América.

Michener CD (1985). From solitary to eusocial: need there be a series of intervening species? Pp. 293-305, en: *Experimental behavioral ecology and sociobiology* (Holldobler B, Lindauer M, eds.). Gustav Fischer Verlag, Stuttgart, Alemania.

Michener CD (2007). *The bees of the world*. The John Hopkins University Press, Baltimore.

Michener CD, Brothers D (1974). Were workers of eusocial hymenoptera initially altruistic or oppressed? *Proceedings of the National Academy of Sciences USA* 71:671-674.

Michener CD, Smith BH (1987). Kin recognition in primitively eusocial insects. Pp. 209-242, en: *Kin recognition in animals* (Fletcher DJC, Michener CD, eds.). John Wiley & Sons, Nueva York.

Minoli SA, Baraballe S, Lorenzo Figueiras AN (2007). Daily rhythm of aggregation in the haematophagous bug *Triatoma infestans* (Heteroptera: Reduviidae). *Memórias do Instituto Oswaldo Cruz* 102:449-454.

Miyazaki S, Yoshimura M, Saiki R, Hayashi Y, Kitade O, Tsuji K, Maekawa K (2014). Intracolonial genetic variation affects reproductive skew and colony productivity during colony foundation in a parthenogenetic termite. *BMC Evolutionary Biology* 14:177.

Monckton SK (2016). A revision of *Chilicola* (Heteroediscelis), a subgenus of xeromelissine bees (Hymenoptera, Colletidae) endemic to Chile: taxonomy, phylogeny, and biogeography, with descriptions of eight new species. *ZooKeys* 59:1-144.

Montalva J, Ruz L (2010). Actualización de la lista sistemática de las abejas chilenas (Hymenoptera: Apoidea). *Revista Chilena de Entomología* 35:15-52.

Montalva J, Sepúlveda Y, Baeza R (2011). *Cadeguala occidentalis* (Haliday, 1836) (Hymenoptera: Colletidae: Diphaglossinae): biología de nidificación y morfología de los estados inmaduros. *Boletín de Biodiversidad de Chile* 5:3-21.

Montalva J, Packer L (2012). First record of the bee *Chilicola* (*Pseudiscelis*) *rostrata* (Friese, 1906) (Colletidae: Xeromelissinae) in Chile: a recent adventive species to the country? *Boletín de Biodiversidad de Chile* 7:63-65.

Montalva J, Castro B, Allendes JL (2012). Biología de nidificación de *Megachile semirufa* (Hymenoptera: Megachilidae: Dasymegachile) en alta montaña, Chile. *Caldasia* 34:475-481.

Montalva J, Allendes JL, Lucia M (2013). The large carpenter bee *Xylocopa augusti* (Hymenoptera: Apidae): new record for Chile. *Journal of Melittology* 12:1-6.

Montalva J, Ríos M, Vivallo F (2015). First record of the invasive bee *Anthidium manicatum* (Hymenoptera: Megachilidae) in Chile. *Journal of Melittology* 56:1-5.

Moure JS, Melo GAR, Vivallo F (2007). Centridini Cockerell & Cockerell. Pp. 83-142, en: *Catalogue of bees (Hymenoptera, Apoidea) in the Neotropical Region* (Moure JS, Urban D, Melo GAR, orgs). Sociedade Brasileira de Entomologia, Curitiba, Brazil.

Murray TE, Kuhlmann M, Potts SG (2009). Conservation ecology of bees: populations, species and communities. *Apidologie* 40:211-236.

Nalepa CA (2011). Altricial development in wood-feeding cockroaches: the key antecedent of termite eusociality. Pp. 69-95, en: *Biology of termites: a modern synthesis* (Bignell DE, Roisin Y, Lo N, eds.). Springer, Dordrecht, Holanda.

Nowak MA, Tarnita CE, Wilson EO (2010). The evolution of eusociality. *Nature* 466:1057-1062.

Pabalan N, Davey G, Packer L (2000). Escalation of aggressive interactions during staged encounters in *Halictus ligatus* Say (Hymenoptera: Halictidae), with a comparison of circle tube behaviors with others Halictine species. *Journal of Insect Behavior* 13:627-650.

Packer L (2000). The biology of *Trincohalictus prognathus* (Perez) (Hymenoptera: Halictidae: Halictini). *Journal of Hymenoptera Research* 9:53-61.

Packer L (2005). The influence of marking upon bee behaviour in circle tube experiments with a methodological comparison among studies. *Insectes Sociaux* 52:139-146.

Packer L (2006). Use of artificial arenas to predict the social organisation of halictine bees: Data for fourteen species from Chile. *Insectes Sociaux* 53:307-315.

Packer L (2012). *Penapis larraini* Packer, a new species of rophitine bee (Hymenoptera: Halictidae) from a fog oasis in Northern Chile. *Zootaxa* 3408: 54-58.

Packer L (2016). Two new species of Epeolini from northern Chile, with the first record of *Triepeolus* for the country and a key to Chilean species of *Doeringiella* (Hymenoptera: Apidae). *Journal of Melittology* 64:1-11.

Packer L, Dumesh S (2012). *Mimapis ohloweni* Packer and Dumesh, new species with notes on *M. inca* Urban (Hymenoptera: Apidae: Eucerini). *Zootaxa* 3478:113-122.

Packer L, Dumesh S (2014). Two new species of *Geodiscelis* Michener & Rozen (Hymenoptera: Apoidea: Colletidae) with a phylogenetic analysis and subgeneric classification of the genus. *Zootaxa* 3857:275-291.

Packer L, Ruz L (2017). DNA barcoding the bees (Hymenoptera: Apoidea) of Chile: species discovery in a reasonably well known bee fauna with the description of a new species of *Lonchopria* (Colletidae). *Genome* 60:414-430.

Packer L, Coelho BTW, Mateus S, Zucchi R (2003). Behavioral interactions among females of *Halictus* (*Seladonia*) *lanei* (Moure) (Hymenoptera: Halictidae). *Journal of Kansas Entomological Society* 76:177-182.

Packer L, Litman J, Praz CJ (2017). Phylogenetic position of a remarkable new fideliine bee from northern Chile (Hymenoptera: Megachilidae). *Systematic Entomology* 42:473-488.

Paxton RJ (2005). Male mating behaviour and mating systems of bees: an overview. *Apidologie* 36:145-156.

Pérez-D'Angello V (1973). El nido de *Hypodynerus colocolo* (Saussure 1851) (Hymenoptera, Eumenidae). *Revista Chilena de Entomología* 7:253-254.

Polidori C, Boesi R, Ruz L, Montalva J, Andrietti F (2009). Prey spectrum and predator prey size relationships of the solitary wasp, *Trachypus denticollis*, in central Chile (Hymenoptera: Crabronidae). *Studies on Neotropical Fauna and Environment* 44:55-60.

Prager SM (2014). Comparison of social and solitary nesting carpenter bees in sympatry reveals no advantage to social nesting. *Biological Journal of the Linnean Society* 113:998-1010.

Pusey A, Wolf M (1996). Inbreeding avoidance in animals. *Trends in Ecology & Evolution* 11:201-206.

Ramirez JC, Lanfranco D (2001). Descripción de la biología, daño y control de las termitas: especies existentes en Chile. *Bosque* 22:77-84.

Raw A (2007). An annotated catalogue of the leafcutter and mason bees (Genus *Megachile*) of the Neotropics. *Zootaxa* 1601:1-127.

Reeve HK, Keller L (1997). Reproductive bribing and policing as mechanisms for the suppression of within-group selfishness. *American Naturalist* 150:542-58.

Reeve HK, Emlen ST, Keller L (1998). Reproductive sharing in animal societies: reproductive incentives or incomplete control by dominant breeders? *Behavioral Ecology* 9: 267-278.

Rehan SM, Toth AL (2015). Climbing the social ladder: the molecular evolution of sociality. *Trends in Ecology & Evolution* 30:426-433.

Rehan SM, Richards MH, Schwarz MP (2010) Social polymorphism in the Australian small carpenter bee, *Ceratina* (*Neoceratina*) *australensis*. *Insectes Sociaux* 57:403-412.

Rehan SM, Leys R, Schwarz MP (2012). A mid-Cretaceous origin of sociality in Xylocopine bees with only two origins of true worker castes indicates severe barriers to eusociality. *PLoS ONE* 7:e34690.

Richard FJ, Hunt JH (2013). Intracolony chemical communication in social insects. *Insectes Sociaux* 60:275-291.

Rojas-Rousse D (2006). Persistent pods of the tree *Acacia caven*: a natural refuge for diverse insects including Bruchid beetles and the parasitoids Trichogrammatidae, Pteromalidae and Eulophidae. *Journal of Insect Science* 6:1-9.

Rojas-Rousse D, Poitrineau K, Basso C (2007). The potential of mass rearing of *Monoska dorsiplana* (Pteromalidae) a native gregarious ectoparasitoid of *Pseudopachymeria spinipes* (Bruchidae) in South America. *Biological Control* 413:348-353.

Rozen JG Jr. (1973). Life history and immature stages of the bee *Neofidelia* (Hymenoptera, Fideliidae). *American Museum Novitates* 2519:1-14.

Rozen JG Jr. (1989). Life history studies of the "primitive" panurgine bees (Hymenoptera: Andrenidae: Panurginae). *American Museum Novitates* 2962:1-27.

Rozen JG Jr. (1993). Phylogenetic relationships of *Euherbstia* with other short-tongued bees (Hymenoptera: Apoidea). *American Museum Novitates* 3060:1-17.

Rozen JG Jr. (2005). Nest and immatures of the South American Anthidiine bee *Notanthidium* (*Allanthidium*) *chilense* (Urban) (Apoidea: Megachilidae). *American Museum Novitates* 3826:1-12.

Rozen JG Jr. (2013). Mature larvae of Calliopsine bees: *Spinoliella*, *Callonychium*, and *Arhysosage* including biological notes, and a larval key to Calliopsine Genera (Hymenoptera: Apoidea: Andrenidae: Panurginae). *American Museum Novitates* 3782: 1-27.

Rozen JG Jr., Ruz L (1995). South American Panurgine bees (Andrenidae: Panurginae), part II. Adults, immature stages, and biology of *Neffapis longilingua*, a new genus and species with an elongate glossa. *American Museum Novitates* 3136:1-15.

Rozen JG Jr., Wyman ES (2015). The Chilean bees *Xeromelissa nortina* and *X. sielfeldi*: their nesting biologies and immature stages, including biological notes on *X. rozeni* (Colletidae: Xeromelissinae). *American Museum Novitates* 3838:1-20.

Ruiz F (1938). El *Odynerus labiatus* Hal, y su biología. *Revista Chilena de Historia Natural* 42:97-105.

Ruiz F (1939). El género *Bombus* Latr. *Revista Chilena de Historia Natural* 43:106-110.

Ruiz-Dubreuil G (1994). Arquitectura genética y adecuación biológica de la oviposición agregada en *Drosophila melanogaster*. *Revista Chilena de Entomología* 21:175-179.

Ruz L, Rozen JG Jr. (1993). South American Panurgine bees (Andrenidae: Panurginae), part I. Biology, mature larva, and description of a new genus and species. *American Museum Novitates* 3057:1-12.

Saigo T, Tsuchida K (2004). Queen and worker policing in monogynous and monandrous colonies of a primitively eusocial wasp. *Proceedings of the Royal Society B: Biological Sciences* 271:S509-S512.

Sakagami SF, Michener CD (1987). Tribes of Xylocopinae and origin of the Apidae (Hymenoptera: Apoidea). *Annals of the Entomological Society of America* 80:439-450.

Sarzetti LC, Genise JF, Sánchez MV, Farina JL, Molina MA (2013). Nesting behavior and ecological preferences of five Diphaglossinae species (Hymenoptera, Apoidea, Colletidae) from Argentina and Chile. *Journal of Hymenoptera Research* 33:63-82.

Sepúlveda L (1997). Hermetismo en sociedades de *Porotermes quadricollis* (Rambur, 1848) (Isoptera: Termopsidae) en nidos artificiales. *Gayana* 61:109-112.

Schwarz MP, Richards MH, Danforth BN (2007). Changing paradigms in insect social evolution: insights from Halictine and Allodapine bees. *Annual Review of Entomology* 52:127-150.

Shell W, Rehan SM (2018). Behavioral and genetic mechanisms of social evolution: insights from incipiently and facultatively social bees. *Apidologie* 49:13-30.

Soto-Yéber L, Soto-Ortiz J, Godoy P, Godoy-Herrera R (2018). The behavior of adult *Drosophila* in the wild. *PLoS ONE* 13:e0209917.

Soucy SL (2002). Nesting biology and socially polymorphic behavior of the sweat bee *Halictus rubicundus* (Hymenoptera: Halictidae). *Annals of the Entomological Society of America* 95:57-65.

Starr CK (1979). Origin and evolution of insect sociality: a review of modern theory. Pp. 35-79, en: *Social insects* (Hermann HR, ed). Academic press, Nueva York, Estados Unidos de América.

Steiner FM, Crozier RH, Schlick-Steiner BC (2010). Colony structure. Pp. 177-193, en: *Ant ecology* (Lach L, Parr CL, Abbott KL, eds.). Oxford University Press, Nueva York, Estados Unidos de América.

Tabadkani SM, Nozari J, Lihoreau M (2012). Inbreeding and the evolution of sociality in arthropods. *Naturwissenschaften* 99:779-788.

Thorne BL (1997). Evolution of eusociality in termites. *Annual Review of Ecology and Systematics* 28:27-54.

Thorne BL, Breisch NL, Muscedere ML (2003). Evolution of eusociality and the soldier caste in termites: Influence of intraspecific competition and accelerated inheritance. *Proceedings of the National Academy of Sciences USA* 100:12808-12813.

Torchio PF, Burwell B (1987). Notes on the biology of *Cadegualla occidentalis* (Hymenoptera: Colletidae), and a review of colletid pupae. *Annals of the Entomological Society of America* 80:781-789.

Toro H, Chiappa E (1989). Nueva especie y subespecie de *Centris* (Hymenoptera: Apoidea) asociadas a *Prosopis tamarugo*. *Acta Entomológica Chilena* 15:243-248.

Toro H, Chiappa E (1994). Hipótesis sobre factores determinantes de dimorfismo sexual en *Sphex latreillei* Lepeletier (Hymenoptera: Sphecidae). *Acta Entomológica Chilena* 19:13-19.

Toro H, Riveros G (1998). Comportamiento de cópula de *Centris mixta tamarugalis* (Hymenoptera: Anthophoridae). *Revista Chilena de Entomología* 25:69-75.

Toro H, Chiappa E, Ruz L, Cabezas V (1991). Comportamiento reproductivo de *Centris mixta tamarugalis* (Hymenoptera: Anthophoridae). I Parte. *Acta Entomológica Chilena* 16:97-112.

Torres-Contreras H (2001). Antecedentes biológicos de hormigas presentes en Chile publicados en revistas científicas nacionales y extranjeras durante el siglo XX. *Revista Chilena de Historia Natural* 74:653-668.

Torres-Contreras H, Vásquez RA (2004). A field experiment on the influence of load transportation and patch distance on the locomotion velocity of *Dorymyrmex goetschi* (Hymenoptera, Formicidae). *Insectes Sociaux* 51:265-270.

Torres-Contreras H, Vásquez RA (2007). Spatial heterogeneity and nestmate encounters affect locomotion and foraging success in the ant *Dorymyrmex goetschi*. *Ethology* 113:76-86.

Torres-Contreras H, Niemeyer HM (2009). Fasting and chemical signals affect recruitment and foraging efficiency in the harvester ant, *Pogonomyrmex vermiculatus*. *Behaviour* 146:923-938.

Torres-Contreras H, Canals M (2010). Effect of colony, patch distance, and trajectory sense on movement complexity in foraging ants. *Journal of Insect Behavior* 23:319-328.

Torres-Contreras H, Olivares-Donoso R, Niemeyer HM (2007). Solitary foraging in the ancestral South American ant, *Pogonomyrmex vermiculatus*. Is it due to constraints in the production or perception of trail pheromones? *Journal of Chemical Ecology* 33:435-440.

Velásquez N, Gómez M, González J, Vásquez RA (2006). Nest-mate recognition and the effect of distance from the nest on the aggressive behaviour of *Camponotus chilensis* (Hymenoptera: Formicidae). *Behaviour* 143:811-824.

Ward PS, Brady SG, Fisher BL, Schultz TR (2014). The evolution of myrmicine ants: phylogeny and biogeography a hyperdiverse ant clade (Hymenoptera: Formicidae). *Systematic Entomology* 40: 61-81.

Wcislo W (1997). Social interaction and behavioral context in a largely solitary bee, *Lasioglossum* (*Dialictus*) *figueresi* (Hymenoptera, Halictidae). *Insectes Sociaux* 44:199-208.

Wcislo W, Danforth B (1997). Secondarily solitary: the evolutionary loss of social behavior. *Trends in Ecology & Evolution* 12:468-474.

Wenseleers T, van Zweden JS (2017). Sensory and cognitive adaptations to social living in insect societies. *Proceedings of the National Academy of Sciences USA* 114:6424-6426.

Wilson EO (1971). *The insect societies*. Harvard University Press, Cambridge, Estados Unidos de América.

Wilson EO (1975). *Sociobiology - The new synthesis*. Harvard University Press, Cambridge, Estados Unidos de América.

Wilson EO (2008). One giant leap: how insects achieved altruism and colonial life. *BioScience* 58:17-25.

Wilson EO, Hölldobler B (2005). Eusociality: origin and consequences. *Proceedings of the National Academy of Sciences USA* 102:13367-13371.

Whitehorn PR, Tinsley MC, Goulson D (2009). Kin recognition and inbreeding reluctance in bumblebees. *Apidologie* 40:627-633.

Yagi N, Hasegawa E. (2012). A halictid bee with sympatric solitary and eusocial nests offers evidence for Hamilton's rule. *Nature Communications* 3:939.

CAPÍTULO 5

VARIACIÓN INTERPOBLACIONAL EN LOS SISTEMAS SOCIALES DE MAMÍFEROS SILVESTRES NATIVOS DE CHILE

LORETO A. CORREA

*Escuela de Medicina Veterinaria, Facultad de Ciencias,
Universidad Mayor, Santiago, Chile.
Departamento de Ecología, Facultad de Ciencias Biológicas,
Pontificia Universidad Católica de Chile.*

RESUMEN

Los sistemas sociales en vertebrados están conformados por cuatro componentes interrelacionados y que incluyen la organización y estructura social, el sistema de apareamiento y de cuidado parental. Una aproximación poderosa para determinar los factores que afectan cada uno de estos componentes, es la de comparar atributos de estos en poblaciones de una misma especie que difieren en una o más condiciones asociables a las causas planteadas. En este capítulo examino la importancia de las posibles causas ecológicas que podrían explicar diferencias poblacionales en los sistemas sociales de mamíferos con distribución en Chile. Se encontró evidencia para 20 especies (nueve cetáceos, tres carnívoros, tres artiodáctilos, y cinco roedores). En 16 especies existe evidencia de variabilidad interpoblacional en el tamaño de grupo, un componente de la organización social. En tres especies de carnívoros se ha documentado variabilidad en el sistema de apareamiento. Sin embargo, los intentos por esclarecer la variabilidad documentada son escasos. En estudios con evidencia positiva de variabilidad poblacional, la diversidad de factores involucrados incluye disponibilidad de alimento y de apareamiento, riesgo de depredación, y condiciones físicas y topográficas del ambiente (ej., dureza del suelo).

MARCO DE ESTUDIO

Los individuos de especies sociales se asocian formando distintos tipos de **unidades sociales**, caracterizadas por interacciones sociales relativamente frecuentes (Whitehaed 2008). El conjunto de estas unidades y su conformación contribuyen a generar cuatro componentes principales en el sistema social de cada especie o población: la **organización social**, la **estructura social**, el **sistema de apareamiento** y el sistema de **cuidado parental**, y cuyas interacciones contribuyen a determinar las relaciones sociales de una **población** o especie, un **atributo emergente** (Kappeler *et al.* 2013, Kappeler 2019). La organización social corresponde al tamaño y composición de cada unidad social (**grupo social** en algunas especies), el grado de cohesión, y su estructura genética (Hinde 1976, Kappeler *et al.* 2013). La cantidad y calidad de las relaciones sociales que emergen como consecuencia de interacciones sociales reiteradas entre los miembros de una unidad social, definen la estructura social (Kappeler *et al.* 2013). Por otra parte, el sistema de apareamiento corresponde a las estrategias conductuales utilizadas por los individuos de una población para obtener un cierto número de apareamientos, la forma de adquisición de estas, la presencia y características del vínculo social entre individuos de sexo opuesto, así como la magnitud del esfuerzo parental proporcionado por cada sexo (Emlen y Oring 1977). Por su parte, el sistema de cuidado parental corresponde a la forma en que cada progenitor proporciona cuidado a su descendencia cuando esta es dependiente, y que incluye el cuidado otorgado por parte de uno o ambos progenitores, así como el cuidado otorgado por otros individuos de la unidad social, diferentes de los progenitores (Kappeler 2019).

Todos los atributos de la organización social, incluyendo estructura social, sistema de apareamiento y sistema de cuidado parental, constituyen atributos de una especie que pueden mostrar variabilidad instraespecífica (Clutton-Brock 1989) entre poblaciones (Lott 1984, Kappeler *et al.* 2013, Kappeler 2019). Esto sugiere que el comportamiento social de una especie es plástico pudiendo variar en función de factores demográficos, ecológicos, sociales y culturales (Gygax 2001, Maher y Burger 2011, Kappeler *et al.* 2013). Considerando que el comportamiento social de una especie también puede variar como consecuencia de presiones selectivas diferentes, los estudios que han examinado la variabilidad en las características relacionadas al sistema social, se han basado en comparaciones de especies relacionadas filogenéticamente, con el objetivo de determinar qué proporción de esta variabilidad está determinada por inercia filogénica o por adaptación a condiciones ambientales locales (Gygax 2001, Beck *et al.* 2012, Rivera *et al.* 2014). Sin embargo, es importante notar que la ocurrencia de efectos filogenéticos significativos no descarta la existencia de efectos de adaptación local, por lo que ambos debieran ser considerados simultáneamente (Hansen y Orzack 2005). Por tal razón, diversos estudios han optado por descontar el efecto de la inercia filogenética, a través de examinar distintas poblaciones de una misma especie (Lott 1984, Maher y Burger 2011, Beck *et al.* 2012).

Los factores ecológicos que potencialmente afectan la variación intraespecífica en los sistemas sociales son diversos. Análisis de los aspectos conceptuales y empíricos clásicos han enfatizado la importancia de la distribución espacial y temporal de recursos, como el alimento, el número de parejas disponibles para aparearse, o los sitios de anidación (Emlen y Oring 1977, Lott 1991, Kappeler 2019), como determinantes de la formación de grupos y del desarrollo de sistemas apareamiento como la **poliginia** (Sherman *et al.* 1995, Maher y Burger 2011). En relación con esto último, mientras más heterogénea sea la distribución espacial y temporal de los recursos, mayor será el **tamaño de grupo** y mayor será la probabilidad de que los machos monopolicen a las hembras (Emlen y Oring 1977, Johnson *et al.* 2002). Sin embargo, considerando que mamíferos de diferentes órdenes están sometidos a diferentes condiciones ambientales, la importancia que cada factor ecológico pudiera tener sobre la variabilidad de los sistemas sociales varía entre órdenes. Por ejemplo, factores como la dureza del suelo podrían ser relevantes en especies de mamíferos que utilizan madrigueras subterráneas como refugios, mientras que este factor podría ser irrelevante para un ungulado. De igual manera, las características de las playas podría ser un factor determinante para especies semiacuáticas como los pinnípedos, pero irrelevantes para especies acuáticas como los cetáceos.

El objetivo de este capítulo fue organizar y resumir la literatura disponible que ha reportado variación intraespecífica entre poblaciones (i.e., interpoblacional) en el tamaño de grupo, sistemas de apareamiento y sistemas de cuidado parental en mamíferos nativos de Chile, y destacar los factores ecológicos que podrían explicar esta variación a nivel específico y entre órdenes.

CRITERIOS DE BÚSQUEDA E INCLUSIÓN DE ESTUDIOS

La búsqueda de artículos científicos se realizó a través del buscador *Google Académico*, utilizando el nombre científico de la especie y las palabras "group size". Adicionalmente, y en el caso particular de algunos odontocetos, la búsqueda se realizó utilizando las palabras "pod", "school", "unit" y "aggregation size". En el caso de los pinnípedos, la búsqueda se realizó, además, utilizando las palabras "harén" y "concentration size". En el caso del análisis de la variabilidad interpoblacional en el sistema de apareamiento y en el sistema de cuidado parental, la búsqueda de artículos se realizó con el mismo procedimiento, pero en esta ocasión incluyendo el nombre científico de la especie, y las palabras "mating system" y "parental care", respectivamente. Para esta revisión, se utilizaron datos provenientes de artículos científicos publicados en revistas ISI y no ISI, y que consideraran especies de mamíferos nativos de Chile; aquellos estudios que incluyeron categorías taxonómicas distintas de especie (ej., género) no fueron incluidas, y se descartaron capítulos de libros, tesis, resúmenes de congresos, e informes pesqueros. A partir de la totalidad de artículos consultados, solo se utilizaron aquellos que para la variable tamaño de grupo (o de sus variantes), presentaban datos de la media (o mediana), más un dato adicional de dispersión, ya fuera el rango o la desviación estándar del tamaño de grupo.

Las especies de mamíferos incluidas en esta revisión correspondieron a aquellas descritas como sociales, por lo que especies reconocidas por su conducta solitaria (ej., felinos), no fueron incluidas en la revisión. Adicionalmente, en este capítulo se incluyeron solo especies silvestres, que hayan sido estudiadas en su ambiente natural. De esta manera, especies domésticas, como llamas y alpacas, en las que los manejos aplicados por los propietarios pueden afectar la conducta social característica de sus contrapartes silvestres, fueron descartadas. Tampoco se incluyeron trabajos de especies silvestres en condiciones de cautiverio, debido a que los animales experimentan condiciones artificiales en las que no operan los factores selectivos del ambiente natural. Finalmente, y en el caso particular de los cetáceos, los trabajos que estudiaron el tamaño de grupo, a partir de varamientos, tampoco fueron incluidos, debido a que en estas situaciones podría varar uno, varios o la totalidad de los miembros del grupo, pudiendo haber un sesgo por edad, sexo y/o condición fisiológica (Rogan *et al.* 1997), lo cual impide estimar con certeza el tamaño y composición del grupo.

En este capítulo se incluyeron especies terrestres y marinas. En las primeras, el análisis de sus distribuciones y la presencia de barreras naturales permiten definir con cierta claridad los límites entre poblaciones. Sin embargo, en especies marinas como los cetáceos y pinnípedos que habitan en un ambiente continuo, delimitar una población es más complejo y requiere del uso de un conjunto de aproximaciones complementarias (Sveegaard *et al.* 2015). De esta manera, para las especies terrestres la "variación interpoblacional" en el tamaño de grupo, sistema de apareamiento y sistema de cuidado parental, consideró la comparación de distintas poblaciones. Sin embargo, para los cetáceos y pinnípedos, la "variación interpoblacional" correspondió a una comparación entre **colonias,** o grupos sociales espacialmente segregados y asumidos como independientes, desconociendo si dichos grupos sociales pertenecieron a la misma o a diferentes poblaciones.

Tabla 5-1

Estudios que han analizado la variación interpoblacional en el tamaño de grupo
de mamíferos nativos de Chile y los potenciales factores ecológicos asociados a esta variación.

Especie (nombre común)	Variación en el tamaño de grupo	Factor ecológico
Balaenoptera physalus (ballena fin)	Si	Abundancia de alimento (zooplancton) en superficie
Hippocamelus antisensis (taruca)	No	No identificado
Hippocamelus bisulcus (huemul)	No	Tamaño del parche de forrajeo, riesgo de depredación
Lagenorhynchus obscurus (delfín oscuro)	Si	Tamaño de los cardúmenes
Lama guanicoe (guanaco)	No	Riesgo de depredación, distribución del alimento
Lama guanicoe (guanaco)	Si	Oferta de alimento
Lobodon carcinophagus (foca cangrejera)	No	No identificado
Megaptera novaeangliae (ballena jorobada)	Si	Profundidad del agua
Microcavia australis (cuy de la Patagonia)	Si	Oferta de alimento y clima extremo
Microcavia niata (cuy de la Puna)	Si	No identificado
Mirounga leonina (elefante marino del sur)	Si	Numero de machos periféricos
Octodon degus (degu)	Si	Dureza del suelo, riesgo de depredación, distribución del alimento
Octodon degus (degu)	Si	Cobertura vegetal
Octodontomys gliroides (soco)	No	Dureza del suelo, riesgo de depredación, distribución del alimento
Orcinus orca (orca)	Si	Dieta mamíferos o peces
Otaria flavescens (lobo marino común)	Si	Distribución de recursos como zonas de sombra y pozas de agua
Physeter macrocephalus (cachalote)	Si	Disponibilidad de alimento
Spalacopus cyanus (cururo)	Si	Dureza del suelo
Stenella coeruleoalba (delfín listado)	Si	Densidad local
Stenella longirostris (delfín de rostro largo)	Si	No identificado (aparentemente eficiencia de forrajeo y presión de depredación)
Steno bredanensis (delfín de diete rugoso)	Si	Predictibilidad espacial y temporal del alimento
Tursiops truncatus (delfín nariz de botella)	Si	Predictibilidad espacial y temporal del alimento

Covariación entre tamaño de grupo y factores ecológicos	Referencia
No evaluado	Aïssi *et al.* (2008)
No evaluado	Roe y Ress (1976), Merkt (1985), Nuñez y Tarifa (2006)
No evaluado	Povilitis (1983), Povilitis (1985), Frid (1994), Frid (1999) y Garay *et al.* (2016)
No evaluado	Vaughn-Hirshorn *et al.* (2013)
No hubo efectos de los factores ecológicos sobre tamaño de grupo	Marino (2010)
No evaluado	Ortega y Franklin (1995)
No evaluado	Shaughnessy y Kerry (1989), Shaughnessy *et al.* (2006)
No evaluado	Félix y Hase (2001)
No evaluado	Taraborelli y Moreno (2009)
No evaluado	Marquet *et al.* (1991)
Si, menor cantidad machos periféricos, mayor tamaño harem	Galimberti *et al.* (2000)
Si, a mayor dureza del suelo, mayor tamaño de grupo; grupos sociales más numerosos en la población y años con mayor presencia de depredadores naturales, y en la población con el menor número de refugios	Ebensperger *et al.* (2012)
No hubo efectos del factor ecológico sobre tamaño de grupo	Sobrero *et al.* (2016)
No hubo efectos de los factores ecológicos sobre tamaño de grupo	Rivera *et al.* (2014)
Si, dieta piscívora, mayor tamaño de congregación	Beck *et al.* (2012)
Si, distribución heterogénea de recursos, mayor tamaño de harem	Fernández-Juricic y Cassini (2007)
No evaluado	Drout *et al.* (2014)
Si, a mayor dureza del suelo, menor tamaño de grupo. Resultado opuesto a las predicciones	Lacey y Sherman (2007)
No evaluado	Forcada *et al.* (1994)
No evaluado	Anderson (2005)
No evaluado	Baird *et al.* (2008)
No evaluado	Forcada *et al.* (2004), Anderson (2005), Bearzi (2005), Simões-Lopes *et al.* (2019)

En relación con la organización de la información de este capítulo, la discusión del sistema de apareamiento y del sistema de cuidado parental se presenta a continuación del análisis en que se examinó el tamaño de grupo de cada especie.

VARIACIÓN INTERPOBLACIONAL EN EL TAMAÑO DE GRUPO, SISTEMA DE APAREAMIENTO Y SISTEMA DE CUIDADO PARENTAL

El análisis de la literatura recopilada indicó que (i) la variación interpoblacional en el tamaño de grupo fue detectada en los órdenes Cetácea, Carnívora, Artiodáctyla y Rodentia. (ii) Dentro de estos cuatro órdenes, en 16 especies se encontraron diferencias en el tamaño de grupo entre poblaciones, y en cuatro especies no hubo diferencias. (iii) Las 16 especies que presentaron variación corresponden a nueve cetáceos, cuatro roedores, dos carnívoros y un artiodáctilo. (iv) Pese a que en la gran mayoría de los trabajos citados se reportó variación interpoblacional en el tamaño de grupo, los factores ecológicos involucrados no fueron analizados en detalle. La razón de esto es que el análisis de los factores ecológicos no fue un objetivo central en la mayoría de los estudios, siendo presentados como hallazgos anecdóticos, o analizados de manera superficial, indicando únicamente la dirección del efecto, no así su magnitud, ni función predictora (Tabla 5-1). (v) En relación con la variabilidad interpoblacional en el sistema de apareamiento, esta fue detectada en cuatro especies de la superfamilia pinnipedia y en dos especies de cetáceos odontocetos. (vi) Por su parte, la variabilidad interpoblacional en el sistema de cuidado parental fue detectada únicamente en el cachalote (*Physeter macrocephalus*). (vii) Al igual que en la variación interpoblacional en el tamaño de grupo, los factores ecológicos que se asociaron a esta variación en los sistemas de apareamiento y de cuidado parental solo fueron sugeridos. De esta manera, fue imposible analizar la covariación entre variación interpoblacional en el sistema de apareamiento y de cuidado parental, y los factores ecológicos que podrían determinarla.

Las diferentes especies en las que se registró variabilidad entre poblaciones en el tamaño de grupo, el sistema de apareamiento y en el sistema de cuidado parental serán presentadas por la categoría taxonómica de Orden, comenzando con los cetáceos, ya que aportaron la mayor información.

Orden Cetácea

En Chile existen siete especies de mysticetos o cetáceos con barbas y 34 especies de odontocetos o cetáceos con dientes (Iriarte 2008). La conducta social en este orden ha sido estudiada en ambos grupos, sin embargo, los odontocetos han sido estudiados en mayor profundidad, posiblemente debido a la mayor complejidad que caracteriza sus sistemas sociales (Connor *et al.* 1998).

Los mysticetos que habitan en aguas chilenas son reconocidos como especies solitarias, sin embargo, las parejas madre-cría también constituyen unidades sociales típicas de estas especies (Iriarte 2008). Entre los mysticetos presentes en aguas chilenas, solo en dos de ellos fue posible encontrar un estudio que simultáneamente analizara el tamaño de grupo en al menos dos localidades. Los factores ecológicos señalados como responsables de la variación en el tamaño de grupo fueron la profundidad de las aguas, y el comportamiento migratorio de sus presas. Específicamente, Félix y Hasse (2001) analizaron el tamaño y composición de grupo de ballenas jorobadas (*Megaptera novaeangliae*) en tres zonas de la costa continental de Ecuador (Puerto Cayo, Puerto López e Isla La Plata), que son utilizadas por esta especie como sitios de reproducción. Los autores registraron que el tamaño y composición de grupo, difirió entre localidades, siendo más grandes los grupos en Isla La Plata (Tabla 5-2). En esta localidad, el tamaño de grupo alcanzó fue de 3,0 ± 1,8 (DE) individuos, lo que incluyó adultos y subadultos. Los tamaños de grupo también mostraron diferencias entre Puerto López y Puerto Cayo, siendo esta última localidad utilizada preferentemente por madres con sus crías, debido a que la menor profundidad de sus aguas entrega protección contra posibles depredadores como orcas, pseudorcas y tiburones (Félix y Hasse 2001).

Por otra parte, también se han reportado posibles diferencias en el tamaño de grupo de ballenas Fin (*Balaenoptera physalus*) en tres localidades del mar Mediterráneo (Aïssi *et al.* 2008). Si bien, los autores no realizaron un análisis para determinar si el tamaño de grupo difirió entre zonas, los datos indican tamaños de grupo más grandes en la Isla Lampedusa, con un promedio de 4,2 ± 2,8 (DE) individuos (Tabla 5-2). El agrupamiento de ballenas Fin en Lampedusa representaría una estrategia de forrajeo sincronizada y potencialmente cooperativa que puede involucrar hasta 10 individuos (Aïssi *et al.* 2008). Los cetáceos en esta localidad se caracterizaron además por utilizar aguas superficiales, algo distinto de lo que registró en el Mar de Liguria donde los individuos tendieron a realizar sus actividades en forma solitaria y en aguas más profundas. Estas aparentes diferencias conductuales, tanto en tamaño de grupo y uso de diferentes profundidades, podrían estar asociadas al zooplacton predominante que consumen, y donde los movimientos migratorios de este sería distinto entre localidades. En el Mar de Liguria el zooplacton migra verticalmente, mientras que, en la Isla Lampedusa, el zooplacton no migra, manteniéndose distribuido en la superficie.

La diversidad de odontocetos presentes en aguas chilenas incluye especies que se organizan en grupos de pequeño tamaño como las orcas (*Orcinus orca*), tamaños intermedios, como el cachalote (*P. macrocephalus*) o el delfín nariz de botella común (*Tursiops truncatus*), o tamaños grandes, como los delfines *Stenella* (Iriarte 2008). Adicionalmente, también es posible encontrar especies donde el grupo social corresponde a una pareja, y donde la estructura de la sociedad es prácticamente desconocida, como en los odontocetos de la familia Ziphiidae, grupo al cual pertenecen los zifios de Cuvier y de Layard, entre otros. De las 34 especies de odontocetos presentes en Chile, se cuenta con información de variabilidad interlocal en el tamaño de grupo para siete de estas (Tabla 5-2). Los factores ecológicos que se han propuesto como determinantes del tamaño de grupo incluyen los hábitos alimentarios (dieta), la disponibilidad de alimento, el tamaño de los cardúmenes de sus presas, y la predictibilidad espacial y temporal de los recursos y la

Tabla 5-2

Tamaño de grupo (número de individuos por grupo) reportados (media, desviación estándar, rango) por estudios que han examinado la variabilidad interpoblacional en este aspecto de la organización social en mamíferos nativos de Chile.

Nombre científico	Nombre común	Referencia
Balaenoptera physalus	Ballena Fin	Aïssi *et al.* (2008)
Hippocamelus antisensis	Taruca	Roe y Ress (1976)
		Merkt (1985)
		Nuñez y Tarifa (2006)
Hippocamelus bisulcus	Huemul	Povilitis (1983)
		Povilitis (1985)
		Frid (1994)
		Frid (1999)
		Garay *et al.* (2006)
Lagenorhynchus obscurus	Delfín oscuro	Vaughn *et al.* (2008)
Lama guanicoe	Guanaco	Marino (2010)
Lobodon carcinophagus	Foca cangrejera	Shaughnessy y Kerry (1989)
		Shaughnessy *et al.* (2006)
Megaptera novaeangliae	Ballena jorobada	Félix y Hasse (2001)
Microcavia australis	Cuy de la Patagonia	Taraborelli y Moreno (2006)
Microcavia niata	Cuy de la Puna	Marquet *et al.* (1993)
Mirounga leonina	Elefante marino del sur	Galimberti *et al.* (2000)
Octodon degus	Degu común	Ebensperger *et al.* (2012)
		Sobrero *et al.* (2016)
Octodontomys gliroides	Soco	Rivera *et al.* (2014)

Localidad	País	Características de los grupos			
		n	Media	DE	Rango
Mar de Liguria, Mar Mediterráneo	Varios Países	43	1,65	1,09	1-5
Estrecho de Messina, Mar Mediterráneo	Varios Países	60	1,53	0,6	1-5
Isla Lampedusa, Mar Mediterráneo	Varios Países	16	4,18	2,8	1-10
Hacienda Checayani	Perú	6	6,8	3,86	2-14
"La Raya"	Perú	208	6,4	0,36	1-31
Cantón Lambate	Bolivia	13	1,53	1,39	1-6
Nevados de Chillan	Chile	40	1,6	0,7	1-3
Rio Claro	Chile	248	1,9	0,9	1-3
Fiordo Tempano	Chile	104	2,2		1-4
Fiordo Bernardo	Chile	20	2,7	1,6	1-8
Lago Grey	Chile				2-4
Bahía de Admiralty	Nueva Zelanda	831	3		2-9
Golfo Nuevo	Argentina	16	2		2-9
Reserva Provincial Cabo dos bahías	Argentina	31	6,06	2,5	1-14
Parque Nacional Monte León	Argentina	32	7,98	4,7	1-14
Tierra de Enderby	Península Antártica	5	3	0	
Bahía de Prydz	Península Antártica	15	3	0	
Puerto López, costa de Ecuador continental	Ecuador		2,64	1,88	1-18
Puerto Cayo, costa de Ecuador continental	Ecuador		2,21	1,11	1-5
Isla La Plata, costa de Ecuador continental	Ecuador		3,03	1,81	
Parque Nacional El Leoncito	Argentina	6	5	0,42	
Reserva de la Biosfera Ñacuñan	Argentina	4	3,3	0,47	
Enquelga	Chile	1	30 **		
Colchane	Chile	1	17 **		
Colchane	Chile	1	15 **		
Isla Sea Lion, Archipiélago de las Malvinas	Territorio Británico Ultramar		47 *		3-168
Punta Delgada, Península Valdés	Argentina		32 *		3-168
Río los Molles sector Bocatoma	Chile	10	4,7	0,45	
Rinconada de Maipú	Chile	17	5,4	0,35	
El Salitre	Chile	8			2-5
Rinconada de Maipú	Chile	11	2		
Oploca	Bolivia	5			2-4
Chusmiza	Chile	5			2-4

Nombre científico	Nombre común	Referencia
Orcinus orca	Orca (ecotipo: mamíferos)	Foote *et al.* (2011)
	Orca (ecotipo: peces)	
	Orca (ecotipo: mamíferos)	Zerbini *et al.* (2007)
	Orca (ecotipo: peces)	
	Orca	Meliknov *et al.* (2007)
Otaria byronia	Lobo marino común	Fernández-Juricic y Cassini (2007)
Physeter macrocephalus	Cachalote	Drouot *et al.* (2004)
		Gero *et al.* (2009)
Spalacopus cyanus	Cururo	Begall *et al.* (1999)
Stenella coeruleoalba	Delfín listado	Forcada *et al.* (1994)
Stenella longirostris	Delfín de rostro largo (interior atolones)	Anderson (2005)
	Delfín de rostro largo (exterior atolones)	
Steno breadanensis	Delfín de diente rugoso (costeros)	Baird *et al.* (2008)
	Delfín de diente rugoso (pelágicos)	
Tursiops truncatus	Delfín nariz de botella (ecotipo: costero)	Bearzi (2005)
	Delfín nariz de botella (ecotipo pelágico)	
	Delfín nariz de botella (ecotipo: costero)	Simões-Lopes *et al.* (2019)
	Delfín nariz de botella (ecotipo pelágico)	
	Delfín nariz de botella (ecotipo: costero)	Forcada *et al.* (2004)
	Delfín nariz de botella (ecotipo pelágico)	
	Delfín nariz de botella (interior atolones)	Anderson (2005)
	Delfín nariz de botella (exterior atolones)	

(*) Corresponde a la mediana; (**) corresponde al número total de individuos del grupo social o colonia.

densidad de individuos (Drout *et al.* 2004, Forcada *et al.* 2004, Gowans *et al.* 2008, Gero *et al.* 2009, Beck *et al.* 2012).

Entre los estudios disponibles examinados, solo Beck *et al.* (2012) evaluaron la variabilidad interlocal en el tamaño de grupo y su posible relación a algún factor ecológico. Los autores contrastaron la organización social de dos **ecotipos** de orcas (*O. orca*), las que se alimentan de mamíferos y las que se alimentan de peces, y que además se localizan en distintas zonas. Específicamente, los autores evaluaron el tamaño de los "**pods**". El tamaño

Localidad	País	Características de los grupos			
		n	Media	DE	Rango
Costa noreste de Escocia, Islas Orkney y Shetland	Escocia		4,6	2,6	1-15
Costa este de Islandia	Islandia		14,8	12	2-80
Isla de Shumagin e Islas Aletianas del este	EEUU/Canadá/Rusia		3,9	1,5	1-25
Islas de Umnak, Unalaska, Kodiac y Paso de Seguan	EEUU/Canadá/Rusia		16	19,1	
Península de Chukotka, zona este, Mar de Bering	Rusia	356	4,9	0,16	2-30
Península de Chukotka, zona sur, Golfo de Anadyr	Rusia	166	4,7	1,22	2-15
Península de Chukotka, zona sur Mar de Chukchi	Rusia	240	8,6	0,31	2-30
Punta Norte, Península Valdés	Argentina		3,84	1,98	
Puerto Pirámide	Argentina		10,21	6,19	
Mar Mediterráneo	Varios Países	19	1,31	0,58	1-3
Golfo de Lions, Mar Mediterráneo	Varios Países	32	3,41	2,2	1-6
Mar Caribe, costas de la Isla Dominica	Dominica	32	6,63	1,51	
Mar de los Sargazos	Varios Países	12	12,05	6,56	
Puchuncaví	Chile	1	15 **		
Quirihue	Chile	1	16 **		
Quirihue	Chile	1	26 **		
Mar de Alborán, Mar Mediterráneo	Varios países	15	71,7	22,1	1-300
Mar Mediterráneo	Varios países	111	13,2	1,4	1-300
Archipiélago de las Maldivas	República de Maldivas	95	41	9,6	6-400
Archipiélago de las Maldivas	República de Maldivas	147	74,8	15,2	6-750
Isla de Hawai'i, Archipiélago de Hawái	EE.UU.		6		4-12
Islas Kaua'i/Ni'ihau, Archipiélago de Hawái	EE.UU.		11		8-17
Bahía de Santa Mónica	EE.UU.	115	8,8	5,31	1-57
Bahía de Santa Mónica	EE.UU.	30	15	12,05	1-35
Costa sur de Brasil y Archipiélago de Cagarras	Brasil		4,5	2	1-9
Costa sur de Brasil y Archipiélago de Cagarras	Brasil		26,7	40,8	2-200
Islas Baleares y Mar Balear	España	12	6,9		1-29
Mar Balear y Costa Catalana	España	19	6,36		1-15
Archipiélago de las Maldivas	República de Maldivas	98	7,7	1,8	1-80
Archipiélago de las Maldivas	República de Maldivas	98	21,9	4,9	1-170

de pod en el ecotipo piscívoro que habita en aguas islandesas, es significativamente mayor que el tamaño de pod del ecotipo especializado en consumir mamíferos y que habita en aguas escocesas (Tabla 5-2), debido a que la cohesión de los pods es significativamente menor en este último. Para explicar estas diferencias se propuso que la cacería por parte de orcas del ecotipo especializado en mamíferos puede ser ineficiente en grupos numerosos debido a una elevada probabilidad de detección por parte de la presa (Baird y Whitehead 2000). Esta predicción fue confirmada por Baird y Dill (1996), quienes estimaron que la maximización del retorno energético de cada individuo que se alimenta de mamíferos se alcanza a un tamaño de grupo de tres individuos. Por el contrario, en orcas del ecotipo piscívoro, el mayor tamaño de grupo sería una estrategia que permite optimizar el forrajeo. En este caso, las orcas actuarían en forma coordinada para "arrear" peces aislados en la columna de agua y obligarlos a formar bancos grandes en la superficie donde finalmente ocurre la alimentación (Beck *et al.* 2012).

Los ecotipos descritos en orcas también han sido examinados en otras regiones (**Tabla 5-2**, Berzin y Vladimirov 1983, Ford *et al.* 1998, Zerbini *et al.* 2007). Estos estudios también muestran que el tamaño de grupo en los ecotipos piscívoro es significativamente mayor, que en los ecotipos "mamíferos". Finalmente, es importante mencionar que dentro del ecotipo "mamíferos", el tamaño de grupo también varía dependiendo de la especie de mamífero presa, y donde se ha reportado una asociación positiva entre el tamaño de la presa y el tamaño de grupo. De esta manera, cuando la víctima es una foca común (*Phoca vitulina*), el tamaño de grupo es de 3,8 orcas (rango: 1-6), mientras que cuando la presa es una ballena Minke (*Balaenoptera bonaerensis*), el tamaño de grupo es de 46 orcas (rango: 10-100) (Ford *et al.* 1998, Dahlheim y White 2010). Esta diferencia podría contribuir a explicar algunas de las diferencias en el tamaño de grupo documentadas entre distintas **ecoregiones** de aguas canadienses (Higdon *et al.* 2012), y donde la mediana del tamaño de grupo varió de dos a ocho orcas, dependiendo de la ecorregión y del tipo de presa. Por otra parte, también se registraron diferencias en el tamaño de grupo entre tres ecoregiones de orcas alrededor de la península de Chukotka (Rusia). Los grupos en el Mar de Chukchi doblaron el tamaño de los grupos en el Mar de Bering y en el Golfo de Anadyr (Melnikov *et al.* 2007). Se desconocen las causas de estas diferencias (**Tabla 5-2**).

En el caso de la variabilidad interpoblacional en el sistema de cuidado parental, este fue evaluado en las poblaciones de orcas residentes en la costa de la Columbia Británica (Canadá) y en la costa noroeste de Norte América. Pese a la cercanía geográfica, los autores indican que no existe flujo de individuos entre ambas localidades constituyendo poblaciones aisladas (Olesiuk *et al.* 1990). En este estudio, los autores registraron en ambas poblaciones, la existencia de hembras post-reproductivas (o senescentes), las cuales siguen cuidando y asistiendo a su descendencia, pese a que estas ya son adultas (mayores de 30 años). Los autores indicaron que en las orcas de las costas de la Columbia Británica y de Washington, el cuidado parental que provee la madre senescente tiene efectos positivos en la adecuación biológica de las crías y, como consecuencia, efectos indirectos positivos sobre la adecuación biológica de la madre. Específicamente, los autores indicaron que la madre senescente asiste a sus hijos adultos durante el forrajeo y durante las interacciones agonistas, incrementando en 13,9 y 5,4 veces la probabilidad de sobrevivencia de los machos y hembras, respetivamente. De esta manera, la muerte de la madre disminuye la probabilidad de sobrevivencia de ambos sexos, pero especialmente la de los machos (Foster *et al.* 2012). Esta condición explicaría evolutivamente la existencia de un extenso periodo post-reproductivo (aproximadamente 50 a 60 años) en las orcas, periodo que solo es comparable con el del ser humano y de los calderones de aleta corta (*Globicephala macrorynchus*) y de aleta larga (*Globicephala melas*) (Foster *et al.* 2012, Ellis *et al.* 2017).

Los autores de este estudio encontraron el mismo patrón de cuidado parental en ambas poblaciones de orcas (Foster *et al.* 2012).

Varios estudios han analizado el sistema social del cachalote (*P. macrocephalus*), el cual es bastante complejo. Esta especie presenta tres tipos de unidades sociales organizadas jerárquicamente, las cuales varían en el nivel de cohesión entre sus integrantes. La unidad más básica, y donde la cohesión es mayor, corresponde a las "unidades" conformadas por alrededor de 13 individuos que permanecen asociados por muchos años y que incluye individuos genéticamente emparentados por línea materna. En este tipo de unidades sociales, los machos inmaduros se dispersan cuando alcanzan entre seis y diez años de vida, existiendo variación geográfica en la edad de dispersión (Pinela *et al.* 2009). Un segundo tipo social corresponde a los "grupos", conformados por la unión temporal de una o más unidades (con cierto nivel de parentesco genético). Estos alcanzan tamaños de aproximadamente 23 individuos y la asociación entre unidades se extiende por varios días. El tercer tipo social documentado en cachalotes incluye las "agregaciones". Estas alcanzan tamaños de 40 o más individuos, y se forman a partir de la fusión temporal (que se extiende por pocos días ± 3 días) de varios grupos, y corresponden al tipo social menos cohesivo (Whitehead y Khan 1992, Pinela *et al.* 2009, Frantzis *et al.* 2014). Adicionalmente, la diversidad social descrita en cachalotes también incluye machos solitarios, los que son individuos reproductivos que pasan gran parte de su vida solos en aguas de altas latitudes y que solo se asocian temporalmente a unidades con hembras para aparearse. Finalmente, también es posible reconocer unidades de machos, las cuales están conformadas por individuos reproductivos y no reproductivos (en pubertad) y que se caracterizan por un bajo nivel de cohesión (Frantzis *et al.* 2014). En cachalotes que utilizan aguas del mar Mediterráneo, Drouot *et al.* (2004) registraron diferencias en el grado de agrupación de los machos. Específicamente, en el Golfo de Lions, donde la abundancia de cachalotes es mayor, los machos se agregan de dos a tres individuos, mientras que en la zona del Mar de Liguria, donde la abundancia de cachalotes es menor, los machos realizan sus actividades en forma solitaria (**Tabla 5-2**). Drouot *et al.* (2004) sugirieron que esta mayor agregación de machos en la zona del Golfo de Lions podría ser consecuencia de una mayor productividad estas aguas, lo cual indicaría que el tamaño del grupo en esta especie podría estar influenciado por la disponibilidad de alimento. En otro estudio Gero *et al.* (2009), compararon el tamaño de grupo de los cachalotes que utilizan aguas del Mar Caribe, cercanas a la Isla Dominica y de los cachalotes que utilizan las aguas del Mar de los Sargazos, ambos en el Océano Atlántico. En este estudio se determinó que el tamaño de grupo fue significativamente mayor en el Mar de los Sargazos (**Tabla 5-2**). Si bien los autores no asociaron esta diferencia a ningún factor ecológico, proponen que esto pudiera ser consecuencia del tipo de unidad social examinada. Específicamente los autores proponen que los grupos estudiados en el Mar Caribe corresponden a unidades, mientras que los grupos estudiados en el Mar de los Sargazos podrían corresponder a grupos originados por la fusión de más de una unidad (Gero *et al.* 2009).

En el caso de la variación interpoblacional en el sistema de cuidado parental, Gero *et al.* (2009) describieron diferencias entre las poblaciones del Mar Caribe y del Mar de los Sargazos. En ambas poblaciones existen individuos que actúan como **escoltas** y **nodrizas**, pero la cantidad de estos difirió entre poblaciones. Mientras en el Mar Caribe, prácticamente todos los miembros del grupo escoltaron a las crías, solo una hembra escolta actuó como nodriza. Por el contrario, en el Mar de los Sargazos, no todos los miembros de grupo escoltaron a las crías, pero dentro de los que lo hicieron, fueron varios los machos y hembras que actuaron como nodrizas. Los autores de este estudio no relacionaron estas diferencias interpoblacionales en el sistema de cuidado parental con algún factor ecológico, sin embargo, propusieron un efecto del tamaño de grupo. De esta manera, en el Mar Caribe, donde los grupos sociales (unidades) son pequeños y contienen pocas hembras adultas, el cuidado de las crías ajenas podría ser explicado por el mecanismo de **selección por parentesco**, mientras que, en el Mar de los Sargazos, donde el tamaño de grupo es grande, y las hembras adultas reproductivas abundan, el mecanismo que explicaría el cuidado de las crías ajenas sería la reciprocidad (Gero et. al 2009).

En delfines se han documentado y analizado variaciones interpoblacionales asociadas al tamaño de grupo en cinco especies. En el caso del delfín oscuro (*Lagenorhynchus obscurus*), Vaughn-Hirshorn *et al.* (2013) compararon las poblaciones del Golfo Nuevo (Argentina) y Bahía de Admiralty (Nueva Zelanda). Si bien no se reportaron cifras de tamaño de grupo, la información recopilada a partir de estudios previos les permitió concluir que el tamaño de grupo fue mayor en Golfo Nuevo (Tabla 5-2). Es interesante que esta diferencia social covaría con el tamaño de los cardúmenes de los peces utilizados como presa, y donde estos también son más grandes en Golfo Nuevo (77 m^2), comparado con Bahía de Admiralty (33 m^2). Por lo tanto, los autores sugirieron que el tamaño del cardumen podría estar determinando el tamaño de grupo en ambas poblaciones. Por otra parte, también se ha determinado que el tamaño de grupo en el delfín listado (*Stenella coeruleoalba*) es mayor en el Mar de Alborán comparado con otras localidades en el Mar Mediterráneo (Forcada *et al.* 1994). Aun cuando estos autores no relacionaron este hallazgo con ningún factor ecológico, mencionan que en el Mar de Alborán la densidad de delfines también es mayor (Tabla 5-2).

También se ha reportado variación interlocal en los tamaños de grupo del delfín de diente rugoso (*Steno bredanensis*) y del delfín nariz de botella común (*Tursiops truncatus*). En estas dos especies, el factor ecológico que determina la variabilidad en el tamaño de grupo corresponde a la predictibilidad espacial y temporal de los recursos (Gowans *et al.* 2008). Gowans *et al.* (2008) plantearon un modelo sociobiológico teórico que indica que cuando los recursos son predecibles tanto espacial como temporalmente, los delfines deberían formar grupos pequeños de individuos residentes. Adicionalmente plantearon que los recursos predecibles generalmente se encuentran en hábitats complejos, estructurados y de baja profundidad, como las costas continentales e insulares. Los autores proponen que en estos ambientes costeros, los delfines encontrarían refugio contra los depredadores, pero también enfrentarían una intensa competencia por el alimento, situación que favorecería la vida en solitario, en parejas o en grupos de pequeño tamaño (Gownas *et al.* 2008). Por el contrario, en ambientes pelágicos como el océano abierto, la distribución espacial y temporal de los recursos es impredecible, y el riego de depredación es elevado, favoreciendo la formación de grupos sociales de gran tamaño (decenas o centenas de individuos) en los cuales los individuos cooperan para la defensa grupal contra depredadores y durante el arreo de presas dispersas, mejorando la eficiencia de forrajeo. De esta manera, los autores predicen que dentro de una misma especie y localidad, es posible registrar la existencia de dos poblaciones: delfines costeros y delfines pelágicos, las cuales difieren en el tamaño de grupo (**Figura 5-1**). Este modelo conceptual ha sido aplicado al estudio del tamaño de grupo en el delfín de diente rugoso y en el delfín nariz de botella común, encontrando evidencia que es coherente con las predicciones del modelo.

Baird *et al.* (2008) estudiaron el tamaño de los grupos del delfín de diente rugoso en las distintas islas que forman el Archipiélago de Hawái. En las aguas que rodean la isla de mismo nombre, el tamaño de los grupos fue menor, mientras que las aguas que rodean a las Islas Kaua'i y Ni'ihau, el tamaño de los grupos fue mayor (**Tabla 5-2**). Si bien los autores no asociaron directamente las diferencias en el tamaño de grupo con factores ecológicos, indicaron que entre islas existen notables diferencias en las características del océano. En la Isla de Hawái, la presencia de zonas de surgencias se asocia con una mayor productividad de las aguas, lo que según los autores incrementaría la predictibilidad espacial y temporal de las presas, favoreciendo la fidelidad de los delfines por estas aguas. En función de lo anterior, Baird *et al.* (2008), plantearon que los delfines de diente rugoso de la Isla de Hawái corresponderían a una población pequeña y residente, que se organizaría en grupos de pequeño tamaño. Por el contrario, los autores plantean que las aguas de las Islas Kaua'i y Ni'ihau, serían menos atractivas para los delfines, previniendo el asentamiento de los delfines en estas aguas. De esta manera los delfines de las Islas Kaua'i y Ni'ihau corresponderían a una población grande, pelágica y en desplazamiento, que se organizaría en grupos de mayor tamaño.

Al menos 39 estudios han examinado la variabilidad poblacional asociada al tamaño de grupo en el delfín nariz de botella común, *Tursiops truncatus*. Sin embargo, solo cuatro de estos estudios han comparado distintas poblaciones (Forcada *et al.* 2004, Anderson 2005, Bearzi 2005, Simões-Lopes *et al.* 2019), lo que parece estar asociado a las dificultades logísticas en poblaciones pelágicas (Gregory y Rowden 2001). Las poblaciones costeras y pelágicas en estos cetáceos han sido descritas como diferentes ecotipos, los cuales difieren en sus rasgos fenotípicos, conductuales y genéticos (Anderson 2005, Bearzi *et al.* 2005, Perrin *et al.* 2011, Louis *et al.* 2014, Brereton *et al.* 2017, Félix *et al.* 2018, Simões-Lopes *et al.* 2019). En todas estas comparaciones se ha verificado que el flujo genético entre las poblaciones comparadas es inexistente o lo suficientemente escaso como para no afectar la estructuración genética de estas poblaciones (Louis *et al.* 2014, Brereton *et al.* 2017, Pérez-Álvarez *et al.* 2018).

Los cuatro estudios que han comparado la variabilidad en el tamaño de grupo entre poblaciones costeras y pelágicas se realizaron en la bahía de Santa Mónica (Estados Unidos de América, Bearzi 2005), en la costa sur de Brasil, incluyendo el Archipiélago de Cagarras (Brasil, Simões-Lopes *et al.* 2019), en la costa catalana, Mar e Islas Baleares (España, Forcada *et al.* 2004), y en el Archipiélago de las Maldivas (Republica de Maldivas, Anderson 2005). Estos cuatro estudios reportaron un tamaño de grupo mayor

Figura 5-1

Modelo sociobiológico teórico que predice el tamaño de grupo y el sistema de apareamiento de los delfines, dependiendo del nivel de predictibilidad espacial y temporal de recursos.

En un primer nivel de análisis, este modelo propone que en ambientes costeros, la predictibilidad espacio-temporal de los recursos es mayor, determinado que el tamaño de grupo sea menor. Por el contrario, en ambientes pelágicos la predictibilidad espacio-temporal de los recursos es menor, determinado que el tamaño de grupo sea mayor. En un segundo nivel de análisis, el tamaño de grupo determina el potencial de monopolización de las hembras. Específicamente cuando los grupos sociales son pequeños, el potencial de monopolización de las hembras es mayor, determinando un sistema de apareamiento poligámico con elevado sesgo reproductivo. Por el contrario, cuando los grupos sociales son de gran tamaño, el potencial de monopolización de las hembras es menor, determinando un sistema de apareamiento poligámico con escaso sesgo reproductivo o un sistema de apareamiento promiscuo. Este modelo explicaría las diferencias en tamaño de grupo y sistema de apareamiento observadas entre poblaciones costeras y pelágicas de los delfines del género *Steno*, *Stenella* y *Tursiops*. Modificado de Gowans *et al.* (2008).

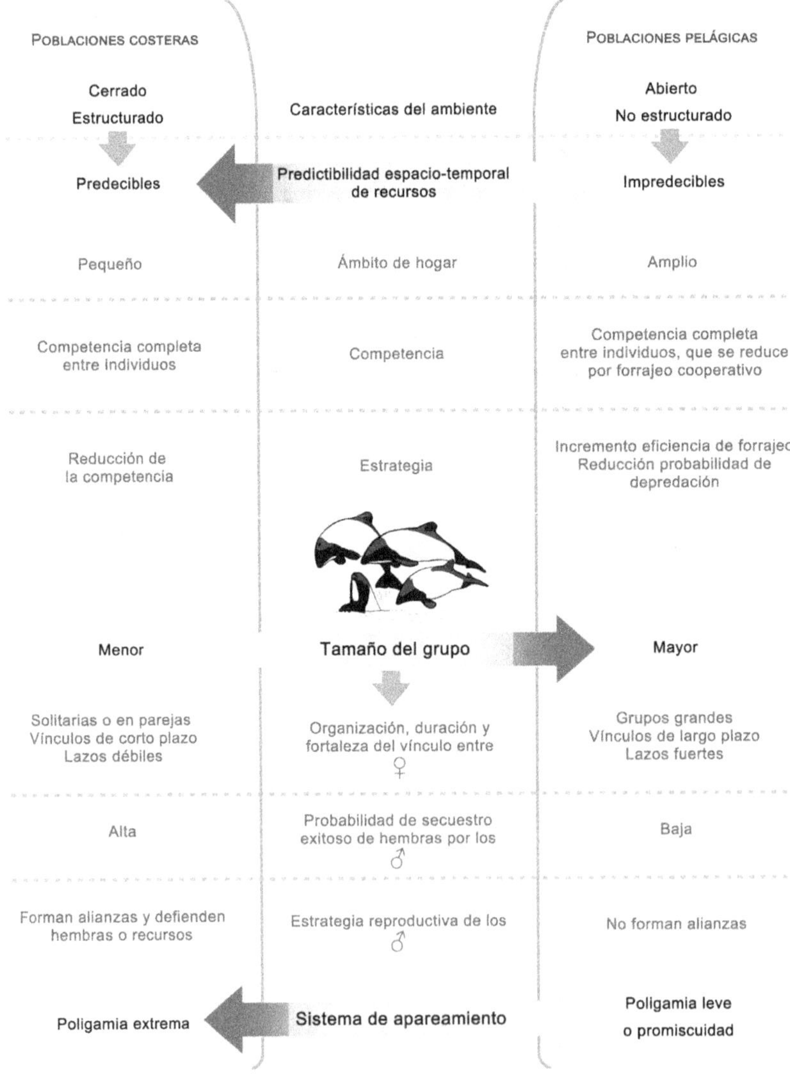

en la población pelágica comparado con la población costera (**Tabla 5-2**). De hecho, la población de delfines nariz de botella fuera de los atolones se caracteriza por la presencia de agregaciones multiespecíficas, compuestas por centenares de individuos.

Las diferencias en el tamaño de grupo entre poblaciones costeras y pelágicas se han asociado a diferencias en el sistema de apareamiento de estos mismos delfines (Gowans *et al.* 2008). En las poblaciones costeras es más frecuente la vida en solitario, lo cual facilita que un macho solitario o una **alianza** de machos dominantes secuestren secuencialmente a las hembras, monopolizando la reproducción. Por el contrario, en poblaciones pelágicas donde predomina la formación de grupos de gran tamaño, la estrategia de secuestrar hembras sería menos eficiente, por lo que la reproducción es relativamente más igualitaria entre los machos. El resultado es un sistema de apareamiento más promiscuo (**Figura 5-1**, Gowans *et al.* 2008). Sin embargo, no se cuenta con estudios específicos que hayan cuantificado directamente el sistema de apareamiento del delfín de nariz de botella. Dos estudios han sugerido la ocurrencia de poliginia con defensa de hembras o de recursos, dependiendo de la localidad (Félix 1997, Tolley *et al.* 2005). Específicamente, el sistema de apareamiento del delfín nariz de botella en el Golfo de Guayaquil (Ecuador) correspondería a una poliginia con defensa de recursos, en la cual una sola alianza dominante (compuesta por dos machos) monopoliza la reproducción de todas las hembras, algo que es favorecido por la tendencia de las hembras a agruparse en torno a recursos valiosos, como el alimento (Félix 1997). La situación anterior contrasta con otro estudio en la misma especie, pero realizado en la Bahía de Sarasota (Estados Unidos de América). En esta última localidad la reproducción es compartida entre un mayor número de machos, a pesar de la existencia de alianzas dominantes (Félix 1997). Al parecer, las hembras en esta localidad ciclan sincrónicamente en un breve periodo de tiempo, lo que impide que una alianza dominante pueda monopolizar los apareamientos y el resultado es un sistema de apareamiento promiscuo (Félix 1997). Algo similar ha sido descrito por Tolley *et al.* (1995) en la misma localidad, lo que sugiere que en Sarasota el sistema de apareamiento del delfín nariz de botella varía entre poliginia moderada con defensa de hembras y promiscuidad. Sin embargo, aún es necesario el uso de marcadores moleculares para evaluar esta posibilidad.

La presencia de alianzas de machos es común en la mayoría de las poblaciones costeras de delfines. Sin embargo, la complejidad de las alianzas varía entre localidades, al igual que el tamaño corporal de los machos. Específicamente, en el Fiordo de Moray (Escocia), donde los machos son de mayor tamaño, no se ha registrado la existencia de alianzas (Gowans *et al.* 2008). En cambio, en la Bahía de Sarasota, donde los machos son de tamaño intermedio, las alianzas conformadas por dos machos son frecuentes (Wells *et al.* 1987). De igual modo, los machos en Bahía Shark (Australia) son pequeños y estos establecen alianzas conformadas por tres machos, las que a su vez pueden unirse para formar **alianzas de segundo orden**, las cuales no se han observado en Sarasota (Connor *et al.* 1992). Este escenario sugiere que la variabilidad interpoblacional en la formación de alianzas, covaría con el tamaño corporal de los machos y la densidad, poblacional, determinado la existencia de diferentes tácticas reproductivas alternativas en las diferentes poblaciones (Tolley *et al.* 1995, Connor *et al.* 2000, Gowans *et al.* 2008).

La variabilidad poblacional en el tamaño de grupo también se ha examinado en el delfín de rostro largo (*Stenella longirostris*), una especie caracterizada por una **dinámica diaria de fusión-fisión** de grupos (Ebensperger Capítulo 3). Esta especie que habita aguas tropicales y subtropicales, durante el día se organiza en grupos de pequeño tamaño, los cuales utilizan hábitats costeros de baja profundidad para descansar y sociabilizar. Durante la noche estos delfines se alimentan de presas mesopelágicas, lo cual implica acudir a aguas profundas donde el riesgo de depredación por parte de tiburones es mayor. Una forma de disminuir ese riego de depredación es formar grupos de decenas a centenas de individuos, para lo cual varios grupos pequeños se fusionan (Karczmarski *et al.* 2005, Gowans *et al.* 2008). A diferencia del delfín nariz de botella, el delfín de rostro largo no posee poblaciones costeras y pelágicas diferenciadas, ni tampoco se han descrito ecotipos, determinando que la variación en el tamaño de grupo corresponda a una variabilidad intrapoblacional. Por otra parte, se ha reportado que los grupos sociales de estos mismos delfines son significativamente más pequeños (41 ± 10; rango: 6-400) en atolones comprado con grupos sociales fuera de los atolones (75 ± 16; rango: 6-750, **Tabla 5-2**) (Anderson 2005). Al igual que el delfín nariz de botella, los delfines de rostro largo que habitan fuera de los atolones se asocian con los delfines manchados pantropicales (*Stenella attenuata*) en agrupaciones multiespecíficas de forrajeo que superan el centenar de individuos.

La posibilidad de variabilidad en el sistema de apareamiento entre localidades también se ha planteado indirectamente a partir de asociaciones entre el tamaño testicular y el grado de **dimorfismo sexual** de la aleta dorsal de los machos en el delfín de rostro largo de la zona este del Pacífico Tropical (costa Pacífico de Mesoamérica). Un mayor tamaño testicular en los machos indicaría selección producto de competencia espermática. En cambio, un mayor grado de dimorfismo sexual indicaría selección por rasgos asociados a la calidad del macho. Los machos localizados hacia el noreste (NE) del área de estudio se caracterizan por tener testículos de tamaño pequeño (promedio: 843 g) y aletas dorsales con alto dimorfismo sexual (aleta erguida y curvada en dirección frontal). Estas diferencias sugieren que en la zona NE solo el 0,6% de los machos adultos de la población alcanza un tamaño testicular y epididimal propio de un individuo reproductivo, lo que indicaría un alto sesgo reproductivo y una poliginia extrema. Por el contrario, los machos de la zona suroeste (SO) del área de estudio poseen testículos grandes (promedio 1,35 k) y aletas dorsales con menor dimorfismo sexual (aleta curvada hacia caudal), atributos que indicarían un sistema más promiscuo. Las posibles diferencias en el sistema de apareamiento de estos delfines estarían asociadas a diferencias en la productividad de las aguas. Específicamente, en la zona NE la productividad de las aguas es la más alta de toda la zona tropical. En estos ambientes favorables las hembras formarían grupos pequeños, con lazos fuertes y de largo plazo, lo que facilitaría su monopolización por unos pocos machos. Por el contrario, en la zona SO la productividad de las aguas es baja, lo que favorecería grupos de gran tamaño, donde los lazos entre las hembras son débiles y de corto plazo. Como resultado, esto impediría su monopolización por los machos (Perrin y Mesnick 2003). Si bien estos resultados son sugerentes, el uso de marcadores moleculares aún es necesario para cuantificar el sistema de apareamiento de estos delfines.

Figura 5-2

Grupo de cuatro individuos de Lobo marino común (*Otaria flavescens*),
en las costas de Valdivia, Chile. Imagen gentileza de Antonieta Labra.

Orden Carnívora

En esta sección se analizan los estudios realizados en especies de la superfamilia Pinnipedia, y que incluye a otáridos (**Figura 5-2**) y fócidos. Estás dos familias difieren en una multiplicidad de rasgos, incluyendo rasgos de su conducta social. Mientras los otáridos presentan una conducta gregaria y formación de **harén** durante la época reproductiva, los fócidos exhiben hábitos principalmente solitarios. Pese a esto, examino el comportamiento de dos (elefante marino del sur, *Mirounga leonina* y foca cangrejera, *Lobodon carcinophagus*), de las cinco especies de focas con distribución en Chile, por tratarse de especies donde es posible reconocer algunos rasgos de sociabilidad, como la formación de grupo con fines reproductivos y antidepredatorios (Cassini 1999). En el caso de los otáridos, se consideraron estudios realizados en dos (lobo marino común (*Otaria byronia*) y lobo fino antártico (*Arctocephalus gazella*) de las cinco especies de lobos marinos que habitan en Chile. Estos trabajos permiten concluir que el riesgo de depredación, la productividad del ambiente marino, la batimetría, el tamaño, apertura y sustrato de las playas, y la distribución de los recursos esenciales para termorregular, corresponden a factores ecológicos que pueden afectar el tamaño de grupo y sistema de apareamiento en estos organismos (Galimberti *et al.* 2000, Fernández-Juricic y Cassini 2007).

Durante la época reproductiva es posible reconocer tres tipos de unidades sociales en la foca cangrejera (*L. carcinophagus*): grupos familiares, parejas hembra-macho, y concentraciones (Shaughnessy y Kerry 1989, Cassini 1999). Los grupos familiares están compuestos por una hembra y un macho adulto, más una cría. Las parejas hembra-macho corresponden a asociaciones que se prolongan más allá del destete de la cría. Las concentraciones corresponden a agrupaciones que van desde decenas hasta miles de individuos que comparten la misma plataforma de hielo, pero que interactúan escasamente, y donde no existe un vínculo social entre estos (Siniff *et al.* 1979). Las concentraciones pueden extenderse hacia las actividades en el mar, donde se han registrado hasta 60 individuos nadando y buceando en sincronía (Adam 2005). Striling y Kooyman (1971) propusieron que las concentraciones surgieron como una estrategia antidepredatoria que disminuye el riesgo de ser capturado por parte de depredadores como la foca leopardo (*Hydrurga leptonix*). Pese a que la foca cangrejera es la foca más abundante en las aguas antárticas (Green *et al.* 1993), solo dos estudios han examinado variaciones asociadas al tamaño de grupo en dos colonias localizadas en la tierra de Enderby y en la bahía de Prydz, Antártica (**Tabla 5-2**). En este caso, tanto los tamaños como la frecuencia de cada tipo social fueron similares (Shaughnessy y Kerry 1989, Shaughnessy *et al.* 2006). Se desconoce si estas similitudes estuvieron asociadas a similitudes en variables ecológicas.

Aun cuando se ha reportado bastante información sobre el tamaño de harén y su variabilidad intrapoblacional en el elefante marino del sur (*M. leonina*), solo un estudio ha comparado estos aspectos sociales en colonias diferentes (Galimberti *et al.* 2000). Durante la época reproductiva los individuos de esta especie se reúnen en playas formando agrupaciones de cientos a miles de estos, organizados en sistemas de harén, conformados por un macho territorial de posición central ("beachmaster" según Bester 1982, "harenholder" o dominante según Wilkinson y van Aarde 1999, alfa según Galimberti *et al.* 2000) y múltiples hembras (McCann 1980, Baldi *et al.* 1996). Sin embargo, dentro del harén, también es posible reconocer machos territoriales periféricos (asistentes, según Bester 1982, subordinados según Wilkinson y van Aarde 1999, betas según Galimberti *et al.* 2000), los que pueden o no estar presentes dependiendo de la colonia (Modig 1996). Estos machos "asisten" reproductivamente al macho territorial de posición central, lo que significa que eventualmente pueden aparearse con algunas hembras del harén, cuando este es muy numeroso y el macho de posición central no tiene la capacidad de cubrir a todas las hembras, o cuando avanzada la temporada reproductiva y el macho de posición central se encuentra agotado (Wilkinson y van Aarde 1999). Adicionalmente, los machos territoriales de posición periférica son los que persiguen y expulsan a los machos solteros que están fuera del harén y que intentan aparearse de manera furtiva con las hembras localizadas en la periferia del harén. De esta manera, Modig (1996) plantea que el macho territorial de posición central podría beneficiarse de la presencia de los machos territoriales de posición periférica, aun cuando esto significa perder algunas fertilizaciones. Un estudio comparado de las colonias de la Isla Sea Lion (Archipiélago de las Malvinas) y de Punta Delgada (Península Valdés, Argentina), registró que en Punta Delgada el tamaño del harén es menor y donde la abundancia de machos territoriales periféricos es mayor (**Tabla 5-2**). Esto sugiere que el tamaño de los harenes estaría determinado por la intensidad de la competencia entre machos, siendo más pequeños, en las colonias donde la competencia es más intensa (Galimberti *et al.* 2000).

Numerosos estudios previos y posteriores a Galimberti *et al.* (2000) se han enfocado en la determinación del tamaño de harén, en diferentes colonias de elefantes marinos del sur. Los resultados sugieren que la batimetría y las características de las playas son los principales factores ecológicos que determinarían el tamaño de estos. Entre estas características, se ha propuesto que la amplitud de la plataforma continental, la productividad marina, y el tamaño de la playa tendrían un efecto positivo sobre el tamaño del harén (McCann 1980, Carlini *et al.* 2006).

Si bien el tamaño de harén se ha estimado considerando solo el número de hembras y el macho territorial, los machos asistentes también suman individuos a la colonia. En función de esta consideración, se ha reportado la existencia de colonias de elefantes marinos del sur donde los machos asistentes están ausentes o su presencia es escasa, como ocurre en Isla Marion (Skinner y van Aarde 1983, Wilskinson y van Aarde 1999). En esta isla, la playa es pequeña, lo que permite al macho territorial un control eficiente del harén. Este fenómeno también fue reportado por Fabiani *et al.* (2004) en la colonia de la Isla Sea Lion. En esta isla, la distancia entre el mar y el harén es relativamente corta lo que favorece la entrada de las hembras al mar, disminuyendo la posibilidad de que estas sean interceptadas por otros machos. De esta manera, playas que posean características que permitan un control eficiente del harén podrían ser menos preferidas por machos asistentes, lo que tendría un efecto negativo sobre el tamaño de la colonia. Otro factor ecológico que afecta el tamaño de harén es el sustrato de las playas. A partir de observaciones en la colonia de la Península de Coubert (Archipiélago de Kerguelen), Van Aarde (1980) detectó que el sustrato preferido de las hembras son las playas arenosas, las cuales albergaron los harenes de mayor tamaño.

El sistema de apareamiento de los elefantes marinos del sur corresponde a una poliginia, un sistema que conduce al desarrollo de un dimorfismo sexual extremo en esta especie (Modig 1996, Cassini 1999, Cullen *et al.* 2014). Sin embargo, esta poliginia puede ser más o menos extrema, dependiendo de la capacidad del macho territorial para controlar un acceso exclusivo a las hembras del harén. La capacidad de controlar el harén depende de factores ambientales como las características de las playas, de factores coloniales como la cantidad y distribución de las hembras y la cantidad de machos asistentes, así como de las habilidades de combate del macho territorial y de los machos periféricos. Como consecuencia, mientras mayor control del harén tenga el macho territorial, mayor grado de monopolización de la reproducción existirá, y mayor será la varianza reproductiva (Modig 1996, Fabiani *et al.* 2004, Carlini *et al.* 2006). Se ha estimado que los machos territoriales de posición central podrían monopolizar entre el 38 y 93,5% de las hembras, lo que determina la existencia de un gradiente que va desde una poliginia moderada, como en la Isla Año Nuevo (Hoelzel *et al.* 1999), a una poliginia extrema, como en la Isla Sea Lion (Fabiani *et al.* 2004). La varianza en el éxito reproductivo es un factor que puede contribuir al desarrollo de **tácticas reproductivas alternativas**. Estas tácticas han sido descritas en elefantes marinos del sur a través de los tres tipos de machos descritos previamente. Estos tres tipos de machos presentan diferencias significativas en el éxito reproductivo, así como en el tiempo presupuestado para atender hembras, pelear, descansar y estar alerta (Modig 1996).

Como otros otáridos, el lobo marino común (*O. byronia*) es una especie gregaria que durante la época reproductiva se organiza en harenes, y donde varios harenes vecinos conforman una colonia reproductiva. Cada harén está compuesto por un macho territorial y un número variable de hembras (Cassini 1999). Además de los harenes, también es posible reconocer otras unidades sociales en esta especie, incluyendo parejas hembra-macho e individuos solitarios (Campagna y Le Bouef 1988a, Campagna *et al.* 1988, Cassini y Vilá 1990). Los harenes de esta especie en promedio incluyen alrededor de 10 hembras. Sin embargo, esta cifra es altamente variable y depende tanto de atributos individuales como de factores ambientales y temporales, ya que a medida que progresa la época reproductiva varía el número de hembras que se encuentra en tierra y en el mar (Cassini y Vilá 1990, Cassini 1999). Numerosos trabajos han examinado el tamaño del harén en diferentes colonias en esta especie, pero solo en uno se examinaron conjuntamente los harenes de dos de sus colonias, en Punta Norte y Puerto Pirámide (Fernández-Juricic y Cassini 2007), ambas localizadas en Argentina. El tamaño de harén fue mayor en Puerto Pirámide **(Tabla 5-2)**. Esta diferencia se ha asociado a la tendencia de las hembras de agruparse en torno a recursos críticos para termorregular como zonas de sombra y a la presencia de pozas de agua que se acumulan entre las rocas. En Puerto Pirámide, ambos recursos presentan una distribución parchada, mientras que en Punta Norte estos dos recursos no existen, ya que el sustrato de la playa es arenoso. Pese a esto, en Punta Norte, la playa es amplia y posee una zona de borde costero que permanece húmeda permanentemente, una condición que permite a estos animales termorregular adecuadamente y exhibir una distribución homogénea.

El sistema de apareamiento del lobo marino común consiste en una poliginia algo más compleja que la del elefante marino del sur. El grado de poliginia puede ser más o menos extremo, dependiendo del número de hembras dentro del harén que cada macho territorial deja de fertilizar como consecuencia de competencia con machos periféricos. En tres estudios independientes, pero complementarios (Campagna y Le Bouef 1988b, Campagna *et al.* 1988, Cassini y Vilá 1990), se comparó el éxito reproductivo (medido como el número de cópulas) de los machos territoriales entre las colonias de Punta Norte y de Puerto Pirámide. En ambas colonias los machos territoriales exhibieron variabilidad en el éxito reproductivo dependiendo de si lograron o no defender recursos críticos para las hembras, así como del tamaño del territorio defendido. De esta manera, todos los machos que defendieron la zona húmeda de las playas de Punta Norte se aparearon. En contraste, los machos que defendieron territorios con sustrato seco tuvieron bajo o nulo éxito de cópula, ya que se vieron obligados a volver al mar para termorregular, en consecuencia, estos no pudieron monopolizar el apareamiento con las hembras. En Puerto Pirámide los machos que defendieron territorios grandes y provistos de sombra y de pozas quintuplicaron el número de cópulas logradas en relación con machos que defendieron territorios sin pozas. Estos últimos machos, y al igual que aquellos residentes de sustratos secos en Punta Norte, perdieron a sus hembras cuando la temperatura superó los 30°C, debiendo volver al mar para refrescarse. Esta evidencia es consistente con el estudio de Franco-Trecu *et al.* (2015) que evaluó el éxito reproductivo de los machos de lobo marino común, en dos localidades dentro la colonia reproductiva de Isla de los Lobos, en Uruguay. Específicamente los autores compararon el éxito reproductivo de los machos dominantes que defienden territorios a lo largo de la línea de marea, comparado con los machos subordinados que defienden territorios alejados de la línea de marea, pero provistos de pozas de agua. El éxito reproductivo de los machos con territorios en la línea de marea es significativamente mayor (3,5 ± 1,2 crías) que el de los machos con territorios alejados de la línea de marea (1,3 ± 1,1 crías). Aunque no está clara la causa de esta diferencia, esta estaría asociada a que (i) los territorios a lo largo de la línea de la marea no presentan restricciones para termorregular (debido al constante recambio de agua), y a que (ii) estos lugares permiten a los machos tener una ubicación privilegiada al momento del arribo de las hembras, incrementando la posibilidad de monopolizarlas (Franco-Trecu *et al.* 2015).

Los resultados anteriores son similares a los fueron registrados en el lobo fino antártico (*Arctocephalus gazella*) en la colonia reproductiva de Point Suzzane, Archipiélago de Kerguelen (Territorios Australes Franceses). En esta colonia, el tamaño del harén, y el número de cópulas logradas por cada macho, dependen de la ubicación del territorio defendido. Específicamente los machos que defendieron territorios en la línea de la marea y zonas intermedias de la playa tuvieron harenes más grandes y mayor número de cópulas que los machos que defendieron territorios alejados del mar, en el interior de la playa (Kernaléguen *et al.* 2016). De este modo, el éxito reproductivo de los machos del lobo marino común y del lobo fino antártico, es variable incluso dentro de una misma colonia, dependiendo de la calidad del territorio defendido por cada macho, donde la calidad está asociada a recursos críticos para termorregular.

El sistema de apareamiento del lobo marino común también varía entre colonias. Mientras que los machos de Puerto Pirámide que poseen recursos valiosos que defender, exhiben una poliginia con defensa de recursos, los machos de Punta Norte, que no tienen recursos valiosos que defender, muestran una poliginia con defensa de hembras. Estos dos tipos de sistema de apareamiento también han sido detectados dentro de una misma colonia, como ocurre en Isla de los Lobos (Uruguay), donde los machos que defienden territorios a lo largo de la línea de la marea practican una poliginia con defensa de hembras, mientras que los machos que defienden territorios alejados de la línea de la marea practican una poliginia con defensa de territorio (Franco-Trecu *et al.* 2015). Estos dos sistemas de apareamiento también fueron registrados dentro de la colonia de Punta Lobería, en las costas de Chile (Pavés *et al.* 2005). Soto y Trites (2011) además determinaron que en las costas subtropicales del Pacífico, el sistema de apareamiento del lobo marino común corresponde a un **lek**, más que a una poliginia. En las Islas Ballestas (Perú), la temporada reproductiva es significativamente más larga que en la costa Atlántica del sur de Argentina, por lo que el estro de las hembras no muestra una alta concentración temporal. Además, la razón de sexos está sesgada hacia las hembras, lo que dificulta la monopolización de hembras. Finalmente, en esta localidad el borde costero es amplio, la temperatura ambiental es alta y la radiación solar es extrema, condiciones que fuerzan a las hembras y machos a acudir al mar frecuentemente para termorregular. De esta manera, la interacción entre un borde costero amplio, la necesidad de termorregulación, la abundancia de hembras, y la extensa duración de la época reproductiva determinan que una estrategia basada en defender hembras en esta zona sea menos beneficiosa para los machos. Como consecuencia, en las Islas Ballestas predomina el desarrollo de un lek, un sistema de apareamiento caracterizado por una mayor tolerancia entre machos vecinos y entre estos y las hembras (Soto y Trites 2011).

Los estudios disponibles también han revelado tácticas reproductivas alternativas específicas por parte de machos del lobo marino común. Estas incluyen (i) machos territoriales (descritos previamente), (ii) machos solitarios invasores, y (iii) machos solitarios interceptores. Los machos solitarios invasores, ya sea en solitario o en grupos (conocidos como "**raids**"; media=8; rango: 2 a 40 individuos), ingresan al territorio del macho territorial para sustraer a una o más hembras. Por su parte los machos interceptores utilizan las zonas de playa por donde las hembras transitan entre el harén en tierra y el mar para retenerlas (Campagna *et al.* 1988, Cassini 1999). Estos dos tipos de machos liberan a las hembras solo después de copular con estas. Una consecuencia de esta diversidad de estrategias conductuales es una poliginia menos extrema, donde la varianza en el éxito reproductivo es menor.

Es llamativo que en Puerto Pirámide los machos interceptores son más frecuentes que los invasores, pero que en Punta Norte la tendencia es opuesta, y donde los machos invasores son abundantes y con un éxito reproductivo similar al de los machos territoriales (Campagna *et al.* 1988, Cassini y Vilá 1990). Esto parece estar asociado a diferencias en la topografía del hábitat de ambas colonias. Específicamente, el acceso a la playa es amplio en Punta Norte, pero estrecho, inclinado y accesible solo durante marea alta en Puerto Pirámide. Esta diferencia determina una ventaja para los machos invasores en Punta Norte comparado con machos interceptores producto de la amplitud de borde costero que deben patrullar. Por el contrario, en Puerto Pirámide los machos interceptores son más eficientes en accesos estrechos (Campagna y Le Bouef 1988b, Campagna *et al.* 1988, Cassini y Vilá 1990).

En el lobo Fino Antártico (*A. gazella*) no existen estudios sobre variación inter-colonial en el tamaño de harén, sin embargo, dos trabajos analizaron el sistema de apareamiento de la especie. En Isla Bird (Georgia del sur, Territorio Británico de Ultramar) se ha registrado que de los 415 machos que defendieron territorio, 156 (37,6%) fueron padres de al menos una cría, mientras que los 259 restantes (62,4%), no tuvieron crías. Dentro de los 156 machos que tuvieron descendencia, 12 de ellos (7,6%) fueron padres del 25% de las crías producidas en esa colonia (Hoffman *et al.* 2003). Pese a que las cifras de este trabajo indican un fuerte sesgo reproductivo, el grado de monopolización de la reproducción puede ser aun mayor, como ocurre en la Isla Livingstone (Cabo Shirreff, territorio Antártico Británico), donde cinco de los 23 machos estudiados (21,7%) fueron los padres de las 97 crías producidas en esa colonia. De estos cinco machos, solo dos fueron padres de 28 crías, monopolizando casi un tercio de las paternidades (Bonin *et al.* 2014). Así, la varianza reproductiva es más homogénea en Isla Bird, donde la poliginia sería moderada, respecto de la Isla Livingstone, donde la poliginia sería extrema. Estas diferencias en el éxito reproductivo de los machos entre colonias serían consecuencia de diferencias en la densidad de las poblaciones. Mientras en Isla Bird la densidad de lobos marinos es generalmente alta, esta es baja en Isla Livingstone, una condición que permitiría a los machos mantener un control eficiente de sus harenes. Este control implica que los machos activamente impiden que las hembras abandonen el harén, mientras que en Isla Bird, las hembras son relativamente más móviles y cambian frecuentemente de harén (Bonin *et al.* 2014).

Finalmente, en el lobo marino fino austral (*Arctocephalus australis*) se han descrito diferencias en el sistema de apareamiento entre localidades, pero no se ha evaluado el rol modulador de ningún factor ecológico. Específicamente, en la colonia de Isla de los Lobos (Uruguay), Franco-Trecu y colaboradores (2014), describieron que el sistema de apareamiento del lobo fino austral corresponde a un lek, mientras que en la colonia de Punta Weather, Isla Guafo (Chile), Pavéz y Schlatter (2008) sugieren que los lobos practicarían una poliginia con defensa de territorio. Mientras que el estudio de Pavés y Schlatter (2008) es bastante descriptivo en términos del sistema de apareamiento, el estudio de Franco-Trecu y colaboradores (2014) entrega resultados adicionales que indican que en esta especie y en esta colonia, existen al menos dos tácticas reproductivas, que corresponden a machos territoriales y machos satélites, las cuales no difieren en su éxito reproductivo (3,4 *versus* 1,9 crías respectivamente). Los autores de este trabajo destacan que dentro de la táctica territorial, existen al menos tres tipos de machos, dependiendo de su éxito reproductivo, existiendo un grupo de machos territoriales que es reproductiva- mente menos exitoso que los machos satélites (1,8 *versus* 0,8 crías). Los autores discuten que este es un resultado esperable para un sistema de lek, el cual se caracteriza por la existencia de una gran varianza en el éxito reproductivo entre los machos territoriales, los cuales además deben asumir los costos de un mayor gasto energético relativo a los machos satélites (Franco-Trecu *et al.* 2014).

Orden Artiodáctyla

Los ciervos nativos, dependiendo de la especie, pueden ser solitarios o presentar mayores niveles de gregariedad. En cambio, los camélidos son reconocidos como especies sociales. Los estudios muestran que en huemules, tarucas y guanacos los factores ecoló- gicos que explican la variabilidad en el tamaño de grupo serían el riesgo de depredación, la oferta estacional y la distribución de alimento, así como el tamaño de los parches de alimentación (Ortega y Franklin 1995, Garay *et al.* 2016).

La organización social del huemul (*Hippocamelus bisulcus*) incluye cuatro tipos sociales: parejas (compuestas por individuos del mismo o de diferente sexo y edad), tríos (conformados por una pareja acompañada de una cría o juvenil), grupos de machos, y grupos mixtos (compuestos por juveniles de ambos sexos). También se ha descrito la exis- tencia de animales solitarios, los cuales corresponden principalmente a machos adultos (Povilitis 1985, Garay *et al.* 2016). De los cinco estudios que han analizado el tamaño de grupo de los huemules en Chile (Povilitis 1983, Povilitis 1985, Frid 1994, Frid 1999 y Garay *et al.* 2016), solo uno incorporó una comparación de dos poblaciones, Nevados de Chillán y Río Claro (Povilitis 1983). Los resultados indicaron que en ambas poblaciones las parejas hembra-macho fueron la unidad social más frecuente, lo que contribuyó a que el tamaño de grupo (n=2) no difriera entre ambas poblaciones (Tabla 5-2). Por otra parte, estudios realizados en el Fiordo Témpano (Frid 1994), Fiordo Bernardo (Frid 1999) y Lago Grey (Garay *et al.* 2006), muestran que en los fiordos los tríos fueron la unidad social más frecuente, y donde además se registraron grupos mixtos de hasta ocho individuos. En Lago Grey el tamaño de grupo varió entre dos y cuatro individuos.

En ninguno de los estudios realizados en huemules se han abordado las posibles causas ecológicas asociadas a estas diferencias sociales. En el caso de la formación de parejas se ha planteado que esta podría ser una estrategia para asegurar la reproducción (Povilitis 1983). Sin embargo, la observación de que las parejas pueden incluir individuos del mismo sexo, y que la duración de la asociación supera la temporalidad de la época reproductiva, sugiere que la formación de pares (más que de parejas), podría responder a otros factores, además de la reproducción. También es posible que en huemules el límite superior del tamaño de grupo podría estar determinado por la eficiencia de forrajeo. Los huemules forrajean en parches de alimentación de pequeño tamaño cuya productividad no sería suficiente para soportar más de dos o tres individuos (Povilitis 1983). Por su parte, Frid (1999) sugirió que el riesgo de depredación podría seleccionar un incremento en el tamaño de grupo. Así, e independiente del tipo de unidad social, el tamaño de los grupos en estos ciervos se incrementa en sitios alejados de acantilados. Las zonas cercanas a acantilados serían menos riesgosas, algo que es congruente con que los grupos compuestos por hembras y crías utilizan preferentemente estas áreas, mientras que los machos, solos o en grupo, al ser menos vulnerables, utilizan indistintamente acantilados y zonas de praderas abiertas. Observaciones similares fueron reportadas para la población de Río Claro (Povilitis 1985).

Las unidades sociales descritas en huemules también están presentes en la organización social de la taruca (*Hippocamelus antisensis*). Sin embargo, en esta especie además se han descrito grupos familiares y grupos de hembras, siendo los grupos mixtos, la unidad social más frecuente (Merkt 1985). También se han descrito individuos solitarios, los cuales son menos frecuentes que en el huemul (Merkt 1985). Adicionalmente, la taruca se organiza en grupos sociales de mayor tamaño que los de los huemules. La organización social de la taruca se ha estudiado en tres poblaciones: Hacienda Checayani y La Raya en Perú (Roe y Ress 1976, Merkt 1985), y Lambate en Bolivia (Nuñez y Tarifa 2006). Estos estudios indican que los grupos son más grandes en poblaciones peruanas (Tabla 5-2), pero se desconocen las posibles causas de esta diferencia. En cuanto a la estabilidad en el tamaño y composición de los grupos sociales, diversos autores (Povilitis 1983, Frid 1999, Merkt 1985), coinciden en que los grupos sociales de huemules y tarucas son estables en el corto plazo (uno o varios días), pero inestables en el largo plazo (varios días dentro de estación), debido a la dispersión de uno o más individuos, los cuales pueden unirse temporalmente a otros grupos. De esta manera, los grupos sociales de huemules y tarucas representan unidades sociales abiertas que se caracterizan por la entrada y salida de individuos (Merkt 1985).

En el guanaco (*Lama guanicoe*) se han descrito cuatro tipos de unidades sociales: grupos familiares, grupos de machos, grupos mixtos y grupos de hembras. Todos estos tipos sociales pueden observarse a lo largo del año, excepto los grupos mixtos. Estas últimas corresponden a agrupaciones que se forman temporalmente durante invierno y primavera con el objetivo de migrar desde y hacia zonas de alimentación. De todas estas unidades, el grupo familiar es la unidad más frecuente. Al menos dos estudios indican que la organización social de los grupos de guanacos en Patagonia varía con las condiciones ambientales y la calidad del hábitat (Taraborelli *et al.* 2012). Sin embargo, solo se ha estudiado en forma comparada en dos poblaciones en Argentina, la Reserva provincial Cabo dos Bahías y del Parque Nacional Monte León. Marino (2010) evaluó en estas poblaciones los potenciales efectos del riesgo de depredación y de la distribución del alimento (homogénea v/s parchada). El tamaño de grupo en ambas poblaciones fue similar a pesar de que el riesgo de depredación fue significativamente mayor en Monte León (**Tabla 5-2**). Pese a que la depredación no afectó el tamaño del grupo de los guanacos en Monte León, estos si estarían respondiendo grupalmente a la presencia de depredadores. Las hembras que forman parte de grupos de mayor tamaño experimentan beneficios y costos asociados al tamaño de grupo. En el caso de los beneficios, hembras en grupos más numerosos reducen el tiempo destinado a vigilancia, pero aún son capaces de detectar depredadores a mayor distancia (Taraborelli *et al.* 2012). En relación con los costos, se registró una mayor frecuencia de interacciones agonistas entre las hembras cuando el pastoreo ocurrió en zonas de arbustos, los cuales están distribuidos de manera parchada (Taraborelli *et al.* 2012). Esta observación sugiere que la permanencia en grupos grandes sería costosa solo cuando la distribución del alimento determina una mayor competencia.

Ortega y Franklin (1995) analizaron el tamaño y dinámica de los grupos sociales de guanacos en dos zonas del Parque Nacional Torres del Paine, Chile. Los guanacos en esta población migran estacionalmente, desde la zona este cercana a las Lagunas Larga y Cisnes, hacia el oeste en el sector Pudeto. De esta manera, la misma población de guanacos, hace uso de dos zonas dentro del parque, en las cuales se organiza en grupos de tamaños diferentes. Así, el tamaño y la composición de los grupos depende tanto del tipo de unidad social, como de la dinámica social de fusión-fisión que también caracteriza a esta especie. Específicamente, los guanacos se agregan en unidades sociales de mayor tamaño durante el invierno, por lo que el número de grupos disminuye. Durante el verano estos grupos se disgregan y forman numerosas unidades sociales de menor tamaño. Por lo tanto, los grupos sociales son relativamente estables dentro de cada estación, pero inestables entre estaciones. Ortega y Franklin (1995) indicaron que la dinámica de fusión y fisión ocurre en asociación a las migraciones anuales este-oeste. Durante el invierno la zona este del parque representa un ambiente más desafiante donde el alimento es escaso y está restringido por la capa de nieve. Por el contrario, durante el verano esta zona se caracteriza por una alta productividad de la pradera y por incluir áreas abiertas que facilitan el control de territorio por parte de los machos y la detección de depredadores por parte de las hembras con crías. De esta manera, y considerando ambos trabajos, se puede sugerir que en el guanaco, la distribución parchada del alimento y la oferta estacional de alimento, constituirían los principales factores ecológicos que promueven la migración y que predicen la variación en el tamaño y composición de grupo.

Orden Rodentia

De las 68 especies de roedores que habitan en Chile (Iriarte 2008), existen cinco especies en las que se ha estudiado algún aspecto de la conducta social. En cuatro de estas especies (cururo, cuy de la Patagonia, cuy de la puna y degu), se ha detectado variabilidad interpoblacional en el tamaño de grupo, la cual ha sido relacionada con diversos factores ecológicos. Específicamente, la dureza del suelo, la distribución del alimento y el riesgo de depredación contribuyen a explicar el tamaño de grupo registrado en estos roedores (Lacey y Sherman 2007, Ebensperger *et al.* 2012).

El cururo (*Spalacopus cyanus*) es una especie que forma grupos sociales, y que a su vez forman colonias. A la fecha, dos estudios han analizado el tamaño de grupo, en dos o más colonias de cururos. En el primero de ellos, Begall *et al.* (1999) determinaron el tamaño de grupo en tres colonias de cururos, una de Puchuncaví y las otras dos de Quirihue, todas en Chile. Los resultados de este trabajo indicaron que en una de las colonias de Quirihue el tamaño de grupo fue mayor (26 individuos) comparado con las otras dos colonias estudiadas (15-16 individuos) **(Tabla 5-2)**. Este estudio de carácter descriptivo no incluyó análisis de los factores ecológicos. En un segundo trabajo, Lacey y colaboradores (datos no publicados) analizaron el tamaño de grupo y la dureza del suelo, como factor ecológico, en dos colonias de cururos expuestas a distintos climas, árido en el Parque Nacional Fray Jorge y mésico en el Santuario de la Naturaleza de Yerba Loca, ambos en Chile. El tamaño de grupo fue mayor en la colonia de Yerba Loca (Lacey y Sherman 2007), mientras que la dureza del suelo fue mayor en la colonia de Fray Jorge, lo cual era esperable para un ambiente árido. Este resultado es opuesto a las predicciones de la hipótesis que plantea una relación positiva entre el tamaño de grupo y la dureza de suelo (Lacey y Sherman 2007), debido a que mientras más duro sea el suelo, más individuos se necesitarían para expandir los túneles de sus madrigueras y acceder a parches de alimento. Considerando que la dureza del suelo no explicó el tamaño de los grupos en cururos, otros factores ecológicos no considerados hasta ese momento deberían estudiarse (Lacey y Sherman 2007), como, por ejemplo: el riesgo de depredación o los aspectos cualitativos y cuantitativos de la comunidad vegetal subterránea y de superficie, que sirven de alimento a esta especie. Adicionalmente, sería interesante evaluar la potencial interacción entre dos o más factores ecológicos, y no solo incluir estudios de dos poblaciones contrastantes en términos ambientales, sino que incluir varias poblaciones que se distribuyan dentro de un gradiente geográfico, considerando también una variable temporal. El cururo se presenta como una especie ideal para poder diseñar un estudio más complejo y de largo plazo que incluya el análisis de factores ambientales y temporales y la interacción entre estos.

La variabilidad interpoblacional en el tamaño de grupo del cuy de la Patagonia (*Microcavia australis*), una especie social y colonial que habita en madrigueras subterráneas, ha sido examinada asociada a variaciones en el porcentaje de cobertura vegetal y a aspectos cualitativos y cuantitativos de los depredadores (Taraborelli y Moreno 2009). Las dos poblaciones estudiadas en Argentina (Reserva de la Biósfera "Ñacuñan" y Parque Nacional "El Leoncito") difrieron además en su clima. Mientras en El Leoncito el clima es árido, frío y seco, en Ñacuñan, este es semiárido, cálido y seco. El tamaño de grupo de estos roedores es mayor en El Leoncito, un sitio con menor cobertura vegetal (Tabla 5-2). Los depredadores no son distintos entre poblaciones. Adicionalmente, en este estudio los autores analizaron atributos de la estructura social, y donde las interacciones agresivas fueron menos frecuentes en El Leoncito comparado con Ñacuñan. Los autores sugirieron que la población de El Leoncito estaría sometida a un ambiente más desafiante en términos de menor oferta de alimento y clima más extremo, lo cual podría favorecer grupos de mayor tamaño. Cuyes en grupos más grandes serían más eficientes en el uso de la energía a través de termorregulación social y de minimizar la pérdida de agua, energía y tiempo producto de una mayor tolerancia social (Taraborelli y Moreno 2009).

El soco (*Octodontomys gliroides*) es un roedor social que habita en galerías excavadas entre rocas y raíces de cactáceas (Iriarte 2008). Solo existe un estudio en el cual se comparó el tamaño de grupo entre dos poblaciones, en este caso en Oploca (Bolivia) y Chusmiza (Chile). Se analizaron los posibles efectos de la disponibilidad y distribución del alimento, el riesgo de depredación y la dureza del suelo sobre el tamaño de grupo. Los tamaños de grupo fueron similares en ambas poblaciones (Tabla 5-2), pese a que hubo diferencias en los factores ecológicos examinados. En Chusmiza, la disponibilidad de alimento fue menor y el riesgo de depredación fue mayor, mientras que la dureza del suelo fue mayor en Oploca. El clima, también difirió entre poblaciones. Mientras que en Oploca el clima es seco, con temperaturas y precipitaciones moderadas, en Chusmiza el clima es árido, frío y con precipitaciones escasas. Pese a que los factores ecológicos no predijeron el tamaño de grupo, las condiciones ecológicas en Chusmiza, fueron más desafiantes que para la otra población (Rivera *et al.* 2014). De todos los estudios incluidos en este capítulo, el de Rivera *et al.* (2014) es uno de los pocos que incluyó simultáneamente el análisis de más de un factor ecológico, en poblaciones ambientalmente contrastantes. Estudios de este tipo son muy escasos, pero de mucha importancia científica, debido a que podrían detectar interacción entre factores ecológicos, efectos opuestos de un mismo factor entre poblaciones y efectos no lineales de los factores ecológicos sobre los rasgos de sociabilidad.

El degu (*Octodon degus*), es un roedor que construye y habita madrigueras subterráneas, las cuales son compartidas por los integrantes de un mismo grupo social de tamaño y composición variables. Se ha descrito que los miembros de cada grupo social cooperan en variados aspectos, incluyendo la crianza comunal de la descendencia. Los estudios disponibles en esta especie han abordado algunos de los factores próximos y últimos que afectan el tamaño de grupo. A partir de estos estudios se ha podido determinar que la variabilidad interanual de algunos factores como la pluviosidad, pueden afectar el tamaño de grupo (Ebensperger *et al.* 2014). Dos estudios han examinado la variación interpoblacional en el tamaño de grupo y sus posibles causas ecológicas (Ebensperger *et al.* 2012, Sobrero *et al.* 2016).

En un primer estudio, se comparó el tamaño de grupo de las poblaciones de Rinconada de Maipú, ubicada a 495 m de altitud y de la población de Bocatoma del Río Los Molles, ubicada a 2600 m de altitud ambas en Chile. Los factores ecológicos analizados fueron la dureza del suelo, la disponibilidad de alimento y el riesgo de depredación (cuantificado indirectamente a través de la densidad de agujeros de entrada de madriguera, distancia de la madriguera al arbusto más cercano, y conteo de depredadores). Los resultados indicaron que el tamaño de grupo fue mayor en Rinconada de Maipú, respecto de Los Molles, y que esta diferencia depende del número de machos en el grupo social, no así del número de hembras. Esto significa que en ambas poblaciones el número de hembras en los grupos sociales fue similar, mientras que el número de machos fue significativamente mayor en Rinconada de Maipú (Tabla 5-2).

En relación con los factores ecológicos, en Rinconada de Maipú hubo mayor riesgo de depredación, dureza del suelo y abundancia de alimento, aun cuando el tamaño de grupo (i.e., número de machos) solo se relacionó positivamente con la dureza del suelo, sugiriendo que los machos podrían ser más relevantes que las hembras, en tareas como la mantención de las madrigueras. Adicionalmente, en este trabajo se detectó una interacción significativa entre el año y la población, en el riesgo de depredación, existiendo años donde el riesgo de ser depredado fue mayor. Los resultados de este estudio sugieren que las condiciones ambientales fueron más desafiantes en Rinconada de Maipú, donde además el tamaño de grupo fue mayor (Ebensperger *et al.* 2012). En el segundo estudio, las poblaciones analizadas fueron de Rinconada de Maipú y de El Salitre, un sitio colindante al Parque Nacional Bosque Fray Jorge (Chile), y el factor ecológico analizado fue la cobertura vegetal. Los resultados indicaron que el tamaño de grupo fue mayor en El Salitre, respecto de Rinconada de Maipú (Tabla 5-2), diferencia que no se relacionó con la cobertura vegetal (Sobrero *et al.* 2016).

Finalmente, en el cuy de la puna (*Microcavia niata*) también se encontró variabilidad en el tamaño de grupo, aun cuando no se analizaron factores ecológicos (Marquet *et al.* 1993). Esta especie fue estudiada en el altiplano chileno, específicamente en las localidades de Enquelga (3850 m de altitud) y Colchane (3730 m de altitud), en las cuales se monitorearon una y dos colonias respectivamente. Los resultados de este estudio descriptivo indican que el tamaño de grupo fue mayor en la localidad de Enquelga, no existiendo diferencias en el tamaño de grupo entre las dos colonias de Colchane (Tabla 5-2).

CONCLUSIONES

De las 20 especies analizadas en este capítulo, 16 de ellas presentaron variación interpoblacional en el tamaño de grupo (Tabla 5-1). Este resultado indica que la variabilidad interpoblacional de los rasgos sociales podría ser un patrón bastante común, que ha sido frecuentemente ignorado. La variabilidad interpoblacional en el sistema de apareamiento, fue registrada en seis especies, mientras que la variabilidad en el sistema de cuidado parental solo fue registrada en una especie. Este resultado indica que el tamaño de grupo es un rasgo social que ha sido bastante estudiado, mientras que otros aspectos de los sistemas sociales, han sido estudiados escasamente.

Pese a que la variabilidad en el tamaño de grupo ha sido bien descrita, esta ha sido tratada como un fenómeno aislado, carente de interacción con los factores ecológicos, y para la cual no se han definido claramente los mecanismos proximales. En concreto, de los estudios revisados en este capítulo, solo en ocho de ellos el objetivo central fue analizar el potencial efecto los factores ecológicos, sobre la variabilidad en el tamaño de grupo (Tabla 5-1). En los estudios restantes, solo se especuló sobre el potencial rol de estos factores, pero sus efectos no fueron cuantificados, previniendo un análisis más profundo de su significado. Adicionalmente, solo en dos (orca y degu) de las 20 especies existe más de un estudio que analizó la covariación entre factores ecológicos y tamaño de grupo, y solo en cinco (guanaco, cuy de la Patagonia, cururo, degu y soco), los autores evaluaron el potencial efecto de dos o más factores ecológicos simultáneamente. En función de este análisis, es urgente el desarrollo de nuevos trabajos que incluyan en su diseño, el análisis de la interacción entre dos o más factores ecológicos, el estudio de dos o más poblaciones, con el objetivo de incorporar en el análisis un gradiente ambiental, así como realizar estudios de largo plazo, que permitan la inclusión de una variable temporal. Pienso que especies terrestres, pequeñas y de corta vida, como los roedores, podrían ser ideales para llevar a cabo estudios de este tipo.

Sin embargo, y pese a que la cantidad y la calidad de los trabajos fue inferior a lo que esperaba encontrar, fue posible detectar algunos patrones. Específicamente, la distribución de recursos valiosos (pozas de agua y sombra para termorregular) y las características de las playas, parecieran ser factores ecológicos relevantes que afectan el sistema social de los pinnípedos, mientras que la predictibilidad espacio-temporal del alimento y de las hembras, pareciera ser el factor determinante del sistema social de los delfines. Ambos resultados son concordantes con la literatura (Emlen y Oring 1977, Clutton-Brock 1989, Cassini 1999, Gowans *et al.* 2008). Pese a que en este estudio se incluyeron cinco especies de roedores y tres artiodáctilos, no fue posible identificar un factor ecológico que modulara los rasgos sociales de manera trasversal para cada uno de estos taxa. Este resultado, plantea el desafío de ampliar y profundizar el conocimiento de los sistemas sociales de los mamíferos de Chile, con el objetivo de aportar información específica, que al ser analizada de manera conjunta, permita la detección de patrones comunes dentro y entre taxa.

Se apreció un sesgo en las especies de mamíferos estudiadas, donde la sobre representación de los cetáceos y pinnípedos es evidente. Esta situación no es sorprendente, ya que los cetáceos representan organismos conspicuos cuya conducta social incluye aspectos potencialmente complejos y tienen una distribución geográfica muy amplia, todo lo cual posiblemente ha motivado su estudio con mayor intensidad (Connor *et al.* 1998, Fox *et al.* 2017). En el caso de los pinnípedos, tampoco es sorprendente que existan numerosos estudios enfocados a los sistemas de apareamiento, ya que se trata de **especies modelo** en términos de las consecuencias reproductivas asociadas al dimorfismo sexual extremo dentro del reino animal (Cassini 1999). Estas especies acuáticas y semiacuáticas prometen un futuro lleno de posibilidades para los investigadores chilenos, debido a que se distribuyen en un gradiente latitudinal y longitudinal amplio, que implica la existencia de importantes diferencias y contrastes en términos ambientales, convirtiendo a Chile en un laboratorio natural. Es importante mencionar que Chile es uno de los países con mayor riqueza de cetáceos, y en sus aguas es posible encontrar a las cuatro especies (cachalote, orca, calderón de aleta corta y calderón de aleta larga) que, junto con el ser humano, tienen los sistemas de cuidado parental más complejos descritos hasta el momento (Augusto *et al.* 2017, Ellis *et al.* 2017). En el caso de los pinnípedos otáridos, y con la única excepción del lobo marino común, las otras cuatro especies de lobos marinos, una de las cuales es endémica, han sido escasamente estudiadas.

En síntesis, existen fuertes sesgos en los objetivos y especies que han sido estudiadas, donde órdenes como el de los quirópteros no han sido examinados pese a que la formación de colonias y la existencia de conductas sociales complejas es muy común en estos organismos. En otros ordenes como los roedores, que poseen una gran riqueza de especies, las investigaciones se han concentrado en especies modelo como *O. degus*, pero donde para numerosas especies los aspectos básicos de su ecología aún se desconocen. Finalmente, y pese a la gran cantidad de estudios existentes en diversos aspectos de la ecología conductual de las 42 especies de cetáceos y de las cinco especies de ungulados que existen en Chile, solo unos pocos estudios pudieron ser incluidos en este capítulo. Una mayoría de las investigaciones realizadas en estas especies son de naturaleza descriptiva, lo que dificulta plantear mecanismos, asociaciones, relaciones causa-efecto, y patrones a una escala mayor. Quisiera discutir brevemente el caso dos especies, que presentan un interesante paralelismo en variados aspectos, incluyendo lo desaprovechadas que han sido, al menos en términos de los objetivos de este capítulo. El delfín nariz de botella y el guanaco, poseen sistemas sociales muy complejos y presentan distribuciones poblacionales muy amplias dentro del gradiente latitudinal. En el caso particular del delfín nariz de botella, en Chile, este posee poblaciones pelágicas y costeras, siendo una especie ideal para poner a prueba el modelo de Gowans *et al.* (2008) (**Figura 5-1**), que predice el tamaño de grupo y sistema de apareamiento de los delfines, dependiendo de la predictibilidad espacio-temporal de los recursos. Por su parte, el guanaco posee poblaciones residentes y migrantes, continentales e insulares, las cuales están sometidas a diferentes presiones del ambiente. Ambas especies son abundantes, y no presentan problemas de conservación, lo cual las convierte en excelentes modelos de estudio, para abordar problemáticas como la planteada en este capítulo.

Para concluir, es importante destacar que la gran mayoría de los trabajos citados en este capítulo, han sido realizados fuera de las fronteras del país, por grupos de investigadores extranjeros, lo que apunta a la necesidad de que la comunidad científica nacional haga un mayor esfuerzo por contribuir con conocimiento sobre los sistemas sociales de nuestros mamíferos silvestres.

AGRADECIMIENTOS

Agradezco a Antonieta Labra y Luis Ebensperger por invitarme a participar en este libro, que fue un interesante y gran desafío para mí, durante el cual aprendí muchísimo. Gracias por la paciencia y por la orientación durante este trabajo. Agradezco a un revisor anónimo, por su dedicación, rigurosidad y comentarios a este capítulo. Finalmente dar las gracias tanto a los proyectos que han permitido el desarrollo de mi investigación (FONDECYT 3130567 y 11170222), así como a todas las personas que se han involucrado durante mi formación como científica y a las diversas instituciones que me apoyaron económicamente durante ese proceso.

LITERATURA CITADA

Adam PJ (2005). *Lobodon carcinophaga. Mammalian Species* 772:1-14.

Aïssi M, Celona A, Comparetto G, Mangano R, Wurtz R, Moulins A (2008). Large-scale seasonal distribution of fin whales (*Balaenoptera physalus*) in the central Mediterranean Sea. *Journal of the Marine Biological Association of the United Kingdom* 88:1253-1261.

Anderson RC (2005). Observations of cetaceans in the Maldives, 1990-2002. *Journal of Cetacean Research and Management* 7:119-135.

Augusto JF, Frasier TH, Whitehead H (2017). Characterizing alloparental care in the pilot whale (*Globicephala melas*) population that summers off Cape Breton, Nova Scotia, Canada. *Marine Mammal Science* 33:440-456.

Baird RW, Abrams PA, Dill LM (1992). Possible indirect interactions between transient and resident killer whales: implications for the evolution of foraging specializations in the genus *Orcinus. Oecologia* 89:125-132.

Baird RW, Dill LM (1996). Occurrence and behavior of transient killer whales: seasonal and pod specific variability, foraging behavior, and prey handling. *Canadian Journal of Zoology* 73:1300-1311.

Baird RW, Whitehead H (2000). Social organization of mammal-eating killer whales: group stability and dispersal patterns. *Canadian Journal of Zoology* 78:2096-2105.

Baird RW, Webster DL, Mahaffy SD, McSweeney DJ, Schorr GS, Ligon AD (2008). Site fidelity and association patterns in a deep-water dolphin: rough-toothed dolphins (*Steno bredanensis*) in the Hawaiian Archipelago. *Marine Mammal Science* 24:535-553.

Baldi R, Campagna C, Pedraza S, Le Boeuf (1996). Social effects of space availability on the breeding behaviour of the elephant seals. *Animal Behavior* 51:717-724

Bearzi M (2005). Aspects of the ecology and behaviour of bottlenose dolphins (*Tursiops truncatus*) in Santa Monica Bay, California. *Journal of Cetacean Research and Management* 7:75-83.

Beck S, Kuningas S, Esteban R, Foote AD (2012). The influence of ecology on sociality in the killer whale. *Behavioral Ecology* 23:246-253.

Begall S, Burda H, Gallardo MH (1999). Reproduction, postnatal development, and growth of social cururos, *Spalocopus cyanus* (Rodentia: Octodontidae) from Chile. *Journal of Mammalogy* 80:210-217.

Berzin AA, Vladimirov VL (1983). A new species of killer whale (Cetacea, Delphinidae) from Antarctic waters. *Zoologicheskii Zhurnal* 62:287-295.

Bonin CA, Goebel ME, Hoffman JI, Burton RS (2014). High male reproductive success in a low-density Antarctic fur seal (*Arctocephalus gazella*) breeding colony. *Behavioral Ecology and Sociobiology* 68:597-604.

Brereton T, Jones D, Leeves K, Lewis K, Davis R, Russel T (2017). Population structure, mobility and conservation of common bottlenose dolphin off south-west England from photo-identification studies. *Journal of the Marine Biological Association of the UK* 98:1-9.

Campagna C, Le Boeuf BJ (1988a). Reproductive behaviour of southern sea lion. *Behaviour* 104:233-261.

Campagna C, Le Boeuf BJ (1988b). Thermoregulatory behaviour of southern sea lions and its effect on mating strategies. *Behaviour* 107:72-90.

Campagna C, Le Bouef B, Cappozzo HL (1988). Group raids: a mating strategy of male southern sea lions. *Behaviour* 105:224-249.

Carlini A, Poljak S, Daneri G, Márquez M, Plötz J (2002). Dynamics of male dominance of southern elephant seals (*Mirounga leonina*) during breeding season at King George island. *Polish Polar Reasearch* 23:153-159.

Cassini MH, Vilá B (1990). Agresividad entre hembras y separación madre-cría en el lobo marino del sur, en Chubut, Argentina. *Revista Chilena de Historia Natural* 63:169-176.

Cassini MH (1999). The evolution of reproductive systems in pinnipeds. *Behavioral Ecology* 10:612-616.

Cullen TM, Fraser D, Rybczynski N, Schröder-Adams C (2014). Early evolution of sexual dimorphism and polygyny in pinnipedia. *Evolution* 68:1469-1484.

Clutton-Brock T (1989). Mammalian mating systems. *Proceedings of the Royal Society of London, B: Biological Sciences* 236:339-372.

Connor RC, Smolker RA, Ricjards AF (1992). Two levels of alliance formation among male bottlenose dolphins (*Tursiops sp.*). *Proceedings of the National Academy of Sciences of the United States of America* 89:987-990.

Connor RC, Mann J, Tyack PL, Whitehead H (1998). Social evolution in toothed whales. *Trends in Ecology & Evolution* 13:228-232.

Connor RC, Wells RS, Mann J, Read AJ (2000). The bottlenose dolphin: social relationships in a fission-fusion society. Pp. 91-126, en: *Cetacean societies: field studies of dolphins and whales* (Mann J, Connor RC, Tyack P, Whitehead H eds.). University of Chicago Press, Chicago.

Dahlheim ME, White PA (2010). Ecological aspects of transient killer whales *Orcinus orca* as predators in southeastern Alaska. *Wildlife Biology* 16:308-322.

Drouot V, Gannier A, Goold JC (2004). Summer social distribution of sperm whales (*Physeter macrocephalus*) in the Mediterranean Sea. *Journal of the Marine Biological Association of the United Kingdom* 84:675-680.

Ebensperger LA, Sobrero R, Quirici V, Castro RA, Ortiz-Tolhuysen L, Vargas F, Burger JR, Quispe L, Villavicencio CP, Vásquez RA, Hayes LD (2012). Ecological drivers of group living in two populations of the communally rearing rodent, *Octodon degus*. *Behavioral Ecology and Sociobiology* 66:261-274.

Ebensperger LA, Villegas A, Abades S, Hayes LD (2014). Mean ecological conditions modulate the effects of group living and communal rearing on offspring production and survival. *Behavioral Ecology* 25:862-870.

Ellis S, Franks DW, Nattrass S, Cant MA, Bradley DL, Giles D, Balcomb K, Croft DP (2018). Postreproductive lifespans are rare in mammals. *Ecology and Evolution* 8: 2482-2494.

Emlen ST, Oring LW (1977). Ecology, sexual selection, and the evolution of mating systems. *Science* 197:215-223.

Fabiani A, Galimberti F, Sanvito S, Hoezel AR (2004). Extreme polygyny among southern elephant seals on Sea Lion Island, Falkland Island. *Behavioral Ecology* 15:961-969.

Félix F (1997). Organization and social structure of the coastal bottlenose Dolphin *Tursiops truncatus* in the Gulf de Guayaquil, Ecuador. *Aquatic Mammals* 23:1-16.

Félix F, Hasse B (2001). The humpback whale off the coast of Ecuador, population parameters and behavior. *Revista de Biología Marina y Oceanografía* 36:61-74.

Félix F, Van Waerebeek K, Sanino GP, Castro C, Van Bressem MF, Santillán L (2018). Variation in dorsal fin morphology in common bottlenose dolphin *Tursiops truncatus* (Cetacea: Delphinidae) populations from the Southeast Pacific Ocean. *Pacific Science* 72:307-320.

Fernández-Juricic E, Cassini M (2007). Intra-sexual female agonistic behaviour of the South American sea lion (*Otaria flavecens*) in two colonies with different breeding substrates. *Acta Ethologica* 10:23-28.

Ford JKB, Ellis GM, Barrett-Lennard B, Morton AB, Palm RS, Balcomb KC (1998). Dietary specialization in two sympatric populations of killer whales (*Orcinus orca*) in coastal British Columbia and adjacent waters. *Canadian Journal of Zoology* 76:1456-1471.

Forcada J, Hammond PS, Pastor X, Aguilar R (1994). Distribution and numbers of striped dolphins in the western Mediterranean Sea after the 1990 epizootic outbreak. *Marine Mammal Science* 10:137-150.

Forcada J, Gazo M, Aguilar A, Gonzalvo J, Fernández-Contreras M (2004). Bottlenose dolphin abundance in the NW Mediterranean: addressing heterogeneity in distribution. *Marine Ecology Progress Series* 275:275-287.

Foster EA, Franks DW, Mazzi S, Darden SK, Balcomb KC, Ford JKB, Croft DP (2012). Adaptive prolonged postreproductive life span in killer whales. *Science* 337:1313.

Fox KCR, Muthukrishna M, Shultz S (2017). The social and cultural roots of whale and dolphin brains. *Nature Ecology & Evolution* 11:1699-1705.

Franco-Trecu V, Costa P, Schramm Y, Tassino B, Inchausti P (2014). Sex on the rocks: reproductive tactics and breeding success of South American fur seal males. *Behavioral Ecology* 25:1513-1523.

Franco-Trecu V, Costa P, Schramm Y, Tassino B, Inchausti P (2015). Tide line versus internal pools: mating system and breeding success of South American sea lion males. *Behavioral Ecology and Sociobiology* 69:1985-1996

Frantzis A, Paraskevi A, Kalliopi CG (2014). Sperm whale occurrence, site fidelity and population structure along the Hellenic Trench (Greece, Mediterranean Sea). *Aquatic Conservation: Marine and Freshwater Ecosystems* 24:83-102.

Frid A (1994). Observations on habitat use and social organization of a huemul (*Hippocamelus bisulcus*) coastal population in Chile. *Biological Conservation* 67:13-19.

Frid A (1999). Huemul (*Hippocamelus bisulcus*) sociality at a periglacial site: sexual aggregation and habitat effects on group size. *Canadian Journal of Zoology* 77:1083-1091.

Galimberti F, Boitani L, Marzetti I (2000). The frequency and cost of harassment in southern elephant seals. *Ethology Ecology & Evolution* 12:345-365.

Garay G, Ortega IM, Guineo O (2016). Social ecology of the huemul at Torres del Paine National Park, Chile. *Anales del Instituto de la Patagonia (Chile)* 44:25-38.

Gero S, Engelhaupt D, Rendell L, Whitehead H (2009). Who cares? Between-group variation in alloparental caregiving in sperm whales. *Behavioral Ecology* 20: 838-843.

Gowans S, Würsing B, Karczmarski K (2008). The social structure and strategies of delphinids: predictions based on an ecological framework. *Advances in Marine Biology* 53:195-295.

Green B, Fogerty A, Libke J, Newgrain K, Shaughnessy P (1993). Aspects of lactation in the crab-eater seal (*Lobodon carcinophagus*). *Australian Journal of Zoology* 41:203-213.

Gregory PR, Rowden AA (2001). Behaviour patterns of bottlenose dolphins (*Tursiops truncatus*) relative to tidal state, time-of-day, and boat traffic in Cardigan Bay, West Wales. *Aquatic Mammals* 27:105-113.

Gygax L (2002). Evolution of group size in the dolphins and porpoises: interspecific consistency of intraspecific patterns. *Behavioral Ecology* 13:583-590.

Hansen TF, Orzack SH (2005). Assessing current adaptation and phylogenetic inertia as explanations of trait evolution: the need for controlled comparisons. *Evolution* 59:2063-2072.

Higdon JW, Hauser DD, Ferguson SH (2012). Killer whales (*Orcinus orca*) in the Canadian Arctic: Distribution, prey items, group sizes, and seasonality. *Marine Mammals Science* 28:E93-E109.

Hinde RA (1976). Interactions, relationships and social structure. *Man* 11:1-17.

Hoelzel AR, Le Boeuf BJ, Reiter J, Campagna C (1999). Alpha-male paternity in elephant seals. *Behavioral Ecology and Sociobiology* 46:298-306.

Hoffman JI, Boyd IL, Amos W (2003). Male reproductive strategy and the importance of maternal status in the Antarctic fur seal *Arctocephalus gazella*. *Evolution* 57:1917-1930.

Iriarte A (2008). *Mamíferos de Chile*. Lynx Ediciones. Barcelona, España, 420 pp.

Johnson DDP, Kays R, Blackwell PG, Macdonald DW (2002). Does the resource dispersion hypothesis explain group living? *Trends in Ecology & Evolution* 17:563-570.

Kappeler PM, Barrett L, Blumstein DT, Clutton-Brock TH (2013). Constraints and flexibility in mammalian social behaviour: introduction and synthesis. *Philosophical Transactions of the Royal Society B, Biological Sciences* 368:20120337.

Karczmarski L, Würsig B, Gailey G, Larson KW, Vanderlip C (2005). Spinner dolphins in a remote Hawaiian atoll: social grouping and population structure. *Behavioral Ecology*, 16:675-685.

Kernaléguen L, Cherel Y, Guinet C, Arnould JPY (2016). Mating success and body condition not related to foraging specializations in male fur seals. *Royal Society Open Science* 3:160143.

Lacey EA, Sherman PW (2007). The ecology of sociality in rodents. Pp. 243-254, en: *Rodent societies: an ecological and evolutionary perspective* (Wolff JO, Sherman PD, eds.). University of Chicago Press, Chicago, Estados Unidos de América.

Louis M, Viricel A, Lucas T, Peltier H, Alfonsi E, Berrow S, Brownlow S, Covelo P, Dabin W, Deaville R, De Stephanis R, Gally F, Gauffier P, Penrose R, Silva MA, Guinet C, Simon-Bouhet B (2014). Habitat-driven population structure of bottlenose dolphins, *Tursiops truncatus*, in the North-East Atlantic. *Molecular Ecology* 23:857-874.

Lott DF (1984). Intraspecific variation in the social systems of wild vertebrates. *Behaviour* 88:266-325.

Maher CR, Burger JR (2011). Intraspecific variation in space use, group size, and mating systems of caviomorph rodents. *Journal of Mammalogy* 92:54-64.

Marino A (2010). Cost and benefits of sociality differ between female guanacos living in contrasting ecological conditions. *Ethology* 116:999-1010.

Marquet PA, Contreras LC, Silva S, Torres-Mura JC, Bozinovic F (1993). Natural history of *Microcavia niata* in the high Andean zone of the northern Chile. *Journal of Mammalogy* 74:136-140.

McCann TS (1980). Aggression and sexual activity of male southern elephant seals, *Mirounga leonina. Journal of Zoology* 195:295-310.

Melnikov LV, Zagrebin IA, Zelensky GM, Ainana LI (2007). Killer whales (*Orcinus orca*) in waters adjacent to the Chukotka Peninsula, Russia. *Journal of Cetacean Research Management* 9:53-63.

Merkt JR (1985). Reproductive seasonality and grouping patterns of the north Andean deer or taruca (*Hippocamelus antisensis*) in southern Peru. Pp. 388-401, en: *Biology of management of the Cervidae* (Wemmer C, ed). Smithsonian Institute, Vancouver, Canadá.

Modig AO (1996). Effects of body size and harem size on male reproductive behavior in the southern elephant seal. *Animal Behavior* 51:1295-1306.

Olesiuk PF, Bigg MA, Ellis GM (1990). Life story and population dynamics of a resident killer whales (*Orcinus orca*) in the coastal waters of British Columbia and Washington state. *Report of the Meeting of the International Whaling Commission* 12:209-243.

Ortega IM, Franklin WL (1995). Social organization, distribution and movement of migratory guanaco population in the Chilean Patagonia. *Revista Chilena de Historia Natural* 68:489-500.

Pavés HJ, Schlatter RP (2008). Temporada reproductiva del lobo fino austral, *Arctocephalus australis* (Zimmerman, 1783) en la Isla Guafo, Chiloé, Chile. *Revista Chilena de Historia Natural* 81:137-149.

Pavés HJ, Schlatter RP, Espinoza CI (2005). Patrones reproductivos del lobo marino común, *Otaria flavescens* (Shaw 1800), en el centro-sur de Chile. *Revista Chilena de Historia Natural* 78:687-700.

Pérez-Álvarez MJ, Vásquez RA, Moraga R, Santos-Carvallo M, Kraft S, Sabaj V, Capella J, Gibbons J, Vilina Y, Poulin E (2018). Home sweet home: social dynamics and genetic variation of a longterm resident bottlenose dolphin population off the Chilean coast. *Animal Behaviour* 139:81-89.

Perrin WF, Thieleking JL, Walker WA, Archer FI, Robertson KM (2011). Common bottlenose dolphins (*Tursiops truncatus*) in California waters: cranial differentiation of coastal and offshore ecotypes. *Marine Mammal Science* 27:769-792.

Perrin WF, Mesnick SL (2003). Sexual ecology of the spinner dolphin, *Stenella longirostris*: geographic variation in mating system. *Marine Mammal Science* 19:462-48.

Pinela A, Quérouil S, Magalhaes S, Silva MA, Prieto R (2009). Population genetics and social organization of the sperm whale (*Physeter macrocephalus*) in the Azores inferred by microsatellite analyses. *Canadian Journal of Zoology* 87:802-813.

Povilitis AJ (1983). Social organization and mating strategy of the huemul (*Hippocanmelus bisulcus*). *Journal of Mammalogy* 64:156-158.

Povilitis AJ (1985). Social behavior of the huemul (*Hippocamelus bisulcus*) during the breeding season. *Zeitschrift für Tierpsychologie* 68:261-286.

Rivera DS, Abades S, Alfaro FD, Ebensperger LA (2014). Sociality of *Octodontomys gliroides* and other octodontid rodents reflects the influence of phylogeny. *Journal of Mammalogy* 95:968-980.

Roe NA, Res WE (1976). Preliminary observations of the taruca (*Hippocamelus antisensis*: Cervidae) in southern Peru. *Journal of Mammalogy* 57:722-730.

Rogan E, Baker JR, Jepson PD, Berrow S, Keily O (1997). A mass stranding of white sided dolphins (*Lagenorhynchus acutus*) in Ireland: biological and pathological studies. *Journal of Zoology* 242:217-227.

Shaughnessy PD, Kerry KR (1989). Crab eater seals *Lobodon carcinophagus* during the breeding season: observation of five groups near Enderby Land, Antarctica. *Marine Mammal Science* 5:68-77.

Shaughnessy PD, Jones RT, Ensor P (2006). Pelage coloration of breeding crabeater seals *Lobodon carcinophaga* (*Carnivora: Phocidae*). *Australian Mammalogy* 28:93-95.

Sherman P, Lacey E, Reeve H, Keller L (1995). The eusociality continuum. *Behavioral Ecology* 6:102-108.

Simões-Lopes PC, Daura-Jorge FG, Lodi L, Bezamat C, Costa APB, Wedekin LL (2019). Bottlenose dolphin ecotypes of the western South Atlantic: the puzzle of habitats, coloration patterns and dorsal fin shapes. *Aquatic Biology* 28:101-111.

Siniff DB, Stirling I, Bengstone JL, Reichle RA (1979). Social and reproductive behavior of crabeater seals (*Lobodon carcinophagus*) during the austral spring. *Canadian Journal of Zoology* 57:2243-2255.

Skinner JD, van Aarde RJ (1983). Observations on the trend of the breeding population of southern elephant seals *Mirounga leonina*, at Marion Island. *Journal of Applied Ecology* 20:707-712.

Sobrero R, Fernández-Aburto P, Ly-Prieto A, Delgado SE, Mpodozis J, Ebensperger LA (2016). Effects of habitat and social complexity on brain size, brain asymmetry and dentate gyrus morphology in two octodontid rodents. *Brain, Behavior and Evolution* 87:51-64.

Soto KH, Trites AW (2011). South American sea lions in Peru have a lek-like mating system. *Marine Mammal Science* 27:303-333.

Sveegaard S, Galatius A, Dietz R, Kyhn L, Koblitz JL, Amundin M, Nabe-Nielsen J, Sinding MHS, Andersen LW, Teilmann J (2015). Defining management units for cetaceans by combining genetics, morphology, acoustics and satellite tracking. *Global Ecology and Conservation* 3: 839-850.

Striling I, Kooyman GL (1971). The crabeater seal (*Lobodon carcinophagus*) in McMurdo Sound Antarctica and the origin of mummified seals. *Journal of Mammalogy* 52:175-180.

Taraborelli P, Moreno P (2009). Comparing composition of social groups, mating system and social behavior in two populations of *Microcavia australis*. *Mammalian Biology* 74:15-24.

Taraborelli P, Gregorio P, Moreno P, Novaro A, Carmanchahi P (2012). Cooperative vigilance: the guanaco´s (*Lama guanicoe*) key antipredator mechanism. *Behavioural Processes* 91:82-89.

Tolley KA, Read AJ, Wells RS, Urian KW, Scott MD, Irvine AB, Honh AA (1995). Sexual dimorphism in wild bottlenose dolphins (*Tursiops truncatus*) from Sarasota, Florida. *Journal of Mammalogy* 76:1190-1198.

Van Aarde RJ (1980). Harem structure of the southern elephant seal *Mirounga leonina* at Kerguelen island. *Revue D Ecologie-La Terre et La Vie* 34:31-44.

Vaughn-Hirshorn RL, Muzi E, Richardson JL, Fox GJ, Hansen LN, Salley AM, Dudzinski KM, Würsig B (2013). Dolphin underwater bait-balling behaviors in relation to group and prey ball sizes. *Behavioural Processes* 98:1-8.

Wells RS, Scott MD, Irvine AB (1987). The social structure of free-ranging bottlenose dolphins. *Current Mammalogy* 2:247-305.

Whitehead H, Kahn B (1992). Temporal and geographical variation in the social structure of female sperm whales. *Canadian Journal of Zoology* 70:2145-2149.

Wilkinson IS, van Aarde RJ (1999). Marion Island elephant seals: the paucity-of-males hypothesis tested. *Canadian Journal of Zoology* 77:1547-1554.

Whitehead H (2008). *Analyzing animal societies: quantitative methods for vertebrate social analysis.* Chicago: Chicago University Press, Chicago, Estados Unidos de América.

Zerbini AN, Waite JM, Durban JW, LeDuc R, Dalheim ME, Wade PR (2007). Estimating abundance of killer whales in the nearshore waters of the Gulf of Alaska and Aleutian Islands using line-transect sampling. *Marine Biology* 150:1033-1045.

CAPÍTULO 6

COMUNICACIÓN, EL MEDIADOR DE LAS INTERACCIONES SOCIALES EN ANIMALES

ANTONIETA LABRA

ONG *Vida Nativa, Santiago, Chile;*
Department of Biosciences, Centre for Ecological and Evolutionary Synthesis,
University of Oslo, Noruega.

RESUMEN

En este capítulo parto examinando los aspectos fundamentales de la comunicación animal, incluyendo una descripción de los cinco canales de comunicación. Luego de entregar el marco conceptual, analizo la información relacionada con los estudios asociados a la comunicación de **especies nativas** de Chile. Esta revisión involucró 211 especies nativas y más de 559 artículos científicos, los cuales analizo parcializando por canal de comunicación, y dentro de cada uno de estos, por taxa. En el caso del canal acústico, cierro con un breve resumen de diversos aspectos analizados en los distintos taxa, considerando que el mayor número de estudios recopilados examinaron este canal de comunicación. Luego de esta revisión, cierro el capítulo discutiendo algunos aspectos que pueden resultar relevantes de considerar a futuro, pues son particulares, y cuyo estudio se podría traducir en significativos aportes, y así contribuir con marcos conceptuales más amplios y sólidos. Además, menciono algunos aspectos de la comunicación de especies nativas que podrían ser estudiados en el contexto de Cambio Global.

ASPECTOS GENERALES DE LA COMUNICACIÓN ANIMAL

La sociabilidad es una característica del comportamiento animal en virtud de la cual "…los individuos realizan la mayor parte de sus actividades en presencia de otros **conespecíficos** adultos, en forma relativamente permanente a lo largo de su ciclo de vida" (Ebensperger Capítulo 3). En la gran mayoría de estas interacciones los individuos requieren comunicarse, pudiendo considerarse la **comunicación** como un mediador de la sociabilidad (D'Ettorre y Hughes 2008). Sin embargo, la comunicación no solo ocurre en especies sociales, pues los individuos de especies solitarias, o menos sociales, también interaccionan en alguna etapa de su ciclo de vida (ej., época reproductiva), o requieren entregar continua información de su presencia y características individuales, por ejemplo, para mantener alejados a conespecíficos. Por lo tanto, las interacciones intraespecíficas estarían mediadas por la comunicación, aun cuando estudios en diversos taxa muestran que la complejidad de la comunicación se asocia positivamente con el grado de sociabilidad de las especies, un planteamiento conocido como **hipótesis de complejidad social** (Freeberg *et al.* 2012, Ord y Garcia-Porta 2012, Gustison *et al.* 2019). Considerando que las interacciones interespecíficas (i.e., entre competidores, entre depredador y presa) también pueden estar mediadas por una comunicación, se ha planteado que "nada funcionaría en ausencia de la comunicación" (Hauser 1997).

Comunicación y sus componentes

Existen diversas definiciones de comunicación (ej., véase Carazo y Font 2010), y en este capítulo me baso en aquella planteada por Stevens (2013), la cual propone que la comunicación es un proceso de señalización entre un emisor y uno o más receptores, lo que resulta en un respuesta perceptual en el receptor. Este último extracta información de las señales, lo que potencialmente influencia su respuesta, la que a su vez modularía el comportamiento del emisor. Así, los componentes fundamentales del proceso comunicativo son (**Figura 6-1**): (1) **emisor**, o individuo que emite una señal; (2) **señal**, perturbación física que transmite información contenida a través de rasgos morfológicos, fisiológicos o conductuales como cantos, despliegues corporales, compuestos químicos, y que es transferida por un **canal de comunicación**. Este último alude al sistema sensorial involucrado en la transmisión y recepción de dicha señal (véase sección "Canal o modo de comunicación y sus señales"). (3) **Receptor** (es), o individuo(s) a los que estaría dirigida la información, los cuales son capaces de **decodificar** la información contenida en las señales (**Figura 6-1**). Este "simple" sistema, emisor-señal-receptor, puede estar expuesto a diversas fuentes de alteración, como barreras que dificulten este proceso de comunicación incluyendo, por ejemplo, el **ruido** ambiental, el cual reduce la eficiencia de las señales y que por lo tanto, afecta su evolución (Wiley 2017). Otros factores que pueden afectar negativamente la comunicación son los individuos que "usufructúan" de las señales, como competidores, depredadores o conespecíficos satélites (Bradbury y Vehrencamp 2011).

Figura 6-1

Proceso comunicativo que muestra la interacción entre el emisor, o el individuo que produce una señal, la que es transmitida a través de un canal de comunicación o canal sensorial. La señal es recibida y decodificada por el receptor. Como consecuencia, el receptor puede modificar su conducta, lo que genera una retroalimentación hacia el emisor. El emisor también puede producir "información" como un sub-producto de sus actividades, claves, la que puede ser utilizada por el receptor. El proceso comunicativo puede estar sujeto a restricciones o barreras como el ruido ambiental.

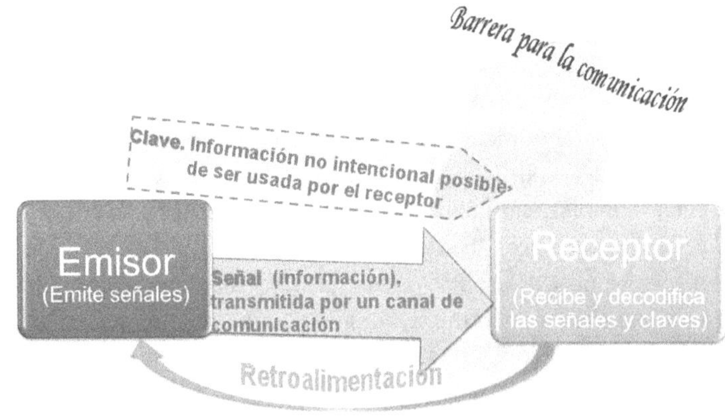

Las diversas definiciones de señales coinciden en que estas perturbaciones físicas han sido seleccionadas en el curso de la evolución biológica debido a la información contenida en la ellas y los efectos que producen en el receptor (Hauser 1997). Este proceso selectivo permite diferenciar entre señales y **claves**, correspondiendo estas últimas a elementos asociados al individuo emisor que pueden afectar la conducta del receptor debido a que su uso permite mejorar la toma de decisiones (i.e., contiene información), pero no han sido seleccionadas por estas consecuencias (**Figura 6-1**, Maynard-Smith y Harper 2003). Por ejemplo, los rasgos propios del fenotipo del individuo, como su tamaño, pueden informar, entre otras, de su edad y condición (Maynard-Smith y Harper 2003, Searcy y Nowicki 2005). Otras claves pueden ser consecuencias de la actividad de los individuos (ej., huellas dejadas durante el desplazamiento), desechos metabólicos (ej., componentes de la orina que revelan el estado reproductivo), o variaciones en los despliegues corporales debido a variaciones en sus estados internos, como la temperatura corporal en especies ectotermas (ej., Swaisgood *et al.* 1999). A diferencia de las claves, las señales tienen costos adicionales a su producción y emisión (Maynard-Smith y Harper 2003, Searcy y Nowicki 2005), por ejemplo, energéticos (ej., Vehrencamp *et al.* 1989, Friesen *et al.* 2017). Estos costos determinarían que muchas señales funcionen con un mecanismo de encendido/apagado o estimulación transiente, como los despliegues de cortejo de los machos, los cuales son solo exhibidos en presencia de hembras. En contraposición, las claves suelen estar siempre presentes o encendidas y no implican costos energéticos (energéticos) adicionales (Maynard-Smith y Harper 2003).

Algunas especies exhiben **auto-comunicación**, en este caso, emisor y receptor son el mismo individuo. Esto ocurre con el uso de señales, que además de poder intervenir en comunicación, les permiten a los individuos percibir el entorno como en la eco y electro-localización, las que involucran señales acústicas y eléctricas, respectivamente. El retorno y cambio de las señales emitidas permite a los emisores obtener información del entorno, como la presencia de presas, y por tanto, representa un mecanismo involucrado en la navegación y forrajeo. Otra forma de auto-comunicación corresponde a la deposición de rastros que son usados posteriormente como indicadores para regresar a un sitio específico, i.e., refugio (Bradbury y Vehrencamp 2011).

¿Por qué comunicar?

La respuesta a esta pregunta implica establecer si la comunicación es producto de selección de grupo o individual, y de las consecuencias que el proceso selectivo tiene en la **adecuación biológica** del emisor y receptor. De acuerdo a este criterio, se reconocen las siguientes instancias de comunicación (**Figura 6-2**):

i) **Comunicación verdadera.** Los individuos comparten información (Bradbury y Vehrencamp 2011), de modo que el emisor envía al receptor información sobre sus estados internos (ej., condición de salud), a través de **señales honestas** o indicadores confiables (véase Webster *et al.* 2018). La adecuación biológica del emisor y receptor se afectan positivamente al compartir información, lo que implica una "cooperación" entre los individuos (**Figura 6-2**). El costo de producción y mantención de las señales determinaría su honestidad, de modo que una señal requiere que el emisor invierta más energía que la que ganaría si la señal contuviera información engañosa, y entonces el engaño no sería ventajoso, favoreciéndose así las señales honestas. Más aun, habría una selección en contra del engaño ("blufeo"), ya que el receptor capaz de distinguir a un engañador tendría menos costos que aquellos sin dicha capacidad (Zahavi y Zahavi 1999). En especies con altos grados de sociabilidad se ha planteado la existencia de "costos sociales" de deshonestidad, lo que se traduce en un incremento en las agresiones dirigidas a emisores deshonestos, lo que favorecería la mantención de señales honestas (Webster *et al.* 2018).

Figura 6-2

Consecuencias (positivas, negativas o neutras) de la comunicación en la adecuación biológica del emisor y receptor. En la comunicación honesta, verdadera, las señales informan de las verdaderas condiciones o intenciones del emisor, mientras que en aquella manipulativa, el emisor "engaña" al receptor. Existen casos en que las señales enviadas por los emisores son "utilizadas" por individuos distintos a los receptores esperados (ej., depredadores utilizando las señales que sus presas usan en su comunicación), lo que podría afectar de forma negativa la adecuación biológica del emisor. En este caso, las señales pasan a ser una clave para un individuo que usufructúa de la información (fisgoneo). Finalmente, en la condición en que emisor y receptor se afectan en forma negativa, la interacción se ignora.

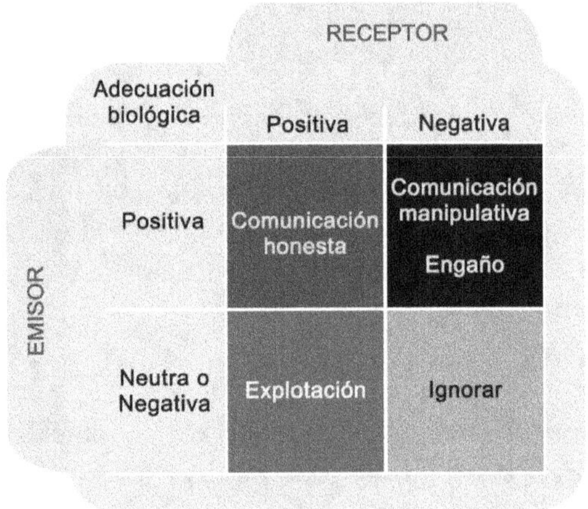

ii) Comunicación engañosa. En este caso, las señales ocultan las reales intenciones o estados motivacionales de los emisores, siendo "el fin último" de los emisores manipular la respuesta del receptor (Dawkins y Krebs 1978, Krebs y Dawkins 1984). Este tipo de comunicación se basa en la teoría del **gen egoísta**, la que plantea que los individuos serían "máquinas" propagadoras de genes. La presión de selección para el emisor es traspasar sus genes a través de "manipular" a otros, y la presión para el receptor es la de determinar las reales intenciones del emisor. Por lo tanto, la adecuación biológica del emisor y del receptor se afecta de forma positiva y negativa, respectivamente (Figura 6-2). Un ejemplo es el del drongo ahorquillado (*Dicrurus adsimilis*), un ave de África cuyos individuos emiten falsas llamadas de alarma que indican la presencia de un depredador. Esto ahuyenta a otras especies de aves y mamíferos cercanos que constituyen presas potenciales de los mismos depredadores, por lo que los parches de alimento quedan libres para los drongos (Flower *et al.* 2014). En este contexto, es esperable que los receptores incurran en altos costos debido a la manipulación por parte de los drongos, y por tanto, que evolucionen la capacidad para reconocer llamadas de alarma deshonestas, y así reducir la probabilidad de ser manipulados.

iii) **La situación indicada como explotación** (Figura 6-2), ocurre cuando los individuos usufructúan de la información emitida por otros organismos, como por ejemplo, un macho satélite que se aproxima al área donde existe un macho territorial (o residente) realizando despliegues dirigidos a atraer hembras. El macho satélite puede eventualmente aparearse, sin haber emitido señales, solo usufructuando aquellas de otro individuo. En este caso, el emisor se afecta negativamente y el receptor, "fisgoneador", se afecta en forma positiva (Figura 6-2). Finalmente, cuando emisor y receptor se ven afectados negativamente por la interacción, esta se ignora, no ocurre.

Moduladores de las señales

Existen tres factores externos importantes que modulan las características intrínsecas de las señales:

i) **Ambiente físico, o medio a través del cual viajan las señales hasta alcanzar al receptor.** Durante este proceso, las señales pueden degradarse, lo que afecta negativamente la correcta recepción de la información, de modo que la estructura física y climática del hábitat de las especies no solo determinan el tipo de canal sensorial usado, sino que además moldea las características de sus señales. Por ejemplo, un estudio comparado con 285 especies de aves furnáridas mostró una asociación entre las características del canto y las condiciones del hábitat utilizado por las aves. Específicamente, los cantos de especies de sitios abiertos (con poca vegetación arbórea), tienen más notas que aquellos de especies de hábitats cerrados (Derryberry *et al.* 2018), probablemente debido a la mayor degradación que afecta a las vocalizaciones en los hábitats cerrados.

ii) **Audiencia.** En este caso, las características de las señales están influenciadas por los receptores a los que las señales están dirigidas. Por ejemplo, los despliegues visuales de los machos del lagarto *Liolaemus pacha* varían en sus características en función de si existen o no machos en las proximidades (Vicente y Halloy 2015).

iii) **Otros emisores.** El número y distribución espacial de otros emisores en las proximidades, conespecíficos o **heterospecíficos**, también pueden afectar las características de las señales emitidas (ej., frecuencia, intensidad y duración). Por ejemplo, los machos del anuro *Batrachyla leptopus*, responden aumentando su tasa de vocalización cuando perciben señales de otros machos, conespecíficos o heterospecíficos (Penna y Toloza 2015).

¿Cómo evolucionan las señales?

Diversos estudios apoyan que la comunicación requiere de una co-evolución entre emisor y receptor, es decir, debe existir un acople entre las características de las señales enviadas por el emisor y las capacidades de los receptores de decodificar dichas señales (ej., Penna *et al.* 1983, Begall *et al.* 2004, Begall y Burda 2006, Lind *et al.* 2017). Sin embargo, también se han documentado casos en los que no ocurre este ajuste señal-receptor, como lo registrado en dos especies de anuros *Brachycephalus*; aun cuando los individuos de estas especies vocalizan, estos no tienen la capacidad de escuchar y por tanto de responder a las vocalizaciones de conespecíficos (Goutte *et al.* 2017). En general, es posible indicar que existe un continuo entre la existencia de un ajuste vs. no ajuste entre emisor-receptor. Así por ejemplo, en el anuro *Eupsophus roseus*, las sensibilidades auditivas de las hembras, pero no las de los machos, están asociadas estrechamente con las características de las vocalizaciones de los machos (Moreno-Gómez *et al.* 2013, 2015). Esta condición implica que machos y hembras están expuestos a distintas presiones de selección que moldean sus capacidades de detectar y procesar señales. Por lo tanto, los receptores pueden estar expuestos a diversas restricciones ambientales que limitan la localización de las señales, y la teoría de detección de señales intenta predecir las respuestas de los receptores en función de tales restricciones (Wiley 2006).

Surge la pregunta de cómo han evolucionado las señales, y por ende, cómo ha sido el proceso de co-evolución entre emisor y receptor. Se han planteado tres hipótesis para explicar esta evolución (Bradbury y Vehrencamp 2011). En dos de estas (véase i y ii a continuación) se plantea que esta co-evolución ha sido moldeada por las interacciones directas entre emisor y receptor, mientras que una tercera hipótesis (iii) destaca el rol del ambiente en el proceso evolutivo. En primer lugar, (i) la hipótesis de pre-adaptación del emisor, formulada durante el inicio del desarrollo de la Etología, plantea que el emisor determina la evolución de señales, las que se originan a partir de claves. El receptor utiliza la información contenida en las claves, lo que determinaría un proceso selectivo de refinamiento de estas, ya que las decisiones y respuestas por parte de los receptores se facilitan (Huxley 1923, Redondo 1994). Es decir, este proceso de **ritualización** (Huxley 1923) mejora la eficiencia en la entrega de la información de las claves, a través de una exageración de los rasgos portadores de información. En resumen, el receptor se beneficia del uso de las claves, lo que promueve una co-evolución entre emisor y receptor. Por ejemplo, la demarcación de un territorio con heces y/u orina habría evolucionado a partir de la capacidad de algunos individuos (receptores) de extraer información del emisor (ej., edad) de tales desechos (para una mayor discusión de la evolución de las claves, véase Maynard-Smith y Harper 2003).

Por otra parte, (ii) la hipótesis de pre-adaptación del receptor (sesgo en el receptor; explotación sensorial) ha sido desarrollada en el contexto de la evolución de caracteres involucrados en la selección sexual. Esta hipótesis propone que los receptores tienen preferencias latentes que pueden ser "explotadas" de una forma manipulativa por los emisores, lo que favorecería la evolución de señales nuevas (Ryan 1990, Grether 2010). Por ejemplo, la evolución de una cola con una prolongación (i.e., espada) en los machos de algunos peces Poecilidos sería producto de la selección por parte de hembras que tienen preferencias "latentes" por machos con dichas prolongaciones. Esta propuesta se basa en que las hembras de especies filogenéticamente basales, cuyos machos carecen de dicha estructura, presentan preferencias por machos con prolongaciones (Basolo 1995, pero véase Rosenthal y Evans 1998).

Finalmente, (iii) la hipótesis de impulso o manejo sensorial ("sensory drive") plantea que las características ambientales afectan la trayectoria evolutiva tanto de las señales como de la recepción (Endler 1992). Estudios en diversos taxa avalan la existencia de estrechas asociaciones entre las características del ambiente y las de las señales. Estas últimas tenderían a optimizar su propagación en tales condiciones (véase Cummings y Endler 2018, Gunderson *et al.* 2018).

Canal o modo de comunicación y sus señales

Desde un punto de vista mecanicista, las señales son perturbaciones físico-químicas en el ambiente, y por lo tanto, modificaciones del entorno basal de fondo de una modalidad de energía (Greenfield 2002). La naturaleza de estas perturbaciones determina la vía por la cual son transmitidas. El conjunto de las propiedades de las señales y las características receptivas de los órganos sensoriales de dichas señales determinan lo que representa el canal o modo de comunicación. Los organismos poseen diversos órganos sensoriales, pero solo una parte de ellos está directamente involucrada en la comunicación. Por ejemplo, diversas especies migratorias (ej., aves y tortugas marinas) tienen sensores de campos magnéticos que ayudan a la orientación durante estos desplazamientos (Lohmann 1991, Lohmann *et al.* 2004, Merrill y Salmon 2011, Heyers *et al.* 2017). Sin embargo, no existen emisores de "señales magnéticas", y por tanto, no existe una "comunicación magnética". A continuación se describen las principales características de las señales emitidas por los distintos canales de comunicación (Tabla 6-1).

Tabla 6-1

Propiedades generales de las señales de los distintos canales de comunicación (modificado de Goodenough *et al.* 2009).

Propiedades	Canal de comunicación				
	Visual	Acústico	Químico	Táctil	Eléctrico
Distancia efectiva	Media	Larga	Larga	Corta	Corta
Localización	Alta	Medio	Variable	Alta	Alta
Habilidad para sortear obstáculos	Pobre	Buena	Buena	Pobre	Buena
Rapidez de intercambio	Rápida	Rápida	Lenta	Rápida	Rápida
Complejidad	Alta	Alta	Alta	Media	Baja
Durabilidad	Variable	Baja	Alta	Baja	Baja
Costo energético	Media	Alta	Baja	Baja	Media

Tipo de señales

Señales visuales

Estas señales incluyen movimientos o exhibiciones de zonas o estructuras del cuerpo que pueden tener variaciones en coloración, forma y/o tamaño. Las principales ventajas de estas señales son la rápida transmisión (i.e., velocidad de la luz) y su fácil localización cuando no hay obstáculos (ej., vegetación) entre emisor y receptor (Bradbury y Vehrencamp 2011). Estas señales requieren de luz en un espectro de longitudes de onda que permita a los organismos recepcionar estas señales. Sin embargo, algunas especies de ambientes con baja o nula luminosidad han evolucionado la capacidad de producir luz, o **bioluminiscencia**. Esta capacidad está presente en diversas especies marinas, desde bacterias a peces (Haddock *et al.* 2010), pero también en algunas especies terrestres, como en ciertos artrópodos (Branham y Wenzel 2001, Oba *et al.* 2011).

Señales mecánicas

Señales producidas a partir de una perturbación mecánica del ambiente que se transmite a través de un medio. Cuando el medio es un fluido (líquido o gaseoso), se habla de señales acústicas (Bradbury y Vehrencamp 2011), mientras que cuando el medio es sólido, se habla de vibraciones o señales sísmicas (Hill 2001). La delimitación entre señales acústicas y sísmicas no siempre es clara, y eventualmente ambas pueden ser detectadas por los mismos mecanoreceptores (Bradbury y Vehrencamp 2011). De hecho, algunos autores se refieren al conjunto de estas dos como señales **vibroacústicas**, particularmente en el caso de los insectos (Hunt y Richard 2013).

Señales mecánicas. I. Acústicas

La señal corresponde a una onda de presión producida por una estructura vibratoria especializada (ej., siringe, laringe, órgano estridulador), o por el uso de elementos del ambiente (ej., golpes a sustratos). La clasificación de estas señales se basa en los límites de frecuencias audibles para humanos, los que van aproximadamente entre los 20 Hz a 20 kHz, un rango donde hablamos de sonido. La producción de frecuencias más bajas que 20Hz, i.e., infrasonido, ha sido reportada en algunas aves y mamíferos (Narins *et al.* 2016), mientras que la producción de ondas con frecuencias más altas que 20KHz o ultrasonido, ha sido registrada en diversos taxa como anfibios, así también como en aves y mamíferos (Narins *et al.* 2016, Dempster 2018).

Las señales acústicas se transmiten más lento que las visuales, pero tienen la ventaja de no requerir luz para ser detectadas. Su transmisión está fuertemente afectada por las características físicas del hábitat. Así por ejemplo, aves de hábitats abiertos (con pocos obstáculos) concentran su actividad vocal al amanecer, cuando existe baja turbulencia de aire, por lo que las señales pueden alcanzar a los receptores con bajo riesgo de que estas se degraden debido al condiciones ambientales. En un hábitat cerrado, la vegetación provee protección contra el viento, por lo que son menores los riesgos de degradación de señales acústicas por turbulencias (Wiley y Richards 1982, Brown y Handford 2002). Por otra parte, la distancia a la cual las señales son transmitidas afecta la frecuencia de las señales; las señales de baja frecuencia se degradan menos que las de alta frecuencia, alcanzando mayores distancias. Esto explica, por ejemplo, que especies de ballenas solitarias, se comuniquen con señales de más baja frecuencia que las especies sociales, donde en este último caso, los individuos están más próximos (Pye y Langbauer 1998).

Señales mecánicas. II. Sísmicas

El uso de vibraciones en el sustrato (ej., suelo, piedras, hojas, ramas) ha sido documentado en varios taxa (ej., insectos, anfibios, mamíferos; Hill 2009, Randall 2014). Por ejemplo, los individuos de la termita *Mastotermes darwiniensis* golpean sus cabezas contra las paredes del nido cuando requieren alarmar a la colonia de peligro, como la presencia de un depredador (Delattre *et al.* 2015).

Señales químicas

Señales propias de la modalidad sensorial evolutivamente más ancestral y compartida por todo el reino animal (Wyatt 2014). Las sustancias químicas involucradas en la comunicación intraespecífica se denominan **feromonas** (véase **semioquímico**), las que tienen una gran diversidad en cuanto a estructura y complejidad molecular. Las feromonas pueden viajar grandes distancias, particularmente cuando intervienen corrientes de aire o agua. Esta distancia de viaje es afectada por el tamaño de las moléculas involucradas, donde moléculas pequeñas alcanzan mayores distancias que las de mayor tamaño debido a su mayor volatilidad (Wyatt 2014). Por otro lado, las moléculas de mayor tamaño perduran por más tiempo en el ambiente, por lo que, por ejemplo, están involucradas en el marcaje de territorio (Alberts 1992).

Señales táctiles (recepción tigmotáctica)

La funcionalidad de estas señales requiere del contacto físico entre emisor y receptor, por lo que cualquier barrera física que impida este contacto imposibilita la comunicación. Este tipo de comunicación puede jugar un rol importante en las interacciones sociales de los animales y ha sido reportada en diversos taxa como insectos (ej., hormigas, Möglich *et al.* 1974), y mamíferos (ej., elefantes, Yasui y Idani 2017).

Señales eléctricas

Diversas especies acuáticas y semi-acuáticas perciben variaciones en los campos eléctricos producidos por otros organismos, lo cual les permite, por ejemplo, localizar presas. Existen dos grupos de peces de agua dulce, de África y sur y centro América (pero no en Chile), que evolucionaron independientemente la capacidad de producir electricidad. El campo eléctrico es producido en forma instantánea, y su señal se pierde apenas cesa su producción. La señal irradia desde el emisor, y las perturbaciones producidas por elementos del entorno permiten además a los individuos "visualizar" su ambiente (Bullock *et al.* 2006).

Señales infrarrojas

Dos grupos de ofidios, crótalos y boidos (presentes en algunos países de Sudamérica pero no en Chile), han evolucionado la capacidad de detectar infrarrojo o calor a través de sensores ubicados alrededor del hocico (Goris 2011), lo que les permite localizar a sus presas en la oscuridad (Schraft *et al.* 2018), funcionando como "ojos" estimulados por calor en lugar de reacciones fotoquímicas (Goris 2011). Estos sensores no han sido involucrados en comunicación, salvo por los registros en roedores como las ardillas, una de las presas de estos ofidios, que redistribuyen el calor corporal en presencia de estos depredadores. Este cambio representa una estrategia **antidepredador**, ya que determina una reducción de los ataques por ofidios (Rundus *et al.* 2007).

La gran diversidad de interacciones entre los organismos, tanto a nivel intra como interespecífico, es un indicador de la multiplicidad de funciones que pueden tener las señales (ej., reconocimiento individual, cortejo, Greenfield 2002, Searcy y Nowicki 2005), y esta breve descripción de los canales de comunicación ilustra la variabilidad en la naturaleza de las señales. Más aun, dentro de cada modalidad las especies solo usan un rango relativamente reducido del espectro de posibilidades (ej., ciertas frecuencias, longitudes de onda, tipos de compuestos químicos, colores, intensidades de colores). Esta segregación permite, entre otras, que especies simpátricas que usan los mismos canales de comunicación, no se interfieran.

Comunicación multicomponente y multisensorial

Un nivel adicional de complejidad en el proceso comunicativo, es el que ocurre cuando los emisores producen diversas señales simultáneamente, por lo que el receptor debe captar y procesar más de una señal a la vez. Si las señales son de la misma modalidad sensorial, se habla de **comunicación multicomponente**, y cuando estas son de dos o más modalidades sensoriales, se habla de **comunicación multimodal o multisensorial** (Bro-Jørgensen 2010). Existe una extensa literatura que intenta resolver diversas interrogantes asociadas a la comunicación por señales múltiples, incluyendo la determinación de sus ventajas adaptativas (Rowe y Guilford 1999, Candolin 2003), las interacciones entre distintas señales (Partan y Marler 1999, Hebets y Papaj 2005, Partan y Marler 2005, Bro-Jørgensen 2010), los beneficios para los receptores (Rubi y Stephens 2016), y el papel que juegan en la evolución del uso de múltiples señales el ruido (Partan 2017), o los receptores (Rowe 1999).

ESTUDIOS DE LA COMUNICACIÓN Y USO DE SEÑALES EN ESPECIES NATIVAS

En esta sección analizo y resumo los distintos aspectos estudiados sobre la comunicación que han sido examinados en especies nativas de Chile. En la sección final discuto algunos potenciales modelos de trabajo, pues el estudio de tales especies podría contribuir o expandir aspectos del marco teórico vigente en relación a la comunicación animal (Labra *et al.* Capítulo 2). Durante esta revisión opté por destacar estudios realizados en las regiones donde las especies se distribuyen naturalmente. Solo en algunas pocas ocasiones abordo información de estudios realizados en regiones donde la especie no existe y es mantenida en cautividad (ej., laboratorios, zoológicos), ya que la información producida puede ser relevante para la comprensión de algún aspecto particular.

Se analizaron 559 estudios que abarcaron 211 especies nativas (Tabla 6-2), los cuales examinan distintos aspectos de la comunicación animal, incluyéndose la descripción y función de las señales, aspectos de la morfo-fisiología de los órganos de recepción y de los centros nerviosos superiores, además de aspectos evolutivos asociados a la comunicación. Cabe destacar que la cantidad de especies estudiadas desde la perspectiva de la comunicación es menos del 50% del total de especies para las cuales existen antecedentes de su conducta (Labra *et al.* Capítulo 2). El canal más estudiado ha sido el acústico (79,5%), seguido por el químico (12%). El 92% de los estudios se centran en vertebrados, y dentro de estos, la distribución de los estudios es: anfibios (10%), reptiles (10%), aves (14%) y mamíferos (65%). El desbalance en cuanto a la modalidad sensorial y taxonómica es causado por la gran cantidad de estudios en los cuales se reportan las vocalizaciones de distintas especies de cetáceos. No existen estudios en peces, lo cual es sorprendente considerando que Chile tiene más de 1500 especies de peces en su borde costero (Reyes y Hünem 2012), a lo que se suman otras 45 especies de peces dulceacuícolas (Habit *et al.* 2006). No se descarta, sin embargo, que existan reportes anecdóticos como el encontrado en el Mixiniforme, *Myxine glutinosa,* para el que se indica que tiene tentáculos táctiles, y que se trata de organismos prácticamente ciegos (De Buen 1961). Por otra parte, en el caso de los invertebrados, los estudios se han centrado en insectos (94%), y el resto, solo tres publicaciones, una en moluscos y dos en crustáceos.

Aun cuando se realizó un esfuerzo por incluir la totalidad de los estudios que han abordado especies nativas, es probable que exista una subestimación de los trabajos realizados en taxa de amplia distribución geográfica (ej., cetáceos, algunas aves), entre otras, debido a que no todos los estudios están disponibles en internet, o están en idiomas distintos de los incluidos en ésta búsqueda, i.e., inglés y español (Labra *et al.* Capítulo 2). Por otra parte, en el caso específico de los mamíferos marinos de amplia distribución, particularmente en cetáceos, no fue posible compilar la extensa literatura disponible en diversos estudios científicos. Es claro que las especies de amplia distribución constituyen *per se* interesantes modelos de estudio, ya que permiten examinar a macro escala cómo las variaciones ambientales modulan el proceso de comunicación, las señales involucradas y las capacidades de recepción de las señales involucradas. Esto representa información relevante para entender la evolución de la comunicación y el acople señal-recepción (ej.,

Tabla 6-2

Especies nativas para las cuales existe información sobre uno o más aspectos de su comunicación.

La tabla presenta la información separada por cada taxón y separado por modalidad de comunicación. Esta presentación tiene por finalidad que el lector pueda apreciar qué especies han sido estudiadas y qué temáticas dentro de la comunicación han sido abordadas con tales especies. Los estudios se han dividido siguiendo las cuatro preguntas propuestas por Niko Tinbergen: 1) desarrollo: Los cambios que experimenta la comunicación. 2) Función: Analiza las consecuencias de la comunicación o sus señales en distintos contextos ambientales (ecológicos y sociales). 3) Mecanismos: Análisis de las variables internas (genéticas, neurológicas, fisiológicas, morfológicas) que modulan los aspectos de la comunicación. 4) Evolución: Estudios que apuntan a entender cómo han evolucionado los aspectos de la comunicación en estudio. Además de estas categorías, he incluido. 5) Descripción: Se refiere a la descripción de las señales involucradas, así como a su ocurrencia (ej., presencia en época reproductiva). 6) Recepción: Se refiere a los estudios dedicados a determinar los rangos de percepción de las señales a nivel de receptores o de regiones del sistema nervioso central que procesen dicha información, así como la morfología de estas estructuras lo cual permite hacer inferencias sobre la comunicación. 7) Metodología: estudios centrados en determinar métodos para registrar señales. 8) Perturbación: En esta categoría se incluyeron los estudios tendientes a determinar las consecuencias de las perturbaciones antrópicas en la comunicación animal. Si bien los estudios podrían ser incluidos en otras categorías, parece relevante dejar constancia de que se investiga en relación a este tema candente.

| Grupo Taxonómico | | Especie | Nombre Común | Enfoque/Canal | Referencia |
Principal	Secundario				
Invertebrados	Moluscos	*Concholepas concholepas*	Loco	Química	
				Función	(1)
	Artrópodos-Crustáceos	*Ovalipes trimaculatus*	Cangrejo nadador	Acústica	
				Descripción/Función	(2)
		Rhynchocinetes typus	Camarón de roca	Química y Visual	
				Función	(3)
	Artrópodos-Insectos	*Aegorhinus superciliosus*	Cabrito del frambueso	Química	
				Recepción/Función	(4)
				Función	(5)
		Brachymyrmex giardi		Función	(6, 7)
		Callisphyris macropus	Sierra del manzano	Descripción	(8, 9)
		Camponotus chilensis	Hormigón dorado	Función	(6, 10-15)
		Camponotus morosus	Hormigón negro o mora	Función	(14, 16, 17)
		Chilecomadia valdiviana	Gusano del palto	Descripción	(18)
		Dorymyrmex goetschi		Función	(19)

Grupo Taxonómico		Especie	Nombre Común	Enfoque/Canal	Referencia
Principal	Secundario				
Invertebrados	Artrópodos-Insectos	Drosophila gasici		Múltiple	
				Función	(20)
		Drosophila pavani		Función	(21, 20)
				Química	
				Función	(22-24)
		Euspinolia chilensis		Acústica	
				Descripción	(25)
		Euspinolia militaris		Descripción	(25)
		Hylamorpha elegans	Pololo verde	Química	
				Función	(26)
		Manuelia postica	Manuelita de poto colorado	Función	(27, 28)
		Mepraia spinolai		Acústica	
				Descripción	(29)
		Neotermes chilensis	Termita chilena	Química	
				Función	(30-32)
		Pogonomyrmex vermiculatus		Función	(33, 34)
		Porotermes quadricollis	Trintraro	Función	(35)
		Protandrena evansi		Función	(36)
				Acústica	
		Reedomutilla gayi		Descripción	(25)
		Rhagoletis brncici		Química	
				Función	(37)
		Rhagoletis conversa		Función	(37)
		Rhagoletis tomatis		Función	(38)
		Solenopsis gayi		Función	(7, 10, 15)
		Triatoma infestans	Vinchuca picuda	Múltiple	
				Función	(39)
				Química	
				Descripción/Función	(40, 41)
				Función	(42-45)
				Acústica	
				Función	(46, 47)

Grupo Taxonómico		Especie	Nombre Común	Enfoque/Canal	Referencia
Principal	Secundario				
	Peces	*Myxine glutinosa*		Táctil	
				Descripción	(48)
		Alsodes nodosus	Sapo Popeye	Acústica	
				Descripción/Recepción	(49)
		Alsodes tumultuosus	Sapo de pecho espinoso de La Parva	Descripción/Recepción	(49)
		Batrachyla antartandica	Rana jaspeada	Descripción/Función	(50)
				Función	(51, 52)
				Recepción	(53)
				Descripción	(54, 55)
		Batrachyla leptopus	Rana moteada	Descripción/Función	(50)
				Función	(56)
		Batrachyla taeniata	Ranita de antifaz	Descripción	(54)
				Descripción/Función	(50)
				Función	(52, 57, 58)
				Mecanismo	(59, 60)
Vertebrados	Anuros	*Calyptocephalella gayi*	Rana chilena	Descripción	(54, 61)
				Función	(62)
		Eupsophus calcaratus	Rana de hojarasca austral	Función	(63-70)
				Recepción	(71)
				Descripción	(72, 73)
		Eupsophus altor	Rana de hojarasca de Oncol	Descripción	(74)
		Eupsophus emiliopugini	Rana de hojarasca de párpados verdes	Función	(63, 64, 69, 70, 75-81)
		Eupsophus migueli	Sapo de Miguel	Descripción	(54, 73)
		Eupsophus queulensis	Rana de hojarasca de Los Queules	Descripción	(82)
		Eupsophus roseus	Rana de hojarasca rosácea	Descripción	(54, 72, 83)
				Función	(84)
				Recepción	(85)
		Eupsophus vertebralis	Rana de hojarasca grande	Descripción	(54)
		Eupsophus vittatus	Sapo terrestre de Valdivia	Descripción	(83)
		Hylorina sylvatica	Sapo esmeralda de la selva	Descripción	(54, 55)
		Pleurodema bufonina	Sapo de cuatro ojos del sur	Descripción	(86)
				Función	(87)

| Grupo Taxonómico | | Especie | Nombre Común | Enfoque/Canal | Referencia |
Principal	Secundario				
Vertebrados	Anuros	Pleurodema thaul	Sapito de cuatro ojos	Descripción	(54, 55, 86)
				Función	(88-92)
				Recepción	(81, 93)
				Química	
				Función	(94)
				Visual	
				Descripción	(95)
				Acústica	
		Rhinella arunco	Sapo de rulo	Descripción	(96)
				Recepción	(97, 98)
		Rhinella atacamensis	Sapo atacameño	Descripción	(96)
		Rhinella spinullosa	Sapo espinoso	Descripción	(96)
				Recepción	(98)
				Desarrollo	(99)
				Sísmica	
				Descripción	(100)
				Acústica	
		Rhinoderma rufum	Sapito vaquero	Descripción	(54, 101)
		Rhinoderma darwinii	Ranita de Darwin	Visual	
				Descripción	(102, 103)
				Acústica	
				Descripción	(54)
		Telmatobius halli	Rana de Hall	Descripción	(104)
		Telmatobius marmoratus	Rana acuática jaspeada	Descripción	(104)
		Telmatobius pefauri	Rana de Péfaur	Descripción	(104)
		Telmatobius peruvianus	Rana peruana	Descripción	(104)
		Telmatobius zapahuirensis	Rana de Zapahuira	Descripción	(104)
	Reptiles	Caretta caretta	Tortuga boba	Acústica	
				Recepción	(105-107)
				Desarrollo	(108)
				Múltiple	
				Función	(109)
				Química	
				Recepción	(110)
				Visual	
				Recepción	(111-115)

Grupo Taxonómico		Especie	Nombre Común	Enfoque/Canal	Referencia
Principal	Secundario				
Vertebrados	Reptiles	*Chelonia mydas*	Tortuga verde	Acústica	
				Descripción	(116)
				Recepción	(117, 118)
				Múltiple	
				Función	(109)
				Química	
				Recepción	(119)
				Visual	
				Recepción	(120-123)
		Dermochelys coriacea	Tortuga laúd	Acústica	
				Descripción	(124, 125)
				Visual	
				Perturbación	(126)
		Lepidochelys olivacea	Tortuga olivacea	Acústica	
				Descripción	(127)
		Liolaemus alticolor	Lagartija rayada nortina	Química	
				Descripción	(128)
				Evolución	(129)
		Liolaemus andinus	Lagartija andina	Evolución	(129)
		Liolaemus araucanesis	Lagartija de la Araucania	Evolución	(129)
		Liolaemus atacamensis	Lagartija de Atacama	Evolución	(129)
		Liolaemus bellii	Lagartija de Bell	Función	(130, 131)
				Descripción	(128)
				Evolución	(129)
		Liolaemus bibronii	Lagartija patagónica de Bibron	Evolución	(129)
				Visual	
				Evolución	(132)
		Liolaemus buergeri	Lagarto de Bürger	Química	
				Evolución	(129)
		Liolaemus ceii	Lagartija de Cei	Función	(133, 134)
				Evolución	(129)
				Visual	
				Descripción	(133)

Grupo Taxonómico		Especie	Nombre Común	Enfoque/Canal	Referencia
Principal	Secundario				
		Liolaemus chiliensis	Lagarto llorón	Acústica	
				Descripción	(135, 136)
				Función	(137, 138)
				Acústica y Química	
				Función	(134)
				Química	
				Descripción	(128)
				Evolución	(129)
				Función	(139)
		Liolaemus chillanensis	Lagarto de Chillán	Evolución	(129)
				Química y Visual	
		Liolaemus coeruleus	Lagartija celeste	Descripción	(140)
				Química	
				Función	(134)
		Liolaemus constanzae	Lagarto de Constanza	Descripción	(128)
				Evolución	(129)
		Liolaemus curicensis	Lagartija de Curicó	Evolución	(129)
Vertebrados	Reptiles	*Liolaemus curis*	Lagarto negro	Evolución	(129)
		Liolaemus cyanogaster	Lagartija de vientre azul	Evolución	(129)
		Liolaemus elongatus	Lagarto alargado	Evolución	(129)
				Visual	
				Descripción	(141)
				Evolución	(132)
		Liolaemus erguetae	Lagartija de Ergueta	Química	
				Evolución	(129)
		Liolaemus escarchadosi	Lagarto de Los Escarchados	Evolución	(129)
		Liolaemus fabiani	Lagarto de Fabian	Descripción	(128)
				Evolución	(129)
		Liolaemus fitzgeraldi	Lagarto de Fitzgerald	Descripción	(128)
				Evolución	(129)
				Función	(142)
		Liolaemus foxi	Lagartija de Fox	Evolución	(129)
		Liolaemus fuscus	Lagarto oscuro	Descripción	(128)
				Evolución	(129)

Grupo Taxonómico		Especie	Nombre Común	Enfoque/Canal	Referencia
Principal	Secundario				
Vertebrados	Reptiles	*Liolaemus gravenhorstii*	Lagartija de Gravenhorst	Evolución	(129)
		Liolaemus hajeki	Lagartija de Hajek	Evolución	(129)
		Liolaemus hellmichi	Lagartija de Hellmich	Descripción	(128)
		Liolaemus hermannunezi	Lagartija de Herman Núñez	Evolución	(129)
		Liolaemus isabelae	Lagarto de Isabel	Evolución	(129)
		Liolaemus jamesi	Lagarto de James	Descripción	(128)
				Evolución	(129)
				Función	(143)
		Liolaemus kriegi	Lagarto de Krieg	Evolución	(129)
		Liolaemus lemniscatus	Lagartija lemniscata	Descripción	(128)
				Evolución	(129)
				Función	(144)
				Visual	
				Función	(145)
		Liolaemus leopardinus	Lagarto leopardo	Química	
				Evolución	(129)
		Liolaemus lorenzmuelleri	Lagarto de Lorenz Müller	Evolución	(129)
		Liolaemus maldonae	Lagartija de Maldonado	Evolución	(129)
		Liolaemus melaniceps	Lagarto de Isla Chungungo	Evolución	(129)
		Liolaemus monticola	Lagartija de los montes	Descripción	(128)
				Función	(146)
				Evolución	(129)
				Visual	
				Descripción	(141)
				Evolución	(132)
		Liolaemus moradoensis	Lagartija de El Morado	Química	
				Evolución	(129)
		Liolaemus multicolor	Lagartija multicolor	Evolución	(129)
		Liolaemus nigriceps	Lagarto de cabeza negra	Evolución	(129)
		Liolaemus nigromaculatus	Lagartija de mancha negra	Descripción	(128)
				Evolución	(129)

Grupo Taxonómico		Especie	Nombre Común	Enfoque/Canal	Referencia
Principal	Secundario				
Vertebrados	Reptiles	*Liolaemus nigroviridis*	Lagartija negro verdosa	Descripción	(128)
				Evolución	(129)
				Recepción	(147)
		Liolaemus nitidus	Lagarto nítido	Descripción	(128)
				Evolución	(129)
				Función	(148)
		Liolaemus ornatus	Lagarto ornamentado	Descripción	(128)
				Evolución	(129)
		Liolaemus pantherinus	Lagartija pantera	Evolución	(129)
		Liolaemus patriciaiturrae	Lagarto de Patricia Iturra	Evolución	(129)
		Liolaemus paulinae	Lagartija de Paulina	Evolución	(129)
		Liolaemus pictus	Lagartija manchada	Evolución	(129)
				Función	(144)
				Visual	
				Descripción	(141)
				Evolución	(132)
		Liolaemus platei	Lagartija de Plate	Química	
				Descripción	(128)
				Evolución	(129)
		Liolaemus pleopholis	Lagartija de Parinacota	Evolución	(129)
		Liolaemus pseudolemniscatus	Lagartija falsa lemniscata	Evolución	(129)
		Liolaemus puna	Lagartija de la Puna	Evolución	(129)
		Liolaemus puritamensis	Lagartija de Purtitama	Descripción	(129)
				Evolución	(129)
		Liolaemus ramomensis	Lagarto leopardo del Ramón	Evolución	(129)
		Liolaemus robertoi	Lagarto de Roberto	Evolución	(129)
		Liolaemus rosenmanni	Lagarto de Rosenmann	Descripción	(128)
				Evolución	(129)
		Liolaemus sarmientoi	Lagartija patagónica de Sarmiento	Visual	
				Función	(149)
				Química	
				Evolución	(129)
		Liolaemus schroederi	Lagartija de Schröeder	Evolución	(129)

| Grupo Taxonómico | | Especie | Nombre Común | Enfoque/Canal | Referencia |
Principal	Secundario				
Vertebrados	Reptiles	*Liolaemus scolaroi*	Lagartija de Scolaro	Evolución	(129)
		Liolaemus signifer	Lagarto rubricado	Evolución	(129)
		Liolaemus silvai	Lagartija de Silva	Evolución	(129)
		Liolaemus stolzmanni	Lagartija de Stolzmann	Evolución	(129)
		Liolaemus tenuis	Lagartija esbelta	Descripción	(128)
		Liolaemus valdesianus	Lagarto de Lo Valdés	Evolución	(129)
				Función	(150-152)
				Visual	
				Función	(153)
				Química	
				Evolución	(129)
		Liolaemus velosoi	Lagartija de Veloso	Evolución	(129)
		Liolaemus zapallarensis	Lagarto de Zapallar	Evolución	(129)
		Phymaturus vociferator	Matuasto vociferador	Visual	
				Descripción	(154)
		Pristidactylus volcanensis	Gruñidor del volcan	Acústica	
				Descripción	(155)
	Aves	*Aphrastura masafuerae*	Rayadito de masafuera	Descripción	(156)
		Aphrastura spinicauda	Rayadito	Función	(157)
		Aptenodytes forsteri	Pingüino emperador	Descripción	(158)
		Aptenodytes patagonicus	Pingüino rey	Función	(159-161)
		Athene cunicularia	Pequén	Función	(162)
				Metodología	(163)
		Cistothorus platensis	Chercán de las vegas	Desarrollo	(164-166)
		Eudyptes chrysolophus	Pingüino macaroni	Función	(167)
		Eudyptula minor	Pingüino enano	Función	(168, 169)
				Descripción/Función	(170)
		Eulidia yarrellii	Picaflor de Arica	Descripción/Función	(171)
		Glaucidium nanum	Chuncho	Descripción	(172)
		Hirundo rustica	Golondrina bermeja	Descripción	(173)
				Función	(174-176)
		Larosterna inca	Gaviotín monja	Función	(177)
		Nycticorax nycticorax	Huairavo	Función	(178)

Grupo Taxonómico		Especie	Nombre Común	Enfoque/Canal	Referencia
Principal	Secundario				
Vertebrados	Aves	*Oceanites oceanicus*	Golondrina de mar	Descripción/Función	(179, 180)
				Química	
				Función	(181)
		Phalaropus fulicarius	Pollito de mar rojizo	Acústica	
				Función	(182)
		Phalaropus lobatus	Pollito de mar boreal	Función	(182)
		Podiceps major	Huala	Acústica y Visual	
				Descripción	(183)
		Procellaria aequinoctialis	Fardela negra grande	Acústica	
				Función	(184)
		Procellaria cinerea	Fardela gris	Función	(184)
		Pygoscelis adeliae	Pingüino de Adelia	Función	(185)
		Pygoscelis antarctica	Pingüino Antártico	Función	(185)
		Pygoscelis papua	Pingüino papúa	Función	(185, 186)
		Pygochelidon cyanoleuca	Golondrina de dorso negro	Descripción	(187)
		Riparia riparia	Golondrina barranquera	Función	(188)
		Scytalopus magellanicus	Churrín del sur	Descripción/Función	(189)
		Spheniscus magellanicus	Pingüino de Magallanes	Función	(190)
		Strix rufipes	Concon	Descripción	(172)
		Tachycineta leucopyga	Golondrina	Descripción	(191)
		Thaumastura cora	Picaflor de Cora	Descripción/Función	(171)
		Troglodytes aedon	Chercán	Descripción	(192, 193)
				Descripción/Función	(194)
				Función	(195-199)
		Turdus amaurochalinus	Zorzal argentino	Descripción	(200)
		Turdus chiguanco	Zorzal negro	Descripción	(200)
		Turdus falcklandii	Zorzal	Descripción	(200)
		Tyto alba	Lechuza blanca	Función	(201-208)
				Descripción	(172)
		Zonotrichia capensis	Chincol	Función	(209-218)
				Descripción	(219-225)
				Descripción/Función	(226)

Grupo Taxonómico		Especie	Nombre Común	Enfoque/Canal	Referencia
Principal	Secundario				
Vertebrados	Mamíferos	*Amorphochilus schnablii*	Murciélago de Schnabe	Descripción	(227)
		Arctocephalus australis	Lobo fino austral	Descripción	(228, 229)
				Función	(230)
		Arctocephalus gazella	Lobo marino antártico	Descripción	(231, 232)
				Función	(233-235)
		Arctocephalus tropicalis	León marino subantártico	Descripción	(231, 232)
				Función	(231, 233, 236-242)
		Balaenoptera bonaerensis	Rorcual austral	Descripción	(243)
		Balaenoptera borealis	Ballena sei	Descripción Función	(244, 245) (246)
		Balaenoptera edeni	Ballena de Bryde	Descripción	(247, 248)
		Balaenoptera musculus	Ballena azul	Función	(249, 250)
				Metodología	(251)
				Descripción	(252-284)
				Descripción/Función	(285-287)
				Metodología	(288, 289)
				Perturbación	(290-294)
				Química	
				Recepción	(295)
		Balaenoptera physalus	Ballena fin	Acústica	
				Descripción	(269, 270, 278-280, 296-298)
				Descripción/Función	(285, 287)
				Función	(299, 300)
				Perturbación	(294, 301)
				Recepción	(302)
				Metodología	(289)
				Química	
				Recepción	(295)
		Caperea marginata	Ballena franca pigmea	Acústica	
				Descripción	(303, 304)
		Cephalorhynchus commersonii	Tonina overa	Descripción	(303, 305-309)
		Chaetophractus vellerosus	Quirquincho de la puna	Descripción	(310)

Grupo Taxonómico		Especie	Nombre Común	Enfoque/Canal	Referencia
Principal	Secundario				
Vertebrados	Mamíferos	*Chinchilla lanigera*	Chinchilla chilena	Descripción	(311)
				Recepción	(312-321)
				Multimodal	
				Recepción	(322)
		Ctenomys magellanicus	Tuco-tuco de Magallanes	Visual	
				Recepción	(323)
		Desmodus rotundus	Piuchén	Acústica	
				Descripción	(324-328)
				Función	(329, 330)
				Recepción	(331-333)
				Descripción/Función	(334)
				Táctil	
				Función	(335)
				Visual	
				Recepción	(336)
		Dromiciops gliroides	Monito del monte	Multimodal	
				Descripción	(337)
		Eubalaena australis	Ballena franca del sur	Acústica	
				Función	(338)
				Descripción	(339-341)
				Perturbación	(342)
		Eubalaena glacialis	Ballena franca glacial	Función	(343)
		Gardnerycteris crenulatum	Murciélago rayado de nariz peluda	Recepción	(344)
		Globicephala macrorynchus	Calderón de aleta corta	Descripción	(345-347)
				Descripción/Función	(348)
		Globicephala melas	Calderón de aleta larga	Descripción	(346, 349-351)
				Descripción/Función	(352)
				Función	(353-355)
				Metodología	(356)
				Recepción	(357)
				Perturbación	(358)
		Grampus griseus	Calderón gris	Descripción	(346)
				Descripción/Función	(359, 360)
				Recepción	(361-363)

Grupo Taxonómico		Especie	Nombre Común	Enfoque/Canal	Referencia
Principal	Secundario				
Vertebrados	Mamíferos	*Histiotus laephotis*	Murciélago orejudo de Thomas	Descripción	(364)
		Histiotus montanus	Murciélago orejudo menor	Descripción	(364, 365)
		Hydrurga leptonyx	Foca leopardo	Función	(366)
		Lagenorhynchus albirostris	Delfín de hocico blanco	Descripción	(346)
		Lagenorhynchus australis	Delfín austral	Descripción	(306)
		Lasiurus cinereus	Murciélago ceniciento	Descripción/Función	(367-369)
				Función	(370)
		Lasiurus varius	Murciélago colorado del sur	Descripción	(365)
				Función	(371, 372)
		Lobodon carcinophagus	Foca cangrejera	Función	(366)
		Megaptera novaeangliae	Ballena jorobada	Descripción	(278, 279, 373-383)
				Descripción/Función	(287, 384, 385)
				Función	(386-397)
				Perturbación	(280, 398)
				Química	
				Recepción	(295)
				Visual	
				Descripción	(399)
		Mesoplodon densirostris	Ballena de pico de Blainville	Acústica	
				Descripción/Función	(400, 401)
		Mirounga leonina	Elefante marino del sur	Desarrollo	(402-404)
				Descripción	(405-407)
				Función	(366, 408, 409)
				Mecanismo	(410)
		Myotis atacamensis	Murciélago de Atacama	Descripción	(411)
		Myotis chiloensis	Murciélago oreja de ratón del sur	Descripción	(365, 412)
		Octodon bridgesi	Degu de Bridges	Visual	
				Recepción	(413)

| Grupo Taxonómico | | Especie | Nombre Común | Enfoque/Canal | Referencia |
Principal	Secundario				
Vertebrados	Mamíferos	*Octodon degus*	Degu	Acústica	
				Descripción/Función	(414)
				Descripción/Función	(415)
				Mecanismo	(416)
				Química	
				Desarrollo	(417)
				Función	(418-421)
				Recepción	(422)
				Táctil	
				Descripción	(423)
				Visual	
				Recepción	(424)
		Octodon lunatus	Degu costino	Recepción	(413)
		Ommatophoca rossii	Foca de Ross	Acústica	
				Función	(366)
		Orcinus orca	Orca	Desarrollo	(425)
				Descripción	(351, 426, 427, 428, 2007, 429-431, 433-441)
				Descripción/Función	(435, 442-444)
				Función	(445-448)
				Perturbación	(449)
				Recepción	(450, 451)
		Otaria flavescens	Lobo marino común	Descripción/Función	(452, 453)
				Función	(454)
		Physeter macrocephalus	Cachalote	Función	(455-470)
				Descripción	(471, 472, 473, 474, 476-482)
				Descripción/Función	(483-486)
				Metodología	(487, 488)
				Visual	
				Recepción	(489)

287

Grupo Taxonómico		Especie	Nombre Común	Enfoque/Canal	Referencia
Principal	Secundario				
Vertebrados	Mamíferos	*Platalina genovensium*	Murciélago longirostro peruano	Acústica	
				Descripción	(490, 491)
		Pseudorca crassidens	Orca falsa	Descripción	(346, 492-496)
				Descripción/Función	(360, 497)
				Recepción	(498-501)
				Perturbación	(502)
		Puma concolor	Puma	Visual	
				Descripción	(503)
		Spalacopus cyanus	Cururo	Acústica	
				Descripción	(504)
				Función	(505)
				Recepción	(506-508)
				Química	
				Descripción	(509)
				Función	(510)
				Visual	
				Recepción	(511)
		Stenella longirostris	Delfín de rostro largo	Acústica	
				Descripción	(512, 513)
				Descripción/Función	(514)
		Tadarida brasiliensis	Murciélago de cola libre	Descripción	(365, 515-517)
				Descripción/Función	(518-520)
				Función	(521)
		Tursiops truncatus	Delfín nariz de botella	Desarrollo	(522)
				Descripción	(494, 523-539)
				Descripción/Función	(514, 540-545)
				Función	(546-551)
				Perturbación	(552, 553)
				Recepción	(498, 554-556)
				Visual	
				Función	(557)
		Ziphius cauirostris	Ballena picuda de Cuvier	Recepción	(489)
				Acústica	
				Descripción	(558, 559)

1. Manríquez et al. (2004).
2. Buscaino et al. (2015).
3. Díaz y Thiel (2004).
4. Mutis et al. (2010).
5. Mutis et al. (2009).
6. Ipinza-Regla et al. (1994).
7. Ipinza-Regla et al. (2005).
8. Krahmer (1990).
9. Ipinza-Regla et al. (2004).
10. Ipinza-Regla et al. (1996).
11. Ipinza-Regla et al. (1991).
12. Ipinza-Regla et al. (1998).
13. Ipinza-Regla et al. (1993).
14. Ipinza-Regla et al. (2017).
15. Errard et al. (2003).
16. Ipinza-Regla et al. (2019).
17. Ipinza-Regla et al. (2008).
18. Herrera et al. (2016).
19. Torres-Contreras y Vásquez (2004).
20. Koref-Santibañez (1963).
21. Koref-Santibañez y del Solar (1961).
22. Medina-Muñoz y Godoy-Herrera (2004).
23. Godoy-Herrera y Silva-Herrera (1997).
24. Budnik y Brncic (1975).
25. Torrico-Bazoberry y Muñoz (2019).
26. Quiroz et al. (2007).
27. Flores-Prado et al. (2008).
28. Flores-Prado y Niemeyer (2010).
29. Quiroga et al. (2019).
30. Aguilera-Olivares et al. (2016).
31. Aguilera-Olivares et al. (2015).
32. Aguilera-Olivares et al. (2016).
33. Torres-Contreras y Niemeyer (2009).
34. Torres-Contreras et al. (2007).
35. Sepúlveda (1997).
36. Flores-Prado et al. (2012).
37. Frías-Lasserre (2015).
38. Frías L (1995).
39. Reisenman et al. (2000).
40. Figueiras et al. (2009).
41. Fontan et al. (2002).
42. Figueiras y Lazzari (1998).
43. Figueiras y Lazzari (2000).
44. Taneja y Guerin (1997).
45. Crespo y Manrique (2007).
46. Manrique y Lazzari (1994).
47. Roces y Manrique (1996).
48. De Buen (1961).
49. Penna et al. (1983).
50. Penna (1997).
51. Penna y Meier (2011).
52. Penna y Zuniga (2014).
53. Penna et al. (2001).
54. Penna y Veloso (1990).
55. Penna y Solís (1998).
56. Penna y Toloza (2015).
57. Penna y Velásquez (2011).
58. Penna et al. (2019).
59. Solís y Penna (1997).
60. Muñoz et al. (2020).
61. Veloso (1977).
62. Donoso-Barros (1972).
63. Penna et al. (2017).
64. Penna y Moreno-Gómez (2015).
65. Penna (2004).
66. Penna et al. (2013).
67. Penna et al. (2005).
68. Penna y Quispe (2007).
69. Muñoz y Penna (2016).
70. Penna et al. (2017).
71. Penna et al. (2009).
72. Márquez et al. (2005).
73. Formas (1985).
74. Núñez et al. (2012).
75. Penna y Moreno-Gómez (2014).
76. Penna et al. (2005).
77. Penna y Solís (1996).
78. Penna y Solís (1999).
79. Formas y Poblete (1996).
80. Penna y Hamilton-West (2007).
81. Penna et al. (2008).
82. Opazo et al. (2009).
83. Formas y Vera (1980).
84. Penna y Márquez (2007).
85. Moreno-Gómez et al. (2013).
86. Cei y Espina-Aguilera (1957).
87. Cei (1980).
88. Penna y Veloso (1982).
89. Velásquez et al. (2013).
90. Velásquez et al. (2018).
91. Velásquez et al. (2014).
92. Velásquez et al. (2015).
93. Penna et al. (1997).
94. Pueta y Perotti (2016).
95. Cei y Capurro (1957).
96. Penna y Veloso (1981).
97. Penna et al. (1986).
98. Penna et al. (1990).
99. Womack et al. (2016).
100. Cei y Espina-Aguilera (1957).
101. Serrano et al. (2019).
102. Bourke et al. (2011).
103. Bourke et al. (2011).
104. Penna y Veloso (1987).
105. Bartol et al. (1999).
106. Martin et al. (2012).
107. Horch et al. (2008).
108. Lavender et al. (2014).
109. Southwood et al. (2008).
110. Saito et al. (2000).
111. Narazaki et al. (2013).
112. Bass y Northcutt (1981).
113. Bartol et al. (2003).
114. Bartol et al. (2002).
115. Fehring (1972).
116. Ferrara et al. (2014).
117. Ridgway et al. (1969).
118. Piniak et al. (2016).
119. Manton et al. (1972).
120. Mäthger et al. (2007).
121. Hall et al. (2018).
122. Ehrenfeld (1968).
123. Ehrenfeld y Koch (1967).
124. Ferrara et al. (2014).
125. Mrosovsky (1972).
126. Gless et al. (2008).
127. McKenna et al. (2019).
128. Escobar et al. (2001).
129. Pincheira-Donoso et al. (2008).
130. Labra et al. (2003).
131. Labra et al. (2001).
132. Martins et al. (2004).
133. Ruiz-Monachesi y Valdecantos (2017).
134. Ruiz-Monachesi et al. (2020).
135. Carothers et al. (2001).
136. Labra et al. (2013).
137. Labra et al. (2016).
138. Hoare y Labra (2013).
139. Valdecantos y Labra (2017).
140. Ruiz-Monachesi et al. (2019).
141. Halloy y Castillo (2002).
142. Aguilar et al. (2009).
143. Labra (2008).
144. Mora y Labra (2017).
145. Labra et al. (2007).
146. Labra (2006).
147. Labra et al. (2005).
148. Troncoso-Palacios y Labra (2012).
149. Fernández et al. (2018).
150. Labra (2008).
151. Labra et al. (2002).
152. Labra y Niemeyer (1999).
153. Trigosso-Venario et al. (2002).
154. Habit y Ortiz (1996).
155. Labra et al. (2007).
156. Hahn y Mattes (2000).
157. Ippi et al. (2011).
158. Robisson et al. (1993).
159. Jouventin et al. (1999).
160. Lengagne et al. (2000).
161. Lengagne et al. (2001).
162. Bryan y Wunder (2014).
163. Haug y Didiuk (1993).
164. Kroodsma et al. (1999a).
165. Kroodsma et al. (1999b).
166. Kroodsma et al. (2002).
167. Searby et al. (2004).
168. Nakagawa et al. (2001).
169. Waas (1991).
170. Miyazaki y Waas (2003).
171. Clark et al. (2013).
172. Norambuena y Muñoz-Pedreros (2018).
173. Samuel (1971).
174. Wilkins et al. (2018).
175. Burtt (1977).
176. Lotem (1998).
177. Velando et al. (2001).
178. Spanier (1980).
179. Bretagnolle (1989).
180. Gladbach et al. (2009).
181. Jouventin et al. (2007).
182. Jørgensen et al. (2007).
183. Greenquist (1982).
184. Brooke (1986).
185. Müller-Schwarze y Müller-Schwarze (1980).
186. Jouventin y Aubin (2002).
187. Riveros (1989).
188. Sieber (1985).
189. Riveros y Villegas (1994).
190. Clark et al. (2006).
191. Riveros et al. (1995).
192. Platt y Ficken (1987).
193. dos Santos et al. (2016).
194. Johnson y Kermott (1990).

195. Johnson y Kermott (1991).
196. Kaluthota et al. (2016).
197. Ziolkowski et al. (1997).
198. Corral et al. (2013).
199. Rendall y Kaluthota (2013).
200. Oblanca et al. (2012).
201. Dreiss et al. (2015).
202. Dreiss et al. (2017).
203. Dreiss et al. (2015).
204. Dreiss et al. (2012).
205. Dreiss et al. (2013).
206. Dreiss et al. (2014).
207. Ruppli et al. (2013).
208. Dreiss et al. (2010).
209. Nottebohm y Selander (1972).
210. Tubaro et al. (1993).
211. Tubaro y Segura (1994).
212. Nottebohm (1975).
213. Lougheed et al. (1993).
214. Kopuchian et al. (2004).
215. Handford (1981).
216. Handford y Nottebohm (1976).
217. García et al. (2015).
218. Lijtmaer y Tubaro (2007).
219. Handford (1988).
220. Miller y Miller (1968).
221. Nottebohm (1969).
222. King (1972).
223. Egli (1974).
224. Lougheed et al. (1989).
225. Egli (1971).
226. Handford y Lougheed (1991).
227. Falcão et al. (2015).
228. Trillmich y Majluf (1981).
229. Phillips y Stirling (2001).
230. Phillips (2003).
231. Page et al. (2002).
232. St Clair Hill et al. (2001).
233. Page et al. (2002).
234. Dobson y Jouventin (2003).
235. Aubin et al. (2015).
236. Charrier et al. (2002).
237. Mathevon et al. (2004).
238. Roux y Jouventin (1987).
239. Charrier et al. (2001).
240. Charrier et al. (2002).
241. Charrier et al. (2003).
242. Charrier et al. (2009).
243. Dominello y Širovi (2016).
244. Rankin y Barlow (2007).
245. Baumgartner et al. (2008).
246. Baumgartner y Fratantoni (2008).
247. Heimlich et al. (2005).
248. Edds et al. (1993).
249. McDonald et al. (2009).
250. Stafford et al. (2005).
251. McDonald et al. (2006).
252. Berchok et al. (2006).
253. Bocconcelli et al. (2016).
254. Buchan et al. (2014).
255. Buchan et al. (2010).
256. Cummings y Thompson (1971).
257. Edds (1982).
258. Frank y Ferris (2011).
259. Gavrilov et al. (2011).

260. Hoffman et al. (2010).
261. Leroy et al. (2016).
262. Mellinger y Clark (2003).
263. Miller et al. (2014).
264. Oleson et al. (2007).
265. Recalde-Salas et al. (2014).
266. Rivers (1997).
267. Stafford et al. (2011).
268. Wiggins et al. (2005).
269. Boisseau et al. (2008).
270. Nieukirk et al. (2004).
271. Thompson et al. (1996).
272. Stafford et al. (1999).
273. Stafford et al. (2001).
274. Stafford et al. (1999).
275. Stafford et al. (1998).
276. Stafford et al. (2004).
277. Stafford (2003).
278. Širovi et al. (2007).
279. Širovi et al. (2009).
280. Stafford y Moore (2005).
281. Oleson et al. (2007).
282. Rankin et al. (2005).
283. Stimpert et al. (2015).
284. Tripovich et al. (2015).
285. Croll et al. (2002).
286. Beamish y Mitchell (1971).
287. Širovi et al. (2004).
288. Gavrilov y McCauley (2013).
289. Mellinger y Clark (1997).
290. Di Iorio y Clark (2010).
291. Goldbogen et al. (2013).
292. Richardson y Würsig (1997).
293. Melcon et al. (2012).
294. Clark y Altman (2006).
295. Oelschläger (1989).
296. Edds (1988).
297. Sciacca et al. (2015).
298. Clark et al. (2002).
299. Payne y Webb (1971).
300. Simon et al. (2010).
301. Castellote et al. (2012).
302. Cranford y Krysl (2015).
303. Dawbin y Cato (1992).
304. Ross et al. (1975).
305. Reyes-Reyes et al. (2015).
306. Kyhn et al. (2010).
307. Götz et al. (2010).
308. Dziedzic y De Buffrenil (1989).
309. Reyes Reyes et al. (2016).
310. Amaya et al. (2019).
311. Moreno-Gómez et al. (2015).
312. Elgueda et al. (2011).
313. León et al. (2012).
314. Daniel et al. (1982).
315. Shofner (2011).
316. Shofner y Chaney (2013).
317. Shofner (2000).
318. Heffner y Heffner (1991).
319. Miller (1970).
320. Robles et al. (2015).
321. Delano et al. (2008).
322. Delano et al. (2007).
323. Schleich et al. (2010).
324. Griffin y Novick (1955).

325. Rodríguez-San Pedro y Allendes (2017).
326. Novick (1963).
327. Joermann (1984).
328. Joermann y Schmidt (1981).
329. Carter et al. (2012).
330. Carter y Wilkinson (2016).
331. Heffner et al. (2013).
332. Schmidt et al. (1991).
333. Mann (1960).
334. Schmidt y Schmidt (1977).
335. Wilkinson (1986).
336. Manske y Schmidt (1976).
337. Mann (1955).
338. Clark y Clark (1980).
339. Dombroski et al. (2016).
340. Tellechea y Norbis (2012).
341. Clark (1982).
342. Parks et al. (2007).
343. Parks (2003).
344. Hurtado et al. (2015).
345. Sayigh et al. (2013).
346. Rendell et al. (1999).
347. Caldwell y Caldwell (1969).
348. Van Cise et al. (2018).
349. Nemiroff y Whitehead (2009).
350. Vester et al. (2017).
351. Eskesen et al. (2011).
352. Weilgart y Whitehead (1990).
353. Zwamborn y Whitehead (2017).
354. Curé et al. (2019).
355. Curé et al. (2012).
356. Vester et al. (2016).
357. Pacini et al. (2010).
358. Rendell y Gordon (1999).
359. Corkeron y Van Parijs (2001).
360. Madsen et al. (2004).
361. Mooney et al. (2006).
362. Philips et al. (2003).
363. Nachtigall et al. (2005).
364. Ossa et al. (2015).
365. Rodriguez-San Pedro y Simonetti (2013).
366. Rogers (2003).
367. Belwood y Fullard (1984).
368. O'Farrell et al. (2000).
369. Barclay (1986).
370. Barclay et al. (1999).
371. Rodríguez-San Pedro y Simonetti (2014).
372. Acharya y Fenton (1992).
373. Cerchio y Dahlheim (2001).
374. Dunlop et al. (2007).
375. Español-Jiménez y van der Schaar (2018).
376. Tyack (1983).
377. Payne y Payne (1985).
378. Payne y McVay (1971).
379. Wild y Gabriele (2014).
380. Winn y Winn (1978).
381. Cholewiak et al. (2013).
382. Frankel y Clark (1998).
383. Cerchio et al. (2001).
384. Van Opzeeland et al. (2013).
385. Eriksen et al. (2005).
386. D'Vincent et al. (1985).
387. Darling et al. (2012).
388. Deecke et al. (2011).

389. Dunlop *et al.* (2008).
390. Dunlop *et al.* (2010).
391. Hafner *et al.* (1979).
392. Mobley *et al.* (1988).
393. Tyack (1981).
394. Silber (1986).
395. Smith *et al.* (2008).
396. Noad *et al.* (2000).
397. Winn *et al.* (1981).
398. Sousa-Lima y Clark (2008).
399. Pacheco *et al.* (2013).
400. Johnson *et al.* (2007).
401. Johnson *et al.* (2006).
402. Sanvito y Galimberti (2003).
403. Sanvito *et al.* (2007).
404. Sanvito *et al.* (2008).
405. Sanvito y Galimberti (2000a).
406. Sanvito y Galimberti (2000b).
407. Laws (1956).
408. Sanvito *et al.* (2007).
409. McCann (1981).
410. Sanvito *et al.* (2007).
411. Rodríguez-San Pedro *et al.* (2015).
412. Ossa *et al.* (2010).
413. Chávez *et al.* (2003).
414. Long (2007).
415. Nakano *et al.* (2013).
416. Colonnello *et al.* (2011).
417. Márquez *et al.* (2015).
418. Ebensperger (2000).
419. Ebensperger y Caiozzi (2002).
420. Ebensperger *et al.* (2006).
421. Villavicencio *et al.* (2009).
422. Suárez y Mpodozis (2009).
423. Fulk (1976).
424. Jacobs *et al.* (2003).
425. Abramson *et al.* (2018).
426. Miller y Bain (2000).
427. Schevill y Watkins (1966).
428. Simon *et al.* (2005).
429. Strager (1995).
430. Tyson *et al.* (2007).
431. Au *et al.* (2004).
432. Simon *et al.* (2007).
433. Samarra *et al.* (2015).
434. Foote y Nystuen (2008).
435. Yurk *et al.* (2002).
436. Filatova *et al.* (2007).
437. Ford (1987).
438. Miller (2002).
439. Steiner *et al.* (1979).
440. Miller (2006).
441. Saulitis *et al.* (2005).
442. Foote *et al.* (2008).
443. Ford (1989).
444. Miller *et al.* (2004).
445. Barrett-Lennard *et al.* (1996).
446. Deecke *et al.* (2000).
447. Filatova *et al.* (2013).
448. Ford (1991).
449. Holt *et al.* (2008).
450. Nachtigall y Supin (2013).
451. Szymanski *et al.* (1999).
452. Fernández-Juricic *et al.* (2003).
453. Fernández-Juricic *et al.* (1999).

454. Fernández-Juricic *et al.* (2001).
455. Rendell *et al.* (2012).
456. Rendell y Whitehead (2005).
457. Marcoux *et al.* (2007).
458. Rendell y Whitehead (2004).
459. Gero *et al.* (2016).
460. Rendell *et al.* (2005).
461. Rendell y Whitehead (2003).
462. Schulz *et al.* (2008).
463. Schulz *et al.* (2011).
464. Whitehead *et al.* (1991).
465. Whitehead y Weilgart (1991).
466. Frantzis y Alexiadou (2008).
467. Whitehead *et al.* (1998).
468. Marcoux *et al.* (2006).
469. Weilgart y Whitehead (1997).
470. Whitehead y Rendell (2004).
471. Goold y Jones (1995).
472. Weilgart y Whitehead (1988).
473. Antunes *et al.* (2011).
474. Drouot *et al.* (2004).
475. Weilgart y Whitehead (1993).
476. Moore *et al.* (1993).
477. Miller *et al.* (2004).
478. Konrad *et al.* (2018).
479. Mullins *et al.* (1988).
480. Goold (1999).
481. Jaquet *et al.* (2001).
482. Madsen *et al.* (2002).
483. Oliveira *et al.* (2016).
484. Rendell y Whitehead (2005).
485. Watkins y Schevill (1977).
486. Amano *et al.* (2014).
487. Møhl *et al.* (2000).
488. Rendell y Whitehead (2003).
489. Southall *et al.* (2002).
490. Ossa *et al.* (2016).
491. Malo de Molina *et al.* (2011).
492. Murray *et al.* (1998).
493. Au *et al.* (1995).
494. Dolphin *et al.* (1995).
495. Kloepper *et al.* (2012).
496. Sanino y Fowle (2006).
497. Mooney *et al.* (2009).
498. Nachtigall *et al.* (2018).
499. Thomas *et al.* (1988).
500. Yuen *et al.* (2005).
501. Yuen *et al.* (2007).
502. Akamatsu *et al.* (1993).
503. Harmsen *et al.* (2010).
504. Begall y Burda (2006).
505. Veitl *et al.* (2000).
506. Vega-Zuniga *et al.* (2013).
507. Begall *et al.* (2004).
508. Kott *et al.* (2016).
509. Hagemeyer *et al.* (2011).
510. Hagemeyer y Begall (2006).
511. Peichl *et al.* (2005).
512. Lammers y Au (2003).
513. Norris y Dohl (1980).
514. Bazúa-Durán (2004).
515. Simmons *et al.* (1978).
516. Balcombe y McCracken (1992).
517. Ommundsen *et al.* (2017).
518. Gillam y McCracken (2007).

519. Ratcliffe *et al.* (2004).
520. Gelfand y McCracken (1986).
521. Balcombe (1990).
522. Reiss y McCowan (1993).
523. Tyack (1997).
524. Caldwell y Caldwell (1965).
525. Buscaino *et al.* (2015).
526. Canepa *et al.* (2006).
527. Lilly (1962).
528. Lilly y Miller (1961).
529. Quintana-Rizzo *et al.* (2006).
530. Cook *et al.* (2004).
531. Schultz *et al.* (1995).
532. Tyack (1986).
533. Van der Woude (2009).
534. Jacobs *et al.* (1993).
535. McCowan y Reiss (1995).
536. Jones *et al.* (2019).
537. Romero-Mujalli *et al.* (2014).
538. Jones y Sayigh (2002).
539. Kremers *et al.* (2014).
540. Esch *et al.* (2009).
541. King *et al.* (2018).
542. Luís *et al.* (2016).
543. McCowan y Reiss (2001).
544. Sayigh *et al.* (2007).
545. Romeu *et al.* (2017).
546. Quick y Janik (2008).
547. Sayigh *et al.* (1999).
548. Quick y Janik (2012).
549. Acevedo-Gutiérrez y Stienessen (2004).
550. Kuczaj *et al.* (2015).
551. Janik y Slater (1998).
552. Buckstaff (2004).
553. May-Collado y Quiñones-Lebrón (2014).
554. Popov *et al.* (2007).
555. Supin y Popov (1995).
556. Schlundt *et al.* (2007).
557. Acevedo-Gutiérrez (1999).
558. Frantzis *et al.* (2002).
559. Zimmer *et al.* (2005).

Herzing 2000), tal como lo ilustran estudios en orcas, *Orcinus orca* (Samarra *et al.* 2015) o en el chercán, *Troglodytes aedon* (dos Santos *et al.* 2016). En este contexto, aun cuando este capítulo incluye estudios de todas las especies para las que existe información de su comunicación, he priorizado el análisis de aquellas especies nativas de distribución relativamente más restringida.

Esta sección está organizada por canal de comunicación, y luego por grupo taxonómico, considerando que los distintos taxa presentan importantes diferencias en el uso del canal en cuestión. Además, en unos pocos casos presento estudios asociados a las interacciones interespecíficas, a fin de mostrar otros aspectos de la comunicación no restringida a interacciones sociales.

Señales mecánicas: acústica

De los trabajos hechos en Chile, anfibios y reptiles han sido los principales focos de estudio, (**Tabla 6-2**), destacándose el bajo número de estudios en aves, lo que contrasta con el gran interés a nivel mundial por la comunicación acústica en este taxón (ej., Marler y Slabbekoorn 2004). De hecho, el análisis de los estudios ornitológicos realizados en Chile entre 1970 y 1992, mostró que solo el 0,4% de estos abordó el canto de aves (Lazo y Silva 1993).

En vertebrados, el estudio de la comunicación acústica se ha centrado en las vocalizaciones, es decir, en los sonidos producidos por el paso del aire a través de un tubo (ej., laringe, siringe) que posee valvas que vibran y regulan el flujo de este (ej., cuerdas vocales). En algunas especies el flujo de aire también puede estar afectado por estructuras asociadas (ej., sacos vocales en anuros) que modulan la propagación del sonido (Bradbury y Vehrencamp 2011). Existen pocos estudios de sonidos no vocales en vertebrados, como los producidos por el paso del aire entre las plumas durante el vuelo de los picaflores de Cora, *Thaumastura cora*, y Atacama, *Rhodopis vesper* (Clark *et al.* 2013), por el movimiento de las alas durante el vuelo del piuchén, *Desmodus rotundus* (Joermann y Schmidt 1981), por el golpeteo de los dientes en cururos, *Spalacopus cyanus* (Veitl *et al.* 2000), o por los golpes en la superficie del mar de la ballena jorobada, *Megaptera novaeangliae* (Dunlop *et al.* 2008).

Una clasificación general de las vocalizaciones se basa en la propuesta para aves, distinguiéndose entre **cantos** y **llamadas**. Los primeros son señales de relativa larga duración y complejos, que involucran diferentes notas y sílabas, y suelen asociarse a eventos reproductivos. Las llamadas son señales cortas y sencillas, constituidas por monosílabas, y que tienen por lo general patrones de frecuencia simples, teniendo una gran diversidad de funciones (Marler 2004). Muchas vocalizaciones que pueden ser consideradas llamadas, tienen nombres específicos que no siempre son fáciles de definir como ladridos, chirridos, o silbidos (ej., Herzing 2000, Jensvold *et al.* 2014, Garland *et al.* 2015).

Señales acústicas: anfibios

Vocalizaciones y los factores moduladores de su emisión

En Chile, el único grupo de anfibios nativos es Anura (Lobos *et al.* 2013), y sus vocalizaciones corresponden a llamadas, cuya clasificación se basa en el contexto en el que son emitidas (ej., Toledo *et al.* 2015). A la fecha, se han reportado seis tipos de llamadas en anuros nativos (**Tabla 6-3**): (1) agresiva. Estas han sido registradas en machos de *Eupsophus*, en respuesta a vocalizaciones de competidores (Formas y Poblete 1996, Márquez *et al.* 2005). (2) De liberación ("release call"). Llamadas emitidas por individuos amplexados erróneamente (ej., machos amplexados por otros machos; hembras no fértiles amplexadas), y solo son emitidas en la época reproductiva. En algunas especies, estas llamadas están asociadas a vibraciones torácicas (véase sección "Señales mecánicas: sísmicas"). (3) De amplexo. Llamadas emitidas por machos durante el amplexo. (4) De contacto. Estas son emitidas cuando los individuos entran en contacto físico, y difieren de las de liberación porque son emitidas durante todo el período de actividad de los animales. (5) **De pánico o angustia** (del inglés "distress calls"). Vocalizaciones emitidas cuando los individuos han sido apresados por un depredador. Esto ha sido reportado en la rana chilena, *Calyptocephalella gayi*, pero en esta especie también ocurren **llamadas de alarma**, es decir, vocalizaciones emitidas cuando los individuos se enfrentan al depredador (Donoso-Barros 1972, Veloso 1977). (6) De **advertencia o anuncio** (apareamiento). En términos funcionales, estas llamadas son consideradas equivalentes al canto de aves, puesto que son emitidas durante la atracción de pareja o competencia intra-sexual en época reproductiva. En el caso de especies nativas, estas son solo emitidas por los machos, con la excepción de *Rhinoderma darwini*, o ranita de Darwin, especie en que ambos sexos las emiten (Serrano *et al.* en prep.).

Las llamadas de advertencia son las vocalizaciones más estudiada, probablemente por ser más conspicuas, relevantes en el proceso de selección sexual y modular el proceso de especiación (Boul Kathryn *et al.* 2007). Así, las vocalizaciones de especies nativas congenéricas y simpátricas muestran diferencias que permiten un aislamiento reproductivo (**Figura 6-3**). En especies no nativas se observa que las llamadas de advertencia son señales honestas de la condición de los machos (Wang *et al.* 2018), lo que permitiría a las hembras seleccionar pareja (Ryan 1980). Un estudio con 11 especies de leptodactylidos nativos determinó que la **frecuencia dominante** de las llamadas de advertencia está positivamente asociada con el tamaño corporal de los machos (Penna y Veloso 1990), sugiriendo que esta frecuencia sería una clave honesta del tamaño corporal de los emisores. Sin embargo, no existen estudios en especies nativas que analicen el efecto del tamaño corporal en la selección de pareja por parte de las hembras.

No todas las especies nativas emiten llamadas de advertencia (**Tabla 6-3**), como ocurre en especies de *Alsodes*, *Rhinella*, *Telmatobufo*, y *Telmatobius* (**Figura 6-4**). En el caso de *Telmatobius*, y al menos en *Alsodes tumultuosus*, la ausencia de estas vocalizaciones sería una adaptación a residir en sitios con altos niveles de ruido abiótico (ej., ríos torrentosos), lo que impediría la comunicación acústica (Penna *et al.* 1983, Penna y Veloso 1987). En

Tabla 6-3

Resumen de las distintas llamadas descritas en las diversas especies de anuros nativos de Chile. Se indica la presencia o ausencia de llamadas de advertencia, como el registro de otras vocalizaciones en estas especies. La ausencia implica que los autores indican que no existe dicha llamada en la especie. Los números entre paréntesis indican las referencias correspondientes.

Especie	Advertencia Presencia Si / Ausencia No	Otras llamadas
Alsodes barroi	No (1)	Sin asignación (2)
Alsodes tumultuous	No (1, 2)	
Alsodes montanus	No (1)	
Alsodes monticola	No (1)	
Alsodes nodosus	Si (1, 2)	
Batrachyla antartandica	Si (3-5)	
Batrachyla taeniata	Si (1, 3)	
Batrachyla leptopus	Si (1, 3, 5)	
Calyptocephalela gayi	Si (1)	Agresiva (6)
Eupsophus altor	Si (7)	
Eupsophus calcaratus	Si (8, 9)	Agresiva (9)
Eupsophus emiliopugini	Si (5, 10)	Agresiva (10)
Eupsophus migueli	Si (1, 8)	Agresiva (1)
Eupsophus queulensis	Si (11)	
Eupsophus roseus	Si (1, 9, 12)	Agresiva (1, 9)
Eupsophus vertebralis	Si (1)	
Eupsophus vittatus	Si (12)	
Hylorina sylvatica	Si (1, 5)	
Inseutophrynus acarpicus	No (1)	
Pleurodema bufonina	No (13)	Liberación (14)*
Pleurodema marmorata	Si (14)	
Pleurodema thaul	Si (1, 5, 14, 15)	Liberación (15, 16, 17)*
Telmatobufo (las 3 especies)	No (1)	
Rhinella atacamensis	No (18)	Liberación (18) Amplexo (18)
Rhinella spinulosa	No (13, 18)	Liberación (13, 18-20)* Amplexo (18) Agresiva (13, 21)
Rhinoderma rufum	Si (1)	
Rhinoderma darwinii	Si (1, 22)	

Especie	Advertencia Presencia Si / Ausencia No	Otras llamadas
Telmatobius marmoratus	No (23)	Contacto, pánico (23)**
Telmatobius peruvianus	No (23)	Contacto, pánico (23)**
Telmatobius pefauri	No (23)	Contacto, pánico (23)**
Telmatobius zapahuirensis	No (23)	Contacto, pánico (23)**
Telmatobius halli	No (23)	Contacto, pánico (23)**
Telmatobius montanus	No (23)	Contacto, pánico (23)**
Telmatobious marmoratus		Liberación (13)
Telmatobufo venustus	No (1)	

* Acompañado de vibraciones torácicas.
** Las llamadas de contacto de los *Telmatobius* tienen alguna similitud con las llamadas de liberación, pero estas ocurren fuera del período reproductivo.
1. Penna y Veloso (1990), 2. Penna *et al.* (1983), 3. Penna (1997), 4. Barrio (1967), 5. Penna y Solís (1998), 6. Veloso (1977), 7. Núñez *et al.* (2012), 8. Formas (1985), 9. Márquez *et al.* (2005), 10. Formas y Poblete (1996), 11. Opazo *et al.* (2009), 12. Formas y Vera (1980), 13. Cei (1980). 14. Duellman y Veloso (1977), 15. Penna y Veloso (1982), 16. Cei y Espina (1957). 17. Solís (1994), 18. Penna y Veloso (1981), 19. Penna *et al.* (1990), 20. Cei (1961), 21. Cei y Espina-Aguilera (1957), 22. Serrano *et al.* (2019), 23. Penna y Veloso (1987).

Figura 6-3

Oscilograma y espectrograma de cuatro tipos de notas de las llamadas de advertencia de dos especies simpátricas, *Eupsophus calcaratus* y *E. roseus*. Modificado de Marquéz *et al.* (2005).

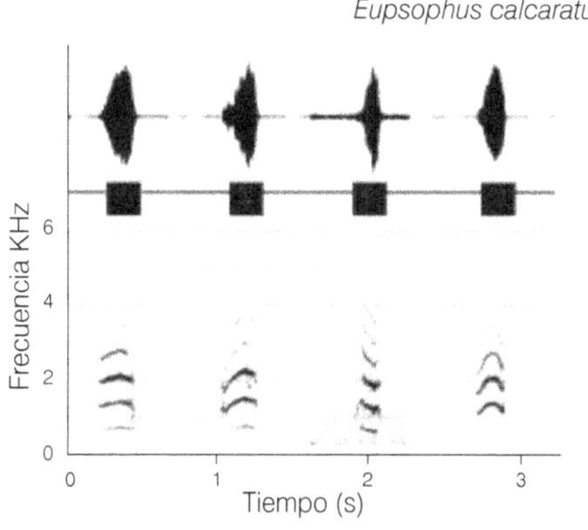

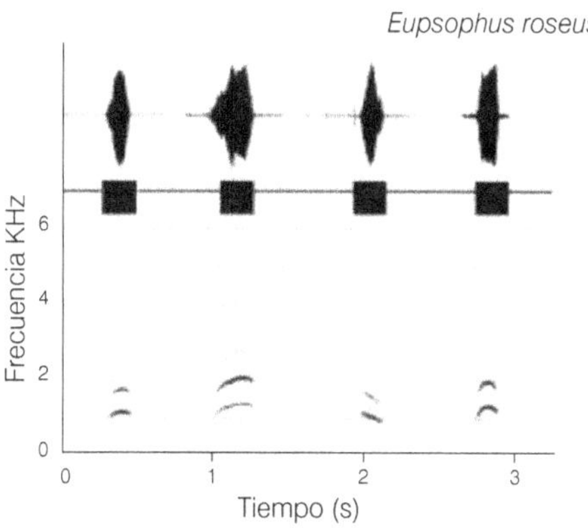

Figura 6-4

Telmatobius dankoi en el Río Loa (Calama), un representante de los anuro chilenos que no emite llamadas de advertencia. Imagen de Antonieta Labra.

el caso de *Telmatobius peruvianus*, *T. pefauri* y *A. tumultuosus*, existe una reducción del órgano receptor, el oído medio (Veloso *et al.* 1982, Penna *et al.* 1983), ejemplificando la co-adaptación señal-receptor, donde la ausencia de señal se asocia con una atrofia del órgano receptor.

En anuros nativos, los factores moduladores de las llamadas de advertencia más estudiados son tres:

1) **Co-ocurrencia de vocalizaciones de conespecíficos o heterospecíficos.** La presencia de otros machos emitiendo llamadas de advertencia modula la tasa de vocalizaciones, efecto que sin embargo, puede variar entre especies. Los machos de *Batrachyla taeniata* y *B. antartandica* incrementan su tasa de llamadas en presencia de cantos de otros machos conespecíficos, pero la reducen cuando las vocalizaciones son de machos heterospecíficos congenéricos (Penna y Meier 2011, Penna y Velásquez 2011). En contraste, los machos de *B. leptopus* incrementan sus vocalizaciones independiente de si las llamadas son de machos conespecíficos o heterospecíficos (Penna y Toloza 2015). Estas respuestas vocales son relevantes considerando que los machos de *B. antartandica* pueden formar **coros** donde varios machos sobreponen sus llamadas temporalmente. En cambio, los machos de *B. taeniata* y *B. leptopus* alternan sus vocalizaciones con las de conespecíficos (Penna 1997), lo que reduciría la interferencia entre los machos (Klump y Gerhardt 1992). En términos proximales, las respuestas vocales de los machos a las llamadas pueden variar en función de sus

niveles circulantes de testosterona (Penna *et al.* 2008), y en el caso de *B. taeniata*, los machos con mayores niveles de testosterona circulante son los que tienen tasas más altas de vocalizaciones (Solís y Penna 1997, pero véase Muñoz *et al.* 2020), tal y como ha sido documentado en otros anuros (Joshi *et al.* 2017).

2) **Variaciones en las características de las vocalizaciones de los conespecíficos.** La respuesta vocal evocada depende de las características intrínsecas de las vocalizaciones recepcionadas (ej., amplitud, intensidad), como lo demuestran estudios en *B. taeniata*, *B. antartandica* y *B. leptopus* (Penna 1997, Penna *et al.* 2019). Los machos de *Eupsophus emiliopugini* y *E. calcaratus* aumentan la tasa e intensidad de las vocalizaciones cuando las llamadas recepcionadas tienen gran amplitud. Además, algunos machos responden a vocalizaciones más complejas (i.e., dos notas en vez de una) produciendo llamadas más complejas (Penna *et al.* 2005a, Penna y Hamilton-West 2007). Por otra parte, es destacable que la degradación de las señales no afecta mayormente la respuesta vocal de estas dos especies de *Eupsophus* (Penna *et al.* 2017b), indicando que los animales en condiciones naturales no se afectarían significativamente por no recibir las señales en "óptimas" condiciones. Es decir, en estos casos, la respuesta vocal sería relativamente independiente de la distancia entre los individuos, dado que a mayor distancia, mayor es la probabilidad de que la señal se degrade. Estos resultados contrastan con lo reportado en otras especies de anfibios, donde la respuesta vocal sí es afectada por la degradación de las señales de conespecíficos (véase Penna *et al.* 2017b).

3) **Ruido abiótico natural.** El análisis del efecto de diversos ruidos naturales (ej., lluvia, viento) en las respuestas vocales evocadas de anuros, permite determinar el rol modulador del hábitat. Los datos indican que las tasas de vocalizaciones de *E. emiliopugini* (Penna y Hamilton-West 2007), *B. leptopus* y *B. antartandica* (Penna *et al.* 2017a) se afectan escasamente por el ruido natural, pero los mismos estímulos inducen un aumento de las vocalizaciones en *E. calcaratus* (Penna *et al.* 2005b) y *B. taeniata* (Penna y Zuniga 2014), lo que permitiría a los individuos de estas especies seguir comunicándose a pesar del ruido.

Otros posibles moduladores de las señales, como la temperatura ambiental, han sido menos considerados. Las llamadas de advertencia de *Pleurodema thaul*, pero no las de *B. leptopus*, se afectan por las variaciones térmicas ambientales (Penna y Veloso 1990). Esto fue solo parcialmente ratificado por un estudio que incluyó a *P. thaul*, *B. taeniata*, *B. leptopus*, *E. calcaratus* y *E. emiliopugini*; únicamente las vocalizaciones de *P. thaul* y *B. taeniata* incrementan con el aumento de la temperatura ambiente (Labra *et al.* 2008). Esto podría implicar que para algunas especies la adquisición de una cierta temperatura corporal es relevante para la adecuada emisión de sus llamadas de advertencia.

Aun cuando no existen registros conductuales de variaciones ontogenéticas en las respuestas a las vocalizaciones, es probable que sí ocurran al menos en *Rhinella spinulosa*, dado que las sensibilidades acústicas tienen un desarrollo tardío en esta especie debido a una osificación tardía de las estructuras involucradas en la audición (Womack *et al.* 2016).

Modulación de las señales: el uso de cuevas por parte de Eupsophus

Algunos anuros nativos emiten sus llamadas de advertencia desde cuevas en los bordes de cursos de agua, incluidas algunas especies de *Eupsophus* (*E. vertebralis, E. roseus, E. migueli, y E. emiliopugini*), *Alsodes nodosus, B. antartandica,* y *B. leptopus* (Penna y Veloso 1990, Muñoz y Penna 2016). Estas llamadas atraen hembras a las cuevas, donde ocurre el apareamiento y los huevos fertilizados quedan al cuidado de los machos (Celis *et al.* 2011). En *E. emiliopugini* se determinó que al interior de las cuevas las vocalizaciones de conespecíficos se amplifican (Penna y Solís 1996, 1999, Penna 2004, Penna y Márquez 2007, Muñoz y Penna 2016). Esta amplificación, sin embargo, depende del largo de la cueva y del segmento libre de agua que estas tengan (Penna y Solís 1999, Penna 2004). Las vocalizaciones emitidas desde las cuevas también se amplifican, pero en menor grado que las recepcionadas (Muñoz y Penna 2016). Las llamadas de especies simpátricas también son amplificadas al interior de las cuevas de *E. emipiopugini* y *E. calcaratus* (Muñoz y Penna 2016).

Respuestas a las señales y acople señal-recepción

Las respuestas fonotácticas permiten estimar la sensibilidad de los individuos por diversos sonidos. El uso de este protocolo ha permitido evaluar las respuestas de machos y hembras de *E. roseus* a variaciones en las características de las llamadas de advertencia. A diferencia de las hembras, los machos no son afectados por tales variaciones (Moreno-Gómez *et al.* 2015), siendo las respuestas de las hembras concordantes con sus sensibilidades auditivas (Moreno-Gómez *et al.* 2013). Es decir, a lo menos en las hembras existe un acople señal-receptor, sin que existan datos de las sensibilidades de los machos. Por otra parte, en machos de *P. thaul* las respuestas de las neuronas del torus semicircularis, área del cerebro medio sensible a los estímulos acústicos, se corresponden con las características temporales y espectrales de sus vocalizaciones (Penna *et al.* 1997, Penna *et al.* 2008). De forma similar, en *Rhinella arunco* y *R. spinulosa*, las características de las llamadas de liberación tienen concordancia con las sensibilidades del nervio auditivo (Penna *et al.* 1986, Penna *et al.* 1990).

Hasta ahora, la evidencia en anuros nativos sugiere que existe un mejor acople señal-receptor que señal-características ambientales. De hecho, en *E. emiliopugini, B. antartandica, B. leptopus, Hylorina sylvatica* y *P. thaul*, no existe una estrecha relación entre las características de las señales y del ambiente, lo que sugiere que el hábitat no sería un modulador importante de las vocalizaciones de estas especies (Penna y Solís 1998; véase sección "Variación geográfica y aislamiento reproductivo"), al igual que lo reportado para otros anuros en Panamá (Kime *et al.* 2000).

En unas pocas especies se ha determinado el **espacio acústico activo**, es decir, hasta donde pueden ser escuchadas las vocalizaciones, sin que estas experimenten atenuación considerable, lo cual permite entender el espaciamiento entre los individuos en condiciones naturales. En *E. calcaratus*, la comunicación sería efectiva solo si los individuos están espaciados a 2 m o menos (Penna *et al.* 2013), mientras que en la especie simpátrica,

E. emiliopugini, esta distancia puede alcanzar los 8 m (Penna y Moreno-Gómez 2014). Además de una atenuación, las señales experimentan degradación lo que altera sus características, de modo que se produce una pérdida de información durante la propagación (Penna y Moreno-Gómez 2015).

Variación geográfica y aislamiento reproductivo

El rol de las señales de reconocimiento involucradas en selección sexual y especiación, como las llamadas de advertencia, ha sido estudiado en diversas especies y con diversos tipos de señales (ej., Boul Kathryn *et al.* 2007, Ng *et al.* 2017). En Chile, este tipo de preguntas ha sido abordado con *P. thaul*, una especie de amplia distribución (Correa *et al.* 2007). Sus llamadas de advertencia presentan **variación geográfica** asociada a variación genética entre poblaciones. No obstante, no existe una **variación clinal** en las características de estas llamadas (Velásquez *et al.* 2013) y tampoco existe un acople de tales características con las condiciones ambientales, salvo en la zona sur de la distribución de esta especie, zona en que las características de las señales permiten una buena propagación, no así en las otras zonas (Velásquez *et al.* 2018). Por otra parte, las respuestas a las vocalizaciones de individuos de la propia vs. de otra población, muestran que los machos (Velásquez *et al.* 2014), pero no las hembras (Velásquez *et al.* 2015), responden con mayor vigor a las vocalizaciones de su propia población. Esto implica que la competencia intrasexual (macho-macho) sería un factor modulador importante en la evolución de las llamadas de advertencia de *P. thaul*, y que estas llamadas no serían una barrera reproductiva, dado que las hembras responden de forma similar a las llamadas de distintas poblaciones. En el caso de la variación geográfica de las llamadas de advertencia de *Rhinoderma darwinii*, la que se asocia a variaciones en los tamaños corporales de los machos (Serrano *et al.* 2019), se desconoce la funcionalidad o potenciales implicancias de esta variación vocal.

Señales acústicas: reptiles

El grupo más diverso de reptiles en Chile son los lagartos, en particular del género *Liolaemus* (Ruiz De Gamboa 2016), por lo que la mayoría de los estudios que se discuten, son de este grupo/género. Sin embargo, dado que algunos quelonios de amplia distribución geográfica llegan a las costas de Chile, y considerando que los quelonios producen diversos tipos de sonidos (Colafrancesco y Gridi-Papp 2016), he incluido estudios de estas especies, realizados fuera de Chile.

Los lagartos pueden ser divididos en dos grandes grupos, episquamata y gekkota (Pyron *et al.* 2013), siendo este último grupo conocido por vocalizar tanto en contextos sociales como ante riesgo de depredación (ej., Marcellini 1977). De las cuatro especies de geckos nativos (Ruiz De Gamboa 2016), existen reportes anecdóticos de vocalizaciones en dos de ellas, *Garthia gaudichaudii* y *Phyllodactylus gerrhopygus*, aun cuando no son claros los determinantes de estas vocalizaciones (Donoso-Barros 1966, para una revisión véase Reyes-Olivares y Labra 2017). Tanto en Chile como a nivel mundial, la información de las vocalizaciones en lagartos episquamata es principalmente anecdótica, pero las evidencias indican que estas ocurren fundamentalmente asociadas a eventos de depredación (Labra *et al.* 2013). En Chile, 11 de las 117 especies de lagartos episquamata vocalizan en un contexto de depredación (Reyes-Olivares y Labra 2017), como las especies de *Pristidactylus*, llamados gruñidores debido al sonido (gruñido) emitido cuando se enfrentan a una amenaza. Sin embargo, de las cuatro especies de gruñidores de Chile (Ruiz De Gamboa 2016), solo se ha reportado emisión de vocalizaciones en tres (Donoso-Barros 1966, Reyes-Olivares y Labra 2017), habiéndose descrito las de *P. volcanensis* (Labra *et al.* 2007a).

Del resto de las especies, las evidencias son muy poco claras en cuanto a sus vocalizaciones, con excepción de las del lagarto llorón o chillón, *Liolaemus chiliensis* (**Figura 6-5a**), las cuales han recibido más atención. Las vocalizaciones en esta especie son complejas, pueden alcanzar el ultrasonido (Labra *et al.* 2013), y varían entre poblaciones (Labra *et al.* 2016). Estas vocalizaciones no ocurren cuando los lagartos se confrontan con un depredador (Constanzo-Chávez *et al.* 2018), pero sí cuando son apresados por este (Carothers *et al.* 2001, Labra *et al.* 2013), por lo que corresponden a llamadas de pánico. La presentación experimental de estas llamadas a la culebra de cola larga, *Philodryas chamissonis* (uno de los depredadores del lagarto chillón), induce una reducción de la actividad motora del ofidio, lo que le permitiría a la presa escapar (Hoare y Labra 2013). Sin embargo, estas llamadas además afectan la respuesta de conespecíficos, los cuales responden a dichas llamadas con una prolongada inmovilidad (**Figura 6-5b**, Hoare y Labra 2013, Labra *et al.* 2016), reduciendo así el riesgo de ser detectados por el depredador que apresa al individuo que "chilla". Más aun, el lagarto chillón es bastante críptico en su ambiente y esta inmovilidad incrementaría su **cripsis**.

La respuesta de los individuos de *L. chiliensis* depende del tipo de vocalización, es decir, si tienen o no fenómenos no lineales (i.e., "alteraciones" de los patrones de frecuencia). En otros taxa se ha registrado que los animales emiten vocalizaciones con estos fenómenos en situaciones de estrés elevado, por ejemplo, ante un alto riesgo de depredación (Manser 2001, Blumstein y Récapet 2009), y donde los conespecíficos responden con un incremento en sus respuestas antidepredatorias (Townsend y Manser 2011). Cuando individuos del lagarto chillón son expuestos a vocalizaciones de conespecíficos con fenómenos no lineales, estos responden con respuestas antidepredatorias más fuertes que cuando las vocalizaciones no tienen estos fenómenos (Ruiz-Monachesi y Labra 2020). Es decir, los fenómenos no lineales tendrían información fideligna sobre el peligro involucrado.

De las cinco especies de tortugas marinas de amplia distribución que llegan a las costas de Chile (Sarmiento-Devia *et al.* 2015), solo existen registros de emisión de sonidos en etapas tempranas de la vida de los individuos en tres de ellas. En *Chelonia mydas* y *Dermochelys coriacea* existen datos de vocalizaciones de individuos en el huevo y crías recién eclosionadas, las que sincronizarían la excavación en la arena para salir del nido y llegar al mar, o para mantener la proximidad de los individuos cuando

Figura 6-5

a) Lagarto llorón, *Liolaemus chiliensis*, especie en la que se han estudiado las vocalizaciones emitidas cuando los individuos están ante riesgo de depredación, llamadas de pánico. Imagen: Antonieta Labra. **b)** Respuesta promedio (± error estándar) de conespecíficos de *L. chiliensis* a dos estímulos acústicos, llamada de pánico y ruido control. Los lagartos responden con una prolongada inactividad después de estar expuestos a las llamadas de pánico (Modificado de Hoare y Labra 2013).

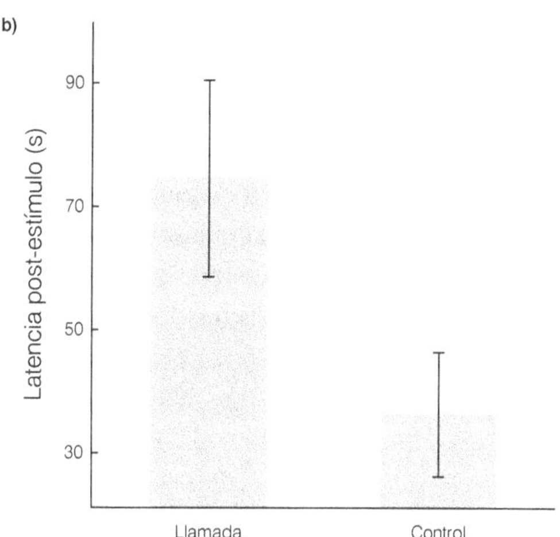

llegan al agua (Mrosovsky 1972, Ferrara *et al.* 2014a, 2014b). Esta hipótesis se puso a prueba en *Lepidochelys olivacea*. Dado que las características de las vocalizaciones fueron iguales en individuos no eclosionados, comparado con aquellos eclosionados o emergiendo del nido, McKenna *et al.* (2019) concluyeron que las vocalizaciones serían un sub-producto de otras actividades, no relacionadas con la comunicación. De este modo, la funcionalidad de las vocalizaciones en etapas ontogenéticas tempranas de estos quelonios aún no está clara.

Señales acústicas: aves

La mayoría de los estudios que examino en aves fueron realizados fuera de Chile. Uno de los temas más abordados es la descripción de las vocalizaciones de distintas especies, y de su posible funcionalidad (**Tabla 6-2**). También se ha estudiado el efecto modulador del ambiente en las señales acústicas, en el contexto de la hipótesis de **adaptación acústica** (Morton 1975), lo que en algunos casos se complementa con el análisis de los potenciales efectos de las variaciones poblacionales en las vocalizaciones.

Características y funciones de las vocalizaciones en aves

- Variación geográfica

El chincol, *Zonotrichia capensis*, es un paseriforme con un canto dinámico, cuyas notas cambian a través de los años (García *et al.* 2015). Esta especie tiene una amplia distribución y sus cantos varían entre las poblaciones (Egli 1971, Handford y Lougheed 1991, Tubaro y Segura 1994). También se han detectado **dialectos,** donde la segunda parte del canto identifica el dialecto o la región geográfica, mientras que la parte introductoria identifica al individuo (Nottebohm 1969). Cabe destacar que los dialectos, en contraste con las variaciones geográficas de las vocalizaciones, muestran diferencias a nivel microgeográfico entre poblaciones vecinas que potencialmente interactúan y se reproducen (Mundinger 1982). Estas diferencias poblacionales favorecerían el aislamiento reproductivo en el chincol, aun cuando la evidencia disponible no es tan clara al respecto (Nottebohm y Selander 1972, Handford y Nottebohm 1976, Lougheed *et al.* 1993). Un modulador ambiental importante de estas variaciones vocales es el tipo de vegetación, donde los cantos de chincoles de poblaciones de altura y con vegetación abierta se caracterizan por tener frecuencias más bajas, de menores amplitudes y de menor duración, comparado con los cantos de chincoles de zonas bajas, con vegetación más densa (King 1972, Nottebohm 1975, Handford 1981, Handford 1988, Lougheed *et al.* 1989, Handford y Lougheed 1991, Tubaro *et al.* 1993, Kopuchian *et al.* 2004, Lijtmaer y Tubaro 2007). Sin embargo, dado que las características del canto covarían con el tamaño corporal de los individuos (Handford y Lougheed 1991), y que los individuos de las poblaciones de altura son más grandes, este factor también explicaría las menores frecuencias de los cantos en estas poblaciones (Handford y Nottebohm 1976). El rol del ambiente en el canto del chincol contrasta con las evidencias en la golondrina *Riparia riparia*, en la que se ha observado que la variación de sus **trinos** (tipo de canto) estaría más relacionada a variaciones genéticas que ambientales. Por lo tanto, otros factores (ej., deriva génica y/o cultural) tendrían un rol más relevante en el desarrollo de la divergencia acústica en esta especie (Wilkins *et al.* 2018).

El chercán, *Troglodytes aedon*, tiene cantos complejos y con extensos repertorios (Platt y Ficken 1987). Esta especie también tiene una amplia distribución y sus cantos varían geográficamente (Rendall y Kaluthota 2013, dos Santos *et al.* 2016, Kaluthota *et al.* 2016) más que sus llamadas (Ippi *et al.* 2011). De esta manera, dado que los cantos intervienen en la atracción de pareja (Johnson y Kermott 1991), las variaciones geográficas podrían determinar un asilamiento reproductivo. Otro intento por relacionar las características de las vocalizaciones con el aislamiento reproductivo es el realizado con el churrín del norte, *Scytalopus magellanicus*. Esta especie incluye dos subespecies en Chile, *S. m. magellanicus* y *S. m. fuscus* presentes en Chile, para las cuales se han registrado diferencias en sus cantos, determinando que los individuos de cada subespecie no responden a los cantos de individuos de la otra. Estos resultados llevaron a Riveros y Villegas (1994) a proponer que se trataría de distintas especies. Actualmente, estas son reconocidas como especies plenas (Jaramillo 2013), lo que apoya el rol del canto en el aislamiento reproductivo.

En el chercán de las vegas (ratona aperdizada; *Cistothorus platensis*), la variación poblacional del canto se asocia a la fidelidad del sitio de reproducción. Los individuos de poblaciones que vuelven al mismo sitio de reproducción tienden a imitar los cantos de los vecinos, mientras que los individuos de poblaciones menos fieles al sitio de reproducción, improvisan más sus cantos y muestran una mayor variación en el repertorio vocal (Kroodsma *et al.* 1999a, Kroodsma *et al.* 1999b, Kroodsma *et al.* 2002).

- Reconocimiento individual

Las aves que forman grandes **bandadas** durante el periodo reproductivo, requieren de sistemas finos de reconocimiento individual. Esto explica la existencia de los sellos individuales (del inglés "signatures") en las vocalizaciones, lo cual se ha sido reportado en pingüinos, cuyos despliegues sonoros de alta complejidad facilitarían el reconocimiento individual (véase Ancel *et al.* 2013). Estas aves forrajean en el mar, y una vez que vuelven a tierra deben ubicar a su pareja y/o polluelos, circunstancias en las que vocalizaciones con sellos individuales juegan un rol fundamental (Robisson *et al.* 1993). Experimentos de reproducción acústica o **playbacks** en el pingüino magallánico (*Spheniscus magellanicus*), rey (*Aptenodytes patagonicus*), y papúa (*Pygocelis papua*), revelan que los adultos discriminan las vocalizaciones de sus parejas y que los polluelos discriminan las vocalizaciones de sus padres (Jouventin *et al.* 1999, Lengagne *et al.* 2000, Jouventin y Aubin 2002, Clark *et al.* 2006). En el caso del pingüino azul (*Eudyptula minor*), variaciones en las frecuencias cardíacas permitieron determinar que los polluelos discriminan entre las vocalizaciones de polluelos hermanos y no hermanos (y desconocidos), salvo cuando estos son vecinos, lo que implica que el reconocimiento depende del aprendizaje (Nakagawa *et al.* 2001). El proceso de aprendizaje también ha sido estudiado en la golondrina barranquera (*Riparia riparia*), una especie que también habita densas **colonias**, y cuyos polluelos reconocen las vocalizaciones de sus padres (Sieber 1985). Para evaluar la ocurrencia de aprendizaje, se hicieron intercambios de huevos y polluelos de distintas edades entre nidos. Estos experimentos indicaron que alrededor de los 17 días los polluelos adquieren una vocalización que los padres aprenden e identifican, y por lo tanto, trasplantes de polluelos posteriores a este período determinan que los adultos no reconocen a estos individuos como sus crías y por tanto, no los alimentan (Burtt 1977).

En pingüinos la complejidad de las vocalizaciones (i.e., individualidad del sello) también estaría modulada por el sistema de nidificación. En especies de *Pygoscelis*, las cuales tienen sitios de nidificación específicos y los individuos pueden usar claves ambientales para orientarse y regresar al nido, los sellos vocales son relativamente poco complejos.

En contraste, individuos de especies de *Aptenodytes* (ej., pingüino emperador, *A. forsteri*) que incuban los huevos en sus patas, tienen sellos de alta complejidad, ya que no tienen un sitio de anidamiento específico. Sin embargo, el pingüino macaroni (*Eudyptes chrysolophus*), especie que tiene sitios específicos de nidificación, emite llamadas con un nivel intermedio de complejidad (Searby *et al.* 2004), por lo que la relación entre complejidad del sello vocal y el tipo de sistema de nidificación aún requiere de mayor exploración.

- **Defensa**

Cuando los individuos del pingüino azul (*Eudyptula minor*) están en sus cuevas y son amenazados por un intruso que vocaliza, estos responden emitiendo vocalizaciones de amenaza, las que varían en función de si están solos o en pareja. En este último caso, las vocalizaciones son más intensas y entregan información honesta sobre la intención de atacar al intruso (Waas 1991).

En el chercán, *Troglodytes aedon*, los individuos emiten llamadas de alarma cuando se enfrentan a un peligro, como es la presencia de un depredador. Un estudio experimental mostró que cuando los padres están fuera del nido y escuchaban llamadas de alarma provenientes del nido, demoran más tiempo en volver a sus nidos, lo que disminuiría el riesgo de depredación sobre los polluelos en el nido (Corral *et al.* 2013).

Un caso interesante es el reportado en el pequen, *Athene cunicularia*, en Estados Unidos. Los individuos son capaces de usufructuar de las vocalizaciones de alarma del perrito de la pradera de cola negra, *Cynomys ludovicianus*, un roedor social y colonial. Los pequenes pueden usar las cuevas de estos mamíferos y responder a las llamadas de alarma que estos mamíferos emiten en situaciones de riesgo de depredación, lo que disminuiría su propio riesgo de depredación (Bryan y Wunder 2014). Algo similar ha sido reportado en los pollitos de mar rojizo y boreal (*Phalaropus fulicarius* y *P. lobatus*, respectivamente), los cuales reaccionan a las llamadas de alarma del gaviotín ártico, *Sterna paradisaea* (Jørgensen *et al.* 2007).

- **Cantos con función reproductiva indirecta**

En el rayadito, *Aphrastura spinicauda*, como en muchas otras especies de la familia Troglodytidae, existe dimorfismo sexual en el canto. Las hembras cantan en distintas etapas del ciclo reproductivo, aunque su función no ha sido completamente aclarada (Johnson y Kermott 1990). El canto en los machos, además de participar en la atracción de pareja, es usado por la hembra durante el periodo de incubación para determinar si el macho está en las proximidades, en cuyo caso, la hembra puede abandonar temporalmente el nido para forrajear. Aun cuando el macho no interviene en la incubación, su presencia permitiría resguardar el nido de intrusos o depredadores durante la ausencia de la hembra (Ziolkowski *et al.* 1997).

- **Competencia entre crías**

Los polluelos en los nidos vocalizan para obtener la atención de sus padres y ser alimentados, por lo que estos pueden competir por el alimento (Goodenough *et al.* 2009). De hecho, en la golondrina de mar, *Oceanites oceanicus*, las vocalizaciones de los polluelos en peores condiciones corporales son distintivas y determinan que los padres les provean más alimento (Gladbach *et al.* 2009). En la lechuza blanca, *Tyto alba,* los polluelos establecen una "negociación", favoreciendo al más hambriento. Las vocalizaciones de los polluelos entregan información que permite identificar al emisor, i.e., edad, sexo, y nivel de hambruna; los polluelos más jóvenes emiten llamadas de mayor volumen y más largas (Dreiss *et al.* 2010, Dreiss *et al.* 2014, Dreiss *et al.* 2017), siendo los más hambrientos los que producen llamadas más intensas (Dreiss *et al.* 2014, pero véase Dreiss *et al.* 2017). En respuesta a playbacks, es destacable que los polluelos no modifican sus vocalizaciones en función de la intensidad de la vocalización de otros polluelos, como sería de esperar en caso de competencia entre hermanos (Dreiss *et al.* 2017). Estos datos sugieren que existen reglas de cuando vocalizar en función de las llamadas de los otros polluelos (Dreiss *et al.* 2015a), y que se favorece una coordinación (alternancia) más que una sincronía en la emisión de las vocalizaciones (Dreiss *et al.* 2013).

Señales acústicas: mamíferos

Para una mejor comprensión del rol de las vocalizaciones en mamíferos, recomiendo la lectura de los capítulos 3 y 5, ya que estos entregan antecedentes importantes sobre la vida social de diversas especies de mamíferos que se tratan aquí, cuya información facilita el entendimiento del uso de las señales acústicas que hacen estas especies.

Distintas especies se caracterizan por presentar una alta diversidad de vocalizaciones (**Tabla 6-2**). Por ejemplo, el cururo (*Spalacopus cyanus*), un roedor fosorial y social, exhibe un complejo repertorio de señales acústicas que incluye 11 tipos de vocalizaciones y un sonido producido con los dientes (Veitl *et al.* 2000). Sin embargo, en el cururo, así como para la mayoría de las especies, solo existe claridad de las funciones de unas pocas vocalizaciones. A continuación entonces, analizo la funcionalidad de algunas de ellas, así como de algunos factores moduladores de estas vocalizaciones.

Características, funciones y moduladores de las vocalizaciones

• Reconocimiento individual

Al igual que en aves, en diversas especies de mamíferos las señales acústicas permiten el reconocimiento individual [ej., pinnípedos (Insley *et al.* 2003), cetáceos: ballena jorobada, *Megaptera novaeangliae* (Hafner *et al.* 1979), calderón de aleta larga, *Globicephala melas* (Vester *et al.* 2017), cachalote, *Physeter macrocephalus* (Watkins y Schevill 1977, Weilgart y Whitehead 1988, Goold y Jones 1995, Antunes *et al.* 2011, Oliveira *et al.* 2016), delfín nariz de botella, *Tursiops truncatus* (Janik y Slater 1998)]. En la ballena jorobada, las llamadas ("llantos") emitidas en los sitios de forrajeo tendrían un sello individual y permitirían coordinar socialmente el forrajeo (Cerchio y Dahlheim 2001). Por otra parte, los sellos tienen alta relevancia en el reconocimiento madre-cría. De hecho las hembras del delfín nariz de botella reconocen a sus crías de otras con las que están familiarizadas (Sayigh *et al.* 1999). En el cachalote, existen repertorios madre-cría que tienen sellos (Schulz *et al.* 2011), al igual que en el lobo fino de dos pelos, *Arctocephalus australis*, aun cuando, las llamadas de las madres son más estables que las de las crías (Phillips y Stirling 2001). También se ha reportado en el lobo fino subantártico, *Arctocephalus tropicalis*, que las llamadas de "atracción de madres" emitidas por las crías (Roux y Jouventin 1987, Charrier *et al.* 2002a), y las de "atracción de crías" emitidas por las madres (Charrier *et al.* 2003) tendrían sellos individuales. Las crías adquieren la capacidad de reconocer a su madre entre los dos a cinco días de vida, previo a que ésta se ausente por primera vez a forrajear (Charrier *et al.* 2001). Las madres por su parte, recuerdan las características de las llamadas de sus crías por periodos prolongados, y además calibran en la memoria las variaciones de las llamadas de las crías, a medida que estas crecen (Mathevon *et al.* 2004). El reconocimiento acústico madre-cría también se ha reportado en el lobo de dos pelos de Kerguelen, *Arctocephalus gazella* (Roux y Jouventin 1987, Aubin *et al.* 2015), reconocimiento asociado a una exploración olfativa cuando los individuos están próximos (Dobson y Jouventin 2003). Esto también se ha registrado en el lobo fino de dos pelos (Phillips 2003), lo que apoya que el reconocimiento madre-cría tiene un componente multimodal.

El sello individual de los silbidos del delfín nariz de botella se desarrolla en los primeros meses de vida (Tyack 1997), e individuos criados en aislamiento no los exhiben (McCowan y Reiss 1995, 2001). Dado que los sellos pueden ser estables por décadas (Janik y Slater 1998, Quick y Janik 2012), incluso cuando los machos forman alianzas (King *et al.* 2018), se ha postulado que estos silbidos facilitarían el reencuentro entre los individuos, funcionando como señales de cohesión y estabilidad de grupo (Janik y Slater 1998, Quick y Janik 2012). Por lo tanto, estos silbidos son más frecuentes cuando los individuos sociabilizan, particularmente durante eventos de desplazamiento conjunto (Cook *et al.* 2004). Además, cuando los individuos forrajean, los silbidos ayudan a reclutar conespecíficos, en caso de la presencia de competidores (ej., tiburones, Acevedo-Gutiérrez y Stienessen 2004). Por otra parte, la tasa de silbidos sellos indica los niveles de estrés de los individuos, ya que esta aumenta cuando los animales son sometidos experimentalmente a captura y posterior liberación, aunque los animales terminan por habituarse a la captura. Como se podría esperar, en estas condiciones estresantes los juveniles producen más silbidos que los adultos, y las hembras con crías emiten silbidos con frecuencias más altas (Esch *et al.* 2009).

Las **llamadas de contacto** del piuchén, *Desmodus rotundus*, son emitidas cuando los individuos están física, pero no acústicamente aislados. Estas llamadas además poseen diferencias individuales producto de aprendizaje. Esto se apoya en la observación de que los individuos en vida libre tienen llamadas más distintivas que las de individuos en cautiverio (Carter *et al.* 2012). En esta misma especie, se demostró que los individuos que recepcionan estas llamadas van en ayuda de los emisores, priorizando por aquellos individuos con los que previamente han compartido alimento, los que pueden o no ser parientes cercanos (Carter y Wilkinson 2016).

- **Variaciones temporales en las vocalizaciones**

Considerando que las actividades de los organismos cambian diaria y estacionalmente, no es de extrañar que sus vocalizaciones también lo hagan. En el degu, *Octodon degus*, se han descrito hasta 15 tipos de vocalizaciones que intervendrían en distintos aspectos de su comportamiento social, las que varían estacionalmente y en función de los contextos sociales. Un ejemplo de esto es la emisión de "ladridos" los que son más comunes en la época reproductiva (Long 2007, Colonnello *et al.* 2011). En la ballena azul, *Balaenoptera musculus*, y la ballena de Sei, *Balaenoptera borealis*, la tasa de emisiones de las vocalizaciones está asociada al forrajeo, lo cual varía diaria y estacionalmente en función del movimiento de sus presas (Stafford *et al.* 2005, Wiggins *et al.* 2005, Baumgartner y Fratantoni 2008). En el lobo de mar común, *Otaria flavescens*, la ocurrencia de las distintas vocalizaciones de machos, hembras y juveniles, varía estacionalmente en asociación con los cambios en las interacciones entre los individuos. Así por ejemplo, los "ladridos" de los machos incrementan durante la estación reproductiva, ya que se producen durante las interacciones agresivas entre ellos (Fernández-Juricic *et al.* 1999). Más aun, la **sintaxis** de estas vocalizaciones también cambia a través de la época reproductiva, en asociación al grado de agresiones en las interacciones (Fernández-Juricic *et al.* 2003).

- Complejidad de las vocalizaciones

Se ha propuesto que un aumento en la complejidad de las interacciones sociales conlleva un incremento en la complejidad de las señales comunicativas (Freeberg *et al.* 2012). Los cetáceos han sido un buen modelo de estudio para examinar esta hipótesis, considerando la complejidad de sus sistemas sociales. Así por ejemplo, sobre la base de una recopilación bibliográfica de más de 300 estudios en odontocetos, se determinó una

Figura 6-6

Análisis de regresión entre tamaño del grupo y el promedio de los puntos de inflexión (indicador de la complejidad de las vocalizaciones). La flecha indica una especie extrema, orcas, que a pesar de tener grupos relativamente pequeños, tienen alta complejidad en sus vocalizaciones. Modificado de May-Collado *et al* (2007).

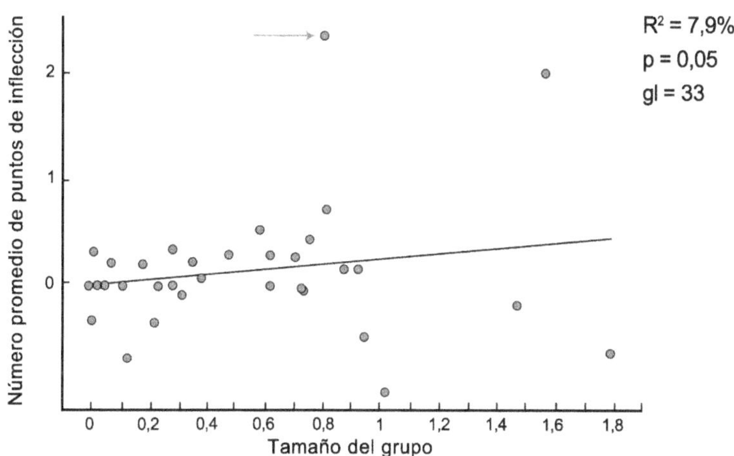

asociación positiva entre la complejidad de los sonidos y el **tamaño del grupo** (Figura 6-6), siendo este último un indicador de la cantidad de interacciones sociales (May-Collado *et al.* 2007). En contraposición, sin embargo, las características de las vocalizaciones en el repertorio vocal de los machos de 14 especies de fócidos, incluyendo a cuatro especies nativas de Chile (foca cangrejera, *Lobodon carcinophagus*; lobo marino austral, *M. leonina*; leopardo de mar, *Hydrurga leptonyx*; foca de Ross, *Ommatophoca rossii*), no se relacionan con el grado de poliginia de las especies, i.e., grado de interacciones sexuales (Rogers 2003).

- Defensa

Las vocalizaciones también ocurren en interacciones interespecíficas, por ejemplo con depredadores, como las registradas en el quirquincho chico, *Chaetophractus vellerosus*, que emite llamadas de pánico cuando es apresado (Amaya *et al.* 2019), desconociéndose aun su función (i.e., alertar a conespecíficos, espantar al depredador). La chinchilla, *Chinchilla lanigera*, emite llamadas "ladrido", equivalentes a las llamadas de pánico, que tendrían un sello individual, y donde se ha propuesto que entregarían información honesta al depredador de las capacidades de la presa para escapar (Moreno-Gómez *et al.* 2015). Es posible, sin embargo, que estas vocalizaciones afecten la conducta de conespecíficos, considerando que las sensibilidades auditivas de la especie permitirían que los individuos detecten estas llamadas (Miller 1970, Heffner y Heffner 1991, Shofner 2011, Shofner y Chaney 2013), lo que eventualmente podría desencadenar respuestas antipredatorias. Por otra parte, el degu emite llamadas de alarma cuando se enfrenta a un depredador, y los conespecíficos responden a dichas llamadas buscando refugio (Fulk 1976). Sin embargo, aun cuando los individuos de todas las edades emiten estas llamadas, solo aquellas producidas por los adultos inducen escape, probablemente debido a que estas resultarían más confiables (Nakano *et al.* 2013).

- Honestidad de las señales

Previamente se han mencionado casos de señales y claves honestas. Los datos de las vocalizaciones del elefante marino austral, *Mirounga leonina*, permiten explorar en mayor profundidad la significancia de la honestidad. De la diversidad de llamadas que emite esta especie (Laws 1956, McCann 1981), aquellas usadas por los machos en encuentros agonísticos (Sanvito y Galimberti 2000a) entregan información honesta de la edad del emisor. Estas llamadas cambian a través de la ontogenia debido a los cambios anatómicos del tracto respiratorio y de la probosis, zona del cuerpo que actúa como un resonador secundario (Sanvito *et al.* 2007c), y cuyo tamaño se modifica durante de la ontogenia (Sanvito *et al.* 2007b). Además, la intensidad de las vocalizaciones es una señal honesta de otras características de los machos emisores, como su edad, condición reproductiva y tamaño corporal (Sanvito y Galimberti 2003), lo que implica que las vocalizaciones pueden ser rasgos sexualmente seleccionados (Sanvito y Galimberti 2000b). En contraste, las vocalizaciones involucradas en el reconocimiento individual son moduladas en menor grado por los cambios morfológicos y ontogenéticos, aun cuando el aprendizaje sí modula estas vocalizaciones (Sanvito *et al.* 2008). De hecho, los individuos pueden modificar las notas de sus vocalizaciones mediante aprendizaje (Sanvito *et al.* 2007a).

• Ecolocalización

La ecolocalización no solo interviene en la navegación y forrajeo en quirópteros y cetáceos, sino que además es parte del espectro de señales comunicativas (ej., Eskesen *et al.* 2011). Para las 13 especies de quirópteros nativos de Chile existe conocimiento de sus señales de ecolocalización (**Tabla 6-2**, Rodríguez-San Pedro *et al.* 2016). Dentro de los aspectos moduladores de estas señales, se comprobó que la estructura del hábitat determina las señales usadas por el murciélago colorado del sur, *Lasiurus varius* (Barclay *et al.* 1999, Rodríguez-San Pedro y Simonetti 2014). El murciélago común, *Tadarida brasiliensis*, también presenta variaciones en las vocalizaciones (Simmons *et al.* 1978), algunas de las cuales se asocian a las condiciones ambientales, como el ruido acústico (Gillam y McCracken 2007) o la presencia de conespecíficos (Ratcliffe *et al.* 2004). Los primeros estudios en el piuchén, sugirieron que esta especie hematófaga tendría baja eficiencia para navegar utilizando la ecolocalización (Griffin y Novick 1955), y que los individuos tendrían poca capacidad de detectar objetos a corta distancia, comparado con murciélagos insectívoros (Schmidt y Schmidt 1977). Sin embargo, un estudio reciente muestra que esta especie tiene una sensibilidad particularmente alta a los sonidos de bajas frecuencias en comparación con otros murciélagos, dejando de manifiesto la relación entre las sensibilidades auditivas y las características de las señales en función de las necesidades del forrajeo de las especies; en el caso del piuchén su sensibilidad favorece la detección de sonidos producidos por sus presas (Heffner *et al.* 2013).

El uso de diversas señales de ecolocalización se ejemplifica con el caso de los machos del cachalote (*Physeter macrocephalus*), los que emiten "clics" cuando bucean (Jaquet *et al.* 2001). Los machos tienen repertorios de ecolocalización para larga y corta distancia, lo que les permite determinar las características del ambiente y de sus presas (forrajeo), respectivamente (Mullins *et al.* 1988, Jaquet *et al.* 2001, Madsen *et al.* 2002, Miller *et al.* 2004b). En el caso de las orcas (*Orcinus orca*), las señales de ecolocalización usadas durante el forrajeo varían entre **ecotipos**, es decir, en función del tipo de presa de la que se alimentan los individuos (Barrett-Lennard *et al.* 1996, Au *et al.* 2004, Simon *et al.* 2007). Orcas que depredan sobre otros mamíferos marinos emiten señales poco conspicuas o no vocalizan cuando forrajean, reduciendo la posibilidad de ser detectados por sus presas, ya que estas son receptivas a las vocalizaciones de las orcas. En cambio, orcas del ecotipo piscívoro dependen de estas vocalizaciones para coordinar y dirigir el ataque (Deecke *et al.* 2011). Cuando las presas son arenques, las orcas inmovilizan a sus presas mediante golpes con la cola, previamente habiendo emitido vocalizaciones de baja frecuencia, no audibles para las orcas pero si para los arenques. Estas vocalizaciones llevan a los arenques a agruparse, facilitando su captura por las orcas (Simon *et al.* 2006). Por otra parte, las orcas, dependiendo de su dieta, son competidores o depredadores del calderón de aleta larga (*Globicephala melas*). Los caderones discriminan entre las vocalizaciones de los ecotipos de orcas, y cuando perciben aquellas del ecotipo piscívoro, estos forman grupos de mayor tamaño para aproximarse a lugares con presencia de las orcas (Curé *et al.* 2012). Cuando las vocalizaciones de ecolocalización son del ecotipo que depreda mamíferos, los calderones disminuyen su actividad, reduciendo la posibilidad de ser detectados por las orcas (Curé *et al.* 2019). Por otra parte, el aspecto multifuncional de las señales de ecolocalización queda de manifiesto en el caso del ecotipo piscívoro, en que las vocalizaciones también intervienen en la coordinación del grupo durante la caza. Además, la producción de señales se relaciona con el tamaño del grupo; cuando los grupos son numerosos, cada orca reduce la emisión de señales, ya que compartirían la información de la ecolocalización de otro individuo (Barrett-Lennard *et al.* 1996, Foote y Nystuen 2008). Un efecto similar ha sido reportado en el delfín nariz de botella; los individuos reducen la tasa de producción de señales cuando están en grupos (Jones y Sayigh 2002).

- • **Formación social y vocalizaciones en cetáceos**

Considerando la relación entre la complejidad de la estructura social y de las señales en cetáceos (May-Collado *et al.* 2007), a continuación abordo aspectos adicionales de la funcionalidad de las vocalizaciones en unas pocas especies de cetáceos. Un elemento especialmente relevante es la herencia cultural de las vocalizaciones y su asociación con la mantención y estructuración de los grupos (Rendell y Whitehead 2001). Esto implica una capacidad de aprendizaje, lo que por ejemplo se ha demostrado a través de la capacidad de imitar en la ballena azul y orcas (ej., Stafford y Moore 2005, Abramson *et al.* 2018). En el caso del delfín nariz de botella se ha demostrado la capacidad de los individuos de aprender vocalizaciones durante toda la vida, lo que se asociaría a su capacidad de formar frecuentemente nuevos grupos (Tyack 1997). De hecho, individuos mantenidos en cautiverio tienen vocalizaciones similares, lo que sugiere imitación, y por lo tanto, aprendizaje (Tyack 1986). El aprendizaje social que existe al interior de los grupos del cachalote (Rendell y Whitehead 2004), se evidencia en que los juveniles muestran una mayor diversidad de vocalizaciones, asociado al "balbuceo" en el aprendizaje (Gero *et al.* 2016).

En el cachalote, hembras y juveniles forman grupos relativamente estables, mientras que los machos dejan en forma temprana el grupo y son más bien solitarios. Las hembras son las que más vocalizan (Marcoux *et al.* 2006, Schulz *et al.* 2011), y el tipo de vocalización más frecuente, la **coda,** está formada por una serie de clics (Watkins y Schevill 1977, Moore *et al.* 1993, Weilgart y Whitehead 1993, Schulz *et al.* 2008, 2011), las cuales pueden ser estables por largos periodos de tiempo (Weilgart y Whitehead 1997, Rendell y Whitehead 2003b, Rendell y Whitehead 2005b). Existe una alta similitud y sincronización entre las codas de las hembras del grupo, las que pueden formar duetos, lo que mantendría los lazos sociales o reforzaría la membresía en estas unidades sociales (Schulz *et al.* 2008). Dado que existe una relación genética entre los miembros de un grupo, se observa una asociación entre el grado de parentesco y la similitud en las codas (Whitehead *et al.* 1998, pero véase Konrad *et al.* 2018). Algunas codas son comunes a distintos clanes (Weilgart y Whitehead 1993, 1997, Antunes *et al.* 2011), lo que da cuenta de un intercambio cultural entre estos (Drouot *et al.* 2004, Whitehead *et al.* 2012). Es decir, el aprendizaje sería fundamental en estructurar estas vocalizaciones, lo cual ocurre dentro y entre unidades (Whitehead *et al.* 1998, Konrad *et al.* 2018). Sin embargo, en general los individuos tienden a usar las codas de su propio clan (Rendell y Whitehead 2005a). Las similitudes de los repertorios vocales de los clanes se relacionan negativamente con la distancia genética entre estos (Lyrholm y Gyllensten 1998, pero véase Rendell *et al.* 2012). Cabe destacar que los clanes no solo difieren en la estructura de sus codas, sino que en la cantidad de codas usadas (Moore *et al.* 1993, Weilgart y Whitehead 1993, Rendell y Whitehead 2004), lo que puede afectar el éxito de forrajeo (Whitehead y Rendell 2004), por lo que estas diferencias culturales pueden determinar variaciones en la adecuación biológica de los clanes (Marcoux *et al.* 2007).

Los cachalotes machos que son más bien solitarios, tienen un reducido repertorio de codas (Frantzis y Alexiadou 2008), las que son de menor duración que aquellas de las hembras (pero véase Watkins y Schevill 1977), y suelen ser emitidas durante la actividad social en la superficie (Whitehead y Weilgart 1991). El espacio comunicativo de sus vocalizaciones podría alcanzar los 60 km (Madsen *et al.* 2002), aun cuando los individuos modulan sus vocalizaciones dependiendo de la distancia a la que se encuentran entre sí, y por tanto, de las actividades desplegadas. Cuando forrajean y los individuos están a distancias relativamente grandes (~10-16 km), las vocalizaciones emitidas son de mayor frecuencia que cuando ellos están cerca (~5-6 km), o en actividades de descanso y sociales (Ford 1989, Saulitis *et al.* 2005, Miller 2006). Cuando los animales están alejados, además, estas vocalizaciones ayudan en la reunificación del grupo (Miller *et al.* 2004a).

En las orcas existen asociaciones de hembras con juveniles, llamados **pods** o líneas matriarcales, las cuales constituyen el contexto donde se emite la mayor diversidad de vocalizaciones (Ford 1987, Ford 1989). Los pods van acumulando divergencias en sus vocalizaciones, ya que son grupos altamente cohesionados (Miller y Bain 2000). Por otra parte, cuando los individuos están en las proximidades, emiten más llamadas bifónicas (dos tonos producidos independientemente), lo cual permitiría mantener la cohesión del grupo (Filatova *et al.* 2013). Sin embargo, dos o más pods pueden fusionarse y formar una agrupación mayor o clan (Ford 1991, Strager 1995), por lo que se ha propuesto que las codas de clanes constituyen dialectos o sellos vocales del clan (Ford 1987, Whitehead *et al.* 1998). Estos sellos permitirían que los clanes permanezcan vocal y genéticamente segregados aún en simpatría temporal dentro de su distribución geográfica (Rendell y Whitehead 2003b). La similitud registrada en las vocalizaciones entre pods, indica que no solo existe una transferencia vertical de información del canto (madre-cría), sino que también es horizontal entre pods (Deecke *et al.* 2000, Foote *et al.* 2008).

Al igual que en las especies ya documentadas, los individuos del calderón de aleta corta, *Globicephala macrorhynchus*, forman una línea matriarcal (i.e., grupos, unidades social o "clusters") de unos 12 individuos genéticamente cercanos, asociación que es estable por décadas (Van Cise *et al.* 2018). Los clusters tienen dialectos, producto de una transmisión vertical dentro de las líneas matriarcales (Yurk *et al.* 2002, Van Cise *et al.* 2018). El calderón de aleta larga, también forma grupos de 11 a 14 individuos que representan una línea matriarcal que viaja con otras líneas, pudiendo formar unidades de alrededor de 100 o más individuos (Ottensmeyer y Whitehead 2003, de Stephanis *et al.* 2008). Las vocalizaciones más estudiadas en este contexto son los silbidos, cuya producción aumenta con el número de subgrupos en las cercanías. Estos silbidos funcionan como vocalizaciones de contacto, pues su ocurrencia es más probable cuando los individuos del grupo están separados por grandes distancias. Sin embargo, la funcionalidad de estos silbidos también se asocia con el tipo de actividad; los silbidos sencillos son emitidos durante el reposo, y los más complejos durante actividades que demandan energía, como el forrajeo (Weilgart y Whitehead 1990). Otro tipo de vocalización son las llamadas "repetidas", las que aumentan en frecuencia durante las interacciones sociales y en grupos grandes, por lo que serían señales de contacto y de cohesión grupal. Es posible que las llamadas repetidas contengan información del individuo o del grupo (Zwamborn y Whitehead 2017), algo que es consistente con que las llamadas dentro de los grupos son más similares que entre ellos (Vester *et al.* 2016).

En la ballena jorobada, *Megaptera novaeangliae*, las vocalizaciones emitidas por los machos son denominadas cantos, y ocurren durante las migraciones y en la época reproductiva (Dunlop *et al.* 2008). De hecho, los cantos son más largos a medida que la estación reproductiva avanza (Tyack 1981). El resto de las vocalizaciones sociales son emitidas por ambos sexos, las cuales presentan dimorfismo sexual (Mobley *et al.* 1988), y son principalmente emitidas en las zonas de alimentación y reproducción (Payne y McVay 1971). La diversidad de vocalizaciones emitidas (distintas del canto) es mayor en grupos más numerosos **(Figura 6-7)**, y durante la llegada de individuos nuevos. Dado que las interacciones agresivas macho-macho son comunes en esta especie, algunas de sus vocalizaciones están asociadas a demostraciones de poderío, y contribuirían a establecer grados de dominancia, y a monopolizar la atención de las hembras (Silber 1986). La observación en la que todos los machos dentro de un grupo o región exhiben cantos similares que se

Figura 6-7

Promedio (± error estándar) de la tasa de vocalizaciones en función del tamaño de grupo en la ballena jorobada. Modificado de Silber (1986).

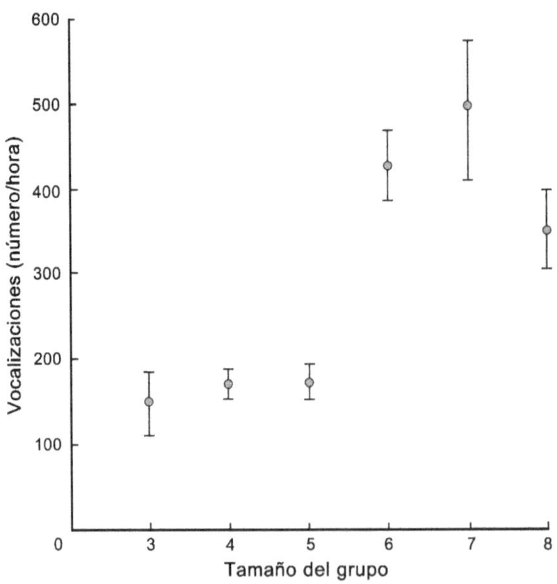

modifican a través de los años (Cerchio *et al.* 2001), apoya una transmisión cultural de los cantos, particularmente en la época reproductiva (Payne y Payne 1985, Eriksen *et al.* 2005). Los cantos *per se* median las interacciones de los individuos (Tyack 1983). Por ejemplo, los machos que navegan cantando se unen a machos que no cantan y dejan de cantar (Darling *et al.* 2012), pero aquellos machos solitarios que no cantan evitan unirse a los grupos que cantan (Tyack 1981), probablemente porque tales individuos no pueden ser reconocidos. Por otra parte, los machos que se unen a una hembra y su cría (i.e., la unidad social más estable), sin un "guarda espalda" (macho guardián) inician conductas de cortejo con vocalizaciones (Tyack 1981, Smith *et al.* 2008).

El delfín nariz de botella utiliza vocalizaciones que se relacionan con variaciones en el grado de cooperación entre los individuos (Romeu *et al.* 2017). Algunos silbidos son relevantes para coordinar el forrajeo, y los grupos más grandes vocalizan más, aunque la cantidad de vocalizaciones individuales disminuye con el tamaño del grupo (Quick y Janik 2008, pero véase Luís *et al.* 2016). Resultados obtenidos en cautiverio muestran que durante la noche existen dos periodos en que los individuos silban, y que después de eso descansan, lo cual apoya que las vocalizaciones permiten la coordinación de los individuos. Este "coro" formado antes de descansar, sincronizaría el nado lento nocturno en vida libre (Clark 1982, Tellechea y Norbis 2012, Kremers *et al.* 2014).

- **Detección de vocalizaciones y entendimiento de la biología de cetáceos**

  Seguir los desplazamientos de los cetáceos es una tarea compleja, por lo que la caracterización y registro de las vocalizaciones de distintas especies, en distintas regiones del mundo ha permitido mapear su ocurrencia (Širovi *et al.* 2009, Sciacca *et al.* 2015), como lo ilustra el caso de la ballena azul y sus tipos. En esta especie, los registros vocales han permitido además cuantificar los cambios estacionales y geográficos de sus vocalizaciones (Stafford *et al.* 1998, Stafford *et al.* 1999b, 2001, Mellinger y Clark 2003, McDonald *et al.* 2006, Recalde-Salas *et al.* 2014, Leroy *et al.* 2016), así como la ocurrencia de nuevas poblaciones (Stafford *et al.* 2011), o reaparición de poblaciones (Stafford 2003). Más aun, esta evidencia ha permitido determinar que poblaciones supuestamente distintas en realidad forman un continuo (Stafford *et al.* 1999a). En el caso de la ballena jorobada, este tipo de registros ha permitido determinar cuando llegan los individuos a alimentarse a la región sur de Chile (Español-Jiménez y van der Schaar 2018).

- **Efecto de las perturbaciones antrópicas**

  Como se indicó previamente, las condiciones del ambiente, incluidos los ruidos ambientales naturales, son moduladores importantes de la comunicación animal (**Figura 6-1**). Por lo tanto, no es sorprendente que en la actualidad, el ruido por efecto antrópico esté siendo un importante factor modulador de las señales, lo que ha generado un alto interés por cuantificar cómo éste ruido antrópico está afectando la comunicación de distintas especies (ej., Tolentino *et al.* 2018).

  En cetáceos se ha observado que las respuestas a la perturbación antrópica son especie-específicas (Richardson y Würsig 1997). Por ejemplo, las vocalizaciones de la

Figura 6-8
Intensidad de las llamadas tipo S1 en función del ruido de fondo en Orcas.
Modificado de Holt *et al* (2008).

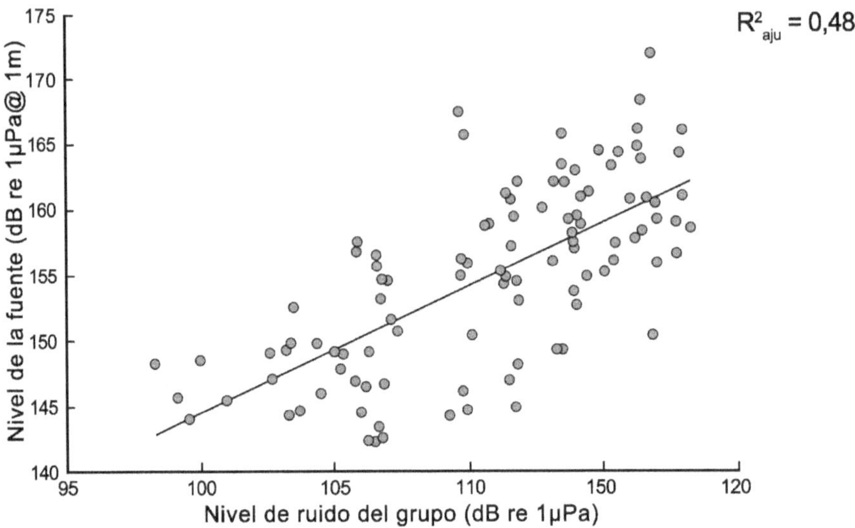

ballena jorobada no se afectan por los sonidos de baja frecuencia (onda-M) producidos por embarcaciones, aun cuando la presencia de las embarcaciones *per se*, sí afecta la conducta de los individuos (Frankel y Clark 1998). Por otra parte, los individuos en la ballena azul y fin, *Balaenoptera physalus*, dejan de vocalizar cuando perciben sonidos del sonar usado en la detección de submarinos (Clark y Altman 2006). En el caso de la ballena azul, los individuos responden a los sonidos de sonares que tienen frecuencias por sobre sus vocalizaciones, disminuyendo la emisión vocal, particularmente cuando el sonar está cerca del animal y las emisiones son de alta intensidad. En contraste, la intensidad de ciertas llamadas de baja frecuencia producidas por ambos sexos se incrementan con el ruido de los barcos, lo que correspondería a un **efecto Lombard** (Melcon *et al.* 2012), tal y como se ha reportado en orcas (**Figura 6-8**, Holt *et al.* 2008). En la ballena azul, también se ha reportado que los individuos aumentan la tasa de llamadas en respuesta a perturbaciones de baja frecuencia, i.e., < 200 Hz, señales sísmicas (**Figura 6-9**, Di Iorio y Clark 2010), o que evitan zonas de forrajeo con alimento abundante cuando existen sonares militares emitiendo sonidos de baja frecuencia (Goldbogen *et al.* 2013).

En otros casos, sin embargo, no es tan claro que las respuestas frente a modificaciones antrópicas del ambiente acústico contribuyan a superar la interferencia, como lo demuestran registros en la ballena austral, *Eubalaena australis*; en presencia de ruido ambiental, se incrementan las frecuencias fundamentales de las llamadas, lo que facilitaría la detección de las llamadas en medio del ruido (**Figura 6-10**). Sin embargo, la tasa de las llamadas disminuye, lo que no facilitaría su localización (Parks *et al.* 2007). Por otra

Figura 6-9

Comparación de la tasa promedio de emisión de llamada (± error estándar), en dos condiciones, con y sin ruido sísmico. Los asteriscos indican diferencias significativas. Modificado de Di Lorio y Clark (2010).

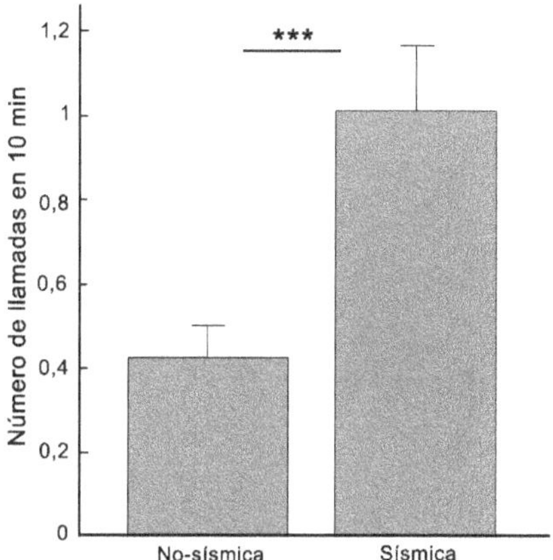

parte, en el delfín nariz de botella la frecuencia de silbidos aumenta significativamente al inicio del paso de embarcaciones, lo que disminuye durante o después de su paso (Buckstaff 2004). También se ha observado que los individuos disminuyen sus vocalizaciones, particularmente cuando están forrajeando, en respuesta al ruido de botes de turismo, lo que reduciría la posibilidad de que los individuos se coordinen durante esta actividad (May-Collado y Quiñones-Lebrón 2014).

Registros interanuales en distintas poblaciones en la ballena azul muestran una disminución en las frecuencias de sus vocalizaciones (**Figura 6-11**). Después de analizar diversas variables, incluido el aumento de ruido ambiental, se determinó que el factor que mejor explicó estos cambios fue el incremento en los tamaños poblacionales luego de que las ballenas dejaran de ser cazadas (McDonald *et al.* 2009, Gavrilov *et al.* 2011, Miller *et al.* 2014).

• **Consideraciones neuro-funcionales**

Una de las aproximaciones utilizadas en la comprensión de la relevancia de distintos sistemas sensoriales en la comunicación y detección del ambiente ha sido la determinación de la participación relativa de distintas áreas cerebrales en la percepción sensorial. Así por ejemplo, en quirópteros como el murciélago orejudo chico, *Histiotus montanus* y el piuchén, el procesamiento de señales auditivas sería más relevante que la olfacción, y esta que la visión (Mann 1960).

El uso de herramientas neurofisiológicas para examinar la percepción de distintos tipos de señales en animales ha permitido identificar parte de los mecanismos que subyacen a su conducta y comunicación, como lo ejemplifican los estudios en el piuchén, una de las tres especies de murciélagos hematófagas del mundo, cuyas presas incluyen aves y mamíferos

Figura 6-10

Cambio en la frecuencia fundamental de inicio en diferentes años, implicando la exposición a distintos niveles de ruidos, en dos especies de ballenas *Eubalaena*, *E. australis* propia del hemisferio sur, presente en las costas australes de Chile, y *E. glacialis*, propia del Atlántico norte. Los asteriscos indican diferencias significativas. Modificado de Parks *et al.* (2007).

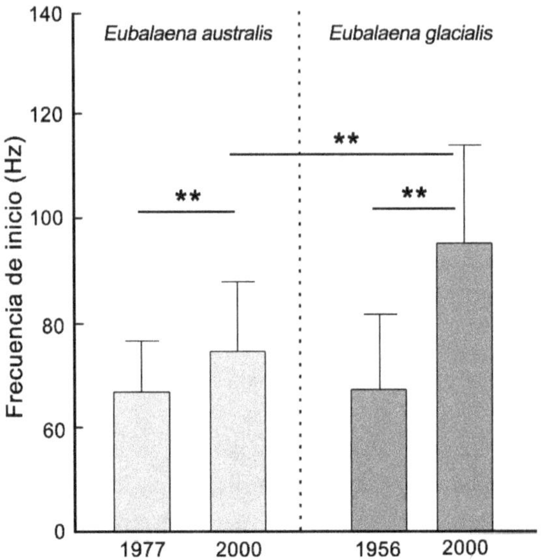

(incluso humanos). Los datos indican que los individuos pueden retornar a consumir sangre de la misma presa en noches consecutivas, y determinaciones de las sensibilidades auditivas sumado a estudios psico-acústicos muestran la alta capacidad de recordar los sonidos de la respiración de sus individuos presa (Schmidt *et al.* 1991, Gröger y Wiegrebe 2006).

Los rangos de percepción acústica han sido estudiados en diversas especies de cetáceos (**Tabla 6-2**). Entre estos destaco los estudios en el falso calderón, *Grampus griseus*, y en el delfín nariz de botella que muestran que las capacidades auditivas se van perdiendo con la madurez, al igual que en humanos (Nachtigall *et al.* 2005, Mooney *et al.* 2006, Popov *et al.* 2007), lo que afectaría la comunicación entre los individuos durante su ontogenia.

Señales acústicas: invertebrados

Solo cinco estudios han abordado aspectos de la comunicación acústica en invertebrados nativos, cuyo mecanismo de producción de sonido es la **estridulación**. En avispas (Torrico-Bazoberry y Muñoz 2019) y en el triatomido *Mepraia spinolai* (Quiroga *et al.* 2019), los estudios se han abocado a describir el órgano estridulador. En el caso del triatomido, *Triatoma infestans*, las hembras no-fértiles estridulan cuando rechazan una

Figura 6-11

Cambio a través de los años de la frecuencia de los cantos de siete poblaciones de la ballena azul (*Balaenoptera musculus*), de distintos océanos. N=norte, S=sur, E=este, O= oeste. Las líneas son tendencias lineales de mínimos cuadrados. Los círculos café y violeta en la población del Índico E corresponden a cantos tonales.
Modificado de McDonald *et al.* (2009).

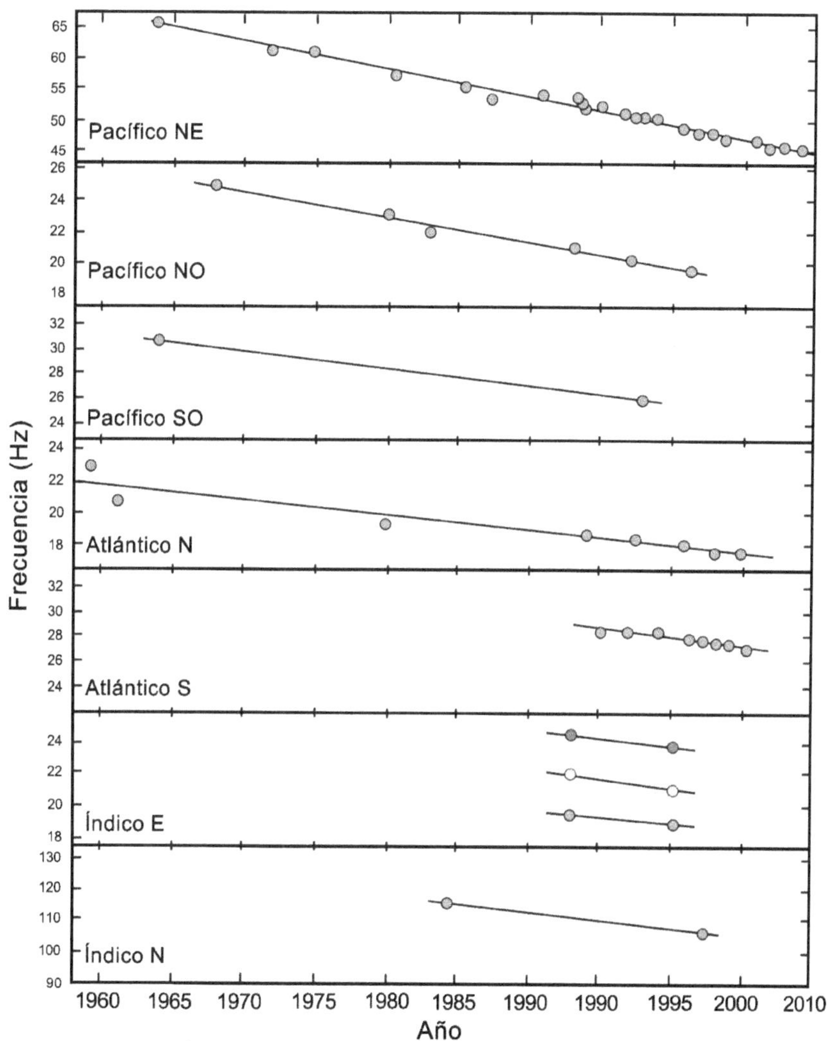

cópula (Manrique y Lazzari 1994, Roces y Manrique 1996), mientras que en la jaiba remadora, *Ovalipes trimaculatus*, las hembras reproductivas emiten más sonidos con los que atraen pareja (Buscaino *et al.* 2015b).

Resumen de los aspectos fundamentales discutidos en asociación a la modalidad acústica

Algunas generalizaciones de los estudios acústicos en fauna nativa muestran que la complejidad de la organización social, así como la necesidad de reconocimiento individual, determina la evolución de señales que permiten un reconocimiento individual fino. Este es el caso de las especies que viven en altas densidades, donde el reconocimiento individual depende del sello de sus vocalizaciones. En general, la evidencia acumulada avala la hipótesis de que la complejidad social es un modulador de la complejidad en las señales (ej., Freeberg *et al.* 2012). En segundo lugar, el ambiente modula las características de las señales acústicas, lo que apoya la hipótesis de adaptación local de las señales (Morton 1975). Es importante notar que los distintos taxa examinados difieren en el grado de ajuste entre las características de las señales y su propagación en el ambiente. Potencialmente, estas variaciones podrían ser el producto de distintos tiempos de acción de los procesos selectivos que desencadenan un acople señal-ambiente. Alternativamente, las especies difieren en la relevancia que el canal acústico tendría en su comunicación, lo que explicaría un ajuste diferencial al ambiente entre especies.

Señales mecánicas: sísmicas

A la fecha solo contamos con datos de los anuros nativos *P. thaul, P. bufonina* y *R. spinulosa* sobre este tipo de señales. Los estudios indican que los individuos de ambos sexos realizan vibraciones torácicas y abdominales, "vibraciones sexuales", cuando han sido amplexados erróneamente (Tabla 6-3). Estas vibraciones en algunos casos van acompañadas de llamadas de liberación (Cei y Espina-Aguilera 1957b, Duellman y Veloso 1977, Penna y Veloso 1982), lo que aceleraría la liberación de los individuos.

Señales visuales

Señales visuales: anfibios

Esencialmente, carecemos de estudios sobre señales visuales en anuros nativos. Se sabe, sin embargo, que las glándulas lumbares ("ojos de la espalda") del sapo de cuatro ojos del sur, *Pleurodema bufonina*, son disuasivos de depredadores (Cei y Espina-Aguilera 1957b, Cei 1980). Por otra parte, la ranita de Darwin, una especie diurna, presenta un polimorfismo sexual de su coloración, donde machos que incuban huevos tienden a cambiar su coloración (Bourke *et al.* 2011a), a una que los haría más crípticos, por lo que los cambios serían una estrategia antidepredador (Bourke *et al.* 2011b). Sin embargo, en ninguna de estas dos especies se ha explorado si dichos caracteres (i.e., glándulas lumbares, polimorfismo) tendrían alguna funcionalidad en la comunicación intraespecífica.

Señales visuales: reptiles

En lagartos nativos las señales visuales más estudiadas son los cabeceos, habiéndose reportado en al menos 10 especies de *Liolaemus*, en distintos contextos. En interacciones agonísticas, los machos de *L. tenuis*, realizan más cabeceos cuando están confrontados con machos desconocidos (Trigosso-Venario *et al.* 2002), respuesta que se ha asociado al **fenómeno del querido enemigo**, i.e., rivales que se conocen debido a interacciones previas, reducen los niveles de agresividad en interacciones agonistas (Jaeger 1981). En este mismo contexto, los cabeceos de los machos de *L. lemniscatus* serían señales honestas del poderío de los machos en combate, ya que los ganadores realizan más cabeceos y de mayor amplitud, que los perdedores (Labra *et al.* 2007b).

El registro de cabeceos y otros despliegues visuales han sido mayoritariamente documentados en estudios de reconocimiento químico, puesto que su expresión permite entender la significancia de la información percibida. Por ejemplo, machos de *L. montícola* realizan más cabeceos cuando están expuestos a **rastros químicos** de oponentes de mayor tamaño (Labra 2006). Esto indica que el receptor responde en función del poderío del emisor (i.e., tamaño), y sugiere una mayor inversión de energía cuando los oponentes son más poderosos, apoyando la hipótesis del **complejo de Napoleón**, i.e., en una interacción agonista, los individuos más pequeños ejecutan más despliegues (Just y Morris 2003). Por otra parte, los machos de *L. lemniscatus* cabecean más cuando están en un parche con rastros químicos de sus presas (Labra 2007), posiblemente como una estrategia para defender el alimento ante potenciales competidores. Los individuos de esta especie también cabecean cuando perciben rastros químicos de su depredador natural, la culebra de cola larga *P. chamissonis* (Labra y Niemeyer 2004). Estos datos siguieren que en *Liolaemus* la exhibición de cabeceos es una demostración honesta del poderío, en disputas por recursos y también para disuadir depredadores, tal como se ha mostrado en lagartos del género *Anolis* de Norte y Centro América (Leal y Rodríguez-Robles 1997, Leal 1999).

Si bien la mayoría de los reportes de cabeceos han sido en machos, las hembras también los realizan, como en *L. tenuis*, las que cabecean cuando encuentran rastros químicos de machos (Labra 2008a). Es probable, sin embargo, que la estructura y frecuencia de los cabeceos entregue información del sexo y edad del emisor, como en el matuasto vociferador, *Phymaturus vociferator*, en donde los machos cabecean más que las hembras o los juveniles (Habit y Ortiz 1996).

Es interesante el hecho de que la estructura de los cabeceos en lagartos del género *Liolaemus* es más simple que la de aquellos exhibidos por su equivalente ecológico *Sceloporus* de Norte y Centro América (Martins *et al.* 2004, Labra *et al.* 2007b). Se propuso que *Liolaemus* tendría una mayor diversidad de despliegues visuales, lo que supliría la simpleza de sus cabeceos (Martins *et al.* 2004), una hipótesis aún no examinada. Sin embargo, cabe destacar algunos despliegues particulares observados en *Liolaemus*. Los machos de *L. coeruleus* realizan eversión de sus hemipenes en interacciones agonistas, lo que sería un despliegue agresivo, puesto que esta conducta no ocurre cuando los machos están en presencia de hembras. Potencialmente este despliegue involucraría una comunicación multisensorial, ya que el arrastre de hemipenes permitiría además que los individuos depositen feromonas (Ruiz-Monachesi *et al.* 2019). Otros despliegues visuales exhibidos en diversos contextos, por distintas especies de *Liolaemus*, son los pataleos (Halloy y Castillo 2002) y la extrusion de ojos (Reyes-Olivares *et al.* 2016), para los cuales no existe claridad de su función. El movimiento de cola ha sido reportado en individuos que detectan los rastros químicos de sus depredadores (Troncoso-Palacios y Labra 2012), lo cual dirigiría los ataques del depredador hacia la cola, la que puede experimentar **autotomía** (ej., Bateman y Fleming 2009).

La coloración del cuerpo también constituye una señal visual, y en el caso de *L. sarmientoi*, se ha registrado que los machos presenta tres morfos de color, rojo, amarillo y rojo-amarillo (Fernández *et al.* 2018). Esta variabilidad está asociada a diferencias fisiológicas y conductuales, por lo que dicho polimorfismo implicaría estrategias conductuales alternativas, tal como se ha descrito en lagartos nativos de otras latitudes (Sinervo y Lively 1996). En el caso de *L. sarmientoi*, el morfo rojo es dominante sobre los otros, por lo que estos tienen mejores capacidades fisiológicas y resistencia física (Fernández *et al.* 2018). Por lo tanto, la coloración corporal sería una señal honesta de dominancia.

La mayor parte de los estudios que han examinado la importancia del canal visual en tortugas marinas, se han enfocado en la percepción del ambiente en un contexto de navegación y forrajeo donde estos reptiles usan su visión en agua y aire (Ehrenfeld 1968, Fehring 1972, Mäthger *et al.* 2007, Narazaki *et al.* 2013, Hall *et al.* 2018), siendo la visión en tierra (aire) más limitada (Ehrenfeld y Koch 1967). Así por ejemplo, se ha determinado la agudeza visual de *Caretta caretta* en pruebas conductuales (Bartol *et al.* 2003) y electrofisiológicas (Bartol *et al.* 2002, Horch *et al.* 2008). Muchos de estos estudios han sido estimulados por la necesidad de encontrar mecanismos que permitan evitar la captura accidental de las tortugas durante la pesca (Swimmer y Brill 2006, Gless *et al.* 2008, Southwood *et al.* 2008), buscando evitar estímulos visuales atractivos para las tortugas en los sistemas de trampas pesqueras.

Señales visuales: aves

En tres especies de pingüinos *Pygoscelis* (Adelia, antárctico y papúa), se ha observado que los individuos exhiben una ceremonia especie-específica de alivio del nido (del inglés "nest relief ceremonies") durante la época de incubación, lo que permitiría el reconocimiento de la pareja. Durante este despliegue, el individuo que retorna al nido comunica que puede tomar el turno en el nido, y el otro lo abandona temporalmente. Esta ceremonia involucra despliegues con y sin vocalizaciones por lo que podría considerarse un caso de comunicación multimodal (Müller-Schwarze y Müller-Schwarze 1980).

Casos similares son los del petrel gigante antártico, *Macronectes giganteus* (Bretagnolle 1988) y pato cortacorrientes, *Merganetta armata* (Úbeda *et al.* 2007), para los cuales se han descrito despliegues visuales combinados con distintos tipos de vocalizaciones.

Señales visuales: mamíferos

Solo contamos con unos pocos estudios en señales visuales en mamíferos, algunos de ellos involucrados en una comunicación multimodal. En la chinchilla, se ha registrado que cuando los individuos están confrontados con estímulos visuales, estos disminuyen la sensibilidad de la cóclea, el receptor auditivo (Delano *et al.* 2007). Por otra parte, en condiciones de intenso ruido ambiental natural (ej., viento), los individuos de la ballena jorobada, cambian el tipo de sus señales acústicas, de vocales a no vocales, a través de aumentar la frecuencia de saltos fuera del agua. Los golpes en el agua con las aletas, y la actividad general en la superficie permitiría llamar la atención de la audiencia de forma visual y acústica (**Figura 6-12**, Tyson *et al.* 2007, Dunlop *et al.* 2010). El uso de saltos aéreos como una señal visual, también ha sido reportado en el delfín nariz de botella, los cuales aumentan cuando los individuos forrajean, lo que facilitaría la defensa comunal del recurso (Acevedo-Gutiérrez 1999). En la ballena jorobada, *Megaptera novaeangliae*, también se han analizado los despliegues aéreos, observándose que los individuos realizan una mayor cantidad de despliegues cuando están agrupados (Pacheco *et al.* 2013).

Figura 6-12

Relación positiva entre la velocidad del viento y los sonidos producidos en la superficie analizando todos los grupos estudiados (línea continua y círculos) y los sonidos asociados a conductas sociales (línea discontinua y signo positivo). Modificado de Dunlop *et al.* (2010).

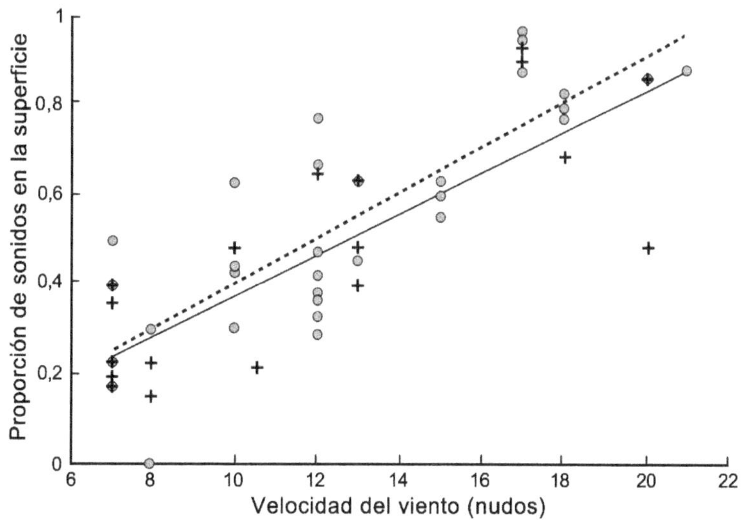

En diversas especies de mamíferos marinos (ej., *Mirounga leonina, Physeter macrocephalus* y *Ziphius cavirostris*), el interés por el sistema visual se ha centrado en el estudio de los pigmentos visuales de la retina, ya que de esta forma es posible estimar hasta qué profundidad estos animales podrían utilizar la visión para capturar sus presas (Southall *et al.* 2002).

Algunos estudios han intentado establecer asociaciones entre las sensibilidades visuales (estimadas a partir de rasgos neuro-anatómicos) y atributos del hábitat y modo de vida de las especies. Por ejemplo, en el cururo, *Spalacopus cyanus*, un roedor fosorial, las evidencias conductuales (Kott *et al.* 2016) y neuro-anatómicas (Vega-Zuniga *et al.* 2013) indican que la especie tiene una capacidad visual similar a la de especies diurnas, pues aun cuando es fosorial, su actividad es diurna (Urrejola *et al.* 2005). Esta especie también es capaz de percibir en el ultravioleta (UV). Dado que su orina refleja en el UV (Peichl *et al.* 2005) se ha planteado que esta reflexión podrían ser usada como clave visual en un contexto social (Koivula *et al.* 1999). En el caso del degu, sabemos que estos roedores tienen visión en colores y que también detectan UV (Jacobs *et al.* 2003). Tanto la orina como la zona ventral del cuerpo reflejan UV, lo que podría intervenir en su comunicación. Por ejemplo, cuando los individuos emiten señales vocales de alarma, estos se paran en sus patas traseras (Vásquez 1997), exhibiendo la zona ventral, lo que facilita la exhibición de áreas que emiten UV. Las especies congenéricas, *O. bridgesi* y *O. lunatus*, también exhiben reflectancia en UV en la zona ventral de sus cuerpos (Chávez *et al.* 2003), pero no es claro si los individuos de estas especies adoptan posturas bípedas ante la presencia de depredadores. Finalmente, el roedor fosorial *Ctenomys magellanicus*, también tiene la capacidad de detectar el UV, aun cuando no existen estudios sobre su potencial funcionalidad (Schleich *et al.* 2010).

Señales visuales: invertebrados

Hasta ahora, los estudios sobre el uso del sistema visual en insectos nativos han estado enfocados en el desarrollo de mecanismos para el control de plagas. Por ejemplo, la mosca endémica, *Rhagoletis tomatis*, es considerada un problema fitosanitario pues afecta negativamente los cultivos del tomate (Salazar *et al.* 2002). En este contexto, se han examinado sus capacidades visuales, a fin de determinar qué colores y formas le son más atractivos, y así diseñar trampas que incrementen la eficiencia de su captura (Frías *et al.* 1993).

Señales químicas

A mediados del siglo XX se aisló por primera vez una feromona, el bombykol, compuesto involucrado en la atracción de pareja en la mariposa de la seda, *Bombyx mandarina* (Wyatt 2014). A partir de este hito, el estudio de las feromonas se extendió a diversos taxa, aun cuando ha predominado un sesgo hacia los insectos, particularmente en lepidópteros, como quedó demostrado en la revisión sobre los estudios en feromonas a nivel mundial publicados hasta el año 2007 (Symonds y Elgar 2008). Esta misma tendencia se registró en los estudios en feromonas de insectos publicados en Sudamérica entre los años 1988 a 2008, donde lepidóptera fue el orden más estudiado (Bergmann *et al.* 2009). En contraste a estas tendencias, en Chile el estudio de la comunicación química se ha centrado en himenópteros **(Tabla 6-2)**.

La presente revisión habría tenido un sesgo marcado hacia insectos de haber incluido los estudios realizados en plagas, nativas o exóticas (ej., Bergmann *et al.* 2009, Curkovic *et al.* 2009), comensales de humanos (ej., moscas *Drosophila* exóticas, Soto-Yéber *et al.* 2019), o insectos introducidos con fines comerciales, como la cochinilla (ej., Rodríguez *et al.* 2005). Por lo tanto, opté por discutir solo algunos estudios de esta naturaleza, y así dar prioridad a ilustrar cuáles son las preguntas abordadas con la fauna nativa.

Señales químicas: anfibios

Los anfibios tienen una relativa alta dependencia en la comunicación química (Byrne y Keogh 2007, Pizzatto *et al.* 2016), aun cuando existe un gran desconocimiento del tema en las especies nativas. Larvas de *P. thaul* en el sur de Argentina, expuestas a sustancias químicas producto de la depredación de conespecíficos, exhiben respuestas antidepredatorias, por lo que dichas sustancias actuarían como claves de alarma. Más aun, las larvas aprenden a asociar estas claves con el producto de lesiones de heterospecíficos presas de los mismos depredadores (Pueta y Perotti 2016), lo que les permitiría reducir su riesgo de depredación.

Señales químicas: reptiles

Los reptiles Squamata utilizan a lo menos dos sistemas de percepción química, el olfato y el vomerolfato, estando este último localizado en la parte superior del techo de la boca. Debido a que los animales lamen al aire o superficies colectando moléculas que son llevadas a este órgano, esta conducta es utilizada como un indicador de reconocimiento químico **(Figura 6-13**, Mason y Parker 2010).

La capacidad de reconocer conespecíficos es un aspecto central en la conducta social de los animales (Manning y Dawkins 2012), lo que se relaciona con el auto-reconocimiento. En este caso, emisor y receptor son el mismo individuo, el cual discrimina sus propios rastros químicos de aquellos de conespecíficos del mismo sexo. El auto-reconocimiento se ha reportado en diversas especies de *Liolaemus*, de distintos grupos y residentes de distintos hábitats, por lo que este reconocimiento sería un rasgo del género (Labra 2008a, Labra 2008b, Aguilar *et al.* 2009, Troncoso-Palacios y Labra 2012, Ruiz-Monachesi *et al.* 2020). En general, los adultos exploran químicamente (i.e., lamen) menos los ambientes con sus propios rastros químicos, debido a que estos son conocidos y requieren de menos exploración. Sin embargo, las evidencias sugieren que este auto-reconocimiento tendría una fase de aprendizaje temprano durante el desarrollo de los individuos. En el caso de *L. bellii*, se observó que sujetos recién nacidos exploran significativamente más sus propios rastros que

Figura 6-13
Individuo de la culebra de cola larga, *Philodryas chamissonis*, realizando un lamido al aire.
Esto permite colectar semioquímicos y transportarlos al órgano vomeronasal,
ubicado en el techo del paladar. Imagen de Antonieta Labra.

una condición control, en comparación con los adultos (Labra *et al.* 2003). Por otra parte, en base a la información química, individuos de *L. tenuis* y de *L. bellii* reconocen el sexo de los emisores, capacidad que cambia estacionalmente (Labra y Niemeyer 1999, Labra *et al.* 2001), lo que podría deberse a que la información contenida en las feromonas también cambia estacionalmente y/o a que el órgano vomeronasal sufre cambios estacionales (ej., Dawley y Crowder 1995) que determinan modificaciones en sus percepciones.

Los rastros químicos entregan información fidedigna del emisor como se registró en *L. monticola*; los machos responden a los rastros de potenciales rivales en función de las habilidades competitivas de estos, es decir, su tamaño corporal (Labra 2006). La existencia de información sello del emisor en estos rastros se ha verificado parcialmente analizando la composición química de las secreciones de las glándulas precloacales de *L. bellii*, determinándose que los individuos difieren en la composición de dichas secreciones (Escobar *et al.* 2001). Estas glándulas están presentes en la mayoría de las especies de *Liolaemus*, fundamentalmente en los machos, y la función de feromonas de dichas secreciones se ha determinado a través de estudios conductuales (Labra 2008a, Valdecantos y Labra 2017) y electrofisiológicos del órgano vomeronasal (Labra *et al.* 2005). No obstante, cabe destacar que existen otras fuentes de feromonas en *Liolaemus*, como la piel y las heces (Labra *et al.* 2002, Labra 2008a).

En distintas especies de *Liolaemus* se ha determinado la capacidad de discriminar entre rastros químicos de conespecíficos e individuos de especies congenéricas simpátricas y alopátricas, lo que permitiría y/o facilitaría el aislamiento reproductivo entre especies (Labra 2011). En consistencia con esto, existen diferencias en la composición química de las secreciones precloacales de 20 especies de *Liolaemus*, encontrándose además diferencias a nivel poblacional (Escobar *et al.* 2001, 2003). Existen algunos pocos antecedentes sobre la evolución de los distintos componentes de la comunicación química en *Liolaemus*. Una comparación de las secreciones precloacales de dos poblaciones de *L. fabiani* caracterizadas por diferencias térmicas ilustra el posible ajuste entre la naturaleza química de las señales y las condiciones del ambiente. La composición química de las secreciones precloacales de individuos de la población caracterizada por temperaturas más altas, tiene mayores concentraciones de colesterol, molécula que actuaría como protector de las secreciones contra la degradación por calor (Escobar *et al.* 2003). Por otra parte, Escobar *et al.* (2001) encontraron que el número de las glándulas precloacales es mayor en especies que habitan a mayor altitud, lo que sugiere que en ambientes más severos sería necesaria una mayor producción de feromonas debido a una degradación más rápida de los compuestos químicos. No obstante, el número de estas glándulas también está fuertemente influenciado por una **inercia filogenética** (Pincheira-Donoso *et al.* 2008).

En al menos cinco especies de *Liolaemus* nativos se ha determinado la capacidad de reconocer rastros químicos de depredadores (Labra y Niemeyer 2004, Troncoso-Palacios y Labra 2012, Labra y Hoare 2015) o presas (Labra 2007, Mora y Labra 2017, Ruiz-Monachesi y Valdecantos 2017). Esto último es particularmente destacable porque contrasta con lo que se esperaría de acuerdo a la estrategia de forrajeo dominante en el género *Liolaemus*; la capacidad de detección química de presas es poco esperable en lagartos iguánidos que forrajean acechando a sus presas, una estrategia donde la visión sería más relevante que la quimiorecepción (Vitt y Pianka 2005). De hecho, De Perno y Cooper (1993) determinaron que individuos de *L. zapallarensis* no detectan los rastros químicos de sus presas. Queda entonces abierta la pregunta de si efectivamente la modalidad de caza es un condicionante para el reconocimiento de diversos tipos de rastros químicos (ej., presas, depredadores, conespecíficos).

Entre los ofidios solo sabemos que la culebra de cola larga, *P. chamissonis* (Figura 6-13), discrimina químicamente entre dos especies de lagartos que son sus presas naturales (Labra y Hoare 2015). En el caso de la tortuga *Chelonias mydas*, se ha planteado que estos individuos usan información química en la navegación (Manton *et al.* 1972). Esto también es apoyado por análisis histológicos en *Caretta caretta*, especie para la que se han descrito receptores del olfato y vomerolfato (Saito *et al.* 2000), aun cuando no existen datos sobre su uso en comunicación.

Señales químicas: aves

Tradicionalmente las aves han sido consideradas un taxon anósmico, es decir, que carecen de olfato (Wyatt 2014). Sin embargo, en la actualidad es sabido que varias especies usan señales químicas en su comunicación (Caro y Balthazart 2010). A la fecha existen algunos pocos estudios en especies nativas. Así por ejemplo, los individuos de la golondrina de mar (*Oceanites oceanicus*), son capaces de reconocer a sus parejas a través de los olores (Jouventin *et al.* 2007). Esta capacidad no sorprende si se considera que diversas aves procelariformes pueden reconocer olores de alimentos (Verheyden y Jouventin 1994).

Señales químicas: mamíferos

La mayor parte de la evidencia que apoya el uso de señales químicas en mamíferos nativos proviene de estudios en roedores. Las hembras del degu realizan crianza comunal de las crías, y la mayor parte de la evidencia indica que estas no discriminan químicamente entre crías propias o ajenas (Ebensperger *et al.* 2006). Otras interacciones sociales, sin embargo, sí estarían mediadas por rastros químicos en esta especie. Por ejemplo, los machos efectúan más baños de tierra que las hembras en arenas sin rastros químicos de un conspecífico del mismo sexo, sustrato que además marcan con orina. Sin embargo, los machos reducen esta actividad cuando están en sustratos previamente usados por otro macho (socialmente no familiar) en baños de tierra (Ebensperger 2000). Los baños de tierra además de tener un papel mediador de interacciones entre machos socialmente desconocidos, serían un mecanismo para mantener la familiaridad social entre individuos del mismo grupo; tanto hembras como machos realizan un mayor número de baños de tierra en sustratos con rastros de individuos socialmente conocidos (**Figura 6-14**, Ebensperger y Caiozzi 2002). Este reconocimiento químico en los juveniles está dado por una interacción entre el grado de familiaridad de los individuos y el grado de proximidad genética (Villavicencio *et al.* 2009). Sin embargo, también es relevante el aprendizaje de

Figura 6-14

Número promedio (+ Desviación estándar) de baños de tierra por minuto realizados por machos y hembras de *Octodon degus* durante 15 min en una arena experimental. Estas arenas habían sido previamente marcadas por conespecíficos del mismo sexo que el individuo focal, los cuales eran socialmente conocidos (familiares) o desconocidos (no familiares). Modificado de Ebensperger y Caiozzi (2002).

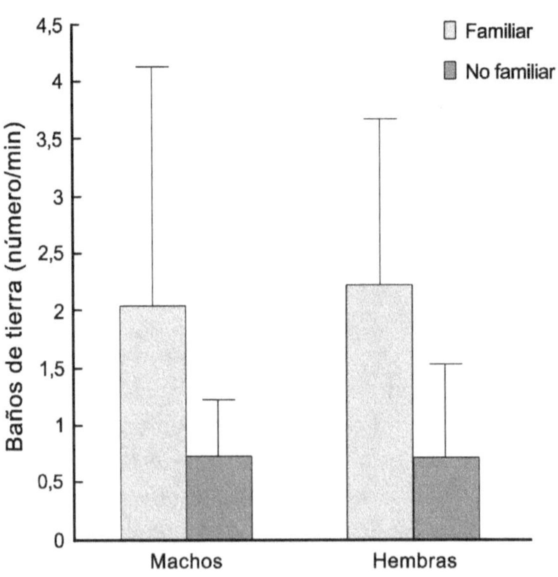

rastros químicos a temprana edad, ya que esto modula la respuesta de los individuos a sus conespecíficos (Márquez *et al.* 2015).

En muchos mamíferos, parte de la información química es recepcionada por el vomerolfato, siendo en estas especies la vía responsable de la percepción de feromonas (Wyatt 2014). Análisis histológicos del bulbo olfatorio accesorio, región del cerebro que recibe la información del órgano vomeronasal, revelaron un dimorfismo sexual en el degu, lo que determinaría, en parte, diferencias sexuales en la respuesta a señales químicas (Suárez y Mpodozis 2009).

En roedores, las Proteínas Urinarias Principales (MUP; "Major Urinary Proteins") presentes en la orina actuarían como feromonas, lo que explica que muchos roedores marquen substratos orinando (Wyatt 2014), tal como se ha registrado en el degu cuando los individuos orinan en arenas sin rastros químicos de conespecíficos (Ebensperger y Caiozzi 2002). Estas proteínas fueron analizadas en el cururo (Hagemeyer *et al.* 2011), pero su funcionalidad no ha sido evaluada. Sin embargo, sí se ha determinado que los cururos son capaces de reconocer individuos emparentados en base a olores ano-genitales (Hagemeyer y Begall 2006).

Señales químicas: invertebrados

A. Insectos

Diversos aspectos de la comunicación química de insectos están tratados en el capítulo 4, por lo que en esta sección solo resumo algunos aspectos para permitir al lector establecer contrastes o paralelos con lo descrito para otros taxa y canales de comunicación.

- **Señales químicas: insectos: reconocimiento intra e interespecífico**

La capacidad de reconocer a otros individuos, ya sean conespecíficos o heterospecíficos, está relacionada con el grado de sociabilidad de las especies, donde individuos de especies más sociales exhiben una mayor capacidad de reconocimiento. En este contexto, es esperable que especies **eusociales** tengan una alta capacidad de reconocimiento (Flores-Prado Capítulo 4). En Chile, estudios en la hormiga eusocial *Camponotus morosus*, muestran que efectivamente los individuos discriminan entre individuos de la misma y otra colonia, rechazando a estos últimos, conducta denominada **hermetismo** (Ipinza Regla *et al.* 1991, 1998). Este reconocimiento se basa en variaciones individuales en las proporciones de hidrocarburos cuticulares, i.e., información sello (Ipinza-Regla *et al.* 2004). Estudios experimentales muestran que cuando individuos de la hormiga *C. morosus* establecen su colonia en conjunto con otra especie (i.e., colonias **parabióticas**), como las hormigas *Brachymyrmex giardii* o *Solenopsis gayi*, los individuos no rechazan a aquellos de la otra especie (Ipinza-Regla *et al.* 1994, Errard *et al.* 2003). Análisis de hidrocarburos cuticulares muestran diferencias entre las colonias de *S. gayi*, por lo que *C. morosus* sería tolerante a *S. gayi* cuando está expuesta a sus rastros químicos, de tal forma que pueden detectarlos y recordarlos (Errard *et al.* 2003). De hecho, individuos de

C. morosus rechazan a individuos de *S. gayi* cuando no han compartido colonia, al igual que lo hacen con individuos de otras especies de hormigas, como *Linepithema humile* y *Camponotus chilensis*. En cambio, los individuos de *S. gayi* son menos agresivos con individuos de las dos especies de *Camponotus*, *C. morosus* y *C. chiliensis*, lo que implica un menor grado de hermetismo. En contraste, *C. chiliensis* al igual que *C. morosus* exhibe signos de hermetismo (Ipinza-Regla *et al.* 1996, 2017).

El tiempo requerido para reconocer conespecíficos intrusos en *C. morosus*, está determinada por la distancia entre el nido propio y el de conespecíficos de otros nidos (i.e., intrusos); a mayor distancia de procedencia, más rápido es el reconocimiento (Ipinza-Regla *et al.* 1993, 1998), probablemente porque tendrían una mayor diferenciación en los porcentajes de hidrocarburos cuticulares compartidos. Por otra parte, en *C. chilensis* los niveles de agresión hacia conespecíficos intrusos están inversamente relacionados con la distancia a dichas colonias; los intrusos de colonias más cercanas reciben más agresiones (Velásquez *et al.* 2006).

La capacidad de reconocer individuos de la misma colonia (equivalente a grupo social en vertebrados), también ha sido determinada en termitas, como *Porotermes quadricollis* (Sepúlveda 1997). En el caso de *Neotermes chilensis*, los soldados son más agresivos hacia individuos de otras colonias, independiente de la **casta** a la que pertenezcan. Este reconocimiento también está mediado por hidrocarburos cuticulares (Aguilera-Olivares *et al.* 2016a), pero además es afectado por el grado de parentesco, y donde a mayor proximidad genética menor es el nivel de agresión (Aguilera-Olivares *et al.* 2016b). Funcionalmente, se ha planteado que tal reconocimiento de parientes reduciría la endogamia (Aguilera-Olivares *et al.* 2015).

Considerando la relación entre sociabilidad y capacidad de reconocimiento de individuos (Flores-Prado Capítulo 4), no es sorprendente que la abeja solitaria *Manuelia postica*, no presente este tipo de reconocimiento. Sin embargo, cuando las hembras comparten nido, ellas sí reconocen a las compañeras de nido, lo que está mediado por hidrocarburos cuticulares (Flores-Prado *et al.* 2008). Más aún, las hembras reconocen individuos genéticamente cercanos (Flores-Prado y Niemeyer 2010). Estos resultados indican que el reconocimiento social no necesariamente está determinado por el grado de sociabilidad de las especies, lo que además es apoyado por observaciones donde las hembras de la abeja comunal *Protandrena evansi* no discriminan entre compañeras de colonia o extrañas (Flores-Prado *et al.* 2012).

En hormigas se ha demostrado la ocurrencia de feromonas de camino, señales que permiten reclutar individuos durante el forrajeo social. Es destacable, sin embargo, el caso de *Pogonomyrmex vermiculatus*, una especie cuyos individuos forrajean solitariamente. En esta especie los individuos poseen compuestos en la glándula de Dufour que permiten reclutar individuos para forrajear (Torres-Contreras *et al.* 2007). De hecho, se determinó experimentalmente que tales compuestos aceleran la velocidad de encuentros de parches con alimento en esta especie (Torres-Contreras y Niemeyer 2009).

El estudio del uso de señales químicas en moscas nativas de *Drosophila* ha sido importante para entender sus efectos en la adecuación biológica. La supervivencia de los huevos de *D. pavani* disminuye cuando estos son criados en medios con desechos metabólicos de larvas de conespecíficos, de la especie *D. gaucha* (una especie simpátrica y con la que puede hibridar), y de híbridos de ambas especies (Budnik y Brncic 1975). Esta respuesta podría ser un mecanismo que reduce la competencia entre los individuos durante el período larval. De forma similar, las larvas de *D. gaucha* evitan pupar en sitios con desechos de conspecíficos y heterospecíficos (Godoy-Herrera y Silva-Herrera 1997), pero también en presencia de larvas de heterospecíficos (Medina-Muñoz y Godoy-Herrera 2004).

Cabe destacar que en *Drosophila*, existe evidencia de que las especies utilizan comunicación multimodal. Por ejemplo, en *D. pavani* se reportó el uso simultáneo durante el cortejo, de señales visuales (danzas), vibroacústicas, táctiles (golpeteos), y químicas a través de lamidos y contacto antenal (Koref-Santibáñez y Eduardo del Solar 1961, Koref-Santibáñez 1963). También existe evidencia de que diferencias poblacionales en distintas señales del cortejo podrían mediar procesos de especiación en estos insectos (Koref-Santibáñez y Eduardo del Solar 1961, Koref-Santibáñez 1963). Además, las hembras de *R. conversa* y *R. brncici* depositan sus huevos junto con feromonas sexuales las que atraen a machos que fertilizan dichos huevos. Estas feromonas son repelentes para otras hembras conespecíficas, lo que reduce la competencia por el espacio de oviposición, y luego del alimento disponible para las larvas. Por su parte, los machos prefieren feromonas de su especie, lo que favorece el aislamiento reproductivo de estas especies filogenéticamente cercanas (Frías-Lasserre 2015).

Varios estudios se han enfocado en determinar la importancia de las señales químicas en los procesos reproductivos de insectos que afectan el cultivo de especies de importancia comercial. La expectativa ha sido poder usar dichas señales para remover los individuos de estas especies y reducir las pérdidas económicas en los cultivos. Por ejemplo, en el pololo verde, *Hylamorpha elegans*, una especie nativa considerada "dañina" ya que se alimenta de las raíces de gramíneas, se han investigado las feromonas emitidas por las hembras para atraer a los machos y copular (Quiroz *et al.* 2007). Igualmente, en la polilla *Chilecomadia valdiviana*, cuyas larvas causan daño a frutales con importancia económica, se han estudiado los compuestos de las glándulas abdominales de las hembras que atraen a los machos (Herrera *et al.* 2016). En el cabrito del frambueso, *Aegorhinus superciliosus*, plaga importante de algunos frutos en la zona centro-sur de Chile, se han registrado las respuestas conductuales y electrofisiológicas antenales de los machos a las feromonas de hembras (Mutis *et al.* 2010). En esta especie se determinó que ambos sexos poseen la misma composición de hidrocarburos cuticulares, pero que difieren en su proporción (Mutis *et al.* 2009).

La vinchuca, *Triatoma infestans*, un insecto hemíptero hematófago ha sido estudiado principalmente por su importancia epidemiológica, ya que es vector del protozoo *Trypanosoma cruzi*, causante de la enfermedad de Chagas. Se ha demostrado que tanto las heces como la presencia de hidrocarburos cuticulares de los individuos favorecen la formación de agregaciones de individuos de esta especie (Figueiras y Lazzari 1998). Sin embargo, las heces atraen a conespecíficos solo después de tres horas de su deposición, ya que inicialmente causan repulsión (Figueiras y Lazzari 2000). Esto se explica por variaciones en la concentración de amonio en las heces (Taneja y Guerin 1997). Más allá de las heces, los olores de los huéspedes también son atractores de estos chinches (Guerenstein y Guerin 2001). En la vinchuca también se ha determinado que las secreciones de las glándulas metasternal de las hembras determinan una agregación de machos, facilitando la copulación (Crespo y Manrique 2007). Por otra parte, se han identificado los compuestos volátiles emitidos por las glándulas de Brindley de ambos sexos durante la cópula, los que se postulan como feromonas de la cópula (Fontan *et al.* 2002).

- Señales químicas: crustáceos

En el camarón de roca, *Rhynchocinetes typus*, se exploró el rol de los compuestos semioquímicos en la atracción de los sexos, además de determinarse el efecto combinado de la información química y visual. Los datos mostraron que machos y hembras dependen diferencialmente de ambas modalidades sensoriales; las hembras localizan a los machos usando información química, mientras que los machos usan información visual en la búsqueda de hembras (Díaz y Thiel 2004).

- Señales químicas: moluscos

Las señales o claves químicas pueden ser fundamentales para el asentamiento de las larvas en animales acuáticos. A pesar de esto, son pocos los estudios que han abordado este aspecto en la fauna nativa de Chile (Rodríguez *et al.* 1992). Entre las especies donde esto se ha examinado, destaca la posible importancia en el asentamiento de las larvas del loco, *Concholepas concholepas*, un gastrópodo de importancia económica, de compuestos inorgánicos como el potasio (Rodríguez *et al.* 1992), así como de semioquímicos de adultos y sus presas (Manríquez *et al.* 2004).

Señales táctiles

La importancia de señales táctiles se ha demostrado en unas pocas especies nativas, como en el piuchén (*Desmodus rotundus*; **Figura 6-15**). El **acicalamiento** individual reportado en estos murciélagos se asocia a la remoción de ectoparásitos. En cambio, el acicalamiento social entre individuos del mismo grupo ocurre en forma independiente de la cantidad de parásitos, y se asocia positivamente con el grado de parentesco y a interacciones cooperativas previas de asociadas con compartir alimento (Wilkinson 1986). El acicalamiento mutuo y los contactos de nariz también se han reportado de forma más anecdótica en *O. degus*, y donde los contactos nasales probablemente implicarían además una inspección olfativa (Fulk 1976).

En hormigas, el contacto físico, en particular el antenal, favorece el intercambio de información entre los participantes. En la hormiga cosechadora *Dorymyrmex goetschi* el número de presas recolectadas incrementa con el número de veces que los individuos realizan contacto cabeza-cabeza (Torres-Contreras y Vásquez 2004). En el caso de la determinación del reconocimiento interespecífico de *Camponotus morosus* y *Linepithema*

Figura 6-15

Agrupación de piuchenes (*Desmodus rotundus*) donde pueden ocurrir diversas interacciones sociales, desde acicalamiento entre los individuos hasta la solicitud de alimento, en Isla Pupuya, región de O'Higgins. Imagen gentileza de Maximiliano Daigre.

humile ambas especies requieren de contacto antenal para un reconocimiento certero de los individuos, lo que implicaría uso de información química y táctil (Ipinza-Regla *et al.* 2017).

POTENCIALES MODELOS DE ESTUDIO Y FUTURAS INVESTIGACIONES

Es evidente que existen carencias en el conocimiento disponible en distintos ámbitos de la comunicación de distintos taxa nativos. Por ejemplo, aún son pocos los estudios que han abordado la comunicación sísmica o incluso multimodal. Sin embargo, en vez de ahondar en las carencias, me centro en destacar algunos aspectos interesantes que podrían ser abordados en mayor profundidad. De la información recopilada, es claro que distintas especies representan modelos potencialmente relevantes para abordar a fondo preguntas específicas, como lo es la chinchilla, que ha sido un organismo modelo en el estudio de la audición (ej., Shofner 2011), a pesar de que se desconocen los aspectos conductuales vinculados a esta modalidad sensorial en condiciones naturales. En cetáceos, la comunicación acústica es extremadamente relevante, y en estos organismos es posible encontrar desde especies con repertorios estables a través de los años, a especies cuyos repertorios cambian a una escala interanual. ¿Qué determina esta variación en la estabilidad de las señales dentro de las especies? Por otra parte, la fauna nativa de Chile incluye especies para las cuales existe un amplio conocimiento de su biología básica, lo que las ha llevado a convertirse en modelos de estudio. Este es el caso del degu, que aparte de ser un modelo para estudios conductuales (Ebensperger Capítulo 3, Labra *et al.* Capítulo 2), también lo es para estudios biomédicos (Hurley *et al.* 2018).

A continuación, señalo algunos aspectos que pueden representar "oportunidades" para el desarrollo de futuros programas de investigación, entre otras, debido a la posibilidad de contribuir a los aspectos teóricos de la comunicación animal.

1) En la actualidad existe preocupación por el cambio global y de cómo la biodiversidad se está viendo afectada negativamente por este fenómeno (Mace *et al.* 2018). En este contexto, uno de los aspectos que está cobrando relevancia en la comunicación intra e interespecífica, es entender cómo los animales están respondiendo a la creciente perturbación, y cómo esto repercute en su adecuación biológica. No cabe duda de que existe un incremento en el entendimiento de los aspectos básicos y fundamentales de la comunicación de algunas especies nativas, lo cual proporciona antecedentes para entender cómo estas especies responderían a los cambios por acción antrópica. Lo cierto es, sin embargo, que aún estamos lejos de tener una plataforma sólida y amplia de conocimiento de los aspectos conductuales para gran parte de la fauna nativa, que permita predecir los efectos del cambio global. Más aun, estamos carentes de información que permita asegurar que las especies se ajustarían adecuadamente para seguir realizando de forma apropiada el proceso vital de la comunicación.

    La perturbación antrópica no solo contribuye con ruido que afecta los distintos canales de comunicación, sino que implica cambios en variables abióticas como la temperatura (Pinsky *et al.* 2019). Las vocalizaciones de algunas especies de anfibios son afectadas por la temperatura. La determinación de estos efectos es importante, y parte de la fauna nativa de Chile ofrece ventajas producto de estar asociada a gradientes térmicos naturales, lo cual es idóneo para analizar el efecto de cambios térmicos, a lo menos en especies de amplia distribución. Más aun, las temperaturas a las que vocalizan los anuros del bosque templado y región patagónica son las más bajas registradas para estos vertebrados, y el calentamiento global podría entonces, generar importantes perturbaciones para los anuros nativos.

2) El caso de las especies de anuros nativos, particularmente las del género *Eupsophus* que vocalizan desde sus cuevas, plantea interrogantes sobre el significado de las señales. Estos casos escapan, en principio, a la tradicional visión de que las señales son rasgos producidos por un emisor que llevan información y que afectan la conducta de un receptor, cuando estos son capaces de decodificar el mensaje. Los antecedentes recopilados hasta ahora, tienden a cuestionar algunos de los aspectos del proceso comunicativo. El hecho de que los machos emitan llamadas de advertencia desde cuevas, y que estas se amplifiquen al interior de las cuevas del individuo receptor, determina una serie de interrogantes en relación a la funcionalidad de las señales y su papel de proveer información asociada a selección sexual. ¿Es posible extraer información honesta del emisor de las llamadas emitidas desde las cuevas? Dado que las hembras no se encuentran dentro de cuevas cuando perciben las llamadas

de los machos, y estas llamadas no experimentan amplificación luego de ser emitidas, ¿seleccionan las hembras a los machos en función de las características de sus llamadas? ¿Cómo sería la selección por parte de una hembra de vocalizaciones emitidas dentro y fuera de las cuevas?

3) El hecho de que exista solo una especie de lagarto *Liolaemus* que vocaliza, el lagarto chillón, en un género que cuenta con más de 270 especies, convierte a esta especie en un modelo bastante único para estudiar la evolución de las vocalizaciones en un taxon no vocal. Si bien existen reportes anecdóticos de vocalizaciones en otras cuatro especies en el género (véase Reyes-Olivares y Labra 2017), solo existen evidencias concretas de vocalización en el lagarto chillón. ¿Cuáles han sido las presiones selectivas que determinan que solo una especie de un género muy diverso, vocalice?

4) La realización de estudios comparados entre los géneros de lagartos *Liolaemus* del cono sur de Sudamérica y *Sceloporus* del Norte y Centro América resulta una aproximación especialmente relevante para evaluar la hipótesis de que la complejidad de las señales está directamente asociada con la complejidad de los sistemas sociales. ¿Son las interacciones sociales en *Liolaemus* comparativamente más sencillas que las de *Sceloporus*? ¿Cuál ha sido la importancia relativa de los factores ambientales y filogenéticos en modular los despliegues visuales en estos géneros?

Los problemas destacados al final de este texto, así como las interrogantes planteadas a los largo del desarrollo del capítulo apuntan a una gran riqueza biológica aun bastante inexplorada de la fauna nativa de Chile. Su atractivo constituye una invitación a llenar estos vacíos y a explorar aquellos casos que se perfilan como modelos de estudio.

AGRADECIMIENTOS

Agradezco las distintas fuentes de financiamiento que han permitido esta investigación (FONDECYT 1120181, 1090251, 3990021, 4960001, 2950015, e IFS 2933-2, 2933-1). Van mis sinceros agradecimientos al "colega" Luis Ebensperger por sus significativas contribuciones a este escrito, además de los valiosos aportes de Nelson A. Velásquez y Mario Penna. A la memoria de Antonieta y Julio.

LITERATURA CITADA

Abramson JZ, Hernández-Lloreda MV, García L, Colmenares F, Aboitiz F, Call J (2018). Imitation of novel conspecific and human speech sounds in the killer whale (*Orcinus orca*). *Proceedings of the Royal Society B: Biological Sciences* 285:20172171.

Acevedo-Gutiérrez A (1999). Aerial behavior is not a social facilitator in bottlenose dolphins hunting in small groups. *Journal of Mammalogy* 80:768-776.

Acevedo-Gutiérrez A, Stienessen SC (2004). Bottlenose dolphins (*Tursiops truncatus*) increase number of whistles when feeding. *Aquatic Mammals* 30:357-362.

Acharya L, Fenton MB (1992). Echolocation behaviour of vespertilionid bats (*Lasiurus cinereus* and *Lasiurus borealis*) attacking airborne targets including arctiid moths. *Canadian Journal of Zoology* 70:1292-1298.

Aguilar PM, Labra A, Niemeyer HM (2009). Self-chemical recognition in the lizard *Liolaemus fitzgeraldi*. *Journal of Ethology* 27:181-184.

Aguilera-Olivares D, Flores-Prado L, Véliz D, Niemeyer H (2015). Mechanisms of inbreeding avoidance in the one-piece drywood termite *Neotermes chilensis*. *Insectes Sociaux* 62:237-245.

Aguilera-Olivares D, Burgos-Lefimil C, Melendez W, Flores-Prado L, Niemeyer HM (2016a). Chemical basis of nestmate recognition in a defense context in a one-piece nesting termite. *Chemoecology* 26:163-172.

Aguilera-Olivares D, Rizo JF, Burgos-Lefimil C, Flores-Prado L, Niemeyer HM (2016b). Nestmate recognition in defense against nest invasion by conspecifics during swarming in a one-piece nesting termite. *Revista Chilena de Historia Natural* 89:11.

Akamatsu T, Hatakeyama Y, Takatsu N (1993). Effects of pulse sounds on escape behavior of false killer whales. *Nippon Suisan Gakkaishi* 59:1297-1303.

Alberts AC (1992). Constraints on the design of chemical communication systems in terrestrial vertebrates. *American Naturalist* 139:S62-S89.

Amano M, Kourogi A, Aoki K, Yoshioka M, Mori K (2014). Differences in sperm whale codas between two waters off Japan: possible geographic separation of vocal clans. *Journal of Mammalogy* 95:169-175.

Amaya JP, Zufiaurre E, Areta JI, Abba AM (2019). The weeping vocalization of the screaming hairy armadillo (*Chaetophractus vellerosus*), a distress call. *Journal of Mammalogy* 100:1427-1435.

Ancel A, Beaulieu M, Gilbert C (2013). The different breeding strategies of penguins: a review. *Comptes Rendus Biologies* 336:1-12.

Antunes R, Schulz T, Gero S, Whitehead H, Gordon J, Rendell L (2011). Individually distinctive acoustic features in sperm whale codas. *Animal Behaviour* 81:723-730.

Au WW, Ford JK, Horne JK, Allman KAN (2004). Echolocation signals of free-ranging killer whales (*Orcinus orca*) and modeling of foraging for chinook salmon (*Oncorhynchus tshawytscha*). *Journal of the Acoustical Society of America* 115:901-909.

Au WWL, Pawloski JL, Nachtigall PE, Blonz M, Gisner RC (1995). Echolocation signals and transmission beam pattern of a false killer whale (*Pseudorca crassidens*). *Journal of the Acoustical Society of America* 98:51-59.

Aubin T, Jouventin P, Charrier I (2015). Mother vocal recognition in antarctic fur seal *Arctocephalus gazella* pups: a two-step process. *Plos One* 10:e0134513.

Balcombe JP (1990). Vocal recognition of pups by mother Mexican free-tailed bats, *Tadarida brasiliensis mexicana*. *Animal Behaviour* 39:960-966.

Balcombe JP, McCracken GF (1992). Vocal recognition in mexican free-tailed bats: do pups recognize mothers? *Animal Behaviour* 43:79-87.

Barclay RM (1986). The echolocation calls of hoary (*Lasiurus cinereus*) and silver-haired (*Lasionycteris noctivagans*) bats as adaptations for long-versus short-range foraging strategies and the consequences for prey selection. *Canadian Journal of Zoology* 64:2700-2705.

Barclay RM, Fullard JH, Jacobs DS (1999). Variation in the echolocation calls of the hoary bat (*Lasiurus cinereus*): influence of body size, habitat structure, and geographic location. *Canadian Journal of Zoology* 77:530-534.

Barrett-Lennard LG, Ford JKB, Heise KA (1996). The mixed blessing of echolocation: differences in sonar use by fish-eating and mammal-eating killer whales. *Animal Behaviour* 51:553-565.

Bartol S, Musick JA, Ochs AL (2002). Visual acuity thresholds of juvenile loggerhead sea turtles (*Caretta caretta*): an electrophysiological approach. *Journal of Comparative Physiology* A 187:953-960.

Bartol SM, Musick JA, Lenhardt ML (1999). Auditory evoked potentials of the loggerhead sea turtle (*Caretta caretta*). *Copeia* 1999:836-840.

Bartol SM, Mellgren RL, Musick JA (2003). Visual acuity of juvenile loggerhead sea turtles (*Caretta caretta*): a behavioral approach. *International Journal of Comparative Psychology* 16:143-155.

Basolo AL (1995). Phylogenetic evidence for the role of a pre-existing bias in sexual selection. *Proceedings of the Royal Society of London* B 259:307-311.

Bass AH, Northcutt RG (1981). Primary retinal targets in the Atlantic loggerhead sea turtle, *Caretta caretta*. *Cell and Tissue Research* 218:253-264.

Bateman PW, Fleming PA (2009). To cut a long tail short: a review of lizard caudal autotomy studies carried out over the last 20 years. *Journal of Zoology* 277:1-14.

Baumgartner MF, Fratantoni DM (2008). Diel periodicity in both sei whale vocalization rates and the vertical migration of their copepod prey observed from ocean gliders. *Limnology and Oceanography* 53:2197-2209.

Baumgartner MF, Van Parijs SM, Wenzel FW, Tremblay CJ, Carter Esch H, Warde AM (2008). Low frequency vocalizations attributed to sei whales (*Balaenoptera borealis*). *Journal of the Acoustical Society of America* 124:1339-1349.

Bazúa-Durán C (2004). Differences in the whistle characteristics and repertoire of bottlenose and spinner dolphins. *Anais da Academia Brasileira de Ciências* 76:386-392.

Beamish P, Mitchell E (1971). Ultrasonic sounds recorded in the presence of a blue whale *Balaenoptera musculus*. *Deep Sea Research and Oceanographic Abstracts* 18:803-809.

Begall S, Burda H (2006). Acoustic communication and burrow acoustics are reflected in the ear morphology of the coruro (*Spalacopus cyanus*, Octodontidae), a social fossorial rodent. *Journal of Morphology* 267:382-390.

Begall S, Burda H, Schneider B (2004). Hearing in coruros (*Spalacopus cyanus*): special audiogram features of a subterranean rodent. *Journal of Comparative Physiology* A 190:963-969.

Belwood JJ, Fullard JH (1984). Echolocation and foraging behaviour in the Hawaiian hoary bat, *Lasiurus cinereus semotus*. *Canadian Journal of Zoology* 62:2113-2120.

Berchok CL, Bradley DL, Gabrielson TB (2006). St. Lawrence blue whale vocalizations revisited: characterization of calls detected from 1998 to 2001. *Journal of the Acoustical Society of America* 120:2340-2354.

Bergmann J, González A, Zarbin PHG (2009). Insect pheromone research in South America. *Journal of the Brazilian Chemical Society* 20:1206-1219.

Blumstein DT, Récapet C (2009). The sound of arousal: the addition of novel non-linearities increases responsiveness in marmot alarm calls. *Ethology* 115:1074-1081.

Bocconcelli A, Hickmott L, Chiang G, Bahamonde P, Howes G, Landea-Briones R, Caruso F, Saddler M, Sayigh L (2016). DTAG studies of blue whales (*Balaenoptera musculus*) in the Gulf of Corcovado, Chile. *Proceedings of Meetings on Acoustics* 27:040002.

Boisseau O, Gillespie D, Leaper R, Moscrop A (2008). Blue (*Balaenoptera musculus*) and fin (*B. physalus*) whale vocalisations measured from northern latitudes of the Atlantic Ocean. *Journal of Cetacean Research and Management* 10:23-30.

Boul Kathryn E, Chris Funk W, Darst Catherine R, Cannatella David C, Ryan Michael J (2007). Sexual selection drives speciation in an Amazonian frog. *Proceedings of the Royal Society B: Biological Sciences* 274:399-406.

Bourke J, Busse K, Bakker TCM (2011a). Sex differences in polymorphic body coloration and dorsal pattern in Darwin's frogs (*Rhinoderma darwinii*). *Herpetological Journal* 21:227-234.

Bourke J, Barrientos C, Ortiz JC, Busse K, Böhme W, Bakker TC (2011b). Colour change in Darwin's frogs (*Rhinoderma darwinii*, Duméril and Bibron, 1841) (Anura: Rhinodermatidae). *Journal of Natural History* 45:2661-2668.

Bradbury JW, Vehrencamp SL (2011). *Principles of animal communication*. Sinauer Associates, China.

Branham MA, Wenzel JW (2001). The evolution of bioluminescence in cantharoids (Coleoptera: Elateroidea). *Florida Entomologist* 84:565-586.

Bretagnolle V (1988). Social behaviour of the southern giant petrel. *Ostrich* 59:116-125.

Bretagnolle V (1989). Calls of Wilson's storm petrel: functions, individual and sexual recognitions, and geographic variation. *Behaviour* 111:98-112.

Bro-Jørgensen J (2010). Dynamics of multiple signalling systems: animal communication in a world in flux. *Trends in Ecology & Evolution* 25:292-300.

Brooke ML (1986). The vocal systems of two nocturnal burrowing petrels, the White-chinned *Procellaria aequinoctialis* and the Grey *P. cinerea*. *Ibis* 128:502-512.

Brown TJ, Handford P (2002). Why birds sing at dawn: the role of consistent song transmission. *Ibis* 145:120-129.

Bryan RD, Wunder MB (2014). Western burrowing owls (*Athene cunicularia hypugaea*) eavesdrop on alarm calls of black tailed prairie dogs (*Cynomys ludovicianus*). *Ethology* 120:180-188.

Buchan SJ, Rendell LE, Hucke Gaete R (2010). Preliminary recordings of blue whale (*Balaenoptera musculus*) vocalizations in the Gulf of Corcovado, northern Patagonia, Chile. *Marine Mammal Science* 26:451-459.

Buchan SJ, Hucke-Gaete R, Rendell L, Stafford KM (2014). A new song recorded from blue whales in the Corcovado Gulf, Southern Chile, and an acoustic link to the Eastern Tropical Pacific. *Endangered Species Research* 23:241-252.

Buckstaff KC (2004). Effects of watercraft noise on the acoustic behavior of bottlenose dolphins, *Tursiops truncatus*, in Sarasota Bay, Florida. *Marine Mammal Science* 20:709-725.

Budnik M, Brncic D (1975). Response of *Drosophila pavani*, *Drosophila gaucha* and their hybrids to larval biotic residues. *Experientia* 31:781-782.

Bullock TH, Hopkins CD, Popper AN, Fay RR (2006). *Electroreception*. Springer Verlag, Nueva York, Estados Unidos de América.

Burtt EH (1977). Some factors in the timing of parent-chick recognition in swallows. *Animal Behaviour* 25:231-239.

Buscaino G, Buffa G, Filiciotto F, Maccarrone V, Di Stefano V, Ceraulo M, Mazzola S, Alonge G (2015a). Pulsed signal properties of free-ranging bottlenose dolphins (*Tursiops truncatus*) in the central Mediterranean Sea. *Marine Mammal Science* 31:891-901.

Buscaino G, Gavio A, Galvan D, Filiciotto F, Maccarrone V, de Vincenzi G, Mazzola S, Orensanz JM (2015b). Acoustic signals and behaviour of *Ovalipes trimaculatus* in the context of reproduction. *Aquatic Biology* 24:61-73.

Byrne PG, Keogh JS (2007). Terrestrial toadlets use chemosignals to recognize conspecifics, locate mates and strategically adjust calling behaviour. *Animal Behaviour* 74:1155-1162.

Caldwell MC, Caldwell DK (1965). Individualized whistle contours in bottle-nosed dolphins (*Tursiops truncatus*). *Nature* 207:434-435.

Caldwell MC, Caldwell DK (1969). Simultaneous but different narrow-band sound emissions by a captive eastern pacific pilot whale, *Globicephala scammoni*. *Mammalia* 33:505-508.

Candolin U (2003). The use of multiple cues in mate choice. *Biological Reviews* 78:575-595.

Canepa AJ, Sanino GP, Yáñez JL (2006). Preliminary note of the vocal repertoire of a resident population of common bottlenose dolphins, *Tursiops truncatus*, in Chile. *Boletín del Museo Nacional de Historia Natural* 55:41-49.

Carazo P, Font E (2010). Putting information back into biological communication. *Journal of Evolutionary Biology* 23:661-669.

Caro S, Balthazart J (2010). Pheromones in birds: myth or reality? *Journal of Comparative Physiology A: Neuroethology, Sensory, Neural, and Behavioral Physiology* 196:751-766.

Carothers JH, Groth JG, Jaksic FM (2001). Vocalization as a response to capture in the central Chilean lizard *Liolaemus chiliensis* (Tropiduridae). *Studies on Neotropical Fauna and Environment* 36:93-94.

Carter GG, Wilkinson GS (2016). Common vampire bat contact calls attract past food-sharing partners. *Animal Behaviour* 116:45-51.

Carter GG, Logsdon R, Arnold BD, Menchaca A, Medellin RA (2012). Adult vampire bats produce contact calls when isolated: acoustic variation by species, population, colony, and individual. *Plos One* 7:e38791.

Castellote M, Clark CW, Lammers MO (2012). Acoustic and behavioural changes by fin whales (*Balaenoptera physalus*) in response to shipping and airgun noise. *Biological Conservation* 147:115-122.

Cei J (1980). Amphibians of Argentina. *Monitore Zoologico Italiano Monografía* 2:1-609.

Cei J, Espina-Aguilera S (1957a). La vibración sexual preventiva ("warning vibration") en *Pleurodema* chilenas. *Investigaciones Zoológicas Chilenas* 4:15-21.

Cei JM, Espina-Aguilera S (1957b). La vibración sexual preventiva en poblaciones de *Bufo spinulosus* de Chile. *Investigaciones Zoológicas Chilenas* 4:62-65.

Cei JM, Capurro L (1957). La distribución de los patrones de coloración en *Pleurodema bibroni* en relación con la distribución geográfica y el hábitat. *Investigaciones Zoológicas Chilenas* 3:156-161.

Celis J, Ippi S, Charrier A, Garín C (2011). *Guía de campo de los vertebrados terrestres. Fauna de los bosques templados de Chile.* Corporación Chilena de la Madera, Concepción, Chile.

Cerchio S, Dahlheim M (2001). Variation in feeding vocalizations of humpback whales *Megaptera novaeangliae* from southeast Alaska. *Bioacoustics* 11:277-295.

Cerchio S, Jacobsen JK, Norris TF (2001). Temporal and geographical variation in songs of humpback whales, *Megaptera novaeangliae*: synchronous change in Hawaiian and Mexican breeding assemblages. *Animal Behaviour* 62:313-329.

Charrier I, Mathevon N, Jouventin P (2001). Mother's voice recognition by seal pups. *Nature* 412:873.

Charrier I, Mathevon N, Jouventin P (2002a). How does a fur seal mother recognize the voice of her pup? An experimental study of *Arctocephalus tropicalis*. *Journal of Experimental Biology* 205:603-612.

Charrier I, Mathevon N, Jouventin P (2003). Vocal signature recognition of mothers by fur seal pups. *Animal Behaviour* 65:543-550.

Charrier I, Pitcher BJ, Harcourt RG (2009). Vocal recognition of mothers by Australian sea lion pups: individual signature and environmental constraints. *Animal Behaviour* 78:1127-1134.

Charrier I, Mathevon N, Hassnaoui M, Carraro L, Jouventin P (2002b). The subantarctic fur seal pup switches its begging behaviour during maternal absence. *Canadian Journal of Zoology* 80:1250-1255.

Chávez AE, Bozinovic F, Peichl L, Palacios AG (2003). Retinal spectral sensitivity, fur coloration, and urine reflectance in the genus *Octodon* (Rodentia): implications for visual ecology. *Investigative Ophthalmology & Visual Science* 44:2290-2296.

Cholewiak DM, Sousa Lima RS, Cerchio S (2013). Humpback whale song hierarchical structure: historical context and discussion of current classification issues. *Marine Mammal Science* 29:E312-E332.

Clark C, Altman NS (2006). Acoustic detections of blue whale (*Balaenoptera musculus*) and fin whale (*B. physalus*) sounds during a SURTASS LFA exercise. *IEEE Journal of Oceanic Engineering* 31:120-128.

Clark CJ, Feo TJ, Dongen WFV (2013). Sounds and courtship displays of the Peruvian sheartail, Chilean woodstar, oasis hummingbird, and a hybrid male Peruvian sheartail × Chilean woodstar. *The Condor* 115:558-575.

Clark CW (1982). The acoustic repertoire of the Southern right whale, a quantitative analysis. *Animal Behaviour* 30:1060-1071.

Clark CW, Clark JM (1980). Sound playback experiments with southern right whales (*Eubalaena australis*). *Science* 207:663-665.

Clark CW, Borsani J, Notarbartolo Di sciara G (2002). Vocal activity of fin whales, *Balaenoptera physalus*, in the Ligurian Sea. *Marine Mammal Science* 18:286-295.

Clark JA, Boersma PD, Olmsted DM (2006). Name that tune: call discrimination and individual recognition in Magellanic penguins. *Animal Behaviour* 72:1141-1148.

Colafrancesco KC, Gridi-Papp M (2016). Vocal sound production and acoustic communication in amphibians and reptiles. Pp 51-82, en: *Vertebrate sound production and acoustic communication* (Suthers RA, Fitch WT, Fay RR, Popper AN, eds.). Springer, Cham, Suiza.

Colonnello V, Iacobucci P, Fuchs T, Newberry RC, Panksepp J (2011). *Octodon degus*. A useful animal model for social-affective neuroscience research: basic description of separation distress, social attachments and play. *Neuroscience & Biobehavioral Reviews* 35:1854-1863.

Constanzo-Chávez J, Penna M, Labra A (2018). Comparing the antipredator behaviour of two sympatric, but not syntopic, *Liolaemus* lizards. *Behavioural Processes* 148:34-40.

Cook MLH, Sayigh LS, Blum JE, Randall SW (2004). Signature-whistle production in undisturbed free-ranging bottlenose dolphins (*Tursiops truncatus*). *Proceedings of the Royal Society of London. Series B: Biological Sciences* 271:1043-1049.

Corkeron PJ, Van Parijs SM (2001). Vocalizations of eastern Australian Risso's dolphins, *Grampus griseus*. *Canadian Journal of Zoology* 79:160-164.

Corral MG, Llambías PE, Fernández GJ (2013). Effect of conspecific alarm calls in the parental behaviour of nesting southern house wrens. *Acta Ethologica* 16:47-51.

Correa CL, Sallaberry M, González BA, Soto ER, Méndez MA (2007). Amphibia, Anura, Leiuperidae, *Pleurodema thaul*: latitudinal and altitudinal distribution extension in Chile. *Check List* 3:267-270.

Cranford TW, Krysl P (2015). Fin whale sound reception mechanisms: skull vibration enables low-frequency hearing. *PLoS ONE* 10:e0116222.

Crespo J, Manrique G (2007). Mating behavior of the hematophagous bug *Triatoma infestans*: role of Brindley's and metasternal glands. *Journal of Insect Physiology* 53:708-714.

Croll DA, Clark CW, Acevedo A, Tershy B, Flores S, Gedamke J, Urban J (2002). Only male fin whales sing loud songs. *Nature* 417:809.

Cummings ME, Endler JA (2018). 25 years of sensory drive: the evidence and its watery bias. *Current Zoology* 64:471-484.

Cummings WC, Thompson PO (1971). Underwater sounds from the blue whale, *Balaenoptera musculus*. *Journal of the Acoustical Society of America* 50:1193-1198.

Curé C, Antunes R, Samarra F, Alves AC, Visser F, Kvadsheim PH, Miller PJO (2012). Pilot whales attracted to killer whale sounds: acoustically-mediated interspecific interactions in cetaceans. *PLoS ONE* 7:e52201.

Curé C, Isojunno S, Vester HI, Visser F, Oudejans M, Biassoni N, Massenet M, de Beauchesne LB, Wensveen PJ, Sivle LD (2019). Evidence for discrimination between feeding sounds of familiar fish and unfamiliar mammal-eating killer whale ecotypes by long-finned pilot whales. *Animal Cognition* 22: 863-882.

Curkovic T, Brunner JF, Landolt PJ (2009). Field and laboratory responses of male leaf roller moths, *Choristoneura rosaceana* and *Pandemis pyrusana*, to pheromone concentrations in an attracticide paste formulation. *Journal of Insect Science* 9:45.

D'Ettorre P, Hughes DP (2008). *Sociobiology of communication: an interdisciplinary perspective*. Oxford University Press, Oxford, Reino Unido.

D'Vincent CG, Nilson RM, Hanna RE (1985). Vocalization and coordinated feeding behavior of the humpback whale in southeastern Alaska. *Scientific Reports of the Whales Research Institute* 36:41-47.

Daniel HJ, Brinn JE, Fulghum RS, Barrett KA (1982). Comparative anatomy of Eustachian tube and middle ear cavity in animal models for otitis media. *Annals of Otology, Rhinology & Laryngology* 91:82-89.

Darling JD, Jones ME, Nicklin CP (2012). Humpback whale (*Megaptera novaeangliae*) singers in Hawaii are attracted to playback of similar song (L). *Journal of the Acoustical Society of America* 132:2955-2958.

Dawbin WH, Cato DH (1992). Sounds of a pygmy right whale (*Caperea marginata*). *Marine Mammal Science* 8:213-219.

Dawkins R, Krebs JR (1978). Animal signals: information or manipulation? Pp 282-309, en: *Behavioural ecology: an evolutionary approach* (Krebs J, Davies N, eds.). Blackwell, Oxford, Reino Unido.

Dawley EM, Crowder J (1995). Sexual and seasonal differences in the vomeronasal epithelium of the red-backed salamander (*Plethodon cinereus*). *Journal of Comparative Neurology* 359:382-390.

De Buen F (1961). Las lampreas (Marsipobranchii o Ciclostomi) en aguas de Chile. *Investigaciones Zoológicas Chilenas* 7:101-124.

De Perno CS, Cooper WE (1993). Prey chemical discrimination and strike-induced chemosensory searching in the lizard *Liolaemus zapallarensis*. *Chemoecology* 4:86-92.

de Stephanis R, Verborgh P, Pérez S, Esteban R, Minvielle-Sebastia L, Guinet C (2008). Long-term social structure of long-finned pilot whales (*Globicephala melas*) in the Strait of Gibraltar. *Acta Ethologica* 11:81-94.

Deecke VB, Ford JKB, Spong P (2000). Dialect change in resident killer whales: implications for vocal learning and cultural transmission. *Animal Behaviour* 60:629-638.

Deecke VB, Nykänen M, Foote AD, Janik VM (2011). Vocal behaviour and feeding ecology of killer whales *Orcinus orca* around Shetland, UK. *Aquatic Biology* 13:79-88.

Delano PH, Elgueda D, Hamame CM, Robles L (2007). Selective attention to visual stimuli reduces cochlear sensitivity in chinchillas. *Journal of Neuroscience* 27:4146-4153.

Delano PH, Pavez E, Robles L, Maldonado PE (2008). Stimulus-dependent oscillations and evoked potentials in chinchilla auditory cortex. *Journal of Comparative Physiology* A 194:693-700.

Delattre O, Sillam-Dusses D, Jandak V, Brothanek M, Rucker K, Bourguignon T, Vytiskova B, Cvacka J, Jiricek O, Sobotnik J (2015). Complex alarm strategy in the most basal termite species. *Behavioral Ecology and Sociobiology* 69:1945-1955.

Dempster ER (2018). Ultrasonic vocalizations in 10 taxa of Southern African Gerbilline rodents. Pp 207-216, en: *Handbook of behavioral neuroscience* (Brudzynski SM, ed.). Elsevier, Londres, Reino Unido.

Derryberry EP, Seddon N, Derryberry GE, Claramunt S, Seeholzer GF, Brumfield RT, Tobias JA (2018). Ecological drivers of song evolution in birds: disentangling the effects of habitat and morphology. *Ecology and Evolution* 8:1890-1905.

Di Iorio L, Clark CW (2010). Exposure to seismic survey alters blue whale acoustic communication. *Biological Letters* 6:51-54.

Díaz ER, Thiel M (2004). Chemical and visual communication during mate searching in rock shrimp. *The Biological Bulletin* 206:134-143.

Dobson FS, Jouventin P (2003). How mothers find their pups in a colony of Antarctic fur seals. *Behavioural Processes* 61:77-85.

Dolphin W, Au W, Nachtigall P, Pawloski J (1995). Modulation rate transfer functions to low-frequency carriers in three species of cetaceans. *Journal of Comparative Physiology* A 177:235-245.

Dombroski JRG, Parks SE, Groch KR, Flores PAC, Sousa-Lima RS (2016). Vocalizations produced by southern right whale (*Eubalaena australis*) mother-calf pairs in a calving ground off Brazil. *Journal of the Acoustical Society of America* 140:1850-1857.

Dominello T, Širovi A (2016). Seasonality of Antarctic minke whale (*Balaenoptera bonaerensis*) calls off the western Antarctic Peninsula. *Marine Mammal Science* 32:826-838.

Donoso-Barros R (1966). *Reptiles de Chile*. Universidad de Chile, Santiago, Chile.

Donoso-Barros R (1972). Datos adicionales y comportamiento agresivo de *Calyptocephalella caudiverbera* (Linnaeus). *Boletín de la Sociedad de Biología de Concepción* 45:95-103.

dos Santos EB, Llambías PE, Rendall D (2016). The structure and organization of song in southern house wrens (*Troglodytes aedon chilensis*). *Journal of Ornithology* 157:289-301.

Dreiss A, Lahlah N, Roulin A (2010). How siblings adjust sib-sib communication and begging signals to each other. *Animal Behaviour* 80:1049-1055.

Dreiss AN, Ruppli CA, Roulin A (2014). Individual vocal signatures in barn owl nestlings: does individual recognition have an adaptive role in sibling vocal competition? *Journal of Evolutionary Biology* 27:63-75.

Dreiss AN, Ruppli CA, Faller C, Roulin A (2012). Big brother is watching you: eavesdropping to resolve family conflicts. *Behavioral Ecology* 24:717-722.

Dreiss AN, Ruppli CA, Faller C, Roulin A (2015a). Social rules govern vocal competition in the barn owl. *Animal Behaviour* 102:95-107.

Dreiss AN, Ruppli CA, Antille S, Roulin A (2015b). Information retention during competitive interactions: siblings need to constantly repeat vocal displays. *Evolutionary Biology* 42:63-74.

Dreiss AN, Ruppli CA, Oberli F, Antoniazza S, Henry I, Roulin A (2013). Barn owls do not interrupt their siblings. *Animal Behaviour* 86:119-126.

Dreiss AN, Ducouret P, Ruppli CA, Rossier V, Hernandez L, Falourd X, Marmaroli P, Cazau D, Lissek H, Roulin A (2017). No need to shout: effect of signal loudness on sibling communication in barn owls *Tyto alba*. *Ethology* 123:419-424.

Drouot V, Goold JC, Gannier A (2004). Regional diversity in the social vocalizations of sperm whale in the Mediterranean Sea. *Revue d'Éologie* 59:545-558.

Duellman WE, Veloso A (1977). Phylogeny of *Pleurodema* (Anura: Leptodactylidae): a biogeographic model. *Occasional Papers of the Museum of Natural History, The University of Kansas* 64:1-46.

Dunlop RA, Cato DH, Noad MJ (2008). Non song acoustic communication in migrating humpback whales (*Megaptera novaeangliae*). *Marine Mammal Science* 24:613-629.

Dunlop RA, Cato DH, Noad MJ (2010). Your attention please: increasing ambient noise levels elicits a change in communication behaviour in humpback whales (*Megaptera novaeangliae*). *Proceedings of the Royal Society B: Biological Sciences* 277:2521-2529.

Dunlop RA, Noad MJ, Cato DH, Stokes D (2007). The social vocalization repertoire of east Australian migrating humpback whales (*Megaptera novaeangliae*). *Journal of the Acoustical Society of America* 122:2893-2905.

Dziedzic A, De Buffrenil V (1989). Acoustic signals of the Commerson's dolphin, *Cephalorhynchus commersonii*, in the Kerguelen Islands. *Journal of Mammalogy* 70:449-452.

Ebensperger LA (2000). Dustbathing and intra-sexual communication of social degus, *Octodon degus* (Rodentia: Octodontidae). *Revista Chilena de Historia Natural* 73:359-365.

Ebensperger LA, Caiozzi A (2002). Male degus, *Octodon degus*, modify their dustbathing behavior in response to social familiarity of previous dustbathing marks. *Revista Chilena de Historia Natural* 75:157-163.

Ebensperger LA, Hurtado MJ, Valdivia I (2006). Lactating females do not discriminate between their own young and unrelated pups in the communally breeding rodent, *Octodon degus*. *Ethology* 112:921-929.

Edds PL (1982). Vocalizations of the blue whale, *Balaenoptera musculus*, in the St. Lawrence River. *Journal of Mammalogy* 63:345-347.

Edds PL (1988). Characteristics of finback *Balaenoptera physalus* vocalizations in the St. Lawrence Estuary. *Bioacoustics* 1:131-149.

Edds PL, Odell DK, Tershy BR (1993). Vocalizations of a captive juvenile and free ranging adult calf pairs of Bryde's whales, *Balaenoptera edeni*. *Marine Mammal Science* 9:269-284.

Egli W (1971). Investigaciones sobre el canto de *Zonotrichia capensis chilensis* (Meyen)(Aves, Passeriformes). *Boletín del Museo Nacional de Historia Natural de Chile* 32:173-190.

Egli W (1974). Sobre un "canto nocturno" en el chincol: *Zonotrichia capensis chilensis* (Meyen). *Boletín del Museo Nacional de Historia Natural* 33:9-14.

Ehrenfeld DW (1968). The role of vision in the sea-finding orientation of the green turtle (*Chelonia mydas*). 2. Orientation mechanism and range of spectral sensitivity. *Animal Behaviour* 16:281-287.

Ehrenfeld DW, Koch AL (1967). Visual accommodation in the green turtle. *Science* 155:827-828.

Elgueda D, Delano PH, Robles L (2011). Effects of electrical stimulation of olivocochlear fibers in cochlear potentials in the chinchilla. *Journal of the Association for Research in Otolaryngology* 12:317-327.

Endler JA (1992). Signals, signal conditions, and the direction of evolution. *American Naturalist* 139:S125-S153.

Eriksen N, Miller LA, Tougaard J, Helweg DA (2005). Cultural change in the songs of humpback whales (*Megaptera novaeangliae*) from Tonga. *Behaviour* 142:305-328.

Errard C, Ipinza-Regla J, Hefetz A (2003). Interspecific recognition in Chilean parabiotic ant species. *Insectes Sociaux* 50:268-273.

Esch HC, Sayigh LS, Blum JE, Wells RS (2009). Whistles as potential indicators of stress in bottlenose dolphins (*Tursiops truncatus*). *Journal of Mammalogy* 90:638-650.

Escobar C, Escobar CA, Labra A, Niemeyer HM (2003). Chemical composition of precloacal secretions of two *Liolaemus fabiani* populations: are they different? *Journal of Chemical Ecology* 29:629-638.

Escobar CA, Labra A, Niemeyer HM (2001). Chemical composition of precloacal secretions of *Liolaemus* lizards. *Journal of Chemical Ecology* 27:1677-1690.

Eskesen IG, Wahlberg M, Simon M, Larsen ON (2011). Comparison of echolocation clicks from geographically sympatric killer whales and long-finned pilot whales (L). *Journal of the Acoustical Society of America* 130:9-12.

Español-Jiménez S, van der Schaar M (2018). First record of humpback whale songs in Southern Chile: analysis of seasonal and diel variation. *Marine Mammal Science* 34:718-733.

Falcão F, Ugarte-Núñez JA, Faria D, Caselli CB (2015). Unravelling the calls of discrete hunters: acoustic structure of echolocation calls of furipterid bats (Chiroptera, Furipteridae). *Bioacoustics* 24:175-183.

Fehring WK (1972). Hue discrimination in hatchling loggerhead turtles (*Caretta caretta caretta*). *Animal Behaviour* 20:632-636.

Fernández-Juricic E, Campagna C, Mauro D (2003). Variations in the arrangement of South American sea lion (*Otaria flavescens*) male vocalizations during the breeding season: patterns and contexts. *Aquatic Mammals* 29:289-296.

Fernández-Juricic E, Enriquez V, Campagna C, Ortiz CL (1999). Vocal communication and individual variation in breeding South American sea lions. *Behaviour* 136:495-517.

Fernández-Juricic E, Campagna C, Enriquez V, Ortiz CL (2001). Vocal rates and social context in male South American sea lions. *Marine Mammal Science* 17:387-396.

Fernández JB, Bastiaans E, Medina M, Méndez de la Cruz FR, Sinervo BR, Ibargüengoytía NR (2018). Behavioral and physiological polymorphism in males of the austral lizard *Liolaemus sarmientoi*. *Journal of Comparative Physiology* A 204:219-230.

Ferrara CR, Mortimer JA, Vogt RC (2014a). First evidence that hatchlings of *Chelonia mydas* emit sounds. *Copeia* 2014:245-247.

Ferrara CR, Vogt RC, Harfush MR, Sousa-Lima RS, Albavera E, Tavera A (2014b). First evidence of leatherback turtle (*Dermochelys coriacea*) embryos and hatchlings emitting sounds. *Chelonian Conservation and Biology* 13:110-114.

Figueiras AL, Lazzari C (1998). Aggregation in the haematophagous bug *Triatoma infestans*: a novel assembling factor. *Physiological Entomology* 23:33-37.

Figueiras ANL, Lazzari CR (2000). Temporal change of the aggregation response in *Triatoma infestans*. *Memórias do Instituto Oswaldo Cruz* 95:889-892.

Figueiras ANL, Girotti JR, Mijailovsky SJ, Juárez MP (2009). Epicuticular lipids induce aggregation in Chagas disease vectors. *Parasites & Vectors* 2:1-7.

Filatova O, Guzeev M, Fedutin I, Burdin A, Hoyt E (2013). Dependence of killer whale (*Orcinus orca*) acoustic signals on the type of activity and social context. *Biology Bulletin* 40:790-796.

Filatova OA, Fedutin ID, Burdin AM, Hoyt E (2007). The structure of the discrete call repertoire of killer whales *Orcinus orca* from Southeast Kamchatka. *Bioacoustics* 16:261-280.

Flores-Prado L, Niemeyer HM (2010). Kin recognition in the largely solitary bee, *Manuelia postica* (Apidae: Xylocopinae). *Ethology* 116:466-471.

Flores-Prado L, Aguilera-Olivares D, Niemeyer HM (2008). Nest-mate recognition in *Manuelia postica* (Apidae: Xylocopinae): an eusocial trait is present in a solitary bee. *Proceedings of the Royal Society B-Biological Sciences* 275:285-291.

Flores-Prado L, Chiappa E, Mante M (2012). Interactions between females of *Protandrena evansi* (Hymenoptera: Andrenidae), a communal nesting bee. *Revista Colombiana de Entomología* 38:118-123.

Flower TP, Gribble M, Ridley AR (2014). Deception by flexible alarm mimicry in an african bird. *Science* 344:513-516.

Fontan A, Audino PG, Martinez A, Alzogaray RA, Zerba EN, Camps F, Cork A (2002). Attractant volatiles released by female and male *Triatoma infestans* (Hemiptera: Reduviidae), a vector of Chagas disease: chemical analysis and behavioral bioassay. *Journal of Medical Entomology* 39:191-197.

Foote AD, Nystuen JA (2008). Variation in call pitch among killer whale ecotypes. *Journal of the Acoustical Society of America* 123:1747-1752.

Foote AD, Osborne RW, Rus Hoelzel A (2008). Temporal and contextual patterns of killer whale (*Orcinus orca*) call type production. *Ethology* 114:599-606.

Ford J (1987). A catalogue of underwater calls produced by killer whales (*Orcinus orca*) in British Columbia. *Canadian Data Report of Fisheries and Aquatic Sciences* 633:1-165.

Ford JK (1989). Acoustic behaviour of resident killer whales (*Orcinus orca*) off Vancouver Island, British Columbia. *Canadian Journal of Zoology* 67:727-745.

Ford JK (1991). Vocal traditions among resident killer whales (*Orcinus orca*) in coastal waters of British Columbia. *Canadian Journal of Zoology* 69:1454-1483.

Formas J (1985). The voices and relationships of the Chilean frogs *Eupsophus migueli* and *E. calcaratus* (Amphibia: Anura: Leptodactylidae). *Proceedings of the Biological Society of Washington* 98:411-415.

Formas J, Vera MA (1980). Reproductive patterns of *Eupsophus roseus* and *E. vittatus*. *Journal of Herpetology* 14:11-14.

Formas J, Poblete V (1996). *Eupsophus emiliopugini* (NCN). *Aggressive behavior. Herpetological Review* 27:139-140.

Frank SD, Ferris AN (2011). Analysis and localization of blue whale vocalizations in the Solomon Sea using waveform amplitude data. *Journal of the Acoustical Society of America* 130:731-736.

Frankel A, Clark C (1998). Results of low-frequency playback of M-sequence noise to humpback whales, *Megaptera novaeangliae*, in Hawai'i. *Canadian Journal of Zoology* 76:521-535.

Frantzis A, Alexiadou P (2008). Male sperm whale (*Physeter macrocephalus*) coda production and coda-type usage depend on the presence of conspecifics and the behavioural context. *Canadian Journal of Zoology* 86:62-75.

Frantzis A, Goold JC, Skarsoulis EK, Taroudakis MI, Kandia V (2002). Clicks from Cuvier's beaked whales, *Ziphius cavirostris* (L). *Journal of the Acoustical Society of America* 112:34-37.

Freeberg TM, Dunbar RI, Ord TJ (2012). Social complexity as a proximate and ultimate factor in communicative complexity. *Philosophical Transactions of the Royal Society B* 367:1785-1801.

Frías-Lasserre D (2015). Effects of female fruit-marking pheromones on oviposition, mating, and male behavior in the neotropical species *Rhagoletis conversa* Bréthes and *Rhagoletis brncici* Frías (Diptera: Tephritidae). *Neotropical Entomology* 44:560-564.

Frías D, González CR, Henry A, Alviña A (1993). Distribución geográfica y respuesta visual de *Rhagoletis tomatis* Foote (Diptera: Tephritidae) a trampas esféricas y rectángulos de diferentes colores. *Acta Entomológica Chilena* 18:185-194.

Frías L D (1995). Oviposition behaviour of *Rhagoletis tomatis* on tomato (*Lycopersicum esculentum*) (Diptera: Tephritidae). *Acta Entomológica Chilena* 19:159-162.

Friesen CR, Powers DR, Mason RT (2017). Using whole-group metabolic rate and behaviour to assess the energetics of courtship in red-sided garter snakes. *Animal Behaviour* 130:177-185.

Fulk GW (1976). Notes on the activity, reproduction, and social behavior of *Octodon degus*. *Journal of Mammalogy* 57:495-505.

García NC, Arrieta RS, Kopuchian C, Tubaro PL (2015). Stability and change through time in the dialects of a Neotropical songbird, the rufous-collared sparrow. *Emu* 115:309-316.

Garland EC, Castellote M, Berchok CL (2015). Beluga whale (*Delphinapterus leucas*) vocalizations and call classification from the eastern Beaufort sea population. *Journal of the Acoustical Society of America* 137:3054-3067.

Gavrilov AN, McCauley RD (2013). Acoustic detection and long-term monitoring of pygmy blue whales over the continental slope in southwest Australia. *Journal of the Acoustical Society of America* 134:2505-2513.

Gavrilov AN, McCauley RD, Salgado-Kent C, Tripovich J, Burton C (2011). Vocal characteristics of pygmy blue whales and their change over time. *Journal of the Acoustical Society of America* 130:3651-3660.

Gelfand DL, McCracken GF (1986). Individual variation in the isolation calls of Mexican free-tailed bat pups (*Tadarida brasiliensis mexicana*). *Animal Behaviour* 34:1078-1086.

Gero S, Whitehead H, Rendell L (2016). Individual, unit and vocal clan level identity cues in sperm whale codas. *Royal Society Open* 3:150372.

Gillam EH, McCracken GF (2007). Variability in the echolocation of *Tadarida brasiliensis*: effects of geography and local acoustic environment. *Animal Behaviour* 74:277-286.

Gladbach A, Büßer C, Mundry R, Quillfeldt P (2009). Acoustic parameters of begging calls indicate chick body condition in Wilson's storm-petrels *Oceanites oceanicus*. *Journal of Ethology* 27:267-274.

Gless JM, Salmon M, Wyneken J (2008). Behavioral responses of juvenile leatherbacks *Dermochelys coriacea* to lights used in the longline fishery. *Endangered Species Research* 5:239-247.

Godoy-Herrera R, Silva-Herrera JL (1997). Larval prepupation behaviour of *Drosophila pavani*, *Drosophila gaucha* and their reciprocal hybrids. *Behaviour* 134:813-826.

Goldbogen JA, Southall BL, DeRuiter SL, Calambokidis J, Friedlaender AS, Hazen EL, Falcone EA, Schorr GS, Douglas A, Moretti DJ (2013). Blue whales respond to simulated mid-frequency military sonar. *Proceedings of the Royal Society B: Biological Sciences* 280:20130657.

Goodenough J, McGuire B, Jakob E (2009). *Perspectives on animal behavior*. John Wiley & Sons, Nueva York, Estados Unidos de América.

Goold JC (1999). Behavioural and acoustic observations of sperm whales in Scapa Flow, Orkney Islands. *Journal of the Marine Biological Association of the United Kingdom* 79:541-550.

Goold JC, Jones SE (1995). Time and frequency domain characteristics of sperm whale clicks. *Journal of the Acoustical Society of America* 98:1279-1291.

Goris RC (2011). Infrared organs of snakes: an integral part of vision. *Journal of Herpetology* 45:2-14.

Götz T, Antunes R, Heinrich S (2010). Echolocation clicks of free-ranging Chilean dolphins (*Cephalorhynchus eutropia*). *Journal of the Acoustical Society of America* 128:563-566.

Goutte S, Mason MJ, Christensen-Dalsgaard J, Montealegre-z F, Chivers BD, Sarria-s FA, Antoniazzi MM, Jared C, Sato LA, Toledo LF (2017). Evidence of auditory insensitivity to vocalization frequencies in two frogs. *Scientific Reports* 7:12121.

Greenfield MD (2002). *Signalers and receivers: mechanisms and evolution of arthropod communication*, Oxford University Press, Nueva York, Estados Unidos de América.

Greenquist EA (1982). Displays, vocalizations and breeding biology of the Great Grebe (*Podiceps major*). *The Condor* 84:370-380.

Grether GF (2010). The evolution of mate preferences, sensory biases, and indicator traits. *Advances in the Study of Behavior* 41:35-76.

Griffin DR, Novick A (1955). Acoustic orientation of neotropical bats. *Journal of Experimental Zoology* 130:251-299.

Gröger U, Wiegrebe L (2006). Classification of human breathing sounds by the common vampire bat, *Desmodus rotundus*. *BMC Biology* 4:18.

Guerenstein P, Guerin P (2001). Olfactory and behavioural responses of the blood-sucking bug *Triatoma infestans* to odours of vertebrate hosts. *Journal of Experimental Biology* 204:585-597.

Gunderson AR, Fleishman LJ, Leal MJCz (2018). Visual "playback" of colorful signals in the field supports sensory drive for signal detectability. *Current Zoology* 64:493-498.

Gustison ML, Johnson ET, Beehner JC, Bergman T (2019). The social functions of complex vocal sequences in wild geladas. *Behavioral Ecology and Sociobiology* 73:14.

Habit E, Ortiz JC (1996). Patrones de comportamiento y organización social de *Phymaturus flagellifer* (Reptilia, Tropiduridae). *Herpetología Neotropical* 1:141-154.

Habit E, Dyer B, Vila I (2006). Estado de conocimiento de los peces dulceacuícolas de Chile. *Gayana* 70:100-113.

Haddock SH, Moline MA, Case JF (2010). Bioluminescence in the sea. *Annual Review of Marine Science* 2:443-493.

Hafner GW, Hamilton CL, Steiner WW, Thompson TJ, Winn HE (1979). Signature information in the song of the humpback whale. *Journal of the Acoustical Society of America* 66:1-6.

Hagemeyer P, Begall S (2006). Individual odour similarity and discrimination in the Coruro (*Spalacopus cyanus*, Octodontidae). *Ethology* 112:529-536.

Hagemeyer P, Begall S, Janotova K, Todrank J, Heth G, Jedelsky PL, Burda H, Stopka P (2011). Searching for major urinary proteins (MUPs) as chemosignals in urine of subterranean rodents. *Journal of Chemical Ecology* 37:687-694.

Hahn I, Mattes H (2000). Vocalisations of the Masafuera rayadito *Aphrastura masafuerae* on Isla Alejandro Selkirk, Chile. *Bioacoustics* 11:149-158.

Hall RJ, Robson SKA, Ariel E (2018). Colour vision of green turtle (*Chelonia mydas*) hatchlings: do they still prefer blue under water? PeerJ 6:e5572.

Halloy M, Castillo M (2002). Forelimb wave displays in lizard species of *Liolaemus* (Iguania: Liolaemidae). *Herpetological Natural History* 9:127-133.

Handford P (1981). Vegetational correlates of variation in the song of *Zonotrichia capensis*. *Behavioral Ecology and Sociobiology* 8:203-206.

Handford P (1988). Trill rate dialects in the rufous-collared sparrow, *Zonotrichia capensis*, in northwestern Argentina. *Canadian Journal of Zoology* 66:2658-2670.

Handford P, Nottebohm F (1976). Allozymic and morphological variation in population samples of rufous-collared sparrow, *Zonotrichia capensis*, in relation to vocal dialects. *Evolution* 30:802-817.

Handford P, Lougheed SC (1991). Variation in duration and frequency characters in the sof the rufous-collared sparrow, *Zonotrichia capensis*, with respect to habitat, trill dialects and body size. *The Condor* 93:644-658.

Harmsen BJ, Foster RJ, Gutierrez SM, Marin SY, Doncaster CP (2010). Scrape-marking behavior of jaguars (*Panthera onca*) and pumas (*Puma concolor*). *Journal of Mammalogy* 91:1225-1234.

Haug EA, Didiuk AB (1993). Use of recorded calls to detect burrowing owls. *Journal of Field Ornithology* 64:188-194.

Hauser MD (1997). *The evolution of communication*. The MIT Press, Cambridge, Reino Unido.

Hebets EA, Papaj DR (2005). Complex signal function: developing a framework of testable hypotheses. *Behavioral Ecology and Sociobiology* 57:197-214.

Heffner RS, Heffner HE (1991). Behavioral hearing range of the chinchilla. *Hearing Research* 52:13-16.

Heffner RS, Koay G, Heffner HE (2013). Hearing in american leaf-nosed bats. IV: the common vampire bat, *Desmodus rotundus*. *Hearing Research* 296:42-50.

Heimlich SL, Mellinger DK, Nieukirk SL, Fox CG (2005). Types, distribution, and seasonal occurrence of sounds attributed to Bryde's whales (*Balaenoptera edeni*) recorded in the eastern tropical Pacific, 1999-2001. *Journal of the Acoustical Society of America* 118:1830-1837.

Herrera H, Barros-Parada W, Flores MF, Francke W, Fuentes-Contreras E, Rodriguez M, Santis F, Zarbin PHG, Bergmann J (2016). Identification of a novel moth sex pheromone component from *Chilecomadia valdiviana*. *Journal of Chemical Ecology* 42:908-918.

Herzing DL (2000). Acoustics and social behavior of wild dolphins: implications for a sound society. Pp 225-272, en: *Hearing by whales and dolphins* (Au WWL, Popper AN, Fay RR, eds.). Springer, Berlin, Alemania.

Heyers D, Elbers D, Bulte M, Bairlein F, Mouritsen H (2017). The magnetic map sense and its use in fine-tuning the migration programme of birds. *Journal of Comparative Physiology* A 203:491-497.

Hill PS (2009). How do animals use substrate-borne vibrations as an information source? *Naturwissenschaften* 96:1355-1371.

Hill PSM (2001). Vibration and animal communication: a review. *American Zoologist* 41:1135-1142.

Hoare M, Labra A (2013). Searching for the audience of the weeping lizard's distress call. *Ethology* 119:860-868.

Hoffman MD, Garfield N, Bland RW (2010). Frequency synchronization of blue whale calls near Pioneer Seamount. *Journal of the Acoustical Society of America* 128:490-494.

Holt MM, Noren DP, Veirs V, Emmons CK, Veirs S (2008). Speaking up: killer whales (*Orcinus orca*) increase their call amplitude in response to vessel noise. *Journal of the Acoustical Society of America* 125:EL27-EL32.

Horch KW, Gocke JP, Salmon M, Forward RB (2008). Visual spectral sensitivity of hatchling loggerhead (*Caretta caretta* L.) and leatherback (*Dermochelys coriacea* L.) sea turtles, as determined by single-flash electroretinography. *Marine & Freshwater Behaviour & Physiology* 41:107-119.

Hunt J, Richard F-J (2013). Intracolony vibroacoustic communication in social insects. *Insectes Sociaux* 60:403-417.

Hurley MJ, Deacon RM, Beyer K, Ioannou E, Ibáñez A, Teeling JL, Cogram P (2018). The long-lived *Octodon degus* as a rodent drug discovery model for Alzheimer's and other age-related diseases. *Pharmacology and Therapeutics* 188:36-44.

Hurtado N, Sepúlveda RD, Pacheco V (2015). Sexual size dimorphism of a sensory structure in a monomorphic bat. *Acta Chiropterologica* 17:75-83.

Huxley JS (1923). Courtship activities in the red throated diver (*Colymbus stellatus* Pontopp.); together with a discussion of the evolution of courtship in birds. Zoological. *Journal of the Linnean Society of London* 35:253-292.

Insley S, Phillips AV, Charrier I (2003). A review of social recognition in pinnipeds. *Aquatic Mammals* 29:181-201.

Ipinza-Regla J, Carbonell C, Morales M (1994). Hermetismo en sociedades mixtas de hormigas (Hymenoptera: Formicidae) en nidos artificiales. *Revista Chilena de Entomología* 21:41-45.

Ipinza-Regla J, Morales MA, Aros V (1996). Hermetismo entre tres especies de hormigas. *Revista de Sociedad de Biología de Concepción* 67:33-36.

Ipinza-Regla J, Núñez C, Morales M (1998). Hermetismo de *Camponotus morosus* Smith, 1858 (Hymenoptera, Formicidae) en terreno. *Folia Entomológica Mexicana* 103:55-61.

Ipinza-Regla J, Morales MA, Uribe M (2004). Identificación y análisis de hidrocarburos cuticulares relacionados al hermetismo de colonias de *Camponotus morosus* Smith, 1858 (Hymenoptera: Formicidae). *Acta Entomológica Chilena* 28:63-70.

Ipinza-Regla J, Fernández A, Morales M (2005). Hermetismo entre *Solenopsis gayi* Spinola, 1851 y *Brachymyrmex giardii* Emery, 1894 (Hymenoptera, Formicidae). *Gayana* 69:27-35.

Ipinza-Regla J, Porras G, Morales MA (2008). Closure between *Camponotus morosus* smith, 1858 and *Reticulitermes flavipes* (kollar, 1837). *Revista Chilena de Entomología* 34:29-35.

Ipinza-Regla J, Covacevich A, Araya JE (2019). Hermetism variation in *Camponotus morosus* (Hymenoptera: Formicidae) with the age of homospecific intruding ants. *Chilean Journal of Agricultural & Animal Sciences* 35:90-97.

Ipinza-Regla J, Fernández AM, Morales MA, Araya JE (2017). Hermetismo entre *Camponotus morosus* Smith y *Linepithema humile* Mayr (Hymenoptera: Formicidae). *Gayana* 81:22-27.

Ipinza-Regla JH, Morales M, Sepúlveda S (1993). Hermetismo y distancia geográfica en sociedades de *Camponotus Morosus* Smith, 1858 (Hymenoptera: Formicidae). *Acta Entomológica Chilena* 14:127-132.

Ipinza Regla J, Lucero A, Morales M (1991). Hermetismo en sociedades de *Camponotus morosus* Smith, 1858 (Hymenoptera, Formicidae) en nidos artificiales. *Revista Chilena de Entomología* 19:29-38.

Ippi S, Vásquez RA, van Dongen WF, Lazzoni I (2011). Geographical variation in the vocalizations of the suboscine Thorn-tailed Rayadito *Aphrastura spinicauda*. *Ibis* 153:789-805.

Jacobs G, Calderone J, Fenwick J, Krogh K, Williams G (2003). Visual adaptations in a diurnal rodent, *Octodon degus*. *Journal of Comparative Physiology* A 189:347-361.

Jacobs M, Nowacek DP, Gerhart DJ, Cannon G, Nowicki S, Forward RB (1993). Seasonal changes in vocalization during behavior of the Atlantic bottlenose dolphin. *Estuaries* 16:241-246.

Jaeger RG (1981). Dear enemy recognition and the costs of aggression between salamanders. *The American Naturalist* 117:962-974.

Janik VM, Slater PJ (1998). Context-specific use suggests that bottlenose dolphin signature whistles are cohesion calls. *Animal Behaviour* 56:829-838.

Jaquet N, Dawson S, Douglas L (2001). Vocal behavior of male sperm whales: why do they click? *Journal of the Acoustical Society of America* 109:2254-2259.

Jaramillo Á (2013). *Aves de Chile: incluye la Península Antártica, las Islas Malvinas y Georgia del Sur.* Lynx Ediciones, Barcelona, España.

Jensvold MLA, Wilding L, Schulze SM (2014). Signs of communication in Chimpanzees. Pp 7-19, en: *Biocommunication of animals* (Witzany G, ed.). Springer, Dordrecht, Holanda.

Joermann G (1984). Echoortung bei Vampir. fledermausen (*Desmodus rotundus*) in Freiland. 2. *Zeitschrift für Säugetierkunde* 49:221-226.

Joermann G, Schmidt U (1981). Echoortung bei der vampirfledermaus, *Desmodus rotundus*. II Lautaussendung im flug und korrelation zum flügelschlag. *Zeitschrift für Säugetierkunde* 46:136-146.

Johnson LS, Kermott LH (1990). Structure and context of female song in a north-temperate population of house wrens. *Journal of Field Ornithology* 61:273-284.

Johnson LS, Kermott LH (1991). The functions of song in male house wrens (*Troglodytes aedon*). *Behaviour* 116:190-209.

Johnson M, Hickmott L, Aguilar Soto N, Madsen PT (2007). Echolocation behaviour adapted to prey in foraging Blainville's beaked whale (*Mesoplodon densirostris*). *Proceedings of the Royal Society B: Biological Sciences* 275:133-139.

Johnson M, Madsen PT, Zimmer W, De Soto NA, Tyack P (2006). Foraging Blainville's beaked whales (*Mesoplodon densirostris*) produce distinct click types matched to different phases of echolocation. *Journal of Experimental Biology* 209:5038-5050.

Jones B, Zapetis M, Samuelson MM, Ridgway S (2019). Sounds produced by bottlenose dolphins (*Tursiops*): a review of the defining characteristics and acoustic criteria of the dolphin vocal repertoire. *Bioacoustics* 29: 399-440.

Jones GJ, Sayigh LS (2002). Geographic variation in rates of vocal production of free-ranging bottlenose dolphins. *Marine Mammal Science* 18:374-393.

Jørgensen PS, Kristensen MW, Egevang C (2007). Red Phalarope *Phalaropus fulicarius* and Red-necked Phalarope *Phalaropus lobatus* behavioural response to Arctic Tern *Sterna paradisaea* colonial alarms. *Dansk Ornitologisk Forenings Tidsskrift* 101:73-78.

Joshi AM, Narayan EJ, Gramapurohit NP (2017). Interrelationship among steroid hormones, energetics and vocalisation in the Bombay night frog (*Nyctibatrachus humayuni*). *General and Comparative Endocrinology* 246:142-149.

Jouventin P, Aubin T (2002). Acoustic systems are adapted to breeding ecologies: Individual recognition in nesting penguins. *Animal Behaviour* 64:747-757.

Jouventin P, Aubin T, Lengagne T (1999). Finding a parent in a king penguin colony: the acoustic system of individual recognition. *Animal Behaviour* 57:1175-1183.

Jouventin P, Mouret V, Bonadonna F (2007). Wilson's storm petrels *Oceanites oceanicus* recognise the olfactory signature of their mate. *Ethology* 113:1228-1232.

Just W, Morris MR (2003). The Napoleon complex: why smaller males pick fights. *Evolutionary Ecology* 17:509-522.

Kaluthota C, Brinkman BE, dos Santos EB, Rendall D (2016). Transcontinental latitudinal variation in song performance and complexity in house wrens (*Troglodytes aedon*). *Proceedings of the Royal Society B: Biological Sciences* 283:20152765.

Kime NM, Turner WR, Ryan MJ (2000). The transmission of advertisement calls in Central American frogs. *Behavioral Ecology* 11:71-83.

King JR (1972). Variation in the song of the rufous-collared sparrow, *Zonotrichia capensis*, in northwestern Argentina. *Ethology* 30:344-373.

King SL, Friedman WR, Allen SJ, Gerber L, Jensen FH, Wittwer S, Connor RC, Krützen M (2018). Bottlenose dolphins retain individual vocal labels in multi-level alliances. *Current Biology* 28:1993-1999.

Kloepper LN, Nachtigall PE, Quintos C, Vlachos SA (2012). Single-lobed frequency-dependent beam shape in an echolocating false killer whale (*Pseudorca crassidens*). *Journal of the Acoustical Society of America* 131:577-581.

Klump GM, Gerhardt HC (1992). Mechanisms and function of call-timing in male-male interactions in frogs. Pp 153-174, en: *Playback and studies of animal communication* (McGregor PK, ed.). Springer, Boston, Estados Unidos de América.

Koivula M, Koskela E, Viitala J (1999). Sex and age-specific differences in ultraviolet reflectance of scent marks of bank voles (*Clethrionomys glareolus*). *Journal of Comparative Physiology A* 185:561-564.

Konrad CM, Frasier TR, Rendell L, Whitehead H, Gero S (2018). Kinship and association do not explain vocal repertoire variation among individual sperm whales or social units. *Animal Behaviour* 145:131-140.

Kopuchian C, Lijtmaer DA, Tubaro PL, Handford P (2004). Temporal stability and change in a microgeographical pattern of song variation in the rufous-collared sparrow. *Animal Behaviour* 68:551-559.

Koref-Santibañez S (1963). Courtship and sexual isolation in five species of the mesophragmatica group of the genus *Drosophila*. *Evolution* 15:99-106.

Koref-Santibañez S, Eduardo del Solar O (1961). Courtship and sexual isolation in *Drosophila pavani* Brncic and *Drosophila gaucha* Jaeger and Salzano. *Evolution* 15:401-406.

Kott O, N mec P, Fremlová A, Mazoch V, Šumbera R (2016). Behavioural tests reveal severe visual deficits in the strictly subterranean African mole rats (Bathyergidae) but efficient vision in the fossorial rodent coruro (*Spalacopus cyanus*, Octodontidae). *Ethology* 122:682-694.

Krahmer E (1990). Feromona de una especie de *Cerambycidae* atrae a los machos de otro género (Coleoptera). *Revista Chilena de Entomología* 18:95.

Krebs JR, Dawkins R (1984). Animal signals: mindreading and manipulation. Pp 380-402, en: *Behavioural ecology: an evolutionary approach* (Krebs JR, Davies NB, eds.). Blackwell Scientific Publications, Oxford, Reino Unido.

Kremers D, Jaramillo MB, Böye M, Lemasson A, Hausberger M (2014). Nocturnal vocal activity in captive bottlenose dolphins (*Tursiops truncatus*): could dolphins have presleep choruses? *Animal Behavior and Cognition* 1:464-469.

Kroodsma DE, Woods RW, Goodwin EA (2002). Falkland Island sedge wrens (*Cistothorus platensis*) imitate rather than improvise large song repertoires. *The Auk* 119:523-528.

Kroodsma DE, Liu W-C, Goodwin E, Bedell PA (1999a). The ecology of song improvisation as illustrated by North American sedge wrens. *The Auk* 116:373-386.

Kroodsma DE, SÁNchez J, Stemple DW, Goodwin E, Da Silva ML, Vielliard JME (1999b). Sedentary life style of Neotropical sedge wrens promotes song imitation. *Animal Behaviour* 57:855-863.

Kuczaj SA, Frick EE, Jones BL, Lea JS, Beecham D, Schnöller F (2015). Underwater observations of dolphin reactions to a distressed conspecific. *Learning & Behavior* 43:289-300.

Kyhn LA, Jensen FH, Beedholm K, Tougaard J, Hansen M, Madsen PT (2010). Echolocation in sympatric Peale's dolphins (*Lagenorhynchus australis*) and Commerson's dolphins (*Cephalorhynchus commersonii*) producing narrow-band high-frequency clicks. *Journal of Experimental Biology* 213:1940-1949.

Labra A (2006). Chemoreception and the assessment of fighting abilities in the lizard *Liolaemus monticola*. *Ethology* 112:993-999.

Labra A (2007). The peculiar case of an insectivorous iguanid lizard that detects chemical cues from prey. *Chemoecology* 17:103-108.

Labra A (2008a). Multi-contextual use of chemosignals by *Liolaemus* lizards. Pp 357-365, en: *Chemical signals in vertebrates* 11 (Hurst JL, Beynon RJ, Roberts SC, Wyatt TD, eds.). SpringerLink, New York.

Labra A (2008b). Sistemas de comunicación en reptiles. Pp 547-577, en: *Herpetología de Chile* (Vidal MA, Labra A, eds.). Science Verlag, Santiago, Chile.

Labra A (2011). Chemical stimuli and species recognition in *Liolaemus* lizards. *Journal of Zoology* 285:215-221.

Labra A, Niemeyer HM (1999). Intraspecific chemical recognition in the lizard *Liolaemus tenuis*. *Journal of Chemical Ecology* 25:1799-1811.

Labra A, Niemeyer HM (2004). Variability in the assessment of snake predation risk by *Liolaemus* lizards. *Ethology* 110:649-662.

Labra A, Hoare M (2015). Chemical recognition in a snake-lizard predator-prey system. *Actha Ethologia* 18:173-179.

Labra A, Beltrán S, Niemeyer HM (2001). Chemical exploratory behavior in the lizard *Liolaemus bellii*. *Journal of Herpetology* 35:51-55.

Labra A, Cortéz S, Niemeyer HM (2003). Age and season affect chemical discrimination of *Liolaemus bellii* own space. *Journal of Chemical Ecology* 29:2615-2620.

Labra A, Brann JH, Fadool DA (2005). Heterogeneity of voltage-and chemosignal-activated response profiles in vomeronasal sensory neurons. *Journal of Neurophysiology* 94:2535-2548.

Labra A, Reyes-Olivares C, Weymann M (2016). Asymmetric response to heterotypic distress calls in the lizard *Liolaemus chiliensis*. *Ethology* 122:758-768.

Labra A, Escobar CA, Aguilar PM, Niemeyer HM (2002). Sources of pheromones in the lizard *Liolaemus tenuis*. *Revista Chilena de Historia Natural* 75:141-147.

Labra A, Sufán-Catalán J, Solis R, Penna M (2007a). Hissing sounds by the lizard *Pristidactylus volcanensis*. *Copeia* 2007:1019-1023.

Labra A, Carazo P, Desfilis E, Font E (2007b). Agonistic interactions in a *Liolaemus* lizard: structure of head bob displays. *Herpetologica* 63:11-18.

Labra A, Vidal MA, Solis R, Penna M (2008). Ecofosiología de anfibios y reptiles. Pp 483-516, en: *Herpetología de Chile* (Vidal MA, Labra A, eds.). Springer Verlag, Santiago, Chile.

Labra A, Silva G, Norambuena F, Velásquez N, Penna M (2013). Acoustic features of the weeping lizard's distress call. *Copeia* 2013:206-212.

Lammers MO, Au WW (2003). Directionality in the whistles of Hawaiian spinner dolphins (*Stenella longirostris*): a signal feature to cue direction of movement? *Marine Mammal Science* 19:249-264.

Lavender AL, Bartol SM, Bartol IK (2014). Ontogenetic investigation of underwater hearing capabilities in loggerhead sea turtles (*Caretta caretta*) using a dual testing approach. *Journal of Experimental Biology* 217:2580-2589.

Laws RM (1956). The elephant seal (*Mirounga leonina*, Linn.): II. General, social and reproductive behaviour. *Falkland Islands Dependencies Surveys Scientific Reports* 13:1-98.

Lazo I, Silva E (1993). Diagnóstico de la ornitología en Chile y recopilación de la literatura científica publicada desde 1970 a 1992. *Revista Chilena de Historia Natural* 66:103-118.

Leal M (1999). Honest signalling during prey-predator interactions in the lizard *Anolis cristatellus*. *Animal Behaviour* 58:521-526.

Leal M, Rodríguez-Robles JA (1997). Signalling displays during predator-prey interactions in a Puerto Rican anole, *Anolis cristatellus*. *Animal Behaviour* 54:1147-1154.

Lengagne T, Lauga J, Aubin T (2001). Intra-syllabic acoustic signatures used by the king penguin in parent-chick recognition: an experimental approach. *Journal of Experimental Biology* 204:663-672.

Lengagne T, Aubin T, Jouventin P, Lauga J (2000). Perceptual salience of individually distinctive features in the calls of adult king penguins. *Journal of the Acoustical Society of America* 107:508-516.

León A, Elgueda D, Silva MA, Hamamé CM, Delano PH (2012). Auditory cortex basal activity modulates cochlear responses in chinchillas. *Plos One* 7:e36203.

Leroy EC, Samaran F, Bonnel J, Royer J-Y (2016). Seasonal and diel vocalization patterns of antarctic blue whale (*Balaenoptera musculus intermedia*) in the southern indian ocean: a multi-year and multi-site study. *PLoS ONE 11*:e0163587.

Lijtmaer DA, Tubaro PL (2007). A reversed pattern of association between song dialects and habitat in the rufous-collared sparrow. *The Condor* 109:658-667.

Lilly JC (1962). Vocal behavior of the bottlenose dolphin. *Proceedings of the American Philosophical Society* 106:520-529.

Lilly JC, Miller AM (1961). Sounds emitted by the bottlenose dolphin: the audible emissions of captive dolphins under water or in air are remarkably complex and varied. *Science* 133:1689-1693.

Lind O, Henze Miriam J, Kelber A, Osorio D (2017). Coevolution of coloration and colour vision? *Philosophical Transactions of the Royal Society B: Biological Sciences* 372:20160338.

Lobos G, Vidal M, Correa C, Labra A, Díaz-Páez H, Charrier A, Rabanal F, Díaz S, Tala C (2013). *Anfibios de Chile, un desafío para la conservación*. Ministerio del Medio Ambiente, Santiago, Chile.

Lohmann K (1991). Magnetic orientation by hatchling loggerhead sea turtles (*Caretta caretta*). *Journal of Experimental Biology* 155:37-49.

Lohmann KJ, Lohmann CM, Ehrhart LM, Bagley DA, Swing T (2004). Geomagnetic map used in sea-turtle navigation. *Nature* 428:909-910.

Long C (2007). Vocalisations of the degu *Octodon degus*, a social caviomorph rodent. *Bioacoustics* 16:223-244.

Lotem A (1998). Differences in begging behaviour between barn swallow, *Hirundo rustica*, nestlings. *Animal Behaviour* 55:809-818.

Lougheed S, Lougheed A, Rae M, Handford P (1989). Analysis of a dialect boundary in chaco vegetation in the rufous-collared sparrow. *The Condor* 91:1002-1005.

Lougheed SC, Handford P, Baker AJ (1993). Mitochondrial DNA hyperdiversity and vocal dialects in a subspecies transition of the rufous-collared sparrow. *The Condor* 95:889-895.

Luís AR, Couchinho MN, dos Santos ME (2016). Signature whistles in wild bottlenose dolphins: long-term stability and emission rates. *Acta Ethologica* 19:113-122.

Lyrholm T, Gyllensten U (1998). Global matrilineal population structure in sperm whales as indicated by mitochondrial DNA sequences. *Proceedings of the Royal Society of London B: Biological Sciences* 265:1679-1684.

Mace GM, Barrett M, Burgess ND, Cornell SE, Freeman R, Grooten M, Purvis A (2018). Aiming higher to bend the curve of biodiversity loss. *Nature Sustainability* 1:448-451.

Madsen P, Wahlberg M, Møhl B (2002). Male sperm whale (*Physeter macrocephalus*) acoustics in a high-latitude habitat: implications for echolocation and communication. *Behavioral Ecology and Sociobiology* 53:31-41.

Madsen P, Kerr I, Payne R (2004). Echolocation clicks of two free-ranging, oceanic delphinids with different food preferences: false killer whales *Pseudorca crassidens* and Risso's dolphins *Grampus griseus*. *Journal of Experimental Biology* 207:1811-1823.

Malo de Molina JA, Velazco S, Pacheco V, Robledo JC (2011). Análisis de las vocalizaciones del murciélago longirrostro peruano *Platalina genovensium* Thomas, 1928 (Chiroptera: Phyllostomidae). *Revista Peruana de Biología* 18:311-318.

Mann G (1955). Monito del monte *Dromiciops australis* Philippi. *Investigaciones Zoológicas Chilenas* 2:159-166.

Mann G (1960). Neurobiologia de *Desmodus rotundus*. *Investigaciones Zoológicas Chilenas* 6:79-99.

Manning A, Dawkins MS (2012). *An introduction to animal behaviour*. Cambridge University Press, Cambridge, Reino Unido.

Manrique G, Lazzari CR (1994). Sexual behaviour and stridulation during mating in *Triatoma infestans* (Hemiptera: Reduviidae). *Memórias do Instituto Oswaldo Cruz* 89:629-633.

Manríquez PH, Navarrete SA, Rosson A, Castilla JC (2004). Settlement of the gastropod *Concholepas concholepas* on shells of conspecific adults. Journal *of the Marine Biological Association of the United Kingdom* 84:651-658.

Manser MB (2001). The acoustic structure of suricates' alarm calls varies with predator type and the level of response urgency. *Proceedings of the Royal Society of London B: Biological Sciences* 268:2315-2324.

Manske U, Schmidt U (1976). Visual acuity of the vampire bat, *Desmodus rotundus*, and its dependence upon light intensity. *Zeitschrift für Tierpsychologie* 42:215-221.

Manton M, Karr A, Ehrenfeld DW (1972). Chemoreception in the migratory sea turtle, *Chelonia mydas*. *Biological Bulletin* 143:184-195.

Marcellini D (1977). Acoustic and visual display behavior of gekkonid lizards. *American Zoologist* 17:251-260.

Marcoux M, Whitehead H, Rendell L (2006). Coda vocalizations recorded in breeding areas are almost entirely produced by mature female sperm whales (*Physeter macrocephalus*). *Canadian Journal of Zoology* 84:609-614.

Marcoux M, Rendell L, Whitehead H (2007). Indications of fitness differences among vocal clans of sperm whales. *Behavioral Ecology and Sociobiology* 61:1093-1098.

Marler P (2004). Bird calls: a cornucopia for communication. Pp 132-177, en: *Nature's music, the science of birdsong* (Marler P, Slabbekoorn H, eds.). Elsevier, San Francisco, Estados Unidos de América.

Marler P, Slabbekoorn H (2004). *Nature's music. The science of birdsong*. Elsevier Academic Press, California, Estados Unidos de América.

Márquez N, Martínez-Harms J, Vásquez RA, Mpodozis J (2015). Early olfactory environment influences social behaviour in adult *Octodon degus*. *PLoS ONE* 10:e0118018.

Márquez R, Penna M, Marques P, Do Amaral JPS (2005). Diverse types of advertisement calls in the frogs *Eupsophus calcaratus* and *Eupsophus roseus* (Leptodactylidae): a quantitative comparison. *Herpetological Journal* 15:257-263.

Martin KJ, Alessi SC, Gaspard JC, Tucker AD, Bauer GB, Mann DA (2012). Underwater hearing in the loggerhead turtle (*Caretta caretta*): a comparison of behavioral and auditory evoked potential audiograms. *Journal of Experimental Biology* 215:3001-3009.

Martins EP, Labra A, Halloy M, Thompson JT (2004). Repeated large scale patterns of signal evolution: an interspecific study of *Liolaemus* lizard headbob displays. *Animal Behaviour* 68:453-463.

Mason RT, Parker MR (2010). Social behavior and pheromonal communication in reptiles. *Journal of Comparative Physiology* A 196:729-749.

Mathevon N, Charrier I, Aubin T (2004). A memory like a female fur seal: long-lasting recognition of pup's voice by mothers. *Anais da Academia Brasileira de Ciências* 76:237-241.

Mäthger LM, Litherland L, Fritsches KA (2007). An anatomical study of the visual capabilities of the green turtle, *Chelonia mydas*. *Copeia* 2007:169-179.

May-Collado LJ, Quiñones-Lebrón SG (2014). Dolphin changes in whistle structure with watercraft activity depends on their behavioral state. *Journal of the Acoustical Society of America* 135:EL193-EL198.

May-Collado LJ, Agnarsson I, Wartzok D (2007). Phylogenetic review of tonal sound production in whales in relation to sociality. *BMC Evolutionary Biology* 7:136.

Maynard-Smith J, Harper D (2003). *Animal signals*. Oxford University Press, Oxford, Reino Unido.

McCann T (1981). Aggression and sexual activity of male southern elephant seals, *Mirounga leonina*. *Journal of Zoology* 195:295-310.

McCowan B, Reiss D (1995). Quantitative comparison of whistle repertoires from captive adult bottlenose dolphins (Delphinidae, *Tursiops truncatus*): a re-evaluation of the signature whistle hypothesis. *Ethology* 100:194-209.

McCowan B, Reiss D (2001). The fallacy of 'signature whistles' in bottlenose dolphins: a comparative perspective of 'signature information' in animal vocalizations. *Animal Behaviour* 62:1151-1162.

McDonald MA, Mesnick SL, Hildebrand JA (2006). Biogeographic characterization of blue whale song worldwide: using song to identify populations. *Journal of Cetacean Research and Management* 81:55-65.

McDonald MA, Hildebrand JA, Mesnick S (2009). Worldwide decline in tonal frequencies of blue whale songs. *Endangered Species Research* 9:13-21.

McKenna LN, Paladino FV, Tomillo PS, Robinson NJ (2019). Do sea turtles vocalize to synchronize hatching or nest emergence? *Copeia* 107:120-123.

Medina-Muñoz MC, Godoy-Herrera R (2004). Dispersal and prepupation behavior of Chilean sympatric *Drosophila* species that breed in the same site in nature. *Behavioral Ecology* 16:316-322.

Melcon ML, Cummins AJ, Kerosky SM, Roche LK, Wiggins SM, Hildebrand JA (2012). Blue whales respond to anthropogenic noise. *PLoS ONE* 7:e32681.

Mellinger DK, Clark CW (1997). Methods for automatic detection of mysticete sounds. *Marine & Freshwater Behaviour & Physiology* 29:163-181.

Mellinger DK, Clark CW (2003). Blue whale (*Balaenoptera musculus*) sounds from the North Atlantic. *Journal of the Acoustical Society of America* 114:1108-1119.

Merrill MW, Salmon M (2011). Magnetic orientation by hatchling loggerhead sea turtles (*Caretta caretta*) from the Gulf of Mexico. *Marine Biology* 158:101-112.

Miller AH, Miller VD (1968). The behavioral ecology and breeding biology of the Andean sparrow, *Zonotrichia capensis*. *Caldasia* 47:83-154.

Miller BS, Collins K, Barlow J, Calderan S, Leaper R, McDonald M, Ensor P, Olson PA, Olavarria C, Double MC (2014). Blue whale vocalizations recorded around New Zealand: 1964-2013. *Journal of the Acoustical Society of America* 135:1616-1623.

Miller JD (1970). Audibility curve of the chinchilla. *Journal of the Acoustical Society of America* 48:513-523.

Miller PJ (2002). Mixed-directionality of killer whale stereotyped calls: a direction of movement cue? *Behavioral Ecology and Sociobiology* 52:262-270.

Miller PJ, Bain DE (2000). Within-pod variation in the sound production of a pod of killer whales, *Orcinus orca*. *Animal Behaviour* 60:617-628.

Miller PJ, Shapiro A, Tyack P, Solow A (2004a). Call-type matching in vocal exchanges of free-ranging resident killer whales, *Orcinus orca*. *Animal Behaviour* 67:1099-1107.

Miller PJO (2006). Diversity in sound pressure levels and estimated active space of resident killer whale vocalizations. *Journal of Comparative Physiology* A 192:449-459.

Miller PJO, Johnson MP, Tyack PL (2004b). Sperm whale behaviour indicates the use of echolocation click buzzes 'creaks' in prey capture. *Proceedings of the Royal Society of London B: Biological Sciences* 271:2239-2247.

Miyazaki M, Waas JR (2003). Acoustic properties of male advertisement and their impact on female responsiveness in little penguins *Eudyptula minor*. *Journal of Avian Biology* 34:229-232.

Mobley J, Herman L, Frankel A (1988). Responses of wintering humpback whales (*Megaptera novaeangliae*) to playback of recordings of winter and summer vocalizations and of synthetic sound. *Behavioral Ecology and Sociobiology* 23:211-223.

Möglich M, Maschwitz U, Hölldobler B (1974). Tandem calling: a new kind of signal in ant communication. *Science* 186:1046-1047.

Møhl B, Wahlberg M, Madsen PT, Miller LA, Surlykke A (2000). Sperm whale clicks: directionality and source level revisited. *Journal of the Acoustical Society of America* 107:638-648.

Mooney TA, Nachtigall PE, Yuen MML (2006). Temporal resolution of the Risso's dolphin, *Grampus griseus*, auditory system. *Journal of Comparative Physiology* A 192:373-380.

Mooney TA, Pacini AF, Nachtigall PE (2009). False killer whale (*Pseudorca crassidens*) echolocation and acoustic disruption: implications for longline bycatch and depredation. *Canadian Journal of Zoology* 87:726-733.

Moore KE, Watkins WA, Tyack PL (1993). Pattern similarity in shared codas from sperm whales (*Physeter catodon*). *Marine Mammal Science* 9:1-9.

Mora M, Labra A (2017). The response of two *Liolaemus* lizard species to ash from fire and volcanism. *Journal of Herpetology* 51:388-395.

Moreno-Gómez FN, Sueur J, Soto-Gamboa M, Penna M (2013). Female frog auditory sensitivity, male calls, and background noise: potential influences on the evolution of a peculiar matched filter. *Biological Journal of the Linnean Society* 110:814-827.

Moreno-Gómez FN, León A, Velásquez NA, Penna M, Delano PH (2015). Individual and sex distinctiveness in bark calls of domestic chinchillas elicited in a distress context. *Journal of the Acoustical Society of America* 138:1614-1622.

Morton ES (1975). Ecological sources of selection on avian sounds. *American Naturalist* 109:17-34.

Mrosovsky N (1972). Spectrographs of the sounds of leatherback turtles. *Herpetologica* 28:256-258.

Müller-Schwarze D, Müller-Schwarze C (1980). Display rate and speed of nest relief in Antarctic pygoscelid penguins. *The Auk* 97:825-831.

Mullins J, Whitehead H, Weilgart LS (1988). Behaviour and vocalizations of two single sperm whales, *Physeter macrocephalus*, off Nova Scotia. *Canadian Journal of Fisheries and Aquatic Sciences* 45:1736-1743.

Mundinger PC (1982). Microgeographic and macrogeographic variation in acquired vocalizations of birds Pp, en: *Acoustic communication in birds* (Kroodsma DDE, Miller EH, Ouellet H, eds.). Academic Press, Nueva York, Estados Unidos de América.

Muñoz MI, Penna M (2016). Extended amplification of acoustic signals by amphibian burrows. *Journal of Comparative Physiology* A 202:473-487.

Muñoz MI, Quispe M, Maliqueo M, Penna M (2020). Biotic and abiotic sounds affect calling activity but not plasma testosterone levels in male frogs (*Batrachyla taeniata*) in the field and in captivity. *Hormones and Behavior* 118:104605.

Murray SO, Mercado E, Roitblat HL (1998). Characterizing the graded structure of false killer whale (*Pseudorca crassidens*) vocalizations. *Journal of the Acoustical Society of America* 104:1679-1688.

Mutis A, Parra L, Palma R, Pardo F, Perich F, Quiroz A (2009). Evidence of contact pheromone use in mating behavior of the raspberry weevil (Coleoptera: Curculionidae). *Environmental Entomology* 38:192-197.

Mutis A, Parra L, Manosalva L, Palma R, Candia O, Lizama M, Pardo F, Perich F, Quiroz A (2010). Electroantennographic and behavioral responses of adults of raspberry weevil *Aegorhinus superciliosus* (Coleoptera: Curculionidae) to odors released from conspecific females. *Environmental Entomology* 39:1276-1282.

Nachtigall PE, Supin AY (2013). A false killer whale reduces its hearing sensitivity when a loud sound is preceded by a warning. *Journal of Experimental Biology* 216:3062-3070.

Nachtigall PE, Yuen MML, Mooney TA, Taylor KA (2005). Hearing measurements from a stranded infant Risso's dolphin, *Grampus griseus*. *Journal of Experimental Biology* 208:4181-4188.

Nachtigall PE, Supin AY, Pacini AF, Kastelein RA (2018). Four odontocete species change hearing levels when warned of impending loud sound. *Integrative Zoology* 13:160-165.

Nakagawa S, Waas JR, Miyazaki M (2001). Heart rate changes reveal that little blue penguin chicks (*Eudyptula minor*) can use vocal signatures to discriminate familiar from unfamiliar chicks. *Behavioral Ecology and Sociobiology* 50:180-188.

Nakano R, Nakagawa R, Tokimoto N, Okanoya K (2013). Alarm call discrimination in a social rodent: adult but not juvenile degu calls induce high vigilance. *Journal of Ethology* 31:115-121.

Narazaki T, Sato K, Abernathy KJ, Marshall GJ, Miyazaki N (2013). Loggerhead turtles (*Caretta caretta*) use vision to forage on gelatinous prey in mid-water. *PLoS ONE* 8:e66043.

Narins PM, Stoeger AS, O'Connell-Rodwell C (2016). Infrasonic and seismic communication in the vertebrates with special emphasis on the Afrotheria: an update and future directions. Pp 191-227, en: *Vertebrate sound production and acoustic communication* (Suthers RA, Fitch WT, Fay RR, Popper AN, eds.). Springer, Clam, Suiza.

Nemiroff L, Whitehead H (2009). Structural characteristics of pulsed calls of long-finned pilot whales *Globicephala melas*. *Bioacoustics* 19:67-92.

Ng J, Geneva AJ, Noll S, Glor RE (2017). Signals and speciation: *Anolis* dewlap color as a reproductive barrier. *Journal of Herpetology* 51:437-447.

Nieukirk SL, Stafford KM, Mellinger DK, Dziak RP, Fox CG (2004). Low-frequency whale and seismic airgun sounds recorded in the mid-Atlantic Ocean. *Journal of the Acoustical Society of America* 115:1832-1843.

Noad MJ, Cato DH, Bryden M, Jenner M-N, Jenner KCS (2000). Cultural revolution in whale songs. *Nature* 408:537.

Norambuena HV, Muñoz-Pedreros A (2018). Detection and vocalisations of three owl species (Strigiformes) in temperate rainforests of southern Chile. *New Zealand Journal of Zoology* 45:121-135.

Norris K, Dohl T (1980). Behavior of the Hawaiian spinner dolphin, *Stenella longirostris*. *Fish Bulletin* 77:821-849.

Nottebohm F (1969). The song of the chingolo, *Zonotrichia capensis*, in Argentina: Description and evaluation of a system of dialects. *The Condor* 71:299-315.

Nottebohm F (1975). Continental patterns of song variability in *Zonotrichia capensis*: some possible ecological correlates. *American Naturalist* 109:605-624.

Nottebohm F, Selander RK (1972). Vocal dialects and gene frequencies in the chingolo sparrow (*Zonotrichia capensis*). *The Condor* 74:137-143.

Novick A (1963). Orientation in Neotropical bats. II Phyllostomatidae and Desmodontidae. *Journal of Mammalogy* 44:44-56.

Núñez JJ, Rabanal FE, Formas JR (2012). Description of a new species of *Eupsophus* (Amphibia: Neobatrachia) from the Valdivian Coastal range, Southern Chile: an integrative taxonomic approach. *Zootaxa* 3305:53-68.

O'Farrell MJ, Corben C, Gannon WL (2000). Geographic variation in the echolocation calls of the hoary bat (*Lasiurus cinereus*). *Acta Chiropterologica* 2:185-196.

Oba Y, Branham MA, Fukatsu T (2011). The terrestrial bioluminescent animals of Japan. *Zoological Science* 28:771-789.

Oblanca L, Damián P, Tubaro PL (2012). Song analysis of the South American thrushes (*Turdus*) in relation to their body mass in a phylogenetic context. *Ornitologia Neotropical* 23:349-365.

Oelschläger HA (1989). Early development of the olfactory and terminalis systems in baleen whales. *Brain, Behavior and Evolution* 34:171-183.

Oleson EM, Wiggins SM, Hildebrand JA (2007a). Temporal separation of blue whale call types on a southern California feeding ground. *Animal Behaviour* 74:881-894.

Oleson EM, Calambokidis J, Burgess WC, McDonald MA, LeDuc CA, Hildebrand JA (2007b). Behavioral context of call production by eastern North Pacific blue whales. *Marine Ecology Progress Series* 330:269-284.

Oliveira C, Wahlberg M, Silva MA, Johnson M, Antunes R, Wisniewska DM, Fais A, Goncalves J, Madsen PT (2016). Sperm whale codas may encode individuality as well as clan identity. *Journal of the Acoustical Society of America* 139:2860-2869.

Ommundsen P, Lausen C, Matthias L (2017). First acoustic records of the Brazilian free-tailed bat (*Tadarida brasiliensis*) in British Columbia. *Northwestern naturalist* 98:132-136.

Opazo D, Velásquez N, Veloso A, Penna M (2009). Frequency-modulated vocalizations of *Eupsophus queulensis* (Anura: Cycloramphidae). *Journal of Herpetology* 43:657-664.

Ord TJ, Garcia-Porta J (2012). Is sociality required for the evolution of communicative complexity? Evidence weighed against alternative hypotheses in diverse taxonomic groups. *Philosophical Transactions of the Royal Society B: Biological Sciences* 367:1811-1828.

Ossa G, Bonacic C, Barquez Rubén M (2015). First record of *Histiotus laephotis* (Thomas, 1916) from Chile and new distributional information for *Histiotus montanus* (Phillipi and Landbeck, 1861) (Chiroptera, Vespertilionidae). *Mammalia* 79:457-461.

Ossa G, Vilchez K, Valladares P (2016). New record of the rare long-snouted bat, *Platalina genovensium* Thomas, 1928 (Chiroptera, Phyllostomidae), in the Azapa valley, northern Chile. *Check List* 12:1.

Ossa G, Ibarra JT, Barboza K, Hernández F, Gálvez N, Laker J, Bonacic C (2010). Analysis of the echolocation calls and morphometry of a population of *Myotis chiloensis* (Waterhouse, 1838) from the southern Chilean temperate forest. *Ciencia e Investigación Agraria* 37:131-139.

Ottensmeyer CA, Whitehead H (2003). Behavioural evidence for social units in long-finned pilot whales. *Canadian Journal of Zoology* 81:1327-1338.

Pacheco AS, Silva S, Alcorta B, Balducci N, Guidino C, Llapapasca MA, Sanchez-Salazar F (2013). Aerial behavior of humpback whales *Megaptera novaeangliae* at the southern limit of the southeast Pacific breeding area. *Revista de Biología Marina y Oceanografía* 48:185-191.

Pacini A, Nachtigall PE, Kloepper L, Linnenschmidt M, Sogorb A, Matias S (2010). Audiogram of a formerly stranded long-finned pilot whale (*Globicephala melas*) measured using auditory evoked potentials. *Journal of Experimental Biology* 213:3138-3143.

Page B, Goldsworthy SD, Hindell MA (2002a). Individual vocal traits of mother and pup fur seals. *Bioacoustics* 13:121-143.

Page B, Goldsworthy SD, Hindell MA, Mckenzie J (2002b). Interspecific differences in male vocalizations of three sympatric fur seals (*Arctocephalus* spp.). *Journal of Zoology* 258:49-56.

Parks SE (2003). Response of North Atlantic right whales (*Eubalaena glacialis*) to playback of calls recorded from surface active groups in both the North and South Atlantic. *Marine Mammal Science* 19:563-580.

Parks SE, Clark CW, Tyack PL (2007). Short- and long-term changes in right whale calling behavior: the potential effects of noise on acoustic communication. *Journal of the Acoustical Society of America* 122:3725-3731.

Partan S, Marler P (1999). Behavior: communication goes multimodal. *Science* 283:1272-1273.

Partan SR (2017). Multimodal shifts in noise: switching channels to communicate through rapid environmental change. *Animal Behaviour* 124:325-337.

Partan SR, Marler P (2005). Issues in the classification of multimodal communication signals. *American Naturalist* 166:231-245.

Payne K, Payne R (1985). Large scale changes over 19 years in songs of humpback whales in Bermuda. *Zeitschrift für Tierpsychologie* 68:89-114.

Payne R, Webb D (1971). Orientation by means of long range acoustic signaling in baleen whales. *Annals of the New York Academy of Sciences* 188:110-141.

Payne RS, McVay S (1971). Songs of humpback whales. *Science* 173:585-597.

Peichl L, Chavez AE, Ocampo A, Mena W, Bozinovic F, Palacios AG (2005). Eye and vision in the subterranean rodent cururo (*Spalacopus cyanus*, Octodontidae). *Journal of Comparative Neurology* 486:197-208.

Penna M (1997). Selectivity of evoked vocal responses in the time domain by frogs of the genus *Batrachyla*. *Journal of Herpetology* 31:202-217.

Penna M (2004). Amplification and spectral shifts of vocalizations inside burrows of the frog *Eupsophus calcaratus* (Leptodactylidae). *Journal of the Acoustical Society of America* 116:1254-1260.

Penna M, Veloso A (1981). Acoustic signals related to reproduction in the spinulosus species group of *Bufo* (Amphibia, Bufonidae). *Canadian Journal of Zoology* 59:54-60.

Penna M, Veloso A (1982). The warning vibration of *Pleurodema thaul*. *Journal of Herpetology* 16:408-410.

Penna M, Veloso A (1987). Vocalizations by Andean frogs of the genus *Telmatobius* (Leptodactylidae). *Herpetologica* 43:208-216.

Penna M, Veloso A (1990). Vocal diversity in frogs of the South-american temperate forest. *Journal of Herpetology* 24:23-33.

Penna M, Solís R (1996). Influence of burrow acoustics on sound reception by frogs *Eupsophus* (Leptodactylidae). *Animal Behaviour* 51:255-263.

Penna M, Solís R (1998). Frog call intensities and sound propagation in the South American temperate forest region. *Behavioral Ecology and Sociobiology* 42:371-381.

Penna M, Solís R (1999). Extent and variation of sound enhancement inside burrows of the frog *Eupsophus emiliopugini* (Leptodactylidae). *Behavioral Ecology and Sociobiology* 47:94-103.

Penna M, Márquez R (2007). Amplification and spectral modification of incoming vocalizations inside burrows of the frog *Eupsophus roseus* (Leptodactylidae). *Bioacoustics* 16:245-259.

Penna M, Hamilton-West C (2007). Susceptibility of evoked vocal responses to noise exposure in a frog of the temperate austral forest. *Animal Behaviour* 74:45-56.

Penna M, Quispe M (2007). Independence of evoked vocal responses from stimulus direction in burrowing frogs *Eupsophus* (Leptodactylidae). *Ethology* 113:313-323.

Penna M, Meier A (2011). Vocal strategies in confronting interfering sounds by a frog from the southern temperate forest, *Batrachyla antartandica*. *Ethology* 117:1147-1157.

Penna M, Velásquez N (2011). Heterospecific vocal interactions in a frog from the southern temperate forest, *Batrachyla taeniata*. *Ethology* 117:63-71.

Penna M, Zuniga D (2014). Strong responsiveness to noise interference in an anuran from the southern temperate forest. *Behavioral Ecology and Sociobiology* 68:85-97.

Penna M, Moreno-Gómez FN (2014). Ample active acoustic space of a frog from the South American temperate forest. *Journal of Comparative Physiology a-Neuroethology Sensory Neural and Behavioral Physiology* 200:171-181.

Penna M, Toloza J (2015). Vocal responsiveness to interfering sounds by a frog from the southern temperate forest, *Batrachyla leptopus*. *Ethology* 121:26-37.

Penna M, Moreno-Gómez FN (2015). Contrasting propagation of natural calls of two anuran species from the South American temperate forest. *PLoS ONE* 10(7):e0134498.

Penna M, Contreras S, Veloso A (1983). Acoustical repertoires and morphological differences in the ear of two *Alsodes* species (Amphibia, Leptodactylidae). *Canadian Journal of Zoology* 61:2369-2376.

Penna M, Robles L, Vargas C (1986). Auditory responses in the 8th nerve of a mating call-less toad, *Bufo chilensis* (Amphibia, Bufonidae). *Comparative Biochemistry and Physiology a-Physiology* 84:625-631.

Penna M, Lin WY, Feng AS (1997). Temporal selectivity for complex signals by single neurons in the torus semicircularis of *Pleurodema thaul* (Amphibia: Leptodactylidae). *Journal of Comparative Physiology a-Sensory Neural and Behavioral Physiology* 180:313-328.

Penna M, Lin WY, Feng AS (2001). Temporal selectivity by single neurons in the torus semicircularis of *Batrachyla antartandica* (Amphibia: Leptodactylidae). *Journal of Comparative Physiology a-Neuroethology Sensory Neural and Behavioral Physiology* 187:901-912.

Penna M, Narins PM, Feng AS (2005a). Thresholds for evoked vocal responses of *Eupsophus emiliopugini* (Amphibia, Leptodactylidae). *Herpetologica* 61:1-8.

Penna M, Pottstock H, Velásquez N (2005b). Effect of natural and synthetic noise on evoked vocal responses in a frog of the temperate austral forest. *Animal Behaviour* 70:639-651.

Penna M, Velásquez N, Solís R (2008). Correspondence between evoked vocal responses and auditory thresholds in *Pleurodema thaul* (Amphibia; Leptodactylidae). *Journal of Comparative Physiology* A 194:361-371.

Penna M, Pablo Gormaz J, Narins PM (2009). When signal meets noise: immunity of the frog ear to interference. *Naturwissenschaften* 96:835-843.

Penna M, Plaza A, Moreno-Gómez FN (2013). Severe constraints for sound communication in a frog from the South American temperate forest. *Journal of Comparative Physiology* A 199:723-733.

Penna M, Cisternas J, Toloza J (2017a). Restricted responsiveness to noise interference in two anurans from the southern temperate forest. *Ethology* 123:748-760.

Penna M, Palazzi C, Paolinelli P, Solís R (1990). Midbrain auditory-sensitivity in toads of the genus *Bufo* (Amphibia Bufonidae) with different vocal repertoires. *Journal of Comparative Physiology* A 167:673-681.

Penna M, Moreno-Gómez FN, Muñoz MI, Cisternas J (2017b). Vocal responses of austral forest frogs to amplitude and degradation patterns of advertisement calls. *Behavioural Processes* 140:190-201.

Penna M, Solís R, Corradini P, Moreno-Gómez FN (2019). Diverse patterns of temporal selectivity in the evoked vocal responses of a frog from the temperate austral forest, *Batrachyla taeniata* (Batrachylidae). *Bioacoustics* 29: 441-460.

Philips JD, Nachtigall PE, Au WWL, Pawloski JL, Roitblat HL (2003). Echolocation in the Risso's dolphin, *Grampus griseus*. *Journal of the Acoustical Society of America* 113:605-616.

Phillips AV (2003). Behavioral cues used in reunions between mother and pup South American fur seals (*Arctocephalus australis*). *Journal of Mammalogy* 84:524-535.

Phillips AV, Stirling I (2001). Vocal repertoire of South American fur seals, *Arctocephalus australis*: structure, function, and context. *Canadian Journal of Zoology* 79:420-437.

Pincheira-Donoso D, Hodgson DJ, Tregenza T (2008). Comparative evidence for strong phylogenetic inertia in precloacal signalling glands in a species-rich lizard clade. *Evolutionary Ecology Research* 10:11-28.

Piniak WE, Mann DA, Harms CA, Jones TT, Eckert SA (2016). Hearing in the juvenile green sea turtle (*Chelonia mydas*): a comparison of underwater and aerial hearing using auditory evoked potentials. *Plos One* 11:e0159711.

Pinsky ML, Eikeset AM, McCauley DJ, Payne JL, Sunday JM (2019). Greater vulnerability to warming of marine versus terrestrial ectotherms. *Nature* 569:108-111.

Pizzatto L, Stockwell M, Clulow S, Clulow J, Mahony M (2016). Finding a place to live: conspecific attraction affects habitat selection in juvenile green and golden bell frogs. *Acta Ethologica* 19:1-8.

Platt ME, Ficken MS (1987). Organization of singing in house wrens. *Journal of Field Ornithology* 58:190-197.

Popov VV, Supin AY, Pletenko MG, Tarakanov MB (2007). Audiogram variability in normal bottlenose dolphins (*Tursiops truncatus*). *Aquatic Mammals* 33:24-33.

Pueta M, Perotti MG (2016). Anuran tadpoles learn to recognize injury cues from members of the same prey guild. *Animal Cognition* 19:745-751.

Pye J, Langbauer W (1998). Ultrasound and infrasound. Pp 221-250, en: *Animal acoustic communication* (Steven LH, Owren MJ, Evans CS, eds.). Springer, Berlin, Alemania.

Pyron RA, Burbrink FT, Wiens JJ (2013). A phylogeny and revised classification of Squamata, including 4161 species of lizards and snakes. *BMC Evolutionary Biology* 13:1-54.

Quick NJ, Janik VM (2008). Whistle rates of wild bottlenose dolphins (*Tursiops truncatus*): influences of group size and behavior. *Journal of Comparative Psychology* 122:305-311.

Quick NJ, Janik VM (2012). Bottlenose dolphins exchange signature whistles when meeting at sea. *Proceedings of the Royal Society B: Biological Sciences* 279:2539-2545.

Quintana-Rizzo E, Mann DA, Wells RS (2006). Estimated communication range of social sounds used by bottlenose dolphins (*Tursiops truncatus*). *Journal of the Acoustical Society of America* 120:1671-1683.

Quiroga N, Muñoz MI, Pérez-Espinoza SA, Penna M, Botto-Mahan C (2019). Stridulation in the wild kissing bug *Mepraia spinolai*: description of the stridulatory organ and vibratory disturbance signal. *Bioacoustics* 29:266-279.

Quiroz A, Palma R, Etcheverría P, Navarro V, Rebolledo R (2007). Males of *Hylamorpha elegans* Burmeister (Coleoptera: Scarabaeidae) are attracted to odors released from conspecific females. *Environmental Entomology* 36:272-280.

Randall JA (2014). Vibrational communication: spiders to kangaroo rats. Pp 103-133, en: *Biocommunication of animals* (Witzany G, ed.). Springer, Dordrecht, Holanda.

Rankin S, Barlow J (2007). Vocalizations of the sei whale *Balaenoptera borealis* off the Hawaiian Islands. *Bioacoustics* 16:137-145.

Rankin S, Ljungblad D, Clark C, Kato H (2005). Vocalisations of Antarctic blue whales, *Balaenoptera musculus intermedia*, recorded during the 2001/2002 and 2002/2003 IWC/SOWER circumpolar cruises, Area V, Antarctica. *Journal of Cetacean Research and Management* 7:13-20.

Ratcliffe JM, Hofstede HMt, Avila-Flores R, Fenton MB, McCracken GF, Biscardi S, Blasko J, Gillam E, Orprecio J, Spanjer G (2004). Conspecifics influence call design in the Brazilian free-tailed bat, *Tadarida brasiliensis*. *Canadian Journal of Zoology* 82:966-971.

Recalde-Salas A, Salgado Kent CP, Parsons MJG, Marley SA, McCauley RD (2014). Non-song vocalizations of pygmy blue whales in Geographe Bay, Western Australia. *Journal of the Acoustical Society of America* 135:EL213-EL218.

Redondo T (1994). Comunicación: teoría y evolución de las señales. Pp 255-298, en: *Etología* (Carranza J, ed.). Universidad de Extremadura, Cáceres, España.

Reisenman CE, Lorenzo Figueiras AN, Giurfa M, Lazzari CR (2000). Interaction of visual and olfactory cues in the aggregation behaviour of the haematophagous bug *Triatoma infestans*. *Journal of Comparative Physiology* A 186:961-968.

Reiss D, McCowan B (1993). Spontaneous vocal mimicry and production by bottlenose dolphins (*Tursiops truncatus*): evidence for vocal learning. *Journal of Comparative Psychology* 107:301-312.

Rendall D, Kaluthota CJ (2013). Song organization and variability in Northern House Wrens (*Troglodytes aedon parkmanii*) in western Canada. *The Auk* 130:617-628.

Rendell L, Gordon J (1999). Vocal response of long finned pilot whales (*Globicephala melas*) to military sonar in the Ligurian Sea. *Marine Mammal Science* 15:198-204.

Rendell L, Whitehead H (2001). Culture in whales and dolphins. *Behavioral and Brain Sciences* 24:309-324.

Rendell L, Whitehead H (2003a). Comparing repertoires of sperm whale codas: a multiple methods approach. *Bioacoustics* 14:61-81.

Rendell L, Whitehead H (2004). Do sperm whales share coda vocalizations? Insights into coda usage from acoustic size measurement. *Animal Behaviour* 67:865-874.

Rendell L, Whitehead H (2005a). Coda playbacks to sperm whales in Chilean waters. *Marine Mammal Science* 21:307-316.

Rendell L, Whitehead H (2005b). Spatial and temporal variation in sperm whale coda vocalizations: stable usage and local dialects. *Animal Behaviour* 70:191-198.

Rendell L, Whitehead H, Coakes A (2005). Do breeding male sperm whales show preferences among vocal clans of females? *Marine Mammal Science* 21:317-322.

Rendell L, Matthews J, Gill A, Gordon J, Macdonald D (1999). Quantitative analysis of tonal calls from five odontocete species, examining interspecific and intraspecific variation. *Journal of Zoology* 249:403-410.

Rendell L, Mesnick SL, Dalebout ML, Burtenshaw J, Whitehead H (2012). Can genetic differences explain vocal dialect variation in sperm whales, *Physeter macrocephalus? Behavior Genetics* 42:332-343.

Rendell LE, Whitehead H (2003b). Vocal clans in sperm whales (*Physeter macrocephalus*). *Proceedings of the Royal Society of London. Series B: Biological Sciences* 270:225-231.

Reyes-Olivares C, Labra A (2017). Emisión de sonidos en lagartos nativos de Chile: el estado del arte. *Boletín Chileno de Herpetología* 4:1-9.

Reyes-Olivares C, Rain-Garrido I, Labra A (2016). The eye-bulging in *Liolaemus* lizards (Weigmann 1843). *Gayana* 80:129-132.

Reyes-Reyes MV, Iñíguez MA, Hevia M, Hildebrand JA, Melcón ML (2015). Description and clustering of echolocation signals of Commerson's dolphins (*Cephalorhynchus commersonii*) in Bahía San Julián, Argentina. *Journal of the Acoustical Society of America* 138:2046-2053.

Reyes P, Hünem M (2012). *Peces del sur de Chile*. Ocho Libros, Santiago, Chile.

Reyes Reyes MV, Tossenberger VP, Iñiguez MA, Hildebrand JA, Melcón ML (2016). Communication sounds of Commerson's dolphins (*Cephalorhynchus commersonii*) and contextual use of vocalizations. *Marine Mammal Science* 32:1219-1233.

Richardson WJ, Würsig B (1997). Influences of man made noise and other human actions on cetacean behaviour. *Marine & Freshwater Behaviour & Physiology* 29:183-209.

Ridgway SH, Wever EG, McCormick JG, Palin J, Anderson JH (1969). Hearing in the giant sea turtle, *Chelonia mydas. Proceedings of the National Academy of Sciences USA* 64:884-890.

Riveros G (1989). Análsisis de la comunicación sonora de tres especies de golondrinas (*Notiochelidon cyanoleuca, Tachycineta leucorrhoa* y *T. albiventer*; Fam: Hirundinae). *Anales del Museo de Historia Natural (Valparaíso)* 20:85-98.

Riveros G, Villegas N (1994). Análisis taxonómico de las subespecies chilenas de *Scytalopus magellanicus* (Fam. Rhinocryptidae aves) a través de sus cantos. *Anales del Museo de Historia Natural (Valparaíso)* 22:91-101.

Riveros G, Abarca J, Ruiz V, Vazquez C (1995). Análisis de la comunicación sonora de *Tachycineta leucopyga* (familia Hirundinidae, Aves) y sus relaciones bioacústicas con las especies del género. *Anales del Museo de Historia Natural (Valparaíso)* 22:71-87.

Rivers JA (1997). Blue whale, *Balaenoptera musculus*, vocalizations from the waters off central California. *Marine Mammal Science* 13:186-195.

Robisson P, Aubin T, Bremond J-C (1993). Individuality in the voice of the emperor penguin *Aptenodytes forsteri*: adaptation to a noisy environment. *Ethology* 94:279-290.

Robles L, Temchin AN, Fan Y-H, Ruggero MA (2015). Stapes vibration in the chinchilla middle ear: relation to behavioral and auditory-nerve thresholds. *Journal of the Association for Research in Otolaryngology* 16:447-457.

Roces F, Manrique G (1996). Different stridulatory vibrations during sexual behaviour and disturbance in the blood-sucking bug *Triatoma infestans* (Hemiptera: Reduviidae). *Journal of Insect Physiology* 42:231-238.

Rodríguez-San Pedro A, Simonetti JA (2013). Acoustic identification of four species of bats (Order Chiroptera) in central Chile. *Bioacoustics* 22:165-172.

Rodríguez-San Pedro A, Simonetti JA (2014). Variation in search-phase calls of *Lasiurus varius* (Chiroptera: Vespertilionidae) in response to different foraging habitats. *Journal of Mammalogy* 95:1004-1010.

Rodríguez-San Pedro A, Allendes JL (2017). Echolocation calls of free-flying common vampire bats *Desmodus rotundus* (Chiroptera: Phyllostomidae) in Chile. *Bioacoustics* 26:153-160.

Rodríguez-San Pedro A, Peñaranda DA, Allendes JL, Castillo ML (2015). Update on the distribution of *Myotis atacamensis* (Chiroptera: Vespertilionidae): southernmost record and description of its echolocation calls. *Chiroptera Neotropical* 21:1342-1346.

Rodríguez-San Pedro A, Allendes JL, Ossa G (2016). Lista actualizada de los murciélagos de Chile con comentarios sobre taxonomía, ecología, y distribución. *Biodiversity and Natural History* 2:16-39.

Rodríguez LC, Faúndez EH, Niemeyer HM (2005). Mate searching in the scale insect, *Dactylopius coccus* (Hemiptera: Coccoidea: Dactylopiidae). *European Journal of Entomology* 102:305-306.

Rodríguez SR, Ojeda FP, Inestrosa N (1992). Inductores químicos del asentamiento de invertebrados marinos bentónicos: importancia y necesidad de su estudio en Chile. *Revista Chilena de Historia Natural* 65:297-310.

Rogers TL (2003). Factors influencing the acoustic behaviour of male phocids seals. *Aquatic Mammals* 29:247-260.

Romero-Mujalli D, Tárano Z, Cobarrubias S, Barreto G (2014). Caracterización de silbidos de *Tursiops truncatus* (Cetacea: Delphinidae) y su asociación con el comportamiento en superficie. *Revista Argentina de Ciencias del Comportamiento* 6:15-29.

Romeu B, Cantor M, Bezamat C, Simões Lopes PC, Daura Jorge FG (2017). Bottlenose dolphins that forage with artisanal fishermen whistle differently. *Ethology* 123:906-915.

Rosenthal GG, Evans CS (1998). Female preference for swords in *Xiphophorus helleri* reflects a bias for large apparent size. *Proceedings of the National Academy of Sciences USA* 95:4431-4436.

Roux J, Jouventin P (1987). Behavioural cues to individual recognition in the subantarctic fur seal, *Arctocephalus tropicalis*. Pp 95-105, en: *Status, biology, and ecology of fur seals. Proceedings of an international symposium and workshop* (Croxall JP, Gentry RL, eds.). NOAA Techical Report NMFS, Reino Unido.

Rowe C (1999). Receiver psychology and the evolution of multicomponent signals. *Animal Behaviour* 58:921-931.

Rowe C, Guilford T (1999). The evolution of multimodal warning displays. *Evolutionary Ecology* 13:655-671.

Rubi TL, Stephens DW (2016). Why complex signals matter, sometimes. Pp 119-135, en: *Psychological mechanisms in animal communication* (Bee MA, Miller CT, eds.). Springer, Cham, Suiza.

Ruiz-Monachesi MR, Valdecantos S (2017). Chemical recognition of the prey in *Liolaemus ceii* (Donoso-Barros, 1971). *Herpetology Notes* 10:327-328.

Ruiz-Monachesi MR, Labra A (2020). Complex distress calls sound frightening: the case of the weeping lizard. *Animal Behaviour* 165:71-77.

Ruiz-Monachesi MR, Paz AV, Quipildor AM (2019). Hemipenes eversion behavior: a new form of communication in two *Liolaemus* lizards (Iguania: Liolaemidae). *Canadian Journal of Zoology* 97:187-194.

Ruiz-Monachesi MR, Valdecantos S, Lobo F, Cruz FB, Labra A (2020). Retreat sites shared by two *Liolaemus* lizard species: exploring the potential role of scents. *South American Journal of Herpetology* 17:79-86.

Ruiz De Gamboa M (2016). Lista actualizada de los reptiles de Chile. *Boletín Chileno de Herpetología* 3:7-12.

Rundus AS, Owings DH, Joshi SS, Chinn E, Giannini N (2007). Ground squirrels use an infrared signal to deter rattlesnake predation. *Proceedings of the National Academy of Sciences USA* 104:14372-14376.

Ruppli CA, Dreiss AN, Roulin A (2013). Efficiency and significance of multiple vocal signals in sibling competition. *Evolutionary Biology* 40:579-588.

Ryan MJ (1980). Female mate choice in a Neotropical frog. *Science* 209:523-525.

Ryan MJ (1990). Sexual selection, sensory systems and sensory exploitation. *Oxford Surveys in Evolutionary Biology* 7:157-195.

Saito K, Shoji T, Uchida I, Ueda H (2000). Structure of the olfactory and vomeronasal epithelia in the loggerhead turtle *Caretta caretta*. *Fisheries Science* 66:409-411.

Salazar M, Theoduloz C, Vega A, Poblete F, González E, Badilla R, Meza-Basso L (2002). PCR-RFLP identification of endemic Chilean species of *Rhagoletis* (Diptera: Tephritidae) attacking Solanaceae. *Bulletin of Entomological Research* 92:337-341.

Samarra FIP, Deecke VB, Simonis AE, Miller PJO (2015). Geographic variation in the time-frequency characteristics of high-frequency whistles produced by killer whales (*Orcinus orca*). *Marine Mammal Science* 31:688-706.

Samuel DE (1971). Vocal repertoires of sympatric Barn and Cliff swallows. *The Auk* 88:839-855.

Sanino GP, Fowle HL (2006). Study of whistle spatio-temporal distribution and repertoire of a school of false killer whales, *Pseudorca crassidens*, in the eastern South Pacific. *Boletín del Museo Nacional de Historia Natural* (Chile) 55:21-39.

Sanvito S, Galimberti F (2000a). Bioacoustics of southern elephant seals. I. Acoustic structure of male aggressive vocalisations. *Bioacoustics* 10:259-285.

Sanvito S, Galimberti F (2000b). Bioacoustics of southern elephant seals. II. Individual and geographical variation in male aggressive vocalisations. *Bioacoustics* 10:287-307.

Sanvito S, Galimberti F (2003). Source level of male vocalisations in the genus *Mirounga*: repeatability and correlates. *Bioacoustics* 14:47-59.

Sanvito S, Galimberti F, Miller EH (2007a). Observational evidences of vocal learning in southern elephant seals: a longitudinal study. *Ethology* 113:137-146.

Sanvito S, Galimberti F, Miller EH (2007b). Having a big nose: structure, ontogeny, and function of the elephant seal proboscis. *Canadian Journal of Zoology* 85:207-220.

Sanvito S, Galimberti F, Miller EH (2007c). Vocal signalling of male southern elephant seals is honest but imprecise. *Animal Behaviour* 73:287-299.

Sanvito S, Galimberti F, Miller EH (2008). Development of aggressive vocalizations in male southern elephant seals (*Mirounga leonina*): maturation or learning? *Behaviour* 145:137-170.

Sarmiento-Devia RA, Harrod C, Pacheco AS, Biology (2015). Ecology and conservation of sea turtles in Chile. *Chelonian Conservation* 14:21-33.

Saulitis EL, Matkin CO, Fay FH (2005). Vocal repertoire and acoustic behavior of the isolated AT1 killer whale subpopulation in southern Alaska. *Canadian Journal of Zoology* 83:1015-1029.

Sayigh L, Quick N, Hastie G, Tyack P (2013). Repeated call types in short-finned pilot whales, *Globicephala macrorhynchus*. *Marine Mammal Science* 29:312-324.

Sayigh LS, Esch HC, Wells RS, Janik VM (2007). Facts about signature whistles of bottlenose dolphins, *Tursiops truncatus*. *Animal Behaviour* 74:1631-1642.

Sayigh LS, Tyack PL, Wells RS, Solow AR, Scott MD, Irvine A (1999). Individual recognition in wild bottlenose dolphins: a field test using playback experiments. *Animal Behaviour* 57:41-50.

Schevill WE, Watkins WA (1966). Sound structure and directionality in *Orcinus* (killer whale). *Zoologica* 51:71-76.

Schleich CE, Vielma A, Gloesmann M, Palacios AG, Peichl L (2010). Retinal photoreceptors of two subterranean tuco-tuco species (Rodentia, *Ctenomys*): morphology, topography, and spectral sensitivity. *Journal of Comparative Neurology* 518:4001-4015.

Schlundt CE, Dear RL, Green L, Houser DS, Finneran JJ (2007). Simultaneously measured behavioral and electrophysiological hearing thresholds in a bottlenose dolphin (*Tursiops truncatus*). *Journal of the Acoustical Society of America* 122:615-622.

Schmidt U, Schmidt C (1977). Echolocation performance of the vampire bat (*Desmodus rotundus*). *Zeitschrift für Tierpsychologie* 45:349-358.

Schmidt U, Schlegel P, Schweizer H, Neuweiler G (1991). Audition in vampire bats, *Desmodus rotundus*. *Journal of Comparative Physiology* A 168:45-51.

Schraft HA, Goodman C, Clark RW (2018). Do free-ranging rattlesnakes use thermal cues to evaluate prey? *Journal of Comparative Physiology* A 204:295-303.

Schultz KW, Cato DH, Corkeron PJ, Bryden MM (1995). Low frequency narrow-band sounds produced by bottlenose dolphins. *Marine Mammal Science* 11:503-509.

Schulz TM, Whitehead H, Gero S, Rendell L (2008). Overlapping and matching of codas in vocal interactions between sperm whales: insights into communication function. *Animal Behaviour* 76:1977-1988.

Schulz TM, Whitehead H, Gero S, Rendell L (2011). Individual vocal production in a sperm whale (*Physeter macrocephalus*) social unit. *Marine Mammal Science* 27:149-166.

Sciacca V, Caruso F, Beranzoli L, Chierici F, De Domenico E, Embriaco D, Favali P, Giovanetti G, Larosa G, Marinaro G (2015). Annual acoustic presence of fin whale (*Balaenoptera physalus*) offshore eastern Sicily, central Mediterranean Sea. *PLoS ONE* 10:e0141838.

Searby A, Jouventin P, Aubin T (2004). Acoustic recognition in macaroni penguins: an original signature system. *Animal Behaviour* 67:615-625.

Searcy WA, Nowicki S (2005). *The evolution of animal communication: reliability and deception in signaling systems*. Princeton University Press, Oxford, Reino Unido.

Sepúlveda L (1997). Hermetismo en sociedades de *Porotermes quadricollis* (Rambur, 1848) (Isoptera: Termopsidae) en nidos artificiales. *Gayana* 61:109-112.

Serrano JM, Penna M, Soto-Azat C (2019). Individual and population variation of linear and non-linear components of the advertisement call of Darwin's frog (*Rhinoderma darwinii*). *Bioacoustics* 29:572-589.

Shofner WP (2000). Comparison of frequency discrimination thresholds for complex and single tones in chinchillas. *Hearing Research* 149:106-114.

Shofner WP (2011). Perception of the missing fundamental by chinchillas in the presence of low-pass masking noise. *Journal of the Association for Research in Otolaryngology* 12:101-112.

Shofner WP, Chaney M (2013). Processing pitch in a nonhuman mammal (*Chinchilla laniger*). *Journal of Comparative Psychology* 127:142-153.

Sieber OJ (1985). Individual recognition of parental calls by bank swallow chicks (*Riparia riparia*). *Animal Behaviour* 33:107-116.

Silber GK (1986). The relationship of social vocalizations to surface behavior and aggression in the Hawaiian humpback whale (*Megaptera novaeangliae*). *Canadian Journal of Zoology* 64:2075-2080.

Simmons JA, Lavender W, Lavender B, Childs J, Hulebak K, Rigden M, Sherman J, Woolman B, O'Farrell MJ (1978). Echolocation by free-tailed bats (*Tadarida*). *Journal of Comparative Physiology* A 125:291-299.

Simon M, Wahlberg M, Miller LA (2007). Echolocation clicks from killer whales (*Orcinus orca*) feeding on herring (*Clupea harengus*). *Journal of the Acoustical Society of America* 121:749-752.

Simon M, Wahlberg M, Ugarte F, Miller LA (2005). Acoustic characteristics of underwater tail slaps used by Norwegian and Icelandic killer whales (*Orcinus orca*) to debilitate herring (*Clupea harengus*). *Journal of Experimental Biology* 208:2459-2466.

Simon M, Ugarte F, Wahlberg M, Miller LA (2006). Icelandic killer whales *Orcinus orca* use a pulsed call suitable for manipulating the schooling behaviour of herring *Clupea harengus*. *Bioacoustics* 16:57-74.

Simon M, Stafford KM, Beedholm K, Lee CM, Madsen PT (2010). Singing behavior of fin whales in the Davis Strait with implications for mating, migration and foraging. *Journal of the Acoustical Society of America* 128:3200-3210.

Sinervo B, Lively CM (1996). The rock-paper-scissors game and the evolution of alternative male strategies. *Nature* 380:240-243.

Širovi A, Hildebrand JA, Wiggins SM (2007). Blue and fin whale call source levels and propagation range in the Southern Ocean. *Journal of the Acoustical Society of America* 122:1208-1215.

Širovi A, Hildebrand John A, Wiggins Sean M, Thiele D (2009). Blue and fin whale acoustic presence around Antarctica during 2003 and 2004. *Marine Mammal Science* 25:125-136.

Širovi A, Hildebrand JA, Wiggins SM, McDonald MA, Moore SE, Thiele D (2004). Seasonality of blue and fin whale calls and the influence of sea ice in the Western Antarctic Peninsula. *Deep Sea Research Part II: Topical Studies in Oceanography* 51:2327-2344.

Smith JN, Goldizen AW, Dunlop RA, Noad MJ (2008). Songs of male humpback whales, *Megaptera novaeangliae*, are involved in intersexual interactions. *Animal Behaviour* 76:467-477.

Solís R, Penna M (1997). Testosterone levels and evoked vocal responses in a natural population of the frog *Batrachyla taeniata*. *Hormones and Behavior* 31:101-109.

Soto-Yéber L, Soto-Ortiz J, Godoy P, Godoy-Herrera R (2019). The behavior of adult *Drosophila* in the wild. *Plos One* 13:e0209917.

Sousa-Lima RS, Clark CW (2008). Modeling the effect of boat traffic on the fluctuation of humpback whale singing activity in the Abrolhos National Marine Park, Brazil. *Canadian Acoustics* 36:174-181.

Southall K, Oliver G, Lewis J, Le Boeuf B, Levenson D (2002). Visual pigment sensitivity in three deep diving marine mammals. *Marine Mammal Science* 18:275-281.

Southwood A, Fritsches K, Brill R, Swimmer Y (2008). Sound, chemical, and light detection in sea turtles and pelagic fishes: sensory-based approaches to bycatch reduction in longline fisheries. *Endangered Species Research* 5:225-238.

Spanier E (1980). The use of distress calls to repel night herons (*Nycticorax nycticorax*) from fish ponds. *Journal of Applied Ecology* 17:287-294.

St Clair Hill M, Ferguson J, Bester M, Kerley G (2001). Preliminary comparison of calls of the hybridizing fur seals *Arctocephalus tropicalis* and *A. gazella*. *African Zoology* 36:45-53.

Stafford KM (2003). Two types of blue whale calls recorded in the Gulf of Alaska. *Marine Mammal Science* 19:682-693.

Stafford KM, Moore SE (2005). Atypical calling by a blue whale in the Gulf of Alaska (L). *Journal of the Acoustical Society of America* 117:2724-2727.

Stafford KM, Fox CG, Clark DS (1998). Long-range acoustic detection and localization of blue whale calls in the northeast Pacific Ocean. *Journal of the Acoustical Society of America* 104:3616-3625.

Stafford KM, Nieukirk SL, Fox CG (1999a). An acoustic link between blue whales in the eastern tropical pacific and the northeast pacific. *Marine Mammal Science* 15:1258-1268.

Stafford KM, Nieukirk SL, Fox CG (1999b). Low-frequency whale sounds recorded on hydrophones moored in the eastern tropical Pacific. *Journal of the Acoustical Society of America* 106:3687-3698.

Stafford KM, Nieukirk SL, Fox CG (2001). Geographic and seasonal variation of blue whale calls in the North Pacific. *Journal of Cetacean Research and Management* 3:65-76.

Stafford KM, Moore SE, Fox CG (2005). Diel variation in blue whale calls recorded in the eastern tropical Pacific. *Animal Behaviour* 69:951-958.

Stafford KM, Chapp E, Bohnenstiel DelWayne R, Tolstoy M (2011). Seasonal detection of three types of "pygmy" blue whale calls in the Indian Ocean. *Marine Mammal Science* 27:828-840.

Stafford KM, Bohnenstiehl DR, Tolstoy M, Chapp E, Mellinger DK, Moore SE (2004). Antarctic-type blue whale calls recorded at low latitudes in the Indian and eastern Pacific Oceans. *Deep Sea Research Part I: Oceanographic Research Papers* 51:1337-1346.

Steiner WW, Hain JH, Winn HE, Perkins PJ (1979). Vocalizations and feeding behavior of the killer whale (*Orcinus orca*). *Journal of Mammalogy* 60:823-827.

Stevens M (2013). *Sensory ecology, behaviour, and evolution.* Oxford Univesity Press, Oxford, Reino Unido.

Stimpert AK, DeRuiter SL, Falcone EA, Joseph J, Douglas AB, Moretti DJ, Friedlaender AS, Calambokidis J, Gailey G, Tyack PL (2015). Sound production and associated behavior of tagged fin whales (*Balaenoptera physalus*) in the Southern California Bight. *Animal Biotelemetry* 3:23.

Strager H (1995). Pod-specific call repertoires and compound calls of killer whales, *Orcinus orca* Linnaeus, 1758, in the waters of northern Norway. *Canadian Journal of Zoology* 73:1037-1047.

Suárez R, Mpodozis J (2009). Heterogeneities of size and sexual dimorphism between the subdomains of the lateral-innervated accessory olfactory bulb (AOB) of *Octodon degus* (Rodentia: Hystricognathi). *Behavioural Brain Research* 198:306-312.

Supin AY, Popov VV (1995). Envelope-following response and modulation transfer function in the dolphin's auditory system. *Hearing Research* 92:38-46.

Swaisgood RR, Rowe MP, Owings DH (1999). Assessment of rattlesnake dangerousness by California ground squirrels: exploitation of cues from rattling sounds. *Animal Behaviour* 57:1301-1310.

Swimmer Y, Brill RW (2006). *Sea turtle and pelagic fish sensory biology: developing techniques to reduce sea turtle bycatch in longline fisheries.* NOAA Technical Memorandum NMFS-PIFSC-7, Estados Unidos de América.

Symonds MRE, Elgar MA (2008). The evolution of pheromone diversity. *Trends in Ecology & Evolution* 23:220-228.

Szymanski MD, Bain DE, Kiehl K, Pennington S, Wong S, Henry KR (1999). Killer whale (*Orcinus orca*) hearing: auditory brainstem response and behavioral audiograms. *Journal of the Acoustical Society of America* 106:1134-1141.

Taneja J, Guerin PM (1997). Ammonia attracts the haematophagous bug *Triatoma infestans*: behavioural and neurophysiological data on nymphs. *Journal of Comparative Physiology* A 181:21-34.

Tellechea JS, Norbis W (2012). A note on recordings of Southern right whales (*Eubalaena australis*) off the coast of Uruguay. *Journal of Cetacean Research and Management* 12:361-364.

Thomas J, Chun N, Au W, Pugh K (1988). Underwater audiogram of a false killer whale (*Pseudorca crassidens*). *Journal of the Acoustical Society of America* 84:936-940.

Thompson PO, Findley LT, Vidal O, Cummings WC (1996). Underwater sounds of blue whales, *Balaenoptera musculus*, in the Gulf of California, Mexico. *Marine Mammal Science* 12:288-293.

Toledo LF, Martins IA, Bruschi DP, Passos MA, Alexandre C, Haddad CFB (2015). The anuran calling repertorie in the light of social context. *Acta Ethologica* 18:87-99.

Tolentino VCD, Baesse CQ, de Melo C (2018). Dominant frequency of songs in tropical bird species is higher in sites with high noise pollution. *Environmental Pollution* 235:983-992.

Torres-Contreras H, Vásquez RA (2004). A field experiment on the influence of load transportation and patch distance on the locomotion velocity of *Dorymyrmex goetschi* (Hymenoptera, Formicidae). *Insectes Sociaux* 51:265-270.

Torres-Contreras H, Niemeyer HM (2009). Fasting and chemical signals affect recruitment and foraging efficiency in the harvester ant, *Pogonomyrmex vermiculatus*. *Behaviour* 146:923-938.

Torres-Contreras H, Olivares-Donoso R, Niemeyer HM (2007). Solitary foraging in the ancestral South American ant, *Pogonomyrmex vermiculatus*. Is it due to constraints in the production or perception of trail pheromones? *Journal of Chemical Ecology* 33:435-440.

Torrico-Bazoberry D, Muñoz MI (2019). High-frequency components in the distress stridulation of Chilean endemic velvet ants (Hymenoptera: Mutillidae). *Revista Chilena de Entomología* 45:5-13.

Townsend SW, Manser MB (2011). The function of nonlinear phenomena in meerkat alarm calls. *Biology Letters* 7:47-49.

Trigosso-Venario R, Labra A, Niemeyer HN (2002). Interactions between males of the lizard *Liolaemus tenuis*: roles of familiarity and memory. *Ethology* 108:1057-1064.

Trillmich F, Majluf P (1981). First observations on colony structure, behavior and vocal repertoire of the South American fur seal (*Arctocephalus australis*, Zimmermann 1783) in Peru. *Zeitschrift für Säugetierkunde* 46:310--322.

Tripovich JS, Klinck H, Nieukirk SL, Adams T, Mellinger DK, Balcazar NE, Klinck K, Hall EJ, Rogers TL (2015). Temporal segregation of the Australian and Antarctic blue whale call types (*Balaenoptera musculus* spp.). *Journal of Mammalogy* 96:603-610.

Troncoso-Palacios J, Labra A (2012). Is the exploratory behavior of *Liolaemus nitidus* modulated by sex? *Acta Herpetologica* 7:69-80.

Tubaro PL, Segura ET (1994). Dialect differences in the song of *Zonotrichia capensis* in the southern Pampas: a test of the acoustic adaptation hypothesis. *The Condor* 96:1084-1088.

Tubaro PL, Segura ET, Handford P (1993). Geographic variation in the song of the rufous-collared sparrow in eastern Argentina. *The Condor* 95:588-595.

Tyack P (1981). Interactions between singing Hawaiian humpback whales and conspecifics nearby. *Behavioral Ecology and Sociobiology* 8:105-116.

Tyack P (1983). Differential response of humpback whales, *Megaptera novaeangliae*, to playback of song or social sounds. *Behavioral Ecology and Sociobiology* 13:49-55.

Tyack PL (1986). Whistle repertoires of two bottlenosed dolphins, *Tursiops truncatus*: mimicry of signature whistles? *Behavioral Ecology and Sociobiology* 18:251-257.

Tyack PL (1997). Development and social functions of signature whistles in bottlenose dolphins *Tursiops truncatus*. *Bioacoustics* 8:21-46.

Tyson RB, Nowacek DP, Miller PJ (2007). Nonlinear phenomena in the vocalizations of North Atlantic right whales (*Eubalaena glacialis*) and killer whales (*Orcinus orca*). *Journal of the Acoustical Society of America* 122:1365-1373.

Úbeda C, Cerón G, Trejo A (2007). Descripción de un nuevo comportamiento en hembra de pato cortacorrientes (*Merganetta armata*, Anatidae). *Boletín Chileno de Ornitología* 13:47-49.

Urrejola D, Lacey EA, Wieczorek JR, Ebensperger LA (2005). Daily activity patterns of free-living cururos (*Spalacopus cyanus*). *Journal of Mammalogy* 86:302-308.

Valdecantos S, Labra A (2017). Testing the functionality of precloacal secretions from both sexes in the South American lizard, *Liolaemus chiliensis*. *Amphibia-Reptilia* 38:209-216.

Van Cise AM, Mahaffy SD, Baird RW, Mooney TA, Barlow J (2018). Song of my people: dialect differences among sympatric social groups of short-finned pilot whales in Hawai'i. *Behavioral Ecology and Sociobiology* 72:193.

Van der Woude SE (2009). Bottlenose dolphins (*Tursiops truncatus*) moan as low in frequency as baleen whales. *Journal of the Acoustical Society of America* 126:1552-1562.

Van Opzeeland I, Van Parijs S, Kindermann L, Burkhardt E, Boebel O (2013). Calling in the cold: pervasive acoustic presence of humpback whales (*Megaptera novaeangliae*) in Antarctic coastal waters. *PLoS ONE* 8:e73007.

Vásquez RA (1997). Vigilance and social foraging in *Octodon degus* (Rodentia: Octodontidae) in central Chile. *Revista Chilena de Historia Natural* 70:557-563.

Vega-Zuniga T, Medina FS, Fredes F, Zuniga C, Severin D, Palacios AG, Karten HJ, Mpodozis J (2013). Does nocturnality drive binocular vision? Octodontine rodents as a case study. *Plos One* 8:e84199.

Vehrencamp SL, Bradbury JW, Gibson RM (1989). The energetic cost of display in male sage grouse. *Animal Behaviour* 38:885-896.

Veitl S, Begall S, Burda H (2000). Ecological determinants of vocalisation parameters: the case of the coruro *Spalacopus cyanus* (Octodontidae), a fossorial social rodent. *Bioacoustics* 11:129-148.

Velando A, Lessells C, Marquez J (2001). The function of female and male ornaments in the Inca Tern: evidence for links between ornament expression and both adult condition and reproductive performance. *Journal of Avian Biology* 32:311-318.

Velásquez N, Gómez M, Gónzalez J, Vásquez RA (2006). Nest-mate recognition and the effect of distance from the nest on the aggressive behaviour of *Camponotus chilensis* (Hymenoptera: Formicidae). *Behaviour* 143:811-824.

Velásquez NA, Opazo D, Díaz J, Penna M (2014). Divergence of acoustic signals in a widely distributed frog: relevance of inter-male interactions. *PLoS ONE* 9:e87732.

Velásquez NA, Valdes JL, Vásquez RA, Penna M (2015). Lack of phonotactic preferences of female frogs and its consequences for signal evolution. *Behavioural Processes* 118:76-84.

Velásquez NA, Moreno-Gómez FN, Brunetti E, Penna M (2018). The acoustic adaptation hypothesis in a widely distributed South American frog: southernmost signals propagate better. *Scientific Reports* 8:6990.

Velásquez NA, Marambio J, Brunetti E, Méndez MA, Vásquez RA, Penna M (2013). Bioacoustic and genetic divergence in a frog with a wide geographical distribution. *Biological Journal of the Linnean Society* 110:142-155.

Veloso A (1977). Aggressive behavior and the generic relationships of *Caudiverbera caudiverbera* (Amphibia: Leptodactylidae). *Herpetologica* 33:434-442.

Veloso A, Sallaberry M, Navarro J, Iturra P, Valencia J, Penna M, Díaz N (1982). Contribución sistemática al conocimiento de la herpetofauna del extremo norte de Chile. Pp 135-268, en: *El ambiente natural y las poblaciones humanas de los Andes del norte grande de Chile* (Arica, lat. 10°28'S) (Veloso A, Busto E, eds.). UNESCO - ROSTLAC, Montevideo, Uruguay.

Verheyden C, Jouventin P (1994). Olfactory behavior of foraging procellariiforms. *The Auk* 111:285-291.

Vester H, Hammerschmidt K, Timme M, Hallerberg S (2016). Quantifying group specificity of animal vocalizations without specific sender information. *Physical Review E* 93:022138.

Vester H, Hallerberg S, Timme M, Hammerschmidt K (2017). Vocal repertoire of long-finned pilot whales (*Globicephala melas*) in northern Norway. *Journal of the Acoustical Society of America* 141:4289-4299.

Vicente N, Halloy M (2015). Male headbob display structure in a neotropical lizard, *Liolaemus pacha* (Iguania: Liolaemidae): relation to social context. *Herpetological Journal* 25:49-53.

Villavicencio CP, Márquez NI, Quispe R, Vásquez RA (2009). Familiarity and phenotypic similarity influence kin discrimination in the social rodent *Octodon degus*. *Animal Behaviour* 78:377-384.

Vitt LJ, Pianka ER (2005). Deep history impacts present-day ecology and biodiversity. *Proceedings of the National Academy of Sciences USA* 102:7877-7881.

Waas JR (1991). Do little blue penguins signal their intentions during aggressive interactions with strangers? *Animal Behaviour* 41:375-382.

Wang X, Zhao Z-J, Cao Y, Cui J, Tang Y, Chen J (2018). Condition dependence of advertisement calls in male African clawed frogs. *Journal of Ethology* 37:75-81.

Watkins WA, Schevill WE (1977). Sperm whale codas. *Journal of the Acoustical Society of America* 62:1485-1490.

Webster MS, Ligon RA, Leighton GM (2018). Social costs are an underappreciated force for honest signalling in animal aggregations. *Animal Behaviour* 143:167-176.

Weilgart L, Whitehead H (1993). Coda communication by sperm whales (*Physeter macrocephalus*) off the Galapagos Islands. *Canadian Journal of Zoology* 71:744-752.

Weilgart L, Whitehead H (1997). Group-specific dialects and geographical variation in coda repertoire in South Pacific sperm whales. *Behavioral Ecology and Sociobiology* 40:277-285.

Weilgart LS, Whitehead H (1988). Distinctive vocalizations from mature male sperm whales (*Physeter macrocephalus*). *Canadian Journal of Zoology* 66:1931-1937.

Weilgart LS, Whitehead H (1990). Vocalizations of the North Atlantic pilot whale (*Globicephala melas*) as related to behavioral contexts. *Behavioral Ecology and Sociobiology* 26:399-402.

Whitehead H, Weilgart L (1991). Patterns of visually observable behaviour and vocalizations in groups of female sperm whales. *Behaviour* 118:275-296.

Whitehead H, Rendell L (2004). Movements, habitat use and feeding success of cultural clans of South Pacific sperm whales. *Journal of Animal Ecology* 73:190-196.

Whitehead H, Waters S, Lyrholm T (1991). Social organization of female sperm whales and their offspring: constant companions and casual acquaintances. *Behavioral Ecology and Sociobiology* 29:385-389.

Whitehead H, Dillon M, Dufault S, Weilgart L, Wright J (1998). Non geographically based population structure of South Pacific sperm whales: dialects, fluke markings and genetics. *Journal of Animal Ecology* 67:253-262.

Whitehead H, Antunes R, Gero S, Wong SNP, Engelhaupt D, Rendell L (2012). Multilevel societies of female sperm whales (*Physeter macrocephalus*) in the Atlantic and Pacific: why are they so different? *International Journal of Primatology* 33:1142-1164.

Wiggins SM, Oleson EM, McDonald MA, Hildebrand JA (2005). Blue whale (*Balaenoptera musculus*) diel call patterns offshore of Southern California. *Aquatic Mammals* 31:161-168.

Wild LA, Gabriele CM (2014). Putative contact calls made by humpback whales (*Megaptera novaeangliae*) in southeastern Alaska. *Canadian Acoustics* 42:23-31.

Wiley RH (2006). Signal detection and animal communication. *Advances in the Study of Behavior* 36:217-247.

Wiley RH (2017). How noise determines the evolution of communication. *Animal Behaviour* 124:307-313.

Wiley RH, Richards DG (1982). Adaptations for acoustic communication in birds: sound transmission and signal detection. Pp 131-181, en: *Acoustic communication in birds. Vol. 1 Production, perception, and design features of sounds* (Kroodsma DE, Miller EH, Ouellet H, eds.). Academic press, Londres, Reino Unido.

Wilkins MR, Scordato ESC, Semenov GA, Karaardiç H, Shizuka D, Rubtsov A, Pap PL, Shen S-F, Safran RJ (2018). Global song divergence in barn swallows (*Hirundo rustica*): exploring the roles of genetic, geographical and climatic distance in sympatry and allopatry. *Biological Journal of the Linnean Society* 123:825-849.

Wilkinson GS (1986). Social grooming in the common vampire bat, *Desmodus rotundus. Animal Behaviour* 34:1880-1889.

Winn H, Winn L (1978). The song of the humpback whale *Megaptera novaeangliae* in the West Indies. *Marine Biology* 47:97-114.

Winn H, Thompson T, Cummings W, Hain J, Hudnall J, Hays H, Steiner W (1981). Song of the humpback whale-population comparisons. *Behavioral Ecology and Sociobiology* 8:41-46.

Womack MC, Christensen-Dalsgaard J, Hoke KL (2016). Better late than never: effective airborne hearing of toads delayed due to late maturation of the tympanic middle ear structures. *Journal of Experimental Biology* 219:3246-3252.

Wyatt T (2014). *Pheromones and animal behavior. Chemical signals and signature mixtures.* Cambridge University Press, Cambridge, Reino Unido.

Yasui S, Idani G (2017). Social significance of trunk use in captive Asian elephants. *Ethology Ecology & Evolution* 29:330-350.

Yuen MML, Nachtigall PE, Breese M, Supin AY (2005). Behavioral and auditory evoked potential audiograms of a false killer whale (*Pseudorca crassidens*). *Journal of the Acoustical Society of America* 118:2688-2695.

Yuen MML, Nachtigall PE, Breese M, Vlachos SA (2007). The perception of complex tones by a false killer whale (*Pseudorca crassidens*). *Journal of the Acoustical Society of America* 121:1768-1774.

Yurk H, Barrett-Lennard L, Ford JKB, Matkin CO (2002). Cultural transmission within maternal lineages: vocal clans in resident killer whales in southern Alaska. *Animal Behaviour* 63:1103-1119.

Zahavi A, Zahavi A (1999). *The handicap principle: a missing piece of Darwin's puzzle.* Oxford University Press, Oxford, Reino Unido.

Zimmer WM, Johnson MP, Madsen PT, Tyack PL (2005). Echolocation clicks of free-ranging Cuvier's beaked whales (*Ziphius cavirostris*). *Journal of the Acoustical Society of America* 117:3919-3927.

Ziolkowski DJ, Johnson LS, Hannam KM, Searcy WA (1997). Coordination of female nest attentiveness with male song output in the cavity-nesting house wren *Troglodytes aedon. Journal of Avian Biology* 28:9-14.

Zwamborn EMJ, Whitehead H (2017). Repeated call sequences and behavioural context in long-finned pilot whales off Cape Breton, Nova Scotia, Canada. *Bioacoustics* 26:169-183.

CAPÍTULO 7
ASPECTOS NEUROBIOLÓGICOS Y COGNITIVOS DEL COMPORTAMIENTO SOCIAL

MAURICIO ASPÉ-SÁNCHEZ
Laboratorio de Neurociencia Social y Neuromodulación (neuroCICS),
Centro de Investigación en Complejidad Social (CICS), Facultad de Gobierno,
Universidad del Desarrollo, Santiago, Chile.
Instituto de Neurociencia, Universidad de Valparaíso, Valparaíso, Chile.

PABLO BILLEKE
Laboratorio de Neurociencia Social y Neuromodulación (neuroCICS),
Centro de Investigación en Complejidad Social (CICS), Facultad de Gobierno,
Universidad del Desarrollo, Santiago, Chile.

FRANCISCO ABOITIZ
Departamento de Psiquiatría, Escuela de Medicina,
Pontificia Universidad Católica de Chile, Santiago, Chile.
Centro Interdisciplinario de Neurociencias,
Pontificia Universidad Católica de Chile, Santiago, Chile.

RESUMEN

Nos enfocamos en algunas especies de roedores y primates cuyos individuos forman vínculos afectivos para proporcionar un marco explicativo para la existencia de mecanismos evolutivos y neurocognitivos que permiten la formación de grupos sociales vinculados y el desarrollo de sistemas neurocognitivos que subyacen a la expresión de dinámicas de cooperación dentro de sistemas sociales con atributos emergentes, como las que observamos en *Homo sapiens*. Nuestro marco es pluralista, por lo que incluye mecanismos alternativos a presiones selectivas, en conjunto con condiciones ecológicas, del desarrollo, y procesos de evolución cultural. Además, consideramos que estos últimos procesos están en la base de la evolución de normas sociales, las que permiten que algunas dinámicas de cooperación se sostengan en el tiempo mediante mecanismos de reciprocidad indirecta. Para esto abordamos mecanismos neurogenéticos de la conducta social en algunos modelos roedores, luego nos enfocamos en aquellos de *Homo sapiens*, y finalmente nos referimos a brevemente a algunas aves y roedores de la fauna local como potenciales modelos.

INTRODUCCIÓN

Tanto la **sociabilidad** (tendencia de los individuos de una especie o población a formar grupos sociales discretos y relativamente permanentes; Kappeler y van Schaik 2002, Ebensperger y Hayes 2016) como la **socialidad** (la tendencia de un individuo a permanecer o buscar la presencia de otros de la misma especie; véase Réale *et al.* 2007) son fenómenos extendidos en el reino animal. Ambos han sido reportados en un amplio rango de especies, desde la conocida estructura social de las hormigas y las abejas (Wilson 1971, Gadagkar 1987, Flores-Prado Capítulo 4), pasando por otros invertebrados como la gamba (*Synalpheus regalis;* Duffy *et al.* 2000), hasta diversos vertebrados. En mamíferos, se han documentado más de 70 especies de roedores con conductas sociales (Lacey y Sherman 2007, Beery 2019); en cetáceos y primates, la gran mayoría de las especies muestran uno o más atributos sociales (Terborgh y Janson 1986, Fox *et al.* 2017), incluyendo *Homo sapiens* (Camerer 2003, Fehr y Fischbacher 2003). En Chile, en particular, existen al menos 319 especies que exhiben una o más formas de sociabilidad (Ebensperger Capítulo 3).

En este capítulo, revisamos algunos mecanismos evolutivos, neurobiológicos y cognitivos que subyacen a la formación de grupos sociales, con especial énfasis en las especies de roedores y primates cuyos individuos establecen interacciones afiliativas sociopositivas reiteradas en el tiempo; i.e., individuos que forman **lazos sociales** (Sachser *et al.* 1998, Ostner y Schulke 2018), a los que denominaremos también "vínculos", o "vínculos afectivos". Estos mecanismos permiten la expresión de rasgos de socialidad que van desde la crianza y la formación de lazos monógamos (Insel y Shapiro 1992, Young *et al.* 1999) hasta la manifestación de conductas tales como **confianza** (Fehr y Fischbacher 2002, Camerer 2003), **altruismo** (Forsythe *et al.* 1994, Fehr y Fischbacher 2003, Jouventin *et al.* 2016), **empatía** (Frith y Frith 1999, Lamm *et al.* 2007), y **reciprocidad directa e indirecta** (Wilkinson 1988, Nowak y Sigmund 2005), dentro de estructuras sociales que presentan **atributos emergentes**.

Para esto, primero exponemos algunos requerimientos fisiológicos relacionados con la formación de grupos (sección "Restricciones fisiológicas a la formación de grupos sociales"). A continuación, discutimos el rol de los neuropéptidos sociales oxitocina (OXT) y arginina-vasopresina (AVP) en el establecimiento de lazos sociales (sección "Neuropéptidos sociales: establecimiento de lazos"). Luego revisamos las principales teorías que se han desarrollado para explicar la evolución de un "**cerebro social**" (secciones "Más allá de los lazos: cerebros y sistemas sociales complejos" y "Pluralismo en la evolución del cerebro social"), entendido como el conjunto de áreas y redes cerebrales que están a la base de procesos involucrados en el procesamiento, almacenamiento y uso de información (generalmente sobre **conespecíficos**) en interacciones sociales (Brothers 1990, Billeke y Aboitiz 2013). A partir de esto, examinamos algunas dinámicas de cooperación, utilizando como modelo un organismo que muestra elevados –y particulares– niveles de socialidad: *Homo sapiens* (sección "Cerebros sociales: mecanismos neurocognitivos"). Finalmente, abordamos el potencial de algunos animales chilenos (principalmente *Octodon degus*) como modelos para contrastar estas hipótesis (sección "Especies nativas de Chile como potenciales modelos").

Las tesis centrales están esquematizadas en la **Figura 7-1**. Proponen que –satisfechas ciertas condiciones que hacen plausible la formación de agregados de individuos– los neuropéptidos sociales, al inhibir la actividad de la amígdala, disminuyen la ansiedad y la sensibilidad a la traición en contextos sociales, facilitando el establecimiento de lazos afectivos, el reconocimiento de conespecíficos y el acercamiento prosocial (Young *et al.* 1999). Sobre la base de estos lazos, evidenciados principalmente en la relación cría-cuidador, redes neuronales relacionadas con procesos de **alostasis** son cooptadas, durante la evolución, por mecanismos de **cognición social** (Atzil *et al.* 2018). En este contexto, procesos **alométricos** permiten el desarrollo de las cortezas de asociación –principalmente de redes neuronales dominio-general que involucran a la corteza prefrontal y la unión temporoparietal– que subyacen a procesos de **control cognitivo** y **mentalización**, entre otros. Estos sistemas neurocognitivos, en conjunto con procesos de evolución cultural, permiten la evolución de normas sociales y mecanismos de reciprocidad indirecta (Nowak y Sigmund 2005), lo que hace plausible el desarrollo de complejas estructuras de cooperación, entre grupos de numerosos individuos no relacionados genéticamente, como las que observamos en las sociedades humanas actuales.

Nuestra aproximación supone que la relación entre estos fenómenos observados y las redes neuronales sobre los que se implementan es bidireccional y emergente. Por esto, si bien el apartado se enfoca en algunos roedores y *Homo sapiens*, consideramos que cerebros muy distintos, en especies muy distintas, pueden ser capaces de producir fenómenos de sociabilidad y socialidad similares.

Figura 7-1

Evolución de las conductas sociales, desde la formación de grupos hasta el desarrollo de mecanismos de normas sociales y reciprocidad indirecta.

a) Restricciones a la formación de agregados de individuos. Un primer requisito para la conducta social es que la relación entre las fisiologías individuales (ej., variabilidad en costos metabólicos y capacidades locomotoras), sus ecologías y sus dinámicas evolutivas se mantengan dentro de parámetros que permitan la estabilidad del agregado. **b)** Los neuropéptidos sociales oxitocina y arginina-vasopresina facilitan el establecimiento de lazos afectivos y el acercamiento prosocial, putativamente disminuyendo la ansiedad social al modular la actividad de la amígdala. Los lazos sociales facilitan que redes neuronales relacionadas con procesos de alostasis implementen mecanismos de cognición social. **c)** La corteza de asociación que emergen en este contexto –principalmente redes neuronales que involucran a la corteza prefrontal y la unión temporoparietal– implementan procesos de control cognitivo y mentalización, los que permiten la evolución de mecanismos de confianza, altruismo y reciprocidad directa e indirecta. Esto hace plausible la cooperación dentro de grupos grandes de individuos no relacionados genéticamente. En humanos, normas sociales (putativamente asociadas con la actividad de la corteza prefrontal dorsomedial) permiten el desarrollo de las complejas estructuras de cooperación que observamos en las sociedades actuales. PFDM: corteza prefrontal dorsomedial; PFDL: corteza prefrontal dorsolateral; UTP: unión temporoparietal (ilustraciónde Juan Carlos Aspé).

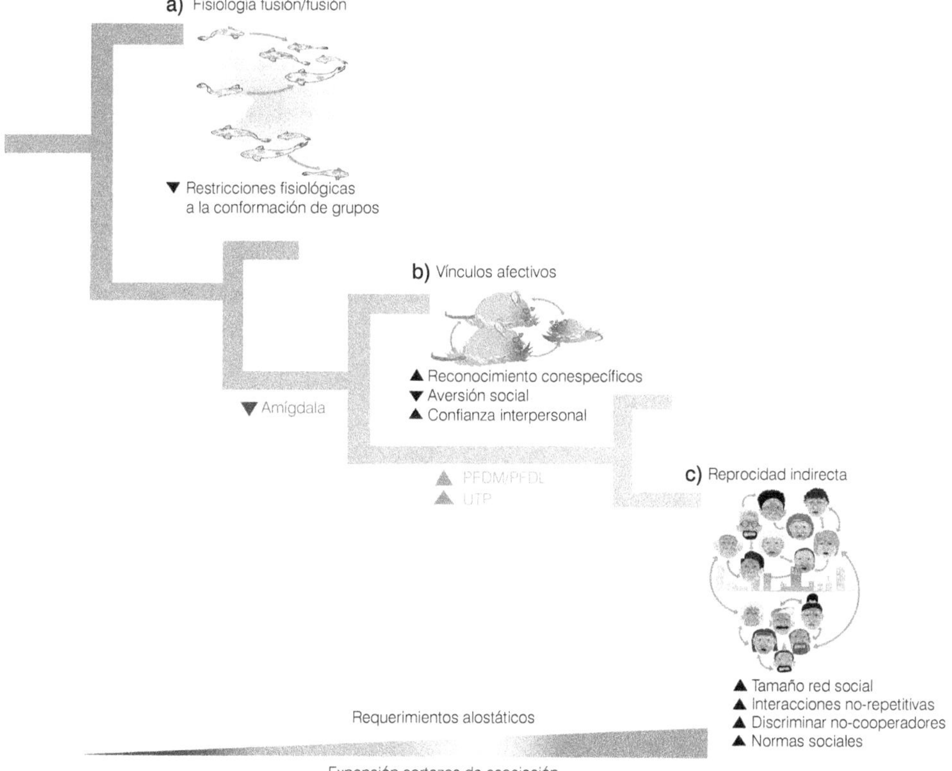

RESTRICCIONES FISIOLÓGICAS A LA FORMACIÓN DE GRUPOS SOCIALES

En muchas de las conductas sociales observadas en la naturaleza se observan **atributos emergentes.** Estos se definen, en el presente contexto, como las propiedades o características de un agregado de individuos que resultan (emergen) de las interacciones entre sus individuos constituyentes, y donde estas propiedades o características, a su vez, presentan propiedades causales sobre estos mismos individuos (Thompson y Varela 2001). En este sentido, la capacidad de formar agregados (o grupos) de conespecíficos es un primer requisito tanto para el desarrollo del comportamiento social como de grupos sociales con atributos emergentes.

La formación de grupos es un fenómeno bastante común en especies animales (Krause *et al.* 2009, Seebacher y Krause 2017), presentando costos y beneficios. Sus beneficios incluyen protección contra depredadores, mayor eficiencia de forrajeo y de intercambio de información, ventajas termorregulatorias, acceso a parejas reproductivas, y ayuda para el cuidado de las crías (Krause *et al.* 2009, Seebacher y Krause 2017, Berry 2019, Ebensperger Capítulo 3). Dentro de sus principales costos se encuentran la competencia por alimento, parejas reproductivas y otros recursos, la transmisión de enfermedades, y un aumento de la probabilidad de depredación (revisado en Lee 1994, Beery 2019, Ebensperger Capítulo 3).

El gregarismo depende, en sus niveles más básicos, de las características fisiológicas de los individuos que constituyen el grupo (Seebacher y Krause 2017). Estas características pueden favorecer, disminuir o incluso impedir la formación de grupos (Conradt y Roper 2000, Herbert-Read *et al.* 2011). Por ejemplo, una restricción a la formación de un cardumen es la hipoxia producida por la reducción del oxígeno disponible en el medio (Seebacher y Krause 2017). Además, el que un grupo se mantenga cohesionado requiere que los individuos sean capaces de sincronizar sus actividades, tal como ocurre durante las migraciones o el forrajeo, lo que se conoce como "teoría de sincronización de actividad" (Conradt y Roper 2000, Seebacher y Krause 2017). Por tanto, es crucial que la variabilidad individual en rasgos fisiológicos no disminuya la cohesión grupal, ya que de lo contrario reduciría las ventajas que podrían obtenerse del gregarismo (Couzin y Laidre 2009, Seebacher y Krause 2017).

La forma en que las fisiologías individuales podrían disminuir la cohesión grupal puede apreciarse en la interacción entre las variables (i) costos metabólicos y (ii) capacidad locomotora: dentro de un grupo los individuos con máxima y mínima velocidad locomotora se comportan de modo subóptimo, en cuanto a sus costos energéticos de locomoción y sus umbrales individuales de fatiga, para mantener la cohesión grupal (Seebacher y Krause 2017). Si la magnitud de estas diferencias es muy elevada, estas pueden provocar la fisión del grupo, facilitando la formación de grupos distintos compuestos por individuos con fisiologías similares (Couzin y Laidre 2009, Seebacher y Krause 2017). Sin embargo, la variabilidad fisiológica puede aumentar la resiliencia de los individuos del grupo ante, por ejemplo, los cambios en el ambiente (Seebacher y Krause 2017, Ebensperger Capítulo 3). En este sentido, existe una relación bidireccional entre las **dinámicas de**

fisión y fusión, donde los organismos se agregan y desagregan en grupos de distinto tamaño, por un lado, y sus ecologías (Couzin y Laidre 2009, Seebacher y Krause 2017) y dinámicas evolutivas, tales como sus tasas de flujo genético y especiación, por otro lado (Kurvers *et al.* 2014, Farine *et al.* 2015). Por ejemplo, condiciones ecológicas como la disponibilidad de alimento influyen en cómo las diferencias fisiológicas determinan los eventos de fisión-fusión (Couzin y Laidre 2009, Seebacher y Krause 2017), mientras que la composición del grupo (cardúmenes más pequeños o más grandes) puede retroalimentar la fisiología de los individuos, alterando también los flujos genéticos y la selección (Seebacher y Krause 2017).

La satisfacción de los requerimientos fisiológicos, las condiciones ecológicas y las dinámicas evolutivas que permiten la formación de agregados estables de individuos, en conjunto con la evolución de neuropéptidos sociales, permiten la aparición no solo de grupos de conespecíficos, sino además de grupos de conespecíficos que manifiestan vínculos. A continuación, revisamos el rol de los neuropéptidos **oxitocina** (OXT) y arginina-vasopresina (AVP) en fenómenos sociales que van desde el apego y la monogamia hasta la expresión de confianza, altruismo y empatía. Como veremos, OXT y AVP facilitan el establecimiento de vínculos afectivos, el reconocimiento de conespecíficos y el acercamiento prosocial, putativamente modulando la actividad de la amígdala.

NEUROPÉPTIDOS SOCIALES: ESTABLECIMIENTO DE LAZOS

La elevada variabilidad observada en los diferentes componentes de los sistemas sociales, como el vivir en grupos monógamos o polígamos, el tipo de cuidado parental, o la existencia de preferencias por individuos genéticamente relacionados, sugieren que estas diferencias están asociadas a mecanismos neurobiológicos igualmente diferentes (Couzin y Laidre 2009, Seebacher y Krause 2017). Sin embargo, existen mecanismos subyacentes a estos componentes que pueden mostrar un alto grado de conservación, en un amplio espectro de grupos taxonómicos (Caldwell *et al.* 2008, Donaldson y Young 2008, Insel 2010, MacDonald y MacDonald 2010, Beery 2019). En esta línea, dos neuropéptidos –denominados "prosociales"– parecieran facilitar el desarrollo de grupos más grandes, complejos, y con individuos que manifiestan vínculos afectivos.

OXT y AVP son dos neuropéptidos muy conservados filogenéticamente, con un origen que se remonta a más de 700 millones de años (Caldwell *et al.* 2008, Insel 2010, MacDonald y MacDonald 2010). Poseen homólogos en diversos clados (Donaldson y Young 2008), y están presentes en organismos que van desde gusanos nemátodos (*Caenorhabditis elegans*) a mamíferos (Garrison *et al.* 2012, Althammer *et al.* 2018, Beery 2019). En mamíferos, OXT y AVP son sintetizadas en los somas de dos grupos neuronales localizados en los núcleos paraventricular y supraóptico del hipotálamo (**Figura 7-2a**). A continuación ambos neuropéptidos, que poseen una estructura química casi idéntica (**Figura 7-2b**), son transportados a través de axones que proyectan a la pituitaria posterior, desde donde son liberados a la circulación (Loup *et al.* 1991, Meyer-Lindenberg *et al.* 2011, Zink *et al.* 2012). Además de actuar como hormonas en sus blancos periféricos

Figura 7-2
Los neuropéptidos sociales, oxitocina y arginina-vasopresina.

a) Liberación periférica (pituitaria posterior) y liberación central (núcleos paraventricular y supraópticos). Los blancos centrales de ambos péptidos son enumerados en la Sección 3. Los blancos periféricos incluyen principalmente el útero, las glándulas mamarias, el ovario y las células lactotropas (oxitocina), y las plaquetas, la corteza adrenal, los riñones, el músculo liso, el endotelio y los adipocitos (arginina-vasopresina) (Loup *et al*. 1991, Thibonnier *et al*. 2000). **b)** Estructura química. En mamíferos, ambos péptidos se diferencian solo en dos aminoácidos (en rojo): una isoleucina por una fenilalanina y una leucina por una arginina, en la tercera y octava posición, respectivamente. **c)** y **d)** Cromosomas con la distribución de los receptores (izquierda) y estructura del gen (derecha) de oxitocina (cromosoma 3; arriba) y arginina-vasopresina (cromosoma 12, abajo). La barra roja representa la ampliación de un segmento de cromosoma, destacando la ubicación de sus polimorfismos. De especial interés son al polimorfismo de nucleótido único rs53576, en el caso del receptor de oxitocina, y los microsatélites RS1 y RS3, en el caso del receptor de arginina-vasopresina (Ilustración: de Juan Carlos Aspé, modificado con permiso de Aspé-Sánchez *et al*. 2016).

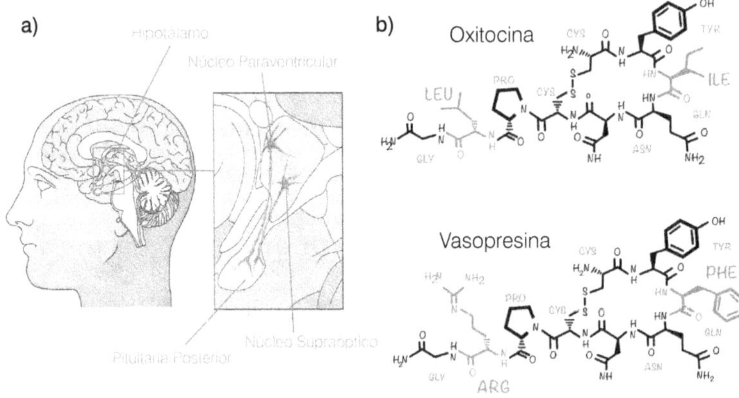

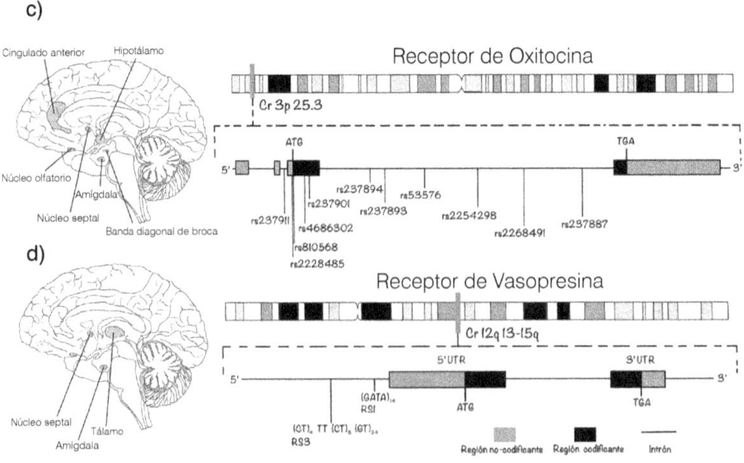

(Figuras 7-2c y 7-2d), también actúan dentro del cerebro como neuromoduladores y neurotransmisores, principalmente mediante liberación dendrítica (Landgraf y Neumann 2004, Leng y Ludwig 2008).

Los receptores de OXT y AVP (OXTR y AVPR, respectivamente) pertenecen a la superfamilia del receptor transmembrana G. En humanos, si bien se conoce solo una forma de OXTR, existen tres subtipos de AVPR, denominados AVPR1a, AVPR1b y AVPR2 (Loup *et al.* 1991, Meyer-Lindenberg *et al.* 2011, Ebstein *et al.* 2012). Dentro del cerebro, OXTR está expresado en la amígdala basolateral, el hipotálamo anterior y ventromedial, el núcleo olfatorio, la banda diagonal de Broca, el núcleo septal y la corteza cingulada anterior. En el caso de AVPR, estas se expresan en el núcleo septal, el tálamo y el núcleo amigadaloide basal (Meyer-Lindenberg *et al.* 2011, Aspé-Sánchez *et al.* 2016). Se considera que es a través de esta vía (liberación dendrítica de ambos péptidos actuando sobre blancos en el cerebro) que tanto OXT como AVP regulan conductas y cogniciones sociales tales como apego (Young *et al.* 1999, Insel 2010), exploración y reconocimiento social (Meyer-Lindenberg 2011), afiliación (Insel 2010), agresión (Berry *et al.* 2008), apareamiento (Young *et al.* 1999, Caldwell *et al.* 2008), comportamientos de tipo ansioso (Landgraf y Neumann 2004, Hammock *et al.* 2005) y, como veremos más adelante, probablemente el altruismo (Knafo *et al.* 2005), empatía (Luo *et al.* 2015) y confianza interpersonal (Kosfeld *et al.* 2005), entre otros (revisado en Aspé-Sánchez *et al.* 2016).

A principios de los 90s, Insel y Shapiro (1992) mostraron que la distribución de AVPR difiere en el cerebro de dos especies de topillos filogenéticamente cercanas, presentes en Norteamérica: *Microtus ochrogaster* (topillo de las praderas), una especie caracterizada por un sistema de apareamiento relativamente monógamo, y *Microtus montanus* (topillo de la montaña), una especie con un sistema de apareamiento relativamente promiscuo (Young *et al.* 1999, Sadino y Donaldson 2018). Estudios posteriores han revelado que animales en cautiverio inyectados intracerebroventricularmente con AVP aumentan su conducta de afiliación en el topillo monógamo de la pradera, pero no en el topillo promiscuo de la montaña (Young *et al.* 1999, Sadino y Donaldson 2018). Además, ratones transgénicos que expresan la variante de AVPR del topillo monógamo muestran un mayor comportamiento de afiliación en respuesta a inyecciones de AVP, lo que no ocurre al expresar en ratón la variante de AVPR del topillo promiscuo (Young *et al.* 1999). Respecto a OXT, Nakajima *et al.* (2014) demostraron que el bloqueo de la neurotransmisión en interneuronas de la corteza prefrontal medial (específicamente, en las interneuronas de somatostatina, las cuales en ratones expresan OXTR) provoca que las hembras pierdan interés en los machos durante la fase sexualmente receptiva del ciclo estral (Nakajima *et al.* 2014, Aspé-Sánchez *et al.* 2016). Ejemplares nulos ("knock-out") para OXTR (i.e., ratones a los cuales se les ha inactivado el gen para OXTR) muestran déficits en comportamientos sociales, tales como mayor agresión y menor tiempo de exploración de conespecíficos, los que se revierten ante inyecciones intracerebroventriculares de este mismo neuropéptido (Sala *et al.* 2015). En otros mamíferos, específicamente en ovejas, la liberación de OXT por estimulación vaginocervical durante el parto induce conductas de crianza y facilita el lazo madre-cría, putativamente, alterando la actividad de neurotransmisores dentro del bulbo olfatorio, de modo tal que la madre responde selectivamente al olor de la cría (Broad *et al.* 2006).

Los hallazgos de Insel y Shapiro (1992) y Young *et al.* (1999), mencionados más arriba, fueron los primeros en reportar que la expresión diferencial del receptor de un neuropéptido puede resultar en diferencias en el grado de afiliación hembra-macho, en dos especies de mamíferos. Además, se ha mostrado que tanto los polimorfismos genéticos – i.e., la ocurrencia de dos o más variantes en la estructura de un mismo gen, afectando la estructura y/o funcionalidad de la proteína o secuencia de ARN resultante– como el patrón espacial de expresión de estos receptores presentan grandes variaciones especie-específicas, incluso en especies estrechamente relacionadas (Hammock y Young 2004, 2005). Esto sugiere que los resultados en roedores y otros mamíferos no son fáciles de extrapolar a otras especies. Por ejemplo, Fink *et al.* (2006) han postulado que, en primates, los polimorfismos de AVPR1a asociados a lazos sociales son evolutivamente distintos a los presentes en roedores. Sin embargo, a pesar de estas dificultades –y de que los estudios sobre el rol de estos polimorfismos en el comportamiento social humano han sido poco informativos (ej., Meyer-Lindenberg *et al.* 2011)– existe evidencia que muestra que el gen para OXTR, y que al menos dos de los tres genes para AVPR, presentan polimorfismos característicos que podrían ser parte de las bases genéticas de la heterogeneidad de los rasgos sociales desplegados por *Homo sapiens*. Al parecer, existen mecanismos neurogenéticos subyacentes a la conducta social que son comunes a muchos mamíferos, *H. sapiens* incluido.

En humanos, la confianza, el altruismo y la reciprocidad han sido ampliamente estudiadas desde la teoría de juegos conductual (Camerer 2003). Confianza y reciprocidad han sido operacionalizadas utilizando, principalmente, un diseño experimental denominado "juego de inversiones" (Berg *et al.* 1995). En un juego de inversiones –y en su versión de decisiones binarias, el **juego de la confianza** (McCabe *et al.* 2003)– participan dos jugadores, el Jugador 1 y el Jugador 2. Ambos interactúan (usualmente) solo una vez, de forma anónima, y en conocimiento de todas las reglas del juego. El experimentador le entrega un monto de dinero T al Jugador 1, quien puede manifestar confianza si decide enviarle alguna suma de su total disponible (T) al Jugador 2. La suma enviada, digamos X, es multiplicada por un factor de intercambio (usualmente 3), y entregada al Jugador 2. El Jugador 2, por su parte, puede manifestar reciprocidad devolviéndole al Jugador 1 alguna suma del dinero (mayor a $0 y menor o igual a su total disponible, $3X$) que el Jugador 1 le ha confiado (Berg *et al.* 1995). El altruismo, por su parte, ha sido operacionalizado mediante el **juego del dictador**, donde el Jugador 1 recibe del experimentador una suma T y, de modo anónimo, tiene la opción de manifestar altruismo al enviarle alguna suma de dinero (mayor a $0 y menor o igual a $T) al Jugador 2 (Forsythe *et al.* 1994). En ambos juegos, los jugadores siempre tienen la opción de no manifestar preferencias sociales –i.e., comportarse maximizando exclusivamente su beneficio monetario personal, como es predicho por la teoría económica neoclásica (véase Stiglitz y Walsh 1993, Fehr y Fischbacher 2002, Fehr y Fischbacher 2003)– si deciden enviar una suma igual a $0. Esta predicción es inconsistente con un abundante *corpus* de resultados experimentales (ej., Fehr y Fischbacher 2002, Camerer 2003, Cox 2004, Henrich *et al.* 2004, Johnson y Mislin 2011).

En humanos, estas conductas han sido asociadas a polimorfismos en receptores de oxitocina (OXTR) y arginina-vasopresina (AVPR). La mayoría de los polimorfismos en el gen OXTR corresponden a polimorfismos de nucleótido único, siendo rs53576 (cambio de G a A dentro del tercer intrón de OXTR) uno de los más estudiados **(Figura 7-2c)**. En el caso de AVPR1, los polimorfismos más estudiados son los microsatélites RS3 y RS1 **(Figura 7-2d**, Meyer-Lindenberg *et al.* 2011). En uno de los primeros estudios en humanos, Knafo *et al.* (2008) clasificaron los RS3 en AVPR1a de los participantes en versiones cortas (308-325 pares de base) y largas (327-343 pares de base), y reportaron que sujetos con versiones cortas de AVPR1a manifiestan menores niveles de altruismo, medido a través del Juego del dictador, en comparación con sujetos con versiones largas del alelo. Además, las repeticiones largas de RS3 se asociaron con niveles de ARNm en hipocampo más altos que las repeticiones cortas, *postmortem* (Knafo *et al.* 2008). En esta misma línea, Krueger *et al.* (2012) reportaron que individuos homocigotos para el alelo rs53576 G de OXTR exhiben un comportamiento de mayor confianza interpersonal, medido a través del Juego de la confianza, comparado con portadores del alelo A (Krueger *et al.* 2012). Estudios similares sugieren un rol de estos polimorfismos en otro aspecto de la socialidad humana: sujetos homocigotos para este mismo alelo exhiben mayor empatía, en comparación con los portadores del alelo A (Rodrigues *et al.* 2009).

Para entender los mecanismos mediante los cuales estos polimorfismos inciden en la conducta social, se requiere conocer sus consecuencias funcionales. Sin embargo, la información disponible al respecto es escasa. Algunos reportes han asociado polimorfismos inter e intraespecíficos (Young *et al.* 1999, Knafo *et al.* 2008) con actividad promotora (Tansey *et al.* 2011), patrones de expresión cerebral de los receptores (Young *et al.* 1999, Hammock *et al.* 2005, Knafo *et al.* 2008), y regulación transcripcional (Hammock y Young 2005, 2004). Crucialmente, algunos polimorfismos parecen estar relacionados con diferencias en el volumen de la amígdala y la corteza cingulada anterior: humanos homocigotos para el alelo G de rs2254298 en OXTR muestran un volumen de amígdala bilateral más pequeño, en comparación con los portadores del alelo A (Inoue *et al.* 2010). En esta misma línea, los homocigotos para el alelo G en rs56579 presentan volúmenes más pequeños de amígdala bilateral y de corteza cingulada anterior, en comparación con portadores del alelo A (Furman *et al.* 2011).

En resumen, los estudios anteriores destacan el rol de OXTR y AVPR en la formación de lazos sociales, y además sugieren que estos neuromoduladores permiten la expresión de diversos componentes de la socialidad. Si bien la información disponible sobre los mecanismos mediante los cuales influyen en la conducta social es aún insuficiente, existen estudios que correlacionan sus polimorfismos con volumen (y activación) de la amígdala –donde excitan diferentes subpoblaciones neuronales y modulan tareas sociales como discriminación de emociones (Huber *et al.* 2005, Ferretti *et al.* 2019)– y la corteza cingulada anterior, estructuras relacionadas con memoria aversiva y control cognitivo, respectivamente. Como veremos en la Sección 6, la acción de OXT sobre estas estructuras podría ser el mecanismo mediante el cual este neuropéptido disminuye la aversión social, facilita el reconocimiento de conespecíficos y aumenta la tendencia a confiar en otros individuos.

Sin embargo, lo anterior es insuficiente para explicar la capacidad de algunos organismos para formar sistemas sociales complejos, i.e., estructuras sociales que presentan atributos emergentes. En la siguiente sección revisamos las teorías desarrolladas para explicar la evolución de algunos sistemas neurocognitivos que posibilitan la formación de estas estructuras.

MÁS ALLÁ DE LOS LAZOS: CEREBROS Y SISTEMAS SOCIALES COMPLEJOS

Como lo discutiremos más adelante, en las últimas décadas se ha documentado una correlación entre el tamaño (relativo) del cerebro y la capacidad de distintas especies de primates para formar grupos sociales complejos (Dunbar 1998, Dunbar y Shultz 2007). Estos grupos sociales, tanto en primates como en otras especies que exhiben un alto grado de sociabilidad, presentan atributos aditivos y/o emergentes, tales como (i) modularidad social jerárquica, donde unidades sociales de "bajo-orden" (como las familias) se anidan dentro de unidades sociales cada vez más grandes (fenómeno observado además de humanos, en babuinos, ballenas y elefantes) (Morrison *et al.* 2019, Correa Capítulo 5), (ii) intrincadas redes de cooperación mediante reciprocidad (Nowak y Sigmund 2005), (iii) formación de coaliciones (Dunbar y Shultz 2007), (iv) estrategias como el engaño táctico (Byrne y Corp 2004) y, en el caso de especies que desarrollan sistemas culturales, (v) fenómenos como la interacción gen/cultura y la evolución cultural (véase sección "Pluralismo en la evolución del cerebro social"), entre otros aspectos. Sin embargo, a pesar de lo documentada que se encuentra la correlación entre tamaño relativo del cerebro y complejidad del grupo social, no existe consenso respecto a la importancia de los diversos factores planteados como causas tanto de la sociabilidad como de la evolución del cerebro en primates.

Dentro de las interrogantes aún no resueltas podemos encontrar (i) cómo individuos con la capacidad para formar lazos sociales contribuyen a desarrollar sistemas sociales emergentes, y (ii) qué requerimientos neurocognitivos son necesarios para manifestar las conductas necesarias para la formación de estos sistemas (sección "Cerebros sociales: mecanismos neurocognitivos"). Otros fenómenos por dilucidar incluyen (iii) qué tipo de presiones evolutivas explican tanto el aumento del tamaño cerebral como los patrones específicos de conectividad neuronal que posibilitan (i) y (ii). En este punto nos enfocaremos en la presente sección y en la siguiente.

Al menos en primates, buena parte de la discusión se ha enfocado en determinar si el papel preponderante en la evolución del cerebro lo han tenido condiciones ecológicas, tales como cambios en la dieta (DeCasien *et al.* 2017, González-Forero y Gardner 2018), factores sociales, tales como interacciones dentro de grupos cada vez más grandes y complejos (Dunbar 1998), o factores culturales, como el enseñar y aprender de conespecíficos (González-Forero y Gardner 2018). Además, se han realizado esfuerzos por dilucidar los mecanismos genéticos específicos asociados al desarrollo de cerebros sociales (Tinbergen 1963, Nithianantharajah *et al.* 2013, Dunbar y Shultz 2017, Suzuki *et al.* 2018). Actualmente, las explicaciones genéticas se enfocan principalmente en identificar los mecanismos neurogenéticos relacionados con la acelerada evolución del cerebro dentro del linage humano (Nithianantharajah *et al.* 2013, Dunbar y Shultz 2017). Un ejemplo de ello es la duplicación del gen NOTCH2NL. Esfuerzos para verificar eventos de duplicación génica en homínidos han reportado 35 duplicaciones específicas en *H. sapiens*: dentro de estas, se ha descrito NOTCH2NL, cuya vía de señalización aumenta la producción de células progenitoras corticales, lo que provoca un aumento del tamaño cortical (Suzuki *et al.* 2018). Otros genes relevantes incluyen PAX6, un gen altamente conservado, involucrado en el desarrollo de los ojos y el sistema nervioso central (Hanson *et al.* 1994, Callaerts *et al.* 1997), HEDGEHOG, gen responsable de la diferenciación de la placa y el tubo neural (Litingtung y Chiang 2000), y FOXP2, un gen asociado a desórdenes del habla y el lenguaje (Lai *et al.* 2001, Aboitiz 2017).

Además de los mecanismos específicamente genéticos, se han planteado explicaciones ecológicas, sociales y culturales que buscan dilucidar qué factores selectivos dan cuenta del tamaño y la organización del cerebro primate. Las explicaciones ecológicas se enfocan principalmente en las demandas requeridas por la búsqueda de alimento, donde se ha reportado que el tamaño del cerebro correlaciona con el desarrollo de nuevas técnicas de forrajeo, tanto en aves como en primates (Reader y Laland 2002, Dunbar y Shultz 2017). Primates con dietas frugívoras (cognitivamente más demandante que las folívoras, por ser menos predecible espacial y temporalmente que estas) presentan un mayor tamaño cerebral que las especies folívoras (DeCasien *et al.* 2017). Sin embargo, otros estudios reportan que no existe una relación entre la proporción de frutos en la dieta y el tamaño del cerebro cuando se incluye el tamaño del grupo social como variable control (Navarrete *et al.* 2016, Dunbar y Shultz 2017). Además, el desarrollo de estrategias específicas de forrajeo está ausente en la mayor parte de las especies animales, a pesar de la variabilidad en sus tamaños cerebrales. Por esto, las estrategias de forrajeo parecieran tener un efecto discreto más que continuo (Reader y Laland 2002), y su asociación con el tamaño cerebral estaría circunscrita a primates (Dunbar y Shultz 2017, Shultz *et al.* 2011).

Entre las explicaciones sociales, existen diversas hipótesis que intentan explicar el tamaño del cerebro en primates. Estas incluyen el maquiavelismo, la inteligencia vygostkiana, selección sexual y las basadas en la hipótesis del cerebro social. La hipótesis de maquiavelismo propone que la frecuencia de engaño táctico en distintas especies está asociada al volumen relativo de la neocorteza (Byrne y Whiten 1992, Byrne y Corp 2004). Sin embargo, esta hipótesis no explica la sociabilidad en primates, dado que la conducta maquiavélica, intrínsecamente competitiva, tendería a fragmentar los grupos sociales (Byrne y Whiten 1992, Dunbar y Shultz 2017), a menos que a este proceso se le opongan fuertes presiones selectivas. En este sentido, la conducta maquiavélica sería más una consecuencia que una causa de vivir en grupos sociales (Dunbar y Shultz 2017). No obstante, aún si lo consideramos más como consecuencia que como causa, el engaño táctico podría constituir una presión selectiva para organismos que viven en grupos sociales donde el maquiavelismo, de hecho, existe (Byrne y Whiten 1992, Whiten y Byrne 1997).

La hipótesis social vygotskiana plantea que el cerebro humano se desarrolla porque las sociedades humanas son intrínsecamente cooperativas (Moll y Tomasello 2007). Sin embargo, dado que es una hipótesis restringida a las sociedades humanas, es difícil utilizarla para explicar diferencias cualitativas entre especies (Dunbar y Shultz 2017).

La hipótesis de selección sexual, por su parte, propone que el tamaño del cerebro aumenta como consecuencia de los mayores requerimientos neurocognitivos exigidos por un contexto donde las cópulas extra-pareja serían frecuentes (Miller 1999). Esta hipótesis es inconsistente con el hecho de que el tamaño del cerebro no está asociado con ninguno de los dos índices mejor establecidos de selección sexual: el tamaño relativo de los testículos y el grado de promiscuidad femenina (Schillaci y Grant 2006, Dunbar y Shultz 2017). Sin embargo, la selección de lazos de pareja (quizá un subconjunto de los fenómenos involucrados en los procesos de selección sexual) podría ofrecer pistas respecto a la evolución de cerebros grandes, al menos en mamíferos monógamos y aves (Beauchamp y Fernández-Juricic 2004, Pitnick *et al.* 2006): las especies de aves que mantienen lazos monógamos de por vida tienen cerebros más grandes que las especies donde machos y hembras cambian de pareja anualmente (Shultz y Dunbar 2007, Dunbar y Shultz 2010).

La principal hipótesis social es la del cerebro social (Dunbar 1998, Dunbar y Schultz 2007). Esta propone que el aumento del tamaño de la neocorteza es producto de presiones selectivas asociadas al establecimiento de grupos sociales, dado que el cerebro debe responder a mayores demandas neurocognitivas requeridas por vivir en grupos sociales más complejos (Dunbar 1998, Dunbar y Schultz 2017). La asociación entre el tamaño del cerebro y la complejidad del grupo social parece ser un resultado consistente. Por ejemplo, se han encontrado diferencias individuales entre el tamaño de la red social y el volumen de regiones frontales y temporales relacionadas con el cerebro social (Dunbar y Schultz 2007), como las revisadas en las secciones "Pluralismo en la evolución del cerebro social" y "Cerebros sociales: mecanismos neurocognitivos". Además, en mamíferos, el tamaño del cerebro está asociado positivamente con indicadores de complejidad social, como la formación de coaliciones (Dunbar y Schultz 2007), y con estrategias sociales como engaño táctico, en primates (Byrne y Corp 2004).

Finalmente, la hipótesis de inteligencia cultural propone que cerebros más grandes facilitan la transmisión de información a través de imitación o mímica (Reader y Laland 2002, Reader *et al.* 2011, van Schaik *et al.* 2012). Sin embargo, en el registro arqueológico, las competencias técnicas y la transmisión cultural parecen asemejarse más a cambios cualitativos, incluyendo largos periodos de **estasis** (Gould y Eldredge 1972), que cuantitativos (Reader y Laland 2002). Esto sugiere que la hipótesis de inteligencia cultural podría ser útil para explicar la evolución del cerebro solo en una pequeña proporción de especies, como los grandes simios y humanos (Shultz *et al.* 2012, Dunbar y Shultz 2017). Además, existen reportes que sugieren que la estructura propia de los grupos sociales en primates (**redes multicapa** con baja **panmixia**; King y Stanfield 1997), en lugar de acelerar, enlentece la tasa en la que las innovaciones se difunden dentro de un grupo (Dunbar 2011, David-Barrett y Dunbar 2012). Por otra parte, el que los individuos aprendan de otros sus estrategias de forrajeo, su conocimiento técnico o sus reglas culturales no dice nada, por sí mismo, de por qué existen grupos con lazos sociales. Es posible que el uso de la información social disponible sea más una **exaptación** (Gould y Vrba 1982) del vivir en grupos que una causa de ello (Dunbar y Shultz 2017). En este sentido, un fenómeno crucial a considerar es el desacople entre la evolución del cerebro y la dinámicas de desarrollo de entidades culturales: la evolución cultural, que ha sido documentada en varias especies, incluyendo la mangosta rayada (*Mungos mungo*; Sheppard *et al.* 2018), no sigue las mismas dinámicas de la evolución biológica (Sección 5).

Las hipótesis revisadas en esta sección no están exentas de problemas. En primer lugar, algunos estudios se han enfocado en examinar la evolución de la arquitectura y el tamaño cerebral de los primates sobre la base de una explicación, generalmente una de las discutidas en los párrafos precedentes. Además, respecto a la hipótesis del cerebro social, intentos por establecer relaciones causales (y no simplemente correlacionales), a través de modelos que estiman el costo metabólico del cerebro, han mostrado que el tamaño relativo de este se explica en un 60% por factores ecológicos (i.e., factores no-sociales impuestos por la naturaleza, como cambios en la dieta, o el desarrollo de técnicas de forrajeo y procesamiento de comida; Clutton-Brock y Harvey 1980, Rosati 2017), mientras solo en un 30% por demandas requeridas por factores sociales (más un 10% que se explica por demandas por interacciones de competencia entre grupos) (González-Forero y Gardner 2018). De hecho, González-Forero y Gardner (2018) han mostrado que la competencia intragrupal posee un peso insignificante comparado con el peso de factores culturales en términos de explicar la evolución del cerebro humano.

Esto sugiere que explicaciones adaptacionistas (Gould y Lewontin 1979, Orzack y Forber 2017), como algunas provenientes desde la psicología evolutiva (Fodor 2001, Murphy 2003), son insuficientes para explicar la evolución de la socialidad y el cerebro humano. Por otra parte, si bien estas variables muestran correlaciones bien documentadas, no entregan información respecto a si los grupos sociales más grandes causan cerebros más grandes o si, por el contrario, son los cerebros más grandes los que permiten la existencia de grupos sociales más grandes (Powell *et al.* 2017, González-Forero y Gardner 2018). Finalmente, al menos en antropoides, existen reportes que muestran que es la reorganización cerebral, y no el tamaño relativo, lo que caracteriza su evolución (Smaers y Soligo 2013, Aboitiz 2017).

En resumen, los animales sociales tienden a tener cerebros más grandes, pero se desconoce si el aumento en el tamaño (relativo) de la corteza es una causa o una consecuencia de la conformación de grupos sociales. Además, estos cerebros establecen conexiones a través de redes neuronales con topografías distintas a las encontradas en cerebros de menor tamaño. En la sección siguiente discutimos algunas de las propiedades de estas redes de neuronas, junto con otros mecanismos evolutivos involucrados, considerando que el fenómeno debe ser explicado apelando a una diversidad de mecanismos y procesos, entre ellos la evolución cultural.

PLURALISMO EN LA EVOLUCIÓN DEL CEREBRO SOCIAL

En la sección anterior examinamos las diversas hipótesis planteadas para explicar cómo la evolución del cerebro y la conducta social en primates podría ser el resultado de una variedad de presiones selectivas (Dunbar y Shultz 2007, Healy y Rowe 2007). Sin embargo, tales explicaciones no abordan la importancia relativa de otras fuerzas evolutivas (en el sentido de Sober 2014), además de procesos de evolución cultural. Diversos estudios han resaltado el rol de estas fuerzas en fenómenos como la conformación del tamaño craneal y cerebral, y en el establecimiento de patrones de conectividad neuronal (Ackermann y Cheverud 2004, Weaver *et al.* 2007, Buckner y Krienen 2013, Rubinov 2015, Schroeder y Ackermann 2017, Atzil *et al.* 2018).

Si bien existe polémica respecto a la definición de sociabilidad (Krause y Ruxton 2002, Ebensperger Capítulo 3), en términos generales podemos decir que es social una especie cuyos individuos realizan la mayor parte del tiempo sus actividades en presencia de conespecíficos (Ebensperger Capítulo 3). En una definición un poco más restringida, y siguiendo a Atzil *et al.* (2018), un animal social podría definirse como aquel que es inicialmente incapaz de sobrevivir por cuenta propia, por lo que requiere de conespecíficos para su supervivencia. Dicho de otro modo, los individuos de especies sociales requieren de otros para regular su alostasis, definida como el conjunto de procesos mediante los cuales los organismos se anticipan a sus propios requerimientos homeostáticos (Sterling 2012); por ejemplo, cuando una cría busca la proximidad de su madre al comenzar a sentir hambre. Esto hace que los estímulos sociales sean salientes para estos organismos, los cuales aprenden a regular los procesos alostáticos propios y de sus conespecíficos mediante mecanismos de cognición social (Atzil y Barrett 2017, Atzil *et al.* 2018).

Existe evidencia que muestra que gran parte de los procesos neurocognitivos están causados por activaciones neuronales espacialmente distribuidas. El cerebro es un órgano que genera estados funcionales emergentes (Yuste 2011) a través de poblaciones (o "asambleas") neuronales que presentan coactivación espacio-temporal (Churchland y Sejnowski 1992), donde estas se ensamblan y desensamblan dinámicamente a una escala de milisegundos (Mesulam 1990, Felleman y van Essen 1991, Yuste y Tank 1996). Estas poblaciones, distribuidas espacialmente y con coactivación temporal, se denominan "redes neuronales". Las redes neuronales suelen ser bastante "promiscuas", o de "dominio-general": las mismas estructuras que se encargan de procesar una tarea dentro del dominio A también procesan tareas dentro de los dominios B o C **(Figura 7-3)**. Esta promiscuidad genera polémica dentro de la comunidad de neurobiólogos cuando se intenta definir el rol específico de determinadas estructuras y redes neuronales, i.e., cuando se intentan definir los "módulos" corticales (Fodor 1986) que subyacen al procesamiento de un dominio específico. Muchas veces esta modularidad, o dominio-especificidad, derechamente no existe (Spunt y Adolphs 2017). El módulo cerebral se encuentra en una crisis de paradigma (Fuster 2000), incluso por parte de sus principales proponentes (Fodor 2001).

En el presente contexto, las redes neuronales que subyacen a la conducta social se solapan con las que subyacen a otros dominios, como la regulación alostática (Barrett y Satpute 2013, Kleckner *et al.* 2017, Atzil *et al.* 2018). La red neuronal de regulación alostática, a su vez, presenta estructuras cerebrales comunes con la **red de modo por defecto** (**Figura 7-3**, Kleckner *et al.* 2017), red que se caracteriza por presentar una mayor actividad cuando los sujetos están en reposo, sin involucrarse en tareas que requieren esfuerzo cognitivo (Fox *et al.* 2006, Power *et al.* 2011). En la misma línea, la red de modo por defecto comparte estructuras con la red de mentalización (**Figura 7-3**, Raichle *et al.* 2001, Barrett y Satpute 2013, Raichle 2015, Ramírez-Barrantes *et al.* 2019; sección 6). Todas estas redes, a su vez, subyacen a procesos interoceptivos (Kleckner *et al.* 2017, Atzil *et al.* 2018). Esto sugiere que las redes neuronales que son cruciales para el desarrollo de la conducta social están implementadas sobre redes de mentalización, y que estas, a su vez, han cooptado estructuras relacionadas con interocepción y alostasis (**Figuras 7-3 y 7-4**).

Figura 7-3

Estructuras y redes neuronales involucradas en procesamientos de saliencia, interocepción y modo por defecto en *Mus musculus*, *Macacus rhesus* y *Homo sapiens*. En este último, se incluye la red de mentalización.

Puede observarse que estas redes comparten la mayor parte de sus estructuras, siendo difícil determinar si son "módulos" funcionales independientes o si su actividad es dominio-general. La red de mentalización incluye la corteza prefrontal medial y la unión temporoparietal (1). La red de saliencia (2) incluye la corteza prefrontal medial, la ínsula anterior y la unión temporoparietal. La red de interocepción (3) incluye la corteza prefrontal medial y la ínsula anterior. La red de modo por defecto (4) incluye la corteza prefrontal medial y la unión temporoparietal. PFM: corteza prefrontal medial; CI: corteza cingulada anterior; STM/STS: sulco temporal medio/superior; IA: ínsula anterior; UTP: unión temporoparietal (Ilustraciónde Juan Carlos Aspé).

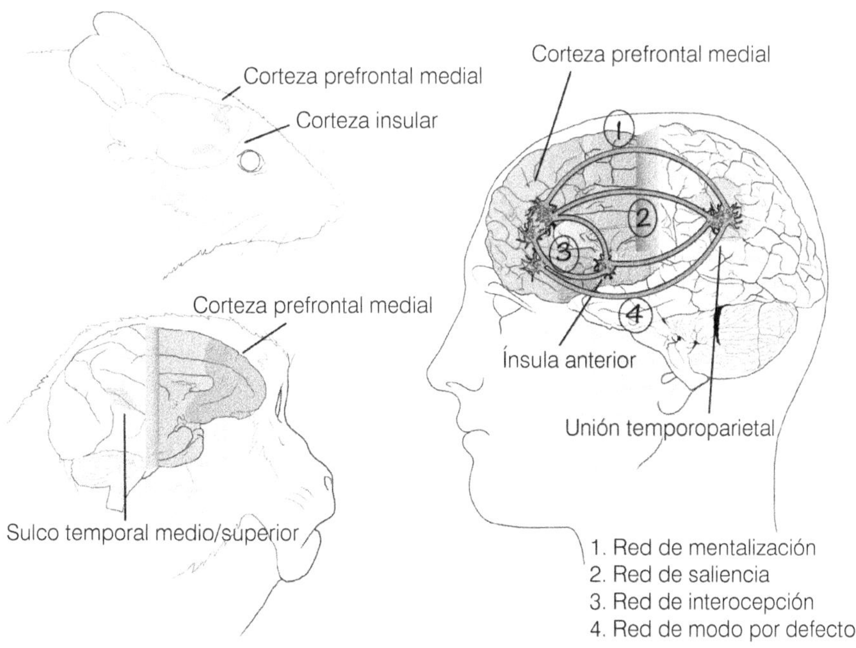

La evolución de las redes neuronales recién mencionadas presenta características llamativas. Por ejemplo, la expansión de las cortezas de asociación, donde en primates se encuentran las redes de interocepción, alostasis, mentalización y modo por defecto (Atzil *et al.* 2018), se habría producido por procesos alométricos (Shingleton 2010) que han aumentado la separación espacial entre las cortezas sensoriales y motoras, a lo largo de la evolución (Buckner y Krienen 2013, Margulies *et al.* 2016). Como consecuencia de esto, los destinos celulares de las neuronas de la corteza de asociación están menos determinados por gradientes moleculares a medida que se van alejando de los puntos de anclaje molecular que emiten las señales que diferencian a los progenitores neuronales como neuronas somatosensoriales o motoras (Buckner y Krienen 2013).

Esto es consistente con el hecho de que las redes neurales que subyacen al sistema de afiliación social se desarrollan durante la infancia, estando virtualmente ausentes en neonatos (Gao *et al.* 2016). Por ejemplo, la red de modo por defecto es una de las primeras redes dominio-general en desarrollar su topología adulta característica. En neonatos humanos esta red aparece como una única región aislada en la corteza cingulada posterior, adquiriendo su topología característica recién a los seis meses de edad (Gao *et al.* 2013, Gao *et al.* 2015, Atzil *et al.* 2018). En esta misma línea, existen reportes que muestran que en humanos, la estructura de giros y sulcos dentro del cerebro presenta una menor determinación genética respecto a la estructura del cerebro en chimpancés (Gómez-Robles *et al.* 2015). Tanto el alto grado de plasticidad de estas redes neuronales durante la infancia, como también su posible desarrollo a partir de redes que subyacen a procesos alostáticos, muestran que difícilmente las redes involucradas en la socialidad humana vienen cableadas de nacimiento (Atzil *et al.* 2018), lo que las haría más plástica a los procesos de socialización cultural y a la experiencia, sobre todo durante el desarrollo temprano.

Es destacable que los cerebros más grandes tienen, proporcionalmente, una menor cantidad de neuronas (Haug 1987, Herculano-Housel 2015, Aboitiz 2017). Al menos en antropoides, existen reportes que muestran que es la reorganización cerebral, y no el tamaño relativo, lo que caracteriza su evolución (Smaers y Soligo 2013, Aboitiz 2017). En esta línea, estudios que han aplicado análisis de redes a datos de conectividad estructural y funcional muestran que los patrones de conectividad de las cortezas de asociación mencionadas anteriormente (**Figura 7-3**) presentan propiedades de redes no-canónicas. En las redes canónicas, la conectividad es serial y jerárquica, con proyecciones de retroalimentación y anteroalimentación entre estructuras que se encuentran espacialmente cercanas y conectan áreas disímiles, y que van, progresivamente, desde áreas sensoriales hacia cortezas de asociación, y luego a la corteza motora. En las redes con propiedades no-canónicas, en cambio, existe una propensión a proyectar conexiones hacia áreas similares, que no presentan una estructura clara de retro ni anteroalimentación, y que están distanciadas espacialmente (Goldman-Rakic 1988, Selemon y Goldman-Rakic 1988, Buckner y Krienen 2013). Dentro de estas cortezas de asociación, la red de modo por defecto, por ejemplo, está situada a la mayor distancia geodésica de las cortezas motoras y sensoriales. De esta forma, esta red se encuentra "desacoplada" de estímulos sensoriales y motores inmediatos, lo que podría estar en la base de procesos tanto autorreferenciales como de mentalización (Margulies *et al.* 2016). Otros estudios sugieren que los patrones de conectividad de estas redes podrían corresponder más a restricciones estructurales (i.e., *spandrels*, véase Gould y Lewontin 1979) que a presiones selectivas propiamente tales. Por ejemplo, un estudio en los conectomas de *Drosophila melanogaster* y *Mus musculus* reporta que la topología de sus redes neuronales no se explica por restricciones debidas a presiones evolutivas sobre los costos de conectividad, sino que son subproductos de restricciones estructurales (Gould y Lewontin 1979, Rubinov 2015). Otro estudio sugiere que la deriva génica –es decir, cambios en la proporción de genes o genotipos producidos solo por azar; "errores de muestreo" genéticos de una generación a la siguiente, sin participación de presiones selectivas (Millstein 2017)– podría ser uno de los procesos evolutivos centrales que subyace a la evolución del neurocráneo en homínidos (Ackermann y Cheverud 2004). Esto es consistente con el hecho de que el tamaño de los grupos sociales en que vivían nuestros antepasados cazadores-recolectores era pequeño (50-100 individuos, Nowak y Sigmund 2005), los cual hace plausible que la deriva génica constituya una importante fuerza evolutiva.

La reducida determinación genética en la estructura del cerebro humano, su alto grado de plasticidad durante la infancia, y la importancia de los procesos alostáticos en la conformación de sus redes neuronales, muestran que el cerebro humano es muy sensible a la experiencia y a los procesos de socialización cultural, sobre todo durante el desarrollo temprano. En este contexto es importante entender el papel que puede haber tenido la evolución cultural sobre el desarrollo de conductas sociales tanto en humanos como en otras especies animales. Un estudio reciente en mangostas (*Mungos mungo*), por ejemplo, muestra cómo los procesos de transmisión cultural explican mejor la conducta de forrajeo, en comparación a los procesos de herencia genética (Sheppard *et al.* 2018). La evolución cultural también ha sido reportada en delfines y ballenas, utilizando la riqueza del repertorio social como variable estimadora de complejidad cultural (Fox *et al.* 2017). Entre los primates, en capuchinos y gorilas (además de bonobos y chimpancés) se evidencian procesos de transmisión cultural, juzgando por los tres mil años de uso de herramientas (con significativas variaciones en sus usos hace 2.400 y 300 años), en el caso de los capuchinos, y las reuniones anuales y estructuras de amistades de por vida, en el caso de los gorilas (Falótico *et al.* 2019, Morrison *et al.* 2019).

Los procesos culturales tienen impacto sobre la evolución genética, como lo muestra el caso paradigmático de coevolución gen-cultura (Feldman y Laland 1996) observado en la tolerancia a la lactosa (Beja-Pereira *et al.* 2003). Además, estos pueden explicar fenómenos sociales complejos, como algunos aspectos de la evolución del lenguaje (Smith 2002). Finalmente, la teoría de construcción de nichos postula que la selección no actuaría a partir de un medio fijo que impone presiones selectivas sobre los organismos, sino que los organismos, activamente, construyen los nichos ecológicos y socioculturales ante los cuales se adaptan (Laland *et al.* 2000, Boyd *et al.* 2011, Laland y O'Brien 2011). Esto es particularmente relevante para organismos que desarrollan cultura (Laland *et al.* 2001, Boyd *et al.* 2011), donde diversos procesos culturales podrían crear y/o modificar las presiones selectivas que se generan a partir de determinadas condiciones ambientales. Por esto, a los procesos de selección natural que habrían moldeado sistemas dominio-específico subyacentes al desarrollo de las capacidades sociales y lingüísticas (Aboitiz 2018) hay que añadir un sinnúmero de procesos de evolución cultural sobre los que pueden emerger dinámicas sociales complejas, sin requerir, necesariamente, una heredabilidad genética ni una arquitectura neural dedicada. Como corolario, el puzle neurocognitivo del comportamiento social es bidireccional, requiriendo responder cómo estructuras sociales complejas influyeron sobre la evolución de un cerebro social y, a su vez, cómo la evolución de un cerebro social posibilitó el desarrollo de estructuras sociales complejas.

En la sección siguiente examinamos los principales mecanismos neurocognitivos que están a la base de ciertas dinámicas de cooperación observadas en algunos grandes simios, enfocándonos en *H. sapiens*. Expondremos que, en ciertos animales gregarios en los cuales los neuropéptidos prosociales han facilitado el acercamiento prosocial, estos mecanismos requieren de la actividad de las redes neuronales dominio-general de mentalización y control cognitivo, entre otras. Estas redes incluyen estructuras como la unión temporoparietal (mentalización), el lóbulo prefrontal ventromedial (control cognitivo) y el lóbulo prefrontal dorsolateral (normas sociales). Como acabamos de revisar, en la evolución de esas redes es esencial considerar la importancia de factores no adaptativos, desde fuerzas distintas a la selección natural hasta el desarrollo de un nicho cultural que permite la evolución de mecanismos de reputación y reciprocidad indirecta sobre la base de normas sociales.

CEREBROS SOCIALES: MECANISMOS NEUROCOGNITIVOS

En algunos organismos, los mecanismos de afiliación y sus sistemas neuronales subyacentes exhiben características que además de permitir la formación de lazos sociales, sustentan la formación de dinámicas de cooperación dentro de grupos con atributos emergentes (Wilson 1975, Nowak y Sigmund 2005).

Estas interacciones se expresan dentro de redes sociales modulares y jerarquizadas, con unidades sociales de "bajo-orden" que se agrupan y anidan en unidades cada vez más grandes (Morrison *et al.* 2019). En este contexto, un gran número de interacciones se tornan anónimas y no-repetitivas, y ocurren entre individuos que no están relacionados genéticamente (Nowak y Sigmund 2005), lo cual es especialmente prominente en humanos (Wilson 1975, Trivers 1985, Hamilton 1996). Esto aumenta los incentivos para que quien inicia la cooperación sea traicionado por su contraparte, si esta decide no cooperar (ej., Berg *et al.* 1995, Coleman 2000, Camerer 2003, Nowak y Sigmund 2005). Por tanto, la cooperación dentro de grupos depende fundamentalmente de las preferencias sociales (i.e., de aspectos de la socialidad) de sus participantes, tales como la tendencia a manifestar conductas como confianza, altruismo y reciprocidad directa y/o indirecta (Fehr y Schmidt 2001, Camerer 2003, Nowak y Sigmund 2005).

En neurociencia social se han identificado al menos dos redes neuronales dominio-general cuya actividad pareciera ser necesaria para la manifestación de estas preferencias

(Figuras 7-3 y 7-4): la red de control cognitivo (Holroyd y Coles 2002, Ullsperger *et al.* 2014) y la red de mentalización (Decety y Lamm 2007). La red de control cognitivo permite diversos procesos neurocognitivos que guían la conducta (y los pensamientos) de acuerdo a las metas y planes del organismo (Posner y Snyder 1975), a cuya base se encuentra la actividad de la corteza prefrontal (Holroyd y Coles 2002, Shenhav *et al.* 2013, Ullsperger *et al.* 2014, Yamagishi *et al.* 2016). En esta sección nos enfocamos en la red de mentalización, por el hecho de que en humanos –y quizá en grandes simios (Kano *et al.* 2019, Premack y Woodruff 1978)– pareciera sustentar los procesos neurocognitivos necesarios para la capacidad de adscribir deseos, intenciones y creencias a otro organismo (Frith y Frith 1999, Decety y Lamm 2007, Costa *et al.* 2008).

La red de mentalización (**Figura 7-3**) permite satisfacer la capacidad de discriminar entre personas y cosas (Frith y Frith 1999, McCabe *et al.* 2001), un requisito fundamental para el desarrollo de la sociabilidad en humanos. A través de la experiencia, esta red permite predecir y explicar la conducta de otro individuo, al cual le atribuimos cierto nivel de agencia, cierta capacidad para actuar sobre el mundo (Ord y Martins 2010, Billeke *et al.* 2017, Vogeley 2017). Además, esta red permite la formación de impresiones sociales con el fin de ajustar la conducta comunicativa de acuerdo al contexto social (MacLean *et al.* 2014). Como hemos mencionado anteriormente, el solapamiento de estructuras de la red de mentalización con las de la red de modo por defecto, la cual se solapa, a su vez, con la red de alostasis (**Figura 7-3**), podría arrojar luces sobre la evolución de las redes neuronales que están a la base de procesos de cognición social.

En un experimento de mentalización típico, sujetos humanos se enfrentan a una tarea de falsa creencia (Samson *et al.* 2004). En esta tarea, los sujetos experimentales observan un vídeo o una historieta donde el personaje A esconde un objeto en un lugar X, y luego sale de escena. El objeto es posteriormente movido a un escondite Y por el personaje B, hecho que ocurre fuera del alcance visual del personaje A, pero que es presenciado por el sujeto experimental. Cuando el personaje A vuelve a entrar a escena, se le pregunta al sujeto experimental dónde A buscará el objeto. Si el sujeto experimental ha desarrollado la capacidad de mentalización (típicamente, sujetos humanos mayores de 4 años de edad; Soto-Icaza *et al.* 2019), este responderá que el personaje A buscará el objeto en el lugar X debido a que el sujeto experimental es capaz de inferir que A mantiene una *falsa creencia* de que el objeto permanece allí. Un sujeto que no ha desarrollado la capacidad de mentalización respondería que A buscará el objeto en el lugar Y. A partir de cuantificaciones de la actividad neuronal de los sujetos mediante resonancia magnética funcional, diversos estudios han reportado una mayor activación de la (a partir de esto denominada) red de mentalización (especialmente la corteza prefrontal y la unión temporoparietal izquierda) cuando los sujetos resuelven con éxito esta prueba (Samson *et al.* 2004, Amodio y Frith 2006, Decety y Lamm 2007, Adolphs 2009). Sujetos con daño en la unión temporoparietal presentan déficits tanto al resolver esta tarea como en tareas donde deben procesar estímulos sociales relevantes, tales como la dirección de la mirada de otro organismo, o inferir conductas orientadas a objetivos (Samson *et al.* 2004).

El rol de las redes de mentalización y control cognitivo en la producción de una socialidad compleja puede ejemplificarse tomando como base experimentos que buscan inducir confianza, altruismo y reciprocidad **(Figura 7-4)**. Mediante el uso de resonancia magnética funcional, en sujetos humanos que participan en el Juego de la confianza, se ha registrado que la opción de confiar en un conespecífico está asociada a una mayor actividad de la red de mentalización: la corteza prefrontal ventromedial aumenta su activación cuando los sujetos deciden confiarle dinero a otro humano, pero no cuando estos le "confían" dinero a una lotería programada en un computador (McCabe *et al.* 2001, Rilling *et al.* 2002, Delgado *et al.* 2005, King-Casas *et al.* 2005, Krueger *et al.* 2007, Baumgartner *et al.* 2008). La unión temporoparietal, que es parte de esta misma red, muestra mayor activación cuando los sujetos reciprocan una acción de confianza que involucra un riesgo alto para quien confió inicialmente; es decir, cuando los sujetos experimentales son recíprocos con conespecíficos que, al confiar, se arriesgan a perder una gran cantidad de dinero (van den Bos *et al.* 2009). Otros estudios muestran que la unión temporoparietal, junto con la corteza prefrontal ventromedial, conforman una red que participa en el control de impulsos egoístas, aumentando su actividad cuando los sujetos manifiestan conductas altruistas (Hutcherson *et al.* 2015).

Figura 7-4

Redes neuronales implicadas en los procesos de confianza
y reciprocidad directa e indirecta.

PFVM: corteza prefrontal ventromedial; PFDL: corteza prefrontal dorsolateral. La ilustración no incluye el área septal, involucrada en el mantenimiento de dinámicas de confianza, posiblemente a través de la liberación de oxitocina y arginina-vasopresina (Ilustración de Juan Carlos Aspé).

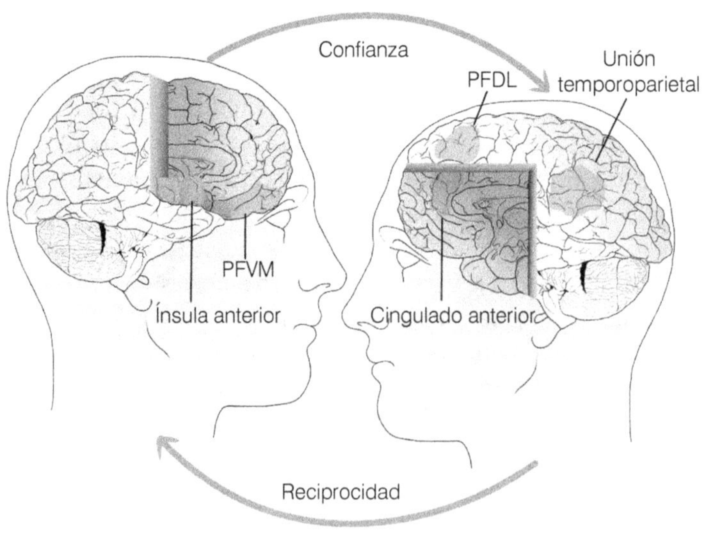

La red de control cognitivo, necesaria para la inhibición del egoísmo y la toma de decisiones estratégicas y normativas, también está involucrada. La corteza cingulada anterior (Delgado *et al.* 2005, van den Bos *et al.* 2009, Shenhav *et al.* 2013) y la corteza prefrontal dorsolateral (Baumgartner *et al.* 2008, Yamagishi *et al.* 2016) muestran una mayor actividad en el caso de sujetos que devuelven la confianza en una medida menor o mayor de lo que creen que espera quién confió en ellos, respectivamente (**Figura 7-4**, Chang *et al.* 2011). La actividad de la corteza prefrontal dorsolateral, como veremos más adelante, parece ser necesaria para el procesamiento de normas sociales (Yamagishi *et al.* 2016).

Como se discutió anteriormente, el neuropéptido OXT se ha asociado con conductas prosociales (Kosfeld *et al.* 2005, Zak *et al.* 2007, Baumgartner *et al.* 2008). Kosfeld *et al.* (2005) mostraron, utilizando el Juego de la confianza, que infusiones intranasales de OXT (i) aumentan la confianza en humanos, (ii) que esta acción es específica para interacciones de cooperación social, que (iii) lo anterior no se explica por un aumento en el comportamiento de riesgo (i.e., cuando los sujetos "confían" dinero no a otro humano, sino a una lotería), y (iv) que la OXT tiene un efecto específico sobre la confianza, dado que el efecto es observado solo cuando los sujetos confían, no cuando la retribuyen. Aunque los mecanismos de acción de OXT no están bien dilucidados, la evidencia sugiere que la OXT disminuye la respuesta a estrés y la ansiedad en las interacciones sociales (véase sección "Neuropéptidos sociales: establecimiento de lazos"). Una hipótesis plausible es que la acción principal de OXT sobre el comportamiento social humano ocurra modulando la actividad de la amígdala y de la corteza cingulada anterior, lo que disminuiría el sentimiento aversivo asociado a cuando la confianza es traicionada. Un estudio de Baumgartner *et al.* (2008) apoya que este sería el caso (véase también Fehr 2008 y Englemann 2019): sujetos experimentales que reciben administraciones intranasales de OXT confían en conespecíficos incluso después de ser notificados que estos han traicionado su confianza. Esto estaría asociado a una disminución de la actividad de la corteza cingulada anterior antes y de la amígdala después de que son notificados de la traición (Baumgartner *et al.* 2008). Una interpretación plausible es que luego de una infusión de OXT los sujetos están ejerciendo menos control cognitivo cuando confían en un desconocido (disminución de la actividad de corteza cingulada anterior) y que son menos sensibles a la traición en contextos sociales (disminución en la actividad de la amígdala). Por otra parte, sería esperable que el sistema de vínculos sociales estuviera involucrado en el mantenimiento de las dinámicas de confianza y reciprocidad. En esta línea, Krueger *et al.* (2007) mostraron que el área septal, estructura responsable de la liberación de OXT y AVP, presenta mayor actividad cuando los participantes confían comparado con cuando reciprocan. Este resultado es consistente con la evidencia que muestra que la acción OXT es específica para la confianza (Kosfeld *et al.* 2005).

Experimentos basados en el Juego del dictador muestran que tanto las redes de mentalización como las de control cognitivo estarían involucradas en la manifestación de conductas altruistas. La actividad de la red de mentalización, específicamente la de la corteza prefrontal ventromedial y la unión temporoparietal derecha, está asociada a cuánto los sujetos valoran la ganancia material de otros (Hutcherson *et al.* 2015), mientras que el patrón de conectividad entre la corteza cingulada anterior y la ínsula anterior predice si una conducta altruista es impulsada por empatía o por reciprocidad (Hein *et al.* 2016).

Los mecanismos descritos anteriormente son insuficientes para explicar el desarrollo de las estructuras de cooperación que observamos en humanos. En el *H. sapiens* contemporáneo, el gran tamaño de los grupos provoca que un elevado número de interacciones sean anónimas y no-repetitivas, lo que aumenta los incentivos a no cooperar (Berg *et al.* 1995, Coleman 2000, Camerer 2003, Nowak y Sigmund 2005). Esto provoca que los niveles de confianza y reciprocidad decaigan en el transcurso del tiempo (Camerer 2003, Nowak y Sigmund 2005). Sin embargo, la presencia de mecanismos de reciprocidad indirecta, basados en la presencia de discriminadores que rehúsan cooperar con quienes no han cooperado con el resto –incluso incurriendo en un costo personal al hacerlo (Fehr y Gächter 2002, Rodríguez-Sickert *et al.* 2008)– permiten que la cooperación en interacciones anónimas y no-repetitivas sea sostenible en el tiempo.

La reciprocidad directa puede describirse con la máxima "te hago un favor porque tú me hiciste un favor"; la reciprocidad indirecta, con la paráfrasis "te hago un favor porque *algún otro* me hizo un favor" (Nowak y Sigmund 2005). Modelos provenientes de la teoría de juegos evolutiva (Smith 1982) y experimentos realizados en teoría de juegos conductual (Camerer 2003) revelan las dinámicas mediante las cuales la reciprocidad indirecta sostiene (o no) la cooperación. Por ejemplo, la cooperación no se sostiene si dentro de una población determinada existen individuos que siempre traicionan a quien coopera con ellos, o si existen solo individuos que siempre traicionan y otros que siempre cooperan. En estas condiciones, los que siempre traicionan obtendrán beneficios a expensas de los que siempre cooperan, y la estrategia de siempre traicionar terminará siendo utilizada por toda la población. Para que la cooperación sea sostenible en el tiempo, es necesario que los individuos manifiesten estrategias discriminativas simples. Por ejemplo, una de estas estrategias es "siempre cooperar a menos que la contraparte haya traicionado en alguna de las rondas anteriores" (Imhof *et al.* 2005, Nowak y Sigmund 2005, Brandt y Sigmund 2006). Si dentro de la población (i) existe una proporción suficientemente alta de discriminadores, y (ii) la mayoría de los jugadores lleva un rótulo informando sobre su conducta anterior (i.e., su reputación; Kandori 1992), entonces la estrategia "siempre traicionar" no se expande a costa de las otras, y las tres estrategias coexisten en el tiempo, manteniendo la cooperación (Imhof *et al.* 2005, Nowak y Sigmund 2005, Brandt y Sigmund 2006).

La capacidad de discriminar en base a la conducta anterior requiere control cognitivo y mentalización (Milinski *et al.* 2002). Muchas veces, esta discriminación se realiza sobre la existencia de normas sociales (Kandori 1992, Coleman 2000), las que parecieran ser procesadas por la corteza prefrontal dorsomedial (Yamagishi *et al.* 2016). Las instituciones, por ejemplo, influencian las preferencias sociales (Rodríguez-Sickert *et al.* 2008). Esto permite apreciar cómo las propiedades emergentes de la interacción de agregados de individuos tienen una influencia sobre la conducta de estos sujetos: las normas sociales, por definición, no existen dentro de los individuos constituyentes del grupo, sino que son una propiedad emergente de sus interacciones. El nicho cultural de los humanos pareciera tener una influencia sobre sus mecanismos de cooperación (Laland *et al.* 2001).

En las secciones precedentes hemos abordado las restricciones fisiológicas que permiten la gregarización, los mecanismos neuroendocrinológicos que subyacen el establecimiento de lazos sociales, y los mecanismos neurocognitivos que permitirían la manifestación de preferencias sociales. En este contexto hemos destacado cómo redes neuronales que sustentan procesos de alostasis, mentalización y control cognitivo están a la base de la socialidad y la sociabilidad en *H. sapiens*, pudiendo estar presentes también en otros organismos. En la siguiente sección, propondremos algunas especies de la fauna local como posibles modelos para investigar estos fenómenos.

ESPECIES NATIVAS DE CHILE COMO POTENCIALES MODELOS

Como hemos elaborado a lo largo del presente capítulo, existen algunos hitos evolutivos que son necesarios para comprender la evolución del comportamiento social. Uno crucial parece ser la aparición de los neuropéptidos sociales OXT y AVP, requeridos para facilitar el acercamiento prosocial y el establecimiento de lazos afectivos, principalmente entre madre y cría (sección "Neuropéptidos sociales: establecimiento de lazos"). Otro elemento crucial es la evolución, a partir de estos lazos, de redes neuronales relacionadas con procesos de alostasis, las que parecen ser un requisito para el desarrollo de mecanismos de neurocognición social (secciones "Pluralismo en la evolución del cerebro social" y "Cerebros sociales: mecanismos neurocognitivos"). Estas hipótesis son factibles de ser contrastadas en modelos de animales no-humanos. El rol de las redes de alostasis, por ejemplo, podría evaluarse mediante estudios enfocados en determinar los efectos de la deprivación social sobre las cortezas de asociación multimodal. Específicamente, sería necesario evaluar cómo los tipos celulares de neuronas destinadas a áreas donde se solapan los procesos alostáticos y procesos de cognición social se ven modificadas por los distintos protocolos de deprivación.

Al menos tres organismos de la fauna nativa chilena podrían ser de interés para investigar algunos de los mecanismos neurocognitivos de sociabilidad expuestos en este capítulo: *Dromiciops gliroides*, *Cyanoliseus patagonus* y *Octodon degus*.

El monito del monte (*Dromiciops gliroides*) es un marsupial que presenta un uso comunal de refugios artificiales (Franco 2009). En este y otros mamíferos pequeños, esta conducta se ha considerado como una estrategia de termorregulación ante temperaturas bajas (Ebensperger 2001). Sin embargo, en el monito del monte el uso comunal de refugios artificiales es más frecuente durante verano y otoño, estaciones caracterizadas por temperaturas ambientales altas o medias, respectivamente. Dado que este período además coincide con la actividad post-reproductiva, es más probable que los refugios comunales estén más asociados a cuidado parental que a una termorregulación social (Franco 2009). Sin embargo, por ser un marsupial puede constituir un interesante modelo para comparar aspectos de la socialidad entre mamíferos placentados *versus* no-placentados.

Una segunda especie potencialmente útil es el loro tricahue (*Cyanoliseus patagonus*). Si bien las cópulas extra-pareja son frecuentes en aves, incluso dentro de especies monógamas, existe una gran variabilidad entre especies en cuanto a la paternidad extra-pareja

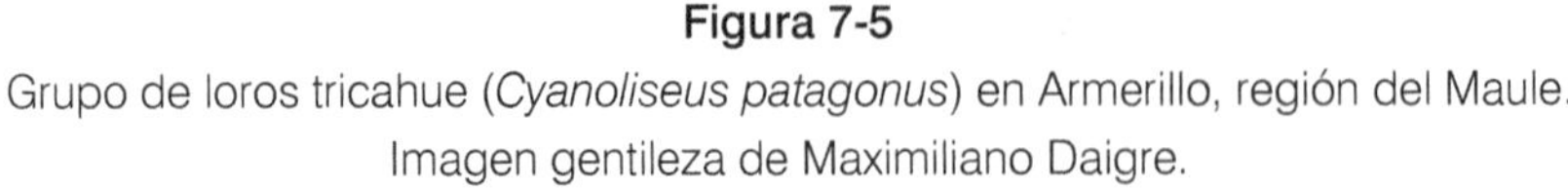

Figura 7-5
Grupo de loros tricahue (*Cyanoliseus patagonus*) en Armerillo, región del Maule.
Imagen gentileza de Maximiliano Daigre.

(Petrie y Kempenaers 1998, Masello *et al.* 2002). Utilizando marcadores moleculares en una muestra de 49 pares hembra-macho de loros tricahue, y las crías de sus nidos, Masello *et al.* (2002) no encontraron marcadores de paternidad extra-pareja. Esta observación apoya que se trata de una especie que, además de social, es genéticamente monógama, i.e., si bien puede presentar cópulas, no presenta paternidad extra-pareja. A la base de esto podría encontrarse el elevado nivel de cuidado paterno y el prolongado periodo de vida reproductivo de este loro (Masello *et al.* 2002). Además, existen estudios reportando asociaciones entre la distribución de sus receptores de neuropéptidos (sección "Neuropéptidos sociales: establecimiento de lazos") y el tamaño de su grupo social (Goodson *et al.* 2006).

Finalmente, una especie que ha sido utilizada como modelo en el contexto de patologías neurodegenerativas, tales como enfermedad de Alzheimer (Ardiles *et al.* 2012), y en estudios en cronobiología (Ardiles *et al.* 2013) es *Octodon degus*, o degu. El degu es un roedor histricomorfo de desarrollo precoz, diurno, endémico de regiones semiáridas del norte y centro de Chile (Fulk 1976). Esta especie exhibe una organización social que, en algunos aspectos, ha sido comparada con la de ancestros humanos, debido a que las crías son cuidadas por sus tías (Hrdy 2009, Colonnello *et al.* 2011). Los grupos sociales, en su estado salvaje, están conformados por 2-5 hembras adultas (que pueden o no estar genéticamente emparentadas; Quirici *et al.* 2011) y 1-2 machos adultos (Fulk 1976), con un índice de parentesco cercano a 0,25 (Ebensperger *et al.* 2004). Se ha reportado que los grupos de degus son capaces de coordinar forrajeo tanto por contacto visual (Ebensperger y Bozinovic 2000, Colonnello *et al.* 2011) como por vocalizaciones (Long 2007, Colonnello *et al.* 2011), aunque otros estudios concluyen que este no es el caso (Ebensperger *et al.* 2006, Quirici *et al.* 2013).

En grupos sociales con dos o más hembras, estas cuidan a sus crías (generalmente 4-8 crías por cada hembra) en forma comunal (Ebensperger *et al.* 2007). Además, al contrario de ratones y ratas, los machos también contribuyen con el cuidado de las crías (Colonnello *et al.* 2011), como en el caso del topillo de la pradera, mencionado en la sección "Neuropéptidos sociales: establecimiento de lazos" (Young *et al.* 1999). La historia de vida de los degus es inusual para un roedor: nacen móviles, los ojos abiertos y el sistema auditivo ya funcional (Long y Ebensperger 2010). Presentan un periodo relativamente extendido de infancia y adolescencia, con una alta dependencia social durante su desarrollo (Colonnello *et al.* 2011).

Estudios conductuales muestran que la deprivación social de crías o juveniles, consistente en el aislamiento total o parcial del resto de la familia, a la tercera semana de edad hace que los degus con aislamiento parcial muestren una mayor frecuencia de vocalizaciones que indican distrés (o estrés negativo), y un aumento en la búsqueda de la proximidad a familiares, en comparación con individuos control no aislados. Los degus que experimentan aislamiento total, por su parte, vocalizan menos y disminuyen su actividad locomotora comparado con individuos control, además de presentar alteraciones en la conducta de riesgo y neofobia (Colonnello *et al.* 2011). Esta misma deprivación social durante las primeras tres semanas postnatales del degu, alteran el balance en redes serotoninérgicas y dopaminérgicas en la corteza prefrontal medial (Braun *et al.* 2000).

A pesar de que en roedores las cortezas de asociación no han pasado por el dramático proceso de expansión por el que han pasado las de primates (Buckner y Krienen 2013), las características del degu lo convierten en un organismo adecuado para evaluar hipótesis de neurocognición social. Por ejemplo, es factible cuantificar la cantidad y tipos celulares de áreas cerebrales específicas en individuos sometidos a diferentes condiciones de deprivación social, como las descritas en algunos estudios previos (Braun *et al.* 2000, Colonnello *et al.* 2011). Existen reportes que muestran cambios tanto en la corteza cingulada anterior (Helmeke *et al.* 2001) como en la corteza infralímbica (Ovtscharoff y Braun 2001) del degu ante diferentes condiciones de deprivación. Sin embargo, hasta donde conocemos, no se han realizado estudios enfocados en evaluar los efectos de la deprivación social sobre las cortezas de asociación multimodal: en particular, cómo los tipos celulares de áreas donde se solapan procesos alostáticos y procesos de cognición social se ven modificadas por los distintos protocolos de deprivación (secciones "Pluralismo en la evolución del cerebro social" y "Cerebros sociales: mecanismos neurocognitivos"). Por esto, la sociabilidad del degu, junto con su desarrollo precoz y su prolongado periodo de desarrollo, lo convierten en un excelente modelo de sociabilidad, en comparación con roedores **altriciales**.

CONCLUSIONES

En el presente capítulo, enfocándonos en algunas especies de roedores y primates cuyos individuos forman vínculos afectivos, i.e., interacciones afiliativas socio-positivas reiteradas en el tiempo, hemos expuesto un marco que busca explicar algunos aspectos de (i) los mecanismos evolutivos y neurocognitivos que permiten la formación de grupos sociales vinculados y, sobre estos mecanismos, (ii) el desarrollo de sistemas neurocognitivos que están a la base de la expresión de dinámicas de cooperación dentro de sistemas sociales con atributos emergentes, como las que observamos en *H. sapiens* (**Figura 7-1**).

Primero, la ocurrencia de una sociabilidad con vínculos requiere que las diferencias fisiológicas entre los individuos no sean un impedimento para su gregarización (Seebacher y Krause 2017), y que existan mecanismos neurales que permitan la formación de estos vínculos (Young *et al.* 1999, Meyer-Lindenberg 2011). Los mecanismos que permiten la formación de vínculos parecieran requerir la acción de los neuropéptidos OXT y AVP. En la literatura, ambos han sido asociados con conductas que van desde la formación de lazos madre/cría hasta la manifestación de confianza, reciprocidad, altruismo y empatía (Meyer-Lindenberg 2011). Estos neuropéptidos, putativamente al inhibir la actividad de la amígdala (Baumgartner *et al.* 2008, Fehr 2008, Englemann 2019), disminuyen la ansiedad y la sensibilidad a la traición en contextos sociales, facilitando el establecimiento de lazos afectivos, el reconocimiento de conespecíficos y el acercamiento prosocial.

La satisfacción de estos requerimientos mínimos para la formación de grupos con individuos vinculados proporciona las condiciones necesarias para la evolución de mecanismos de cooperación complejos, en grupos de numerosos individuos, los que parecen requerir de sistemas neurocognitivos reportados abundantemente en la literatura (McCabe *et al.* 2001, Rilling *et al.* 2002, Delgado *et al.* 2005, King-Casas *et al.* 2005, Krueger *et al.* 2007, Baumgartner *et al.* 2008, van den Bos *et al.* 2009, Chang *et al.* 2011,Hutcherson *et al.* 2015, Hein *et al.* 2016, Yamagishi *et al.* 2016). Una parte importante de estas dinámicas de cooperación se basa en relaciones de confianza y reciprocidad (Berg *et al.* 1995, McCabe *et al.* 2003, Nowak y Sigmund 2005), las que parecen depender de la actividad de las redes neuronales asociadas con procesos de mentalización (Decety y Lamm 2007) y de control cognitivo (Ullsperger *et al.* 2014). Por ejemplo, el aumento de la actividad de la unión temporoparietal está asociado a conductas de altruismo (van den Bos *et al.* 2009, Hutcherson *et al.* 2015, Hein *et al.* 2016), mientras que la actividad de las cortezas prefrontal dorsomedial y dorsolateral pareciera ser necesaria para manifestar tanto altruismo como confianza, reciprocidad y conductas asociadas con normas sociales (Rilling *et al.* 2002, Delgado *et al.* 2005, King-Casas *et al.* 2005, Krueger *et al.* 2007, Baumgartner *et al.* 2008, van den Bos *et al.* 2009, Chang *et al.* 2011, Hutcherson *et al.* 2015, Yamagishi *et al.* 2016).

Estas mismas estructuras son parte de redes involucradas en procesos alostáticos (Atzil *et al.* 2018) que además parecieran haber evolucionado a causa de mecanismos alométricos (Buckner y Krienen 2013). Por esto, es posible que dichos mecanismos permitieran la evolución de las cortezas de asociación (de las que estas estructuras son parte) a partir de regiones originalmente relacionadas con la regulación de la alostasis. De este modo, la regulación alostática pareciera ser un proceso crucial en el desarrollo de la cognición social permitiendo, por ejemplo, la facultad de mentalización (Gao *et al.* 2016, Atzil *et al.* 2018). Estas mismas redes están sometidas a un disminuido control genético (Gómez-Robles *et al.* 2015) y de gradientes moleculares (Buckner y Krienen 2013), y a un aumento en la neotenia (Gao *et al.* 2016). Esto, junto con el alto grado de plasticidad que presentan durante la infancia, sugiere que estas redes difícilmente vienen "cableadas" de nacimiento (Atzil *et al.* 2018), lo que las haría más plásticas a los procesos de socialización cultural y a la experiencia, sobre todo durante el desarrollo temprano.

Las explicaciones propuestas para el desarrollo de un cerebro social frecuentemente han enfatizado causas únicas (Dunbar y Shultz 2017), generalmente adaptativas (Fodor 2001, Orzack y Forber 2017). Esto ha dificultado el establecimiento de consensos sobre la importancia relativa de los distintos mecanismos y procesos involucrados en la evolución de la cognición social. Como hemos visto en este capítulo, una explicación exhaustiva debería incluir, además de presiones selectivas, (i) mecanismos alternativos como deriva génica (Ackermann y Cheverud 2004), (ii) relajo en el control genético (Gómez-Robles *et al.* 2015) y (iii) restricciones estructurales (Rubinov 2015), además de (iv) condiciones ecológicas, como grupos pequeños que permitieron la deriva, y (v) del desarrollo, por ejemplo, de menor control sobre el destino de los progenitores celulares en las cortezas de asociación y un aumento de la neotenia en el desarrollo del cerebro, *inter alia*. A esto es necesario agregar la importancia de (vi) procesos de evolución cultural que permiten la evolución de normas sociales. Estas normas pueden hacer más probable el desarrollo de las estructuras de cooperación sostenidas en el tiempo mediante mecanismos de reciprocidad indirecta, como las que observamos en (al menos) las sociedades humanas (Nowak y Sigmund 2005). Como corolario, el puzle neurocognitivo del comportamiento social es bidireccional: estructuras sociales complejas han influido sobre la evolución de un cerebro social y, a su vez, la evolución de un cerebro social ha posibilitado el desarrollo de estructuras sociales complejas.

Un buen organismo modelo para investigar estos fenómenos es *Octodon degus*. Si bien se han desarrollado experimentos que utilizan su socialidad y su prolongado periodo de desarrollo para esclarecer el impacto de experiencias sociales tempranas sobre el sistema nervioso (ej., Braun *et al.* 2000, Colonnello *et al.* 2011), hasta donde los autores tienen conocimiento no se han desarrollado experimentos que busquen definir cómo estas diferentes experiencias sociales impactan sobre la cantidad y tipos celulares de áreas cerebrales relacionadas con procesos de alostasis y cognición social, en individuos sometidos a diferentes condiciones de deprivación social (secciones "Pluralismo en la evolución del cerebro social" y "Cerebros sociales: mecanismos neurocognitivos").

Finalmente, si bien el presente capítulo se enfocó en *Homo sapiens*, nuestra aproximación supone que la relación entre estos fenómenos observados y las redes neuronales sobre los que se implementan es bidireccional y emergente. Por esto, los autores consideran que cerebros muy distintos, en especies muy distintas, pueden ser capaces de producir fenómenos de sociabilidad y socialidad similares.

AGRADECIMIENTOS

MA agradece a Luis Ebensperger, Antonieta Labra, y a tres revisores anónimos por sus importantes comentarios y críticas en la elaboración del presente manuscrito. Los autores agradecen al artista gráfico Juan Carlos Aspé Contreras (juanc.aspe@gmail.com) por el diseño de las figuras de este capítulo.

LITERATURA CITADA

Aboitiz F (2017). *A brain for speech: a view from evolutionary neuroanatomy*. Palgrave Macmillan, Londres, Reino Unido.

Aboitiz F (2018). A brain for speech. Evolutionary continuity in primate and human auditory-vocal processing. *Frontiers in Neuroscience* 12:174.

Adolphs R (2009). The social brain: neural basis of social knowledge. *Annual Review of Psychology* 60:693-716.

Ackermann RR, Cheverud JM (2004). Detecting genetic drift versus selection in human evolution. *Proceedings of the National Academy of Sciences USA* 101:17946-17951.

Althammer F, Jirikowski G, Grinevich V (2018). The oxytocin system of mice and men- Similarities and discrepancies of oxytocinergic modulation in rodents and primates. *Peptides* 109:1-8.

Amodio DM, Frith CD (2006). Meeting of minds: the medial frontal cortex and social cognition. *Nature Reviews Neuroscience* 7:268-77.

Ardiles AO, Ewer J, Acosta ML, Kirkwood A, Martínez AD, Ebensperger LA, Palacios AG (2013). *Octodon degus* (Molina 1782): a model in comparative biology and biomedicine. *Cold Spring Harbor Protocols* 2013:pdb-emo071357.

Ardiles AO, Tapia-Rojas CC, Mandal M, Alexandre F, Kirkwood A, Inestrosa NC, Palacios AG (2012). Postsynaptic dysfunction is associated with spatial and object recognition memory loss in a natural model of Alzheimer's disease. *Proceedings of the National Academy of Sciences* 109:13835-13840.

Aspé-Sánchez M, Moreno M, Rivera MI, Rossi A, Ewer J (2016). Oxytocin and Vasopressin Receptor Gene Polymorphisms: role in social and psychiatric traits. *Frontiers in Neuroscience* 9:510.

Atzil S, Gao W, Fradkin I, Barrett LF (2018). Growing a social brain. *Nature Human Behaviour* 2:624-636.

Atzil S, Barrett LF (2017). Social regulation of allostasis: commentary on "Mentalizing homeostasis: the social origins of interoceptive inference" by Fotopoulou & Tsakiris". *Neuropsychoanalysis* 19:1-24.

Barrett LF, Satpute AB (2013). Large-scale brain networks in affective and social neuroscience: towards an integrative functional architecture of the brain. *Current Opinion in Neurobiology* 23:361-372.

Baumgartner T, Heinrichs M, Vonlanthen A, Fischbacher U, Fehr E (2008). Oxytocin shapes the neural circuitry of trust and trust adaptation in humans. *Neuron* 58:639-50.

Beauchamp G, Fernández-Juricic E (2004). Is there a relationship between forebrain size and group size in birds? *Evolutionary Ecology Research* 6:833-842.

Beery AK (2019). Frank Beach award winner: neuroendocrinology of group living. *Hormones and Behavior* 107:67-75.

Beery AK, Lacey EA, Francis DD (2008). Oxytocin and vasopressin receptor distributions in a solitary and a social species of tuco-tuco (*Ctenomys haigi* and *Ctenomys sociabilis*). *Journal of Computational Neurology* 507:1847-1859.

Beja-Pereira A, Luikart G, England PR, Bradley DG, Jann OC, Bertorelle G, Erhardt G (2003). Gene-culture coevolution between cattle milk protein genes and human lactase genes. *Nature Genetics* 35:311-313.

Berg J, Dickhaut J, McCabe K (1995). Trust, reciprocity, and social history. *Games and Economic Behaviour* 10:122-142.

Billeke P, Soto-Icaza P, Aspé-Sánchez M, Villarroel V, Rodríguez-Sickert C (2017). Valuing others: evidence from economics, developmental psychology, and neurobiology. Pp. 21-45, en: *Neuroscience and social science. The missing link* (Ibáñez A, Sedeño L, García AM, eds.). Springer, Cham, Suiza.

Billeke P, Aboitiz F (2013). Social cognition in schizophrenia: from social stimuli processing to social engagement. *Frontiers in Psychiatry* 4:4.

Boyd R, Richerson PJ, Henrich J (2011). The cultural niche: why social learning is essential for human adaptation. *Proceedings of the National Academy of Sciences* USA 108 (S2):10918-10925.

Brandt H, Sigmund K (2006). The good, the bad and the discriminator - Errors in direct and indirect reciprocity. *Journal of Theoretical Biology* 239:183-194.

Braun K, Lange E, Metzger M, Poeggel G (2000). Maternal separation followed by early social deprivation affects the development of monoaminergic fiber systems in the medial prefrontal cortex of *Octodon degus*. *Neuroscience* 95:309-318

Broad KD, Curley JP, Keverne EB (2006). Mother-infant bonding and the evolution of mammalian social relationships. *Philosophical Transactions of the Royal Society B: Biological Sciences* 361:2199-2214.

Brothers L (1990). The social brain: a project for integrating primate behavior and neurophysiology in a new domain. *Concepts in Neuroscience* 1:27-51.

Buckner RL, Krienen FM (2013). The evolution of distributed association networks in the human brain. *Trends in Cognitive Sciences* 17:648-665.

Byrne RW, Whiten A (1992). Cognitive evolution in primates: evidence from tactical deception. *Man* 27:609-627.

Byrne RW, Corp N (2004) Neocortex size predicts deception rate in primates. *Proceedings of the Royal Society of London B: Biological Sciences* 271:1693-1699.

Caldwell HK, Lee HJ, Macbeth AH, Young WS (2008). Vasopressin: behavioral roles of an "original" neuropeptide. *Progress in Neurobiology* 84:1-24.

Callaerts P, Halder G, Gehring WJ (1997). PAX-6 in development and evolution. *Annual Review of Neuroscience* 20:483-532.

Camerer CF (2003). *Behavioural game theory*. Princeton University Press, Nueva York, Estados Unidos de América.

Chang LJ, Smith A, Dufwenberg M, Sanfey AG (2011). Triangulating the neural, psychological, and economic bases of guilt aversion. *Neuron* 70:560-72.

Churchland PS, Sejnowski T (1992). *The computational brain*. MIT Press, Cambridge, Estados Unidos de América.

Coleman J (2000). *Foundations of social theory*. Harvard University Press, Cambridge, Estados Unidos de América.

Colonnello V, Iacobucci P, Fuchs T, Newberry RC, Panksepp J (2011). *Octodon degus*. A useful animal model for social-affective neuroscience research: basic description of separation distress, social attachments and play. *Neuroscience & Biobehavioral Reviews* 35:1854-1863.

Costa A, Torriero S, Oliveri M, Caltagirone C (2008). Prefrontal and temporo-parietal involvement in taking others' perspective: TMS evidence. *Behavioural Neurology* 19:71-74.

Couzin ID, Laidre ME (2009) Fission-fusion populations. *Current Biology* 19:R633-R635.

Cox JC (2004). How to identify trust and reciprocity. *Games and Economic Behavior* 46:260-281.

Conradt L, Roper TJ (2000). Synchrony and social cohesion: a fission-fusion model. *Proceedings of the Royal Society of London B: Biological Sciences* 267:2213-2218.

Clutton-Brock TH, Harvey PH (1980). Primates, brains and ecology. *Journal of Zoology* 190:309-323.

Dávid-Barrett T, Dunbar RIM (2012). Cooperation, behavioural synchrony and status in social networks. *Journal of Theoretical Biology* 308:88-95.

DeCasien AR, Williams SA, Higham JP (2017). Primate brain size is predicted by diet but not sociality. *Nature Ecology & Evolution* 1:0112.

Decety J, Lamm C (2007). The role of the right temporoparietal junction in social interaction: how low-level computational processes contribute to meta-cognition. *The Neuroscientist* 13:580-593.

Delgado MR, Frank RH, Phelps EA (2005). Perceptions of moral character modulate the neural systems of reward during the trust game. *Nature Neuroscience* 8:1611-8.

Donaldson ZR, Young LJ (2008). Oxytocin, vasopressin, and the neurogenetics of sociality. *Science* 322:900-904.

Duffy JE, Morrison CL, Ríos RN (2000). Multiple origins of eusociality among sponge dwelling shrimps (*Synalpheus*). *Evolution* 54:503-516.

Dunbar RIM (1998). The social brain hypothesis. *Evolutionary Anthropology: Issues, News, and Reviews* 6:178-190.

Dunbar RIM (2011) Constraints on the evolution of social institutions and their implications for information flow. *Journal of Institutional Economics* 7:345-371.

Dunbar RIM, Shultz S (2007). Understanding primate brain evolution. *Philosophical Transactions of the Royal Society B: Biological Sciences* 362:649-658.

Dunbar RIM, Shultz S (2010) Bondedness and sociality. *Behaviour* 147:775-803.

Dunbar RIM, Shultz S (2017). Why are there so many explanations for primate brain evolution? *Philosophical Transactions of the Royal Society B: Biological Sciences* 372:20160244.

Ebensperger LA (2001). A review of the evolutionary causes of rodent group-living. *Acta Theriologica* 46:115-144.

Ebensperger LA, Bozinovic F (2000). Communal burrowing in the hystricognath rodent, *Octodon degus*: a benefit of sociality? *Behavioral and Ecological Sociobiology* 47:365-369.

Ebensperger LA, Hurtado MJ, Soto-Gamboa M, Lacey EA, Chang AT (2004). Communal nesting and kinship in degus (*Octodon degus*). *Naturwissenschaften* 91:391-395.

Ebensperger LA, Hurtado MJ, Ramos Jiliberto R (2006). Vigilance and collective detection of predators in degus (*Octodon degus*). *Ethology* 112:879-887.

Ebensperger LA, Hurtado MJ, León C (2007). An experimental examination of the consequences of communal versus solitary breeding on maternal condition and the early postnatal growth and survival of degu, *Octodon degus*, pups. *Animal Behaviour* 73:185-194.

Ebensperger LA, Hayes LD (2016). *Sociobiology of caviomorph rodents: an integrative approach*. John Wiley & Sons Ltd., Chichester, Reino Unido.

Ebstein RP, Knafo A, Mankuta D, Chew SH, Lai PS (2012). The contributions of oxytocin and vasopressin pathway genes to human behavior. *Hormones and Behaviour* 61:359-379.

Engelmann JB, Meyer F, Ruff CC, Fehr E (2019). The neural circuitry of affect-induced distortions of trust. *Science Advances* 5: eaau3413.

Falótico T, Proffitt T, Ottoni EB, Staff RA, Haslam M (2019). Three thousand years of wild capuchin stone tool use. *Nature Ecology & Evolution* 1:1034-1038.

Farine DR, Montiglio PO, Spiegel O (2015). From individuals to groups and back: the evolutionary implications of group phenotypic composition. *Trends in Ecology and Evolution* 30:609-621.

Fehr E (2008). The effect of neuropeptides on human trust and altruism: a neuroeconomic perspective. Pp. 47-56, en: *Hormones and social behaviour* (Pfaff DW, Kordon C, Chanson P, Christen Y, eds.). Springer, Berlin, Alemania.

Fehr E, Fischbacher U (2003). The nature of human altruism. *Nature* 425: 785-791.

Fehr E, Fischbacher U (2002). Why social preferences matter-the impact of non selfish motives on competition, cooperation and incentives. *The Economic Journal* 112:C1-C33.

Fehr E, Gächter S (2002). Altruistic punishment in humans. *Nature* 415:137-140.

Fehr E, Schmidt KM (2001). Theories of fairness and reciprocity-evidence and economic applications. CEPR Discussion Paper 2703. En: *Advances in economics and econometrics* (Dewatripont M, Hansen L, Turnovsky ST, eds.). 8th World Congress, Econometric Society Monographs.

Feldman MW, Laland KN (1996). Gene-culture coevolutionary theory. *Trends in Ecology & Evolution* 11:453-457.

Felleman DJ, van Essen DC (1991) Distributed hierarchical processing in the primate cerebral cortex. *Cerebral Cortex* 1:1-47

Ferretti V, Maltese F, Contarini G, Nigro M, Bonavia A, Huang H, Castellani G (2019). Oxytocin signaling in the central amygdala modulates emotion discrimination in mice. *Current Biology* 29:1938-1953.

Fink S, Excoffier L, Heckel G (2006). Mammalian monogamy is not controlled by a single gene. *Proceedings of the National Academy of Sciences* USA 103:10956-10960.

Fodor JA (2001). *The mind doesn't work that way: the scope and limits of computational psychology.* MIT Press, Cambridge, Estados Unidos de América.

Fodor JA (1986). *La modularidad de la mente: un ensayo sobre la psicología de las facultades.* Ediciones Morata, Barcelona, España.

Forsythe R, Horowitz JL, Savin NE, Sefton, M (1994). Fairness in simple bargaining experiments. *Games and Economic Behaviour* 6:347-369.

Fox KCR, Muthukrishna M, Shultz S (2017). The social and cultural roots of whale and dolphin brains. *Nature Ecology and Evolution* 1:1699-1705.

Fox MD, Corbetta M, Snyder AZ, Vincent JL, Raichle ME (2006). Spontaneous neuronal activity distinguishes human dorsal and ventral attention systems. *Proceedings of the National Academy of Sciences USA* 103:10046-10051.

Franco LM (2009). Importancia del agrupamiento durante el sopor: mecanismos proximales y consecuencias ecológicas en el marsupial ancestral, monito del monte (*Dromiciops gliroides*, Marsupialia: Microbiotheria). Tesis doctoral, Universidad Austral de Chile, Valdivia, Chile.

Frith CD, Frith U (1999). Interacting minds-A biological basis. *Science* 286:1692-695.

Fulk GW (1976). Notes on the activity, reproduction, and social behavior of *Octodon degus*. *Journal of Mammalogy* 57:495-505.

Furman DJ, Chen MC, Gotlib IH (2011). Variant in oxytocin receptor gene is associated with amygdala volume. *Psychoneuroendocrinology* 36:891-897.

Fuster JM (2000). The module: crisis of a paradigm. *Neuron* 26:51-53.

Gadagkar R (1987). What are social insects? *IUSSI Indian Chapter Newsletter* 1:3-4.

Gao W, Gilmore JH, Shen D, Smith JK, Zhu H, Lin W (2013). The synchronization within and interaction between the default and dorsal attention networks in early infancy. *Cerebral Cortex* 23:594-603.

Gao W, Alcauter S, Elton A, Hernandez-Castillo CR, Smith JK, Ramirez J, Lin W (2015). Functional network development during the first year: relative sequence and socioeconomic correlations. *Cerebral Cortex* 25:2919-2928.

Gao W, Lin W, Grewen K, Gilmore JH (2016). Functional connectivity of the infant human brain plastic and modifiable. *Neuroscientist* 23:169-184.

Garrison JL, Macosko EZ, Bernstein S, Pokala N, Albrecht DR, Bargmann CI (2012). Oxytocin/vasopressin-related peptides have an ancient role in reproductive behavior. *Science* 338:540-543.

Goldman-Rakic PS (1988) Topography of cognition: parallel distributed networks in primate association cortex. *Annual Review in Neuroscience* 11:137-156

Gómez-Robles A, Hopkins WD, Schapiro SJ, Sherwood CC (2015). Relaxed genetic control of cortical organization in human brains compared with chimpanzees. *Proceedings of the National Academy of Sciences USA* 112:14799-14804.

González-Forero M, Gardner A (2018). Inference of ecological and social drivers of human brain-size evolution. *Nature* 557:554-557.

Goodson JL, Evans AK, Wang Y (2006). Neuropeptide binding reflects convergent and divergent evolution in species-typical group sizes. *Hormones and Behavior* 50:223-236

Gould SJ, Eldredge N (1972). Punctuated equilibria: an alternative to phyletic gradualism. *Essential Readings in Evolutionary Biology* 82-115.

Gould SJ, Lewontin RC (1979). The spandrels of San Marco and the Panglossian paradigm: a critique of the adaptationist programme. *Proceedings of the Royal Society of London B: Biological Sciences* 205:581-598.

Gould SJ, Vrba ES (1982). Exaptation: a missing term in the science of form. *Paleobiology* 8:4-15.

Gowlett J, Gamble C, Dunbar RIM (2012) Human evolution and the archaeology of the social brain. *Current Anthropology* 53:693-722.

Hamilton WD (1996). *Narrow roads of gene land* - Vol. 1. Freeman, Nueva York, Estados Unidos de América.

Hammock EAD, Lim MM, Nair HP, Young LJ (2005). Association of vasopressin 1a receptor levels with a regulatory microsatellite and behavior. *Genes, Brain and Behaviour* 4:289-301.

Hammock EAD, Young LJ (2005). Microsatellite instability generates diversity in brain and sociobehavioral traits. *Science* 308:1630-1634.

Hammock EAD, Young LJ (2004). Functional microsatellite polymorphism associated with divergent social structure in vole species. *Molecular Biology and Evolution* 21:1057-1063.

Hanson IM, Fletcher JM, Jordan T, Brown A, Taylor D, Adams RJ, van Heyningen V (1994). Mutations at the PAX6 locus are found in heterogeneous anterior segment malformations including Peters' anomaly. *Nature Genetics* 6:168.

Haug H (1987). Brain sizes, surfaces, and neuronal sizes of the cortex cerebri: a stereological investigation of man and his variability and a comparison with some mammals (primates, whales, marsupials, insectivores, and one elephant). *American Journal of Anatomy* 180:126-142.

Healy SD, Rowe C (2007) A critique of comparative studies of brain size. *Proceedings of the Royal Society B: Biological Sciences* 274:453-464.

Henrich JP, Boyd R, Bowles S, Fehr E, Camerer C, Gintis H (2004). *Foundations of human sociality: economic experiments and ethnographic evidence from fifteen small-scale societies.* Oxford University Press, Boston, Estados Unidos de América.

Hein G, Morishima Y, Leiberg S, Sul S, Fehr E (2016). The brain's functional network architecture reveals human motives. *Science* 351:1074-1078.

Helmeke C, Poeggel G, Braun K (2001). Differential emotional experience induces elevated spine densities on basal dendrites of pyramidal neurons in the anterior cingulate cortex of *Octodon degus*. *Neuroscience* 104:927-931.

Herbert-Read JE, Perna A, Mann RP, Schaerf TM, Sumpter DJ, Ward AJ (2011) Inferring the rules of interaction of shoaling fish. *Proceedings of the National Academy of Sciences USA* 108:18726-18731.

Herculano-Houzel S, Messeder DJ, Fonseca-Azevedo K, Pantoja NA (2015). When larger brains do not have more neurons: increased numbers of cells are compensated by decreased average cell size across mouse individuals. *Frontiers in* Neuroanatomy 9:64.

Holroyd CB, Coles MG (2002). The neural basis of human error processing: reinforcement learning, dopamine, and the error-related negativity. *Psychological Review* 109:679-709.

Hrdy SB (2009). *Mothers and others: The evolutionary origins of mutual understanding.* The Belknap Press, Nueva York, Estados Unidos de América.

Huber D, Veinante P, Stoop R (2005). Vasopressin and oxytocin excite distinct neuronal populations in the central amygdala. *Science* 308:245-248.

Hutcherson CA, Bushong B, Rangel A (2015). A neurocomputational model of altruistic choice and its implications. *Neuron* 87:451-463.

Imhof L, Fudenberg D, Nowak MA (2005). Evolutionary cycles of cooperation and defection. *Proceedings of the National Academy of Sciences USA* 102:10797-10800.

Inoue H, Yamasue H, Tochigi M, Takei K, Suga M, Abe O (2010). Effect of tryptophan hydroxylase-2 gene variants on amygdalar and hippocampal volumes. *Brain Research* 1331:51-57.

Insel TR, Shapiro LE (1992). Oxytocin receptor distribution reflects social organization in monogamous and polygamous voles. *Proceedings of the National Academy of Sciences USA* 89:5981-5985.

Insel TR (2010). The challenge of translation in social neuroscience: a review of oxytocin, vasopressin, and affiliative behavior. *Neuron* 65:768-779.

Johnson ND, Mislin AA (2011). Trust games: a meta-analysis. *Journal of Economic Psychology* 32:865-889.

Jouventin P, Christen Y, Dobson FS (2016). Altruism in wolves explains the coevolution of dogs and humans. *Ideas in Ecology and Evolution* 9: 4-11.

Kano F, Krupenye C, Hirata S, Tomonaga M, Call J (2019). Great apes use self-experience to anticipate an agent's action in a false-belief test. *Proceedings of the National Academy of Sciences USA* 116:20904-20909.

Kandori, M (1992). Social norms and community enforcement. *Reviews in Economics Studies* 59:63-80.

Kappeler PM, van Schaik CP (2002). Evolution of primate social systems. *International Journal of Primatology* 23:707-740.

King C, Stanfield WD (1997). *Panmixia. Dictionary of genetics.* Oxford University Press, Nueva York, Estados Unidos de América.

King-Casas B, Tomlin D, Anen C, Camerer CF, Quartz SR, Montague PR (2005). Getting to know you: reputation and trust in a two-person economic exchange. *Science* 308:78-83.

Kleckner IR, Zhang J, Touroutoglou A, Chanes L, Xia C, Simmons WK, Barrett LF (2017). Evidence for a large-scale brain system supporting allostasis and interoception in humans. *Nature Human Behaviour* 1:0069.

Knafo A, Israel S, Darvasi A, Bachner-Melman R, Uzefovsky F, Cohen L (2008). Individual differences in allocation of funds in the dictator game associated with length of the arginine vasopressin 1a receptor RS3 promoter region and correlation between RS3 length and hippocampal mRNA. *Genes, Brain and Behaviour* 7:266-275.

Kosfeld M, Heinrichs M, Zak PJ, Fischbacher U, Fehr E (2005). Oxytocin increases trust in humans. *Nature* 435:673-676.

Krause J, Lusseau D, James R (2009). Animal social networks: an introduction. *Behavioral Ecology and Sociobiology* 63:967-973.

Krause J, Ruxton GD (2002). *Living in groups.* Oxford University Press, Oxford, Reino Unido.

Krueger F, Parasuraman R, Iyengar V, Thornburg M, Weel J, Lin M (2012). Oxytocin receptor genetic variation promotes human trust behavior. *Frontiers in Human Neurosciences* 6:4.

Krueger F, McCabe K, Moll J, Kriegeskorte N, Zahn R, Strenziok M, Heinecke A, Grafman J (2007). Neural correlates of trust. *Proceedings of the National Academy of Sciences USA* 104:20084-20089.

Kurvers RHJ, Krause J, Croft DP, Wilson ADM, Wolf M (2014) The evolutionary and ecological consequences of animal social networks: emerging issues. *Trends in Ecology & Evolution* 29:326-335.

Lacey EA, Sherman PW (2007). The ecology of sociality in rodents. Pp. 243-254 en: *Rodent societies: an ecological & evolutionary perspective* (Wolff JO, Sherman PW, eds.). University of Chicago Press, Chicago, Estados Unidos de América.

Lai CS, Fisher SE, Hurst JA, Vargha-Khadem F, Monaco AP (2001). A forkhead-domain gene is mutated in a severe speech and language disorder. *Nature* 413:519-523.

Laland K, Odlee-Smee J, Feldman M (2000). Niche construction, biological evolution, and cultural change. *Behavioral and Brain Sciences* 23:131-175.

Laland KN, Odling Smee J, Feldman MW (2001). Cultural niche construction and human evolution. *Journal of Evolutionary Biology* 14:22-33.

Laland KN, O'Brien MJ (2011). Cultural niche construction: an introduction. *Biological Theory* 6:191-202.

Lamm C, Batson CD, Decety J (2007). The neural substrate of human empathy: effects of perspective-taking and cognitive appraisal. *Journal of Cognitive Neuroscience* 19:42-58.

Landgraf R, Neumann ID (2004). Vasopressin and oxytocin release within the brain: a dynamic concept of multiple and variable modes of neuropeptide communication. *Frontiers in Neuroendocrinology* 25:150-176.

Lee PC (1994). Social structure and evolution. Pp. 266-303, en: Slater PJB y Halliday T, eds.). *Behaviour and Evolution*. Cambridge University Press, Nueva York, Estados Unidos de América.

Leng G, Ludwig M (2008). Neurotransmitters and peptides: whispered secrets and public announcements. *Journal of Physiology* 586:5625-5632.

Litingtung Y, Chiang C (2000). Control of Shh activity and signaling in the neural tube. *Developmental dynamics: an official publication of the American Association of Anatomists* 219:143-154.

Long CV (2007). Vocalisations of the degu *Octodon degus*, a social caviomorph rodent. *Bioacoustics* 16:223-244.

Long CV, Ebensperger LA (2010). Pup growth rates and breeding female weight changes in two populations of captive bred degus (*Octodon degus*), a precocial caviomorph rodent. *Reproduction in Domestic Animals* 45:975-982.

Loup F, Tribollet E, Dubois-Dauphin M, Dreifuss JJ (1991). Localization of high-affinity binding sites for oxytocin and vasopressin in the human brain. An autoradiographic study. *Brain Research* 555:220-232.

Luo S, Li B, Ma Y, Zhang W, Rao Y, Han S (2015). Oxytocin receptor gene and racial ingroup bias in empathy-related brain activity. *Neuroimage* 110:22-31.

MacDonald K, MacDonald TM (2010). The peptide that binds: a systematic review of oxytocin and its prosocial effects in humans. *Harvard Review of Psychiatry* 18:1-21.

MacLean EL, Hare B, Nunn CL, Addessi E, Amici F, Anderson RC, Boogert NJ (2014). The evolution of self-control. *Proceedings of the National Academy of Sciences USA* 111:E2140-E2148.

Margulies DS, Ghosh SS, Goulas A, Falkiewicz M, Huntenburg JM, Langs G (2016). Situating the default-mode network along a principal gradient of macroscale cortical organization. *Proceedings of the National Academy of Sciences USA* 113:12574-12579.

Masello JF, Sramkova A, Quillfeldt P, Epplen JT, Lubjuhn T (2002). Genetic monogamy in burrowing parrots *Cyanoliseus patagonus*? *Journal of Avian Biology* 33:99-103.

McCabe KA, Rigdon ML, Smith VL (2003). Positive reciprocity and intentions in trust games. *Journal of Economic Behavior and Organization* 52:267-275.

McCabe K, Houser D, Ryan L, Smith V, Trouard T (2001). A functional imaging study of cooperation in two-person reciprocal exchange. *Proceedings of the National Academy of Sciences USA* 98:11832-11835.

Meyer-Lindenberg A, Domes G, Kirsch P, Heinrichs M (2011). Oxytocin and vasopressin in the human brain: social neuropeptides for translational medicine. *Nature Review Neuroscience* 12:524-538.

Mesulam MM (1990) Large-scale neurocognitive networks and distributed processing for attention, language, and memory. *Annual Review in Neurology* 28:597-613.

Milinski M, Semmann D, Krambeck HJ (2002). Reputation helps solve the 'tragedy of the commons'. *Nature* 415:424-426.

Miller GF (1999). Sexual selection for cultural displays. Pp. 71-91, en: *The evolution of culture* (Dunbar RIM, Knight C, Power C, eds.). Edinburgh University Press, Edinburgo, Reino Unido.

Millstein RL (2017). Genetic drift. En: *The Stanford encyclopedia of philosophy* (Zalta EN, ed.) Edición otoño 2017.

Moll H, Tomasello M (2007). Cooperation and human cognition: the Vygotskian intelligence hypothesis. *Philosophical Transactions of the Royal Society B: Biological Sciences* 362:639-648.

Morrison RE, Groenenberg M, Breuer T, Manguette ML, Walsh PD (2019). Hierarchical social modularity in gorillas. *Proceedings of the Royal Society B: Biological Sciences* 286:20190681.

Murphy D (2003). Adaptationism and psychological explanation. Pp. 161-184, en: *Evolutionary psychology*. Springer, Boston, Estados Unidos de América.

Nakajima M, Görlich A, Heintz N (2014). Oxytocin modulates female sociosexual behavior through a specific class of prefrontal cortical interneurons. *Cell* 159:295-305.

Navarrete AF, Reader SM, Street SE, Whalen A, Laland KN (2016). The coevolution of innovation and technical intelligence in primates. *Philosophical Transactions of the Royal Society B: Biological Sciences* 371:20150186.

Nithianantharajah J, Komiyama NH, McKechanie A, Johnstone M, Blackwood DH, St Clair D, Grant SG (2013). Synaptic scaffold evolution generated components of vertebrate cognitive complexity. *Nature Neuroscience* 16:16-24.

Nowak MA, Sigmund K (2005). Evolution of indirect reciprocity. *Nature* 437:1291-11298.

Ord TJ, Martins EP (2010). The evolution of behavior: phylogeny and the origin of present-day diversity. Pp. 108-128, en: *Evolutionary behavioral ecology* (Westneat D, Fox CW, eds.). Oxford University Press, Oxford, Reino Unido.

Orzack SH, Forber P (2017). Adaptationism. The Stanford encyclopedia of philosophy (Zalta EN, ed.). https://plato.stanford.edu/entries/adaptationism/

Ostner J, Schülke O (2018). Linking sociality to fitness in primates: a call for mechanisms. *Advances in the Study of Behavior* 50:127-175.

Ovtscharoff Jr W, Braun K (2001). Maternal separation and social isolation modulate the postnatal development of synaptic composition in the infralimbic cortex of *Octodon degus*. *Neuroscience* 104:33-40.

Petrie M, Kempenaers B (1998). Extra-pair paternity in birds: explaining variation between species and populations. *Trends in Ecology & Evolution* 13:52-58.

Pitnick S, Jones KE, Wilkinson GS (2006). Mating system and brain size in bats. *Proceedings of the Royal Society B: Biological Sciences* 273:719-724.

Posner MI, Snyder CRR (1975). Attention and cognitive control. Pp. 55-85, en: *Information processing and cognition* (Solso RL, ed.). Erlbaum Associates, Hillsdale, Estados Unidos de América.

Powell LE, Isler K, y Barton RA (2017). Re-evaluating the link between brain size and behavioural ecology in primates. *Proceedings of the Royal Society B: Biological Sciences* 284:20171765.

Power JD, Cohen AL, Nelson SM, Wig GS, Barnes KA, Church JA, Petersen SE (2011). Functional network organization of the human brain. *Neuron* 72:665-678.

Premack D, Woodruff D (1978). Does the chimpanzee have a 'theory of mind'? *Behavioral Brain Sciences* 4:515-526.

Quirici V, Faugeron S, Hayes LD, Ebensperger LA (2010). Absence of kin structure in a population of the group-living rodent *Octodon degus*. *Behavioral Ecology* 22:248-254.

Quirici V, Palma M, Sobrero R, Faugeron S, Ebensperger LA (2013). Relatedness does not predict vigilance in a population of the social rodent *Octodon degus*. *Acta Ethologica* 16:1-8.

Raichle ME (2015). The brain's default mode network. *Annual Review in Neuroscience* 38:433-447.

Raichle ME, MacLeod AM, Snyder AZ, Powers WJ, Gusnard DA, Shulman GL (2001). A default mode of brain function. *Proceedings of the National Academy of Sciences USA* 98:676-682.

Ramírez-Barrantes R, Arancibia M, Stojanova J, Aspé-Sánchez M, Córdova C, Henríquez-Ch RA (2019). Default mode network, meditation, and age-associated brain changes: what can we learn from the impact of mental training on well-being as a psychotherapeutic approach? *Neural Plasticity* 2019: 7067592.

Reader SM, Laland KN (2002). Social intelligence, innovation, and enhanced brain size in primates. *Proceedings of the National Academy of Sciences* USA 99:4436-4441.

Reader SM, Hager Y, Laland KN (2011). The evolution of primate general and cultural intelligence. *Philosophical Transactions of the Royal Society B: Biological Sciences* 366:1017-1027.

Réale D, Reader SM, Sol D, McDougall PT, Dingemanse NJ (2007). Integrating animal temperament within ecology and evolution. *Biological Reviews* 82:291-318.

Rilling J, Gutman D, Zeh T, Pagnoni G, Berns G, Kilts C (2002). A neural basis for social cooperation. *Neuron* 35:395-405.

Rodrigues SM, Saslow LR, Garcia N, John OP, Keltner D (2009). Oxytocin receptor genetic variation relates to empathy and stress reactivity in humans. *Proceedings of the National Academy of Sciences USA* 106:21437-21441.

Rodriguez-Sickert C, Guzmán RA, Cárdenas JC (2008). Institutions influence preferences: evidence from a common pool resource experiment. *Journal of Economic Behavior & Organization* 67:215-227.

Rosati AG (2017). Foraging cognition: reviving the ecological intelligence hypothesis. *Trends in Cognitive Sciences* 21:691-702.

Rubinov M (2016). Constraints and spandrels of interareal connectomes. *Nature Communications* 7:13812.

Sachser N, Dürschlag M, Hirzel D (1998). Social relationships and the management of stress. *Psychoneuroendocrinology* 23:891-904.

Sadino JM, Donaldson ZR (2018). Prairie voles as a model for understanding the genetic and epigenetic regulation of attachment behaviors. *ACS Chemical Neuroscience* 9:1939-1950.

Sala M, Braida D, Lentini D, Busnelli M, Bulgheroni E, Capurro V (2015). Pharmacologic rescue of impaired cognitive flexibility, social deficits, increased aggression, and seizure susceptibility in oxytocin receptor null mice: a neurobehavioral model of autism. *Biological Psychiatry* 69:875-882.

Samson D, Apperly IA, Chiavarino C, Humphreys GW (2004). Left temporoparietal junction is necessary for representing someone else's belief. *Nature Neuroscience* 7:499-500.

Schillaci MA, Grant SGN (2006). Sexual selection and the evolution of brain size in primates. *PLoS ONE* 1:e62.

Schroeder L, Ackermann RR (2017). Evolutionary processes shaping diversity across the *Homo* lineage. *Journal of Human Evolution* 111:1-17.

Seebacher F, Krause J (2017). Physiological mechanisms underlying animal social behaviour. *Philosophical Transactions of the Royal Society B: Biological Sciences* 372:20160231.

Selemon LD, Goldman-Rakic PS (1988). Common cortical and subcortical targets of the dorsolateral prefrontal and posterior parietal cortices in the rhesus monkey: evidence for a distributed neural network subserving spatially guided behavior. *Journal of Neuroscience* 8:4049-4068

Shenhav A, Botvinick MM, Cohen JD (2013). The expected value of control: an integrative theory of anterior cingulate cortex function. *Neuron* 79:217-40.

Sheppard CE, Marshall HH, Inger R, Thompson FJ, Vitikainen EI, Barker S, Cant MA (2018). Decoupling of genetic and cultural inheritance in a wild mammal. *Current Biology* 28:1846-1850.

Shingleton A (2010). Allometry: the study of biological scaling. *Nature Education Knowledge* 3:2.

Shultz S, Nelson E, Dunbar RIM (2012). Hominin cognitive evolution: identifying patterns and processes in the fossil and archaeological record. *Philosophical Transactions of the Royal Society B: Biological Sciences* 367:2130-2140.

Shultz S, Opie C, Atkinson QD (2011). Stepwise evolution of stable sociality in primates. *Nature* 479:219-222.

Shultz S, Dunbar RIM (2007). The evolution of the social brain: anthropoid primates contrast with other vertebrates. *Proceedings of the Royal Society B: Biological Sciences* 274:2429-2436.

Smaers J, Soligo C (2013). Brain reorganization, not relative brain size, primarily characterizes anthropoid brain evolution. *Proceedings of the Royal Society B: Biological Sciences* 280:20130269.

Smith JM (1982). *Evolution and the theory of games.* Cambridge University Press, Cambridge, Reino Unido.

Smith K (2002). The cultural evolution of communication in a population of neural networks. *Connection Science* 14:65-84.

Sober E (2014). *The nature of selection: evolutionary theory in philosophical focus.* University of Chicago Press, Chicago, Estados Unidos de América.

Soto-Icaza P, Vargas L, Aboitiz F, Billeke P (2019). Beta oscillations precede joint attention and correlate with mentalization in typical development and autism. *Cortex* 113:210-228.

Spunt RP, Adolphs R. (2017). A new look at domain specificity: insights from social neuroscience. *Nature Reviews Neuroscience* 18:559.

Sterling P (2012). Allostasis: a model of predictive regulation. *Physiology & Behaviour* 106:5-15.

Stiglitz JE, Walsh CE (1993). *Economics. Norton & Company,* Nueva York, Estados Unidos de América.

Suzuki IK, Gacquer D, Van Heurck R, Kumar D, Wojno M, Bilheu A, Detours V (2018). Human-specific NOTCH2NL genes expand cortical neurogenesis through Delta/Notch regulation. *Cell* 173:1370-1384.

Tansey KE, Hill MJ, Cochrane LE, Gill M, Anney RJ, Gallagher L (2011). Functionality of promoter microsatellites of arginine vasopressin receptor 1A (AVPR1A): implications for autism. *Molecular Autism* 2:3.

Terborgh J, Janson CH (1986). The socioecology of primate groups. *Annual Review of Ecology and Systematics* 17:111-136.

Thompson E, Varela FJ (2001). Radical embodiment: neural dynamics and consciousness. *Trends in Cognitive Sciences* 5:418-425.

Trivers R (1985). *Social evolution*. The Benjamin/Cummings Publishing Company, Inc., Reading, Estados Unidos de América.

Ullsperger M, Fischer AG, Nigbur R, Endrass T (2014). Neural mechanisms and temporal dynamics of performance monitoring. *Trends in Cognitive Sciences* 18:259-267.

van den Bos W, van Dijk E, Westenberg M, Rombouts SRB, Crone, E (2009). What motivates repayment? Neural correlates of reciprocity in the Trust Game. *Social Cognitive and Affective Neuroscience* 4:294-304.

van Schaik CP, Isler K, Burkart JM (2012). Explaining brain size variation: from social to cultural brain. *Trends in Cognitive Sciences* 16:277-284.

Vogeley K (2017). Two social brains: Neural mechanisms of intersubjectivity. *Philosophical Transactions of the Royal Society B: Biological Sciences* 372:1-11.

Weaver TD, Roseman CC, Stringer CB (2007). Were Neanderthal and modern human cranial differences produced by natural selection or genetic drift? *Journal of Human Evolution* 53:135-145.

Whiten A, Byrne RW (1997). *Machiavellian intelligence II: extensions and evaluations*. Cambridge Univerisity Press, Cambridge, Reino Unido.

Wilkinson GS (1988). Reciprocal altruism in bats and other mammals. *Ethology and Sociobiology* 9:85-100.

Wilson EO (1971). *The insect societies*. Bellknap Press, Cambridge, Estados Unidos de América.

Wilson EO (1975). *Sociobiology*. Bellknap Press, Cambridge, Estados Unidos de América.

Yamagishi T, Takagishi H, Fermin ASR, Kanai R, Li Y, Matsumoto Y (2016). Cortical thickness of the dorsolateral prefrontal cortex predicts strategic choices in economic games. *Proceedings of the National Academy of Sciences USA* 113:5582-5587.

Young L, Nilsen R, Waymire K, MacGregor G (1999). Increased affillative response to vasopressin in mice expressing the V1a receptor from a monogamous vole. *Nature* 400:1998-2000.

Yuste R (2011). Dendritic spines and distributed circuits. *Neuron* 71:772-781.

Yuste R, Tank DW (1996). Dendritic integration in mammalian neurons, a century after Cajal. *Neuron* 16:701-716.

Zak PJ, Stanton AA, Ahmadi S (2007). Oxytocin increases generosity in humans. PLoS ONE 2:e1128.

Zink CF, Meyer-Lindenberg A (2012). Human neuroimaging of oxytocin and vasopressin in social cognition. *Hormones and Behaviour* 61:400-409.

CAPÍTULO 8

BASES ENDOCRINAS DEL COMPORTAMIENTO SOCIAL

CAMILA P. VILLAVICENCIO
*IEB, Departamento de Ciencias Ecológicas, Facultad de Ciencias,
Universidad de Chile*

RENÉ QUISPE
*Departamento de Biología Marina,
Universidad Católica del Norte*

RESUMEN

Las hormonas tienen un papel fundamental en la modulación y regulación de las conductas sociales. En este capítulo se abordan los temas relevantes para una comprensión básica de la relación entre las conductas sociales, el sistema neuro-endocrino y el medio ambiente. Primero, con una pequeña reseña histórica se describen las principales hormonas estudiadas y cómo estas afectan la conducta, incluyendo los mecanismos fundamentales de acción endocrina y su regulación medio ambiental. Posteriormente, se describen las principales conductas sociales y los mecanismos hormonales subyacentes, recalcando la gran diversidad en la relación de las hormonas con la conducta. Aunque escasos, se hace especial énfasis en los estudios realizados en la fauna nativa de Chile y su potencial científico. De este modo, se puede apreciar la diversidad de conductas presentadas por vertebrados y la compleja relación con el sistema neuro-endocrino, donde el contexto social, temporal y ecológico tienen roles fundamentales. Así mismo, se desataca como una atrayente oportunidad, lo mucho que queda por investigar en toda la diversidad de vertebrados y variedad de ecosistemas a lo largo y ancho del territorio chileno.

INTRODUCCIÓN

Para entender de forma integral las conductas sociales es necesario conocer los mecanismos subyacentes que las modulan (Bateson y Laland 2013), siendo el sistema endocrino fundamental en la modulación y regulación de estas conductas (Adkins-Regan 2005, Nelson y Kriegsfeld 2017). El objetivo de este capítulo es presentar y analizar la relación que se establece entre las **hormonas**, el cerebro, las conductas sociales, y el medio ambiente. Para esto se describirán los aspectos conceptuales de la endocrinología conductual y después se ahondará en las conductas sociales más estudiadas, con especial énfasis en los estudios realizados en la fauna nativa de Chile y su potencial científico.

El estudio de cómo las hormonas afectan la conducta se remonta al primer experimento endocrinológico realizado por Berthold (1849). En sus experimentos Berthold castró a un grupo de pollos y observó que al alcanzar la adultez estos eran más pequeños y no presentaban conductas agresivas o sexuales comparados con gallos normales. Sin embargo, después de que se les reimplantaron los testículos, los machos castrados e implantados se comportan como machos normales (**Figura 8-1**). Berthold concluyó que hay una sustancia que viaja por el sistema sanguíneo independiente del sistema nervioso muy importante para el desarrollo normal de los gallos. Posteriormente, casi un siglo después, el químico húngaro Karoly Gyula David y colegas (David *et al.* 1935) acuñan el término **testosterona**, del latín *testi* (testículos), del griego *o* y *sterona* (hormona esteroide) y se establece que los testículos son la principal glándula que produce esta hormona sexual masculina. Entendiendo por hormonas a moléculas químicas que actúan como moduladoras de las funciones celulares afectando la conducta y la fisiología de los individuos. Estas son secretadas por glándulas endocrinas, viajan por el torrente sanguíneo y son pleiotrópicas, es decir, pueden actuar simultáneamente en distintos tejidos, incluyendo el sistema nervioso.

Figura 8-1

Tratamientos del experimento de Berthold. Modificado de Nelson y Kriegsfeld (2017). En el primer grupo, pollos castrados tienen como resultado a machos más pequeños sin conductas agresivas o sexuales. En el segundo grupo, se reimplantan los testículos a pollos castrados lo que conduce al desarrollo normal de machos.

TIPOS DE HORMONAS

Las hormonas se pueden clasificar de acuerdo con su composición química como: (i) peptídicas o proteicas, derivadas de aminoácidos, y (ii) esteroides, derivadas del colesterol. Dentro de las hormonas proteicas encontramos por ejemplo a las hormonas secretadas por el hipotálamo como las hormonas liberadoras de gonadotrofinas (**GnRH**), hormonas liberadoras de corticotropina (**CRH**), y hormonas liberadoras de tirotropina (TRH), las hormonas secretadas en la pituitaria como las gonadotropinas (ej., hormona luteinizante [**LH**]; hormona folículo estimulante [**FSH**]) y corticotropinas (ej., **ACTH**), entre otras. Ejemplos de las hormonas esteroides son las hormonas sexuales (ej., andrógenos, estrógenos y progesteronas) que son secretadas principalmente por las glándulas sexuales (ej., testículos y ovarios), así como los **glucocorticoides** y mineralocorticoides que son secretados por la glándula adrenal.

¿CÓMO AFECTAN LAS HORMONAS LA CONDUCTA?

Un aspecto constitutivo de los organismos vivos es que son sistemas dinámicos y complejos en sus interacciones. Esto implica que, a lo largo de toda su existencia, un organismo está experimentando cambios constantes, tanto estructurales como fisiológicos y/o conductuales (Lewontin 1983). En ese contexto, las conductas sociales son acciones que surgen a partir del encuentro entre los individuos con su entorno social, es decir durante las interrelaciones directas o indirectas con **conespecíficos** (véase Capítulos 1, 3 y 4). El sistema endocrino de los vertebrados a través de las dinámicas internas de secreción hormonal estimula cambios conductuales, e influye en las relaciones sociales de los individuos (Wingfield *et al.* 1991). Sin embargo, no solo las hormonas tienen la capacidad de alterar el comportamiento, sino que también los cambios conductuales adoptados por un individuo pueden modular sus propios niveles hormonales. Experimentalmente se ha demostrado que el comportamiento de un individuo dentro del contexto social puede traer como consecuencia variación en los niveles hormonales de otro o del mismo individuo (Lehrman y Wortis 1960, Hinde y Steel 1976, Harding 1981, Wingfield 1985, Landys *et al.* 2010). Por ejemplo, la "hipótesis del desafío" propuesta por Wingfield *et al.* (1990) predice que cuando un macho es desafiado por otro macho, este aumentaría sus niveles de testosterona circulantes. En consecuencia, la relación hormona-conducta es interdependiente, y su estudio requiere un buen conocimiento del contexto ecológico y social que rodea al sujeto de estudio. Finalmente, es importante notar que las hormonas como componentes de un sistema vivo, no generan directamente un comportamiento social en particular, sino que intervienen en los cambios fisiológicos del sistema, funcionando, así como mediadores de la expresión de una conducta (Nelson y Kriegsfeld 2017).

Mecanismos de acción hormonal

Las hormonas pueden alcanzar tejidos periféricos y distantes en un organismo a través de la circulación sanguínea. Cuando esto ocurre, las hormonas polipeptídicas se unen a receptores celulares de membrana específicos en un tejido blanco, lo cual desencadena cambios intracelulares, y que incluyen la formación de complejos moleculares que actúan como segundos mensajeros (Pal *et al.* 2012, Culhane *et al.* 2015). Estos segundos mensajeros activan cascadas bioquímicas de señalización dentro de la célula, lo que amplifica la señal. El resultado es una modulación de funciones celulares asociadas a la actividad metabólica y a la expresión/inhibición de genes. Los principales segundos mensajeros descritos incluyen AMP cíclico, GMP cíclico, diacilglicerol, ion calcio, y distintas proteínas quinasas y fosfatasas (Hanley y Steiner 1989, Hofer y Lefkimmiatis 2007, Pal *et al.* 2012, Culhane *et al.* 2015).

Por su parte, las hormonas esteroides al ser liposolubles logran atravesar la membrana de las células blanco por difusión simple, para unirse a receptores específicos que se localizan en el citoplasma o en el núcleo de la célula (**Figura 8-2**, Brann *et al.* 1995, Wierman 2007). Estos receptores intracelulares se encuentran inactivos, asociados a proteínas chaperonas (ej., proteínas de choque térmico HSP, Thompson y Kumar 2003).

Figura 8-2

Mecanismo genómico clásico de acción de hormonas esteroides en una neurona.
La testosterona (T) entra a la célula para unirse al receptor androgénico (RA) intracelular. Esta unión libera la proteína chaperona (PCH) que lo estabilizaba. Luego, el receptor androgénico se fosforila para formar un dímero. El dímero se une al elemento de respuesta a hormonas (ERH), se unen también cofactores (CF), y comienza la transcripción y traducción de genes.

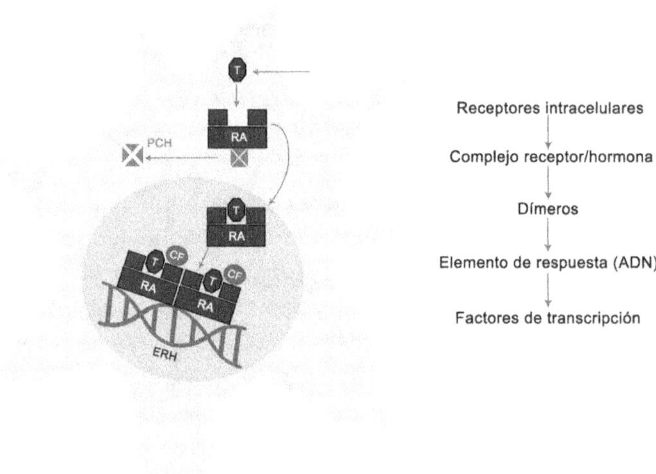

La unión de la hormona a su receptor intracelular provoca un cambio estructural en el receptor que le permite disociarse de las proteínas HSP, formándose así el complejo activo receptor/ligando, el cual se dimeriza para ser luego transportado al interior del núcleo (Weigel y Moore 2007). Los dímeros resultantes son estructuras con alta afinidad por secuencias específicas en el ADN llamadas elementos de respuesta hormonal (ERH). Una vez unido a ERH , el complejo receptor/ligando funciona como factor de transcripción, activando o reprimiendo la transcripción de genes específicos (Kumar y Thompson 2005, Kininis *et al.* 2007). El receptor activado unido al ligando puede además reclutar coactivadores de receptores a hormonas esteroideas que estabilizan el complejo de transcripción y favorecen la modificación estructural de la cromatina (Charlier 2009). Todo este proceso se conoce como "mecanismo genómico clásico" **(Figura 8-2)**. Algunas fuentes de investigación postulan también un mecanismo de acción no genómico de hormonas esteroides, el cual se iniciaría en la membrana de la célula, ejerciendo una acción sistémica más inmediata (Boonyaratanakornkit y Edwards 2007). Los efectos no genómicos afectarían la transducción de señales a través de receptores de membrana, y de segundos mensajeros que incluyen adenosín monofosfato cíclico (AMPc), calcio o proteínas quinasas (Heimovics *et al.* 2012, Rainville *et al.* 2015, Das *et al.* 2018). Las hormonas entonces, al producir un efecto independiente de la regulación génica, serían capaces de producir una respuesta fisiológica más rápida de la célula, y por lo tanto pueden modular el comportamiento del organismo a más corto plazo (Falkenstein *et al.*

2000). Existe evidencia convincente sobre rápidos efectos (no genómicos) de hormonas esteroides sobre la conducta de distintos vertebrados (Trainor *et al.* 2007, Charlier *et al.* 2011, Laredo *et al.* 2014, Heimovics *et al.* 2015). No obstante, la significancia fisiológica de este tipo de mecanismo continúa siendo difusa, debido principalmente a que la identificación de receptores esteroideos de membrana es aún imprecisa (Rainville *et al.* 2015).

Tradicionalmente, las acciones de las hormonas esteroides se dividen en 'organizacionales', o de efecto permanente que ocurren durante el desarrollo, y 'activacionales' o de efecto transitorio y reversible que ocurren a lo largo de la vida de un adulto. Los efectos organizacionales de las hormonas sobre el cerebro comienzan antes del nacimiento. Temprano en el desarrollo del embrión las gónadas inician su actividad, lo que genera diferencias sustanciales en la concentración de hormonas esteroides circundantes entre los sexos. Estas diferencias en el ambiente interno, y la acción hormonal sobre la estructura y funcionamiento de las neuronas y el cerebro del embrión produce cambios permanentes en el fenotipo conductual de los organismos (Gahr 2004). Por otro lado, las variaciones de las dinámicas de secreción hormonal durante la adultez tienen efectos activacionales, los cuales se involucran principalmente en los cambios fenotípicos cíclicos que ocurren durante el ciclo anual de los organismos. Este fenómeno tiene una significancia fundamental en las historias de vida de los vertebrados y su relación con el medio (véase sección "Regulación estacional").

Hormonas esteroides y eje hipotálamo-pituitaria

En el resto de este capítulo abordaremos las hormonas esteroides por dos razones: estas han sido relacionadas a diversos tipos de conductas sociales (Adkins-Regan 2005) y son fáciles de cuantificar y de estudiar en animales en vida libre (ej., Konishi *et al.* 1989, Fusani 2008a). Cabe destacar, que tanto la estructura química de las hormonas esteroides como sus funciones sistémicas son muy conservadas entre vertebrados (Baker 2003). Todos los esteroides son derivados del colesterol y sintetizados en la mitocondria en dos etapas. Estas incluyen el transporte de la molécula de colesterol a la mitocondria, donde se forma la pregnenolona, y la metabolización de la pregnenolona por enzimas en tejidos específicos (Martínez-Arguelles y Papadopoulos 2010). La pregnenolona es la precursora de cinco clases importantes de esteroides en vertebrados: progesteronas, estrógenos, andrógenos, glucocorticoides y mineralocorticoides.

La secreción de hormonas esteroides está regulada sistémicamente por el eje hipotálamo- pituitaria. En el caso de las hormonas sexuales estas son reguladas por el eje hipotálamo-pituitaria-gonadal, o eje "HPG" **(Figura 8-3)**. Señales ambientales, como por ejemplo cambios en el fotoperiodo, activan en el hipotálamo la secreción de GnRH en el sistema portal de la pituitaria. En la pituitaria anterior la GnRH gatilla la secreción de LH y FSH. Las hormonas LH y FSH entran a la circulación sanguínea activando la producción de hormonas sexuales en las gónadas (Panzica *et al.* 2012, Ubuka *et al.* 2013). Altos niveles circulantes de hormonas sexuales inhiben su producción a través de una retroalimentación negativa, lo que regula su secreción **(Figura 8-3)**. En la mayoría de los vertebrados la secreción de hormonas sexuales ocurre en forma estacional, donde su mayor liberación

Figura 8-3

Esquemas del eje Hipotálamo-Pituitaria-Gonadal o "eje HPG" (a la izquierda), y del eje Hipotálamo-Pituitaria-Adrenal o "eje HPA" (a la derecha). En negrita se destaca la glándula endocrina que produce a la hormona que se destaca en cursiva.

Por sus siglas en inglés *GnRH*: hormona liberadora de gonadotropina, *LH*: hormona luteinizante, *FSH*: hormona folículo estimulante, *CRH*: hormona liberadora de corticotropina, *ACTH*: hormona adrenocorticotrópica.

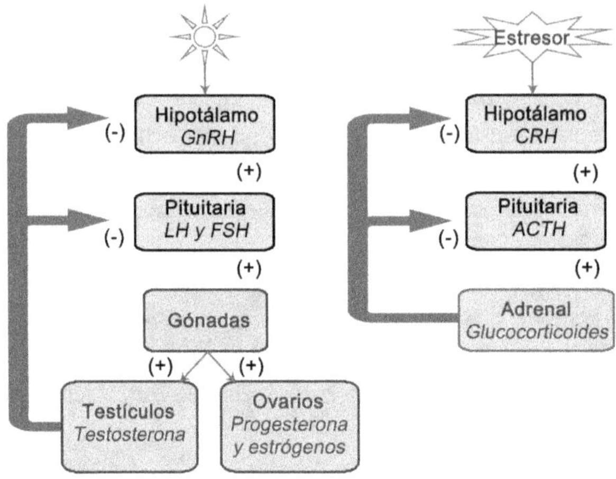

Figura 8-4

Esquematización de la variación de la testosterona plasmática con relación al ciclo anual y a las conductas sociales durante la época reproductiva. En los cuadros de colores se representan las etapas de historia de vida, y el gráfico representa el patrón de secreción anual de testosterona. Este esquema como un todo representa el ejemplo de un ave macho, monógamo, de una nidada, residente, de clima templado.

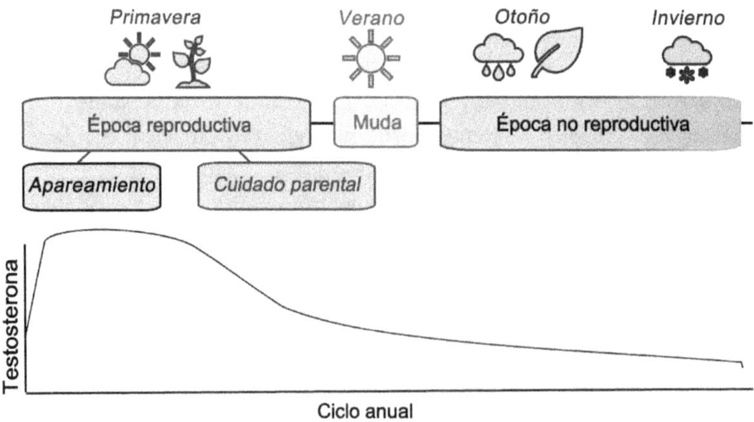

se produce al inicio de la época reproductiva, comúnmente en primavera en climas templados (Dawson 2008, Wingfield 2008a, Horton *et al.* 2010). Las hormonas sexuales se asocian con conductas sociales reproductivas, de cortejo, agresivas y de cuidado parental (**Figura 8-4**, Wingfield y Wada 1989, Lynn 2008, Sperry *et al.* 2010). De manera similar, la producción de glucocorticoides depende del eje hipotálamo-pituitaria-adrenal o eje "HPA" (**Figura 8-3**). La activación de este eje se inicia en el hipotálamo con la secreción de la hormona CRH. Esto activa en la pituitaria la secreción de ACTH, hormona que viaja por el torrente sanguíneo a la glándula suprarrenal activando la secreción de glucocorticoides (Sapolsky *et al.* 2000, Crespi *et al.* 2013). Los glucocorticoides están involucrados con la movilización de energía, el metabolismo tanto de grasas como de proteínas, balance hídrico, y son importantes mediadores de la respuesta al estrés (Sapolsky *et al.* 2000, Romero 2002, McEwen y Wingfield 2003, Romero 2004, Quispe *et al.* 2014), y también se han asociado a interacciones sociales agonistas y de cuidado parental (Landys *et al.* 2004, 2006).

APROXIMACIONES EN LA ENDOCRINOLOGÍA CONDUCTUAL

Los efectos de las hormonas en la conducta han sido ampliamente estudiados en animales de laboratorio (Wingfield 2005). Sin embargo, el desarrollo de técnicas menos invasivas e inmunoensayos más sensibles han permitido cuantificar niveles hormonales en animales en vida libre (Fusani 2008a). De este modo, muestras basadas en cantidades pequeñas de sangre (u otro tejido o fluido) permiten estimar los niveles circulantes de distintas hormonas. En general, se utilizan dos formas para determinar los efectos de distintas hormonas en la conducta. El primero es a través de determinar los efectos conductuales causados por manipulaciones hormonales. Una posible manipulación hormonal consiste en eliminar la fuente que produce la hormona, por ejemplo, a través de la extirpación de las glándulas sexuales (Fusani y Gahr 2006, Takeshita *et al.* 2017). De este modo, es posible evaluar la conducta del individuo sin la producción endógena de la hormona. Otra forma de manipulación hormonal es introduciendo la hormona de interés mediante el uso de implantes que produzcan un alza en los niveles circulantes de la hormona (Ketterson *et al.* 1996, Quispe *et al.* 2015). De este modo, es posible determinar los posibles cambios en el comportamiento con posterioridad a esta elevación en los niveles hormonales de individuos focales. Una aproximación similar es utilizar implantes que bloquean los receptores de las hormonas de interés, por ejemplo, receptores de andrógenos (Apfelbeck *et al.* 2012). Este método es similar a la castración en el sentido que se elimina el efecto de las hormonas, pero donde la manipulación ocurre a nivel de componentes del sistema nervioso. Más recientemente, se ha utilizado otro método que potencia el eje hipotalámico-pituitaria. En este, los individuos focales son inyectados con "hormonas liberadoras", normalmente secretadas por hipotálamo. Por ejemplo, la inyección de una dosis suficiente de GnRH estimula el eje HPG y produce un aumento en la hormona sexual testosterona en los machos (**Figura 8-3**). Este aumento transitorio tiene como ventaja sobre los implantes el que se aumentan los niveles hormonales a un máximo fisiológico y no supra-fisiológico que es lo que puede suceder con los implantes (Goymann *et al.* 2015).

Un segundo tipo de aproximación para determinar los efectos conductuales de distintas hormonas es a través de correlacionar los niveles hormonales con las conductas durante un cierto período de tiempo. En este, se registra la conducta de individuos, los que luego son capturados con objeto de recolectar muestras de sangre, o bien, de manera menos invasiva, otros fluidos o excreciones (ej., heces, saliva). Las muestras de sangre se utilizan para cuantificar los niveles hormonales de los individuos al momento de su captura, y examinar una posible relación entre estos niveles hormonales y su conducta (McGlothlin *et al.* 2007, Villavicencio *et al.* 2014). Aunque este método tiene la desventaja de no tener control sobre otras posibles variables, permite detectar posibles relaciones entre las conductas sociales y el sistema endocrino, en condiciones ecológicas y socialmente realistas.

CONDUCTAS SOCIALES Y SUS BASES ENDOCRINAS: CASOS EN ESPECIES NATIVAS

En esta sección se abordan las principales conductas sociales estudiadas hasta la fecha y su relación con las hormonas, incluyendo los estudios realizados en especies con distribución en Chile y destacando su potencial contribución a este tema. De esta manera, se describen diferentes tipos de preguntas que pueden ser respondidas conociendo los mecanismos endocrinos subyacentes, todo lo cual permite revelar parte de la gran diversidad en la relación de las hormonas con la conducta.

El número de especies nativas de Chile que han sido modelos en estudios de endocrinología conductual es reducido. Treinta y cuatro estudios han evaluado la endocrinología en diez especies con distribución en Chile (Tabla 8-1). De estos estudios solo ocho han medido directamente conductas sociales asociándolas a niveles hormonales. La especie que más se ha estudiado es el degu (*Octodon degus*), roedor endémico de Chile central, destacado por tratarse de una especie endémica, social, diurna, y que exhibe cuidado comunal de las crías, con doce artículos. Luego, se destaca el chincol (*Zonotrichia capensis*) ave paseriforme, monógama y territorial, con amplia distribución en América del Sur y Centro América (con varias subespecies), con seis artículos. Del pudú (*Pudu puda*), ciervo endémico del sur de Sudamérica y el más pequeño del mundo, ha sido estudiada su endocrinología en cautiverio con siete artículos, sin embargo, solo uno de ello considera su conducta social (Tabla 8-1).

La variación biogeográfica de Chile proporciona oportunidades únicas para examinar la influencia de distintos factores ambientales sobre el comportamiento social de vertebrados. De este modo, Chile con su geografía particular se presenta como un "laboratorio natural". Por ejemplo, posee especies que se distribuyen en gran parte del territorio, habitando lugares con vegetación, recursos y ecosistemas muy diferentes (variación latitudinal). También hay especies que se distribuyen en un gradiente altitudinal, habitando zonas desde el nivel del mar, hasta los 2500 m de altitud o más (variación altitudinal). Ambientes con ecologías diferentes permiten evaluar qué factores ambientales influyen en la diversidad de conductas y los mecanismos endocrinos subyacentes

(Quispe *et al.* 2009, Addis *et al.* 2011). Estas condiciones son las adecuadas para examinar los mecanismos reguladores del comportamiento social en vertebrados. De este modo, el conocimiento de rasgos conductuales y sus bases fisiológicas son indispensables para entender cómo los animales se adaptan y qué tan flexibles son a los cambios ambientales. Esta flexibilidad les proporcionaría una ventaja ante el escenario actual de cambio climático y otras perturbaciones antropogénicas.

Además, en Chile muchas especies son parte del **Neotrópico**, con historias de vida diferentes a especies del norte del mundo ampliamente estudiadas. Por ejemplo, las aves tienen tamaños de nidadas más pequeñas (Yom-Tov *et al.* 1994) y tiempos de incubación más largos (Ricklefs 2002). En general las especies neotropicales han sido poco estudiadas, y menos aún en cuanto a los mecanismos endocrinos de la conducta. Aquellas especies que tienen historias filogenéticas diferentes nos permiten indagar acerca de la diversidad de mecanismos que subyacen a las conductas sociales (Quispe *et al.* 2016). Por último, Chile al tener un clima templado permite comparar los mecanismos asociados de las conductas sociales, en animales con historias de vida diferentes a los del hemisferio norte.

REGULACIÓN ESTACIONAL HORMONAL Y SU ASOCIACIÓN A CONDUCTAS SOCIALES

Los vertebrados, a lo largo del año solar, experimentan cambios fenotípicos que ocurren de manera recurrente año tras año. Estos cambios son expresados en conjuntos de rasgos fenotípicos, morfológicos, fisiológicos y conductuales, que se activan y desactivan de manera coordinada y cíclica, de acuerdo con una función sistémica determinada (ej., reproducción, muda, migración, hibernación). A cada una de estas etapas fenotípicas se le denomina "etapa de historia de vida". Las etapas de historia de vida son expresadas de manera concatenada y en un orden fijo, conformando así el "ciclo anual" (**Figura 8-4**, Jacobs y Wingfield 2000, Wingfield 2008a). Dentro de la inmensa diversidad de especies, el ritmo del ciclo anual puede variar ampliamente según la cantidad de etapas de historia de vida que sean expresadas, o la duración de cada una estas. Las características del ciclo anual están sujetas a factores filogenéticos, del funcionamiento del reloj biológico, de la ecología del hábitat, o del contexto social. No obstante, la progresión del ciclo anual de un individuo, en toda especie, tiende siempre a estar temporalmente acoplada a las variaciones climáticas y estacionales del medio ambiente (Quispe *et al.* 2017, 2018). Al entendimiento de este acoplamiento biológico entre organismos y ambiente se aboca la **fenología** (Helm *et al.* 2013). En fenología, la investigación de los mecanismos reguladores ha cobrado un valor científico primordial, ya que todas las especies hoy en día se enfrentan a drásticos cambios climáticos y ambientales a nivel global, ocasionados por efectos antropogénicos.

En un emblemático estudio, Rowan (1925) demostró por primera vez que la variación anual de la duración del día (número de horas de luz o **fotoperíodo**) gatilla la reactivación fisiológica de las gónadas en aves, y regula el advenimiento de conductas

Tabla 8-1

Artículos científicos en endocrinología y endocrinología conductual en animales
con distribución en Chile.

Especie (nombre común)	Grupo taxonómico	Temática
Aphrastura spinicauda (rayadito)	Aves	Respuesta al estrés y glucocorticoides
		Condiciones tempranas, tamaño de telómeros y glucocorticoides
Batrachyla taeniata (sapito de antifaz)	Anfibios	Testosterona y conductas reproductivas
Chaetophractus villosus (armadillo peludo)	Mamíferos	Modulación estacional de progesterona y estrógeno
Dromiciops gliroides (monito del monte)	Mamíferos	Modulación estacional de hormonas sexuales
Merluccius australis (merluza austral)	Peces	Modulación estacional de hormonas sexuales
Octodon degus (degu)	Mamíferos	Tipo de hábitat y glucocorticoides
		Modulación estacional de glucocorticoides
		Cuidado parental y glucocorticoides
		Cuidado parental y glucocorticoides
		Revisión endocrinológica
		Cuidado parental y glucocorticoides
		Vida en grupo, fitness y glucocorticoides
		Modulación estacional de glucocorticoides y fitness
		Modulación estacional de testosterona y glucocorticoides
		Modulación estacional, respuesta al estrés y glucocorticoides
		Modulación estacional de testosterona y conducta agresiva
		Testosterona, glucocorticoides y conducta agresiva
Pudu puda (pudú)	Mamíferos	Modulación estacional Testosterona, LH, FSH y ranking social
		Modulación estacional de LH, FSH, testosterona y prolactina
		Testosterona, LH, FSH y ranking social
		Regulación hormonal testosterona, glucocorticoides, hormona del crecimiento
		Modulación estacional de LH y testosterona y desarrollo de las astas
		Modulación estacional de parámetros testiculares y hormonas reproductivas
		Modulación estacional de glucocorticoides
Sephanoides sephaniodes (picaflor)	Aves	Modulación estacional de testosterona y DHEA

Tipo de estudio	Medición conductual	Referencia
Cautiverio y Vida libre	Si	Quirici *et al.* (2014)
Vida libre	No	Quirici *et al.* (2016)
Vida libre	No	Solís y Penna (1997)
Vida libre	No	Luaces *et al.* (2011)
Cautiverio y Vida libre	No	Celis-Diez *et al.* (2012)
Cautiverio y Vida libre	No	Alvarado *et al.* (2015)
Vida libre	No	Bauer *et al.* (2013)
Vida libre	No	Bauer *et al.* (2014)
Vida libre	Si	Bauer *et al.* (2015)
Cautiverio	Si	Bauer *et al.* (2016)
Cautiverio y Vida libre	No	Bauer *et al.* (2019)
Cautiverio	Si	Ebensperger *et al.* (2010)
Vida libre	No	Ebensperger *et al.* (2011)
Vida libre	No	Ebensperger *et al.* (2013)
Cautiverio y Vida libre	No	Kenagy *et al.* (1999)
Cautiverio y Vida libre	No	Quispe *et al.* (2014)
Vida libre	Si	Soto-Gamboa (2005)
Vida libre	Si	Soto-Gamboa *et al.* (2005)
Cautiverio	No	Bartos *et al.* (1998)
Vida libre	No	Bubenik *et al.* (1996)
Cautiverio	No	Bubenik *et al.* (1999)
Cautiverio	No	Bubenik y Reyes-Toledo (1994)
Cautiverio y Vida libre	No	Reyes *et al.* (1993)
Cautiverio	No	Reyes *et al.* (1997b)
Cautiverio	No	Reyes *et al.* (1997a)
Vida libre	No	González-Gómez *et al.* (2014)

Especie (nombre común)	Grupo taxonómico	Temática
Zaedyus pichiy (quirquincho)	Mamíferos	Modulación estacional de progesterona, estrógenos y glucocorticoides
		Modulación estacional de testosterona
Zonotrichia capensis autralis (chincol)	Aves	Modulación estacional de testosterona y conducta agresiva
		Modulación estacional de testosterona y conducta agresiva
		Modulación estacional, respuesta al estrés y glucocorticoides
		Respuesta al estrés, glucocorticoides, muda y plumas
		Modulación estacional de testosterona y glucocorticoides
		Modulación estacional de testosterona y glucocorticoides

migratorias. Posteriormente, Aschoff (1955) acuñó el concepto de *Zeitgeber* para referirse a las señales ambientales que son usadas por los animales como sincronizadores ambientales de sus ritmos cíclicos endógenos. Es así como, además de la duración día/noche, se han descrito otras señales ambientales complementarias por ejemplo temperatura ambiental, disponibilidad de alimento, precipitaciones, y nubosidad (Dawson 2008, Helm *et al.* 2013). Dichas señales funcionan como *Zeitgeber* para gatillar el inicio y el fin de las distintas etapas de historia de vida a través del ciclo anual.

En los últimos 50 años, ha habido un aumento significativo de estudios sobre los mecanismos fisiológicos que gobiernan la expresión de conductas estacionales en vertebrados de vida libre, lo cual ha sido acompañado por el desarrollo de tecnologías que permiten la detección de señales fisiológicas en pequeñas concentraciones en el plasma sanguíneo de vertebrados. La **"endocrinología ambiental"** es una subdisciplina emergente que aborda las funciones hormonales dentro de un contexto natural, incorporando al medio ambiente como factor determinante (Bradshaw 2007). Variados estudios en vertebrados han evidenciado que la estacionalidad de las etapas de historia de vida es mediada por la relación entre las dinámicas hormonales internas junto con las fluctuaciones cíclicas del ambiente (Wingfield 2008a).

En Chile, González-Gómez *et al.* (2013) demuestran que en los valles de Azapa y Lluta, caracterizados por ser ambientes benignos, muy estables y de baja estacionalidad, la producción de hormonas esteroides (testosterona y corticosterona) en chincoles (*Zonotrichia capensis*) presenta baja sincronía poblacional y poca estacionalidad. Del mismo modo, las etapas reproductivas y de muda en estos chincoles también son asincrónicas entre individuos, y exhiben muy baja estacionalidad. Esto contrasta claramente con los datos de estacionalidad marcada en *Zonotrichia capensis* de otras localidades (Addis *et al.* 2011). Por otro lado, Bauer *et al.* (2013) señalan que la secreción de

Tipo de estudio	Medición conductual	Referencia
Cautiverio	No	Superina *et al.* (2009)
Cautiverio	No	Superina y Jahn (2009)
Vida libre	No	Addis *et al.* (2011)
Vida libre	Si	Addis *et al.* (2013)
Vida libre	No	Clark *et al.* (2019)
Vida libre	Si	Echeverría *et al.* (2018)
Vida libre	No	González-Gómez *et al.* (2013)
Cautiverio	No	González-Gómez *et al.* (2018)

cortisol estacional en el degu (*Octodon degus*), roedor endémico de Chile, está sujeta a las características particulares del hábitat y la disponibilidad de alimento presente en este. También, en otro estudio previo realizado en degus se demuestra que el contexto estacional y social de los machos influencia la secreción de testosterona durante la etapa reproductiva (Soto-Gamboa *et al.* 2005). La expresión del comportamiento social en animales se regula en estrecha relación con el ritmo de vida de cada especie, y en muchos casos presenta marcados patrones estacionales. En la zona central de Chile, por ejemplo, a medida en que los días se alargan, luego del solsticio de invierno, comienza un aumento sostenido de las interacciones vocales entre individuos de variadas especies, fácilmente observable en distintas especies de anuros, aves paseriformes, e incluso felinos domésticos. Estudiar las bases endocrinas que subyacen la estacionalidad del comportamiento social a lo largo y ancho del territorio chileno representa una tarea pendiente para un mayor entendimiento de los mecanismos y su diversidad, y de la relación organismo/ambiente.

CONDUCTAS REPRODUCTIVAS, DE APAREAMIENTO Y CORTEJO

Las hormonas sexuales están asociadas a conductas de apareamiento y de cortejo en la gran mayoría de los vertebrados. Sin embargo, existe diversidad en cuanto a la regulación hormonal de las conductas sexuales. Los primeros experimentos de castración demostraron que, en codornices y ratas machos, al extirpar las gónadas, las conductas de apareamiento desaparecen después de algunos días para no volver. Sin embargo, al ser inyectados con testosterona se restaura la conducta normal de apareamiento (Beach y Holz 1946, Beach y Inman 1965). En estos ejemplos, queda claro el efecto causal de las hormonas en la conducta. Sin embargo, no todas las especies responden de igual manera a la castración, ya que hay casos en que la eliminación de gónadas no disminuye la conducta o actividad sexual (Adkins-Regan 2005).

La hormona sexual testosterona es responsable de cambios fisiológicos y morfológicos importantes para la reproducción como por ejemplo, la espermatogénesis, hipertrofia muscular, y el desarrollo de caracteres sexuales secundarios (Wingfield *et al.* 2001). También facilita las conductas sexuales de cortejo y apareamiento (Wingfield *et al.* 2001, Adkins-Regan 2005, Nelson y Kriegsfeld 2017, Fusani 2008b). Los patrones de secreción de testosterona son muy variables entre especies, sexos e incluso entre individuos (Wingfield 1994). Los sistemas de apareamiento pueden explicar en parte esta diversidad. En aves, machos monógamos con una nidada al año, tienen un máximo de testosterona al comienzo de la época reproductiva que disminuye en la fase de cuidado parental (**Figura 8-4**, Goymann y Landys 2011). Sin embargo, aves monógamas con dos o más nidadas al año mantienen los niveles de testosterona altos hasta la fase de cuidado parental de la segunda nidada (Apfelbeck *et al.* 2013a, Villavicencio *et al.* 2014). Por otro lado, aves poliginias, un macho con varias hembras, mantienen altos sus niveles de testosterona a lo largo de toda la época reproductiva (Wingfield *et al.* 1990). Sin embargo, aun cuando los niveles de testosterona reflejan las conductas de apareamiento, es difícil encontrar una correlación individual entre los altos niveles de testosterona y estas conductas (Adkins-Regan 2005).

Tanto la testosterona como los estrógenos regulan las conductas de cortejo en muchas especies de aves (Fusani 2008b). Un ejemplo interesante es el del saltarín cuellidorado (*Manacus vitellinus*), un ave pequeña que habita los bosques tropicales de centro y sur América. Los machos se agregan en grupos donde hacen sorprendentes y acrobáticos cortejos (**lek**). Experimentos donde se ha medido y manipulado la testosterona, sus receptores y sus metabolitos, indican que la testosterona modula las conductas de cortejo, pero la conducta no está directamente relacionada con su concentración (Fusani *et al.* 2007). Además, la expresión de receptores de andrógenos no solo en el cerebro, sino también en la médula espinal y en músculos esqueléticos sería crucial para el despliegue del cortejo (Schlinger *et al.* 2013). En mamíferos las conductas sexuales también están reguladas por estrógenos (Hull y Dominguez 2007). Por ejemplo, en ratas castradas la administración de estrógenos restablece las conductas sexuales y no así la administración de dihidrotestosterona. Al contrario, en conejillos de india (*Cavia porcellus*) castrados la administración de dihidrotestosterona restaura la conducta de apareamiento (Hull y Dominguez 2007).

En hembras las conductas sexuales estarían principalmente reguladas por **estradiol** y **progesterona**. En la gran mayoría de las hembras el estímulo que gatilla la maduración de los ovarios es el aumento en la duración de los días (fotoperíodo). Para que terminen de madurar los folículos se necesitan de estímulos adicionales tales como disponibilidad de alimento, temperatura ambiental y/o la estimulación por parte del macho (Johnson 2015). Sin embargo, también existen especies que se reproducen en épocas de poca luz, como el pingüino de Humboldt (*Spheniscus humboldti*), que tiene dos eventos reproductivos, uno en primavera y otro en otoño o el colibrí de Ana (*Calypte anna*) que habita en norte América y se reproduce durante el invierno. En estos casos, probablemente la disponibilidad de alimento y no el fotoperíodo puede ser la señal que gatilla el inicio de la reproducción. Estudios en gallinas, han mostrado la importancia de LH, progesterona, estrógenos y testosterona para la regulación de la fisiología reproductiva incluyendo la ovulación y la oviposición (Etches y Cheng 1981). En codornices, estudios manipulativos han revelado que los estrógenos serían importantes en la regulación de las conductas de apareamiento (Adkins y Adler 1972), y no tanto así la progesterona (Delville y Balthazart 1987). Sin embargo, hay que destacar que las conductas sexuales en hembras han sido poco estudiadas en comparación a las conductas sexuales en machos en aves de vida libre.

En mamíferos, generalmente las conductas sexuales están muy ligadas al estro, es decir al momento de la ovulación. Y por su parte, el estro está estrechamente relacionado con las hormonas sexuales. De este modo, cuando las hembras ovulan se presentan receptivas a los machos. El mostrarse receptivas indica que conductualmente, permiten el apareamiento con los machos, por ejemplo, los roedores presentan lordosis. En hamsters dorados (*Mesocricetus auratus*), roedores solitarios, las hembras son generalmente agresivas con los machos, pero cuando entran en estro, cambian su conducta marcando a su alrededor con un olor muy atractivo para los machos, y mostrándose receptivas. Experimentos de manipulación hormonal han demostrado que los estrógenos serían responsables de la regulación de las conductas sexuales, y que estrógenos en combinación con la progesterona regularían las conductas agresivas en esta especie (Meisel *et al.* 1988).

Estudios en animales con distribución en Chile han utilizado la medición de hormonas sexuales con el fin de asociarlas a la época reproductiva (**Tabla 8-1**). Por ejemplo, en el monito del monte (*Dromiciops gliroides*), los machos presentan un alza estacional de testosterona durante la primavera, correspondiente con la época de apareamiento. Las hembras también presentan un incremento en los niveles de progesterona durante la primavera hasta el verano (Celis-Diez *et al.* 2012). Por otro lado, los quirquinchos machos (*Zaedyus pichiy*) se reproducen estacionalmente, durante un periodo de tres a cinco meses, desde finales de invierno a principios de verano. Durante este periodo los machos tienen los testículos más desarrollados, mayores niveles circulantes de testosterona y presentan un incremento en su conducta agresiva y de apareamiento, tanto en machos de cautiverio como de vida libre (Superina y Jahn 2009). Por otro lado, las hembras quirquincho peludo patagónico (*Chaetophractus villosus*) y quirquincho chico (*Chaetophractus vellerosus*) también presentan perfiles estacionales de progesterona (Luaces *et al.* 2011). Aunque los estudios de quirquinchos fueron realizados en Argentina, la distribución de *C. villosus* incluye a Chile. Quedaría pendiente evaluar si los patrones observados en Argentina se corresponden a quirquinchos habitando en Chile. Los degus por su lado, muestran una marcada estacionalidad en la secreción de testosterona, con un máximo durante la época de apareamiento (Kenagy *et al.* 1999, Soto- Gamboa 2005). El pudú presenta dos máximos anuales de testosterona circulante, uno durante otoño, la época del celo, y el otro en primavera coincidente con la mineralización de las astas, ambos precedidos por incrementos en LH (Reyes *et al.* 1993, Bubenik *et al.* 1996, Reyes *et al.* 1997). La elevación de testosterona durante la primavera varía individualmente y solo el macho alfa es el que presenta un marcado incremento de esta hormona (Bubenik *et al.* 1996). Análisis de las gónadas revelan que los pudúes presentan un período prolongado de activación gonadal, como se espera para especies tropicales, sin embargo, el máximo de estimulación está limitado a la época de celo (Reyes *et al.* 1997). En cuanto a las aves, el chincol (*Zonotrichia capensis*) y el picaflor (*Sephanoides sephaniodes*) presentan un máximo de testosterona que se asocia a la época de apareamiento (Addis *et al.* 2011, 2013, González-Gómez *et al.* 2013, 2014). Los niveles de 11-cetotestosterona y de 17 -estradiol fluctúan estacionalmente, siendo mayores durante la maduración gonadal en la merluza austral (*Merluccius australis;* Alvarado *et al.* 2015). De este modo, se puede observar que los animales estudiados en Chile presentan patrones similares a aquellos ya descritos en otras regiones. Estas diferencias están asociadas principalmente a la duración de la época de apareamiento.

En el caso del sapito de antifaz (*Batrachyla taeniata*), se evaluó la relación entre la testosterona y el número de llamadas frente a un **playback** sintético que difiere en el tiempo de los pulsos de las llamadas. El sapito de antifaz se agrega en agrupaciones corales, donde los machos vocalizan cantos reproductivos escondidos bajo la hojarasca, entre la hierba y el pasto. Se encontró una correlación entre testosterona y número total de llamadas en respuesta al playback, pero no con las características de las vocalizaciones. Esta relación sugiere entonces, que la testosterona estaría más relacionada con la motivación a las vocalizaciones que con la estructura física de estas (Solı s y Penna 1997).

Los patrones de hormonas sexuales han sido el tópico más estudiado en especies con distribución en Chile (16 de 32, **Tabla 8-1**). Sin embargo, son pocos los estudios que las han asociado a conductas reproductivas. Generalmente se infiere que es la época de apareamiento, pero no se mide la conducta del individuo que fue muestreado. Por lo tanto, queda pendiente estimar las conductas asociadas a tales fluctuaciones hormonales. Además, sería interesante estudiar los mecanismos de aquellas especies con sistemas reproductivos "inusuales", por ejemplo, que se reproducen en días cortos (otoño u invierno) como el pingüino de Humboldt, o el picaflor del norte (*Rhodopis vesper*) que cada vez cuenta con más eventos reproductivos durante el invierno. También considerar especies con sistemas de apareamientos diferentes, como el lobo marino (*Otaria flavescens*) que es políginico, o especies parásitas, como el mirlo o tordo renegrido (*Molothrus bonariensis bonariensis*).

CONDUCTAS AGRESIVAS Y TERRITORIALIDAD

La ocurrencia de territorialidad o **conducta territorial** es variable entre especies, donde en algunos casos la expresión de esta estrategia puede estar presente durante todo el año, restringido a un contexto reproductivo (ej., durante el apareamiento o el cuidado de las crías, o ambas), o estar ausentes, como en aquellas especies que viven y se reproducen en grupos sociales. Las conductas agresivas y entre ellas las territoriales, han estado ligadas a los efectos mediadores de la testosterona (Wingfield *et al.* 1987), aunque se han relacionado con la progesterona (Weiss y Moore 2004) y también a glucocorticoides (Landys *et al.* 2010). Sin embargo, estas relaciones no siempre son directas. Se han documentado casos en los que la relación territorialidad-testosterona es directa y clara (Jawor *et al.* 2006). Sin embargo, hay especies que son territoriales fuera de la época reproductiva, en donde la relación territorialidad-testosterona está presente durante la época reproductiva pero ausente fuera de esta (Canoine y Gwinner 2002), y hay otras especies que son territoriales todo el año en las que al parecer la relación no está presente (Villavicencio *et al.* 2013).

En un esfuerzo por integrar la diversidad entre los niveles de testosterona y conductas agresivas, Wingfield *et al.* (1990) propuso la hipótesis del desafío, en la cual se propone que los niveles de testosterona son altos al comienzo de la época reproductiva y bajan después de la época de apareamiento para permanecer bajos durante la época de cuidado parental. Sin embargo, los niveles de testosterona podrían aumentar, aún durante la época de cuidado parental, si el macho es desafiado por otro, o se ve implicado en una situación de inestabilidad social. De esta manera, los desafíos agresivos entre machos llevarían a un aumento en los niveles de testosterona y esto promovería una persistencia en la conducta agonística. Estos cambios hormonales en respuesta a interacciones sociales son parte de una **modulación social** mediada por testosterona (o de la hormona en cuestión). La manera tradicional usada para examinar la modulación social de la testosterona ha sido a través de simular experimentalmente la intrusión por parte de un macho "intruso" al territorio de un macho residente. La simulación del macho intruso se realiza a través de introducir un señuelo (vivo o disecado) junto con la reproducción de su canto en el territorio de un macho focal **(Figura 8-5)**. Las respuestas cuantificadas incluyen la conducta territorial de los machos residentes y niveles hormonales a partir de muestras

Figura 8-5
Macho colirojo tizón (*Phoenichurus ochruros*) respondiendo
a una intrusión territorial simulada (STI). Imagen de Camila Villavicencio.

de sangre del macho focal obtenidas una vez terminada la simulación. Típicamente, se espera que estos niveles sean más altos al compararlos con los de machos controles que no han sido expuestos a una intrusión (Goymann 2009). La hipótesis del desafío ha sido puesta a prueba en diversas especies de aves y también otros organismos como peces, reptiles, mamíferos, anfibios, e invertebrados (Hirschenhauser y Oliveira 2006, Tibbetts y Crocker 2014). Sin embargo, siempre es necesario diferenciar entre el aumento estacional de testosterona y aquel gatillado por la interacción agonística con uno o más conespecíficos (Goymann *et al.* 2007), es decir entre la **modulación estacional** tónica y la **modulación social**, que se produce de manera transiente en respuesta a estímulos sociales. La modulación estacional por otro lado refleja cambios en los niveles hormonales en respuesta a estímulos del ambiente físico o ecológico (ej., fotoperíodo), lo que prepara al individuo para la época reproductiva (Goymann *et al.* 2007).

Aun cuando la testosterona ha sido relacionada con la territorialidad y otras interacciones sociales que incluyen conductas agonísticas, esta relación no siempre es tan estrecha como se propone. De hecho, se ha reportado una disociación entre conductas territoriales y testosterona (Goymann *et al.* 2007, Apfelbeck *et al.* 2013b, Villavicencio *et al.* 2013). Por ejemplo, en el caso del colirojo tizón (*Phoenichurus ochruros*; **Figura 8-3**) los machos son territoriales fuera de la época reproductiva cuando los niveles circulantes de testosterona son muy bajos (Apfelbeck *et al.* 2013a). Aun cuando se han propuesto hipótesis para esta disociación, todavía no es claro cómo se regula la conducta territorial fuera de un contexto reproductivo (Lynn 2008). Por ejemplo, se ha propuesto la participación de la Dehydroepiandrosterona (DHEA), una prohormona precursora de andrógenos y estrógenos (Soma *et al.* 2015). La DHEA circulante es elevada durante la época no reproductiva en el gorrión melódico (*Melospiza melodia*) y esta se puede convertir en la forma bioactiva de hormonas esteroidales en el cerebro (Pradhan *et al.* 2010). O bien, el cerebro podría sintetizar hormonas sexuales *de novo* a partir de colesterol (Soma *et al.* 2008). También se ha propuesto que la disociación puede ser consecuencia de cambios en sensibilidad hormonal en el cerebro. Las hormonas circulantes actúan en los tejidos blancos solo si estos tienen los receptores para la hormona. La abundancia de receptores puede variar estacionalmente. Por ejemplo, el hormiguero moteado (*Hylophylax naevioides*), un ave anualmente territorial que vive en centro y sur América, exhibe una mayor sensibilidad a andrógenos en áreas del cerebro relevantes para la conducta social en otoño, cuando los niveles de testosterona son muy bajos (Canoine *et al.* 2007). De este modo, al aumentar la sensibilidad se necesita menos hormona circulante para regular la conducta. Sin embargo, este no es el caso en otras especies como el gorrión melódico (*Melospiza melodia*) y el colirojo tizón (Wacker *et al.* 2010, Villavicencio *et al.* en preparación).

Estudios manipulativos con testosterona han sido importantes para demostrar que niveles sanguíneos de testosterona elevados mediante implantes, resultan en mayores grados de territorialidad (Wingfield *et al.* 1987, Marler y Moore 1989). Sin embargo, en algunas especies la respuesta territorial no es afectada (Hunt *et al.* 1997), mientras que en otras la respuesta territorial disminuye (Van Duyse *et al.* 2002). No obstante, hay que considerar que muchas veces los implantes de testosterona pueden producir niveles supra fisiológicos de la hormona, y por lo tanto los efectos conductuales pueden deberse a eso, más que al contexto ecológico-social del individuo (Goymann y Wingfield 2014, Quispe *et al.* 2015). Del mismo modo, estudios enfocados a evaluar la hipótesis del desafío también han reportado una diversidad de resultados. Menos de un tercio de los estudios realizados en aves han respaldado la hipótesis del desafío (revisado por Goymann, 2009). Un caso interesante es el del junco ojioscuro (*Junco hyemalis*) que, aunque un estudio inicialmente reportó una modulación social de la testosterona (McGlothlin *et al.* 2008), otro estudio posterior reveló que esto ocurre principalmente cuando los nidos de estas aves han sido depredados o removidos (Rosvall *et al.* 2014). Esto sugiere, que el contexto reproductivo es necesario para la modulación social en esta especie. Asimismo, es posible que otros aspectos de la historia de vida también contribuyan con efectos contexto-dependiente.

La regulación hormonal de conductas agresivas en hembras ha sido mucho menos estudiada, probablemente porque se ha supuesto, erróneamente, que las hembras son menos agresivas que los machos. La testosterona también podría estar involucrada en la regulación de conductas agresivas asociadas a la reproducción, sin embargo, esta variaría de especie en especie (Wingfield 1994). Wingfield (1994) propone que el grado de dimorfismo sexual podría tener relación con el grado de regulación hormonal. De este modo, hembras con menor índice de dimorfismo, es decir más parecidas a los machos, tendrían mayores niveles de testosterona plasmática. Sin embargo, un meta-análisis realizado posteriormente revela que no hay relación entre la proporción de testosterona de machos con respecto a hembras y el dimorfismo sexual tanto de plumaje o de tamaño, ni con ningún otro rasgo de historia de vida. Por lo tanto, los autores concluyen que habría que reconsiderar el supuesto de que la testosterona regularía rasgos en hembras de manera similar que en machos (Goymann y Wingfield 2014). Un caso interesante es el de los cucal negro (*Centropus grillii*) una especie poliándrica, con los roles sexuales invertidos, que habita en África, donde las hembras pelean por los territorios y los machos, de menor tamaño que las hembras, son los que proporcionan cuidado de las crías. En esta especie la progesterona regula la conducta agresiva hembras (Goymann *et al.* 2008). Sin embargo, estas presentan mayores niveles de receptores de andrógenos en áreas del cerebro relevantes para las conductas sociales que machos (Voigt y Goymann 2007). Adicionalmente y como fue mencionado anteriormente, la progesterona también está involucrada en la regulación de las conductas agresivas en hembras mamíferas (Meisel *et al.* 1988).

En Chile, hay tres especies en las que se ha evaluado la acción de la testosterona en las conductas agresivas: el degu, el pudú y el chincol. Los degus muestran una marcada estacionalidad tanto en la conducta territorial como en la secreción de testosterona, teniendo ambas un máximo al comienzo de la época reproductiva, y correlacionándose solo durante este periodo (Soto-Gamboa 2005). Conjuntamente, degus de cautiverio sin contacto con otros machos (sin conducta agresiva), pero algunos de estos en contacto con hembras, presentaron menores niveles de testosterona plasmática con respecto a machos territoriales en el campo. Además, degus no territoriales en el campo, que se caracterizan por presentar aproximaciones oportunistas con las hembras, tuvieron niveles similares de testosterona circulante a los de laboratorio y más bajo que machos territoriales del campo

(Soto-Gamboa *et al.* 2005). En conjunto, estos resultados sugieren que las interacciones agonistas entre los machos territoriales estarían relacionadas con los mayores niveles de testosterona durante la época reproductiva en esta especie.

El pudú es altamente territorial tanto en cautiverio como en el campo, establecen grados de jerarquías entre los machos los cuales son mantenidos durante varios años. En el pudú los niveles de testosterona se correlacionan con el ranking social. En cautiverio, machos dominantes presentaron mayores niveles de testosterona durante la época reproductiva que machos subordinados (Bartos *et al.* 1998). Además, sus niveles circulantes de testosterona fueron mayores después de un desafío con GnRH, justo antes de la época reproductiva, en comparación con machos subordinados. Al inyectar GnRH, se estimula el eje HPG (**Figura 8-2**) y en consecuencia la producción de testosterona (Bubenik *et al.* 1999). Esto sugiere una asociación entre conductas agresivas y sexuales y testosterona, ya que machos dominantes mantendrían mayores interacciones agonísticas con otros machos y un mayor acceso a las hembras que machos subordinados.

Dos estudios se han enfocado en examinar los efectos de variaciones latitudinales, altitudinales y estacionales sobre los niveles de testosterona y la conducta agresiva en el chincol. Estos estudios han registrado variación tanto latitudinal como altitudinal en los niveles plasmáticos de testosterona, así como una posible asociación con el grado de territorialidad. En particular, los chincoles de Chile central, de baja altitud, difieren de sus conespecíficos del extremo sur de Chile, de altura y de sus congéneres de Norte América presentando menores niveles de testosterona circulante, similar a sus conespecíficos del trópico. Estos resultados sugieren que la especie presenta flexibilidad en cuanto a la modulación de los andrógenos, asociada principalmente a las condiciones ambientales estacionales, que involucra principalmente la duración de la época reproductiva, más que a la relación filogenética (Addis *et al.* 2013). Además, ninguna población moduló socialmente la testosterona. Sin embargo, la población austral se comportó altamente territorial tanto al principio de la época reproductiva cuando los niveles de testosterona son altos, como en la mitad de la época reproductiva cuando los niveles de testosterona son bajos, al contrario de muchas aves del hemisferio norte (Addis *et al.* 2011, 2013).

En conjunto estos estudios reflejan que en mamíferos habría una relación más estrecha entre testosterona y conductas agresivas que en las aves. Sin embargo, son muy pocas las especies estudiadas hasta la fecha en este tópico. El estudio de las conductas agresivas y territoriales tiene la facultad de ser relativamente fáciles de medir en el campo a través de experimentos de intrusiones territoriales (**Figura 8-5**). Además, se pueden crear artificialmente situaciones de inestabilidad social como, por ejemplo, removiendo a un macho de su territorio (Villavicencio *et al.* 2013) o con comida suplementaria (Dantzer *et al.* 2012). En Chile hay varias especies potenciales en las que se puede estudiar la regulación hormonal de las conductas agresivas. Por ejemplo, en roedores solitarios tales como el ratón orejudo de Darwin (*Phyllotis darwini*), y el ratón oliváceo (*Abrothrix olivaceus*), para así poder evaluar si presentan mecanismos de regulación hormonal similares a los hamsters o ratas, especies muy bien estudiadas en este tópico. Por otro lado, especies que se comportan agresivas solo durante la época reproductiva también son interesantes para evaluar, por ejemplo, los mecanismos de transición conductual. Muchos grupos de aves presentan esta característica como las diucas (*Diuca diuca*), o los rinocríptidos (*Rhinocryptidae*), que además son aves con origen neotropical, un grupo muy poco estudiado. Por último y en otro contexto, hay especies sociales o gregarias, tales como el tordo (*Curaeus curaeus*) o el mismo degu, donde se podría profundizar los estudios realizados incluyendo, por ejemplo, experimentos manipulativos en el campo (Bauer *et al.* 2019).

CUIDADO PARENTAL

El cuidado de las crías también es un aspecto del comportamiento social que varía entre distintos organismos, desde especies que no proveen ningún cuidado parental a especies que cuidan de sus crías durante varios años (Clutton-Brock 1991, Royle *et al.* 2012). Una mayoría de las aves provee cuidado biparental, donde ambos padres aportan con el cuidado de sus crías. En el caso de los mamíferos, generalmente son las hembras las principales encargadas del cuidado de las crías. Las bases endocrinológicas del cuidado parental no son tan claras y se basan principalmente en reportes provenientes de aves y mamíferos (Nelson y Kriegsfeld 2017).

La prolactina es una hormona peptídica que se ha correlacionado con el cuidado de las crías, específicamente con el inicio de la conducta maternal o paternal. Sin embargo, estudios manipulativos han mostrado que la actividad de la prolactina es insuficiente para que los individuos presenten la conducta (Adkins-Regan 2005). Los glucocorticoides también han sido asociados a conductas de cuidado parental en aves. Estudios realizados con corticosterona muestran diferencias en cuanto a su relación con el cuidado parental, pudiendo diferir entre especie e incluso entre diferentes estados ontogenéticos de la progenie (Bonier *et al.*, 2009, Ouyang *et al.*, 2012). Por ejemplo, en la gaviota tridáctila (*Rissa tridactyla*) un aumento de corticosterona, producido por implantes, se asoció a una disminución en los niveles de prolactina y esta baja de prolactina se asoció a una reducción en la atención al nido y una mayor latencia en volver al nido después de un evento de estrés agudo (Angelier *et al.* 2009). Por el contrario, en hembras de pingüino macaroni (*Eudyptes chrysolophus*) se encontró una asociación entre el incremento artificial de corticosterona mediante implantes y la actividad de forrajeo y de buceo, conductas relacionadas al cuidado parental, así como un incremento de masa corporal tanto en hembras como en las crías. También se monitorearon los niveles de prolactina, sin embargo, no se encontró relación entre prolactina y los niveles de corticosterona y ninguna de las variables de forrajeo o de cuidado parental (Crossin *et al.* 2012).

Por otra parte, la hipótesis del desafío propone que los niveles de testosterona disminuyen durante el cuidado parental para evitar que los niveles de esta hormona interfieran con esta actividad (Wingfield *et al.* 1990). Estudios manipulativos en aves han mostrado que machos implantados con testosterona disminuyen su actividad parental (Hegner y Wingfield 1987, Schoech *et al.* 1998, Van Roo 2004, Lynn *et al.* 2009). Sin embargo, estudios en otras especies han registrado una insensibilidad de la actividad parental ante niveles altos de testosterona (Lynn *et al.* 2002). Se ha propuesto que esta insensibilidad puede estar condicionada por factores ecológicos como una estación reproductiva corta, o que la ayuda del macho sea esencial para la sobrevivencia de los pollos. Por otra parte, la variación natural individual de testosterona se correlaciona con la variación individual de cuidado parental de los machos en algunas especies (McGlothlin *et al.* 2007), pero no en otras (Villavicencio *et al.* 2014).

Además, las hormonas también pueden mediar el compromiso entre conductas vinculadas al cuidado de las crías y conductas de apareamiento y agonísticas (Hau 2007). La testosterona es una candidata para mediar este compromiso ya que potencia las conductas sexuales e inhibe el cuidado parental en algunos casos. Efectivamente, en el junco ojioscuro la testosterona está positivamente relacionada con las conductas agresivas, pero negativamente asociada con conductas vinculadas al cuidado parental, lo que apoya un rol de mediar en el compromiso entre ambas actividades (McGlothlin *et al.* 2007). Sin embargo, esta relación antagonista no siempre ha sido detectada en otras especies examinadas (DeVries y Jawor 2013, Villavicencio *et al.* 2014).

La presencia de glándulas mamarias que proporcionan alimento durante el primer tiempo de vida de las crías condiciona a las hembras de mamíferos a mostrar un rol preponderante en el cuidado de las crías. En ratas se han detallado los perfiles hormonales del embarazo y la lactancia, importantes para entender la endocrinología que gatilla el inicio de la conducta de cuidado maternal. Brevemente, durante el comienzo del embarazo se elevan los niveles de progesterona, los que luego disminuyen considerablemente hacia el final del embarazo. Los niveles de estradiol permanecen bajos durante prácticamente todo el embarazo y comienzan a elevarse cerca del parto. Después del parto los niveles de progesterona permanecen bajos y se elevan los niveles de estradiol y prolactina (Rosenblatt *et al.* 1988). Aunque no está tan claro el papel de la progesterona, pareciera ser necesaria su disminución hacia el final del embarazo para la expresión de la conducta maternal. Por otro lado, la prolactina, los estrógenos y la oxitocina son hormonas importantes en el embarazo y la lactancia, y han sido consideradas como "las" hormonas de la conducta maternal. Sin embargo, la producción de estas hormonas no es suficiente para la expresión del comportamiento materno (Adkins-Regan 2005, Nelson y Kriegsfeld 2017). Otros factores relevantes en la expresión del cuidado materno incluyen a la experiencia reproductiva previa de las hembras, un factor que puede ser tan preponderante como las dinámicas hormonales (Fleming y Sarker 1990, Pryce 1996).

El cuidado parental por parte de los machos también es importante en algunas especies como el ratón californiano (*Peromyscus californicus*), especie que se caracteriza por un sistema de cuidado biparental. La prolactina pareciera estar asociada con la conducta paternal (Gubernick y Nelson 1989). A diferencia de lo registrado en aves, machos castrados reducen su conducta paternal y su reemplazo con testosterona aumenta la expresión del cuidado paterno (Trainor y Marler 2001). Esto sugiere que aún es necesario examinar el rol de la testosterona en el cuidado paternal en algunos mamíferos, ya que pareciera ser diferente a lo reportado en aves. En este contexto es interesante que hombres que han sido padres muestran niveles de testosterona y cortisol más bajos que hombres que nunca han sido padres (Wynne-Edwards 2001).

En Chile, la relación entre cuidado parental y hormonas solo se ha examinado en el degu (Tabla 8-1). Este roedor se caracteriza por un sistema social donde las hembras cuidan comunalmente a sus crías. De este modo, se evaluaron los efectos maternales de estrés sobre las crías, tanto en el campo como en cautiverio. Se manipuló la concentración circulante de cortisol mediante implantes y se evaluó su efecto en el cuidado maternal, en la respuesta endocrina al estrés (niveles de cortisol) y en el peso de las crías. Hembras con implantes no disminuyeron la tasa de cuidado maternal. Sin embargo, en cautiverio, las crías de hembras implantadas pesaron menos que hembras control. Interesantemente, las crías en las que una sola madre fue implantada y la otra no, no difirieron en peso de las crías control. Por otro lado, en el campo, crías de hembras implantadas difieren en su respuesta endocrina al estrés, con respecto a hembras control (sin implantes) y a hembras de grupos mixtos (donde solo la mitad de las hembras de un grupo social fue implantada). En conjunto estos estudios sugieren que el amamantamiento comunal puede aplacar los efectos de estrés en las crías (Bauer *et al.* 2015, 2016). Por otro lado, no se encontró relación de testosterona o cortisol con el cuidado parental, tanto de la madre como del padre de degus en cautiverio. Sin embargo, hembras que cuidaron a sus crías en presencia del padre o solas presentaron mayores niveles de cortisol y bajas de peso comparado con hembras que cuidaron a sus crías en presencia de otra hembra sin crías. Esto destaca, nuevamente, la importancia de la crianza compartida con otras hembras en esta especie (Ebensperger *et al.* 2010). En conjunto estos estudios reflejan la importancia de estudiar los efectos hormonales en la conducta de especies silvestres con sistemas sociales "diferentes". Entre los grupos interesantes de estudiar destacan los marsupiales por ser organismos con un sistema de cuidado maternal relativamente extenso debido a que las crías nacen muy poco desarrolladas. En Chile existen tres especies de marsupiales, el monito del monte, la yaca y la comadrejita trompuda (Iriarte 2008). Si bien se ha estudiado el cuidado parental en especies marsupiales australianas, los mecanismos endocrinos aún son bastante desconocidos. ¿Son estas conductas dependientes de hormonas? De este modo, se evidencia que queda mucho por hacer para comprender la relación de las hormonas y el cuidado parental en especies de distribución chilena.

SISTEMA DE CONTROL Y PRODUCCIÓN DEL CANTO EN AVES OSCINAS

Las aves oscinas son paseriformes que se distinguen por producir vocalizaciones elaboradas y complejas, conocidas como "cantos", las cuales son aprendidas de otros conespecíficos o tutores. De esta manera, la conducta del canto en oscinos tiene un fuerte componente social, tanto desde el punto de vista de la comunicación como del aprendizaje. Una exclusividad evolutiva del cerebro de los oscinos es el "sistema de control del canto", el cual se compone por una red de núcleos neurales discretos que participa en la producción y el aprendizaje del canto (Figura 8-6, Nottebohm 1981, Farries 2001). El canto de los oscinos requiere de un aprendizaje motor que integra la audición y coordina la función respiratoria con la siringe (órgano vocal), y los grupos musculares cráneo-mandibulares

(Margoliash 1997, Gahr 2004). En todas las especies de oscinos estudiadas hasta el momento se ha encontrado una expresión abundante de receptores de hormonas esteroides en diferentes núcleos del sistema de control del canto (**Figura 8-6**, Gahr *et al.* 1993, Gahr y Metzdorf 1997, Metzdorf *et al.* 1999, Gahr 2001). En particular en el HVC, un núcleo central que funciona como integrador sensomotor, se expresan receptores de andrógenos y estrógenos alfa (Fusani *et al.* 2000, Fusani y Gahr 2006). De esta manera, la testosterona y sus metabolitos actúan directamente sobre el aprendizaje y desarrollo del canto, así como en la posterior activación y producción estacional de este (Bernard *et al.* 1999, Balthazart *et al.* 2010, Gahr 2014).

En machos, la conducta del canto está estrechamente relacionada a funciones reproductivas estacionales, incluyendo el cortejo y la territorialidad. El mecanismo involucrado en la activación estacional del canto incluye la variación anual del fotoperíodo como principal señal ambiental (Bernard y Ball 1997, Dloniak y Deviche 2001, Quispe *et al.* 2017). En zonas de latitudes mayores el aumento en la duración del día gatilla la activación del eje hipotálamo-hipófisis-gónadas, lo que resulta en un incremento significativo de la concentración de testosterona circulante (**Figuras 8-3 y 8-7**, Wingfield 1993, Smith *et al.* 1997). Al viajar por el torrente sanguíneo la testosterona alcanza el cerebro, y se une a receptores específicos localizados en los núcleos del sistema de control del

Figura 8-6

Sistema de control del canto en aves oscinas. Las flechas representan las proyecciones de los distintos núcleos (flechas blancas vías sensoriales y flechas negras vías motoras). El HVC es el núcleo central que funciona como integrador senso-motor. Esquema realizado por Sussane Seltmann.

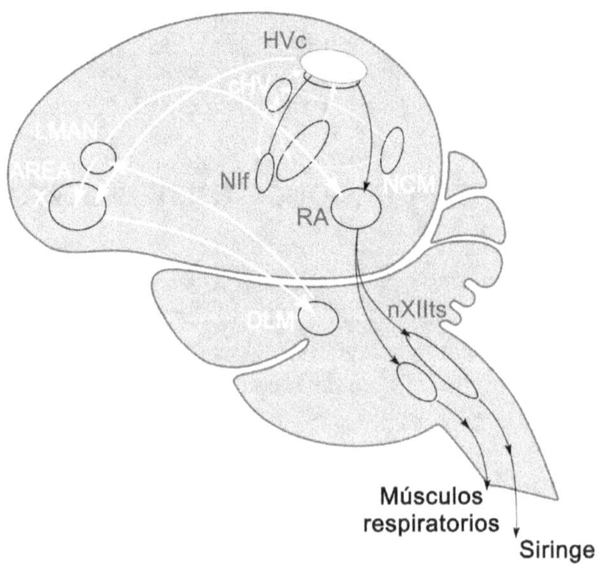

canto, alterando aspectos estructurales y fisiológicos de células nerviosas, y gatillando la activación de la conducta de canto (**Figura** 8-7, Gahr 2014). Por otro lado, la testosterona también actúa en otras regiones del cerebro, como por ejemplo, en zonas hipotalámicas que controlan la activación de conductas sexuales, estimulando además la motivación sexual de los machos a cantar (Alward *et al.* 2013). De esta manera, la testosterona es un mediador fisiológico esencial en la activación estacional del canto, comportamiento que cumple un rol fundamental en la reproducción de las aves oscinas.

La modulación estacional de la conducta del canto se acompaña por drásticos cambios neuroanatómicos y neuroquímicos de los núcleos neurales del sistema de control del canto en el cerebro de los pájaros oscinos (Ball y Balthazart 2010, Balthazart *et al.* 2010, Quispe *et al.* 2016). Esta neuroplasticidad involucra cambios de densidad y volumen celular, tamaño nuclear, arborización y conexión neuronal, vascularización e irrigación, y también cambios en la actividad eléctrica (Ball *et al.* 2004, Ball y Balthazart

Figura 8-7

Mecanismos ambientales y neuroendocrinos de la conducta del canto en aves oscinas.

(1) El aumento de horas de luz solar en primavera gatilla el **(2)** aumento de testosterona en la sangre. **(3)** En el cerebro, la testosterona se une a receptores específicos en núcleos del sistema de control del canto, lo que se transduce en una activación de la **(4)** conducta del canto. Esta conducta a su vez estimula la secreción de testosterona y la expresión de receptores.

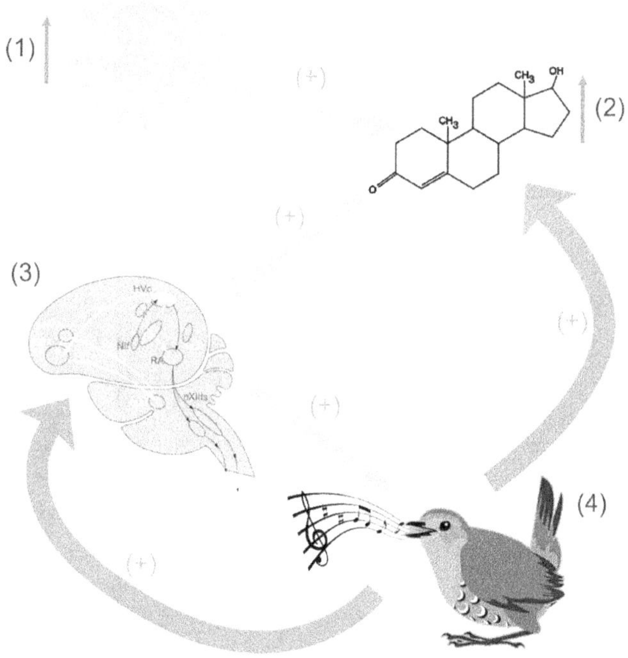

2004, 2008, Hartog *et al.* 2009, Balthazart *et al.* 2010, Thompson *et al.* 2012). Numerosos estudios, especialmente focalizados en el núcleo HVC, han demostrado un alto grado de neuroplasticidad estimulada por la acción de la testosterona, influenciada también por la experiencia y el entorno social (Dufty y Wingfield 1986, Bernard y Ball 1997, Dloniak y Deviche 2001, Brenowitz y Lent 2002, Boseret *et al.* 2006, Leitner y Catchpole 2007, Gahr 2014). El HVC tiene proyecciones hacia la mayoría de los otros núcleos del sistema de control del canto, y es un centro integrador de información sensomotora (Wild 1997, Gahr 2000, Farries 2001, Gahr *et al.* 2002). Este núcleo ha servido como un importante modelo para entender los mecanismos neuroendocrinos de control de la conducta y el aprendizaje en vertebrados (**Figura 8-6**, Boseret y Beckers 2010).

La avifauna nativa de Chile incluye una alta diversidad de especies oscinas, distribuidas en 13 familias diferentes. Esta diversidad de especies conlleva una importante variedad en los grados de complejidad y en los modos del comportamiento del canto. Hasta donde sabemos, no existen reportes de los mecanismos neuroendocrinos del canto de pájaros oscinos en Chile. Al respecto, solo existe información acerca el chincol (*Zonotrichia capensis*) en zonas tropicales (Moore *et al.* 2004, 2005), bajo condiciones ambientales muy disímiles a las experimentadas por chincoles en Chile. En general, los mecanismos regulatorios del canto en oscinos se involucran directamente en distintos fenómenos biológicos de gran interés científico, como: aprendizaje, transmisión cultural, neuroplasticidad, selección sexual, estacionalidad, territorialidad, y aspectos evolutivos de historia de vida. Por lo tanto, este tópico aparece como un terreno fértil para la investigación biológica en Chile, en particular para el entendimiento comparativo de este comportamiento social y los mecanismos involucrados.

La falta absoluta de conocimiento sobre la regulación del canto en aves chilenas hace a cada una de las especies de Chile un sujeto de investigación atrayente. Sin embargo, a modo de ejemplo destacamos a cinco especies de oscinos chilenos, originarios de familias taxonómicas diferentes, como potenciales modelos de estudio, debido a su abundancia y a la conspicuidad de sus comportamientos:

- Diuca (*Diuca diuca*): una especie común y abundante, con leve dimorfismo sexual, de conducta territorial marcada durante la época reproductiva. El macho presenta un canto melodioso estacional, con un interesante grado de plasticidad. Es llamativo el comportamiento del canto del amanecer, periodo en que el macho canta más enfáticamente y de manera sostenida alrededor de su territorio.
- Tordo (*Curaeus curaeus*): ave de hábitos sociales, relativamente abundante, que acostumbra a andar en bandadas produciendo una gran diversidad de vocalizaciones, incluyendo diferentes llamadas y cantos. Tiene un canto complejo y variado, y popularmente se le conoce como una especie con una gran capacidad de aprendizaje vocal.
- Tenca (*Mimus thenca*): especie muy territorial con una llamativa habilidad vocal. La Tenca es endémica de Chile y es abundante. Presenta un canto estacional, muy variado y adornado. El macho se para a cantar por periodos extendidos en perchas alrededor de su territorio. Se dice que esta especie tiene una gran capacidad de aprendizaje e imitación.

- Zorzal (*Turdus falcklandii*): Especie de conducta muy territorial y muy abundante. El macho presenta un canto melodioso y variable, que lo expresa de manera estacional. En Chile está fuertemente asociado a ambientes urbanos o semiurbanos. Tiene un canto crepuscular muy marcado y probablemente estrechamente relacionado a las variaciones de luz día.
- Chincol (*Zonotrichia capensis*): Una de las especies más abundantes y ampliamente distribuidas, prácticamente por toda la extensión del país. Aunque no se ha estudiado en Chile, esta es la única especie en la que existen reportes sobre los mecanismos neuroendocrinos de regulación del canto (Moore *et al.* 2004, 2005). El Chincol presenta leve dimorfismo sexual. El macho produce un canto típico repetitivo, estereotipado, melódico, y estacional. Es una especie territorial, habita tanto en zonas urbanas como naturales. Existe una interesante variación geográfica del canto entre poblaciones de chincoles distantes.

CONSIDERACIONES FINALES

La relación que se establece entre las hormonas y la expresión de conductas sociales puede ser examinada bajo diferentes perspectivas, tanto desde el punto de vista del mecanismo, como desde su importancia contextual, ecológica y social, como también desde los posibles factores evolutivos que la moldean. Como se puede apreciar a lo largo del capítulo, la relación entre hormonas y conducta es muy diversa, y por lo tanto se hace imposible determinar acciones directas de una cierta hormona sobre un comportamiento en particular. Por el contrario, es justamente en la diversidad de los vertebrados donde se refleja la complejidad de los mecanismos, los cuales van a diferir entre grupos taxonómicos, entre sexos, y entre individuos bajo diferentes contextos. Por lo tanto, una investigación comparativa más amplia, entre las especies y sus ambientes, será fundamental para lograr un conocimiento sustancial y significativo, donde el contexto social, temporal y ecológico juega un rol primordial. Son escasos los artículos científicos publicados con especies de distribución en Chile, faltando grupos enteros por estudiar (ej., reptiles), y más aún, considerando que son muy pocas las especies estudiadas dentro de cada grupo.

La fauna nativa de Chile es única y diversa, y sin lugar a dudas, conlleva una gran labor por delante investigar más acerca de las conductas sociales asociadas a historias de vida, así como de los mecanismos hormonales subyacentes y de cómo estos varían en conjunto. La particular diversidad de especies y de paisajes que ocurren en el territorio chileno representa entonces un compromiso, y una inmensa oportunidad, para investigadores del área de la neuroendocrinología comparada y del comportamiento social. Hoy por hoy, el estudio de la neuroendocrinología conductual nos provee de un entendimiento clave para poder descifrar los mecanismos que subyacen a las respuestas de los vertebrados a cambios del ambiente (Bradshaw 2007). Por lo tanto, en la actual coyuntura del **Antropoceno** y el cambio climático, se hace urgente integrar estudios de biodiversidad, ecología y evolución al conocimiento de los mecanismos de regulación endocrinológica de los ciclos de vidas y el comportamiento animal (Wingfield 2008b).

AGRADECIMIENTOS

Camila P. Villavicencio agradece el financiamiento de su proyecto FONDECYT postdoctorado N° 3160679. René Quispe agradece el financiamiento de su proyecto FONDECYT postdoctorado N° 3170936.

LITERATURA CITADA

Addis EA, Clark AD, Wingfield JC (2011). Modulation of androgens in southern hemisphere temperate breeding sparrows (*Zonotrichia capensis*): an altitudinal comparison. *Hormones and Behavior* 60:195-201.

Addis EA, Clark AD, Vásquez RA, Wingfield JC (2013). Seasonal modulation of testosterone during breeding of the rufous-collared sparrow (*Zonotrichia capensis australis*) in Southern Patagonia. *Physiological and Biochemical Zoology* 86:782-790.

Adkins EK, Adler NT (1972). Hormonal control of behavior in the Japanese quail. *Journal of Comparative and Physiological Psychology* 81:27-36.

Adkins-Regan E (2005). *Hormones and animal social behavior*. Princeton University Press, Princeton, Estados Unidos de América.

Alvarado M, Serrano E, Sánchez JC, Valladares L (2015). Changes in plasma steroid hormones and gonadal histology associated with sexual maturation in wild southern hake (*Merluccius australis*). *Latin American Journal of Aquatic Research* 43:632-640.

Alward BA, Balthazart J, Ball GF (2013). Differential effects of global versus local testosterone on singing behavior and its underlying neural substrate. *Proceedings of the National Academy of Sciences* 110:19573-19578.

Angelier F, Clément Chastel C, Welcker J, Gabrielsen GW, Chastel O (2009). How does corticosterone affect parental behaviour and reproductive success? A study of prolactin in black-legged kittiwakes. *Functional Ecology* 23:784-793.

Apfelbeck B, Kiefer S, Mortega KG, Goymann W, Kipper S (2012). Testosterone affects song modulation during simulated territorial intrusions in male black redstarts (*Phoenicurus ochruros*). *PLoS ONE* 7:e52009.

Apfelbeck B, Mortega K, Kiefer S, Kipper S, Vellema M, Villavicencio CP, Gahr M, Goymann W (2013a). Associated and disassociated patterns in hormones, song, behavior and brain receptor expression between life-cycle stages in male black redstarts, *Phoenicurus ochruros*. *General and Comparative Endocrinology* 184:93-102.

Apfelbeck B, Mortega KG, Kiefer S, Kipper S, Goymann W (2013b). Life-history and hormonal control of aggression in black redstarts: blocking testosterone does not decrease territorial aggression, but changes the emphasis of vocal behaviours during simulated territorial intrusions. *Frontiers in Zoology* 10:8.

Aschoff J (1955). Zeitgeber der 24-Stunden-Periodik. *Acta Medica Scandinavica* 152:50-52.

Baker ME (2003). Evolution of adrenal and sex steroid action in vertebrates: a ligand-based mechanism for complexity. *Bioessays* 25:396-400.

Ball GF, Balthazart J (2004). Hormonal regulation of brain circuits mediating male sexual behavior in birds. *Physiology & Behavior* 83:329-346.

Ball GF, Balthazart J (2008). Individual variation and the endocrine regulation of behaviour and physiology in birds: a cellular/molecular perspective. *Philosophical Transactions of the Royal Society of London B: Biological Sciences* 363:1699-1710.

Ball GF, Balthazart J (2010). Seasonal and hormonal modulation of neurotransmitter systems in the song control circuit. *Journal of Chemical Neuroanatomy* 39:82-95.

Ball GF, Auger CJ, Bernard DJ, Charlier TD, Sartor JJ, Riters LV y Balthazart J (2004). Seasonal plasticity in the song control system - Multiple brain sites of steroid hormone action and the importance of variation in song behavior. Pp. 586-610, en: *Behavioral neurobiology of birdsong* (Zeigler HP, Marler P, eds.). New York Academy of Sciences, Nueva York, Estados Unidos de América.

Balthazart J, Charlier TD, Barker JM, Yamamura T, Ball GF (2010). Sex steroid-induced neuroplasticity and behavioral activation in birds. *European Journal of Neuroscience* 32:2116-2132.

Bartos L, Reyes E, Schams D, Bubenik G, Lobos A (1998). Rank dependent seasonal levels of IGF-1, cortisol and reproductive hormones in male pudu (*Pudu puda*). *Comparative Biochemistry and Physiology Part A: Molecular & Integrative Physiology* 120:373-378.

Bateson P, Laland KN (2013). Tinbergen's four questions: an appreciation and an update. *Trends in Ecology & Evolution* 28:712-718.

Bauer CM, Skaff NK, Bernard AB, Trevino JM, Ho JM, Romero LM, Ebensperger LA, Hayes LD (2013). Habitat type influences endocrine stress response in the degu (*Octodon degus*). *General and Comparative Endocrinology* 186:136-144.

Bauer CM, Hayes LD, Ebensperger LA, Romero LM (2014). Seasonal variation in the degu (*Octodon degus*) endocrine stress response. *General and Comparative Endocrinology* 197:26-32.

Bauer CM, Hayes LD, Ebensperger LA, Ramírez-Estrada J, León C, Davis GT, Romero LM (2015). Maternal stress and plural breeding with communal care affect development of the endocrine stress response in a wild rodent. *Hormones and Behavior* 75:18-24.

Bauer CM, Ebensperger LA, León C, Ramírez-Estrada J, Hayes LD, Romero LM (2016). Postnatal development of the degu (*Octodon degus*) endocrine stress response is affected by maternal care. *Journal of Experimental Zoology Part A: Ecological Genetics and Physiology* 325:304-317.

Bauer CM, Correa LA, Ebensperger LA, Romero LM (2019). Stress, sleep, and sex: a review of endocrinological research in *Octodon degus*. *General and Comparative Endocrinology* 273:11-19

Beach FA, Holz AM (1946). Mating behavior in male rats castrated at various ages and injected with androgen. *Journal of Experimental Zoology* 101:91-142.

Beach FA, Inman NG (1965). Effects of castration and androgen replacement on mating in male quail. *Proceedings of the National Academy of Sciences USA* 54:1426-1431.

Bernard DJ, Ball GF (1997). Photoperiodic condition modulates the effects of testosterone on song control nuclei volumes in male European starlings. *General and Comparative Endocrinology* 105:276-283.

Bernard DJ, Bentley GE, Balthazart J, Turek FW, Ball GF (1999). Androgen receptor, estrogen receptor alpha, and estrogen receptor beta show distinct patterns of expression in forebrain song control nuclei of European starlings. *Endocrinology* 140:4633-4643.

Berthold AA (1849). Transplantation der Hoden. *Archiv für Anatomie, Physiologie und Wissenschaftliche Medicin* 2:42-46.

Bonier F, Martin PR, Moore IT, Wingfield JC (2009). Do baseline glucocorticoids predict fitness? *Trends in Ecology & Evolution* 24:634-642.

Boonyaratanakornkit V, Edwards D (2007). Receptor mechanisms mediating non-genomic actions of sex steroids. *Seminars in Reproductive Medicine* 25:139-153.

Boseret G, Beckers JF (2010). The song control system of the adult songbird:a model for neuronal plasticity. *Annales de Médecine Vétérinaire* 154:48-60.

Boseret G, Carere C, Ball GF, Balthazart J (2006). Social context affects testosterone-induced singing and the volume of song control nuclei in male canaries (*Serinus canaria*). *Journal of Neurobiology* 66:1044-1060.

Bradshaw D (2007). Environmental endocrinology. *General and Comparative Endocrinology* 152:125-141.

Brann DW, Hendry LB, Mahesh VB (1995). Emerging diversities in the mechanism of action of steroid hormones. *The Journal of Steroid Biochemistry and Molecular Biology* 52:113-133.

Brenowitz EA, Lent K (2002). Act locally and think globally: intracerebral testosterone implants induce seasonal-like growth of adult avian song control circuits. *Proceedings of the National Academy of Sciences* 99:12421-12426.

Bubenik GA, Reyes-Toledo E (1994). Plasma levels of cortisol, testosterone and growth hormone in pudu (*Pudu puda Molina*) after ACTH administration. *Comparative Biochemistry and Physiology Part A: Physiology* 107:523-527.

Bubenik GA, Reyes E, Schams D, Lobos A, Bartos L (1999). Rank-dependent plasma levels of LH, FSH and testosterone in male pudu (*Pudu puda*) after GnRH administration. *Folia Zoologica* 48:25-32.

Bubenik GA, Reyes E, Schams D, Lobos A, Bartos L (1996). Seasonal levels of LH, FSH, testosterone and prolactin in adult male pudu (*Pudu puda*). *Comparative Biochemistry and Physiology Part B: Biochemistry and Molecular Biology* 115:417-420.

Canoine V, Gwinner E (2002). Seasonal differences in the hormonal control of territorial aggression in free-living European stonechats. *Hormones and Behavior* 41:1-8.

Canoine V, Fusani L, Schlinger B, Hau M (2007). Low sex steroids, high steroid receptors: increasing the sensitivity of the nonreproductive brain. *Developmental Neurobiology* 67:57-67.

Celis-Diez JL, Hetz J, Marín-Vial PA, Fuster G, Necochea P, Vásquez RA Jaksic FM, Armesto JJ (2012). Population abundance, natural history, and habitat use by the arboreal marsupial *Dromiciops gliroides* in rural Chiloé Island, Chile. *Journal of Mammalogy* 93:134-148.

Charlier TD (2009). Importance of steroid receptor coactivators in the modulation of steroid action on brain and behavior. *Psychoneuroendocrinology* 34:S20-S29.

Charlier TD, Newman AEM, Heimovics SA, Po KWL, Saldanha CJ, Soma KK (2011). Rapid effects of aggressive interactions on aromatase activity and oestradiol in discrete brain regions of wild male white-crowned sparrows. *Journal of Neuroendocrinology* 23:742-753.

Clark AD, Addis EA, Vásquez RA, Wingfield JC (2019). Seasonal modulation of the adrenocortical stress responses in Chilean populations of *Zonotrichia capensis*. *Journal of Ornithology* 160:61-70

Clutton-Brock TH (1991). *The evolution of parental care*. Princeton University Press, Princeton, Estados Unidos de América.

Crespi EJ, Williams TD, Jessop TS, Delehanty B (2013). Life history and the ecology of stress: how do glucocorticoid hormones influence life-history variation in animals? *Functional Ecology* 27:93-106.

Crossin GT, Trathan PN, Phillips RA, Gorman KB, Dawson A, Sakamoto KQ, Williams TD (2012). corticosterone predicts foraging behavior and parental care in macaroni penguins. *American Naturalist* 180:E31-E41.

Culhane KJ, Liu Y, Cai Y, Yan ECY (2015). Transmembrane signal transduction by peptide hormones via family B G protein-coupled receptors. *Frontiers in Pharmacology* 6:264.

Dantzer B, Boutin S, Humphries MM, McAdam AG (2012). Behavioral responses of territorial red squirrels to natural and experimental variation in population density. *Behavioral Ecology and Sociobiology* 66:865-878.

Das C, Thraya M, Vijayan MM (2018). Nongenomic cortisol signaling in fish. General *and Comparative Endocrinology* 265:121-127.

David K, Dingemanse E, Freud J, Laqueur E (1935). Über krystallinisches männliches Hormon aus Hoden (Testosteron), wirksamer als aus Harn oder aus Cholesterin bereitetes Androsteron. *Hoppe-Seyler´s Zeitschrift für Physiologische Chemie* 233:281-283.

Dawson A (2008). Control of the annual cycle in birds: endocrine constraints and plasticity in response to ecological variability. *Philosophical Transactions of the Royal Society B: Biological Sciences* 363:1621-1633.

Delville Y, Balthazart J (1987). Hormonal control of female sexual behavior in the Japanese quail. *Hormones and Behavior* 21:288-309.

DeVries MS, Jawor JM (2013). Natural variation in circulating testosterone does not predict nestling provisioning rates in the northern cardinal, *Cardinalis cardinalis*. *Animal Behaviour* 85:957-965.

Dloniak SM, Deviche P (2001). Effects of testosterone and photoperiodic condition on song production and vocal control region volumes in adult male dark-eyed juncos (*Junco hyemalis*). *Hormones and Behavior* 39:95-105.

Dufty Jr, AM, Wingfield JC (1986). The influence of social cues on the reproductive endocrinology of male brown-headed cowbirds: field and laboratory studies. *Hormones and Behavior* 20:222-234.

Ebensperger LA, Ramírez-Otarola N, León C, Ortiz ME, Croxatto HB (2010). Early fitness consequences and hormonal correlates of parental behaviour in the social rodent, *Octodon degus*. *Physiology & Behavior* 101:509-517.

Ebensperger LA, Ramírez-Estrada J, León C, Castro RA, Tolhuysen LO, Sobrero R, Quirici V, Burger JR, Soto-Gamboa M, Hayes LD (2011). Sociality, glucocorticoids and direct fitness in the communally rearing rodent, *Octodon degus*. *Hormones and Behavior* 60:346-352.

Ebensperger LA, Tapia D, Ramírez-Estrada J, León C, Soto-Gamboa M, Hayes LD (2013). Fecal cortisol levels predict breeding but not survival of females in the short-lived rodent, *Octodon degus*. *General and Comparative Endocrinology* 186:164-171.

Echeverría V, Estades CF, Botero Delgadillo E, Wingfield JC, González Gómez PL (2018). Pre basic molt, feather quality, and modulation of the adrenocortical response to stress in two populations of rufous collared sparrows, *Zonotrichia capensis*. *Journal of Avian Biology* 49:11.

Etches RJ, Cheng KW (1981). Changes in the plasma concentrations of luteinizing hormone, progesterone, oestradiol and testosterone and in the binding of follicle-stimulating hormone to the theca of follicles during the ovulation cycle of the hen (*Gallus domesticus*). *Journal of Endocrinology* 91:11-22.

Falkenstein E, Tillmann HC, Christ M, Feuring M, Wehling M (2000). Multiple actions of steroid hormones-a focus on rapid, nongenomic effects. *Pharmacological Reviews* 52:513-556.

Farries MA (2001). The oscine song system considered in the context of the avian brain: lessons learned from comparative neurobiology. *Brain Behavior and Evolution* 58:80-100.

Fleming AS, Sarker J (1990). Experience-hormone interactions and maternal behavior in rats. *Physiology & Behavior* 47:1165-1173.

Fusani L (2008a). Endocrinology in field studies: problems and solutions for the experimental design. *General and Comparative Endocrinology* 157:249-253.

Fusani L (2008b). Testosterone control of male courtship in birds. *Hormones and Behavior* 54:227-233.

Fusani L, Gahr M (2006). Hormonal influence on song structure and organization: the role of estrogen. *Neuroscience* 138:939-946.

Fusani L, Van't Hof T, Hutchison JB, Gahr M (2000). Seasonal expression of androgen receptors, estrogen receptors, and aromatase in the canary brain in relation to circulating androgens and estrogens. *Journal of Neurobiology* 43:254-268.

Fusani L, Day LB, Canoine V, Reinemann D, Hernandez E, Schlinger BA (2007). Androgen and the elaborate courtship behavior of a tropical lekking bird. *Hormones and Behavior* 51:62-68.

Gahr M (2000). Neural song control system of hummingbirds: comparison to swifts, vocal learning (Songbirds) and nonlearning (Suboscines) passerines, and vocal learning (Budgerigars) and nonlearning (dove, owl, gull, quail, chicken) nonpasserines. The *Journal of Comparative Neurology* 426:182-196.

Gahr M (2001). Distribution of sex steroid hormone receptors in the avian brain: functional implications for neural sex differences and sexual behaviors. *Microscopy Research and Technique* 55:1-11.

Gahr M (2004). Hormone-dependent neural plasticity in the juvenile and adult song system - What makes a successful male? Pp. 684-703, en: *Behavioral neurobiology of birdsong* (Zeigler HP, Marler P, eds.). New York Academy of Sciences, Nueva York, Estados Unidos de América.

Gahr M (2014). How hormone-sensitive are bird songs and what are the underlying mechanisms? *Acta Acustica united with Acustica* 100:705-718.

Gahr M, Metzdorf R (1997). Distribution and dynamics in the expression of androgen and estrogen receptors in vocal control systems of songbirds. *Brain Research Bulletin* 44:509-517.

Gahr M, Güttinger HR, Kroodsma DE (1993). Estrogen receptors in the avian brain: survey reveals general distribution and forebrain areas unique to songbirds. *Journal of Comparative Neurology* 327:112-122.

Gahr M, Leitner S, Fusani L, Rybak F (2002). What is the adaptive role of neurogenesis in adult birds? Pp. 233-254, en: *Plasticity in the adult brain: from genes to neurotherapy* (Hofman MA, Boer GJ, Holtmaat AJG, VanSomeren EJW, Verhaagen J, Swaab DF, eds.). CreateSpace Independent Publishing Platform, Amsterdam, Holanda.

González-Gómez PL, Merrill L, Ellis VA, Venegas C, Pantoja JI, Vásquez RA, Wingfield JC (2013). Breaking down seasonality: androgen modulation and stress response in a highly stable environment. *General and Comparative Endocrinology* 191:1-12.

González-Gómez PL, Blakeslee WS, Razeto-Barry P, Borthwell RM, Hiebert SM, Wingfield JC (2014). Aggression, body condition, and seasonal changes in sex-steroids in four hummingbird species. *Journal of Ornithology* 155:1017-1025.

González-Gómez PL, Echeverria V, Estades CF, Perez JH, Krause JS, Sabat P, Li J, Kültz D, Wingfield JC (2018). Contrasting seasonal and aseasonal environments across stages of the annual cycle in the rufous-collared sparrow, *Zonotrichia capensis*: differences in endocrine function, proteome and body condition. *Journal of Animal Ecology* 87:1364-1382

Goymann W (2009). Social modulation of androgens in male birds. *General and Comparative Endocrinology* 163:149-157.

Goymann W, Landys MM (2011). Testosterone and year-round territoriality in tropical and non-tropical songbirds. *Journal of Avian Biology* 42:485-489.

Goymann W, Wingfield JC (2014). Male-to-female testosterone ratios, dimorphism, and life history-what does it really tell us? *Behavioral Ecology* 25:685-699.

Goymann W, Landys MM, Wingfield JC (2007). Distinguishing seasonal androgen responses from male-male androgen responsiveness- Revisiting the challenge hypothesis. *Hormones and Behavior* 51:463-476.

Goymann W, Wittenzellner A, Schwabl I, Makomba M (2008). Progesterone modulates aggression in sex-role reversed female African black coucals. *Proceedings of the Royal Society B: Biological Sciences* 275:1053-1060.

Goymann W, Villavicencio CP, Apfelbeck B (2015). Does a short-term increase in testosterone affect the intensity or persistence of territorial aggression? -An approach using an individual's hormonal reactive scope to study hormonal effects on behavior. *Physiology & Behavior* 149:310-316.

Gubernick DJ, Nelson RJ (1989). Prolactin and paternal behavior in the biparental California mouse, *Peromyscus californicus*. *Hormones and Behavior* 23:203-210.

Hanley RM, Steiner AL (1989). The second-messenger system for peptide hormones. *Hospital Practice* 24:59-70.

Harding CF (1981). Social modulation of circulating hormone levels in the male. *American Zoologist* 21:223-231.

Hartog TE, Dittrich F, Pieneman AW, Jansen RF, Frankl-Vilches C, Lessmann V, Lilliehook C, Goldman SA, Gahr M (2009). Brain-derived neurotrophic factor signaling in the HVC is required for testosterone-induced song of female canaries. *Journal of Neuroscience* 29:15511-15519.

Hau M (2007). Regulation of male traits by testosterone: implications for the evolution of vertebrate life histories. *BioEssays* 29:133-144.

Hegner RE, Wingfield JC (1987). Effects of experimental manipulation of testosterone levels on parental investment and breeding success in male house sparrows. *The Auk* 104:462-469.

Heimovics SA, Prior NH, Maddison CJ, Soma KK (2012). Rapid and widespread effects of 17 beta-estradiol on intracellular signaling in the male songbird brain: a seasonal comparison. *Endocrinology* 153:1364-1376.

Heimovics SA, Ferris JK, Soma KK (2015). Non-invasive administration of 17 -estradiol rapidly increases aggressive behavior in non-breeding, but not breeding, male song sparrows. *Hormones and Behavior* 69:31-38.

Helm B, Ben-Shlomo R, Sheriff MJ, Hut RA, Foster R, Barnes BM, Dominoni D (2013). Annual rhythms that underlie phenology: biological time-keeping meets environmental change. *Proceedings of the Royal Society of London B: Biological Sciences* 280:20130016.

Hinde RA, Steel E (1976). The effect of male song on an estrogen-dependent behavior pattern in the female canary (*Serinus canarius*). *Hormones and Behavior* 7:293-304.

Hirschenhauser K, Oliveira RF (2006). Social modulation of androgens in male vertebrates: meta-analyses of the challenge hypothesis. *Animal Behaviour* 71:265-277.

Hofer AM, Lefkimmiatis K (2007). Extracellular calcium and cAMP: second messengers as "third messengers"? *Physiology* 22:320-327.

Horton BM, Yoon J, Ghalambor CK, Moore IT, Scott Sillett T (2010). Seasonal and population variation in male testosterone levels in breeding orange-crowned warblers (*Vermivora celata*). *General and Comparative Endocrinology* 168:333-339.

Hull EM, Dominguez JM (2007). Sexual behavior in male rodents. *Hormones and Behavior* 52:45-55.

Hunt KE, Hahn TP, Wingfield JC (1997). Testosterone implants increase song but not aggression in male Lapland longspurs. *Animal Behaviour* 54:1177-1192.

Iriarte A (2008). *Mamíferos de Chile*. Lynx Ediciones, Santiago, Chile.

Jacobs JD, Wingfield JC (2000). Endocrine control of life-cycle stages: a constraint on response to the environment? *The Condor* 102:35-51.

Jawor JM, McGlothlin JW, Casto JM, Greives TJ, Snajdr EA, Bentley, GE, Ketterson ED (2006). Seasonal and individual variation in response to GnRH challenge in male dark-eyed juncos (*Junco hyemalis*). *General and Comparative Endocrinology* 149:182-189.

Johnson AL (2015). Reproduction in the female. Pp. 635-665, en: *Sturkie's avian physiology* (Scanes CG, ed.), Academic Press, San Diego, Estados Unidos de América.

Kenagy GJ, Place NJ, Veloso C (1999). Relation of glucocorticosteroids and testosterone to the annual cycle of free-living degus in semiarid central Chile. *General and Comparative Endocrinology* 115:236-243.

Ketterson ED, Nolan V, Cawthorn MJ, Parker PG, Ziegenfus C (1996). Phenotypic engineering: using hormones to explore the mechanistic and functional bases of phenotypic variation in nature. *Ibis* 138:70-86.

Kininis M, Chen BS, Diehl AG, Isaacs GD, Zhang T, Siepel AC, Clark AG, Kraus WL (2007). Genomic analyses of transcription factor binding, histone acetylation, and gene expression reveal mechanistically distinct classes of estrogen-regulated promoters. *Molecular and Cellular Biology* 27:5090-5104.

Konishi M, Emlen S, Ricklefs R, Wingfield J (1989). Contributions of bird studies to biology. *Science* 246:465-472.

Kumar R, Thompson EB (2005). Gene regulation by the glucocorticoid receptor: structure: function relationship. *The Journal of Steroid Biochemistry and Molecular Biology* 94:383-394.

Landys MM, Ramenofsky M, Guglielmo CG, Wingfield JC (2004). The low-affinity glucocorticoid receptor regulates feeding and lipid breakdown in the migratory Gambel's white-crowned sparrow *Zonotrichia leucophrys gambelii*. *Journal of Experimental Biology* 207:143-154.

Landys MM, Ramenofsky M, Wingfield JC (2006). Actions of glucocorticoids at a seasonal baseline as compared to stress-related levels in the regulation of periodic life processes. *General and Comparative Endocrinology* 148:132-149.

Landys MM, Goymann W, Schwabl I, Trapschuh M, Slagsvold T (2010). Impact of season and social challenge on testosterone and corticosterone levels in a year-round territorial bird. *Hormones and Behavior* 58:317-325.

Laredo SA, Villalon Landeros R, Trainor BC (2014). Rapid effects of estrogens on behavior: environmental modulation and molecular mechanisms. *Frontiers in Neuroendocrinology* 35:447-458.

Lehrman D, Wortis R (1960). Previous breeding experience and hormone-induced incubation behavior in the ring dove. *Science* 132:1667-1668.

Leitner S, Catchpole CK (2007). Song and brain development in canaries raised under different conditions of acoustic and social isolation over two years. *Developmental Neurobiology* 67:1478-1487.

Lewontin R (1983). The organism as the subject and object of evolution. *Scientia* 118:63-82.

Luaces JP, Ciuccio M, Rossi LF, Faletti AG, Cetica PD, Casanave EB, Merani MS (2011). Seasonal changes in ovarian steroid hormone concentrations in the large hairy armadillo (*Chaetophractus villosus*) and the crying armadillo (*Chaetophractus vellerosus*). *Theriogenology* 75:796-802.

Lynn SE (2008). Behavioral insensitivity to testosterone: why and how does testosterone alter paternal and aggressive behavior in some avian species but not others? *General and Comparative Endocrinology* 157:233-240.

Lynn SE, Hayward LS, Benowitz-Fredericks ZM, Wingfield JC (2002). Behavioural insensitivity to supplementary testosterone during the parental phase in the chestnut-collared longspur, *Calcarius ornatus*. *Animal Behaviour* 63:795-803.

Lynn SE, Prince LE, Schook DM, Moore IT (2009). Supplementary testosterone inhibits paternal care in a tropically breeding sparrow, *Zonotrichia capensis*. *Physiological & Biochemical Zoology* 82:699-708.

Margoliash D (1997). Functional organization of forebrain pathways for song production and perception. *Journal of Neurobiology* 33:671-693.

Marler CA, Moore MC (1989). Time and energy costs of aggression in testosterone-implanted free-living male mountain spiny lizards (*Sceloporus jarrovi*). *Physiological Zoology* 62:1334-1350.

Martinez-Arguelles DB, Papadopoulos V (2010). Epigenetic regulation of the expression of genes involved in steroid hormone biosynthesis and action. *Steroids* 75:467-476.

McEwen BS, Wingfield JC (2003). The concept of allostasis in biology and biomedicine. *Hormones and Behavior* 43:2-15.

McGlothlin JW, Jawor JM, Ketterson ED (2007). Natural variation in a testosterone-mediated trade-off between mating effort and parental effort. *American Naturalist* 170:864-875.

Mcglothlin JW, Jawor JM, Greives TJ, Casto JM, Phillips JL, Ketterson ED (2008). Hormones and honest signals: males with larger ornaments elevate testosterone more when challenged. *Journal of Evolutionary Biology* 21:39-48.

Meisel RL, Sterner MR, Diekman MA (1988). Differential hormonal control of aggression and sexual behavior in female Syrian hamsters. *Hormones and Behavior* 22:453-466.

Metzdorf R, Gahr M, Fusani L (1999). Distribution of aromatase, estrogen receptor, and androgen receptor mRNA in the forebrain of songbirds and nonsongbirds. *Journal of Comparative Neurology* 407:115-129.

Moore IT, Wingfield JC, Brenowitz EA (2004). Plasticity of the avian song control system in response to localized environmental cues in an equatorial songbird. *Journal of Neuroscience* 24:10182-10185.

Moore IT, Bonier F, Wingfield JC (2005). Reproductive asynchrony and population divergence between two tropical bird populations. *Behavioral Ecology* 16:755-762.

Nelson RJ, Kriegsfeld LJ (2017). *An introduction to behavioral endocrinology*. Sinauer Associates, Inc., Sunderland, Estados Unidos de América.

Nottebohm F (1981). A brain for all seasons: cyclical anatomical changes in song control nuclei of the canary brain. *Science* 214:1368-1370.

Ouyang JQ, Quetting M, Hau M (2012). Corticosterone and brood abandonment in a passerine bird. *Animal Behaviour* 84:261-268.

Pal K, Melcher K, Xu HE (2012). Structure and mechanism for recognition of peptide hormones by Class B G-protein-coupled receptors. *Acta Pharmacologica Sinica* 33:300-311.

Panzica GC, Balthazart J, Frye CA, Garcia-Segura LM, Herbison AE, Mensah-Nyagan AG, McCarthy MM, Melcangi RC (2012). Milestones on steroids and the nervous system: 10 years of basic and translational research. *Journal of Neuroendocrinology* 24:1-15.

Pradhan DS, Newman AEM, Wacker DW, Wingfield JC, Schlinger BA, Soma KK (2010). Aggressive interactions rapidly increase androgen synthesis in the brain during the non-breeding season. *Hormones and Behavior* 57:381-389.

Pryce CR (1996). Socialization, hormones, and the regulation of maternal behavior in nonhuman simian primates. *Advances in the Study of Behavior* 25:423-473.

Quirici V, Venegas CI, González-Gómez PL, Castaño-Villa GJ, Wingfield JC, Vásquez RA (2014). Baseline corticosterone and stress response in the thorn-tailed rayadito (*Aphrastura spinicauda*) along a latitudinal gradient. *General and Comparative Endocrinology* 198:39-46.

Quirici V, Guerrero CJ, Krause JS, Wingfield JC, Vásquez RA (2016). The relationship of telomere length to baseline corticosterone levels in nestlings of an altricial passerine bird in natural populations. *Frontiers in Zoology* 13:1.

Quispe R, Villavicencio CP, Cortes A, Vásquez RA (2009). Inter-population variation in hoarding behaviour in degus, *Octodon degus*. *Ethology* 115:465-474.

Quispe R, Villavicencio CP, Addis E, Wingfield JC, Vásquez RA (2014). Seasonal variations of basal cortisol and high stress response to captivity in *Octodon degus*, a mammalian model species. *General and Comparative Endocrinology* 197:65-72.

Quispe R, Trappschuh M, Gahr M, Goymann W (2015). Towards more physiological manipulations of hormones in field studies: comparing the release dynamics of three kinds of testosterone implants, silastic tubing, time-release pellets and beeswax. *General and Comparative Endocrinology* 212:100-105.

Quispe R, Sèbe F, da Silva ML, Gahr M (2016). Dawn-song onset coincides with increased HVC androgen receptor expression but is decoupled from high circulating testosterone in an equatorial songbird. *Physiology & Behavior* 156:1-7.

Quispe R, Protazio JMB, Gahr M (2017). Seasonal singing of a songbird living near the equator correlates with minimal changes in day length. *Scientific Reports* 7:9140.

Quispe R, Yohannes E, Gahr M (2018). Seasonality at the equator: isotope signatures and hormonal correlates of molt phenology in a non-migratory Amazonian songbird. *Frontiers in Zoology* 15:39.

Rainville J, Pollard K, Vasudevan N (2015). Membrane-initiated non-genomic signaling by estrogens in the hypothalamus: cross-talk with glucocorticoids with implications for behavior. *Frontiers in Endocrinology* 6:18.

Reyes E, Munoz P, Recabarren S, Torres P, Bubenik GA (1993). Seasonal variation of LH and testosterone in the smallest deer, the pudu (*Pudu puda*) and its relationship to the antler cycle. *Comparative Biochemistry and Physiology Part A: Physiology* 106:683-685.

Reyes E, Bubenik GA, Lobos A, Schams D, Bartos L (1997a). Seasonal levels of cortisol, IGF-1 and triiodothyronine in adult male pudu (*Pudu puda*). *Folia Zoologica* 46:109-116.

Reyes E, Bubenik GA, Schams D, Lobos A, Enríquez R (1997b). Seasonal changes of testicular parameters in southern pudu *Pudu puda* in relationship to circannual variation of its reproductive hormones. *Acta Theriologica* 42:25-35.

Ricklefs RE (2002). Splendid isolation: historical ecology of the South American passerine fauna. *Journal of Avian Biology* 33:207-211.

Romero LM (2002). Seasonal changes in plasma glucocorticoid concentrations in free-living vertebrates. *General and Comparative Endocrinology* 128:1-24.

Romero LM (2004). Physiological stress in ecology: lessons from biomedical research. *Trends in Ecology & Evolution* 19:249-255.

Rosenblatt JS, Mayer AD y Giordano AL (1988). Hormonal basis during pregnancy for the onset of maternal behavior in the rat. *Psychoneuroendocrinology* 13:29-46.

Rosvall KA, Peterson MP, Reichard DG, Ketterson ED (2014). Highly context-specific activation of the HPG axis in the dark-eyed junco and implications for the challenge hypothesis. *General and Comparative Endocrinology* 201:65-73.

Rowan W (1925). Relation of light to bird migration and developmental changes. *Nature* 115:494-495.

Royle NJ, Smiseth PT, Kölliker M (2012). *The evolution of parental care.* Oxford University Press. Oxford, Reino Unido.

Sapolsky RM, Romero LM, Munck AU (2000). How do glucocorticoids influence stress responses? Integrating permissive, suppressive, stimulatory, and preparative actions. *Endocrine Reviews* 21:55-89.

Schlinger BA, Barske J, Day L, Fusani L, Fuxjager MJ (2013). Hormones and the neuromuscular control of courtship in the golden-collared manakin (*Manacus vitellinus*). *Frontiers in Neuroendocrinology* 34:143-156.

Schoech SJ, Ketterson ED, Nolan Jr V, Sharp PJ, Buntin JD (1998). The effect of exogenous testosterone on parental behavior, plasma prolactin, and prolactin binding sites in dark-eyed juncos. *Hormones and Behavior* 34:1-10.

Short RV, Balaban E (1994). *The differences between the sexes*. Cambridge University Press. Cambridge, Reino Unido.

Smith GT, Brenowitz EA, Wingfield JC (1997). Roles of photoperiod and testosterone in seasonal plasticity of the avian song control system. *Journal of Neurobiology* 32:426-442.

Solis R, Penna M (1997). Testosterone levels and evoked vocal responses in a natural population of the frog *Batrachyla taeniata*. *Hormones and Behavior* 31:101-109.

Soma KK, Scotti MAL, Newman AEM, Charlier TD, Demas GE (2008). Novel mechanisms for neuroendocrine regulation of aggression. *Frontiers in Neuroendocrinology* 29:476-489.

Soma KK, Rendon NM, Boonstra R, Albers HE, Demas GE (2015). DHEA effects on brain and behavior:insights from comparative studies of aggression. *The Journal of Steroid Biochemistry and Molecular Biology* 145:261-272.

Soto-Gamboa M (2005). Free and total testosterone levels in field males of *Octodon degus* (Rodentia, Octodontidae): accuracy of the hormonal regulation of behavior. *Revista Chilena de Historia Natural* 78:229-238.

Soto-Gamboa M, Villalón M, Bozinovic F (2005). Social cues and hormone levels in male *Octodon degus* (Rodentia): a field test of the Challenge Hypothesis. *Hormones and Behavior* 47:311-318.

Sperry TS, Wacker DW, Wingfield JC (2010). The role of androgen receptors in regulating territorial aggression in male song sparrows. *Hormones and Behavior* 57:86-95.

Superina M, Jahn GA (2009). Seasonal reproduction in male pichis *Zaedyus pichiy* (Xenarthra: Dasypodidae) estimated by fecal androgen metabolites and testicular histology. *Animal Reproduction Science* 112:283-292.

Superina M, Carreño N, Jahn GA (2009). Characterization of seasonal reproduction patterns in female pichis *Zaedyus pichiy* (Xenarthra: Dasypodidae) estimated by fecal sex steroid metabolites and ovarian histology. *Animal Reproduction Science* 116:358-369.

Takeshita RSC, Huffman MA, Kinoshita K, Bercovitch FB (2017). Effect of castration on social behavior and hormones in male Japanese macaques (*Macaca fuscata*). *Physiology & Behavior* 181:43-50.

Thompson EB, Kumar R (2003). DNA binding of nuclear hormone receptors influences their structure and function. *Biochemical and Biophysical Research Communications* 306:1-4.

Thompson CK, Meitzen J, Replogle K, Drnevich J, Lent KL, Wissman AM, Farin FM, Bammler TK, Beyer RP, Clayton DF, Perkel DJ, Brenowitz EA (2012). Seasonal changes in patterns of gene expression in avian song control brain regions. *PLoS ONE* 7:e35119.

Tibbetts EA, Crocker KC (2014). The challenge hypothesis across taxa: social modulation of hormone titres in vertebrates and insects. *Animal Behaviour* 92:281-290.

Trainor BC, Marler CA (2001). Testosterone, paternal behavior, and aggression in the monogamous California mouse (*Peromyscus californicus*). *Hormones and Behavior* 40:32-42.

Trainor BC, Lin S, Finy MS, Rowland MR, Nelson RJ (2007). Photoperiod reverses the effects of estrogens on male aggression via genomic and nongenomic pathways. *Proceedings of the National Academy of Sciences USA* 104:9840-9845.

Ubuka T, Bentley GE, Tsutsui K (2013). Neuroendocrine regulation of gonadotropin secretion in seasonally breeding birds. *Frontiers in Neuroscience* 7:38.

Van Duyse E, Pinxten R, Eens M (2002). Effects of testosterone on song, aggression, and nestling feeding behavior in male great tits, *Parus major*. *Hormones and Behavior* 41:178-186.

Van Roo BL (2004). Exogenous testosterone inhibits several forms of male parental behavior and stimulates song in a monogamous songbird: the blue-headed vireo (*Vireo solitarius*). *Hormones and Behavior* 46:678-683.

Villavicencio CP, Apfelbeck B, Goymann W (2013). Experimental induction of social instability during early breeding does not alter testosterone levels in male black redstarts, a socially monogamous songbird. *Hormones and Behavior* 64:461-467.

Villavicencio CP, Apfelbeck B, Goymann W (2014). Parental care, loss of paternity and circulating levels of testosterone and corticosterone in a socially monogamous song bird. *Frontiers in Zoology* 11:11.

Voigt C, Goymann W (2007). Sex-role reversal is reflected in the brain of African black coucals (*Centropus grillii*). *Developmental Neurobiology* 67:1560-1573.

Wacker DW, Wingfield JC, Davis JE, Meddle SL (2010). Seasonal changes in aromatase and androgen receptor, but not estrogen receptor mRNA expression in the brain of the free-living male song sparrow, *Melospiza melodia morphna*. *The Journal of Comparative Neurology* 518:3819-3835.

Weigel NL, Moore NL (2007). Steroid receptor phosphorylation: a key modulator of multiple receptor functions. *Molecular Endocrinology* 21:2311-2319.

Weiss SL, Moore MC (2004). Activation of aggressive behavior by progesterone and testosterone in male tree lizards, *Urosaurus ornatus*. *General and Comparative Endocrinology* 136:282-288.

Wierman ME (2007). Sex steroid effects at target tissues: mechanisms of action. *Advances in Physiology Education* 31:26-33.

Wild JM (1997). Neural pathways for the control of birdsong production. *Journal of Neurobiology* 33:653-670.

Wingfield J (1985). Short-term changes in plasma-levels of hormones during establishment and defense of a breeding territory in male song sparrows, *Melospiza melodia*. *Hormones and Behavior* 19:174-187.

Wingfield JC (1993). Control of testicular cycles in the song sparrow, *Melospiza melodia melodia*: interaction of photoperiod and an endogenous program? *General and Comparative Endocrinology* 92:388-401.

Wingfield JC (1994). Hormone-behavior interactions and mating systems in male and female birds. Pp. 303-330, en: *The differences between the sexes* (Short RV, Balaban E, eds.). Cambridge University Press, Cambridge, Reino Unido.

Wingfield JC (2005). Historical contributions of research on birds to behavioral neuroendocrinology. *Hormones and Behavior* 48:395-402.

Wingfield JC (2008a). Organization of vertebrate annual cycles: implications for control mechanisms. *Philosophical Transactions Royal Society B: Biological Sciences* 363:425-441.

Wingfield JC (2008b). Comparative endocrinology, environment and global change. *General and Comparative Endocrinology* 157:207-216.

Wingfield JC, Wada M (1989). Changes in plasma levels of testosterone during male-male interactions in the song sparrow, *Melospiza melodia*: time course and specificity of response. *Journal of Comparative Physiology* A 166:189-194.

Wingfield JC, Ball G, Dufty A, Hegner R, Ramenofsky M (1987). Testosterone and aggression in birds. *American Scientist* 75:602-608.

Wingfield JC, Hegner R, Dufty A, Ball G (1990). The challenge hypothesis - theoretical implications for patterns of testosterone secretion, mating systems, and breeding Strategies. *American Naturalist* 136:829-846.

Wingfield JC, Hegner R, Lewis D (1991). Circulating levels of luteinizing-hormone and steroid-hormones in relation to social-status in the cooperatively breeding white-browed sparrow weaver, *Plocepasser mahali*. *Journal of Zoology* 225:43-58.

Wingfield JC, Lynn SE, Soma KK (2001). Avoiding the "costs" of testosterone: ecological bases of hormone-behavior interactions. *Brain, Behavior and Evolution* 57:239-251.

Wynne-Edwards KE (2001). Hormonal changes in mammalian fathers. *Hormones and Behavior* 40:139-145.

Yom-Tov Y, Christie MI, Iglesias GJ (1994). Clutch size in passerines of southern South America. *The Condor* 96:170-177.

CAPÍTULO 9

SOCIABILIDAD Y TERMORREGULACIÓN SOCIAL: "TODOS PARA UNO Y UNO PARA TODOS"

JOSÉ M. BOGDANOVICH

Departamento de Ecología, Center of Applied Ecology and Sustainability (CAPES)
Facultad de Ciencias Biológicas, Pontificia Universidad Católica de Chile,
Santiago 6513677, Chile.

FRANCISCO BOZINOVIC

Departamento de Ecología, Center of Applied Ecology and Sustainability (CAPES)
Facultad de Ciencias Biológicas, Pontificia Universidad Católica de Chile,
Santiago 6513677, Chile.

RESUMEN

En este capítulo abordamos el papel que desempeña la vida en grupo, particularmente la termorregulación social en la economía energética de los individuos, la que incluye el uso de los recursos hídricos como parte fundamental de la estrategia para el control de la temperatura corporal. La conducta de termorregulación social consiste en la agregación de individuos en contacto físico como respuesta a condiciones de estrés ambiental térmico. La agregación reduce la superficie de intercambio de calor, cuya consecuencia directa es la disminución en la tasa de pérdida de calor (o agua) a través de la superficie del animal. Utilizamos ejemplos en vertebrados endotermos (sociales y no sociales), ectotermos e invertebrados para evaluar la funcionalidad de esta conducta considerando diversos factores y condiciones. Los antecedentes indican una relación entre los atributos de los individuos (ej., capacidad termogénica) y características de las agregaciones. En este escenario el grado de sociabilidad de los individuos permitiría incrementar la estabilidad de la agregación. Además, discutimos si la conducta de termorregulación social podría responder a un fenómeno que emerge individualmente. Finalmente, usamos este contexto para examinar los estudios en especies de la fauna nativa chilena.

INTRODUCCIÓN

Un elemento básico detrás de la idea de sociedad o grupo social es que estos están constituidos por individuos responsables de patrones de interacción complejos que se superponen y entrelazan unos con otros. Esto condiciona que el comportamiento emergente de un grupo sea el resultado de la acción e interacción de sus componentes en el tiempo y espacio. Un sistema en el cual una estructura o patrón emerge a partir de sus componentes, sin la autoría central o elementos externos que impongan este patrón (i.e., un sistema biológicamente auto organizado), es fisiológica y conductualmente más económico, por lo que se espera debiese ser favorecido por la selección natural (Canals y Bozinovic 2011). En este sentido, aquellos mecanismos basados en la auto-organización serían favorecidos por procesos selectivos siempre que los mecanismos alternativos sean costosos o no viables (Canals y Bozinovic 2011).

ENERGÍA Y SOCIABILIDAD

Las variaciones en las condiciones de temperatura del medio pueden desafiar las capacidades de los animales a mantener su **homeostasis**, condición necesaria para el funcionamiento celular, la difusión pasiva de gases y una eficiente actividad enzimática entre otros procesos (Data 2002). Los animales despliegan una serie de estrategias y ajustes fisiológicos, morfológicos y conductuales en una compleja dinámica de interacción, que resulta en la regulación y coordinación de procesos bioquímicos y físicos dirigidos a mantener su homeostasis, y que están regidos por principios termodinámicos asociados a los flujos calor, agua y masa (Gates 2012).

La forma y el plan corporal de los animales, junto a su hábitat e historia evolutiva, establecen el escenario de los procesos termodinámicos de los individuos. Por ejemplo, la distribución del pelo corporal y el tipo de pelo, delimitan la tasa de intercambio de calor con el ambiente, dada por procesos convectivos y conductivos (Porter y Gates 1969). De igual manera, el tipo de hábitat, relativo a su capacidad de irradiar u absorber calor, así como la disponibilidad de alimento (i.e., energía) y refugio también inciden sobre la dinámica de transferencia de calor, debiendo los individuos decidir, priorizan, evitar, resistir y/o enfrentar (regular) los desafíos ambientales (Data 2002, Angilletta 2009).

En esta tarea, vivir en grupo conlleva una serie de beneficios para los miembros de las agrupaciones entre los que se cuenta una mayor eficiencia en la búsqueda de alimento, así como en la asignación de recursos entre el compromiso de alimentarse y evitar depredadores, lo que redunda en una mayor disponibilidad de energía asignable a procesos relativos con la mantención, el crecimiento y la reproducción (Ekman y Hake 1998, Krause y Ruxton 2002, Ebensperger Capítulo 3). Una desventaja de la vida en grupo representa la competencia potencial entre los miembros del grupo si los recursos son escasos. Como consecuencia, se desarrollan comportamientos agresivos entre los miembros del grupo, lo que puede condicionar la estabilidad de este o el aislamiento de los individuos conflictivos (Killen *et al.* 2016, Ebensperger Capítulo 3). Estos conceptos sugieren a la disponibilidad de energía como uno de los ejes de la **sociabilidad**. Hasta la fecha ningún estudio ha examinado la covariación en la demanda metabólica y la sociabilidad entre los individuos (Careau y Garland 2012). No obstante, es plausible suponer que animales con demandas metabólicas altas estarían menos dispuestos a desarrollar relaciones sociales dado por una fuerte motivación por adquirir alimentos (Frommen *et al.* 2007, Ebensperger Capítulo 3). Con esta idea, estudios recientes sugieren la posible ocurrencia de un umbral de privación de energía sobre el cual la sociabilidad podría ser favorecida (Killen *et al.* 2016). Durante las épocas de invierno, en general, los animales pasan extensos períodos privados de alimentos o con una muy escasa disponibilidad, lo que condiciona que no puedan suplir sus demandas de energía, con el consecuente deterioro de las aptitudes físicas necesarias para escapar de depredadores y buscar alimento (Stephens *et al.* 2008). Formar parte de un grupo permitiría sobrellevar estas consecuencias. Por ejemplo, el uso de anidamiento comunal, el cual consiste en que múltiples individuos ocupan un mismo nido o madriguera formando uno o varios grupos de agregaciones de crías y padres (Ebensperger 2001, Edelman y Kropowsky 2007), permite que sus miembros puedan reducir su **tasa metabólica de reposo**, la **conductancia térmica**, la pérdida de masa corporal y el gasto en **termogénesis** (Canals *et al.* 1997, 1998, Edelman y Kropowsky 2007). Específicamente, para mamíferos con crías **altriciales**, el uso de nidos comunales permite que las crías mantengan una temperatura corporal dentro de un rango viable a pesar de que pudiesen tener una baja capacidad termogénica (Sokoloff y Blumberg 2000, 2002, Bautista *et al.* 2008, 2010). Otros beneficios adicionales de los grupos de anidamiento se asocian a la cooperación entre los progenitores en el cuidado y alimentación de todas las crías, lo que resulta en un aumento en el tiempo de que disponen los padres para la búsqueda de alimento, así como en un ahorro de energía asociada al cuidado de las mismas (West *et al.* 2007, Auclair *et al.* 2014). Para las crías, el cuidado cooperativo puede significar, además del beneficio térmico, una mayor disponibilidad de alimento (Auclair *et al.* 2014). En las secciones que siguen profundizaremos en los beneficios de la sociabilidad para el balance de agua y energía de los animales, y las diversas consideraciones relativas a su funcionamiento apropiado.

TERMORREGULACIÓN Y AHORRO ENERGÉTICO

Uno de los principales desafíos homeostáticos en animales corresponde a mantener la temperatura corporal interna dentro de un rango apropiado para el funcionamiento de los organismos, e independiente de la temperatura ambiente. Aunque este fenómeno es evidente en **endotermos**, todos los organismos exhiben algún grado de **termorregulación**. La termorregulación es conducida por un balance entre la ganancia y la disipación de calor. La disipación de calor a altas temperaturas está dada principalmente por la pérdida de agua por evaporación a través de la piel y por la respiración (Tieleman y Williams 2002, Bozinovic y Gallardo 2006). La ganancia de calor ocurre por producción interna y/o ganancia desde el exterior, la principal fuente de producción interna proviene de generación de calor como consecuencia del metabolismo celular, lo que ha evolucionado primariamente en aves y mamíferos (Withers 1992). En reptiles, peces e insectos, la fuente de calor primaria es externa, el que es adquirido por medio de estrategias conductuales y fisiológicas que permiten elevar su temperatura corporal, y así incrementar la eficiencia en su funcionamiento celular (Withers 1992). Mantener una temperatura interna constante (**homeotermia**) es energéticamente costoso, y su valor incrementa en la medida que la temperatura ambiente se aleja de la temperatura corporal requerida para el funcionamiento del individuo (McNab 2002). El costo de la homeotermia puede verse aún más acentuado si consideramos que períodos o ambientes fríos se caracterizan, en general, por una baja disponibilidad de alimentos, lo que puede llegar a significar que la mantención de la homeostasis sea inviable. Como una estrategia para reducir los costos de la homeotermia, algunas especies de endotermos han evolucionado la habilidad de reducir su temperatura corporal cuando están expuestas a temperaturas ambientales muy bajas, para luego recuperar su temperatura inicial si la temperatura ambiente incrementa (McNab 2002). Este descenso controlado de la temperatura corporal puede ser sostenido por períodos que van desde algunas horas del día (**sopor**), o durante meses como en el caso de la **hibernación** (McNab 2002, Melvin y Andrews 2009). Así, la **heterotermia** no es un rasgo exclusivo de los ectotermos, contribuyendo de manera eficiente en endotermos (heterotermos) a reducir los costos de mantener la homeostasis térmica.

El uso de la heterotermia por parte de endotermos no implica la ausencia de limitantes para su vida. La caída en la temperatura corporal es consecuencia del descenso de la tasa metabólica, acompañada por una disminución en la frecuencia cardíaca y actividad física. Este hecho va en la dirección opuesta a los beneficios asociados a la evolución de la endotermia, como es la independencia térmica sobre las condiciones de temperatura del ambiente y la posibilidad de mantener un alto nivel de actividad por un período de tiempo considerable (Hedrix y Hilliamn 2016). Endotermos heterotermos deben posponer el desarrollo de algunas actividades físicas o procesos tales como reproducirse, eliminar desechos o crecer, a ventanas de tiempo donde las condiciones de temperatura les permitan un correcto funcionamiento (Speakman y Thomas 2003, Geiser 2004, Geiser y Brigham 2012). Un segundo desafío de la heterotermia lo configura el proceso de recuperación de la temperatura corporal luego de un estado de depresión metabólica. Este proceso conlleva un gasto de energía alto, que se incrementa en la medida que la depresión es mayor y / o se mantiene por un tiempo prolongado y con el tamaño corporal del animal (Geisser 2004, Gilbert 2009). Esto implica que los individuos deben reservar la energía suficiente para el proceso de recuperación del estado de **normotermia**, lo que comienza desde antes de ingresar al estado de depresión metabólica y debe prolongarse durante el período que dure este estado (Geiser 2004, Gilbert 2009).

Termorregulación social

Como una alternativa, o en ocasiones como complemento a la depresión metabólica, los animales buscan y usan refugios térmicos en el ambiente, lo que les permite minimizar su exposición al estrés ambiental, reduciéndose así los costos de la homeostasis, comportamiento de termorregulación (Marais y Chown 2008, Gunderson y Leal 2015). Una condición necesaria que se asume para que el comportamiento de termorregulación contribuya a reducir los costos de la homeotermia es que los animales vivan en un ambiente físico heterogéneo, donde dispongan de refugios apropiados para sus requerimientos y limitaciones de termorregulación (Sinervo *et al.* 2010, Sears *et al.* 2016). En la naturaleza, la disponibilidad de refugios térmicos apropiados es limitada. Por ejemplo, para la codorniz *Colinus virginianus* que habita los ecosistemas semi-áridos de Estados Unidos y México, su abundancia ha sido correlacionada de manera directa con la intensidad del pastoreo y la sequía. Estos factores son determinantes para la presencia de vegetación arbustiva, elemento crítico como refugio térmico para su homeostasis, así como para el desarrollo de sus huevos (Tomecek *et al.* 2017). Una estrategia con que los animales enfrentan este tipo de desafío es a través del uso compartido de los refugios formando **agregaciones** (Canals *et al.* 1989, Gilbert 2009). El comportamiento de termorregulación social o grupal consiste en la agregación de individuos lo que facilita el control de la temperatura corporal de cada individuo. Este comportamiento tiene dos requerimientos, el primero es que los animales que conforman la agregación se encuentran en contacto físico (**Figura 9-1**, Canals *et al.* 1989, Gilbert 2009,), y el segundo, es que el nivel de actividad de los animales en la agregación sea una función positiva de la diferencia de

Figura 9-1

Factores ambientales que promueven la agrupación social en animales endotermos y algunas de sus consecuencias.

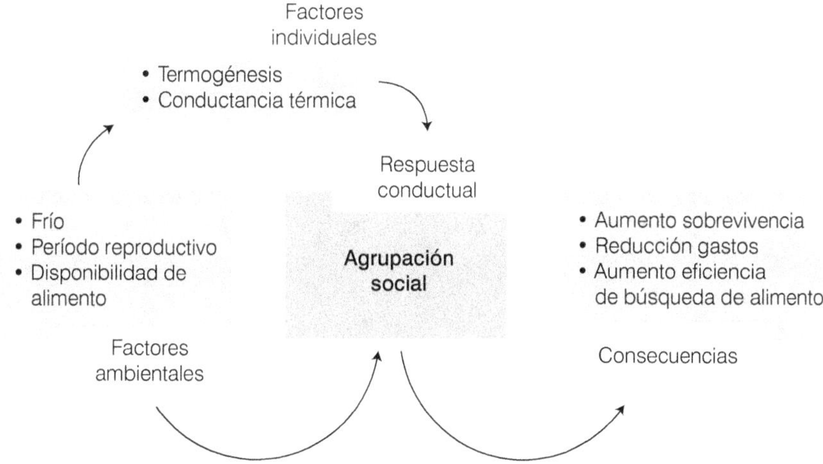

temperatura entre la temperatura ambiental y la temperatura corporal requerida por los individuos para su funcionamiento, i.e., movimiento termorregulatorio (**Figura 9-2**, Bautista *et al.* 2013).

Formar parte de una agregación tiene como consecuencia inmediata que los animales disminuyan la superficie corporal expuesta al ambiente, lo que permite reducir la pérdida de calor por conducción y evaporación, además de maximizar la ganancia de calor por radiación y conducción en función del área de superficie en contacto entre los miembros de la agregación (Data 2002, Angilletta 2009, Nowack y Geiser 2016). El grado de actividad de los animales dentro de la agregación permite homogeneizar la ganancia de calor entre sus miembros (**Figura 9-2**, Bautista *et al.* 2013). La consecuencia neta de la termorregulación social es la reducción de los costos energéticos de los individuos, lo que puede traducirse no solo en la reducción de los costos de la homeotermia y de la necesidad de encontrar refugios que se ajusten de manera precisa a sus necesidades, sino que también contribuye a que los individuos puedan sobrellevar de mejor manera condiciones de estrés de alimento y agua, y que finalmente dispongan de mayores recursos para actividades tales como crecer y reproducirse (Scantlebury *et al.* 2006, Gilbert *et al.* 2009, Bautista *et al.* 2013). Una consecuencia secundaria de la termorregulación grupal es que la temperatura alcanzada por la agregación puede modificar la temperatura ambiental del refugio por efecto de la radiación de los cuerpos, y mantenerla por sobre la temperatura exterior al refugio dependiendo de las características de aislamiento que tengan los materiales que constituyen el refugio (Porter y Gates 1969). Este fenómeno tiene incidencia directa sobre la dinámica del comportamiento de termorregulación grupal, afectando

Figura 9-2

Formación de agregaciones y transferencia de calor.

a) Agregación de pequeños roedores y movimiento termorregulatorio. Se destaca la estructura tridimensional de la agregación. **b)** Agregación de aves (perchadas), el movimiento termorregulatorio es lateral. La estructura de las agregaciones es bidimensional.

no solo su extensión sino también la intensidad de los movimientos termorregulatorios (Lee *et al.* 2015). Una desventaja de la agregación termorregulatoria es la necesidad de que los animales se mantengan en contacto físico por un período prolongado de tiempo, quedando, por ejemplo, a merced de depredadores (Gilbert *et al.* 2009), escenario que puede ser minimizado por la selección del refugio apropiado.

El comportamiento de termorregulación social ha evolucionado en diversos grupos taxonómicos, siendo descrito principalmente en especies sociales de mamíferos, sin embargo, también ha sido observado en especies de aves, reptiles y mamíferos considerados como no sociales (Gregory 1984, Brischoux *et al.* 2009, Gilbert *et al.* 2009). Esto ha permitido sugerir que ser social no es una condición necesaria para el despliegue de este comportamiento. Por ejemplo, en caracoles intermareales es común observar la formación de agregaciones asociadas a grietas definidas en la superficie rocosa. Los individuos que forman parte de estas agregaciones muestran una menor temperatura corporal y pérdida de agua por evaporación en condiciones de estrés térmico que animales solitarios (Rojas *et al.* 2013). En especies solitarias de mamíferos se ha descrito la formación de nidos comunales que resultan en una disminución del estrés térmico. En la ardilla roja *Tamiasciurus hudsonicus,* un pequeño mamífero solitario, territorial y agresivo hacia conespecíficos, se observó la formación de nidos comunales entre hembras no necesariamente emparentadas lo cual estaba asociado a eventos de bajas temperaturas ambientales, siendo muy raros durante épocas de lactancia (William *et al.* 2013). Un resultado similar ha sido reportado para el marsupial insectívoro australiano *Phascogale tapoatafa,* animal solitario que usa los huecos disponibles en los árboles como refugio.

La anidación comunal en esta especie responde a las dificultades de termorregulación que tendrían individuos de pequeño tamaño corporal para sobrellevar condiciones de baja temperatura ambiental y disponibilidad de alimento (Rhind 2003). Si los beneficios asociados a la termorregulación social podrían ser un promotor de la sociabilidad es un tema de discusión (véase Ebensperger Capítulo 3). Sin embargo, por el momento es posible considerar que los individuos que forman parte de una agregación debiesen ser capaces de tolerar la cercanía de otro individuo al menos por un tiempo. Cuánto tolera o coopera un individuo para formar una agregación antes de entrar en conflicto con el resto de los miembros del grupo es un fenómeno complejo, dependiente de rasgos como sexo, edad, sistema social que adscribe, condiciones ambientales, entre otros (Pulliam y Caraco 1984, Ebensperger Capítulo 3).

Termorregulación social y transferencia de calor

En los modelos de transferencias de calor, al área de superficie a través de la cual ocurre el intercambio de calor es la principal variable de control de la tasa de intercambio de calor (Data 2002). Desde una perspectiva geométrica, podemos considerar que el área de superficie (S) de un cuerpo incrementa de manera proporcional al cuadrado de su largo lineal (L^2) y al cubo de su volumen (L^3). Como consecuencia, el área de superficie del cuerpo de un animal aumenta con el volumen o masa corporal en un exponente de 2/3 (= 0,67). Así, la relación superficie/volumen es mayor para animales pequeños comparado con animales grandes. Es decir, en la medida que el tamaño corporal de un animal incrementa, su área de superficie disponible para la transferencia de calor incrementa en una menor proporción. Por lo tanto, animales pequeños pierden o ganan calor a una tasa mayor que los más grandes, lo que significa que los costos energéticos internos para mantener una temperatura corporal constante son mayores para animales de menor tamaño corporal.

Una de las predicciones del modelo geométrico de transferencia de calor es que los animales pequeños serían los más beneficiados con el uso de conductas de termorregulación social. Evidencia empírica al respecto proviene en general de estudios que contrastan los beneficios energéticos del agrupamiento entre individuos de diferentes edades. En conejos europeos de 10 días (*Oryctolagus cuniculus*) se estima que el ahorro de energía asociada a termorregulación por termogénesis de un individuo producto del agrupamiento de ocho individuos es cercano al 32% (Gilbert *et al.* 2009). Si se contrastan conejos agrupados y solitarios de 38 días de edad, estos no muestran una diferencia significativa en el gasto energético de termorregulación (Seltmann *et al.* 2009). Observaciones de campo muestran que conejos de 38 días ya no forman agrupaciones, a esta edad los animales han incrementado su peso aproximadamente en un 200% respecto a un animal de 10 días (Seltmann *et al.* 2009). Sumado al incremento en el tamaño corporal, con la edad los conejos también muestran un mejoramiento de las propiedades aislantes de su pelaje (ej., más largo), y Seltmann *et al.* (2009), indican que tanto el aumento en el tamaño corporal, así como el mejoramiento de las propiedades aislantes, serían los factores responsables de la no incidencia en el ahorro de energía de ser parte de una agrupación (Seltmann *et al.* 2009).

La incidencia de las propiedades de conductancia térmica (C) de la superficie de intercambio de calor sobre el despliegue del comportamiento de termorregulación social, ha sido evaluada en aves y mamíferos, destacándose no solo su papel como aislante, sino también su efecto asociado sobre el descenso en la relación superficie volumen (Schmidt-Nielsen 1997, Gates 2012). Por ejemplo, en el ratón venado (*Peromuyscus*) se observa un incremento en la densidad y largo del pelaje en invierno cuando las temperaturas alcanzan los -25°C. Este cambio en la superficie corporal implica para el ratón un ahorro cercano al 20% en el gasto de energía asociado a mantener la temperatura corporal. En el estudio antes descrito realizado en el marsupial australiano *Phascogale tapoatafa*, solo los animales de pequeño tamaño corporal (12% más pequeños) muestran un comportamiento del tipo termorregulación social cuando las condiciones ambientales son térmicamente estresantes (Rhind 2003). Este estudio fue realizado en hembras reproductivas de diferentes edades, pero de similares características de tamaño corporal (210 g) y de aislamiento térmico (Robinson y Morrison 1957). En este caso, aparentemente la capacidad aislante del pelaje de *P. tapoatafa* no fue suficiente para compensar la mayor pérdida de calor asociada al menor tamaño corporal de los animales. La relación entre las propiedades de conducción térmica de la superficie de los animales y la conducta de termorregulación social ha recibido escasa atención, y algunos antecedentes sugieren que esta podría ser más compleja. El roedor *Otomys unisulcatus* muestra una conductividad térmica un 13% menor que *Parotomys brantsii*. Ambas especies son roedores múridos, la primera corresponde a una especie que forma agregaciones durante la época de lluvias, y que construye sus refugios en arbustos, mientras que *P. branstii* es una especie solitaria que construye sistemas de cuevas interconectadas en zonas de arena (Jackson *et al.* 2002). Los autores señalan que la selección de refugio estaría vinculada a las características de aislamiento del pelaje de estas especies, la formación de agregaciones en *Otomys* es sugerida como una posible consecuencia de la baja disponibilidad de refugios a causa de las lluvias.

En ectotermos el tamaño corporal y la proporción de superficie corporal expuesta al ambiente respecto a la superficie total controlada a través de la postura, tienen mayor incidencia en el control del balance térmico que las características de conductancia de la superficie corporal (Fraser y Grigg 1983). La temperatura corporal de ectotermos terrestres de tamaño corporal inferior a 0,1 kg está fuertemente acoplada con la variación de la temperatura ambiental (Porter y Gates 1969). Con el aumento del tamaño corporal, la inercia térmica aumenta, descendiendo el rango de temperaturas que puede experimentar el cuerpo como función de la variación ambiental. Sobre los 10 kg de peso corporal, el control de la temperatura corporal está definido casi exclusivamente por el tamaño corporal. En animales de tamaño inferior a los 10 kg, los mecanismos conductuales, entre los que se encuentra la postura, uso de refugios, agrupación, serían los responsables de limitar el rango de temperaturas que experimenta un animal duarte el día (Stevenson 1985).

Formación de agrupaciones

Una condición necesaria para que opere el comportamiento de termorregulación grupal es que su despliegue se traduzca en un ahorro energético para el individuo agrupado. Así, una primera predicción acerca de su ocurrencia corresponde a que en la medida que la temperatura ambiente se acerca desde valores inferiores o supera a la temperatura corporal, el beneficio de la agrupación debiese desaparecer (Contreras 1984, Vickery y Millar 1984). Así mismo, si los recursos energéticos disponibles en el ambiente para mantener la homeostasis son suficientes, el beneficio de la agregación también debiese desaparecer (Vickery y Millar 1984, Jackson *et al.* 2002, Rhind 2003).

El beneficio que recibe un individuo al ser parte de una agregación se asocia de manera inversa con la extensión de área de superficie expuesta al intercambio de calor con el ambiente, la que depende de la posición del individuo dentro de la agregación y el número de miembros que la conforman (Gilbert *et al.* 2009). Canals *et al.* (1989, 1997) desarrollaron un modelo matemático para estimar el ahorro de energía asociado al comportamiento de termorregulación social, cuyo descriptor corresponde a la proporción de **gasto metabólico** entre un animal agrupado y uno solitario. Como variables asociadas los autores incluyeron el número de animales que integraría la agrupación, así como las condiciones microclimáticas locales del lugar en que se forma la agregación. Las predicciones del modelo fueron evaluadas en diferentes especies de pequeños mamíferos entre los que se destaca *Thylamys elegans*, un pequeño marsupial (Didelphidae) endémico de Chile que complementa la conducta de termorregulación social con sopor. Los resultados muestran una relación positiva entre el número de animales que conforma la agrupación y el ahorro de energía, esta relación sin embargo no es lineal, alcanzando el máximo ahorro de energía en agrupaciones de cinco animales (**Figura 9-3**). En términos numéricos, por ejemplo, el consumo de energía de *T. elegans* en solitario a 13°C es cercano a 0,12 KJg^{-1}h^{-1}, mientras que para un individuo en un grupo de tres animales es aproximadamente de 0,07 KJg^{-1}h^{-1} y para una agregación de cinco animales es de 0,06 KJg^{-1}h^{-1} (Canals *et al.* 1989). Una de las predicciones para la formación de una agregación corresponde a la relación negativa entre el ahorro de energía y el grado de estrés que experimenta un individuo debido a la temperatura ambiente. El roedor *Octodon degus* es un habitante común de la zona central de Chile, y su **zona de termoneutralidad** se describe entre los 27°C a los 35°C. En agrupaciones de cinco animales el gasto energético estimado para mantener la homeostasis térmica a 10°C es de 0,021 KJg^{-1}h^{-1}, mientras que para animales solitarios incrementa a 0,038 KJg^{-1}h^{-1}. El gasto de animales solitarios esta vez medidos 30°C disminuye a 0,013 KJg^{-1}h^{-1}, valor que no difiere estadísticamente del consumo de energía registrado en animales que forman parte de una agregación de cinco animales (Canals *et al.* 1989, Núñez-Villegas *et al.* 2014). Para temperaturas ambientales bajo los 10°C, el ahorro de energía relativo a formar parte de una agregación no incrementa de manera significativa para *Octodon degus* (Canals *et al.* 1989). En el ratón blanco *Mus musculus*, cuyo límite inferior de termoneutralidad oscila entre 25°C a 30°C se sugiere como temperaturas críticas para su termorregulación el rango comprendido entre los 20 y 16°C. Específicamente, sobre los 20°C los ratones se agregan de manera natural en

Figura 9-3

Decaimiento de la tasa metabólica (eje Y) en relación con el número de animales que conforman la agregación para diferentes especies de micromamíferos.

a) *Mus musculus*, **b)** *Phyllotis darwini*, **c)** *Abrothrix andinus*, **d)** *Abrothrix lanosus*, **e)** *Eligmodontia typus*, **f)** *Thylamys elegans*. Los números en cada gráfico indican la temperatura ambiente en que se evaluó la tasa metabólica y el porcentaje indica la magnitud del descenso en la tasa metabólica. El eje proporción metabólica representa la razón entre la tasa metabólica de un individuo agrupado y uno solitario (ver texto para más detalles). Figura modificada de Canals *et al.* (1997).

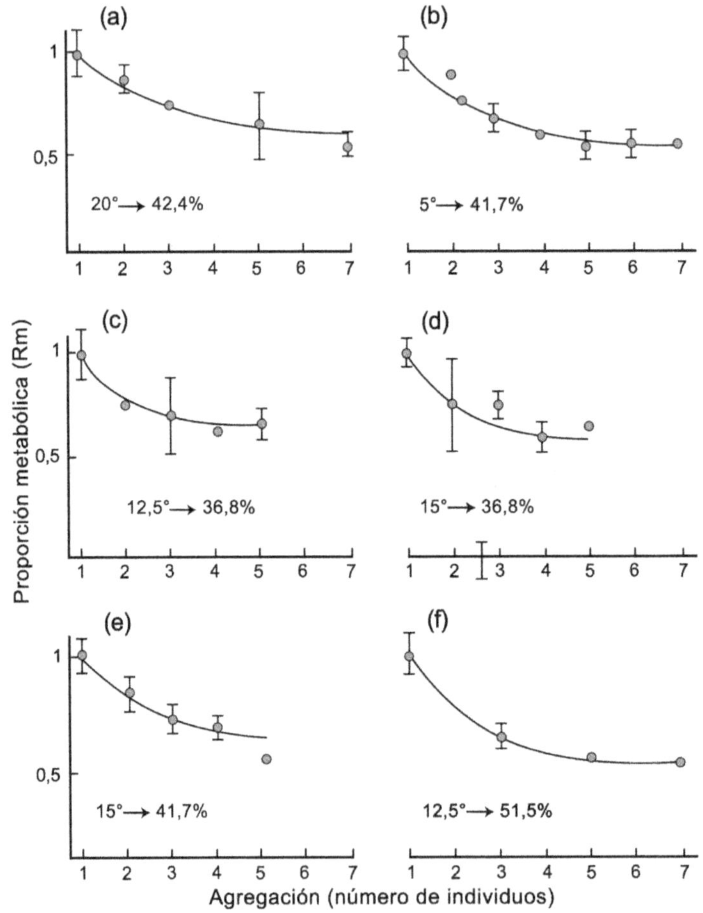

grupos de cuatro individuos; cuando la temperatura ambiente es inferior a los 16°C las agrupaciones son conformadas por nueve individuos (Canals y Bozinovic 2011). Si este cambio en la conformación de la agrupación con la temperatura ambiente tiene determina un ahorro de energía, no ha sido evaluado directamente. Sin embargo, los autores consideran que esta respuesta minimizaría el estrés de manera individual.

Si existe un número óptimo para la conformación de una agrupación es un tema aún en discusión. Gilbert *et al.* (2009) realizó una revisión de la literatura, que incluyó roedores, quirópteros y aves, donde señala que las agrupaciones de cuatro individuos serían las que permiten el máximo ahorro de energía a sus miembros, siendo muy baja la ganancia adicional al incorporar un nuevo individuo. Un elemento necesario para la discusión corresponde a que, en aves y quirópteros, la relación entre el número de individuos que forman una agregación y el beneficio energético sigue una relación lineal, la que está definida por la estructura bidimensional que caracteriza a sus agregaciones (**Figura 9-2**, Putaala *et al.* 1995, Ancel *et al.* 2015). En mamíferos, las agregaciones pueden configurar arreglos en tres dimensiones (**Figura 9-2**), lo que condiciona que la relación entre el número de animales y el beneficio térmico de la agrupación describa una relación no lineal, que es desde donde se sugiere la ocurrencia de un número óptimo de animales para formar una agrupación (Canals *et al.* 1997, 2011, Gilbert at al. 2009). Un factor

Figura 9-4

Modelo de transición de fase.

La línea continua describe la dinámica transición entre el agrupamiento y des-agrupamiento en relación con la temperatura ambiente. T$_{transición}$ indica la temperatura ambiente crítica para la transición; **(A)** describe a una colonia con una reserva de energía amplia; **(R)** describe a una colonia con una reserva de energía restringida. La colonia con una reserva de energía más amplia presenta un mayor rango de temperatura ambiente sobre el cual puede sostener una condición de transición (coexistencia de animales agrupados y solitarios).

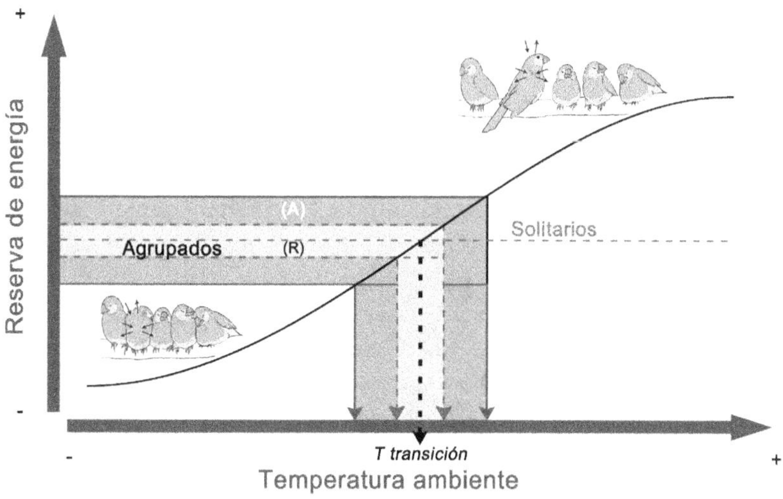

no evaluado explícitamente por Canals *et al.* (1989, 1997) corresponde a la forma de los animales. En el conejo *Oryctolagus cuniculus* el ahorro de energía estimado para una agrupación de ocho animales de pocos días de nacidos es cercano al 32% (Gilbert *et al.* 2009). Si la agrupación está conformada por conejos de tamaño corporal perteneciente al tercio inferior del mismo rango de edad, un aumento de dos conejos en la agrupación se traduce en un incremento de 0,75°C en la temperatura corporal (Bautista *et al.* 2017). Los autores sugieren que animales de menor peso tendrían cuerpos más alargados lo que les condiciona una mayor relación superficie volumen, y por tanto requerirían un mayor número de compañeros para reducir el área de superficie de intercambio de calor. Un resultado en esta línea es descrito para la rata topo *Cryptomys damarensis*, roedor fosorial de tamaño corporal similar a *O. degus* (200 g), pero de cuerpo alargado. Animales solitarios muestran un consumo de energía a 22°C de 0,014 KJg^{-1}h^{-1}, este consumo se reduce a 0,0046 KJg^{-1}h^{-1} en agrupaciones de cinco animales, y alcanza el máximo de ahorro de energía en agregaciones de 10 animales (0,0017 KJg^{-1}h^{-1}) (Kotze *et al.* 2008).

Las agregaciones de mayor número de animales se han descrito para aves. El ejemplo más extremo corresponde al del pingüino emperador (*Aptenodytes forsteri*), especie que vive en colonias de miles de aves en el polo sur, en las que se distinguen agregaciones transitorias de alta densidad que pueden alcanzar entre ocho a diez pingüinos por metro cuadrado (Ancel *et al.* 2015). Dentro de estas agregaciones la temperatura ambiental puede elevarse hasta los 37°C, valor que sobrepasa el límite superior de la zona termoneutral (20°C), y que implica que las agregaciones son sostenidas por tiempos limitados (50 minutos promedio) dada la necesidad de disipar el exceso de calor (Ancel *et al.* 2015, Gilbert *et al.* 2006, 2008). El principal detonante de la formación de las agregaciones de alta densidad en pingüinos es la temperatura ambiental, acompañada por un incremento en la velocidad del viento y un descenso en la radiación solar (Ancel *et al.* 2015, Gilbert *et al.* 2006, 2008). Con el descenso de la temperatura, el número promedio de pingüinos en las agregaciones incrementa, lo que tiene como consecuencia que el número de agregaciones se reduce a algunas pocas de mayor tamaño. Estas agregaciones de gran tamaño se asumen como un conjunto de pequeñas agregaciones altamente cohesionadas, dado que su formación está guiada por la respuesta conductual de cada pingüino al frío, la que consiste en que las aves se acerquen al vecino más cercano (Ancel *et al.* 2015). Así el comportamiento de termorregulación social en el pingüino emperador se describe como un fenómeno dinámico, gobernado por respuestas individuales que resulta en disipar el calor o reducir la exposición al frío. Un fenómeno similar se observa en los sitios de descanso comunal, donde las aves se posan unas al lado de otras formando extensas agregaciones. A diferencia de lo descrito para los pingüinos, esta conducta de agrupamiento estaría determinada, entre otras causas, por el ahorro de energía cuando la disponibilidad de recursos es reducida (Du Pleissis *et al.* 1994, Putaala *et al.* 1995). En el mito cola larga (*Aegithalos caudatus*) el ahorro de energía para aves ubicadas en el centro de un trío es cercano al 37%, mientras que dispuestas en pares es de un 25% respecto a un animal solitario (Riehm 1970). En la perdiz gris (*Perdix perdix*) se evaluó el efecto del número de participantes en una agregación en relación con el ahorro de energía. En temperaturas de -30°C, el máximo ahorro de energía se logra en agregaciones de nueve individuos. La relación entre el ahorro de energía y el número de participantes se ajusta a una función lineal simple: un individuo solitario consume 13,8WKg⁻¹; aves que forman parte de grupos de tres individuos el ahorro alcanza el 5,7%, y en agregaciones de nueve aves el 24% (Putaala *et al.* 1995).

Antagonismo dentro de las agregaciones

Un rasgo característico de las agregaciones termorregulatorias es el desplazamiento de animales entre la periferia y el centro de la agregación. Este desplazamiento se ha asociado por una parte a la necesidad de algunos miembros de disipar calor, como a la búsqueda de una mejor posición dentro de la agregación, particularmente de aquellos miembros que se encuentran en la periferia (Harshaw *et al.* 2014, Ancel *et al.* 2015). Los beneficios de formar parte de una agregación no son similares para todos sus miembros. Algunos autores han señalado que dinámicas agonísticas dentro de las agrupaciones son comunes, y las responsables de los movimientos dentro de las agrupaciones, donde los competidores dominantes serían los que ocupan las mejores posiciones en ellas (Alberts 2007, Bautista *et al.* 2010, 2013, Harshaw *et al.* 2014). En estudios con crías de conejo y ratas se ha descrito un fenómeno denominado flujo de crías, el que consiste en un movimiento cíclico continuo de animales desde la periferia fría de la agrupación hacia el centro cálido, donde las crías más grandes ocupan las posiciones centrales del nido, desplazando a las más pequeñas que intentan alcanzar esta zona (Alberts 2007, Bautista *et al.* 2010, 2013, Harshaw *et al.* 2014). Consecuencias de esta dinámica competitiva e individualista es el incremento del calor liberado por la agregación producto del roce entre los animales, lo que permite aumentar la temperatura microambiental. Además, facilita la transferencia de calor desde el centro de las agrupaciones a la periferia gracias al desplazamiento de los animales que han alcanzado valores excesivamente altos en el centro y requieren perder calor. Así, es posible considerar que un proceso de naturaleza individualista estaría al servicio de toda la agregación facilitando el acceso al beneficio térmico de formar parte de una agregación (Boix-Hinzen y Lovegrove 1998, Gilbert *et al.* 2012).

FISIOLOGÍA Y TERMORREGULACIÓN SOCIAL

Aclimatación

La habilidad de los animales para ajustar sus funciones fisiológicas a condiciones ambientales nuevas está vinculada a sus experiencias pasadas (Pigliucci 2001). Estos ajustes fisiológicos abarcan, por ejemplo, desde modificaciones estacionales en el aislamiento térmico a cambios drásticos y/o permanentes en la actividad metabólica (ej., aclimatación térmica, sopor). Independiente del tipo de ajuste, estos implican costos, donde el desafío principal es contar con las reservas de energía que sostengan una tasa metabólica suficientemente alta para mantener la temperatura corporal, o que permita recuperar la temperatura corporal normal luego de un período de letargo (**sopor**). Solo animales con reservas suficientes de energía estarían capacitados para ajustarse a condiciones ambientales nuevas (Melvin y Andrew 2009, Vaurin *et al.* 2013). Dentro de este escenario, una predicción posible es que la termorregulación social contribuiría a reducir los costos y/o las reservas de energía necesarias para el ajuste fisiológico a nuevas condiciones ambientales. Estudios en *O. degus* señalan que el incremento en el costo energético asociado a la aclimatación a temperaturas frías (15°C) en animales solitarios podría alcanzar el 30% respecto a un animal dentro de la zona termoneutral. En animales agrupados (cinco individuos) expuestos a 15°C, este costo se reduce en un 40%, el que es respaldado por una reducción en el consumo de alimentos (Núñez-Villegas *et al.* 2014). Estos resultados son coincidentes con lo reportado en otros roedores, como en el hámster Siberiano *Phodopus sungorus*, en el que se ha observado hasta un 16% menos de consumo de alimento en animales agrupados (Kauffman *et al.* 2003). Uno de los principales desafíos del estado de sopor es poseer las reservas de energía suficientes para recuperar el estado de normotermia (Bozinovic *et al.* 2005, Opazo *et al.* 1999, Silva-Duran y Bozinovic 1999). Se predice que los animales que caen en sopor formando agrupaciones, serían más eficientes en el ahorro de energía dado la menor tasa de pérdida de calor. Estudios al respecto muestran que animales que realizan sopor formando agregaciones tienen una recuperación de la temperatura corporal más rápida que animales que realizan sopor en solitario. Además, permanecen en estado de sopor por períodos más largos, lo que sugiere que disponen de energía suficiente para mantenerse por más tiempo en letargo (Séguy y Perret 2005, Hwang *et al.* 2007, Jefimow *et al.* 2011). Así, la combinación de estrategias emerge como un camino más eficiente para el ajuste fisiológico, lo que redunda en un mejor estado de condición corporal, que finalmente se traduce en una ventaja respecto a conespecíficos solitarios en la estación reproductiva que sigue a la temporada de sopor (Jefimow *et al.* 2011, Franco *et al.* 2012).

Termogénesis

Para animales que están expuestos a condiciones de frío, la pérdida de calor puede ser minimizada por un mejoramiento en la aislación térmica (ej., aumento largo del pelaje, densidad) y/o por incrementar la producción de calor interno. La generación de color interno, o termogénesis, corresponde al proceso de producción de calor que puede ser consecuencia de la contracción muscular (tiritar), o a partir de una alta actividad mitocondrial del tejido adiposo pardo, sin tiritar (Gordon 2009). En pequeños mamíferos el incremento en el aislamiento térmico es una opción limitada, que está restringida por la cantidad de pelaje aislante capaz de sostener un individuo y el necesario para contrarrestar una razón superficie/ volumen alta, siendo así el incremento en la producción de calor interno la principal opción para contrarrestar la pérdida de calor (McNab 2002, Gordon 2009). Incrementar la capacidad de **termogénesis** implica contar con las reservas de energía para sustentar el aumento de la producción de calor cuando sea requerido. La manera más rápida de aumentar la temperatura corporal es a través de tiritar, sin embargo, es ineficiente en términos metabólicos (McNab 2002, Gordon 2009). La manera más eficiente de producción de calor es a través de la termogénesis sin tiritar, la que puede ser apoyada por procesos fisiológicos como el sopor, y conductuales como la termorregulación social (McNab 2002, Franco *et al.* 2012). En esta sección, cuando nos refiramos a termogénesis vamos a estar haciendo mención a la producción de calor sin tiritar.

Estudios en roedores han evaluado la relación entre actividad termogénica y el comportamiento de termorregulación social. El hámster dorado *Mesocricetus auratus*, hasta la edad de tres semanas carece de grasa parda lo que significa una baja producción endógena de calor (Sokoloff *et al.* 2000). Durante este período de vida, las agregaciones se caracterizan por un alto grado de persistencia asociado a un marcado comportamiento termotáctico positivo. En ausencia de una fuente de calor, como podría ser la madre en condiciones naturales, los animales muestran un alto grado de actividad dentro de las agregaciones, marcada por desplazamientos violentos de unos sobre otros en la búsqueda de acceder a la región más cálida del grupo. En la medida que la temperatura decrece respecto a límite inferior de la zona termoneutral, el grado de actividad se ve intensificada, lo que se traduce en la inestabilidad del grupo y, como consecuencia, en el fallo del comportamiento de termorregulación social en su rol de minimizar la pérdida de calor. Al incluir una fuente de calor a la agregación, el grado de actividad de los hámsters decrece, incrementando la estabilidad del grupo (Blumberg 1997, Sokoloff *et al.* 2000, Sokoloff y Blumberg 2001, 2002). A diferencia del hámster, la rata noruega *Ratus norvegicus*, tiene una alta actividad termogénica desde el nacimiento, la que se manifiesta independientemente del tamaño de la agregación. Ratas agrupadas de ocho días de edad, en condiciones de baja temperatura, muestran un incremento en la actividad termogénica, así como en el grado de actividad dentro de las agregaciones. Esta actividad se caracteriza por una actitud no agresiva entre los miembros de la agregación, que está dirigida a incrementar el contacto entre sus superficies y así reducir la pérdida de calor. En ratas de dos días la respuesta termogénica al descenso de la temperatura es similar al de ratas de ocho días. Sin embargo, dentro de las agregaciones los animales no muestran cambios en su conducta con el descenso de la temperatura ambiente, lo que se vincula a una funcionalidad reducida de la conducta de termorregulación social (Sokoloff *et al.* 2000, Sokoloff y Blumberg 2001, 2002). Sokoloff y Blumberg (2001) formaron agregaciones artificiales de cuatro crías de rata en las que se inhibió la capacidad termogénica de tres individuos, estas agregaciones presentaron temperaturas inferiores a las formadas por animales no inhibidos, además sus miembros no mostraron un incremento en su nivel de actividad o conducta termorregulatoria, la que permite reducir la pérdida de calor.

A partir de estos estudios, dos resultados son destacados por los autores, el primero, que la producción de calor endógena es central para la mantención de la temperatura corporal, no siendo las agregaciones una condición suficiente para evitar la pérdida de calor. El segundo resultado, que la formación de agregaciones y el comportamiento termorregulatorio dentro de estas no está limitada por la capacidad de producción de calor endógena de los miembros de la agregación. A partir de estas conclusiones los autores sugieren que el agrupamiento, al menos en ratas infantes, aparentemente no sería una estrategia que compensaría la producción de calor, planteamiento que no ha sido evaluado en otras especies.

Termorregulación social en ectotermos

En vertebrados ectotermos la formación de agregaciones para el control de la temperatura corporal ha sido escasamente evaluada. A partir de los ejemplos disponibles se sugiere que la formación de agregaciones termoregulatorias sería un mecanimo para minimizar la pérdida de calor. En lagartos y serpientes se ha evidenciado que la formación de agregaciones conlleva un incremento en la inercia térmica del grupo lo que redunda en un retardo en la pérdida de calor. Este fenómeno se ve afectado de manera positiva tanto por el número de animales involucrados como por sus tamaños corporales (Myres y Eells 1968, Shah *et al.* 2003, Aubret y Shine 2009). Es interesante destacar que el patrón de comportamiento de los ectotermos y endotermos dentro de estas agregaciones, es similar. En el gecko de cola delgada australiano (*Nephrurus mili*), los estudios muestran un incremento en la cohesión del grupo con el descenso de la temperatura ambiental y un incremento de la dispersión de este con el aumento de la temperatura ambiente, lo que permiten regular la tasa de enfriamiento y calentamiento individuos (Shah *et al.* 2003).

Una situación extrema de termorregulación social en ectotermos ha sido descrita en serpientes que hibernan en los refugios de endotermos como aves. Este comportamiento se le ha denominado **cleptotermia**, dado que los réptiles están siendo beneficiados por la producción de calor del endotermo, sin contribuir a la ganancia de calor del grupo. Básicamente este tipo de comportamiento corresponde a un tipo de parasitismo (Brischoux *et al.* 2009). Un hecho interesante de esta conducta es que es similar a lo observado en roedores recién nacidos. En roedores, el metabolismo de neonatos genera menos calor que el de adultos, además la falta de tejido aislante y grasa subcutánea incrementa la tasa de pérdida de calor, lo que sumado a su mayor razón superficie/volumen establece una fuerte limitante en la habilidad de las crías para termorregular. A partir de estas observaciones, en ocasiones se hace referencia a que los endotermos recién nacidos serían térmicamente similares a un ectotermo, donde ambos necesitan una fuente de calor externa de manera permanente para mantenerse.

Conservación de agua

Un beneficio menos considerado de la conducta de agrupación es el descenso de la pérdida de agua por evaporación (McNab 2002, Gates 2012). Este beneficio es destacado principalmente en especies que habitan ambientes en los que los animales están sujetos a estrés hídrico. El ratón cuatro líneas, *Rhabdomys pumilio,* habita tanto pastizales como zonas áridas de África. Entre estos animales solo aquellos que habitan las zonas áridas muestran una conducta de agregación termoregulatoria. Cuando el tamaño de estas agregaciones se reduce experimentalmente a la mitad (agregaciones de nueve individuos), los animales incrementan un 19% su gasto de energía, el que va acompañado de un aumento en un 37% en la tasa recambio de agua (Scantlebury *et al.* 2006). Los autores sugieren que la ausencia de una conducta termoregulatoria social en ratones de pastizales podría estar ligada a una baja contribución a la mantención del balance hídrico en desmedro de los costos de tiempo que les podría significar permanecer en una agrupación. En la misma línea, en el ratón saltador australiano *Notomys alexis*, los animales que pertenecen a una agrupación muestran un 25% menos de pérdida de agua por ventilación pulmonar que animales solitarios (Baudinette 1972). Estudios en el murciélago ratonero gris *Myotis nattereri*, un quiróptero que hiberna formando agregaciones de menos de 20 individuos en árboles o edificios, señalan un ahorro cercano al 30% de agua perdida por evaporación respecto a animales que entran en sopor solos (Boraty ski *et al.* 2015). En general, el beneficio de la agregación en el ahorro de energía no es claro en quirópteros, otorgándole un papel casi exclusivo sobre el ahorro de agua durante el sopor, donde el control de la temperatura corporal se ha vinculado principalmente con la selección de micrositios definidos por sus condiciones microclimáticas de temperatura y humedad dentro del refugio o zona usada como descanso (Brack 2007, Boraty ski *et al.* 2015, Boyle *et al.* 2017).

La funcionalidad de una agregación en términos de la conservación de agua está vinculada al diseño del animal, en especial a su aislación térmica, y al ambiente en el que habitan. En murciélagos, el 70% de la pérdida de agua por evaporación ocurre a través de la piel, específicamente las membranas alares. En el caso de mamíferos no voladores de igual tamaño, la pérdida de agua por evaporación está restringida a la respiración pulmocutánea, condición que determina una mayor sensibilidad de los quirópteros a la pérdida de agua. En el caso de los invertebrados, la sensibilidad a la pérdida de agua a causa de estrés térmico incrementa respecto a los vertebrados. Este hecho es consecuencia principalmente de la mayor razón superficie/volumen que muestran como consecuencia de su pequeño tamaño corporal. Si bien existen vertebrados endotermos y ectotermos de pequeño tamaño, en el caso de los endotermos sus capacidades termogénicas les dan una ventaja sobre los ectotermos al momento de enfrentar el estrés hídrico (McNab 2002). Respecto a vertebrados ectotermos de pequeño tamaño, como la rana Papúa Nueva Guinea *Paedophryne amanuensis* (7,7 mm de longitud), estos tienen una relación de área de superficie- volumen menor que los invertebrados y, por lo tanto, tienen más tiempo para responder a los cambios de temperatura. Esto significa que los invertebrados son más susceptibles a cambios rápidos de temperatura, lo que incluye una mayor vulnerabilidad a la desecación (Chidawanyika y Terblanche 2011, Everatt *et al.* 2015).

Estudios como estos sugieren que el papel de la termorregulación social podría estar más allá de una estrategia asociada exclusivamente al ahorro de energía como ha sido tradicionalmente descrita. Por ejemplo, los caracoles que habitan el intermareal rocoso están expuestos a condiciones de estrés hídrico por extensos períodos de tiempo, donde la pérdida de agua por evaporación es el principal mecanismo de regulación de la temperatura corporal (Garrity 1984). Estos animales ocluyen la apertura de la concha con un tapón llamado opérculo, el que encierra de manera hermética al animal dentro de la concha, conservando así el agua corporal. Esta estrategia si bien detiene la pérdida de agua, condiciona un aumento de la temperatura corporal, además de propiciar la acumulación de metabolitos secundarios asociados a procesos de respiración celular y síntesis de proteínas para el control del alza de temperatura (proteínas de estrés térmico) (Garrity 1984, Somero 2002, Helmuth *et al.* 2006). Un estudio realizado en el caracol intermareal *Echinolittorina peruviana* en Chile central muestra que animales que son parte de una agregación mantienen por más tiempo abierto el opérculo que un animal solitario en las mismas condiciones de estrés ambiental. Más aún, individuos agregados expuestos a una humedad relativa del ambiente baja (30% con 30°C de temperatura), mantienen temperaturas corporales menores y sufren una menor pérdida de agua que individuos solitarios en las mismas condiciones ambientales (Rojas *et al.* 2013). Los alcances en términos energéticos de estos resultados no se conocen, sin embargo, los autores sugieren que los animales que forman parte de una agrupación serían menos sensibles a cambios en las condiciones ambientales, pudiendo controlar la temperatura corporal durante más tiempo que los caracoles solitarios.

SOCIABILIDAD *VERSUS* INDIVIDUALISMO EN LA TERMORREGULACIÓN SOCIAL

La termorregulación social o grupal de manera natural ha sido vinculada a una conducta gregaria de cooperación, donde las relaciones de parentesco o jerarquía de los participantes se asumen como un elemento central para la conformación y estabilidad de las agrupaciones, en especial debido a que los miembros de la agrupación se deben al menos tolerar los unos a los otros (Gilbert *et al.* 2009, Groó *et al.* 2018). El soporte sobre esta sentencia es escaso y poco claro, donde factores como la edad, capacidad termogénica, tamaño corporal y estructura social deben ser incluidos en el análisis. Un estudio reciente en individuos adultos de dos especies de ratones, el ratón doméstico *Mus musculus*, que es altamente agresivo a extraños, y el ratón constructor de cerros *Mus spicilegus*, que es sociable frente a extraños, muestra que en ambas especies los individuos se agrupan exclusivamente con familiares, siendo los ratones constructores, sin embargo, los que presentan la mayor predisposición a formar agrupaciones, independiente de la temperatura ambiente (Groó *et al.* 2018). Estudios disponibles en ratas recién nacidas, por otra parte, sugieren que la conformación de agrupaciones termoregulatorias sería una consecuencia más bien de decisiones individualistas, y que la cooperación entre los miembros de las agregaciones sería una consecuencia secundaria, donde la estabilidad de la agrupación estaría condicionada por el grado de estrés de cada miembro relativo a su capacidad termogénica (Sokoloff *et al.* 2000, Sokoloff y Blumberg 2001, 2002).

Un factor adicional sobre la estabilidad de las agrupaciones corresponde a la competencia por alimento (Rödel *et al.* 2008, Bautista *et al.* 2010, Reyes *et al.* 2011).

Estudios en agregaciones de hermanos recién nacidos del conejo europeo *Oryctolagus cuniculaus* y ratas de laboratorio (cepa Long-Evans) muestran que los miembros de estas agregaciones mantienen una rotación continua, lo que permite que todos los miembros se beneficien en algún grado en términos de temperatura (Bautista *et al.* 2008, 2010). No obstante, dentro de las agregaciones no todas las posiciones están disponibles para todos los animales. Animales de mayor masa corporal ocupan de manera consistente posiciones centrales, las que son térmicamente más ventajosas que sus hermanos más delgados, y además les permite tener un mejor acceso a la leche al momento de la lactancia, lo que condiciona un factor de mortalidad por desnutrición dentro de las agrupaciones (Bautista *et al.* 2008, 2010, Rödel *et al.* 2008).

El papel de la jerarquía social en la formación de las agregaciones se ha evaluado de manera tangencial. En el roedor social *Octodon degus* la formación de agregaciones termorregulatorias se vincula con el descenso de la temperatura ambiente, los individuos que originan las agregaciones no requieren contar con alguna posición social específica dentro del grupo (Sánchez *et al.* 2015). En la naturaleza, la composición de los grupos que conforman los núcleos sociales de esta especie muestra un alto recambio de individuos independiente del grado de parentesco que tengan (Ebensperger *et al.* 2009, Davis *et al.* 2015), lo que permite sugerir un papel poco relevante de la tenencia de una jerarquía social específica para la conformación de una agregación termorregulatoria. En algunas especies de primates macacos los antecedentes en esta línea están divididos; para el macaco japonés, *Macaca fuscata,* se ha descrito que las agregaciones posibles de asociar a una conducta de termorregulación social están formadas con mayor frecuencia por individuos de jerarquías similares o parientes. Sin embargo, si las condiciones de temperatura descienden en extremo, animales no emparentados se incorporan a los grupos de termorregulación (Takashi 1997). En el caso del macaco bárbaro, *Macaca sylvanus,* los grupos de termorregulación no están ligados al rango social, sexo o relación social que presentan los miembros de las agrupaciones (Campbell *et al.* 2018). En primates, los grupos sociales se encuentran entre los más complejos, y están estructurados sobre un sistema multi-nivel basado en el desarrollo de relaciones con diferentes grados de intensidad dentro de los grupos, las que se consolidan a través de la inversión de tiempo que dedica cada miembro del grupo al cultivo y reforzamiento de su relación con el resto de los miembros (Sutcliffe *et al.* 2016). En este escenario, para sociedades multi-nivel, dado el beneficio directo del comportamiento de termorregulación social sobre el bienestar de los miembros de la agrupación, es esperable un vínculo entre el comportamiento de termorregulación social y el grado de relación y / o parentesco que mantienen los miembros del grupo, sin embargo, a la fecha faltan antecedentes que permitan sostener esta relación. Así, al igual como se ha considerado para la formación y persistencia de los grupos sociales en otros mamíferos, la estructuración de las agregaciones termorregulatorias en primates también estarían guiadas por las limitaciones impuestas por el ambiente (ej., disponibilidad de alimentos, refugios), y no sería una consecuencia de fenómenos más complejos tales como filopatría o selección de grupo (Emlen 1997, Ebensperger *et al.* 2009, Wilkinson *et al.* 2016).

COMPORTAMIENTO DE TERMORREGULACIÓN SOCIAL COMO UN SISTEMA AUTO-ORGANIZADO: EVOLUCIÓN Y VENTAJAS

Minimizar los costos relativos a mantener el balance de energía y agua necesarios para el control de la homeostasis es la consecuencia primaria con la que se ha distinguido al comportamiento de termorregulación social. El detonante de este comportamiento se reconoce en que los individuos no cuentan con los recursos o capacidades suficientes para sostener en el tiempo un ambiente interno apropiado para el funcionamiento de su maquinaria fisiológica-bioquímica, lo que los induce a interactuar con otros individuos (Contreras 1987, Gilbert *et al.* 2009). En animales sociales se reconocen beneficios secundarios asociados al control del estrés, por ejemplo, vinculados a la presencia de depredadores, enfermedades y aparentemente a angustias psicológicas (Ijzerman *et al.* 2015). Una consecuencia inmediata del ahorro de energía es que los animales deben pasar menos tiempo buscando recursos en condiciones extremas, lo que redunda de manera directa en un incremento en la tasa de sobrevivencia (Gilbert *et al.* 2009). El ahorro de energía además permite que los animales dispongan de más energía asignable a crecer, desarrollarse, competir, reproducirse y cuidar a las crías, ventajas que se deben sumar en animales que hacen sopor, a la reducción de la cantidad de energía necesaria para recuperar su condición de normotermia (Gilbert *et al.* 2009).

En términos evolutivos, el comportamiento de termorregulación social contribuiría a relajar la presión ambiental sobre cada individuo. Específicamente se sugiere que animales agrupados en condiciones frías estarían expuestos a una menor presión de selección sobre el control de la conductancia térmica que animales solitarios. Esta situación permitiría que la tasa metabólica podría variar de manera más libre, dado que el control de la temperatura corporal no está supeditado al compromiso entre la conductancia térmica de la superficie del individuo y su tasa metabólica, o producción de calor endógeno (Glancy *et al.* 2016). Esta aproximación considera que la conducta de termorregulación social obedece a un sistema auto-organizado, el que es producto de la interacción entre individuos, y que como consecuencia emergen propiedades cooperativas, las que redundan en los beneficios del grupo (Alberts *et al.* 2007, Canals y Bozinovic 2011, Glancy *et al.* 2016, Wilson 2017). El resultado de las interacciones es responsable del movimiento de animales dentro de las agregaciones, y cuya dirección es guiada por las ventajas competitivas que tiene cada individuo dado sus atributos particulares para cubrir los propios desbalances fisiológicos asociados a las condiciones de temperatura ambiental (ej., tamaño corporal, capacidad termogénica, grado de conductividad, véase Wilson 2017). Así, aquellos animales de mayor tamaño, por ejemplo, tendrán mayor control sobre el área de superficie corporal que mantienen expuesta, lo que les otorga una ventaja en términos de la cantidad de energía que ahorran a través del comportamiento de termorregulación social. Esta condición se refleja finalmente en mayores tasas de crecimiento, sobrevivencia y reproducción (du Plessis *et al.* 1994, Kauffman *et al.* 2003, Alberts *et al.* 2007, Gilbert *et al.* 2012, Bautista *et al.* 2017).

Canals y Bozinovic (2011) establecieron cuatro predicciones o requisitos relativos a la formación de agregaciones termorregulatorias: (a) el beneficio individual de la agregación debe exceder sus costos, (b) la ocurrencia de la transición de fase del sistema (ej., número de animales en contacto físico) es dependiente de las condiciones ambientales (ej., temperatura), (c) el funcionamiento de la agregación no es guiada por un controlador central, como las relaciones de parentesco o jerarquía social, sino son más bien, (d) por los requerimientos locales relativos a la heterogeneidad térmica de la agregación, lo que redunda en el movimiento continuo y cíclico de los individuos dentro de las agregaciones. Recientemente Ritcher *et al.* (2018) señalaron que las colonias de pingüinos emperador pasan gran parte del tiempo en un estado de transición de fase, marcado por la presencia de agregaciones de alta y baja densidad. Desde una concepción termodinámica, la transición de fase implica la absorción o liberación de calor, pero sin cambio para el valor de temperatura del sistema completo. Esto soporta el hecho de que una colonia de pingüinos emperador operaría como un sistema auto-organizado, a pesar de que la formación de las agregaciones pasa por decisiones energéticas individuales (Ancel et al. 2015). En este sentido, es esperable que el estado energético de los miembros de la colonia (ej., reservas de energía y grasa) definiese el rango de temperaturas sobre el cual se sostiene la transición de fase (Ritcher *et al.* 2018). Colonias con un bajo presupuesto energético deberían presentar un rango de temperatura reducido, siendo la presencia de agregaciones de alta densidad la fase dominante de la colonia. En sentido opuesto, los autores señalan que variaciones en el rango de temperatura en que se mantiene la transición de fase en una colonia podría ser considerado un descriptor del presupuesto energético de la colonia, observación a partir de la cual es posible realizar predicciones acerca del impacto de las condiciones ambientales presentes y futuras sobre la persistencia de la colonia **(Figura 9-4)**.

Considerar a la conducta de termorregulación social como un sistema auto-organizado establece un modelo simple sobre el cual evaluar las consecuencias de nuevos desafíos ambientales para los individuos. Un rasgo particular de los sistemas auto-organizados biológicos es que sus componentes pueden estar sujetos a selección natural, y para que evolucione, debe existir una retroalimentación entre el patrón del sistema auto-organizado y sus componentes (Cole 2002), ambos elementos posibles de reconocer dentro de la conducta de termorregulación social. Preguntas no solo relativas a una escala ecológica pueden ser abordadas sobre este modelo, sino también, cuáles podrían ser las consecuencias a largo plazo de los desafíos ambientales.

DIRECCIONES FUTURAS

En los últimos años, empujados por las predicciones del cambio global, el hecho de conocer y entender las limitaciones y habilidades de los organismos para mantener su homeostasis, ha ido adquiriendo relevancia si se desea estimar la vulnerabilidad de las especies a los nuevos desafíos ambientales (Calosi *et al.* 2008, Somero 2010, Huey *et al.* 2012, Seebacher *et al.* 2014). Avanzar en esta dirección, sin embargo, no es sencillo, ya que involucra adentrarse en la comprensión de la compleja dinámica de regulación y coordinación de procesos fisiológicos y conductuales, los que a su vez se encuentran limitados tanto por el diseño de los individuos, como por sus compromisos energéticos (Speakman 1999, Seebacher *et al.* 2014, Gunderson y Stillman 2015).

En este capítulo hemos abordado la termorregulación social y sus mecanismos destinados a mantener el balance térmico e hídrico de los animales, donde destaca la naturaleza compleja de este comportamiento, con múltiples elementos de control cuyas relevancias se enmarcan en un proceso dinámico relativo a la ontogenia de los animales (ej., tamaño corporal) y su estado de condición (ej., hambre). Aproximarse al comportamiento de termorregulación social como un fenómeno que emerge desde la auto-organización de los individuos, podría permitirnos evaluar su fenomenología en diversos taxa, así como extender sus funciones más allá de la minimización de los costos energéticos de la termorregulación. Ebensperger (1998) realizó una revisión sobre el origen de la sociabilidad en roedores histricognatos de Sur América, donde se destacan la disponibilidad de recursos alimenticios, riesgo de depredación y costos de cavar como los ejes de la formación de las sociedades en este grupo. La importancia global de los beneficios termorregulatorios en la formación de grupos es una hipótesis que aún debe ser examinada. Estos antecedentes, sin embargo, despejan un escenario interesante donde evaluar preguntas acerca de la relación entre el comportamiento de termorregulación social y la sociabilidad.

En Chile, los estudios relativos al comportamiento de termorregulación social son escasos, remitidos a unas pocas especies de roedores (Canals *et al.* 1998, Sánchez *et al.* 2015) e invertebrados marinos (Rojas *et al.* 2013). Se destaca la ausencia de estudios en aves, y en el caso de ectotermos vertebrados se registra un único estudio realizado por Labra (1995), donde fue evaluado el efecto de la agregación sobre la mantención de la temperatura corporal en dos especies congenéricas de lagartijas, *Pristidactylus volcanensis* y *P. torquatus* (**Figura 9-5**). Los resultados muestran que los animales agrupados presentan una temperatura corporal inferior a la de los animales solitarios en ambas especies. La autora sugiere que este resultado podría ser consecuencia de que la agregación en estas especies no cumple un papel termorregulatorio. Sinervo *et al.* (2008) estimaron que para el 2080 un 39% de las especies de lagartijas a lo largo del mundo desaparecerían a causa de un incremento de las temperaturas locales, particularmente en ambientes de altura y bajas latitudes. Entre las especies de mayor riesgo, aquellas de reproducción vivípara tendrían un 18% de riesgo mientras que las ovíparas un 9%, (Sinervo *et al.* 2009). Para las especies ovíparas, el uso de nidos comunales es una práctica extendida; estudios al respecto indican que las crías desarrolladas en nidos comunales alcanzan tamaños corporales mayores que aquellas provenientes de nidos de camadas solitarias, esto aparentemente debido a una menor pérdida de agua de los huevos por evaporación (Radder y Shiner 2007, Doddy *et al.* 2009). Si existe algún vínculo entre la probabilidad de extinción y el uso de nidos comunales se desconoce. Algunos antecedentes señalan que una disponibilidad limitada de refugios no sería un factor determinante para el uso de nidos comunales (Radder y Shiner 2007, Doddy *et al.* 2009). No obstante, si el uso de nidos comunales otorga alguna ventaja, por ejemplo, en compromisos energéticos relativos a la búsqueda de refugios y / o al número de huevos en una camada, aún son preguntas abiertas. En

Figura 9-5

Ejemplar del gruñidor del sur, *Pristidactylus torquatus*, donde se ha examinado el efecto de la agrupación sobre la termorregulación. Imagen gentileza de Antonieta Labra.

Chile, se identifica un número importante de lagartijas tanto vivíparas como ovíparas, y algunas con extensos rangos de distribución latitudinal (ej., *Liolaemus lemniscatus*). Básicamente esto implica especies que ocupan hábitats con diferentes regímenes físicos, lo que establece un interesante escenario para el desarrollo de investigaciones acerca de las conductas reproductivas, tal como el uso de nidos comunales, y los compromisos energéticos asociados (Vidal y Labra 2008).

Los sistemas intermareales se consideran como uno de los más sensibles al cambio climático, esto no solo por el aumento de las temperaturas sino también por su pérdida a causa de la elevación de los océanos; además se ha reconocido que muchas de sus especies viven cercanos a sus límites fisiológicos (Somero 2002, Helmuth *et al.* 2006, Tomanek 2010). En Chile se registran dos trabajos relativos al efecto de la conducta de agregación en invertebrados intermareales, ambos realizados en el caracol *Echinolittorina peruviana*. Los resultados de estos estudios muestran que la agregación en estos animales permite regular la temperatura corporal y minimizar la pérdida de agua durante el proceso de regulación térmica a través de evaporación en condiciones de alta temperatura, y que cuya eficiencia incrementa con el tamaño de la agregación (Rojas *et al.* 2000, 2013). Los antecedentes mencionados sugieren que, para ectotermos, la conducta de agregación podría cumplir un papel importante en el manejo del balance de agua, elemento crítico si consideramos las predicciones acerca del incremento en la frecuencia y extensión de los períodos de sequía asociadas al fenómeno del calentamiento global (Oldfield 2005). En este respecto, emerge la necesidad de incrementar nuestro conocimiento del papel de la conducta de agregación en las estrategias de termorregulación de los ectotermos.

Gilbert *et al.* (2009) identificó una serie de especies en la que la conformación de agregaciones es una estrategia común de conservación de energía. Entre estas especies, de las cuales algunas se encuentran en Chile, se desconoce el papel de la termorregulación social en su ecología local. Entre los carnívoros grandes se destacan el lobo marino fino *Otaria flavescens* y el elefante marino *Mirounga leonina*. Los pinnípedos son descritos como animales sociales, en los que la formación de agregaciones de individuos forma parte de su comportamiento social. Al respecto, algunos estudios han evidenciado que la cohesión y tamaño de una agregación además estaría influida positivamente con la minimización de los costos de termorregulación ligados a vivir en ambientes fríos (Liwanag *et al.* 2014). Antecedentes al respecto señalan que animales en estado de muda de piel (condiciona una disminución del aislamiento térmico), serían los principales integrantes de las agregaciones, particularmente en épocas invernales (Liwanag *et al.* 2014, Chaise *et al.* 2019). Cómo interactúa el componente social (ej., relación parentesco) con las limitaciones individuales asociadas al control de la homeostasis (ej., tamaño corporal, edad) en la estructuración y dinámica de las agregaciones, es una dimensión aún poco explorada del comportamiento social en pinnípedos.

Un grupo interesante presente en la lista confeccionada por Gilbert *et al.* (2009) lo conforman los quirópteros, la gran mayoría de las especies que habitan en Chile pertenece a la Familia Vespertilionidae. Entre las especies descritas se destacan las especies con hábitos gregarios *Myotis chiloensis* y *Histiotus montanus* en el extremo sur del país, así como *Myotis atacamensis* en la zona norte. Estas especies incurren en extensos períodos de hibernación y sopor diario como estrategia de control del gasto energético (Mann 1978, Bozinovic *et al.* 1985, Sierra-Cisternas y Rodríguez-Serrano 2015). Durante la hibernación de murciélagos se ha señalado el desplazamiento (no vuelos) de individuos hacia sectores del hibernáculo con un microclima más propicio para el ahorro energético, asociado a eventos de recuperación transitoria de la normotermia. Estos desplazamientos individuales condicionan cambios durante el período de hibernación en el tamaño y ubicación de las agregaciones. Hacia el final del período de hibernación, se describe un incremento en el tamaño de las agregaciones en las cercanías a la entrada de los refugios, aparentemente este fenómeno permitiría mejorar la sincronización del despertar primaveral de la colonia, y consecuentemente minimizar el gasto de la recuperación desde el estado de sopor (Boyle *et al.* 2017, Blaz k *et al.* 2019, Ryan *et al.* 2019). Gran parte de estos estudios han sido realizados dentro de colonias y con escaso énfasis en las motivaciones individuales para los desplazamientos. La amplia distribución longitudinal de las especies chilenas, así como la diversidad de hábitat que ocupan, supone un escenario interesante para contribuir al conocimiento de la dinámica de las agregaciones de murciélagos, así como a su papel en la mantención de la homeostasis de los individuos.

En roedores, Canals *et al.* (1997) identificaron seis especies de pequeños roedores que utilizan el comportamiento de termorregulación social como estrategia de regulación de la homeostasis térmica; *Octodon degus*, *Thylamys elegans*, *Phyllotis darwini*, *Abrothrix andinus*, *Abrothrix lanosus*, *Eligmodontia typus*. Estas especies representan una diversidad importante de hábitats que incluyen bosques templados, lluviosos, planicies andinas y templadas, así como desiertos, cada uno con una sensibilidad diferente frente al cambio global (Oldfield 2005, Salazar *et al.* 2007). Esta diversidad de hábitat permite contextualizar los beneficios del comportamiento de termorregulación social en la definición de sus nichos ecológicos. Los modelos climáticos y evidencia empírica concuerdan en el avance de la desertificación sobre el valle central de Chile, lo que impone no solo un desafío sobre el incremento de las temperaturas, sino también en la disponibilidad de agua, lo que finalmente redunda en una modificación del hábitat en su totalidad (Salazar *et al.* 2007, Pliscoff *et al.* 2012). Para algunas especies conocemos la contribución de la conducta de termorregulación social para el balance de energía y masa del individuo, lo que permite entender de mejor manera su funcionamiento. Sin embargo, aún es un desafío conocer qué papel juega el comportamiento de termorregulación en la capacidad de los animales de ajustarse a nuevos desafíos, los que no solo pueden ser térmicos, sino también ligados a la disponibilidad de agua y alimento.

AGRADECIMIENTOS

Los autores agradecen la invitación de los editores a participar en este volumen. Financiado por FONDECYT, Fondo Basal FB 0002-2004 a FB.

LITERATURA CITADA

Alberts JR (2007). Huddling by rat pups: ontogeny of individual and group behavior. *Developmental Psychobiology* 49:22-32.

Ancel A, Gilbert C, Poulin N, Beaulieu M, Thierry B (2015). New insights into the huddling dynamics of emperor penguins. *Animal Behaviour* 110:91-98.

Angilletta MJ (2009). *Thermal adaptation: a theoretical and empirical synthesis.* Oxford University Press, Nueva York, Estados Unidos de América.

Aubret F, Shine R (2009). Causes and consequences of aggregation by neonatal tiger snakes (*Notechis scutatus*, Elapidae). *Austral Ecology* 34:210-217.

Auclair Y, König B, Ferrari M, Perony N, Lindholm AK (2014). Nest attendance of lactating females in a wild house mouse population: benefits associated with communal nesting. *Animal Behaviour* 92:143-149.

Baudinette RV (1972). The impact of social aggregation on the respiratory physiology of Australian hopping mice. *Comparative Biochemistry and Physiology Part A:Physiology* 41:35-38.

Bautista A, García-Torres E, Martínez-Gómez M, Hudson R (2008). Do newborn domestic rabbits *Oryctolagus cuniculus* compete for thermally advantageous positions in the litter huddle? *Behavioral Ecology and Sociobiology* 62:331-339.

Bautista A, García Torres E, Prager G, Hudson R, Rödel HG (2010). Development of behavior in the litter huddle in rat pups: within and between litter differences. *Developmental Psychobiology* 52:35-43.

Bautista A, Castelán F, Pérez-Roldán H, Martínez-Gómez M, Hudson R (2013). Competition in newborn rabbits for thermally advantageous positions in the litter huddle is associated with individual differences in brown fat metabolism. *Physiology & Behavior* 118:189-194.

Bautista A, Zepeda JA, Reyes-Meza V, Féron C, Rödel HG, Hudson R (2017). Body mass modulates huddling dynamics and body temperature profiles in rabbit pups. *Physiology & Behavior* 179:184-190.

Blažek J, Zukal J, Bandouchova H, Berková H, Kovacova V, Martínková N, Pikula J, eháka Z, Škrabáneke P, Bartoni ka T (2019). Numerous cold arousals and rare arousal cascades as a hibernation strategy in European *Myotis* bats. *Journal of Thermal Biology* 82:150-156.

Blumberg MS (1997) Ontogeny of cardiac rate regulation and brown fat thermogenesis in golden hamsters (*Mesocricetus auratus*). *Journal of Comparative Physiology B: Biochemical, Systemic, and Environmental Physiology* 167:552-557.

Boix Hinzen C, Lovegrove BG (1998). Circadian metabolic and thermoregulatory patterns of red billed woodhoopoes (*Phoeniculus purpureus*): the influence of huddling. *Journal of Zoology* 244:33-41.

Boraty ski JS, Willis CK, Jefimow M, Wojciechowski MS (2015). Huddling reduces evaporative water loss in torpid Natterer's bats, *Myotis nattereri*. *Comparative Biochemistry and Physiology Part A: Molecular and Integrative Physiology* 179:125-132.

Boyles JG, Boyles E, Dunlap RK, Johnson SA, Brack JrV (2017). Long-term microclimate measurements add further evidence that there is no "optimal" temperature for bat hibernation. *Mammalian Biology* 86:9-16.

Bozinovic F, Contreras LC, Rosenmann M, Torres-Mura JC (1985) Bioenergética de *Myotis chiloensis* (Quiróptera:Vespertilionidae). *Revista Chilena de Historia Natural* 58:39-45.

Bozinovic F, Ruiz G, Cortés A, Rosenmann M (2005) Energetics, thermoregulation and torpor in the Chilean mouse-opossum *Thylamys elegans* (Didelphidae). *Revista Chilena de Historia Natural* 78:199-206.

Bozinovic F, Gallardo P (2006). The water economy of South American desert rodents: from integrative to molecular physiological ecology. *Comparative Biochemistry and Physiology Part C* 142:163- 172.

Brack V (2007) Temperatures and locations used by hibernating bats, including *Myotis sodalis* (Indiana bat), in a limestone mine: implications for conservation and management. *Environmental Management* 40:739-746.

Brischoux F, Bonnet X, Shine R (2009). Kleptothermy: an additional category of thermoregulation, and a possible example in sea kraits (*Laticauda laticaudata*, Serpentes). *Biology Letters* 5:729-731.

Calosi P, Bilton DT, Spicer JL (2008). Thermal tolerance, acclimatory capacity and vulnerability to global climate change. *Biology Letters* 4:99-102.

Campbell LA, Tkaczynski PJ, Lehmann J, Mouna M, Majolo B (2018). Social thermoregulation as a potential mechanism linking sociality and fitness: barbary macaques with more social partners form larger huddles. *Scientific Reports* 8:6074. 10.1038/s41598-018-24373-4

Canals M, Rosenmann M, Bozinovic F (1989). Energetics and geometry of huddling in small mammals. *Journal of Theoretical Biology* 141:181-189.

Canals M, Rosenmann M, Bozinovic F (1997). Geometrical aspects of the energetic effectiveness of huddling in small mammals. *Acta Theriologica* 42:321-328.

Canals M (1998). Thermal ecology of small animals. *Biological Research* 31:367-372.

Canals M, Rosenmann M, Novoa FF, Bozinovic F (1998). Modulating factors of the energetic effectiveness of huddling in small mammals. *Acta Theriologica* 43:337-348.

Canals M, F Bozinovic (2011). Huddling behavior as critical phase transition triggered by low temperatures. *Complexity* 16:35-43.

Careau V, Garland Jr T (2012). Performance, personality, and energetics:correlation, causation, and mechanism. *Physiological and Biochemical Zoology* 85:543-571.

Chaise LL, McCafferty DJ, Krellenstein A, Gallon SL, Paterson W D, Théry M, Ancel A, Gilbert C (2019). Environmental and physiological determinants of huddling behavior of molting female southern elephant seals (*Mirounga leonina*). *Physiology & Behavior* 199:182-190.

Chidawanyika F, Terblanche JS (2011). Rapid thermal responses and thermal tolerance in adult codling moth *Cydia pomonella* (Lepidoptera: Tortricidae). *Journal of Insect Physiology* 57:108-117.

Cole BJ (2002). Evolution of self-organized systems. *The Biological Bulletin* 202:256-261.

Conley KE, Porter WP (1986). Heat loss from deer mice (*Peromyscus*): evaluation of seasonal limits to thermoregulation. *Journal of Experimental Biology* 126:249-269.

Contreras LC (1984). Bioenergetics of huddling: test of a psycho-physiological hypothesis. *Journal of Mammalogy* 65:256-262.

Datta AK (2002). *Biological and bioenvironmental heat and mass transfer*. CRC Press, Nueva York, Estados Unidos de América.

Davis GT, Vásquez RA, Poulin E, Oda E, Bazán-León EA, Ebensperger LA, Hayes LD (2015). *Octodon degus* kin and social structure. *Journal of Mammalogy* 97:361-372.

Doody JS, Freedberg S, Keogh JS (2009). Communal egg-laying in reptiles and amphibians: evolutionary patterns and hypotheses. *The Quarterly Review of Biology* 84:229-252.

du Plessis MA, Weathers WW, Koenig WD (1994). Energetic benefits of communal roosting by acorn woodpeckers during the nonbreeding season. *Condor* 96:631-637.

Ebensperger LA (1998). Sociality in rodents: the New World fossorial hystricognaths as study models. *Revista Chilena de Historia Natural* 71:65-77.

Ebensperger LA (2001). A review of the evolutionary causes of rodent group-living. *Acta Theriologica* 46:115-144.

Ebensperger LA, Chesh AS, Castro RA, Tolhuysen LO, Quirici V, Burger JR, Hayes LD (2009). Instability rules social groups in the communal breeder rodent *Octodon degus*. *Ethology* 115:540-554.

Edelman AJ, Koprowski JL (2007). Communal nesting in asocial Abert's squirrels: the role of social thermoregulation and breeding strategy. *Ethology* 113:147-154.

Ekman J, Hake M (1988). Avian flocking reduces starvation risk: an experimental demonstration. *Behavioral Ecology and Sociobiology* 22:91-94.

Emlen ST (1997). Predicting family dynamics in social vertebrates. Pp. 228-253, en: *Behavioural ecology: an evolutionary approach* (Krebs JR, Davies NB, eds.). Blackwell Science, Oxford, Reino Unido.

Everatt MJ, Convey P, Bale JS, Worland MR, Hayward SA (2015). Responses of invertebrates to temperature and water stress: a polar perspective. *Journal of Thermal Biology* 54:118-132.

Fraser S, Grigg GC (1984). Control of thermal conductance is insignificant to thermoregulation in small reptiles. *Physiological Zoology* 57:392-400.

Franco M., Contreras C, Cortés P, Chappell MA, Soto-Gamboa M, Nespolo RF (2012). Aerobic power, huddling and the efficiency of torpor in the South American marsupial, *Dromiciops gliroides*. *Biology Open* 1:1178-1184.

Garrity SD (1984) Some adaptations of gastropods to physical stress on a tropical rocky shore. *Ecology* 65:559-574.

Gates DM (2012). *Biophysical ecology*. Springer Verlag, Nueva York, Estados Unidos de América.

Geiser F (2004). Metabolic rate and body temperature reduction during hibernation and daily torpor. *Annual Review of Physiology* 66:239-274

Geiser F, Brigham RM (2012). The other functions of torpor. Pp: 109-121, en: *Living in a seasonal world. Thermoregulatory and metabolic adaptations* (Ruf T, Bieber C, Arnold W, Millesi E, eds.). Springer Verlag, Berlin, Alemania.

Gilbert C, Robertson G, Le Maho Y, Naito Y, Ancel A (2006). Huddling behavior in emperor penguins: dynamics of huddling. *Physiology & Behavior* 88:479-488.

Gilbert C, Robertson G, Le Maho Y, Ancel A (2008). How do weather conditions affect the huddling behaviour of emperor penguins? *Polar Biology* 31:163-169.

Gilbert C, McCafferty D, Le Maho Y, Martrette JM, Giroud S, Blanc S, Ancel A (2009). One for all and all for one: the energetic benefits of huddling in endotherms. *Biological Reviews* 85:545-569.

Gilbert C, McCafferty DJ, Giroud S, Ancel A, Blanc S (2012). Private heat for public warmth: how huddling shapes individual thermogenic responses of rabbit pups. *PloS ONE* 7:e33553.

Glancy J, Groß R, Stone JV, Wilson SP (2015). A self-organising model of thermoregulatory huddling. *PLoS Computational Biology* 11:e1004283.

Glancy J, Stone JV, Wilson SP (2016). How self-organization can guide evolution. *Open Science* 3:160553.

Gordon CJ (2009). Autonomic nervous system: central thermoregulatory control. Pp. 891-98, en: *Encyclopedia of neuroscience* (Squire LR, ed.). Academic Press, Oxford, Reino Unido.

Gregory PT (1984) Communal denning in snakes. Pp. 57-75, en: *Contributions to vertebrate ecology and systematics: a tribute to Henry S. Fitch* (Seigel RA, Hunt LE, Knight JL, Malaret L, Zuschlag NL, eds.). University of Kansas, Museum of Natural History, Estados Unidos de América.

Groó Z, Szenczi P, Bánszegi O, Nagy Z, Altbäcker V (2018). The influence of familiarity and temperature on the huddling behavior of two mouse species with contrasting social systems. *Behavioural Processes* 151:67-72.

Gunderson AR, Stillman JH (2015). Plasticity in thermal tolerance has limited potential to buffer ectotherms from global warming. *Proceeding Royal Society B Biological Science* 282:20150401.

Harshaw C, Culligan JJ, Alberts JR (2014). Sex differences in thermogenesis structure behavior and contact within huddles of infant mice. *PloS ONE* 9:e87405.

Helmuth B, Mieszkowska N, Moore P, Hawkins SJ (2006). Living on the edge of two changing worlds: forecasting the responses of rocky intertidal ecosystems to climate change. *Annual Review Ecology Evolution Systematics* 37:373-404.

Huey RB, Kearney MR, Krockenberger A, Holtum JAM, Jess M, Williams SE (2012). Predicting organismal vulnerability to climate warming: roles of behaviour, physiology and adaptation. *Philosophical Transactions Royal Society B: Biological Sciences* 367:1665-1679.

Hwang YT, Lariviere S, Messier F (2006). Energetic consequences and ecological significance of heterothermy and social thermoregulation in striped skunks (*Mephitis mephitis*). *Physiological and Biochemical Zoology* 80:138-145.

IJzerman H, Coan JA, Wagemans F, Missler MA, Beest IV, Lindenberg S, Tops M (2015). A theory of social thermoregulation in human primates. *Frontiers in Psychology* 6:464.

Jackson TP, Roper TJ, Conradt L, Jackson MJ, Bennett NC (2002). Alternative refuge strategies and their relation to thermophysiology in two sympatric rodents, *Parotomys brantsii* and *Otomys unisulcatus*. *Journal of Arid Environments* 5:21-34.

Jefimow M, Gł bska M, Wojciechowski MS (2011). Social thermoregulation and torpor in the Siberian hamster. *Journal of Experimental Biology* 214:1100-1108.

Kauffman AS, Paul MJ, Butler MP, Zucker I (2003). Huddling, locomotor, and nest-building behaviors of furred and furless Siberian hamsters. *Physiology & Behavior* 79:247-256.

Killen SS, Fu C, Wu Q, Wang YX, Fu SJ (2016). The relationship between metabolic rate and sociability is altered by food deprivation. *Functional Ecology* 30:1358-1365.

Krause J, Ruxton GD (2002) *Living in groups*. Oxford University Press, Nueva York, Estados Unidos de América.

Kotze J, Bennett NC, Scantlebury M (2008). The energetics of huddling in two species of mole-rat (Rodentia: Bathyergidae). *Physiology & Behavior* 93:215-221.

Labra A (1995). Thermoregulation in *Pristidactylus* lizards (Polycridae): effects of group size. *Journal of Herpetology* 29:260-264.

Liwanag HEM, Oraze J, Costa DP, Williams TM (2014). Thermal benefits of aggregation in a large marine endotherm: huddling in California sea lions. Journal of Zoology 293:152-159.

Lee TN, Kohl F, Buck CL, Barnes BM (2015). Hibernation strategies and patterns in sympatric arctic species, the Alaska marmot and the arctic ground squirrel. *Journal of Mammalogy* 97:135-144.

McNab BK (2002). *The physiological ecology of vertebrates*. Cornell University Press, Nueva York, Estados Unidos de América.

Mann G (1978). Los pequeños mamíferos de Chile. *Gayana* 40:1-342.

Marais E, Chown SL (2008). Beneficial acclimation and the Bogert effect. *Ecology Letters* 11:1027-1036.

Melvin RG, Andrews MT (2009). Torpor induction in mammals: recent discoveries fueling new ideas. *Trends in Endocrinology and Metabolism* 20:490-498.

Myres BC, Eells MM (1968). Thermal aggregation in *Boa constrictor*. *Herpetologica* 24:61-66.

Nowack J, Geiser F (2016). Friends with benefits: the role of huddling in mixed groups of torpid and normothermic animals. *Journal of Experimental Biology* 219:590-596.

Núñez-Villegas M, Bozinovic F, Sabat P (2014). Interplay between group size, huddling behavior and basal metabolism: an experimental approach in the social degu. *Journal of Experimental Biology* 217:997-1002.

Oldfield F (2005). *Environmental change: key issues and alternative perspectives*. Cambridge University Press, Cambridge, Reino Unido.

Opazo JC, Nespolo RF, Bozinovic F (1999). Arousal from torpor in the Chilean mouse-opposum (*Thylamys elegans*): does non-shivering thermogenesis play a role? *Comparative Biochemistry and Physiology Part A: Molecular and Integrative Physiology* 123:393-397.

Pigliucci M (2001). *Phenotypic plasticity:beyond nature and nurture*. The Johns Hopkins University Press, Baltimore, Estados Unidos de América.

Pliscoff P, Arroyo, MTK, Cavieres L (2012). Changes in the main vegetation types of Chile predicted under climate change based on a preliminary study: models, uncertainties and adapting research to a dynamic biodiversity world. *Anales del Instituto de la Patagonia (Chile)* 4:81-86.

Porter WP, Gates DM (1969). Thermodynamic equilibria of animals with environment. *Ecological Monographs* 39:227-244.

Pulliam HR, Caraco T (1984). Living in groups: is there an optimal group size. Pp 122- 147, en: *Behavioural ecology: an evolutionary approach* (Krebs J, Davies N, eds.). Sinauer Associates, Sunderland, Estados Unidos de América.

Putaala A, Hohtola E, Hissa R (1995). The effect of group size on metabolism in huddling grey partridge (*Perdix perdix*). *Comparative Biochemistry and Physiology Part B: Biochemistry and Molecular Biology* 111:243-247.

Radder RS, Shine R (2007). Why do female lizards lay their eggs in communal nests? *Journal of Animal Ecology* 76:881-887.

Ryan CC, Burns LE, Broders HG (2019) Changes in underground roosting patterns to optimize energy conservation in hibernating bats. *Canadian Journal of Zoology* 97:1064-1070.

Rhind SG (2003). Communal nesting in the usually solitary marsupial, *Phascogale tapoatafa*. *Journal of Zoology* 261:345-351.

Riehm H (1970). Ökologie und verhalten der schwanzmeise (*Aegithalos caudatus* L.) *Zoologische Jahrbuecher Systematik* 97:338-400.

Richter S, Gerum R, Winterl A, Houstin A, Seifert M, Peschel J, Fabry B, Le Bohec C, Zitterbart DP (2018). Phase transitions in huddling emperor penguins. *Journal of Physics D: Applied Physics* 51:214002.

Robinson KW, Morrison PR (1957). The reaction to hot atmospheres of various species of Australian marsupial and placental animals. *Journal of Cellular and Comparative Physiology* 49:455-478.

Rödel HG, Bautista A, García-Torres E, Martínez-Gómez M, Hudson R (2008). Why do heavy littermates grow better than lighter ones? A study in wild and domestic European rabbits. *Physiology & Behaviour* 95:441-448.

Reyes-Meza V, Hudson R, Martínez-Gómez M, Nicolás L, Rödel HG, Bautista A (2011). Possible contribution of position in the litter huddle to long-term differences in behavioral style in the domestic rabbit. *Physiology & Behaviour* 104:778-85.

Rojas JM, Fariña JM, Soto R, Bozinovic F (2000). Geographic variability in thermal tolerance and water economy of the intertidal gastropod *Nodilittorina peruviana*. (Gastropoda: Littorinidae, Lamarck, 1822). *Revista Chilena de Historia Natural* 73:543-552.

Rojas JM, Castillo SB, Escobar JB, Shinen JL, Bozinovic F (2013). Huddling up in a dry environment: the physiological benefits of aggregation in an intertidal gastropod. *Marine Biology* 160:1119-1126.

Salazar, LF, Nobre, CA, Oyama MD (2007). Climate change consequences on the biome distribution in tropical South America. *Geophysical Research Letters* 34:1-6.

Sánchez ER, Solis R, Torres-Contreras H, Canals M (2015). Self-organization in the dynamics of huddling behavior in *Octodon degus* in two contrasting seasons. *Behavioral Ecology and Sociobiology* 69:787-794.

Scantlebury M, Bennett NC, Speakman JR, Pillay N, Schradin C (2006). Huddling in groups leads to daily energy savings in free-living African four-striped grass mice, *Rhabdomys pumilio*. *Functional Ecology* 20:166-173.

Schmidt-Nielsen K (1997). *Animal physiology: adaptation and environment*. Cambridge University Press, Cambridge, Reino Unido.

Sears MW, Angilletta MJ, Schuler MS, Borchert J, Dilliplane KF, Stegman M, Rusch T, Mitchell WA (2016). Configuration of the thermal landscape determines thermoregulatory performance of ectotherms. *Proceedings of the National Academy of Sciences USA* 113:10595-10600.

Silva-Duran IP, Bozinovic F (1999). Food availability regulates energy expenditure and torpor in the Chilean mouse-opossum *Thylamys elegans*. *Revista Chilena de Historia Natural* 72:371-376.

Sinervo B, Méndez-de-la-Cruz F, Miles DB, Heulin B, Bastiaans E, Villagrán-Santa Cruz M, Lara-Resendiz R, Martínez-Méndez N, Calderón-Espinosa ML, Meza-Lázaro RN, Gadsden H, Avila LJ, Morando M, De la Riva IJ, Victoriano Sepulveda P, Rocha CF, Ibargüengoytía N, Aguilar Puntriano C, Massot M, Lepetz V, Oksanen TA, Chapple DG, Bauer AM, Branch WR, Clobert J, Sites JW Jr. (2010). Erosion of lizard diversity by climate change and altered thermal niches. *Science* 328:894-899.

Seebacher F, White CR, Franklin CE (2014). Physiological plasticity increases resilience of ectothermic animals to climate change. *Nature Climate Change* 5:61-66.

Séguy M, Perret M (2005). Factors affecting the daily rhythm of body temperature of captive mouse lemurs (*Microcebus murinus*). *Journal Comparative Physiology* 175:107-115.

Seltmann MW, Ruf T, Rödel HG (2009). Effects of body mass and huddling on resting metabolic rates of post weaned European rabbits under different simulated weather conditions. *Functional Ecology* 23:1070-1080.

Shah B, Shine R, Hudson S, Kearney M (2003). Sociality in lizards: why do thick-tailed geckos (*Nephrurus milii*) aggregate? *Behaviour* 140:1039-1052.

Sierra-Cisternas C, Rodríguez-Serrano E (2015). Los quirópteros de Chile: avances en el conocimiento, aportes para la conservación y proyecciones futuras. *Gayana* 79:57-67.

Sokoloff G, Blumberg MS, Adams MM (2000). A comparative analysis of huddling in infant Norway rats and Syrian golden hamsters: does endothermy modulate behavior? *Behavioral Neuroscience* 114:585-593.

Sokoloff G, Blumberg MS (2001) Competition and cooperation among huddling infant rats. *Developmental Psychobiology* 39:65-75.

Sokoloff G, Blumberg MS (2002) Contributions of endothermy to huddling behavior in infant Norway rats (*Rattus norvegicus*) and Syrian golden hamsters (*Mesocricetus auratus*). *Journal of Comparative Psychology* 116:240-246.

Somero GN (2002) Thermal physiology and vertical zonation of intertidal animals: optima, limits, and costs of living. *Integrative and Comparative Biology* 42:780-789.

Somero GN (2010). The physiology of climate change: how potentials for acclimatization and genetic adaptation will determine "winners" and "losers." *Journal Experimental Biology* 213:912-920.

Speakman JR (1999). The cost of living: field metabolic rates of small mammals. *Advances in Ecological Research* 30:177-297.

Speakman JR, Thomas DW (2003) Physiological ecology and energetics of bats. Pp. 430-490, en: *Bat ecology* (Kunz TH, Fenton MB, eds.). The University of Chicago Press, Chicago, Estado Unidos de América.

Stephens D W, Brown JS, Ydenberg RC (2008). *Foraging: behavior and ecology*. University of Chicago Press, Chicago, Estado Unidos de América.

Stevenson RD (1985). Body size and limits to the daily range of body temperature in terrestrial ectotherms. *The American Naturalist* 125:102-117.

Takahashi H (1997). Huddling relationships in night sleeping groups among wild Japanese macaques in Kinkazan Island during winter. *Primates* 38:57-68.

Tieleman BI, Williams JB (2002). Cutaneous and respiratory water loss in larks from arid and mesic environments. *Physiological and Biochemical Zoology* 75:590- 599.

Tomanek L (2010) Variation in the heat shock response and its implication for predicting the effect of global climate change on species biogeographical distribution ranges and metabolic costs. *Journal Experimental Biology* 213:971-979.

Tomecek JM, Pierce BL, Reyna KS, Peterson MJ (2017). Inadequate thermal refuge constraints landscape habitability for a grassland bird species. *PeerJ* 5:e3709. 10.7717/peerj.3709

Vidal MA, Labra A (2008). *Herpetología de Chile*. Santiago. Science Verlag, Santiago, Chile.

Vickery WL, Millar JS (1984). The energetics of huddling by endotherms. *Oikos* 43:88-93.

West SA, Griffin AS, Gardner A (2007). Social semantics: altruism, cooperation, mutualism, strong reciprocity and group selection. *Journal of Evolutionary Biology* 20:415-432.

Wilkinson GS, Carter GG, Bohn KM, Adams DM (2016). Non-kin cooperation in bats. *Philosophical Transactions of the Royal Society B* 371:20150095. 10.1098/rstb.2015.0095

Withers PC (1992) *Comparative animal physiology*. Saunders, Philadelphia, Estados Unidos de América.

Williams CT, Gorrell JC, Lane JE, McAdam AG, Humphries MM, Boutin S (2013). Communal nesting in an 'asocial' mammal: social thermoregulation among spatially dispersed kin. *Behavioral Ecology and Sociobiology* 67:757-763.

Wilson SP (2017). Self-organized criticality in the evolution of a thermodynamic model of rodent thermoregulatory huddling. *PLoS Computational Biology* 13:e1005378.

CAPÍTULO 10
MANEJO Y BIENESTAR ANIMAL DE FAUNA NATIVA

BEATRIZ ZAPATA
*Universidad Mayor, Escuela de Medicina Veterinaria; Universidad de O'Higgins.
Escuela de Medicina Veterinaria, Santiago, Chile.*

GISELA MARCOPPIDO
*INTA Castelar, Instituto Investigación Patobiología.
CONICET Universidad del Salvador, Buenos Aires, Argentina.*

RESUMEN

Proporcionamos un contexto teórico y empírico para ilustrar la importancia de los estudios en manejo y bienestar animal, y luego discutimos estos aspectos en especies de la fauna nativa de Chile. Analizamos la información existente sobre estudios de estrés producido por prácticas de manejo sostenible en fauna silvestre y por intervención antrópica del hábitat. Además, examinamos algunas herramientas tendientes a mejorar la calidad de vida en cautiverio de estas especies mediante enriquecimiento ambiental. La información disponible para algunos vertebrados nativos (ej., camélidos) ha permitido refinar algunos protocolos de manejo y bienestar, lo que ha contribuido al uso sustentable de esta fauna nativa.

INTRODUCCIÓN

El manejo de fauna silvestre comprende la manipulación de poblaciones animales y/o su hábitat para establecer un balance entre las necesidades de los animales y las personas (Sargent y Carter 1999, Krausman 2013). Los fundamentos para manejar la fauna silvestre incluyen conservación de especies amenazadas, su uso o su control cuando causan daño a la salud pública y la propiedad (Raj y Raj Lal 2012). El manejo puede ser pasivo o activo. Nos referimos al primero cuando el objetivo único es preservar o proteger una entidad natural (i.e., población, especie, ecosistema) contra toda intervención humana. Ejemplos de este tipo de manejo son el establecimiento de parques nacionales, programas de educación, y legislación de protección, entre otros (Kaussman 2013). El manejo activo implica cambiar la situación actual de una población o especie mediante una intervención directa y planificada sobre la fauna, su hábitat y/o personas usuarias, con el objeto de aumentar, mantener o reducir la caza o cosecha, captura y/o mantención de animales en cautiverio. También incluye el uso consuntivo o no consuntivo de fauna silvestre y su monitoreo para lograr un uso sostenible (Ojasti y Dallmeier 2000, Kausman 2013).

El **bienestar animal** es una disciplina relativamente nueva que surge de la preocupación por el estado físico y mental de los animales como consecuencia de todas las formas de interacción con el ser humano, particularmente durante su crianza y sacrificio (Fraser 2008, García 2018). Un elemento central de esta disciplina es la comprensión del **sufrimiento animal** (Dawkins 2008), que incluye entender cómo los animales expresan sus estados emocionales negativos, cómo responden a las amenazas reales o potenciales, cuáles son las consecuencias biológicas para los individuos que experimentan estas amenazas o situaciones de estrés, cuáles son las causas o factores desencadenantes de una respuesta de estrés, y cuáles son las formas de reducir estos estados o efectos. Esta disciplina también se ocupa de dilucidar qué lleva a los individuos a experimentar sensaciones placenteras o **emociones** positivas (Mellor 2012).

Se han planteado tres aproximaciones generales para examinar el bienestar animal que se pueden plasmar en las siguientes preguntas: (1) ¿está el animal experimentando placer o dolor, miedo u otra emoción negativa? En este caso, se refiere a la preocupación por los estados emocionales de los animales. (2) ¿está sano el animal y tiene un buen rendimiento productivo/reproductivo? Desde este punto, la investigación se enfoca en estudiar la habilidad de los animales para sobrellevar desafíos presentes en su entorno. (3) ¿puede el animal expresar conductas importantes para su bienestar físico y mental? En este sentido se trata de entender qué conductas son estas y cuáles son las condiciones que permiten su expresión (Hughes y Duncan 1988). Estas tres preguntas no son excluyentes, y abordan la mayor parte de las preocupaciones por el bienestar de animal, lo que incluye a los animales silvestres bajo cuidado humano y en su ambiente natural (Keeling *et al.* 2011).

Dawkins (2003) destaca la contribución del estudio del comportamiento animal para la evaluación del estado del bienestar de un animal. Por un lado esto permite validar medidas fisiológicas (ej., evaluar si el aumento de la frecuencia cardiaca y/o glucocorticoides se debe a estrés o excitación placentera como ocurre durante el acecho y captura de una presa), y por otro lado entender las preferencias de los animales y sus necesidades. Considerando que el bienestar animal busca mejorar la calidad de vida de los animales afectados y/o cuidados por humanos, el bienestar animal utiliza el marco teórico y empírico de la **etología aplicada** para abordar problemáticas derivadas del uso y manejo de especies animales en cautiverio para beneficio humano. De hecho, la etología aplicada ha sido la disciplina de las ciencias animales que a nivel mundial ha aportado más a la comprensión del bienestar animal (Gonyou 1994, Millman *et al.* 2004). Aunque el avance de la etología aplicada ha sido más lento en Latinoamérica comparado con Europa y Norte América, se aprecia un interés creciente por el desarrollo de conocimiento asociado con el bienestar animal (Galindo *et al.* 2017).

La disciplina del bienestar animal suele ser criticada por el mundo científico debido a que está fuertemente influenciada por consideraciones éticas y porque se ocupa de experiencias difíciles de cuantificar objetivamente (Fraser 2008, Dawkins 2008). Sin embargo, diversos investigadores han proporcionado bases teóricas para estudiar los estados emocionales de los animales (ej., Appleby *et al.* 2011). Dawkins (2008) ha planteado que la disciplina del bienestar animal se basa en un marco teórico sólido, explicado por las llamadas 'cuatro preguntas de Tinbergen' (causalidad, adaptación, evolución y desarrollo, Ebensperger y Labra Capítulo 1), lo que a su vez fomenta vínculos multidisciplinarios con la fisiología, biología del comportamiento, inmunología, neurociencia afectiva y cognición. Por ejemplo, la pregunta de si los animales sufren al verse privados de la oportunidad de realizar un comportamiento determinado (ej., construir un nido o perchar en aves), requiere entender cómo se desencadena y controla el comportamiento natural, los efectos de la experiencia temprana y las bases genéticas de la expresión de la conducta restringida, los efectos hormonales involucrados en la privación de la expresión de la conducta, su actividad cerebral, y conocer cómo se comportan los individuos en su ambiente natural.

En el caso de la fauna silvestre, el estudio del bienestar animal se ha centrado en desarrollar e implementar estrategias de evaluación de los efectos del manejo de los individuos bajo cuidado humano (ej., Hosey *et al.* 2013). No obstante, esta disciplina también aborda el impacto que tiene la intervención del ambiente o hábitat (ej., Kirkwood *et al.* 1994, Wingfield *et al.* 1997), y el uso sostenible de fauna en su **adecuación biológica** (ej., Carr y Broom 2018). En efecto, en los últimos veinte años se ha reconocido la importancia del estudio del comportamiento y bienestar en la disciplina biología de la conservación (Clemmons y Buchholz 1997, Blumstein y Fernández-Juricic 2010). Sin embargo, el establecimiento de puentes entre ambas disciplinas ha sido complejo debido a que estas se enfocan en procesos que operan a distintas escalas: el bienestar animal opera a nivel individual, mientras que la conservación biológica típicamente opera a nivel poblacional (Bradshaw y Bateson 2000, Paquet y Darimont 2010). Sin embargo, la implementación de medidas activas de conservación (reproducción en cautiverio de especies y liberación de especies amenazadas), requiere un cuidadoso seguimiento de los individuos para evaluar el éxito de estos programas (ej., Clemmons y Buchholz 1997). Además, desde los años 80s se ha promovido el uso sostenible de fauna silvestre como una estrategia de valoración de la fauna nativa, apostando a que esta medida incentive la conservación (Ojasti y Dallmeier 2000). Sin embargo, en estos casos también es relevante evaluar el efecto en el bienestar de la población intervenida para evitar que los manejos realizados resulten perjudiciales para la población utilizada (Arzamendia *et al.* 2010, Carmachahi *et al.* 2014).

En este capítulo analizamos la importancia de un buen manejo en el bienestar de vertebrados silvestres nativos, a través de revisar los fundamentos teóricos y evidencia empírica asociados a distintos manejos utilizados. Para ello, abordamos los siguientes tópicos: estrés y manejo, impacto de intervenciones humanas, y enriquecimiento ambiental. Finalmente evaluamos en qué medida los estudios existentes permiten mejorar el manejo y bienestar de vertebrados nativos.

ESTRÉS EN EL MANEJO DE VERTEBRADOS SILVESTRES NATIVOS

Bases conceptuales

Prácticamente todos los vertebrados responden a eventos impredecibles e incontrolables, los cuales pueden ser naturales, como una tormenta, o cambios abruptos de temperatura, o antrópicos, como perturbación del hábitat o manipulación de animales silvestres bajo cuidado humano (Wingfield *et al.* 1997). Los animales han desarrollado un conjunto de estrategias conductuales y fisiológicas para responder a estos eventos impredecibles, lo que se denomina estrés (Sheriff *et al.* 2011). Las dos respuestas fisiológicas más importantes ante el desafío de factores estresantes son: (1) la estimulación del sistema nervioso simpático, asociado a la liberación de catecolaminas y (2) la activación del **eje hipotálamo-pituitaria-adrenales (HPA)** que contribuyen a restaurar la homeostasis, es decir, una combinación de procesos biológicos que permiten mantener el organismo de un animal en un estado estable (Reeder y Kramer 2005, Villavicencio y Quispe Capítulo 8). La activación del eje HPA induce la secreción de glucocorticoides, cuya liberación y acción va desde varios minutos a horas, facilitando en el corto plazo el escape de situaciones que amenazan la integridad física (Wingfield *et al.* 1997). Sin embargo, la activación crónica del eje HPA y las subsecuentes concentraciones elevadas y prolongadas de glucocorticoides pueden tener consecuencias fisiológicas deletéreas y eventualmente una disminución de la adecuación biológica (Breed *et al.* 2019).

Dado el característico patrón de aumento de corticosteroides durante la respuesta fisiológica de estrés, la cuantificación de la activación y concentración de hormonas como los glucocorticoides se utiliza frecuentemente en estudios de conservación y bienestar de animales silvestres (Ovejero *et al.* 2016). La medición de estas hormonas permite predecir cómo los factores estresantes afectan la supervivencia y el éxito reproductivo de animales silvestres sometidos a manejos de conservación o al cuidado humano (Sheriff *et al.* 2011).

La respuesta fisiológica de estrés mediada por el eje hipotálamo-pituitaria-adrenales se ha estudiado por mucho tiempo en animales domésticos o en condiciones controladas, pero son pocos los estudios realizados en animales silvestres en vida libre, ya que el principal desafío es la obtención de mediciones de estrés sin la perturbación de la manipulación de los animales (ej., Ovejero *et al.* 2016). Así, debido a que la captura y el manejo de animales silvestres para el muestreo de sangre aumenta inmediatamente las concentraciones de corticosteroides en la sangre, se han desarrollado métodos no invasivos para evaluar el estrés sin interferencia causada por la toma de muestra (Romano *et al.* 2010). Otra razón para desarrollar métodos no invasivos de obtención de hormonas de estrés es que el cortisol en la sangre se ve afectado por estrés de corto plazo que ocurre en horas o días, por lo que no permite evaluar la activación del eje HPA durante períodos más prolongados (ej., semanas), algo que sí pueden hacer los métodos alternativos basados en la medición de corticosteroides a partir de pelo o heces (Macbeth *et al.* 2010, Ovejero *et al.* 2016).

Los registros de alteraciones a la respuesta fisiológica de estrés son críticos en animales silvestres bajo cuidado humano, ya que muchos procedimientos como la captura, la anestesia, o los tratamientos médicos afectan su bienestar y salud (Hosey *et al.* 2013). Una de estas aproximaciones consiste en establecer la capacidad máxima de respuesta de la glándula suprarrenal de una especie ante varios factores estresantes mediante la prueba de desafío con **ACTH,** hormona adrenocorticotrófica (ej., Bubenik y Reyes-Toledo 1994, Bubenik *et al.* 2000). Esta prueba permite además calibrar y validar las mediciones de cortisol en heces, comparando las curvas de corticoides en sangre y metabolitos de corticoides en la materia fecal (Soto-Gamboa *et al.* 2009). Este ensayo consiste en la inyección de ACTH exógena y luego medir a intervalos regulares la respuesta de glucocorticoides, lo que permite evaluar la respuesta adrenal ante factores estresantes de manera controlada (Bubenik *et al.* 1991). Cabe señalar que esta medición se realiza en cautiverio y la respuesta se mide en la sangre. Usualmente, estas pruebas se realizan en un número reducido de animales y permiten cuantificar la respuesta hormonal característica en una especie determinada (Meyer *et al.* 1992). Así, en vertebrados nativos se ha explorado la respuesta al desafío con ACTH exógena en pudú (*Pudu puda*), guanacos (*Lama guanicoe*), vicuñas (*Vicugna vicugna*) y degus (*Octodon degus*) (Bubenik y Reyes-Toledo 1994, LeRoy 1999, Bonacic *et al.* 2003, Soto-Gamboa *et al.* 2009). La respuesta es bastante similar entre las tres especies de ungulados donde los niveles de cortisol aumentan alrededor de cinco veces en pudú, 5,6 en guanaco y 4,5 en vicuñas, comparado con sus valores basales al momento de inyectar ACTH exógena. Esto indica una sensibilidad similar y una reserva de cortisol de 450 a 560%. La concentración máxima de cortisol (uno de los dos glucocorticoides principales involucrados en la respuesta de estrés fisiológico en vertebrados), también se alcanza en un tiempo similar en las tres especies: 40 min en pudú, 60 min en vicuñas y 90 min en guanacos. Estos valores persisten altos hasta los 130 min en pudú y 180 min en guanacos y vicuñas. En degus los valores son algo distintos, y se describe un aumento de 2,5 veces el valor basal y el valor máximo a los 30 min (Soto-Gamboa *et al.* 2009). Con esta información es posible interpretar la respuesta de glucocorticoides a un manejo determinado y saber el tiempo que se demora en alcanzar el valor máximo después de un estímulo desencadenante (Leroy *et al.* 1999).

Otro aspecto examinado es la relación entre **personalidad animal** y respuesta de estrés que clasifica a los animales en proactivos y activos (Koolhaas *et al.* 1999), siendo una de las características relevantes de los individuos proactivos los mayores niveles de agresión y una menor sensibilidad del eje HPA, mientras que los reactivos son más bien pasivos y responden con menores niveles de agresividad y una mayor sensibilidad del eje HPA (Koolhaas *et al.* 1999, Koolhaas 2008). Datos indican que los guanacos en cautiverio sometidos a esquila vocalizan más frecuentemente y presentan menores niveles de cortisol (Zapata *et al.* 2001). Esto sugiere que guanacos con rasgos proactivos tienen menores niveles de cortisol como respuesta a un evento estresante, algo que concuerda con lo descrito por varios autores (véase Koolhaas *et al.* 1999, Koolhaas 2008). Riveros *et al.* (2019) mostraron algo similar en guanacos en cautiverio, a partir de mediciones seriadas de cortisol durante 24 h, y donde hembras con perfiles de personalidad reactivos (i.e., mayor inmovilidad y menor frecuencia de respuestas de agresión como escupir) exhiben concentraciones más altas de cortisol sérico comparado con hembras proactivas (i.e., con conductas más territoriales). La menor concentración de cortisol en hembras proactivas indicaría una mayor habilidad para sobrellevar situaciones estresantes que las reactivas. Por otra parte, Taraborelli *et al.* (2011) encontraron un patrón similar de respuesta de cortisol en machos de guanacos arriados, confinados y esquilados en su hábitat natural. Estos autores mostraron que guanacos con menores niveles de cortisol expresan una mayor frecuencia de conductas activas de estrés (similar a las descritas en personalidades proactivas), luego del segundo día de encierro. Los estudios de las estrategias individuales para sobrellevar desafíos que impone el ambiente constituye una temática que se está abordando tanto a nivel básico (ej., Maldonado *et al.* 2012), como en lo referente a las consecuencias que puede tener en la respuesta al manejo (Riveros *et al.* 2019). Estos resultados permiten cuantificar la percepción de un estresor relevante (rasgos individuales) y orientan la implementación de manejos que disminuyen este estrés (Riveros *et al.* 2019).

Si bien anteriormente se señaló que la respuesta fisiológica de estrés se desencadena cuando los animales enfrentan amenazas, esta respuesta también ocurre cuando los animales no poseen recursos de estimulación adecuados en el ambiente, y empeora en la media que los animales no puedan expresar conductas que serían esenciales para su supervivencia en su ambiente natural (Mason 2006). En efecto, en estas condiciones se observa la aparición de conductas anormales repetitivas junto con una activación del eje HPA, como se ha descrito en chinchillas peleteras, *Chinchilla lanigera* (Ponzio *et al.* 2007). Estos roedores poseen una piel muy preciada, por lo que se reproducen para la comercialización de su piel (Holzer y Lara 2005). En esta especie se observa que al ser criada y mantenida en granjas peleteras, alrededor de un 3% de los individuos realizan "tricofagia", una conducta anormal repetitiva, en la que el animal realiza **acicalamiento** exagerado de su pelaje llegando a consumirlo (Tadich *et al.* 2013). Ponzio *et al.* (2012) demostraron que esta conducta estaba estrechamente relacionada con la activación del eje HPA, a través de comparar los niveles de cortisol urinario entre chinchillas que manifiestan la conducta de manera severa, moderada, leve, o que no la manifiestan. Estos autores registraron que solo el grupo de chinchillas que expresaban la conducta con mayor severidad alcanzaron niveles de cortisol urinario mayor que los otros grupos, indicando que esta conducta está asociada a la respuesta estrés fisiológico.

Estrés asociado a manejo de fauna silvestre en su ambiente natural

La respuesta de estrés en fauna nativa como respuesta al manejo se ha explorado en varias especies. Entre los estudios realizados en camélidos silvestres, podemos mencionar uno que examinó el efecto del transporte, y otros cuatro en los que se determinó la respuesta fisiológica de estrés producto de la esquila. Estos estudios apoyan una asociación entre las respuestas fisiológicas y conductuales de estos camélidos ante el estrés causado por manejo humano (Zapata *et al.* 2001, Zapata *et al.* 2004, Bonacic *et al.* 2006). En el caso del transporte de guanacos, la carga y transporte de estos camélidos en vehículo motorizado por 2 horas genera un aumento moderado de cortisol (1,7 veces el basal *versus* 5,6 que es el máximo inducido por inyección de ACTH exógena), junto con un aumento de la frecuencia cardíaca (medida telemétricamente con monitor cardíaco) y de la enzima muscular creatina quinasa (CK) de manera aguda. Estas variables recobran sus valores basales luego de una semana (Zapata 2004). Sin embargo, estos resultados podrían variar con la densidad durante el transporte (Anderson *et al.* 1999) o el lugar que ocupa el animal en el vehículo (Waas *et al.* 1997), de manera que este tópico requiere más investigación (Zapata *et al.* 2004).

Los efectos de la esquila en guanacos en cautiverio se han evaluado utilizando medidas fisiológicas como frecuencia cardíaca, enzimas musculares tales como la creatina quinasa, aspartato aminotransferasa (AST) y lactato deshidrogenasa (LDH), que aumentan por esfuerzo y lesiones musculares (Meyer *et al.* 1992), además de mediciones de glucosa, cortisol, y variables conductuales (Zapata *et al.* 2001). Específicamente, se ha registrado que la respuesta de guanacos esquilados en una manga de sujeción física no es distinta de la respuesta de guanacos no esquilados. Sin embargo, el manejo con todas sus etapas genera un aumento en todas las variables estudiadas, efectos que se extienden hasta una semana posterior a la esquila (Tabla 10-1).

Tabla 10-1

Cambios fisiológicos (promedio ± error estándar) asociados a la esquila en guanacos en cautiverio; CK: creatina quinasa; AST: aspartato aminotransferasa; LDH: lactato deshidrogenasa. Los asteriscos indican diferencias estadísticamente significativas ($p < 0,05$) entre cada tratamiento y el valor basal (Zapata *et al.* 2001).

Período	Cortisol (nmol/l) (n=15)	Log CK (U/L) (n=14)	AST (U/L) (n=14)	LDH (U/L) (n=14)
Basal	24,4±3,2	1,7±0,1	120,6±5,9	202,2±34,1
Post-esquila	40,5±4,1*	1,8±0,14	141,9±9,9	226,9±42,0
2 h post-esquila	80,9±7,9*	2,4±0,1*	130,3±8,2	294,9±47,8*
24 h post-esquila	88,0±7,9*	2,3±0,1*	153,5±11,8	254,1±43,1
1 semana post-esquila	75,9±10,4*	1,9±0,11	137,6±9,37	229,2±38,76

Los efectos de la esquila también se han cuantificado en vicuñas y guanacos en su ambiente natural (Tabla 10-2), ya que la respuesta de estrés asociada a estas actividades puede reducir el éxito reproductivo y resiliencia o capacidad de ajustarse a los cambios en estas especies sociales (Carmanchahi *et al.* 2014). Así, las actuales políticas locales como el Convenio de la Vicuña y la Ley Chilena de Caza 19473, permiten y promueven su uso sostenible, mediante el método de "captura de animales vivos, esquila y posterior liberación" (CEL), cría en cautividad y translocación. Todas estas actividades requieren de un monitoreo cercano que permita identificar tempranamente efectos perjudiciales sobre las poblaciones e individuos intervenidos (Lichtenstein y Vilá 2003, Zapata *et al.* 2003, Bonacic *et al.* 2006, Taraborelli *et al.* 2011). En este contexto, se monitoreó la respuesta al manejo CEL de guanacos durante cinco temporadas de esquila en dos localidades, una zona de explotación ovina y una reserva de la naturaleza (Carmanchahi *et al.* 2014). Este manejo se realizó siguiendo el protocolo de buenas prácticas recomendado por el Grupo de Especialistas de Camélidos Silvestres de la UICN (Carmanchahi y Marull 2012). Este incluye una serie de cuidados a los animales, estableciéndose que el personal a cargo debe estar entrenado, se debe utilizar una capucha para cubrir los ojos del animal (lo que ha demostrado empíricamente reducir el estrés) y solo se deben esquilar los flancos o zona del vellón (Carmanchahi y Marull 2012). Los resultados mostraron que el manejo no

Tabla 10-2

Efectos conductuales y fisiológicos reportados en camélidos silvestres asociados a la captura-esquila y liberación en su ambiente natural. En cada caso, también se indican los objetivos, hipótesis y predicciones examinadas en cada estudio.

Especie	Objetivos/hipótesis/ predicciones	Mediciones	Resultados
Guanaco, *Lama guanicoe*	Objetivo: Evaluar la respuesta estrés fisiológica y conductual de individuos esquilados en su ambiente natural durante dos días de confinamiento. Hipótesis: Los animales exhiben un mayor estrés al ser mantenidos en el corral y durante la esquila. Predicción examinada: a medida que aumenta el tiempo en corrales aumentará la respuesta conductual de estrés y ésta respuesta estará relacionada positivamente con niveles de cortisol séricos.	(1) vigilancia; (2) mantención, rascarse, bostezar y descansar; (3) locomoción; (4) comportamiento agonista, agresión relacionadas con la esquila y hacia sus congéneres; (5) vocalizaciones; (6) comportamiento de eliminación (defecación y micción) en la camilla de esquila.	Mayor frecuencia de lesiones de peleas en individuos de bajo tamaño en condiciones de mayor densidad (2,4 guanacos/m2, 4 guanacos/m2 *versus* 0,67 guanacos/m2). Conductas agonísticas fueron mayores en el primer día de confinamiento que las de vigilancia, mientras que en el segundo día se revirtió y aparecieron conductas de mantención. Las conductas agonísticas aumentan en relación directa con el número de guanacos en los corrales, de 20 a 120 individuos. Durante la esquila, la tasa de vocalización fue la más alta. Las concentraciones de cortisol sérico se relacionaron inversamente con la frecuencia de conductas agonísticas.
Vicuña, *V. vicugna mensalis*	Objetivos: (a) comparar métodos de arreo (vehículo, a pie, mixto), (b) describir la respuesta fisiológica de acuerdo con la distancia sobre la cual se arrearon las vicuñas y si fueron amarradas o no, (c) describir la respuesta fisiológica de las vicuñas durante el manejo de esquila en todas las etapas.	Cortisol, glucosa y enzimas musculares (AST, CK), relación neutrófilos/linfocitos	Valores de cortisol más altos en capturas con vehículos. La distancia de arreo no influyó en las variables fisiológicas. Las vicuñas amarradas con cuerdas tuvieron aumentos de enzimas musculares (CK), relación neutrófilos/linfocitos, y del hematocrito, es decir una mayor respuesta estrés que las no amarradas; los cambios se relacionaron positivamente con el tiempo que permanecieron amarradas.
Vicuña, *V. Vicugna vicugna*	Objetivo: determinar el efecto de diferentes métodos de captura en el comportamiento de vicuña antes de la liberación y relación con parámetros fisiológicos en vicuñas esquiladas. Predicciones: se espera una respuesta estrés mayor cuando se usan vehículos en la captura en comparación con el arreo a pie o Chaccu debido a que es un estímulo mayor.	Respuestas conductuales de estrés: intentos de escape, vocalizaciones de alarma, aumento de vigilancia, patear. Respuestas fisiológicas: frecuencia cardíaca y respiratoria, cortisol y CK	El arreo a pie o Chaccu es el que produce menos cambios conductuales y fisiológicos, por lo tanto, el menos estresante

afectó ni la mortalidad ni la reproducción, ya que no se redujo el número de crías en la siguiente estación de partos. No obstante, este manejo produjo un aumento del desplazamiento durante los primeros días post-esquila y como consecuencia una reducción de la densidad de animales en el área. Sin embargo, este efecto desaparece luego de un mes post-esquila. Más globalmente, estos resultados indican que la esquila de guanacos realizada aplicando protocolos de bienestar animal en su ambiente natural no afecta la sostenibilidad de la población. A nivel fisiológico, Carmanchahi *et al.* (2011) registraron en guanacos una asociación positiva entre los niveles de cortisol y el tiempo de manejo (incluyendo la captura, esquila, toma de muestras, y hasta la liberación) CEL. Por lo tanto, una reducción del tiempo de manejo sería importante para evitar una respuesta negativa. Adicionalmente, Taraborelli *et al.* (2011) mostraron una correlación positiva entre el número de animales heridos por peleas, frecuencia de conductas agonísticas y la densidad de animales en el corral **(Tabla 10-2)**. Sin embargo, la frecuencia de animales heridos es mayor en guanacos de menor tamaño y jerarquía y, al comparar todas las etapas del manejo, el momento más estresante para los animales es el manejo de esquila propiamente tal, con una mayor tasa de conductas agonistas y vocalizaciones. Estos resultados han permitido realizar recomendaciones para refinar este manejo y que cumpla con estándares de manejo sostenible con reconocimiento internacional (Taraborelli *et al.* 2011).

El arreo de especies de camélidos en su ambiente natural para facilitar la esquila es una práctica común en guanacos y vicuñas **(Figura 10-1)**. En vicuñas esquiladas en su ambiente natural, se ha mostrado que el arreo a pie o "chaccu" es el que produce una menor

Figura 10-1

Arreo de guanacos (*Lama guanicoe*) en Reserva la Payunia (Mendoza, Argentina). Imagen gentileza de Antonella Panebianco.

respuesta estrés, comparado con sistemas mixtos de captura (arreo a pie y motorizado) y con vehículo (**Tabla 10-2**, Marcoppido *et al.* 2017). En el arreo mixto y el motorizado se produce una mayor respuesta fisiológica y conductual de estrés (Arzamendia *et al.* 2010, Marcoppido *et al.* 2017). Dentro de los cambios fisiológicos examinados, se detectó un aumento de cortisol, CK, glucosa, temperatura rectal, frecuencia cardíaca y respiratoria. Además, se registró una mayor frecuencia de conductas de alerta y vocalizaciones en el corral de manejo. Otro estudio en vicuñas reveló que la sujeción física previa al manejo está asociada a aumentos de varios indicadores de estrés y daño muscular, lo que apunta a efectos potencialmente perjudiciales (Bonacic *et al.* 2006). La distancia promedio del arreo de las vicuñas (3917 ± 281 EE m, rango: 695 – 6800 m) no afectó el bienestar de los ejemplares manejados, ya que esta variable no se asoció con cambios en variables fisiológicas de estrés (Bonacic *et al.* 2006). Al igual que el caso del guanaco, estos estudios han permitido refinar los manejos de vicuña para adecuarlos con estándares internacionales de bienestar animal y sostenibilidad.

RESPUESTAS CONDUCTUALES Y FISIOLÓGICAS A PERTURBACIONES ANTRÓPICAS DEL HÁBITAT

Se han documentado variados tipos de intervenciones en el hábitat natural que pueden afectar a la fauna silvestre, como actividad de caza, turismo, o construcciones de carreteras. En estos casos los efectos en la fauna son indirectos. Se trata de perturbaciones humanas no letales que pueden tener efectos similares a los efectos indirectos de la depredación: los animales invierten tiempo y energía similar en presencia de depredadores, humanos o infraestructuras paisajísticas, ya sea por ser percibidos como depredadores o aumentar la percepción de riesgo de ser depredados (Proffitt *et al.* 2009).

Cuando el costo energético asociado a la **estrategia antidepredadora** es alto se esperaría que los individuos puedan migrar a otros ambientes. Sin embargo, esta alternativa a veces no es posible, lo cual se traduce en efectos negativos en su adecuación biológica (Frid y Dill 2002). Se considera que la respuesta de los animales hacia humanos es equivalente a la que tienen frente un depredador. Esto se basa en que se trataría de una respuesta ancestral. En cambio, las respuestas provocadas por infraestructuras humanas serían el resultado de cambios en el ambiente que afectarían la percepción del riesgo de depredación del animal (Cappa *et al* 2014, Taraborelli *et al.* 2014). Se ha planteado que la percepción de riesgo aumenta con la creciente complejidad estructural de los hábitats en términos de vegetación y topografía, porque los depredadores son más difíciles de detectar visualmente por las presas y pueden esconderse más fácilmente, lo que aumenta la probabilidad de ataque (Baldi *et al.* 1997).

La construcción de caminos, tala de bosques o remoción de vegetación pueden afectar la percepción de riesgo de depredación para un animal presa (Cappa *et al.* 2014). Sin embargo, estos efectos podrían variar intraespecíficamente. Por ejemplo, en guanacos se ha documentado una preferencia a usar zonas cercanas a la carretera construida al interior de una reserva natural, posiblemente porque estos ambientes facilitan la detección visual de depredadores como el puma (Cappa *et al.* 2014). En contraste con esto, el uso del espacio por guanacos en una zona protegida de caza en la Patagonia no está afectado por la red de caminos establecidos (Schroder *et al.* 2018). No es claro aún si esta ausencia de efecto se debe a que los caminos representan una perturbación por debajo del umbral de respuesta de estas poblaciones y/o que los animales en las áreas examinadas están habituados a los vehículos motorizados por una baja amenaza de cacería.

Figura 10-2

Bandada de tórtolas (*Zenaida auriculata*) en ambientes urbanos en Santiago de Chile. Imagen gentileza de Luis Ebensperger.

Son numerosas las especies de aves nativas que habitan ambientes urbanos (**Figura 10-2**), y en el caso del chincol (*Zonotrichia capensis*) se ha estudiado el efecto de la intervención antrópica. Como se podría esperar, los chincoles en condiciones urbanas tienen un menor peso corporal, una respuesta de cortisol sanguíneo más acentuada y un índice heterófilos/linfocitos aumentado (i.e., una respuesta de células sanguíneas al estrés, Meyer *et al.* 1992), en comparación con chincoles de áreas rurales (Ruiz *et al.* 2002). Estos cambios son consistentes con una respuesta de estrés generado por perturbaciones de zonas urbanas. No obstante, ejemplares de zonas rurales mostraron valores similares a los de zonas urbanas luego que estos son trasladados a condiciones de cautiverio (Ruiz *et al.* 2002). Esto demuestra que no se trata de una respuesta intrínseca asociada a poblaciones de zonas rurales, sino una respuesta flexible frente a estresores a los que estas aves están expuestas en su ambiente. Un efecto similar es el reportado en el pingüino de Magallanes (*Spheniscus magellanicus*). Luego del rescate de algunos individuos generado por un derrame de petróleo en una colonia en la Patagonia argentina, se comparó la respuesta de estrés fisiológico y masa corporal entre ejemplares que permanecieron en recuperación en cautiverio y otros que fueron liberados inmediatamente. Como se podría esperar, pingüinos mantenidos en cautiverio se caracterizaron por mayores niveles de estrés fisiológico (cortisol) y una menor masa corporal comparado con los ejemplares liberados, lo que sugiere que el cautiverio representa una condición fisiológicamente estresante en aves marinas silvestres (Fowler *et al.* 1995).

La caza legal o ilegal también se ha descrito como un factor perturbador importante, lo cual ocurre incluso dentro de reservas de la naturaleza (Kilgo *et al.* 1998, Goldenberg *et al.* 2016). La presión sobre los animales e intimidación que se produce con esta actividad genera respuestas de huida, lo que afecta el estado físico de los animales al alterar el equilibrio entre consumo y gasto de energía (Gobush *et al.* 2008). Es esperable que una mayor frecuencia de conductas de huida determine un mayor gasto de energía, y una reducción en el consumo de alimento. Un estudio apoya algunos de estos efectos a través de comparar el comportamiento de grupos de guanacos y vicuñas en sitios donde se permite la caza con otros donde esta está prohibida. En áreas donde se permite la caza un mayor porcentaje de grupos de guanacos y vicuñas huyen ante la aproximación de un vehículo motorizado, el que supuestamente constituye una señal de riesgo de depredación (**Figura 10-3**, Donadio *et al.* (2006).

Figura 10-3

Efecto de la caza legal sobre la respuesta de huida de guanacos y vicuñas en el centro-oeste de Argentina. Los números sobre las barras corresponden al número de grupos observados. Modificado de Donadio *et al.* (2006).

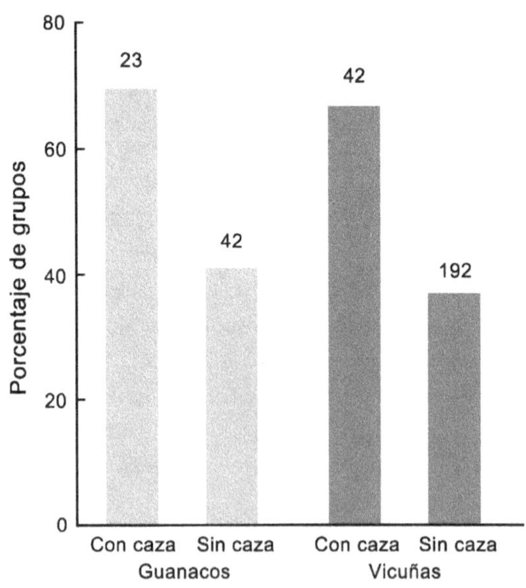

La actividad de turismo relacionado con fauna silvestre ha crecido hasta alcanzar un 20-40% del turismo general, por lo que puede representar amenazas tanto a la conservación como al bienestar animal (Moorhouse *et al.* 2015). Esta actividad puede aumentar conductas de evitación de la amenaza por humanos, incluyendo una reducción en el tiempo de forrajeo, así como una disminución en la cohesión de los grupos en el caso de especies sociales (ej., Carr y Broom 2018). Fowler (1999) estudió el efecto del turismo sobre conductas y la respuesta fisiológica de estrés en adultos de colonias de pingüinos de Magallanes (*Spheniscus magellanicus*) en la Patagonia argentina. Para ello se compararon tres sitios, donde uno de estos ha estado expuesto a una alta frecuencia de visitas por turistas, otro expuesto a la presencia ocasional de investigadores, y un tercero más aislado de presencia humana. Los principales resultados indicaron una ausencia de respuesta fisiológica de estrés (por sobre los niveles basadas de corticosterona), así como una ausencia de respuesta conductual a la aproximación de humanos en el sitio visitado frecuentemente por turistas (Fowler 1999). Este resultado sería consistente con una **habituación** a la presencia humana. Estos hallazgos sugieren que las actividades turísticas debieran estar circunscritas y controladas para evitar o acotar sus efectos negativos en estas aves. Un estudio similar, pero en polluelos de esta misma especie de pingüino mostró un aumento de corticosterona en los polluelos de áreas más visitadas que en las no perturbadas, un resultado contrario a lo descrito en los adultos (Walker *et al.* 2005). Estos resultados indican que la respuesta a los turistas de estas aves sería dependiente de la edad de los individuos, por lo que se debe tener mayor precaución con las actividades turísticas en esta y otras especies para minimizar su impacto negativo.

Figura 10-4

Interacción entre turistas y fauna nativa como guanacos (*Lama guanicoe*) en el Parque Nacional Torres del Paine. Imagen gentileza de Fernanda Drago.

La respuesta conductual a turistas también ha sido estudiada en guanacos en el Parque Nacional Torres del Paine, lugar altamente visitado (**Figura 10-4**, Zapata *et al.* 2013). Allí se evaluó la conducta de forrajeo y vigilancia ante la presencia de un turista simulado (un observador) que se acercaba a un grupo familiar (un macho con un número variable de hembras y sus crías) desde 200 m, 100 m y 50 m. No se observaron cambios significativos en la frecuencia de las conductas registradas, lo que es consistente con lo reportado en pingüinos de Magallanes adultos y que sugiere que los guanacos tienen una alta tolerancia a la presencia humana.

Otro ámbito donde se ha examinado el efecto de la actividad turística sobre especies silvestres es el avistamiento de ballenas desde embarcaciones (Iñiguez 2013). Se ha planteado que esta actividad perturba forrajeo y otras conductas. En efecto, Lusseau *et al.* (2009) encontraron que el tráfico de las embarcaciones está asociado a una disminución del tiempo de forrajeo en orcas (*Orcinus orca*) en la Isla de San Juan (costa noroeste de Estados Unidos), lo cual afectaría la adquisición de energía en este depredador. Además, las orcas en estos lugares mantienen una distancia a las embarcaciones relativamente reducida, lo que podría determinar una menor captura de sus presas (Lusseau *et al.* 2009).

ENRIQUECIMIENTO AMBIENTAL

Existe consenso en los beneficios que tiene para los animales el poder expresar conductas que tienen una alta motivación, y que si son privados de tales posibilidades, se puede producir estrés y frustración en los individuos (Mason 2006). Los animales silvestres bajo cuidado humano pueden estar privados de recursos importantes para su normal desempeño. Estas privaciones se producen por negligencia o, en la gran mayoría de los casos, por restricciones asociadas al cautiverio como, por ejemplo, espacio, consideraciones éticas (ej., se evita el suministro de presas vivas en el caso de depredadores), o prácticas de manejo (ej., separación de individuos para evitar la reproducción o encuentros agonísticos). Una manera para abordar estas falencias es mediante un conjunto de medidas denominadas **enriquecimiento ambiental**. Newberry (1995) define este concepto como "una mejora en el funcionamiento biológico de los animales cautivos como resultado de modificaciones en su entorno". Shepherson (1998) aborda este concepto de manera más práctica definiéndolo como "un principio de crianza que busca mejorar la calidad del cuidado de los animales cautivos mediante la identificación y la provisión de los estímulos ambientales necesarios para un óptimo bienestar psicológico y fisiológico". En la práctica, este concepto incluye una amplia variedad de técnicas y prácticas innovadoras que apuntan a las siguientes metas: (1) aumentar la diversidad de comportamientos, acercando el comportamiento en cautiverio al expresado en su medio natural; (2) reducir la frecuencia de comportamiento anormal, es decir, aquellos no expresados en el ambiente natural y que en muchas ocasiones son perjudiciales para el animal; (3) aumentar el rango o el número de patrones de comportamiento normales. i.e., salvajes; (4) aumentar la utilización positiva del medio ambiente; (5) aumentar la capacidad de hacer frente a los desafíos de una manera más normal (Young 2003). Bloomsmith *et al.* (1991) identificaron cinco tipos principales de enriquecimiento ambiental: (1) social, promover interacciones sociales directas o indirectas con individuos de la misma u otra especie, (2) ocupacional, ejercicio físico o desafíos cognitivos como puzles alimenticios, (3) físico, complejidad del recinto con plataformas, aumento de tamaño, (4) sensorial, uso de aromas relajante o estimulante, uso de imágenes en televisión, música y (5) nutricional, cambio o diversificación de la dieta. En la **Tabla 10-3** se mencionan algunos estudios en aves y mamíferos nativos enfocados al desarrollo de enriquecimiento ambiental.

Tabla 10-3

Enriquecimientos ambientales examinados en algunos mamíferos y aves nativos de Chile. (*) Sin información de tamaño muestral.

Especie	Tipo de enriquecimiento ambiental	Tipo de estudio (tamaño muestral)	Resultados	Referencia
Haematopus palliatus	Nutricional/ocupacional: conchas y recipientes con lombrices entre rocas	Descriptivo Cualitativo (n*)	Aumento de exploración	Nelder *et al.* (2006)
Lama guanicoe	Ocupacional /nutricional – diversificación de opciones de obtención de alimento	Cuantitativo (n=9)	Aumento de conducta de forrajeo y exploración	Presa *et al.* (2009)
Leopardus geoffroyi	Nutricional – bolsa de papel con carne en su interior	Cuantitativo (n=2)	Disminuye el paseo estereotipado	Resende *et al.* (2006)
Octodon degus	Ocupacional: rueda para ejercicio	Experimental Cuantitativo (n=24)	Reducción de cortisol y mejora de memoria espacial	Estrada *et al.* (2018)
	Sensorial: música	Experimental Cuantitativo (n=42)	Aumento de tiempo en música folclórica nativa	Watanabe *et al.* (2018)
Pudu puda	Social/interacción humano animal progresiva	Cuantitativo (n=6)	Reduce el miedo al humano	Canepa (2010)
	Social/interacción humano animal progresiva	Cuantitativo (n=6)	Reduce el miedo al humano	Canepa (2010)
	Cognitivo: entrenamiento con refuerzo positivo	Descriptivo Cualitativo (n=1)	Aumento de la conducta de juego	Baker (2007)
Puma concolor	Físico (taburetes de madera, troncos); nutricional – variación de la dieta; sensorial – costales con esencias aromáticas y especias, orines de zorros y venados; ocupacional – pelotas con piel de equino.	Experimental Cuantitativo (n=4)	Conductas individuales: Aumento de acicalamiento, locomoción, exploración, búsqueda. Disminución de un comportamiento anormal como el paseo estereotipado. Las conductas sociales se incrementaron, la aproximación y el marcaje, y disminuyó la persecución	Morales *et al.* (2017)
Vicugna pacos	Social/ocupacional - entrenamiento gradual con refuerzo positivo	Cuantitativo (n=6)	Reducción de respuesta estrés en un corral metabólico	Lund *et al.* (2012)
Vicugna vicugna	Ocupacional/nutricional - parches de forraje	Cuantitativo (n=2)	Reducción de estereotipias motoras	Parker *et al.* (2006)

Recientemente se ha reconocido que una buena relación humano-animal contribuye al bienestar animal, ya que esto reduce la respuesta estrés ante la presencia humana. Este efecto es relevante para animales silvestres potencialmente expuestos de forma permanente al cuidado humano, considerándose esta interacción un enriquecimiento ambiental de tipo social (Claxton 2011). Igualmente, el entrenamiento con refuerzo positivo (Melfi 2013) se considera enriquecimiento porque los animales aprenden, se reduce el estrés del manejo, y porque produce los mismos cambios conductuales esperados con algunos de los enriquecimientos mencionados anteriormente (Claxton 2011, Hosey *et al.* 2013).

Algunos estudios han examinado el efecto del enriquecimiento en vertebrados nativos. Es frecuente que roedores silvestres como *Octodon degus* (una especie endémica de Chile) sean mantenidos en cautiverio con distintos fines (ej., como mascota, modelo de investigación, zoológicos, Fox *et al* 2015). Los degus son roedores de hábitos diurnos y se ha demostrado que la falta de sueño y alteración de su ritmo circadiano puede alterar su normal actividad cerebral, modificando particularmente su capacidad de memoria (Estrada *et al.* 2019). Considerando esto, Estrada *et al.* (2019) estudiaron el efecto del ejercicio voluntario y la perturbación del sueño sobre la concentración de cortisol sanguíneo y capacidad de memoria espacial. Para esto se proporcionó a los animales una rueda giratoria. Los resultados indicaron que la actividad física reduce la concentración de cortisol sanguíneo y mejora la memoria espacial a pesar de una perturbación del sueño (Estrada *et al.* 2019). Esto concuerda con que el ejercicio y la actividad física regular beneficia la salud mental y capacidad de memoria espacial en humanos y animales (Voss *et al.* 2013, Hoffmann *et al.* 2016).

El uso de estímulos sensoriales, como la música, también se ha considerado como una forma de enriquecimiento ambiental (Bloomsmith *et al.* 1991), aunque no siempre produce efectos placenteros (Wells 2009). Watanabe *et al.* (2018) exploraron la existencia de preferencias por distintos tipos de música en degus. Estos autores examinaron la respuesta de estos roedores a música nativa, música clásica europea y silencio. Los degus estudiados pasaron más tiempo en un ambiente con música nativa comparado que en sitios con música clásica europea; más aun, los animales prefirieron el silencio por sobre la música clásica. Aunque este estudio no contempló una evaluación del bienestar de los animales, estos resultados pueden ser de utilidad para el enriquecimiento del ambiente de degus en cautiverio.

Otros estudios sobre enriquecimiento ambiental en especies nativas se han centrado en lograr un aumento de conductas positivas para los animales en cautiverio, como el aumento de conductas exploratorias y de juego, las cuales se reducen en ambientes artificiales menos complejos comparado con los ambientes naturales (**Figura 10-5**, Young 2003). Esta reducción ha sido reportada en coipos (*Myocastor coipus*), pilpilenes (*Haematopus* sp.), pumas (*Puma concolor*), y guanacos (*Lama guanicoe*) (**Tabla 10-3**, Baker 2007). El juego se considera un indicador de bienestar animal dado que esta conducta se expresa (1) solo en animales sanos y (2) porque se trata de una conducta autorreforzante y es una expresión de un estado emocional positivo (Oliveira *et al.* 2009, Ahloy-Dallaire *et al.* 2018).

Figura 10-5
Ambiente experimentado por guanacos (*Lama guanicoe*) cautivos en el
a) Zoológico Metropolitano de Santiago y **b)** Centro de Educación Ambiental Bosque
Santiago del Parque Metropolitano de Santiago.
Imágenes de las autoras del capítulo.

En pudúes (*Pudu puda*) en cautiverio se ha determinado que el enriquecimiento social promueve una mejor relación entre estos ciervos y entre estos y los humanos (Canepa 2010). Para mostrar esto se utilizó un programa de desensibilización al humano, en el que progresivamente un observador se acercaba al recinto de un grupo de pudúes los que inicialmente respondían con huida ante su presencia. El observador humano consiguió acercarse progresivamente más en el transcurso de un mes hasta entrar al recinto y ofrecer alimento (Canepa 2010). En este caso, si bien la respuesta de los individuos fue variada, en promedio se redujo la conducta de huida y congelamiento debido al acercamiento de una persona. De igual modo, el entrenamiento gradual y con refuerzo positivo ha sido exitoso en alpacas (*Vicugna pacos*) para reducir el estrés del manejo en centros de investigación (Lund *et al.* 2012), lo que ha permitido conducir e introducir las alpacas a un corral de confinamiento para estudios de metabolismo sin manifestar conductas de estrés. Esto no solo permite mejorar el bienestar animal, sino además posibilita obtener respuestas libres de efectos producidos por los propios experimentadores..

Mason *et al.* (2007) propusieron el enriquecimiento ambiental como la mejor estrategia para disminuir la frecuencia de **estereotipias** y sus efectos en animales en cautiverio. Estos autores sugieren que el enriquecimiento ambiental permite contrarrestar problemas asociados a comportamientos estereotipados, cuando estos son causados por frustración debido a la falta de estímulos propios del ambiente natural que estimulan la expresión de conductas características de la especie. Por ejemplo, en cautividad la locomoción se mantiene pero las restricciones de espacio reducen la capacidad de correr o trepar (Morgan y Tromborg 2007). Entre las especies nativas examinadas, se ha registrado que el enriquecimiento ambiental reduce conductas anormales como paseos repetidos en vicuñas, pequeños felinos y pumas (**Tabla 10-3**, Parker *et al.* 2006, Morales *et al.* 2017). Por ejemplo, en vicuñas con forraje *ad libitum* y un alto número de parches de forraje, solo la segunda condición redujo la frecuencia de estereotipias. En el caso de depredadores como los felinos, se ha mostrado que aspectos del uso del espacio en vida libre (ej., ámbito de hogar, distancia recorrida diariamente) predicen la frecuencia de estereotipias de la especie en cautiverio (Clubb y Mason 2007). Esto sugiere que las estereotipias surgen en parte por una limitación de los movimientos por restricciones de espacio, por lo que el enriquecimiento ambiental en estos organismos debería focalizarse a incrementar las posibilidades de desplazamiento, por ejemplo, a través de proporcionar más espacio, o múltiples sitios de refugio. Otras opciones podrían implicar proveer una mayor variabilidad/novedad ambiental y/o mayor control sobre la exposición a estímulos adversos o gratificantes (Clubb y Mason 2007).

DISCUSIÓN

En este capítulo revisamos los estudios enfocados al manejo y bienestar de vertebrados nativos de Chile. Este análisis ilustra la importancia del bienestar animal para abordar los problemas de manejo en cautiverio, en su ambiente natural y por la intervención del hábitat. También revisamos los estudios de enriquecimiento ambiental y su utilidad como parte de una estrategia para mejorar la calidad de vida de los animales silvestres bajo cuidado humano. El conocimiento generado ha permitido evaluar el bienestar de especies de vertebrados, principalmente mamíferos y aves nativas. Aunque no hay estudios disponibles en reptiles y anfibios nativos, existe literatura de referencia para evaluar las consecuencias del cautiverio y/o intervenciones en su ambiente natural (Martínez 2014, Warwick *et al.* 2013). Más globalmente, contamos con herramientas para evaluar y monitorear los posibles efectos del turismo en áreas silvestres protegidas, incluyendo avistamientos de ballenas y delfines. Esta posibilidad podría extenderse además a otras actividades similares como el avistamiento de pumas y otros carnívoros. También contamos con herramientas para evaluar el impacto del bienestar en manejos invasivos en poblaciones de guanacos cuya fibra se cosecha legalmente todos los años en algunas regiones como en la Patagonia de Sudamérica (Téllez 2008). Es importante señalar que algunos de los estudios examinados han sido realizados aplicando protocolos de bienestar animal, lo que ha permitido que las respuestas a los manejos utilizados fueran agudas y de baja severidad. Sugerimos que estas experiencias sean traspasadas a guías y protocolos de manejo. Además, se deben considerar algunos factores intrínsecos y extrínsecos que influyen en las respuestas de los animales. Entre los factores intrínsecos se debe considerar aspectos de la personalidad, edad, grado de habituación a humanos, y respuesta de estrés fisiológico ante un evento estresante. Entre los factores extrínsecos, la duración y condiciones del manejo son relevantes.

Contamos con un número de estudios que podrían servir como referencia a investigadores e instituciones que poseen vertebrados nativos bajo cuidado **(Tabla 10-3)**. Sin embargo, es importante tomar en cuenta que estos estudios tienen algunas limitaciones. Específicamente, el número de réplicas asociado en estos estudios normalmente descriptivos no siempre es alto, y sus resultados son pertinentes a las condiciones de cautiverio específicas existentes.

En relación a los efectos cuantificados, la evaluación de la efectividad del enriquecimiento ambiental en la gran mayoría de los estudios en fauna nativa se ha basado principalmente en cuantificar cambios de comportamiento, pero no indicadores fisiológicos (ej., glucocorticoides). Sería recomendable incorporar estos últimos en futuros estudios porque ambos tipos de respuestas pueden estar asociadas, lo que permitiría contar con una visión más integrativa de la efectividad de estrategias de enriquecimiento ambiental para mejorar el bienestar animal.

AGRADECIMIENTOS

Las autoras desean agradecer a los editores Antonieta Labra y Luis Ebensperger por la invitación a participar en este libro y por los diversos comentarios que fueron muy útiles para mejorar la calidad del manuscrito. También deseamos agradecer al Grupo de Especialistas en Camélidos Sudamericanos (GECS) de la UICN, ya que gran parte de la investigación en comportamiento y bienestar de bienestar de camélidos silvestres proviene de sus miembros.

LITERATURA CITADA

Ahloy-Dallaire J, Espinosa J, Mason G (2018). Play and optimal welfare: does play indicate the presence of positive affective states? *Behavioural Processes* 156:3-15.
Anderson DE, Grubb T, Silveira F (1999). The effect of short duration transportation on serum cortisol response in Alpacas (*Llama pacos*). *The Veterinary Journal* 157:189-191.

Arzamendia Y, Bonacic C, Vilá B (2010). Behavioural and physiological consequences of capture for shearing of vicuñas in Argentina. *Applied Animal Behaviour Science* 125:163-170.

Baker WK (2007). Environmental enrichment for cougars. Maintaining purfect condition. *The Shape of Enrichment* 16:12-14.

Baldi R, Campagna C, Saba S (1997). Abundancia y distribución del guanaco (*Lama guanicoe*), en el NE del Chubut, Patagonia, Argentina. *Mastozoología Neotropical* 4:4-15.

Begley N (2002). Keeping pace in the rat race: the benefits of enrichment. *The Shape of Enrichment* 11:1-3.

Bloomsmith MA, Brent LY, Schapiro SJ (1991). Guidelines for developing and managing an environmental enrichment program for nonhuman primates. *Laboratory Animal Science* 41:372-377.

Blumstein DT, Fernández-Juricic E (2010). *A primer of conservation behavior*. Sinauer Associates, Inc, Sunderland, Estados Unidos de América.

Bonacic C, Macdonald DW, Villouta G (2003) Adrenocorticotrophin-induced stress response in captive vicunas (*Vicugna vicugna*) in the Andes of Chile. *Animal Welfare* 12:369-385.

Bonacic C, Feber RE, Macdonald DW (2006). Capture of the vicuña (*Vicugna vicugna*) for sustainable use: animal welfare implications. *Biological Conservation* 129:543-550.

Bradshaw E, Bateson P (2000). Animal welfare and wildlife conservation. Pp 330-348, en: *Behaviour and conservation. Conservation biology Serie 2* (Gosling LM, Sutherland W, eds.). Cambridge University Press, Cambridge, Reino Unido.

Breed D, Meyer LCR, Steyl JCA, Goddard A, Burroughs R, Kohn TA (2019). Conserving wildlife in a changing world: understanding capture myopathy-a malignant outcome of stress during capture and translocation. *Conservation Physiology* 7(1):coz027.

Bubenik G, Reyes-Toledo E (1994). Plasma levels of cortisol, testosterone and growth hormone in pudu (*Pudu puda* Molina) after ACTH administration. *Comparative Biochemistry and Physiology Part A: Physiology* 107:523-527.

Bubenik G, Brown R, Schams D (1991). Antler cycle and endocrine parameters in male axis deer (*Axis axis*): seasonal levels of LH, FSH, testosterone, and prolactin and results of GnRH and ACTH challenge tests. *Comparative Biochemistry and Physiology Part A: Physiology* 99:645-650.

Bubenik GA, Reyes E, Schams D, Lobos A, Bartoš L (2000). Pudu, the smallest deer of the world: 10 years of endocrine studies of Southern pudu (*Pudu puda*) in Chile. *Zeitschrift für Jagdwissenschaft* 46:129-138.

Canepa F (2010). Evaluación de la implementación de un plan de interacción humano-animal positiva en pudúes (*Pudu puda*) en cautiverio. Tesis para optar al Título de Médico Veterinario. Universidad Mayor.

Cappa FM, Borghi CE, Campos VE, Andino N, Reus ML, Giannoni SM (2014). Guanacos in the desert puna: a trade-off between drinking and the risk of being predated. *Journal of Arid Environments* 107:34-40.

Carmanchahi PD, Marull C (2012). Protocolo de buenas prácticas de manejo de guanacos (*Lama guanicoe*) silvestres. South American Camelid Specialist Group (GECS-IUCN). http://camelid.org/wp-content/uploads/2016/04/ba_guanacos_2012.pdf.

Carmanchahi PD, Ovejero R, Marull C, López GC, Schroeder N, Jahn G A, Schroeder N, Jahn GA, Novaro AJ, Somoza GM (2011). Physiological response of wild guanacos to capture for live shearing. *Wildlife Research* 38:61-68.

Carmanchahi PD, Schroeder NM, Bolgeri MJ, Walker RS, Funes M, Berg J, Novaro AJ (2014). Effects of live shearing on population parameters and movement in sedentary and migratory populations of guanacos *Lama guanicoe*. *Oryx* 49:51-59.

Carr N, Broom DM (2018). *Tourism and animal welfare*. CAB International, Reino Unido.

Claxton A (2011). The potential of the human-animal relationship as an environmental enrichment for the welfare of zoo-housed animals. *Applied Animal Behaviour Science* 133:1-10.

Clemmons J y Buchholz R (1997). *Behavioral approaches to conservation in the wild*. Cambridge University Press, Cambridge, Reino Unido.

Clubb R, Mason GJ (2007). Natural behavioural biology as a risk factor in carnivore welfare: How analysing species differences could help zoos improve enclosures. *Applied Animal Behaviour Science* 102: 303-328.

Dawkins MS (2003). Behaviour as a tool in the assessment of animal welfare. *Zoology* 106: 383-387.

Dawkins MS (2008). The science of animal suffering. *Ethology* 114:937-945.

Donadio E, Buskirk SW (2006). Flight behavior in guanacos and vicuñas in areas with and without poaching in western Argentina. *Biological Conservation* 127:139-145.

Estrada C, Cuenca L, Cano-Fernández L, Gil-Martínez AL, Sánchez-Rodrigo C, Fernández-Villalba E, Herrero MT (2019). Voluntary exercise reduces plasma cortisol levels and improves transitory memory impairment in young and aged *Octodon degus*. *Behavioural Brain Research* 373:112066.

Fox J, Anderson LC, Otto G, Pritchett-Corning K, Whary MT (2015). *Laboratory Animal Medicine*: Academic Press.

Fowler GS, Wingfield JC, Boersma PD (1995). Hormonal and reproductive effects of low levels of petroleum fouling in Magellanic penguins (*Spheniscus magellanicus*). *The Auk* 112:382-389.

Fowler GS (1999) Behavioral and hormonal responses of Magellanic penguins (*Spheniscus magellanicus*) to tourism and nest site visitation. *Biological Conservation* 90:143-149.

Fraser D (2008). Understanding animal welfare. *Acta Veterinaria Scandinavica* 50:1-7.

Frid A, Dill L (2002). Human-caused disturbance stimuli as a form of predation risk. *Conservation Ecology* 6:1-11.

Galindo F, Tadich T, Ungerfeld R, Hötzel MJ, Pacheco GM (2016). The development of applied ethology in Latin America. Pp 211-226, en: *Animals and us: 50 years and more of applied ethology* (Brown JA, Seddon YM y Appleby MC, eds.). Wageningen Academic Publishers.

Giles RH (1982). Management knowledge through wildlife research: a perspective. *Environmental Management* 6:185-191.

Garcia R (2018) *One welfare: a framework to improve animal welfare and human well-being*. CAB International, Reino Unido.

Gobush KS, Mutayoba BM, Wasser SK (2008). Long-term impacts of poaching on relatedness, stress physiology, and reproductive output of adult female African elephants. *Conservation Biology* 22:1590-1599.

Goldenberg SZ, Douglas-Hamilton I, Wittemyer G (2016). Vertical transmission of social roles drives resilience to poaching in elephant networks. *Current Biology* 26:75-79.

Gonyou HW (1994). Why the study of animal behavior is associated with the animal welfare issue. *Journal of Animal Science* 72:2171-2177.

Hoffmann K, Sobol NA, Frederiksen KS, Beyer N, Vogel A, Vestergaard K, Braendgaard H, Gottrup H, Lolk A, Wermuth L, Jacobsen S, Laugesen LP, Gergelyffy RG, Hogh P, Bjerregaard E, Andersen BB, Siersma V, Johannsen P, Cotman CW, Waldemar G, Hasselbalch SG (2016). Moderate-to-high intensity physical exercise in patients with Alzheimer's disease: a randomized controlled trial. *Journal of Alzheimer's Disease* 50:443-453.

Holze G, Lara G (2005). Crianza de chinchillas. Pp 385-402, en: *Cría en cautividad de fauna chilena* (Iriarte A, Tala Ch, González B, Zapata B, González G, Maino M, eds.). Universidad de Chile, Santiago, Chile.

Hosey G, Melfi V, Pankhurst S (2013). *Zoo animals. Behaviour, management and welfare*. Oxford University Press, Hampshire, Reino Unido.

Hughes BO, Duncan IJH (1988). The notion of ethological "need", models of motivation and animal welfare. *Animal Behaviour* 36:1696-1707.

Iñiguez MA (2013). Responsible whale watching and whale welfare. *Animal Welfare* 22: 113-115.

Keeling L, Rushen J, Duncan IJH (2011). Understanding animal welfare. Pp. 13-26, en: *Animal welfare* (Appleby MC, Mench JA, Olsson A, Hughes BO, eds.). CAB International, Reino Unido.

Kirkwood JK, Sainsbury AW, Bennett PM (1994). The welfare of free-living wild animals: methods of assessment. *Animal Welfare* 3:257-273.

Kilgo JC, Labisky RF, Fritzen DE (1998). Influences of hunting on the behavior of white-tailed deer: implications for conservation of the Florida panther. *Conservation Biology* 12:1359-1364.

Koolhaas JM (2008). Coping style and immunity in animals: making sense of individual variation. *Brain, Behavior and Immunity* 22:662-667.

Koolhaas JM, Korte SM, De Boer SF, Van Der Vegt BJ, Van Reenen CG, Hopster H, De Jong IC, Ruis MAW, Blokhuis HJ (1999). Coping styles in animals: current status in behavior and stress-physiology. *Neuroscience and Biobehavioral Reviews* 23:925-935.

Krausman PA (2013). Defining wildlife and wildlife management. Pp: 1-5, en: *Wildlife management and conservation. Contemporary principles and practices* (Krausman PR, Cain III JW, eds.). Johns Hopkins University Press, Baltimore, Estados Unidos de América.

LeRoy A (1999). Nivel de cortisol máximo en guanacos (*Lama guanicoe*) para su utilización como indicador de estrés. Tesis para obtener el título de Ingeniero Agrónomo. Pontificia Universidad Católica de Chile, Santiago, Chile.

Lichtenste G, Vilá BL (2003). Vicuña use by Andean communities: an overview. *Mountain Research and Development* 23:198-202.

Lund KE, Maloney SK, Milton JTB, Blache D (2012). Gradual training of Alpacas to the confinement of metabolism pens reduces stress when normal excretion behavior is accommodated. *Journal of the Institute for Laboratory Animal Research* 53:E22-E30.

Lusseau D, Bain DE, Williams R, Smith JC (2009). Vessel traffic disrupts the foraging behavior of southern resident killer whales *Orcinus orca*. *Endangered Species Research* 6:211-221.

Macbeth BJ, Cattet MRL, Stenhouse GB, Gibeau ML, Janz DM (2010). Hair cortisol concentration as a noninvasive measure of long-term stress in free-ranging grizzly bears (*Ursus arctos*): considerations with implications for other wildlife. *Canadian Journal of Zoology* 88:935-949.

Maldonado K, van Dongen WF D, Vásquez RA, Sabat P (2012). Geographic variation in the association between exploratory behavior and physiology in rufous-collared sparrows. *Physiological and Biochemical Zoology* 85:618-624.

Marcoppido G, Arzamendia Y, Vilá B (2017). Physiological and behavioral indices of short-term stress in wild vicuñas (*Vicugna vicugna*) in Jujuy Province, Argentina. *Journal of Applied Animal Welfare Science* 21:244-255.

Martínez Silvestre A (2014). How to assess stress in reptiles. *Journal of Exotic Pet Medicine* 23:240-243.

Mason G (2006). Stereotypic behaviour in captive animals: fundamentals and implications for welfare and beyond. Pp 325-356, en: *Stereotypic animal behaviour, fundamentals and applications to welfare* (Mason G, Rushen J, eds.). CAB International, Wallingford, Reino Unido.

Mason G, Clubb R, Latham N, Vickery S (2007). Why and how should we use environmental enrichment to tackle stereotypic behaviour? *Applied Animal Behaviour Science* 102:163-188.

Melfi V (2013). Is training zoo animals enriching? *Applied Animal Behaviour Science* 147:299-305.

Mellor DJ (2012). Animal emotions, behaviour and the promotion of positive welfare states. *New Zealand Veterinary Journal* 60:1-8.

Meyer DJ, Coles EH, Rich LJ (1992). *Veterinary laboratory medicine. Interpretation and diagnosis.* WB Saunders Company, Philadelphia, Estados Unidos de América.

Millman ST, Duncan IJ, Stauffacher M, Stookey JM (2004). The impact of applied ethologists and the International Society for Applied Ethology in improving animal welfare. *Applied Animal Behaviour Science* 86:299-311.

Moorhouse TP, Dahlsjö CAL, Baker SE, D'Cruze NC, Macdonald DW (2015). The customer isn't always right –Conservation and animal welfare implications of the increasing demand for wildlife tourism. *PLoS ONE* 10:e0138939.

Morgan KN, Tromborg CT (2007). Sources of stress in captivity. *Applied Animal Behaviour Science* 102:262-302.

Neldner H (2006). Counting clams: shorebird enrichment. *The Shape of Enrichment* 15:1-2.

Ojasti J, Dallmeier F, eds. (2000). *Manejo de fauna silvestre Neotropical.* SI/MAB Series N° 5. Smithsonian Institution/MAB Biodiversity Program, Washington D.C., Estados Unidos de América.

Oliveira AFS, Rossi AO, Silva LFR, Lau MC, Barreto RE (2009). Play behaviour in nonhuman animals and the animal welfare issue. *Journal of Ethology* 28:1-5.

Ovejero RJA, Jahn GA, Soto-Gamboa M, Novaro AJ, Carmanchahi P (2016). The ecology of stress: linking life-history traits with physiological control mechanisms in free-living guanacos. *PeerJ* 4:e2640.

Parker M, Goodwin D, Redhead E, Mitchell H (2006). The effectiveness of environmental enrichment on reducing stereotypic behaviour in two captive vicugna (*Vicugna vicugna*). *Animal Welfare* 15:59-62.

Paquet PC, Darimont CT (2010). Wildlife conservation and animal welfare: two sides of the same coin? *Animal Welfare* 19:177-190.

Ponzio MF, Busso JM, Ruiz RD, Fiol de Cuneo M (2007). A survey assessment of the incidence of fur-chewing in commercial chinchilla (*Chinchilla lanigera*) farms. *Animal Welfare* 16:471-479.

Ponzio MF, Monfort SL, Busso JM, Carlini VP, Ruiz RD, Fiol de Cuneo M (2012). Adrenal activity and anxiety-like behavior in fur-chewing chinchillas (*Chinchilla lanigera*). *Hormones and Behavior* 61:758-762

Presa MF, Astrada F, Avejera D, Martínez E (2009). Importance of environmental enrichment for guanacos. *The Shape of Enrichment* 1:4.

Proffitt KM, Grigg JL, Hamlin KL, Garrott RA (2009). Contrasting effects of wolves and human hunters on elk behavioral responses to predation risk. *Journal of Wildlife Management* 73:345-356.

Raj AJ, Lal SB (2012). *Forestry: principles and applications*. Scientific Publisher, Jodhpur, India.

Reeder DM, Kramer KM (2005). Stress in free-ranging mammals: integrating physiology, ecology, and natural history. *Journal of Mammalogy* 86:225-235.

Riveros, JL, Correa LM, Zapata B, Goddard P, Bonacic C (2019). The relationship between coping styles and responses to handling in captive guanacos (*Lama guanicoe*). *Small Ruminant Research* 177:103-105.

Romano MC, Rodas AZ, Valdez RA, Hernández SE, Galindo F, Canales D, Brousset DM (2010). Stress in wildlife species: noninvasive monitoring of glucocorticoids. *Neuroimmunomodulation* 17:209-212.

Ruíz G, Rosenmann M, Novoa FF, Sabat P (2002). Hematological parameters and stress index in rufous-collared sparrows dwelling in urban environments. *The Condor* 104:162-166.

Sargent M, Carter KS, eds. (1999). *Managing Michigan's wildlife: a landowners guide*. Produced cooperatively by the Michigan Department of Natural Resources (MDNR), the Michigan United Conservation Clubs (MUCC), and Michigan State University. Printed by MUCC, Lansing, Estados Unidos de América.

Sheriff MJ, Dantzer B, Delehanty B, Palme R, Boonstra R (2011). Measuring stress in wildlife: techniques for quantifying glucocorticoids. *Oecologia* 166:869-887.

Schroeder MN, Gonzalez A, Wisdom M, Nielson R, Rowland MM, Novaro AJ (2018). Roads have no effect on guanaco habitat selection at a Patagonian site with limited poaching. *Global Ecology and Conservation* 14:1-11.

Soto-Gamboa M, González S, Hayes LD, Ebensperger LA (2009). Validation of a radioimmunoassay for measuring fecal cortisol metabolites in the hystricomorph rodent, *Octodon degus*. *Journal of Experimental Zoology Part A: Ecological Genetics and Physiology* 31Z:496-503.

Tadich T, Franchi V, Navarrete D (2013). Tricofagia en chinchillas (*Chinchilla lanigera*): un problema de bienestar animal. *Avances en Ciencias Veterinarias* 28:41-48.

Taraborelli P, Ovejero R, Mosca-Torres ME, Schroeder NM, Moreno P, Gregorio P, Marcotti E, Marozzi A, Carmanchahi P (2014). Different factors that modify anti-predator behaviour in guanacos (*Lama guanicoe*). *Acta Theriologica* 59:529-539.

Tellez L (2008). Proceso de extracción y aprovechamiento sustentable del guanaco (*Lama guanicoe* Müller) mediante cuotas de caza en Tierra del Fuego. Tesis para optar al título de Ingeniero Agrónomo, Universidad de Magallanes.

Voss MW, Vivar C, Kramer AF, van Praag H (2013). Bridging animal and human models of exercise-induced brain plasticity. *Trends in Cognitive Sciences* 17:525-544.

Walker BG, Boersma PD, Wingfield JC (2005). Physiological and behavioral differences in Magellanic penguin chicks in undisturbed and tourist-visited locations of a colony. *Conservation Biology* 19:1571-1577.

Wingfield JC, Hunt K, Breuner C, Dunlap K, Fowler G, Freed L, Lepson J (1997). Environmental stress, field endocrinology, and conservation biology. Pp 95-131, en: *Behavioral approaches to conservation in the wild* (Clemmons J y Buchholz R, eds.). Cambridge University Press. Reino Unido.

Watanabe S, Braun K, Mensch M, Scheich H (2018) Music preference in degus (*Octodon degus*): analysis with Chilean folk music. *Animal Behavior and Cognition* 5:201-208.

Waas JR, Ingram JR, Matthews LR (1997). Physiological responses of red deer (*Cervus elaphus*) to conditions experienced during road transport. *Physiology & Behavior* 61:931-938.

Warwick C, Arena P, Lindley S, Jessop M, Steedman C (2013). Assessing reptile welfare using behavioural criteria. *In Practice* 35:123-131.

Wells DL (2009). Sensory stimulation as environmental enrichment for captive animals: a review. *Applied Animal Behaviour Science* 118:1-11.

Young RJ (2003). *Environmental enrichment for captive animals*. Blackwell Science, Oxford, Reino Unido.

Zapata B, Bonacic C, González B, Riveros J L, Ramírez A, Aguirre I, Villouta G, Bas F (2001). Response of farmed guanacos to shearing. Pp 291. *Advances in Ethology* 36, Supplement to *Ethology* (Godin J-L, Kacelnik A, Noë R, Sakaluk S, Taborsky M eds.). Blackwell Science, Alemania.

Zapata B, Fuentes N, González B, Traba J, Estades C, Acebes P, Malo J (2013). Behavioural response of guanacos (*Lama guanicoe*) to tourist in Torres del Paine National Park, Chile. Pp 51, en: *47th ISAE. Proceedings Conference International Society of Applied Ethology* (Hötzel MJ, Machado, eds.). Florianopolis. Brasil.

Zapata B, Gimpel J, Bonacic C, González B, Riveros J L, Ramírez A, Bas F, MacDonald DW (2004). The effect of transport on cortisol, glucose, heart rate, leukocytes and weight in captive-reared guanacos (*Lama guanicoe*). *Animal Welfare* 13:439-444.

CONSIDERACIONES FINALES

Luis A. Ebensperger
*Departamento de Ecología, Facultad de Ciencias Biológicas,
Pontificia Universidad Católica de Chile.*

Antonieta Labra
*Centre for Ecological and Evolutionary Synthesis (CEES),
Department of Biology, University of Oslo, Noruega;
ONG Vida Nativa, Santiago, Chile.*

Los distintos autores que aportaron a este libro han mostrado el "estado del arte" y algunas de las preguntas que quedan abiertas en las distintas áreas abordadas por ellos. Aquí deseamos concluir este texto con algunas reflexiones generales que apuntan a reforzar la necesidad de una mirada integrativa del comportamiento social, no solo desde un punto de vista disciplinar (Ebensperger y Labra Capítulo 1), sino que también como estrategia para generar herramientas que permitan abordar de forma eficiente los urgentes problemas de conservación y manejo de especies nativas. Por ejemplo, de las 362 especies nativas de cordados mencionadas en este libro e incluidas en el listado de la *Unión Internacional para la Conservación de la Naturaleza*, un 23% tiene algún grado de amenaza, y el tamaño poblacional de 121 especies (33%) está disminuyendo.

A partir de nuestro análisis cuantitativo (Labra *et al.* Capítulo 2), es clara la existencia de un interés sostenido por la realización de estudios científicos del comportamiento social de algunas de las especies nativas, reflejado en aportes de una comunidad científica nacional, regional e internacional. Sin embargo, el foco de una parte de estos investigadores no necesariamente ha estado centrado en el estudio de la conducta social *per se*. Por ejemplo, diversos estudios corresponden a recuentos de historia natural, o han sido parte de estudios destinados a abordar preguntas e hipótesis ecofisiológicas o ecológicas, lo cual en principio sugiere un menor desarrollo formal de disciplinas como la ecología conductual en estas latitudes. Este hecho se ve además reflejado en que muchos de los estudios realizados que abordan aspectos conductuales se han publicado en revistas de disciplinas cercanas (ej., zoológicas) pero no necesariamente en aquellas más representativas de las cuatro preguntas planteadas por Niko Tinbergen. Es interesante aquí que nuestro análisis bibliométrico indicó que el impacto ISI de las publicaciones (medido como número de citas) sobre comportamiento de la fauna nativa aumenta cuando los estudios han sido realizados fuera del país, pero que no depende de si la revista es conductual o no. Es posible que el aún escaso desarrollo de la disciplina en Chile, medida como número de investigadores cuyo foco es el comportamiento animal, contribuya de manera importante a explicar este efecto.

Considerando los organismos estudiados, los análisis realizados en los diferentes capítulos del libro también sugieren un sesgo hacia un mayor conocimiento sobre el comportamiento social de algunos vertebrados terrestres comparado con peces e invertebrados. Aunque consistente con las tendencias internacionales, este énfasis representa una oportunidad y un desafío para una diferenciación regional, especialmente en países como Chile, que cuentan con costas abundantes y una "vocación por el mar". Además, y como ya lo indicamos, el estudio de estas especies facilitaría su protección.

Las temáticas abordadas en los capítulos de este libro y el análisis bibliométrico realizado también indican que una tarea pendiente es una mayor integración disciplinar entre los estudios que abordan mecanismos (ej., genéticos, neurológicos, fisiológicos), consecuencias (ej., adecuación biológica) y evolución de distintos rasgos del comportamiento social. Esta aproximación, sin embargo, representa una meta compleja pues implica generar cambios estructurales. Por una parte, se deben propiciar programas de formación científica y estrategias de desarrollo igualmente transversales e integrativos por parte de facultades e institutos de ciencias que albergan a los científicos y sus investigaciones. Lo primero se logra a partir de priorizar una enseñanza basada en la resolución de problemas, menos enciclopédica, y que privilegie la conexión explícita de procesos que ocurren a distintos niveles de organización (moleculares, genéticos, fisiológicos, conductuales, ecológicos, evolutivos). Lo segundo se apoya en lo anterior, y consiste en un cambio desde una concepción disciplinar compartimentalizada a una basada en el estudio de fenómenos biológicos que, aunque operan a un nivel, tienen consecuencias en otros niveles de organización. Diversos centros internacionales de algunos países europeos, Estados Unidos y Australia proporcionan ejemplos relevantes para este contexto. Por otra parte, potencialmente la individualización de algunas especies como "especie modelo" podría contribuir a establecer aproximaciones más integrativas del estudio de la conducta animal, como se aprecia de manera incipiente en el caso del degu (Labra *et al.* Capítulo 2). Sin embargo, los distintos autores de los capítulos del libro han destacado cómo diversas especies podrían facilitar el responder preguntas en distintos ámbitos, de manera integrativa. En definitiva, la identificación de especies modelo nativas debería contribuir a contar con una comunidad científica que aborde problemáticas disciplinarmente integrativa. Más aún, y de alta relevancia en esta época del Antropoceno, esta visión integrativa favorecería un interés transversal al valor de la fauna nativa, estimulando la protección de las especies silvestres y sus ambientes. Esto debiese aunar a la sociedad completa y sus instituciones para resguardar la supervivencia y bienestar de la fauna nativa.

GLOSARIO

Definiciones y aclaraciones de términos o conceptos clave utilizados en el texto del libro. Las definiciones y aclaraciones para cada término o concepto pueden estar basadas en otras referencias, o haber sido proporcionadas por los autores de cada capítulo.

- **Abeja carpintera:** Especie donde las hembras utilizan madera seca para construir sus nidos, habitualmente troncos, ramas o tallos, en los cuales excavan una o más galerías (o túneles). Dentro de los nidos estas abejas construyen celdas en cuyo interior se desarrolla su progenie (adaptado de Gerling 1989, Flores-Prado *et al.* 2010).

- **Acicalamiento:** Conducta que involucra agregar, limpiar, desparasitar y/o hermosear el pelaje, lo que permite a los individuos mantener su condición física. Esta actividad puede estar dirigida hacia el mismo individuo que la realiza (auto-acicalamiento) o hacia otros (alo-acicalamiento). En este último caso, la conducta representa un mecanismo para mantener o afianzar lazos sociales.

- **ACTH:** Hormona adrenocorticotropa o corticotropina. Hormona peptídica secretada por la *pars distalis* de la pituitaria. Estimula la secreción de glucocorticoides (Takei *et al.* 2015).

- **Adaptación acústica:** Hipótesis que predice que las vocalizaciones involucradas en una comunicación a larga distancia sin ambigüedades, deben poseer características que reduzcan su degradación durante su transmisión en sus habitas naturales (véase Morton 1975).

- **Adecuación biológica:** A nivel del individuo, se trata de la contribución de cada uno al conjunto de alelos de la población en la siguiente generación. La adecuación incluye un componente directo y otro indirecto. La *adecuación directa* es la contribución génica de un individuo basada exclusivamente en su propia progenie. La *adecuación indirecta* es la contribución génica que resulta cuando un individuo afecta positivamente la contribución directa de otro individuo con quien comparte alguna proporción de sus genes. La suma de los componentes directo e indirecto representa la *adecuación inclusiva* de un individuo (basado en Ebensperger y Hayes 2016). También se ha usado el término "eficacia biológica" del castellano (Cassini 2013).

- **Agregación (y congregación):** Agrupación social originada por la atracción de los individuos a parches de recursos y/o por la atracción a otros individuos de la misma especie. El término congregación se ha utilizado para distinguir agrupaciones que se originan por la atracción entre conespecíficos, exclusivamente (Parrish y Hamner 1997).

- **Alianza (alianza de primer orden):** Asociaciones de larga duración (30 años) de pares o tríos de delfines macho (de las especies nariz de botella y manchado) que cooperan para controlar el movimiento de una hembra con el objetivo de aparearse con ella. Los machos que conforman la alianza pueden tener o no, parentesco genético evolucionando por mecanismos de selección de parentesco o de reciprocidad (Connor *et al.* 2000, Parsons *et al.* 2003).
- **Alianza de segundo orden:** Asociación inestable y de corta duración (días) de dos o más alianzas de primer orden, que se unen temporalmente para secuestrar hembras, enfrentar a otras alianzas o para defensa grupal durante el ataque de tiburones. Están conformadas por 4 a 14 machos, que poseen un nivel de parentesco genético mayor al esperado por azar (Connor *et al.* 2000, Gowans *et al.* 2008).
- **Alolactancia:** Comportamiento parental en el que las hembras amamantan crías de otras hembras.
- **Alometría:** Proceso que describe las relaciones de escala entre rasgos o procesos biológicos; por ejemplo, la relación entre volumen del cerebro y volumen total del cuerpo, o entre consumo metabólico del corazón y consumo metabólico del cerebro (Shingleton 2010).
- **Alostasis:** Conjunto de procesos mediante los cuales los organismos se anticipan a sus requerimientos homeostáticos (Sterling 2012).
- **Altricial:** Crías con un desarrollo relativamente bajo al momento de nacer (o eclosionar). Específicamente, las crías altriciales en mamíferos se caracterizan por nacer con los ojos cerrados, conductos auditivos cerrados, sin (o escaso) pelo (o plumas), movilidad reducida, e incapaces de alimentarse de manera independiente. En contraste, las crías de especies que nacen completamente desarrolladas se denominan precociales.
- **Altruismo:** Rasgo de historia de vida o comportamiento social que aumenta la adecuación biológica directa del receptor y reduce la adecuación biológica directa del emisor de dicha conducta. La reducción (o ausencia) de reproducción en las obreras de los insectos sociales en favor de la reproducción de la reina representa un caso de altruismo (modificado de Hamilton 1972, West *et al.* 2006). Si bien en biología evolutiva, los costos y beneficios se miden en términos de adecuación biológica, en otros contextos (particularmente en teoría de juegos conductual; véase Capítulo 7) se utilizan otras escalas de utilidad; por ejemplo, recompensas monetarias (Nowak y Sigmund 2005).
- **Ámbito de hogar:** Área utilizada por un individuo para obtener alimento, escapar de posibles depredadores, aparearse, y cuidar sus crías. Típicamente, el ámbito hogar es definido dentro de una escala de tiempo que puede ser diaria, estacional, anual, o incluso a lo largo de toda la vida.
- **Antropoceno:** Nombre propuesto a la época geológica actual que refleja el extenso e intenso efecto humano sobre todos los componentes ambientales del planeta.
- **Aprendizaje social:** Aprendizaje mediado por interacciones sociales donde un individuo aprende por la observación de, o por una interacción con, otro animal habitualmente un conespecífico (modificado de Leadbeater y Chittka 2007).

- **Aprovisionamiento progresivo:** Término utilizado para describir la entrega reiterada o gradual de alimento por parte de las hembras mientras las larvas se desarrollan dentro de sus celdas. Se considera una forma de cuidado parental. Esta forma de aprovisionamiento ocurre en especies de abejas y avispas (modificado de Field 2005).

- **Aprovisionamiento masivo (o en masa):** Cada huevo es puesto dentro de una celda que contiene todos los recursos alimenticios necesarios para el desarrollo del individuo hasta alcanzar el estado adulto. Después de la oviposición la hembra sella la celda. Esta forma de aprovisionamiento ocurre en especies de abejas y avispas (modificado de Field 2005).

- **Atributo aditivo y atributo emergente:** Los atributos aditivos de un sistema son aquellos que no están presentes en sus partes componentes, pero que pueden ser descritos a partir de la suma de estas. En el caso de atributos emergentes, se trata de propiedades del sistema que resultan (emergen) de las interacciones entre sus partes componentes. Por lo tanto, y aunque los atributos emergentes también representan una propiedad ausente en sus partes componentes, estos no pueden ser descritos como la suma de estas. Por ejemplo, una jerarquía de dominancia es una propiedad que resulta de las interacciones entre dos o más individuos por el acceso a recursos, y donde esta propiedad no está presente en cada individuo en forma aislada. Además, una jerarquía puede ser descrita a partir de la suma de sus partes cuando las relaciones de dominancia y subordinación entre los individuos son lineales y predecibles por atributos fenotípicos como el tamaño. En muchos otros casos, sin embargo, las jerarquías no lineales representan atributos emergentes no predecibles a partir de atributos individuales.

- **Auto-comunicación:** Proceso comunicacional en el cual el emisor y receptor de las señales es el mismo individuo. Se habla de auto-comunicación en el caso de eco y electro-comunicación. Este proceso también ocurre cuando un individuo deja información en el ambiente para retornar a ciertos sitios (Capítulo 6).

- **Autotomía:** Desprendimiento "voluntario" de un miembro o apéndice corporal. Normalmente es usado como una estrategia antidepredadora. Muchas especies de lagartos sobreviven a un ataque de depredación, perdiendo la cola, la que se regenera, aunque esta es de menor calidad que la original (Bateman y Fleming 2009).

- **Bandada:** Término usado para describir agrupaciones de decenas o cientos de individuos en aves, caracterizadas por un movimiento sincronizado pero interrumpido por episodios de forrajeo en tierra o en el follaje de la vegetación (Beauchamp 2004). El término también se ha usado para describir agrupaciones de unos pocos individuos y que podrían corresponder a grupos sociales (Beauchamp 2002).

- **Bienestar animal:** Disciplina que se ocupa de implementar las condiciones ambientales necesarias para que individuos de especies animales en cautiverio expresen respuestas fisiológicas y conductuales indicadoras de un estado físico y mental saludable. Basado en Fraser *et al.* (1998).

- **Bioluminiscencia:** Producción de luz por organismos vivos, más frecuentemente reportado en especies marinas. La luz se produce por la oxidación de una molécula emisora de luz (luciferina), con la ayuda de una enzima catalizadora, luciferasa (Haddock *et al.* 2010).

- **Canal de comunicación:** El medio utilizado para enviar señales que contienen información enviada por el emisor al receptor, en el proceso comunicativo. Existen cinco canales: visual, acústico, químico, táctil y eléctrico.

- **Canto:** Vocalización estereotipada de varias sílabas o notas, relativamente de larga duración y alta complejidad, usada en la defensa del territorio y/o atracción de pareja (modificado de Marler 2004).

- **Cardumen:** Agrupación descrita en peces, caracterizada por el movimiento cohesionado y coordinado de los individuos (Godin 1997).

- **Casta:** Conjunto de individuos dentro de un grupo que se distinguen conductualmente (y en ocasiones morfológica y fisiológicamente) de otros, de manera irreversible durante el desarrollo (Crespi y Yanega 1995). Así, los organismos pertenecientes a diferentes castas se especializan en funciones distintas. Dentro de estas, la principal diferenciación es respecto de las labores reproductivas y no reproductivas. La casta de individuos reproductores (habitualmente una reina, o un rey y una reina) son los que se reproducen, la casta de lo(a)s obrero(a)s cumplen funciones como forrajeo, limpieza del nido, o alimentación de individuos en desarrollo, y la casta de los soldados defienden a la agrupación. En las agrupaciones donde no hay castas, todos los individuos se comportan de manera similar (modificado de Michener 2007, Richard y Hunt 2013).

- **Caza cooperativa:** Movimiento coordinado entre dos o más integrantes de un grupo para capturar y consumir en forma compartida una o más presas relativamente grandes, o de otra manera, difíciles de capturar por parte individuos solitarios (basado en Ellis *et al.* 1993).

- **Clave:** Información no intencionada proporcionada por un individuo, lo cual es usado por otro individuo para tomar decisiones que lo benefician. Una propuesta para explicar la evolución de las señales, es que estas habrían sido inicialmente claves (Bradbury y Vehrencamp 2011).

- **Cerebro social:** Conjunto de áreas y redes cerebrales que están a la base de procesos de cognición social (Brothers 1990).

- **Cleptotermia:** Animales que regulan su temperatura corporal "parasitando" el calor desde otros animales. Este concepto implica dos condiciones principales: (1) la heterogeneidad térmica del espacio creado por la presencia de un organismo cálido en un ambiente frío, y (2) el uso selectivo de esa heterogeneidad por otro animal para mantener su temperatura corporal a niveles más altos (y más estables) de lo que sería posible en otros lugares (Brischoux *et al.* 2009).

- **Coalición:** Forma de cooperación en la que dos o más individuos se benefician a expensas de un tercero. Las coaliciones persistentes en el tiempo se denominan alianzas (basada en Harcourt y DeWaal 1992, Dugatkin 2009).

- **Coda:** Serie rítmica de "clicks" emitidos por cetáceos del género *Physeter* (ballenas de esperma). Se caracterizan por tener gran amplitud de banda, se categorizan en función de sus patrones temporales, e intervienen en distintos aspectos de la comunicación (Moore *et al.* 1993, Oliveira *et al.* 2016).

- **Cognición social**: Conjunto de procesos cognitivos involucrados en el procesamiento, almacenamiento y uso de información (generalmente sobre conespecíficos) en interacciones sociales (Billeke y Aboitiz 2013).
- **Cohesión social**: Grado en que los integrantes de un grupo realizan sus actividades a una distancia que permite la comunicación entre estos (modificado de Michelena *et al.* 2008). La cohesión además puede incluir polarización, donde los individuos del grupo orientan el cuerpo en la misma dirección.
- **Colonialidad**: Forma de sociabilidad en la que distintas unidades sociales (ej., grupos sociales, pares hembra-macho) están espacialmente agregadas. En algunas aves y mamíferos el término se ha aplicado a colonias conformadas por unidades sociales de pares hembra-macho (ej., colonias de aves marinas), o harenes monopolizados por un macho dominante (ej., pinnípedos, quirópteros). La formación de colonias en estos casos está restringida principalmente al período reproductivo, momento en que los individuos compiten por sitios para anidar (aves) o amamantar a sus crías (Danchin y Wagner 1997). El término colonia también se ha usado para describir la distribución espacialmente agregada de grupos sociales distintivos y relativamente permanentes que constituyen un "vecindario" (ej., algunos roedores). En insectos el término colonia se ha usado para referirse a las agrupaciones de insectos eusociales, principalmente de hormigas y termitas, compuestas por uno o más individuos reproductores, obreros y soldados. En estos casos, la colonia sería equivalente a grupo social.
- **Colonia parabiótica**: Colonia caracterizada por asociaciones mutualistas entre dos o más especies que comparten el mismo nido (modificado de Errard *et al.* 2003).
- **Colonia poligínica**: Colonia cuya estructura reproductiva incluye la presencia de más de una hembra reproductiva o reina, ya sea de manera simultánea (más de una reina en la colonia al mismo tiempo) o secuencial (reemplazo de una reina en la colonia después de que muere la anterior) (modificado de Hughes *et al.* 2008).
- **Comunal**: Nivel social en insectos caracterizado por la existencia de un grupo de hembras que comparten un mismo sitio (o sustrato físico) para nidificar, sin que exista cuidado cooperativo. Esto es, existe cuidado parental pero no aloparental de la progenie inmadura (Michener 1969, 1974, Wilson 1971).
- **Complejo de Napoleón**: Propuesta que indica que los individuos de pequeño tamaño corporal suelen tener altos niveles de agresión hacia individuos de mayor tamaño, aun cuando tengan más probabilidades de perder en una interacción agonística (Just y Morris 2003).
- **Comportamiento social**: Comportamiento que se origina a partir de interacciones entre conespecíficos (Capítulo 1).
- **Comunicación**: Proceso que conlleva el envío de información a través de señales entre un emisor y un receptor. Este último es capaz de extraer esta información, lo que puede influir en su conducta (Stevens 2013).

- **Comunicación multicomponente:** La información enviada desde el emisor al receptor involucra más de una señal en el mismo canal de comunicación (ej., despliegues visuales y exhibición de coloraciones).
- **Comunicación multimodal o multisensorial:** La información enviada desde el emisor al receptor involucra más de una señal de distintos canales de comunicación (ej., despliegues visuales y vocalizaciones).
- **Conducta animal (=comportamiento animal):** Rasgo del fenotipo que en especies animales se ha definido de distintas maneras. Por una parte, se habla de cambios observables en la posición de partes (estructuras) del cuerpo en relación a otras partes, o en relación a coordenadas espaciales del ambiente (Immelman y Beer 1989). La conducta en animales también puede ser definida en términos de su resultado o consecuencia. En este caso, su descripción se basa en acciones, tales como atacar, huir, o construir un nido. Funcionalmente, la conducta representa la interfaz entre el individuo y su ambiente social y ecológico.
- **Conducta territorial:** Defender activamente un territorio, comportándose agresivamente con algún individuo intruso (Nelson y Kriegsfeld 2005).
- **Conductancia térmica:** Tasa de flujo de calor a través de un cuerpo por unidad de área y de diferencial térmico entre las superficies del cuerpo (Gates 2012).
- **Conespecífico:** Individuo de la misma especie.
- **Confianza:** Subconjunto de las conductas denominadas de "riesgo" (Coleman 1994). Se define como una acción que pone a un sujeto (quien confía) en una situación de desventaja, pero creando la posibilidad de un beneficio mutuo si el sujeto sobre el que se deposita la confianza retribuye la acción del sujeto que confía (Cox 2001).
- **Conflicto:** Término que describe las interacciones sociales que emergen en contextos donde los intereses reproductivos o de supervivencia de dos o más individuos no coinciden. Por ejemplo, las hembras dominantes en grupos sociales de algunas especies pueden hostigar o expulsar agresivamente a hembras subordinadas del mismo grupo para evitar la reproducción de estas últimas (Clutton-Brock y Parker 1995). Expresiones de conflicto en otros contextos sociales incluyen la ocurrencia de copulaciones forzadas por parte de los machos (Gowaty y Buschhaus 1998), o la agresividad de las hembras para evitar apareamientos adicionales por parte del macho (Eggert y Sakaluk 1995). En casos extremos, el conflicto reproductivo puede manifestarse en infanticidio y fratricidio.
- **Control cognitivo:** Conjunto de procesos neurocognitivos que guían la conducta y los pensamientos de acuerdo a las metas y planes del organismo (Posner y Snyder 1975).
- **Cooperación:** Interacción social que incrementa el componente directo o indirecto de la adecuación biológica de los participantes. Este beneficio puede ser el producto de cooperación en distintos contextos (ej., caza cooperativa, crianza comunal, vigilancia cooperativa, excavación comunal), y a través de distintos mecanismos evolutivos (Capítulo 3, 4 y 7).

- **Coro:** Vocalización conjunta por parte de los individuos de una agregación. Los coros generalmente son parte de una estrategia de los machos para atraer la atención de las hembras con fines reproductivos (Rehberg-Besler *et al.* 2017).
- **CRH:** Hormona liberadora de corticotropina. Neuropéptido secretado por el hipotálamo. Es un activador clave del eje Hipotálamo-Pituitaria-Adrenales ("HPA") en respuesta a estresores internos o externos y que estimula la secreción de hormona adrenocorticotropa o corticotropina (véase ACTH) (Takei *et al.* 2015).
- **Cripsis:** Condición en la cual un organismo se asemeja visualmente al ambiente (ej., sustrato) utilizado, lo que reduce la posibilidad de ser detectado por depredadores visuales. Más recientemente, este término se ha extendido a otras modalidades sensoriales (ej., química, acústica). En estos casos, los organismos emiten o tienen características químicas o acústicas que semejan elementos de su entorno (ej., olores que semejan a los de algunas plantas).
- **Cuidado comunal:** Cuidado parental típicamente proporcionado por adultos de un grupo a la progenie propia y la de otros individuos del grupo (Ebensperger y Hayes 2016). Existe algún grado de controversia sobre si en estas condiciones los adultos igualmente son capaces de favorecer a sus propias crías por sobre las de otros integrantes del grupo (i.e., aumentando su cuidado parental a expensas del cuidado aloparental).
- **Cuidado aloparental:** Cuidado parental proporcionado a crías no propias. En el contexto de un grupo social, algunos (o todos) integrantes del grupo (hembras o machos, reproductivos o no reproductivos) proporcionan cuidado a crías no propias; el cuidado puede ser directo (ej., alimentación, limpieza), o indirecto (defensa anti-depredador) (basado en Yanega y Crespi 1995, Ebensperger y Hayes 2016). El cuidado aloparental puede aumentar la adecuación directa de las crías no propias y la adecuación indirecta de los adultos que proporcionan este cuidado cuando estos están genéticamente emparentados con las crías beneficiadas.
- **Cuidado parental:** Cuidado directo o indirecto proporcionado por los progenitores a sus propias crías, lo que resulta en un incremento de la adecuación directa de las crías, y en un incremento de la adecuación indirecta de los progenitores.
- **Decodificar:** Capacidad de descifrar la información contenida en las señales (Capítulo 6).
- **Dialecto:** Variación en las vocalizaciones de poblaciones vecinas que no están aisladas y por tanto, donde los individuos que las exhiben tienen la posibilidad de reproducirse (modificado de Nottebohm 1969).
- **Dimorfismo sexual:** "Dos formas", indica que, dentro de una misma especie, el macho y la hembra difieren en su apariencia externa, ya sea en su tamaño, forma, patrón de coloración y/o desarrollo de estructuras como cuernos, astas, dientes, plumas y aletas (Ralls y Mesnik 2018).
- **Dinámica de fisión y fusión:** Tipo de flexibilidad social donde el tamaño y composición de los grupos cambia producto de la separación temporal de sus integrantes en agrupaciones de menor tamaño (fisión), seguido por una posterior reintegración

(fusión) (Kummer 1971). Aunque esta característica social fue descrita inicialmente en algunos primates, hoy se considera frecuente en otros mamíferos como murciélagos, cetáceos, y posiblemente en otros vertebrados. En base a esto, Aureli *et al.* (2008) plantearon la utilidad de considerar esta dinámica como un continuo donde lo relevante es determinar el grado en el cual poblaciones o especies expresan esta dinámica, una propuesta bien recibida por algunos, pero no por todos. Ejemplos comunes de esta forma de flexibilidad social incluyen la separación de los integrantes de un grupo en unidades más pequeñas durante el forrajeo, o en la fusión de dos o más grupos para formar alianzas como ocurre en algunos cetáceos (Capítulo 3).

- **División de tareas:** Estrategia conductual que caracteriza algunas formas de cooperación, donde dos o más individuos forman (asocian) un "equipo" para la realización de una tarea (ej., captura de una presa, alimentar o defender la progenie), y donde cada uno de los participantes se focaliza en una parte (sub-tarea). La adopción de roles vinculados a sub-tareas pueden ser fijos o intercambiables entre los integrantes del equipo (basado en Anderson y Franks 2001). Véase "Casta".

- **División de labores (tareas) reproductivas:** Similar a "división de tareas", pero centrado en el proceso reproductivo y cuidado de las crías (Capítulo 4).

- **Ecología conductual:** Disciplina sucesora de la tradicional Etología cuyo objetivo es el estudio científico de todos los aspectos de la conducta animal. Al inicio de su formalización (segunda mitad de los 70s) esta enfatizó el estudio de la función y evolución del comportamiento animal en el ambiente natural de las especies. Sin embargo, esta disciplina también ha ido incorporando en forma cada vez más explícita el esclarecer los mecanismos hormonales, neurológicos y génicos de la conducta y sus consecuencias. Por lo tanto, se trata de una disciplina integrativa.

- **Ecorregión marina:** Áreas marinas de pequeño tamaño con una composición de especies relativamente homogénea, claramente distinta de los sistemas adyacentes. La composición de especies de una ecorregión está determinada por la predominancia de un pequeño número de ecosistemas y/o por un grupo de características topográficas y oceanográficas. Los factores biogeográficos que definen a una ecorregión marina incluyen el aislamiento, las surgencias, el ingreso de nutrientes, el ingreso de agua dulce, la exposición, los sedimentos, las corrientes, los complejos batimétricos costeros, y los regímenes de temperatura y deshielo, pudiendo estos variar de un lugar a otro (Spalding *et al.* 2007).

- **Ecotipo:** Conjunto de poblaciones que se distinguen por presentar variación espacial en un grupo de rasgos, así como por una variación espacial en la frecuencia de alelos de un loci. Los ecotipos poseen adaptaciones en múltiples rasgos que covarían espacialmente con diversos factores ambientales (Lowry 2012).

- **Efecto de tamaño de grupo:** Consecuencia (positiva o negativa) sobre la adecuación biológica que resulta de la covariación entre el tamaño de grupo y uno o más factores ambientales. Estos efectos son producto del número (o presencia) de integrantes de un grupo (u otros conespecíficos) y no de las interacciones entre estos (basado en Ebensperger y Hayes 2016).

- **Efecto lombardo:** Incremento en la amplitud de las vocalizaciones cuando existe un incremento en el ruido ambiental, i.e., "son más fuertes".
- **Eje hipotálamo-hipófisis-pituitaria-suprarrenales:** Abreviado por sus siglas en inglés como HPA, se trata de un componente esencial del sistema neuroendocrino conformado por la interacción entre el hipotálamo, glándula pituitaria y glándulas suprarrenales. La activación de este sistema se inicia con la liberación de la hormona liberadora de corticotropina (CRH) por parte de neuronas en el núcleo paraventricular del hipotálamo. Esto produce la activación de receptors CRH1 y la secreción de hormona adrenocorticotrópica (ACTH) en la pituitaria. Esta última gatilla la liberación de glucocorticoides como cortisol y corticosterona por parte de las glándulas adrenales. La activación de este eje genera la activación de controles negativos para restaurar la homeostasis donde participan receptores de glucocorticoides.
- **Emisor:** Individuo que participa en el proceso comunicativo, el que envía señales a un receptor. La información enviada es receptor y contexto dependiente (Capítulo 6).
- **Emociones (positivas o negativas):** Reacciones fisiológicas y conductuales frente a estímulos ambientales. Estas pueden ser positivas cuando están asociadas a placer, o negativas cuando están asociadas a miedo, dolor y frustración (Dawkins 2008).
- **Empatía:** Capacidad para comprender y responder a las experiencias afectivas de otro individuo, a través de compartir su estado emocional y entendiendo a que la experiencia propia está gatillada por el estado emocional del otro (Lamm et al. 2007).
- **Endocrinología ambiental:** Mecanismos hormonales en respuesta a ambientes naturales cambiantes (Wingfield 2008).
- **Endotermo:** Animales que generan su propio calor corporal a través de la producción de calor interno como un subproducto de su metabolismo (Willmer *et al.* 2005).
- **Enjambre de alados:** Agrupación de individuos reproductivos de ambos sexos que vuelan en búsqueda de un sustrato para copular y fundar una colonia (modificado de Ramírez y Lanfranco 2001).
- **Enriquecimiento ambiental:** Protocolo que proporciona condiciones ambientales que permiten el funcionamiento biológico normal de animales cautivos. Esto incluye proporcionar entornos estimulantes (ej., complejos, diversos) que potencialmente reducen el estrés y la monotonía. Basado en Newbury (1995).
- **Escolta:** Traducción del inglés *escort*. Término que inicialmente fue propuesto en ballenas jorobadas (*Megaptera novaeangliae*) para nombrar al macho adulto que acompaña a una madre y su cría durante el periodo reproductivo, con el objetivo de aparearse con esta (Félix y Hasse 2001). Sin embargo, este término también se utiliza en otros cetáceos como cachalotes (*Physeter macrocephalus*) para referirse a todos los individuos machos y hembras, adultos y juveniles que forman parte de una unidad que tiene entre sus miembros a una cría. En este tipo de unidades la cría mantiene estrecho contacto e interactúa con varios miembros de la unidad,

no solo con su madre. Todos los integrantes del grupo con los que la cría interactúa se consideran escoltas (Gero *et al.* 2009).

- **Espacio acústico activo:** La distancia a la cual los individuos de una especie se comunican (Penna *et al.* 2013).
- **Especie endémica:** Calificativo biogeográfico utilizado para describir especies cuya distribución está circunscrita dentro de los límites de determinadas regiones, tales como continentes, regiones de menor tamaño, o islas. En la actualidad el término también se usa para describir especies que solo ocurren dentro de los límites políticos de un país.
- **Especie (organismo) modelo:** Organismo que permite abordar más fácilmente un tema relevante en Biología, por lo que es utilizado por distintos grupos de investigadores (basado en Russell *et al.* 2017).
- **Especie nativa:** Especie que habita un área geográfica determinada producto de procesos geográficos y evolutivos naturales, sin intervención humana, como es el caso de las especies exóticas.
- **Especie oligoléctica:** Condición que caracteriza a abejas que forrajean recolectando polen de especies de plantas pertenecientes a uno o más géneros dentro de una misma familia (modificado de Roulston *et al.* 2000).
- **Especie poliléctica:** Condición que caracteriza abejas que forrajean colectando polen de especies de plantas pertenecientes a más de dos familias taxonómicas (modificado de Roulston *et al.* 2000).
- **Estabilidad social:** Término generalmente utilizado para describir el grado de constancia temporal en el número y/o composición de los integrantes de un grupo social (i.e., constancia en la organización social). En general, la ausencia de constancia (i.e., inestabilidad) es reversible cuando ocurre en una escala de tiempo breve (minutos, horas, días), o irreversible cuando esta ocurre en forma prolongada en el tiempo (Capítulo 3). Es importante notar que esta definición es específica para cambios en la organización social. Otros componentes de los sistemas sociales (i.e., estructura social, sistema de apareamiento, cuidado parental) también pueden exhibir diferencias en estabilidad. Por lo tanto, el término "estabilidad social" es relativamente general y requiere información específica adicional cuando se utiliza.
- **Estasis:** En la teoría de equilibrio puntuado (Gould y Eldredge 1972) corresponde a periodos de la historia geológica donde las especies muestran cambios evolutivos muy menores.
- **Esterotípias:** Conductas anormales repetidas que son inducidas por la frustración, repetidos intentos de hacer frente a un factor estresante, y / o disfunción del sistema nervioso central (Mason 2006).
- **Estradiol:** Es una hormona esteroidal producida principalmente por los ovarios, pero también por los testículos en baja cantidad. Estimula la proliferación del endometrio e induce la ovulación (Takei *et al.* 2015).

- **Estrategia anti-depredadora:** Mecanismo utilizado por los animales para escapar de la depredación. Estos actúan deteniendo la cadena depredadora, en cualquiera de sus fases: detección, identificación, aproximación, subyugación y consumo.
- **Estridulación:** Producción de sonido por frotación de partes del cuerpo, donde una de las partes tiene un borde dentado, que se desplazada sobre una superficie corporal con rugosidades o indentaciones.
- **Estructura social:** Atributo del sistema social de una especie o población que incluye el conjunto completo de relaciones sociales que surgen a partir de la diversidad de interacciones afiliativas y agonistas entre los individuos (modificado de Kappeler *et al.* 2013).
- **Etología aplicada:** Es una rama del estudio de la etología tradicional que se centra en especies animales que tienen un interés práctico para humanos. Basado en Immelman & Beer (1989).
- **Eusociabilidad:** Condición social en la cual los individuos se caracterizan por cooperar en el cuidado de las crías y mostrar división reproductiva de labores que incluye individuos más o menos estériles que asisten a aquellos que se reproducen. Existe además una sobreposición de al menos dos generaciones de individuos en estadios de vida capaces de contribuir con tareas de apoyo al resto del grupo (basada en Wilson 1971). Las especies eusociales típicamente son consideradas como el ápice de la complejidad social. Aunque el término surgió para describir la complejidad social observada en insectos himenópteros (hormigas, abejas y avispas), actualmente existen paralelos con otros organismos como roedores y crustáceos.
- **Eusocial primitivo:** Nivel social en insectos donde además de cuidado continuo y cooperativo de la descendencia, existen dos o más generaciones de hembras adultas en la agrupación, con división de la labor reproductiva (Michener 1969, 1974, Wilson 1971).
- **Eusocial avanzado:** Nivel social en insectos con características similares a las del nivel eusocial primitivo, pero donde existe diferenciación morfológica conspicua entre los individuos reproductores y el resto de las castas dentro del grupo (Michener 1969, 1974, Wilson 1971).
- **Exaptación:** Carácter que, habiendo sido moldeado por selección natural para una función particular (o incluso que no ha sido moldeado por selección natural), es cooptado para un nuevo uso (o función), y que en general observamos en la actualidad (Gould y Vrba 1982).
- **Éxito reproductivo:** Estimador de la adecuación directa que corresponde al número de crías producidas por un individuo (Alcock 2013).
- **Fenología:** Recurrencia estacional de los procesos biológicos (basado en Helm *et al.* 2013).
- **Fenómeno del "querido enemigo":** Condición en la que animales que defienden un parche o territorio son menos agresivos hacia sus vecinos, comparado con extraños. Existe un aprendizaje de las características del vecino, lo que permite este

reconocimiento. Los bajos niveles de agresión hacia individuos conocidos reducen el gasto energético de la defensa del espacio.

- **Feromona de camino:** También conocidas como feromonas de rastro, son compuestos químicos producidos por individuos en busca de fuentes de alimento. Estas señales son detectadas por otros individuos de la misma especie, lo que les permite orientarse hacia o desde una fuente de alimento (modificado de Hölldobler *et al.* 2001).
- **Filogenia:** Historia evolutiva de un grupo de especies, lo que incluye la trayectoria temporal y sus relaciones de ancestros y descendientes.
- **Forrajeo social:** Condición en la que un individuo busca, captura y manipula alimento en presencia de uno o más conespecíficos, y donde sus beneficios y costos dependen de los beneficios y costos del resto de los individuos presentes (basado en Giraldeau y Caraco 2000). Así, el forrajeo social puede ocurrir en especies con grupos sociales o en especies que solo forman agregaciones.
- **Fotoperíodo:** Fracción del día iluminada por luz solar (Helm *et al.* 2009).
- **Frecuencia dominante:** Es la frecuencia de una vocalización que presenta la mayor amplitud, es decir que concentra la mayor energía. Esta frecuencia puede ser o no la misma que la fundamental, que es la menor (inicial) frecuencia en la vocalización.
- **FSH:** Hormona folículo estimulante. Hormona glicoproteica gonadotrópica secretada por la pituitaria anterior. Estimula el crecimiento folicular y la producción de estrógeno en el ovario y promueve la espermatogénesis en los testículos (Takei *et al.* 2015).
- **Gasto (costo) metabólico:** Cantidad de energía requerida para llevar a cabo una actividad o función particular. Por ejemplo, el costo metabólico de locomoción es la cantidad de energía requerida para mover una unidad de masa de animal por unidad de distancia. Usualmente es expresada en unidades de kilocalorías (McNab 2002).
- **Gen egoísta:** Teoría que plantea que el gen es la unidad fundamental de la evolución. Los organismos son máquinas programadas para perpetuar genes egoístas (Dawkins 1976).
- **Glucocorticoides:** Hormonas esteroidales producidas por el cortex adrenal de vertebrados. La zona fasciculata del cortex adrenal es la responsable de la síntesis de glucocorticoides. Están implicados en la respuesta al estrés, metabolismo de carbohidratos, catabolismo de proteínas, retención de sodio en los riñones y regulación de la inflamación (Takei *et al.* 2015).
- **GnRH:** Hormona liberadora de gonadotrofinas. Neurohormona decapéptido producida en células neurosecretoras del hipotálamo. Estimula la síntesis de LH y FSH en la pituitaria anterior. Regulador central de la función reproductiva (Takei *et al.* 2015).
- **Grupo social:** Unidad social básica que se origina por la atracción mutua entre dos o más adultos del mismo sexo, cuyo tamaño y composición son relativamente permanentes dentro de un período de tiempo (basado en Ebensperger y Hayes 2016).

De este modo, los integrantes de un grupo exhiben asociaciones más intensas entre estos que con individuos de otros grupos (Rendell y Whitehead 2001).

- **Habituación**: Disminución o pérdida de respuesta frente a un estímulo constante o persistente. Mecanismo que filtra los estímulos ambientales, reduciendo el gasto de energía a través de reducir o eliminar ciertas respuestas. Proceso inverso a la sensibilización.
- **Haplodiploidía**: Sistema de determinación del sexo en el cual los machos se originan a partir de gametos femeninos haploides, y las hembras a partir de singamia de dos gametos haploides, uno femenino y otro masculino (modificado de Wilson 1971, véase Crozier 2008).
- **Harem**: Grupo de hembras asociado a un solo macho, el cual las defiende directamente como consecuencia de la gregariedad de estas (Emlen y Oring 1977).
- **Hermetismo colonial**: Término utilizado para describir las interacciones agonistas exhibidas para rechazar conespecíficos de otras colonias, así como heteroespecíficos, por parte de los integrantes de una colonia (modificado de Provost y Cerdan 1990, Richard y Hunt 2013).
- **Heteroespecífico**: Individuo de otra especie.
- **Heterotermia**: Término que describe la condición de un animal endotermo o ectotermo que se comporta como ectotermo o endotermo temporal. En endotermos se ha usado el término endotérmica parcial para describir una caída en la tasa metabólica como parte de una estrategia de reducción del gasto energético. En ectotermos se ha usado el término endotérmica facultativa para describir una producción de calor interno (ej., batido de alas en abejorros) sostenida por algún período de tiempo debido a la necesidad de mantener una alta actividad independiente de la temperatura ambiente (Willmer *et al.* 2005).
- **Hibernación**: Estado de sopor por un período de tiempo que puede extenderse por semanas a meses en climas fríos. Es común que especies hibernantes "recobren" su actividad de manera periódica para eliminar sus desechos (Randall *et al.* 1997).
- **Hipótesis de complexidad social**: Planteamiento que indica que grupos sociales con estructuras complejas requieren de sistemas comunicacionales más complejos para regular las interacciones y relaciones entre los organismos del grupo (Freeberg *et al.* 2012).
- **Historia de vida**: Conjunto de rasgos que describen los patrones temporales de crecimiento, diferenciación, almacenamiento, dispersión (o filopatría), reproducción, supervivencia, y longevidad (basado en Begon *et al.* 1990, Sterns 1992). Dado que estos rasgos típicamente se cuantifican a partir de una muestra de individuos, estos rasgos formalmente representan atributos de la población de estudio.
- **Homeostasis**: Condición de estabilidad interna relativa de un organismo mantenida por un sistema de control fisiológico (Randall *et al.* 1997).
- **Homeotermia**: Animales que mantienen su temperatura corporal dentro de un estrecho rango fisiológico (Randall *et al.* 1997).

- **Hormona:** Mensajeros químicos liberados por glándulas endocrinas, modulando las funciones celulares que afectan la conducta y la fisiología de los individuos (basado en Nelson y Kriegsfeld 2005).
- **Inercia filogenética:** También conocido como restricción filogenética, se refiere a limitaciones que afectan la evolución de uno o más caracteres en un taxón, determinado por adaptaciones previas heredadas del ancestro (véase restricción filogenética).
- **Interacción afiliativa:** Interacción social caracterizada por atracción y tolerancia entre dos o más individuos. Su expresión toma diversas formas (ej., acicalamiento, contacto físico directo, remoción de ecotoparásitos), las que dependen del contexto (ej., cuidado parental, apareamiento, cooperación) (Capítulo 3).
- **Interacción agonista:** Interacción social entre dos o más individuos que incluye agresión, huida, evitación o sumisión. Puede involucrar contacto físico directo o estar mediada por señales a distancia. Los contextos más frecuentes son la defensa de recursos y territorio, y las relaciones de dominancia (basado en Immelman y Beer 1989).
- **Interacción social:** Acciones o prácticas entre dos o más individuos de la misma especie, orientadas a afectar positiva o negativamente a alguno de los participantes. Aun cuando cada participante de la interacción debe percibir la presencia y acciones de los otros participantes, las interacciones sociales no están limitadas a que exista contacto físico (Rummel 1975).
- **Interdisciplina:** En el contexto de este libro, una aproximación integrativa basada en determinar cómo los mecanismos subyacentes se conectan (interactúan) con factores ambientales (del desarrollo, sociales, ecológicos) para afectar la expresión del comportamiento social, sus consecuencias sobre la adecuación biológica, y evolución (basado en Ebensperger y Hayes 2016).
- **Jerarquía de dominancia o social:** Ordenamiento social que generalmente se establece a partir de interacciones agonistas reiteradas entre los integrantes de un grupo, y que determina la prioridad de acceso por parte de estos a recursos críticos (ej., alimento, apareamiento) (basado en Immelman y Beer 1989).
- **Juego de la confianza:** Diseño experimental utilizado para cuantificar el grado de confianza y reciprocidad en humanos. En este, participan dos jugadores que inte-ractúan (usualmente) solo una vez, de forma anónima, y en conocimiento de todas las reglas del juego. El experimentador le entrega un monto de dinero al Jugador 1, quien puede optar por quedarse con todo ese monto, dejando al Jugador 2 con $0, o manifestar confianza y elegir una opción alternativa donde se queda con un monto menor y permitir que el Jugador 2 se quede con alguna suma positiva. El Jugador 2, por su parte, puede manifestar reciprocidad si elige una opción donde el Jugador 1 recibe más del monto confiado (pero que implica un costo para el Jugador 2, o no manifestar reciprocidad si este elige la opción de quedarse con alguna ganancia, sin devolver el monto de dinero donado por el Jugador 1 (Berg *et al.* 1995, McCabe *et al.* 2003).

- **Juego del Dictador:** Diseño experimental utilizado para cuantificar altruismo en humanos. Un jugador recibe del experimentador una suma de dinero, luego de lo cual este de modo anónimo tiene la opción de donar parte de este dinero (mayor a $0) a otro jugador. Dado que el monto donado representa la medida de altruismo, una suma igual a $0 indica ausencia de altruismo.
- **Lazo social:** Relación social que resulta de interacciones afiliativas (socio-positivas) reiteradas en el tiempo entre dos o más individuos (Sachser *et al.* 1998; Ostner y Schulke 2018).
- **Llamada:** Vocalización corta, monosilábica, y con patrones de frecuencia simples. Dependiendo de la especie, puede existir una diversidad de llamadas que son contexto dependiente (Marler 2004).
- **Llamada de advertencia:** Vocalización emitida por machos de anuros, para atraer pareja o para mantener a potenciales rivales alejados.
- **Llamada de alarma:** Vocalización emitida por las presas cuando se enfrenta a un depredador, sin que medie contacto físico entre los individuos.
- **Llamada de contacto:** Señal acústica emitida cuando los individuos se movilizan juntos en ambientes donde la visibilidad está restringida, y estas vocalizaciones permiten mantener la unificación (Marler 2004).
- **Llamada de pánico o angustia:** Vocalización emitida por presas cuando han sido capturadas por un depredador (Magrath *et al.* 2015).
- **Lek:** Agregación temporal y espacial de machos que coincide con la época reproductiva de las hembras, en el cual los machos realizan despliegues sexuales con el objetivo de atraer hembras.
  Estas agregaciones permiten incrementar el éxito reproductivo de cada macho, ya que en grupo son más atractivos para las hembras que en forma aislada. A diferencia de otros sistemas de apareamiento, en los leks no hay defensa de recursos (Emlen y Oring 1977, Lank *et al.* 1995).
- **LH: Hormona luteinizante.** Hormona glicoproteica gonadotrópica secretada por la pituitaria anterior, en hembras gatilla la ovulación y el desarrollo del cuerpo lúteo y en machos estimula la producción de andrógenos y la espermatogénesis (Takei *et al.* 2015).
- **Madriguera:** Espacio excavado bajo la superficie del suelo que proporciona refugio a adultos y crías de una determinada especie. El tamaño y forma de este habitáculo puede variar desde una cavidad única y superficial a otra de mayor profundidad, con varias cámaras y túneles. La construcción y uso de madrigueras es un rasgo común en mamíferos de tamaño pequeño (ej., roedores) y mediano (ej., zorros) (Capítulo 3).
- **Mecanismos de evitación de la endogamia:** Conjunto de mecanismos que disminuyen la probabilidad de apareamiento entre individuos genéticamente emparentados. En insectos existen mecanismos indirectos que operan desde la producción de futuros reproductores dentro de la colonia hasta antes de la reproducción. Estos incluyen la producción progenie sexualmente sesgada dentro de la colonia, diferenciación

temporal en la emergencia de individuos de ambos sexos, aumento en la distancia de dispersión por parte de los reproductores, y dispersión sexualmente sesgada. También se han descrito mecanismos activos que incluyen la capacidad de reconocer compañeros de nido, parientes cercanos, así como evitar la copulación con estos (modificado de Morbey y Ydenberg 2001, Shellman-Reeve 2001, Vargo y Husseneder 2011, Tabadkani *et al.* 2012).

- **Mentalización:** Conjunto de procesos cognitivos asociados a la capacidad de adscribir deseos, intenciones, creencias y agencia a otro organismo, generalmente un conespecífico (Frith y Frith 1999).
- **Modulación estacional:** Variación estacional en los niveles hormonales (basado en Goymann *et al.* 2007).
- **Modulación social:** Variación en los niveles hormonales producto de un estímulo social. Por ejemplo, la intrusión de un macho en el territorio (basado en Goymann *et al.* 2007).
- **Modo por defecto (red de):** Tipo de red de estado de reposo, caracterizada por oscilaciones neuronales coherentes que emergen cuando los sujetos no están involucrados en tareas o procesos cognitivos complejos (Raichle *et al.* 2001).
- **Monoandría:** Fenómeno consistente en que las hembras copulan con un solo macho por ciclo reproductivo, de modo que su progenie está constituida por hermano(a)s completo(a)s (modificado de Taylor *et al.* 2014).
- **Mutualismo:** Mecanismo evolutivo de cooperación en la que los participantes perciben ventajas directas e inmediatas (basado en Dugatkin 1997).
- **Neotrópico:** Reino biogeográfico que incluye las ecorregiones terrestres tropicales de América central así como las regiones tropicales y templadas de Sudamérica. Recientemente, se ha planteado que las regiones andinas de Sudamérica constituyen un reino biogeográfico distinto (Morrone 2001).
- **Niveles sociales en insectos:** Conjunto de categorías utilizadas para describir la organización y estructura social de estos organismos. La definición de estas categorías se ha basado en los siguientes atributos: (i) existencia de cuidado continuo de la progenie (hasta el estado de adulto) por parte de la hembra progenitora u otro integrante de la agrupación, (ii) cuidado cooperativo de la progenie, lo que implica el cuidado de la progenie por parte de individuos distintos de los progenitores, (iii) división de labores reproductivas y no reproductivas (o presencia de castas), donde uno o más individuos se especializan en la función reproductiva y otros en funciones como la búsqueda de alimento, defensa del nido, o alimentación de individuos en desarrollo, (iv) superposición de generaciones, condición que ocurre cuando en el grupo (o colonia) los individuos que alcanzan el estado adulto permanecen en un mismo grupo con adultos de generaciones previas, y (v) diferenciación morfológica de las castas. La categoría más simple presenta el primer atributo y la más compleja los exhibe todos (modificado de Michener 1969, 1974, Wilson 1971).
- **Nodriza:** Del inglés *babysitter*. Término utilizado en cachalotes (*Physeter macrocephalus*) para referirse a aquellos individuos machos o hembras, adultos o juveniles, que

permanecen en la superficie del océano cuidando de las crías, mientras las madres se sumergen hacia la profundidad para forrajear (Whitehead 1996).

- **Normotermia:** Término que describe la condición de temperatura corporal necesaria para un normal funcionamiento del individuo.
- **Organización social organización social multinivel:** Atributo del sistema social que incluye el tamaño, composición (ej., relación etaria, parentesco genético), y cohesión (ej., estabilidad) de las unidades sociales (Kappeler *et al.* 2013). Algunas especies de primates, cetáceos, quirópteros y otros mamíferos sociales exhiben una organización social multinivel, caracterizadas por la existencia de unidades sociales relativamente estables, pero donde dos o más de estas se asocian temporalmente para formar unidades mayores (Grueter *et al.* 2012). Estas unidades sociales mayores se caracterizan porque los individuos exhiben cohesión social y actividad relativamente coordinada.
- **Panmixia:** Sistema de apareamiento donde todos los individuos reproductivamente activos tienen una misma probabilidad de aparearse, unos con otros. Por lo tanto, se trata de una condición donde la equiprobabilidad de apareamiento no está modificada por factores ambientales, hereditarios o sociales (King *et al.* 2006).
- **Perchas o sitios de descanso:** Lugares protegidos por ser relativamente inaccesibles, utilizados en momentos de inactividad (basado en Beauchamp 1999).
- **Personalidad animal:** Término utilizado para describir diferencias entre individuos de una misma especie en rasgos de la conducta (individual o social) que son consistentes entre contextos (ej., forrajeo, cuidado parental) y estables en el tiempo (Sih *et al.* 2004). Un término relacionado es el de "síndrome conductual", un atributo poblacional que emerge a partir de una correlación consistente entre dos o más comportamientos gatillados por contextos distintos (ej., forrajeo, evitar depredadores) entre individuos (Bell 2007).
- **Playback:** Reproducción de emisiones acústicas producidos por los organismos. Esta metodología es usada normalmente para estudiar la funcionalidad de dichas emisiones.
- **Pod:** Véase Sub-Pod.
- **Poliginia por defensa de recursos:** Sistema de apareamiento en el que el macho controla el acceso a las hembras indirectamente, mediante el control de recursos esenciales para las hembras (Emlen y Oring 1977).
- **Poliginia por defensa de las hembras:** Sistema de apareamiento en el que el macho controla el acceso a las hembras directamente (Emlen y Oring 1977).
- **Progesterona:** Hormona esteroidal producida por todos los tejidos esteroidogénicos. Mantiene el embarazo y la condición secretora de endometrio uterino durante la fase lútea (Takei *et al.* 2015).
- **Promiscuidad:** Término utilizado para describir el apareamiento de individuos macho o hembra con dos o más individuos del sexo opuesto, usualmente dentro de un mismo período reproductivo.

- **Quasisocial:** Nivel social en insectos caracterizado por cuidado continuo de la progenie por parte de más de un adulto (Michener 1969, 1974, Wilson 1971).
- **Raid:** Término anglosajón utilizado para describir la estrategia reproductiva reportada originalmente en el lobo marino común (*Ottaria flavescens*), en la que machos no territoriales conjuntamente invaden el territorio de un macho territorial donde residen las hembras. Durante la invasión al territorio, los machos interrumpen la actividad de cópula del macho territorial, abducen hembras y crías, e intentan establecerse cerca de las hembras (Campagna *et al.* 1988).
- **Rasgos precursores de sociabilidad en insectos:** Rasgos presentes en algunas especies solitarias (en ocasiones subsociales) de abejas que han sido propuestos como prerrequisitos para la evolución de la vida social. Sin embargo, ninguno de estos en forma aislada es suficiente para originar la sociabilidad. Estos son: (i) cohabitación de más de una hembra dentro de un nido, exhibiendo mutua tolerancia, (ii) contacto físico entre la hembra progenitora y su progenie en desarrollo, (iii) protección de los individuos inmaduros por parte de la madre, por medio de conductas de defensa, (iv) longevidad extensa por parte la hembra progenitora, lo que podría favorecer la sobreposición de generaciones dentro de un mismo nido, y (v) formación de agrupaciones de adultos hibernantes (habitualmente hembras) en el interior de los nidos (Michener 1974, 1990).
- **Rastros químicos:** Compuestos químicos que contienen información de un individuo. Concepto homólogo a semioquímico.
- **Receptor:** Individuo al que un emisor envía información a través de señales. Este individuo debe tener la capacidad de descifrar la información contenida en las señales, y responder de acuerdo a dicha información.
- **Reciprocidad:** Mecanismo evolutivo de cooperación en la que los participantes perciben ventajas directas pero diferidas en el tiempo (basado en Dugatkin 1997).
- **Red multicapa:** Redes con múltiples subredes conectadas entre sí, esto es "redes de redes" (Kivelä *et al.* 2014).
- **Reina poliándrica:** Hembra reproductiva de una colonia que copula con más de un macho (modificado de Hughes *et al.* 2008).
- **Relación social:** Patrón de interacciones sociales específico de un contexto particular (Lott 1991, Maher y Burger 2011).
- **Reproducción cooperativa:** Traducción del inglés *cooperative breeding* (Clutton-Brock 2012). Término que describe especies cuya organización social incluye un par o unos pocos individuos reproductivos y una mayoría de adultos no reproductivos que contribuyen con el cuidado de las crías producidas por los primeros (i.e., muestran cuidado aloparental) (Clutton-Brock 2012, Hayes y Ebensperger 2016).
- **Restricción filogenética:** Aspecto de la historia evolutiva de un linaje que previene la evolución de un rasgo fenotípico en una determinada dirección. Estas restricciones pueden originarse a partir de limitaciones impuestas por el desarrollo temprano, o estructurales (i.e., de historia de vida), las que son compartidas por taxa filogenéticamente cercanos (McKitrick 1993).

- **Ritualización:** Parte del proceso evolutivo de una señal a partir de una clave, durante el cual, existe un proceso selectivo que determina una asociación entre la información y la señal (Breed y Moore 2015).
- **Ruido ambiental:** Factor que limita la comunicación animal, pues interfiere con las señales enviadas por el emisor, y el receptor puede no recibir dicha señal. El ruido puede perturbar en los distintos modos de comunicación, no solo en el acústico.
- **Selección indirecta:** Proceso que puede generar cambio evolutivo cuando los individuos difieren en rasgos fenotípicos (en parte heredables) que covarían con diferencias en la adecuación biológica de parientes no directos (basado en Alcock *et al.* 2013).
- **Selección por parentesco:** Traducción del inglés "kin selection". Proceso evolutivo a través del cual la selección favorece rasgos conductuales que incrementan la adecuación biológica de progenie propia (adecuación directa), o la adecuación biológica de parientes no directos (adecuación indirecta) (Maynard-Smith 1964, Brown 1987).
- **Semioquímico:** Compuesto químico que transmite información entre un organismo que lo emite y otro(s) que lo percibe, y que desencadena una respuesta en este(os) último(s). Esta respuesta refleja la función del semioquímico (ej., agrupamiento de organismos, atracción sexual, alejamiento o evitación). Los semioquímicos se diferencian en: feromonas que cumplen este rol entre individuos de la misma especie, y aleloquímicos que cumplen una función entre individuos especies distintas (Richard y Hunt 2013).
- **Semisocial:** Nivel social en insectos caracterizado por la existencia de división de la labor reproductiva (habitualmente una reina y más de una obrera), además de cuidado continuo y cooperativo de la progenie, pero donde no hay sobreposición de generaciones entre los adultos en el grupo. Es decir, no ocurre coexistencia de la madre y su descendencia en estado adulto (Michener 1969, 1974, Wilson 1971).
- **Señal:** Cualquier acto o estructura que lleva información que influye en el comportamiento de otros organismos (receptores) y que ha sido seleccionada por el efecto que determina (véase Capítulo 6).
- **Señal de reconocimiento endógena:** Señales que median el reconocimiento entre conespecíficos, producidas por integrantes de un mismo grupo o colonia. En insectos, la mayoría de estas señales corresponden a compuestos químicos secretados por glándulas o por la cutícula, los que se diferencian de compuestos exógenos que pueden intervenir en el reconocimiento. Estos últimos son sustancias químicas adquiridas ambientalmente y absorbidas por la cutícula (modificado de Hölldobler y Michener 1980, Smith y Breed 1995).
- **Señal honesta:** Señal que incluye información genuina del emisor, es decir, no involucra engaño.
- **Sensibilización:** Incremento en la capacidad de respuesta a un estímulo debido a la experiencia. El estímulo es relevante, y suele tener efectos sobre el individuo. Es la respuesta opuesta a la habituación.

- **Sintaxis:** Orden y relación de las notas o distintas vocalizaciones que usan los organismos.
- **Sistema de apareamiento:** Componente del sistema social que describe las relaciones de apareamiento entre hembras y machos de una población. Tradicionalmente, el término también ha incluido la distribución de esfuerzo parental exhibido por ambos sexos. Sin embargo, otros autores han optado por considerarlos como elementos separados del sistema social (Kappeler *et al.* 2013).
- **Sistema haplo-diploide:** Véase "Haplodiploidía".
- **Sistema social:** Atributo emergente de una población que incluye el grado en el cual los individuos viven en grupos sociales relativamente estables (i.e., organización), así como la naturaleza e intensidad de las interacciones sexuales, cooperativas, o de conflicto (i.e., estructura). Los sistemas sociales se originan debido al efecto de factores ecológicos, genéticos y de historia de vida sobre las relaciones sociales entre los individuos (basado en Lott 1991, Kappeler *et al.* 2013).
- **Sociabilidad:** Traducción del inglés "sociality" utilizado para describir la tendencia de los individuos de una especie o población a formar grupos sociales discretos, conformados por dos o más adultos del mismo sexo, y donde estos interactúan más que con individuos de otros grupos (Kappeler y van Schaik 2002, Ebensperger y Hayes 2016). La cuantificación del grado de sociabilidad a nivel individual se ha enriquecido recientemente mediante el uso de diversos descriptores extraídos de la teoría de redes sociales (Ostner y Schulke 2018).
- **Sociabilidad en insectos:** Término que incluye al conjunto de atributos relevantes para describir a una especie de insecto como social. Estos atributos incluyen el grado de cooperación, la ocurrencia de altruismo, y rasgos precursores de vida social. Estos también incluyen atributos como el tipo de nidificación, el repertorio de conductas tolerantes e intolerantes en interacciones entre hembras, las capacidades de reconocimiento entre compañeros de nido o entre parientes cercanos. También se incluye las estrategias reproductivas de los individuos que nidifican en forma agregada, o que forman colonias, y las respuestas a nivel colonial que regulan tareas colectivas, utilizando información del ambiente (Capítulo 4).
- **Socialidad:** Del inglés *sociability*; término utilizado para describir un eje de la personalidad que cuantifica la tendencia de un individuo a permanecer o buscar la presencia de otros de la misma especie (i.e., a socializar). Así, los individuos que buscan o se sienten atraídos por la presencia de otros con mayor intensidad, son más sociables. Dado que los individuos se consideran asociales cuando estos evitan la presencia de otros, esta medida del comportamiento social no depende necesariamente de la ocurrencia de interacciones agresivas (basado en Réale *et al.* 2007).
- **Sociobiología:** Estudio científico de las bases biológicas del comportamiento social (Wilson 1976).
- **Sopor:** Término que describe el estado de letargo en que permanece un individuo por algunas horas asociado a la ocurrencia de una depresión en la tasa metabólica, de respiración y circulación, como una estrategia de ahorro de energía. Como

consecuencia, el individuo cae en una hipotermia relativamente profunda a consecuencia de la caída pronunciada de la temperatura corporal.

- **Sub-pod y Pod**: Términos anglosajones donde "sub-pod" se ha utilizado para describir grupos sociales estables en orcas (*Orcinus orca*), compuestos por tres a cuatro individuos adultos, machos y hembras, conectados por descendencia materna; estos muestran alta cohesión a través de cazar y desplazarse juntos, asociaciones que pueden ser de por vida (Bigg *et al.* 1990, Connor *et al.* 1998). Varios "sub-pods" pueden además asociarse para cazar formando "pods" (Connor *et al.* 1998). Sin embargo, en otros cetáceos (ej., *Grampus griseus*) se ha usado el término "pod" como equivalente al de grupo social (Hartman *et al.* 2008), lo que ha contribuido a una terminología confusa.
- **Subsocial**: Nivel social en insectos caracterizado por la ocurrencia de contacto entre la hembra y su progenie inmadura con algún tipo de cuidado parental hasta que la generación filial alcance el estado adulto (Michener 1969, 1974, Wilson 1971).
- **Sufrimiento animal**: Estado emocional negativo en animales que surge de experiencias desagradables (negativas), como por ejemplo experimentar miedo, agotamiento, dolor, sed, o hambre (Dawkins 1990).
- **Tácticas reproductivas alternativas**: Modos alternativos mediante los cuales los individuos de un mismo sexo obtienen fertilizaciones (Taborsky 2008).
- **Tamaño de grupo**: Atributo de la organización social en una población o especie; estimador simple pero relevante del grado de sociabilidad, y cuantificado como el número de adultos que forman parte de un grupo social distintivo (Capítulo 3).
- **Tasa metabólica de reposo**: Tasa a la cual un cuerpo gasta energía en condición de reposo, pero sin estar en un estado de ayuno (Bowers 1971).
- **Termogénesis (capacidad termogénica)**: Producción de calor corporal asociada al metabolismo de grasa parda o por contracción muscular asociada a tiritar (Randall *et al.* 1997).
- **Termorregulación**: Habilidad para regular la temperatura corporal en relación a la temperatura ambiental (termorreguladores). Esta habilidad puede involucrar mecanismos fisiológicos y/o conductuales (Willmer *et al.* 2005).
- **Testosterona**: Andrógeno secretado principalmente por las células de Leydig en los testículos de los vertebrados. Puede ser convertido en sus metabolitos activos 5-dihidrotestosterona (DHT) por la 5-reductasa y/o 17-estradiol por la P450 aromatasa en tejidos periféricos (Takei *et al.* 2015).
- **Trino**: Conjunto de una o dos notas repetidas, que forman parte de los cantos de aves.
- **Unidad social**: Entidad social compuesta por un grupo de individuos asociados mutuamente de manera permanente, que interactúan entre sí con mucha más frecuencia que con otras entidades sociales (Whitehaed 2008).
- **Variación clinal**: Cambio gradual de caracteres en una especie, modulado por las variaciones en las condiciones ambientales registradas en un gradiente altitudinal o latitutinal.

- **Variación geográfica:** Diferencias en rasgos entre poblaciones separadas espacialmente y donde los individuos en cada una no tienen la posibilidad de aparearse con individuos de la otra (modificado de Nottebohm 1969).
- **Vibroacústica:** Término que hace referencia a una asociación entre señales de vibración y acústicas, utilizado especialmente en insectos (Hunt y Richard 2013).
- **Zeitgeber:** Señales ambientales que son usadas por los animales como sincronizadores ambientales de sus ritmos cíclicos endógenos (Aschoff 1955).
- **Zona de termoneutralidad:** Rango de temperatura ambiente dentro del cual un individuo puede mantener su temperatura corporal constante sin cambios regulatorios en la producción de calor o pérdida de agua por evaporación, esto es, solo a través de transferencia seca de calor (ej., radiación) (Kingma *et al.* 2014).

LITERATURA CITADA

Alcock J (2013). *Animal behavior: an evolutionary approach.* Sinauer Associates Inc., Sunderland, Estados Unidos de América.

Anderson C, Franks NR (2001). Teams in animal societies. *Behavioral Ecology* 12:534-540.

Aschoff J (1955). Zeitgeber der 24-Stunden-Periodik. *Acta Medica Scandinavica* 152:50-52.

Aureli F, Schaffner CM, Boesch C, Bearder SK, Call J, Chapman CA, Connor R, Di Fiore A, Dunbar RIM, Henzi SP, Holekamp K, Korstjens AH, Layton R, Lee P, Lehmann J, Manson JH, Ramos-Fernandez G, Strier KB, van Schaik CP (2008). Fission-fusion dynamics new research frameworks. *Current Anthropology* 49:627-654.

Bateman PW, Fleming PA (2009) To cut a long tail short: a review of lizard caudal autotomy studies carried out over the last 20 years. *Journal of Zoology* 277:1-14.

Beauchamp G (2002). Higher-level evolution of intraspecific flock-feeding in birds. *Behavioral Ecology and Sociobiology* 51:480-487.

Beauchamp G (2004). Reduced flocking by birds on islands with relaxed predation. *Proceedings of the Royal Society B: Biological Sciences* 271:1039-1042.

Bell AM (2007). Future directions in behavioural syndromes research. *Proceedings of the Royal Society B: Biological Sciences* 274:755-761.

Begon M, Harper JL, Townsend CR (1990). *Ecology: individuals, populations and communities.* Blackwell Scientific Publications, Boston, Estados Unidos de América.

Berg J, Dickhaut J, McCabe K (1995). Trust, reciprocity, and social history. *Games and Economic Behaviour* 10:122-142.

Bigg MA, Olesiuk PF, Ellis GM, Ford JKB, Balcomb III KC (1990). Social organization and genealogy of resident killer whales (*Orcinus orca*) in the coastal waters of British Columbia and Washington State. *Report of the Meeting of the International Whaling Commission* (special issue) 12:383-405.

Billeke P, Aboitiz F (2013). Social cognition in schizophrenia: from social stimuli processing to social engagement. Frontiers in *Psychiatry* 4:4.

Bowers JR (1971). Resting metabolic rate in the cotton rat *Sigmodon. Physiological Zoology* 44:137-148.

Bradbury JW, Vehrencamp SL (2011). *Principles of animal communication*. Sinauer Associates, Hong Kong, China.

Breed MD, Moore J (2015). *Animal behavior*. Academic Press, Nueva York, Estados Unidos de América.

Brischoux F, Bonnet X, Shine R (2009). Kleptothermy: an additional category of thermoregulation, and a possible example in sea kraits (*Laticauda laticaudata*, Serpentes). *Biology Letters* 5:729-731.

Brown JL (1987). *Helping and communal breeding in birds: ecology and evolution*. Princeton University Press, Princeton, Estados Unidos de América.

Brothers L (1990). The social brain: a project for integrating primate behavior and neurophysiology in a new domain. *Concepts in Neuroscience* 1:27-51.

Campagna C, Le Bouef B, Cappozzo HL (1988). Group raids: a mating strategy of male southern sea lions. *Behaviour* 105:224-249.

Cassini MH (2013). *Conducta animal y ecología*. Editorial Académica Española, Saarbrücken, Alemania.

Coleman JS (1994). *Foundations of social theory*. Harvard University Press, Cambridge, Estados Unidos de América.

Clutton-Brock T (2002). Breeding together: kin selection and mutualism in cooperative vertebrates. *Science* 296:69-72.

Clutton-Brock TH, Parker GA (1995). Punishment in animal societies. *Nature* 373:209.

Connor RC, Mann J, Tyack PL, Whitehead H (1998). Social evolution in toothed whales. *Trends in Ecology & Evolution* 13:228-232.

Connor RC, Wells RS, Mann J, Read AJ (2000). The bottlenose dolphin: social relationships in a fission-fusion society. Pp. 91-126, en: *Cetacean societies: field studies of dolphins and whales* (Mann J, Connor RC, Tyack P, Whitehead H eds.). University of Chicago Press, Chicago, Estados Unidos de América.

Cox JC (2004). How to identify trust and reciprocity. *Games and Economic Behavior* 46:260-281.

Crespi BJ, Yanega D (1995). The definition of eusociality. *Behavioral Ecology* 6:109-115.

Crozier RH (2008). Advanced eusociality, kin selection and male haploidy. *Australian Journal of Entomology* 47:2-8.

Dawkins R (1976). *The selsish gene*. Oxford University Press, Nueva York, Estados Unidos de América.

Dawkins MS (1990). From an animal's point of view: motivation, fitness and animal welfare. *Behavioral and Brain Science* 13:1-61.

Dawkins MS (2008). The science of animal suffering. *Ethology* 114:937-945.

Danchin E, Wagner RH (1997). The evolution of coloniality: the emergence of new perspectives. *Trends in Ecology & Evolution* 12:342-347.

Dugatkin LA (1997). *Cooperation among animals: an evolutionary perspective*. Oxford University Press, Oxford, Reino Unido.

Dugatkin LA (2009). *Principles of animal behavior*. W.W. Norton & Company, Nueva York, Estados Unidos de América.

Ebensperger LA, Hayes LD (2016). *Sociobiology of caviomorph rodents: an integrative approach*. John Wiley & Sons Ltd., Chichester, Reino Unido.

Eggert AK, Sakaluk SK (1995). Female-coerced monogamy in burying beetles. *Behavioral Ecology and Sociobiology* 37:147-153.

Errard C, Ipinza-Regla J, Hefetz A (2003). Interspecific recognition in Chilean parabiotic ant species. *Insectes Sociaux* 50:268-273.

Ellis DH, Bednarz JC, Smith DG, Flemming SP (1993). Social foraging classes in raptorial birds: highly developed cooperative hunting may be important for many raptors. *Bioscience* 43:14-20.

Emlen ST, Oring LW (1977). Ecology, sexual selection, and the evolution of mating systems. *Science* 197:215-223.

Felix F, Hasse B (2001). The humpback whale off the coast of Ecuador, population parameters and behavior. *Revista de Biología Marina y Oceanografía* 36:61-74.

Fraser D (1998). Animal welfare. Pp 55-57, en: *Encyclopedia of animal rights and animal welfare* (Bekoff M, Meaney CA, eds.). Greenwood Press, Connecticut, Estados Unidos de América.

Freeberg TM, Dunbar RI, Ord TJ (2012). Social complexity as a proximate and ultimate factor in communicative complexity. *Philosophical Transactions of the Royal Society B: Biological Sciences* 367:1785-1801.

Frith CD, Frith U (1999). Interacting minds: a biological basis. *Science* 286:1692-695.

Flores-Prado L, Flores SV, McAllister B (2010). Phylogenetic relationships among tribes in Xylocopinae (Apidae) and implications on nest structure evolution. *Molecular Phylogenetics and Evolution* 57:237-244.

Field, J (2005). The evolution of progressive provisioning. *Behavioral Ecology* 16:770-778.

Gates DM (2012). *Biophysical ecology*. Dover Publications, Inc., Mineloa, Estados Unidos de América.

Gerling D, Velthuis HHW, Hefetz A (1989). Bionomics of the large carpenter bees of the genus *Xylocopa*. *Annual Review of Entomology* 34:163-190.

Gero S, Engelhaupt D, Rendell L, Whitehead H (2009). Who cares? Between-group variation in alloparental caregiving in sperm whales. *Behavioral Ecology* 20:838-843.

Giraldeau LA, Caraco T (2000). *Social foraging theory*. Princeton University Press, Princeton, Estados Unidos de América.

Godin JGJ (1997). *Behavioral ecology of teleost fishes*. Oxford University Press, Oxford, Reino Unido.

Gould SJ, Vrba ES (1982). Exaptation: a missing term in the science of form. *Paleobiology* 8:4-15.

Gould SJ, Eldredge N (1972). Punctuated equilibria: an alternative to phyletic gradualism. *Essential Readings in Evolutionary Biology* 82-115.

Gowans S, Würsing B, Karczmarski K (2008). The social structure and strategies of delphinids: predictions based on an ecological framework. *Advances in Marine Biology* 53:195-295.

Gowaty PA, Buschhaus N (1998). Ultimate causation of aggressive and forced copulation in birds: female resistance, the CODE hypothesis, and social monogamy. *Integrative and Comparative Biology* 38:207-225.

Goymann W, Landys MM, Wingfield JC (2007). Distinguishing seasonal androgen responses from male-male androgen responsiveness-Revisiting the Challenge Hypothesis. *Hormones and Behavior* 51:463-476.

Haddock SH, Moline MA, Case JF (2010). Bioluminescence in the sea. *Annual Review of Marine Science* 2:443-493.

Hamilton WD (1972). Altruism and related phenomena, mainly in social insects. *Annual Review of Ecology and Systematics* 3:193-232.

Harcourt AH, De Waal FBM (1992). *Coalitions and alliances in humans and other animals*. Oxford University Press, Oxford, Reino Unido.

Hartman KL, Visser F, Hendriks AJ (2008). Social structure of Risso's dolphins (*Grampus griseus*) at the Azores: a stratified community based on highly associated social units. *Canadian Journal of Zoology* 86:294-306.

Hayes LD, Ebensperger LA (2016). Fitness consequences of social systems. Pp. 306-325, en: *Sociobiology of caviomorph rodents: an integrative approach* (Ebensperger LA, Hayes LD, eds.). Wiley-Blackwell, Chichester, Reino Unido.

Helm B, Schwabl I, Gwinner E (2009). Circannual basis of geographically distinct bird schedules. *The Journal of Experimental Biology* 212:1259-1269.

Helm B, Ben-Shlomo R, Sheriff MJ, Hut RA, Foster R, Barnes BM, Dominoni D (2013). Annual rhythms that underlie phenology: biological time-keeping meets environmental change. *Proceedings of the Royal Society B: Biological Sciences* 280:20130016.

Hölldobler B, Morgan ED, Oldham NJ, Liebig J (2001). Recruitment pheromone in the harvester ant genus *Pogonomyrmex*. *Journal of Insect Physiology* 47:369-374.

Hughes WOH, Ratnieks FLW, Oldroyd BP (2008). Multiple paternity or multiple queens: two routes to greater intracolonial genetic diversity in the eusocial Hymenoptera. *Journal of Evolutionary Biology* 21:1090-1095.

Hunt J, Richard F-J (2013) Intracolony vibroacoustic communication in social insects. *Insectes Sociaux* 60:403-417.

Immelman K, Beer C (1989). *A dictionary of ethology*. Harvard University Press, Cambridge, Estados Unidos de América.

Just W, Morris MR (2003) The Napoleon complex: why smaller males pick fights. *Evolutionary Ecology* 17:509-522.

Kappeler PM, van Schaik CP (2002). Evolution of primate social systems. International *Journal of Primatology* 23:707-740.

Kappeler PM, Barrett L, Blumstein DT, Clutton-Brock TH (2013). Constraints and flexibility in mammalian social behaviour: introduction and synthesis. *Philosophical Transactions of the Royal Society B: Biological Sciences* 368:20120337.

King RC, Stanfield WD, Mulligan PK (1997). *A dictionary of genetics*. Oxford University Press, Oxford, Reino Unido.

Kingma BR, Frijns AJ, Schellen L, van Marken Lichtenbelt WD (2014). Beyond the classic thermoneutral zone: including thermal comfort. *Temperature* 1:142-149.

Kivelä M, Arenas A, Barthelemy M, Gleeson JP, Moreno Y, Porter MA (2014). Multilayer networks. *Journal of Complex Networks* 2:203-271.

Kummer H (1971). *Primate societies: group techniques of ecological adaptation*. Aldine Atherton, Chicago, Estados Unidos de América.

Lamm C, Batson CD, Decety J (2007). The neural substrate of human empathy: effects of perspective-taking and cognitive appraisal. *Journal of Cognitive Neuroscience* 19:42-58.

Lank DB, Smith CM, Hanotte O, Burke T, Cooke F (1995). Genetic polymorphism for alternative mating-behavior in lekking male ruff *Philomachus pugnax*. *Nature* 378:59-62.

Leadbeater E, Chittka L (2007). Social learning in insects - From miniature brains to consensus building. *Current Biology* 17:R703-R713.

Lott D (1991). *Intraspecific variation in the social systems of wild vertebrates.* Cambridge University Press, Cambridge, Reino Unido.

Lowry DB (2012). Ecotypes and the controversy over stages in the formation of new species. *Biological Journal of the Linnean Society* 106:241-257.

Magrath RD, Haff TM, Fallow PM, Radford AN (2015). Eavesdropping on heterospecific alarm calls: from mechanisms to consequences. *Biological Reviews* 90:560-586.

Maher CR, Burger JR (2011). Intraspecific variation in space use, group size, and mating systems of caviomorph rodents. *Journal of Mammalogy* 92:54-64.

Mason G (2006) Stereotypic behaviour in captive animals: fundamentals and implications for welfare and beyond. Pp 325-356, en: *Stereotypic animal behaviour, fundamentals and applications to welfare* (Mason G, Rushen J, eds.). CABI Publications, Oxfordshire, Reino Unido.

Marler P (2004). Bird calls: a cornucopia for communication. Pp 132-177, en: *Nature's music, the science of birdsong* (Marler P y Slabbekoorn H, eds.). Elsevier, San Francisco, Estados Unidos de América.

Maynard-Smith J (1964). Group selection and kin selection. *Nature* 201:1145-1147.

McCabe KA, Rigdon ML, Smith VL (2003). Positive reciprocity and intentions in trust games. *Journal of Economic Behavior and Organization* 52:267-275.

McKitrick MC (1993). Phylogenetic constraint in evolutionary theory: has it any explanatory power? *Annual Review of Ecology and Systematics* 24:307-330.

McNab BK (2002). *The physiological ecology of vertebrates: a view from energetics.* Cornell University Press, Ithaca, Estados Unidos de América.

Michelena P, Gautrais J, Gérard JF, Bon R, Deneubourg JL (2008). Social cohesion in groups of sheep: effect of activity level, sex composition and group size. *Applied Animal Behaviour Science* 112:81-93.

Michener CD (1969). Comparative social behavior of bees. *Annual Review of Entomology* 14:299-342.

Michener CD (1974). *The social behavior of the bees. A comparative study.* Harvard University Press, Cambridge, Estados Unidos de América.

Michener CD (1990). Castes in Xylocopine bees. Pp. 123-146, en: *Social insects - an evolutionary approach to castes and reproduction* (Engels W, ed). Springer-Verlag, Berlin, Alemania.

Michener CD (2007). *The bees of the world.* The John Hopkins University Press, Baltimore.

Moore KE, Watkins WA, Tyack PL (1993) Pattern similarity in shared codas from sperm whales (*Physeter catodon*). *Marine Mammal Science* 9:1-9.

Morbey YE, Ydenberg RC (2001). Protandrous arrival timing to breeding areas: a review. *Ecology Letters* 4:663-673.

Morton ES (1975) Ecological sources of selection on avian sounds. *American Naturalist* 109:17-34.

Morrone J (2001). A proposal concerning formal definitions of the Neotropical and Andean regions. *Biogeographica* 77:65-82.

Nelson RJ y Kriegsfeld LJ (2017). *An introduction to behavioral endocrinology*. Sinauer Associates, Inc., Sunderland, Estados Unidos de América.

Newberry RC (1995). Environmental enrichment: Increasing the biological relevance of captive environments. *Applied Animal Behaviour Science* 44:229-243.

Nottebohm F (1969). The song of the chingolo, *Zonotrichia capensis*, in Argentina: description and evaluation of a system of dialects. *The Condor* 71:299-315.

Nowak MA, Sigmund K (2005). Evolution of indirect reciprocity. *Nature* 437:1291-1298.

Oliveira C, Wahlberg M, Silva MA, Johnson M, Antunes R, Wisniewska DM, Fais A, Goncalves J, Madsen PT (2016). Sperm whale codas may encode individuality as well as clan identity. *The Journal of the Acoustical Society of America* 139:2860-2869.

Ostner J, Schülke O (2018). Linking sociality to fitness in primates: a call for mechanisms. *Advances in the Study of Behavior* 50:127-175.

Parsons KM, Durban JW, Claridge DE, Balcomb KC, Noble LR, Thompson PM (2003). Kinship as a basis for alliance formation between male bottlenose dolphins, *Tursiops truncatus*, in the Bahamas. *Animal Behaviour* 66:185-194.

Penna M, Plaza A, Moreno-Gómez FN (2013). Severe constraints for sound communication in a frog from the South American temperate forest. *Journal of Comparative Physiology a-Neuroethology Sensory Neural and Behavioral Physiology* 199:723-733.

Parrish JK, Hamner WM (1997). *Animal groups in three dimensions*. Cambridge University Press, Cambridge, Reino Unido.

Posner MI, Snyder CRR (1975). Attention and cognitive control. en: Solso R. (ed.), *Information processing and cognition: the Loyola Symposium*. Lawrence Erlbaum, Hillsdale, Estados Unidos de América.

Provost E, Cerdan P (1990). Experimental polygyny and colony closure in the ant *Messor barbarus* (L.) (Hym. Formicidae). *Behaviour* 115:114-126.

Ralls S, Mesnik K (2018). Sexual dimorphism. Pp. 848-852, en: *Encyclopedia of marine mammals*. (Wursing B, Thewissen JGM, Kovacs KM, eds.). Academic Press, Londres, Reino Unido.

Raichle ME, MacLeod AM, Snyder AZ, Powers WJ, Gusnard DA, Shulman GL (2001). A default mode of brain function. *Proceedings of the National Academy of Sciences USA* 98:676-682.

Ramírez JC, Lanfranco D (2001). Descripción de la biología, daño y control de las termitas: especies existentes en Chile. *Bosque* 22:77-84.

Randall D, Burggren W, French K, Fernald R (1997). *Eckert animal physiology: mechanisms and adaptations*. W.H. Freeman & Co., Nueva York, Estados Unidos de América.

Réale D, Reader SM, Sol D, McDougall PT, Dingemanse NJ (2007). Integrating animal temperament within ecology and evolution. *Biological Reviews* 82:291-318.

Rehberg-Besler N, Doucet SM, Mennill DJ (2017). Overlapping vocalizations produce far-reaching choruses: a test of the signal enhancement hypothesis. *Behavioral Ecology* 28:494-499.

Rendell L, Whitehead H (2001). Culture in whales and dolphins. *Behavioral and Brain Sciences* 24:309-324.

Richard FJ, Hunt JH (2013). Intracolony chemical communication in social insects. *Insectes Sociaux* 60:275-291.

Roulston TH, Cane JH, Buchman SL (2000). What governs protein content of pollen: pollinator preferences, pollen-pistil interactions, or phylogeny? *Ecological Monographs* 70:617-643.

Rummel RJ (1975). *Understanding conflict and war*. Sage Publications, Nueva York: distribuido por Halsted Press, Beverly Hills, California, Estados Unidos de América.

Russell JJ, Theriot JA, Sood P, Marshall WF, Landweber LF, Fritz-Laylin L, Polka JK, Oliferenko S, Gerbich T, Gladfelter A, Umen J, Bezanilla M, Lancaster MA, He S, Gibson MC, Goldstein B, Tanaka EM, Hu C-K, Brunet A (2017). Non-model model organisms. *BioMed Central Biology* 15:55.

Sachser N, Dürschlag M, Hirzel D (1998). Social relationships and the management of stress. *Psychoneuroendocrinology* 23:891-904.

Shellman-Reeve JS (2001). Genetic relatedness and partner preference in a monogamous, wood-dwelling termite. *Animal Behavior* 61:869-876.

Shingleton A (2010). Allometry: the study of biological scaling. *Nature Education Knowledge* 3(10):2.

Sih A, Bell A, Johnson JC (2004). Behavioral syndromes: an ecological and evolutionary overview. *Trends in Ecology & Evolution* 19:372-378.

Smith BH, Breed MD (1995). The chemical basis for nestmate recognition and mate discrimination in social insect. Pp. 387-317, en: *Chemical ecology of insects 2* (Carde RT, Bell WJ, eds.). Chapman & Hall, Nueva York, Estados Unidos de América.

Spalding MD, Fox HE, Allen GR, Davidson N, Ferdaña ZA, Finlayson M, Halpern BS, Jorge MA, Lombana A, Lourie SA, Martin KD, McManus E, Molnar J, Recchia CA, Robertson J (2007). Marine ecoregions of the world: a bioregionalization of coastal and shelf areas. *BioScience* 57:573-583.

Stearns SC (1992). *The evolution of life histories*. Oxford University Press, Oxford, Reino Unido.

Sterling P (2012). Allostasis: a model of predictive regulation. *Physiology & Behaviour* 106:5-15.

Stevens M (2013). *Sensory ecology, behaviour, and evolution*. Oxford Univesity Press, Oxford, Reino Unido.

Tabadkani SM, Nozari J, Lihoreau M (2012). Inbreeding and the evolution of sociality in arthropods. *Naturwissenschaften* 99:779-788.

Taborsky M (2008). Alternative reproductive tactics in fish. Pp. 251-299, en: *Alternative Reproductive tactics: an integrative approach*. (Oliveira RF, Taborsky M, Brockmann HJ, eds.). Cambridge University Press, Cambridge, Reino Unido.

Takei Y, Ando H, Tsutsui K (2016). *Handbook of hormones: comparative endocrinology for basic and clinical research*. Academic Press, San Diego, Estados Unidos de América.

Taylor ML, Price TAR, Wedell N (2014). Polyandry in nature: a global analysis. *Trends in Ecology & Evolution* 29:376-383.

Vargo EL, Husseneder C (2011). Genetic structure of termite colonies and populations. Pp. 321-247, en: *Biology of termites: a modern synthesis* (Bignell DE, Roisin Y, Lo N, eds.). Springer, Dordrecht, Paises Bajos.

West SA, Gardner A, Griffin AS (2006). Altruism. *Current Biology* 16: R482-R483.

Whitehead H (1996). Babysitting, dive synchrony, and indications of alloparental care in sperm whales. *Behavioral Ecology and Sociobiology* 38:237-244.

Whitehead H (2008). *Analyzing animal societies: quantitative methods for vertebrate social analysis.* Chicago University Press, Chicago, Estados Unidos de América.

Willmer P, Stone G, Johnston I (2005). *Environmental physiology of animals.* John Wiley & Sons, Oxford, Reino Unido.

Wilson EO (1971). *The insect societies.* Belknap Press of Harvard University Press, Harvard, Estados Unidos de América.

Wilson EO (1976). *Sociobiology: the new synthesis.* Harvard University Press, Massachusetts, Estados Unidos de América.

West SA, Griffin AS, Gardner A (2007). Social semantics: altruism, cooperation, mutualism, strong reciprocity and group selection. *Journal of Evolutionary Biology* 20:415-432.

Wingfield JC (2008). Comparative endocrinology, environment and global change. *General and Comparative Endocrinology* 157:207-216.

ÍNDICE DE ESPECIES (nombre científico, nombre común) Y CONCEPTOS

Este índice incluye la totalidad de las especies que aparecen en el texto y figuras. Se sugiere al lector consultar las tablas de los capítulos 3, 5 y 6 en caso de que la especie buscada no aparezca en este índice.

Nombre científico

Nombre común

Concepto

www.ingramcontent.com/pod-product-compliance
Lightning Source LLC
Chambersburg PA
CBHW081406160726
48000CB00010B/3500